作者像

潘家铮全集

丙申三月八日
义森题

潘家铮全集

第十六卷

思考·感想·杂谈

中国电力出版社
CHINA ELECTRIC POWER PRESS

内 容 提 要

《潘家铮全集》是我国著名水工结构和水电建设专家、两院院士潘家铮先生的作品总集，包括科技著作、科技论文、科幻小说、科普文章、散文、讲话、诗歌、书信等各类作品，共计18卷，约1200万字，是潘家铮先生一生的智慧结晶。他的科技著作和科技论文，科学严谨、求实创新、充满智慧，反映了我国水利水电行业不断进步的科技水平，具有重要的科学价值；他的文学著作，感情丰沛、语言生动、风趣幽默。他的科幻故事，构思巧妙、想象奇特、启人遐思；他的杂文和散文，思辨清晰、立意深邃、切中要害，具有重要的思想价值。这些作品对研究我国水利水电行业技术进步历程，弘扬尊重科学、锐意创新、实事求是、勇于担责的精神，都具有十分重要的意义。《潘家铮全集》是国家"十二五"重点图书出版项目，国家出版基金资助项目。

本书是《潘家铮全集 第十六卷 思考·感想·杂谈》，是潘家铮院士十几年来的主要文章选集，包括比较重要的论述、有新意的文章、反映历史真实的作品及对存在不同见解或有争议的问题的探讨，除水利水电建设方面的论述外，还包括政论性文章，反封建迷信、科普科幻和能源战略研究，电力体制改革方面的文章等。本书反映了潘家铮院士对祖国水利水电事业的赤忱热爱和无私奉献。

全书文字流畅，科学素养与人文情怀俱在，通俗易懂，立意深远，是一本难得的水利水电界名人著述。

本书不仅可以让读者了解潘院士多年的科学成果、科技著述，还可以使后来之人更加了解我国水利水电事业的历史与发展，具有思维的启发性和文学的鉴赏性。可供水利水电工程技术人员，科研、教学人员及更广泛的各界人士借鉴赏析、学习领悟。

图书在版编目（CIP）数据

潘家铮全集. 第16卷，思考·感想·杂谈/潘家铮著. —北京：中国电力出版社，2016.5
ISBN 978-7-5123-8524-5

Ⅰ. ①潘⋯　Ⅱ. ①潘⋯　Ⅲ. ①潘家铮（1927～2012）—文集　Ⅳ. ①TV-53

中国版本图书馆 CIP 数据核字（2015）第 269991 号

出版发行：中国电力出版社（北京市东城区北京站西街 19 号　100005）
网　　址：http://www.cepp.sgcc.com.cn
经　　售：各地新华书店

印　　刷：北京盛通印刷股份有限公司
规　　格：787 毫米×1092 毫米　16 开本　36.25 印张　793 千字　1 插页
版　　次：2016 年 5 月第一版　2016 年 5 月北京第一次印刷
印　　数：0001—2000 册
定　　价：150.00 元

《潘家铮全集》编辑委员会

I

《潘家铮全集》分卷主编

全集主编：陈厚群

序号	分　卷　名	分卷主编
1	第一卷　重力坝的弹性理论计算	王仁坤
2	第二卷　重力坝的设计和计算	王仁坤
3	第三卷　重力坝设计	周建平　杜效鹄
4	第四卷　水工结构计算	张楚汉
5	第五卷　水工结构应力分析	汪易森
6	第六卷　水工结构分析文集	沈凤生
7	第七卷　水工建筑物设计	邹丽春
8	第八卷　工程数学计算	张楚汉
9	第九卷　建筑物的抗滑稳定和滑坡分析	曹征齐
10	第十卷　科技论文集	王光纶
11	第十一卷　工程技术决策与实践	钱钢粮　杜效鹄
12	第十二卷　科普作品集	郇凤山
13	第十三卷　科幻作品集	星　河
14	第十四卷　春梦秋云录	李永立
15	第十五卷　老生常谈集	李永立
16	第十六卷　思考·感想·杂谈	鲁顺民　王振海
17	第十七卷　序跋·书信	李永立　潘　敏
18	第十八卷　积木山房丛稿	鲁顺民　李永立　潘　敏

《潘家铮全集》编辑出版人员

编 辑 组

杨伟国　雷定演　安小丹　孙建英　畅　舒　姜　萍

韩世韬　宋红梅　刘汝青　乐　苑　娄雪芳　郑艳蓉

张　洁　赵鸣志　孙　芳　徐　超

审 查 组

张运东　杨元峰　姜丽敏　华　峰　何　郁　胡顺增

刁晶华　李慧芳　丰兴庆　曹　荣　梁　卉　施月华

校 对 组

黄　蓓　陈丽梅　李　楠　常燕昆　王开云　闫秀英

太兴华　郝军燕　马　宁　朱丽芳　王小鹏　安同贺

李　娟　马素芳　郑书娟

装 帧 组

王建华　李东梅　邹树群　蔺义舟　王英磊　赵姗姗

左　铭　张　娟

总序言

　　潘家铮先生是中国科学院院士、中国工程院院士，我国著名的水工结构和水电建设专家、科普及科幻作家，浙江大学杰出校友，是我敬重的学长。他离开我们已经三年多了。如今，由国家电网公司组织、中国电力出版社编辑的 18 卷本《潘家铮全集》即将出版。这部 1200 万字的巨著，凝结了潘先生一生探索实践的智慧和心血，为我们继承和发展他所钟爱的水利水电建设、科学普及等事业提供了十分重要的资料，也为广大读者认识和学习这位"工程巨匠""设计大师"提供了非常难得的机会。

　　潘家铮先生是浙江绍兴人，1950 年 8 月从浙江大学土木工程专业毕业后，在钱塘江水力发电勘测处参加工作，从此献身祖国的水利水电事业，直到自己生命的终点。在长达 60 多年的职业生涯里，他勤于学习、善于实践、勇于创新，逐步承担起水电设计、建设、科研和管理工作，在每个领域都呕心沥血、成就卓著。他从 200 千瓦小水电站的设计施工做起，主持和参与了一系列水利水电建设工程，解决了一个又一个技术难题，创造了一个又一个历史纪录，特别是在举世瞩目的长江三峡工程、南水北调工程中发挥了重要作用，为中国水电工程技术赶超世界先进水平、促进我国能源和电力事业进步、保障国家经济社会可持续发展做出了突出贡献，被誉为新中国水电工程技术的开拓者、创新者和引领者，赢得了党和人民的高度评价。他的光辉业绩，已经载入中国水利水电发展史册。他给我们留下了极其丰富而珍贵的精神财富，值得我们永远缅怀和学习。

　　我们缅怀潘家铮先生奋斗的一生，就是要学习他求是创新的精神。求是创新，是潘先生母校浙江大学的校训，也是他一生秉持的科学精神和务实作风的最好概括。中国历史上的水利工程，从来就是关系江山社稷的民心工程。水利水电工程的成败安危，取决于工程决策、设计、施工和管理的各个环节。

潘家铮先生从生产一线干起，刻苦钻研专业知识，始终坚持理论联系实际，坚守科学严谨、精益求精的工作作风。他敢于向困难挑战，善于创新创造，在确保工程质量安全的同时，不断深化对水利水电工程所蕴含经济效益、社会效益、生态效益和文化效益等综合效益的认识，逐步形成了自己的工程设计思想，丰富和提高了我国水利水电工程建设的理论水平和实践能力。作为三峡工程技术方面的负责人，他尊重科学、敢于担当，既是三峡工程的守护者，又能客观看待各方面的意见。在三峡工程成功实现蓄水和发电之际，他坦诚地说："对三峡工程贡献最大的人是那些反对者。正是他们的追问、疑问甚至是质问，逼着你把每个问题都弄得更清楚，方案做得更理想、更完整，质量一期比一期好。"

我们缅怀潘家铮先生多彩的一生，就是要学习他海纳江河的胸怀。大不自多，海纳江河。潘家铮先生一生"读万卷书，行万里路"，以宽广的视野和博大的胸怀做事做人，在科技、教育、科普和文学创作等诸多领域都卓有建树。他重视发挥科技战略咨询的重要作用，为国家能源开发、水资源利用、南水北调、西电东送等重大工程建设献计献策，促进了决策的科学化、民主化。他关心工程科技人才的教育和培养，积极为年轻人才脱颖而出创造机会和条件。以其名字命名的"潘家铮水电科技基金"，为激励水电水利领域的人才成长发挥了积极作用。他热心科学传播和科学普及事业，一生潜心撰写了100多万字的科普、科幻作品，成为名副其实的科普作家、科幻大师，深受广大青少年喜爱。用他的话说，"应试教育已经把孩子们的想象力扼杀得太多了。这些作品可以普及科学知识，激发孩子们的想象力。"他还通过诗词歌赋等形式，记录自己的奋斗历程，总结自己的心得体会，抒发自己的壮志豪情，展现了崇高的精神境界。

我们缅怀潘家铮先生奉献的一生，就是要学习他矢志报国的信念。潘家铮先生作为新中国成立之后的第一代水电工程师，他心系祖国和人民，殚精竭虑，无私奉献，始终把自己的学习实践、事业追求与国家的需要紧密结合起来，在水利水电建设战线大显身手，也见证了新中国水利水电事业发展壮大的历程。经过几十年的快速发展，我国水力发电的规模从小到大，从弱到强，已迈入世界前列。中国水利水电建设的辉煌成就和宝贵经验，在国际上的影响是深远的。以潘家铮先生为代表的中国科学家、工程师和建设者的辛勤付出，也为探索人类与大自然和谐发展道路做出了积极贡献。在中国这块大地上，不仅可以建设伟大的水利水电工程，也完全能够攀登世界科技的高峰。潘家铮先生曾说过："吃螃蟹也得有人先吃，什么事为什么非得外国先做，然后我们再做？"我们就是要树立雄心壮志，既虚心学习、博采众长，又敢于创新创造、实现跨越发展。潘家铮先生晚年担任国家电网公司的高级顾问，他在病房里感人的一番话，坦露了自己的心声，更是激励着我们为加快建设创新型国家、实现中华民族伟大复兴的中国梦而加倍努力——"我已年逾耄耋，病废住院，唯一挂心的就是国家富强、民族振兴。我衷心期望，也坚决相信，在党的领导和国家支持下，我国电力工业将在特高压输电、智能电网、可再生能源利用等领域取得全面突破，在国际电力舞台上处处有'中国创造''中国引领'。"

最后，我衷心祝贺《潘家铮全集》问世，也衷心感谢所有关心和支持《潘家铮全集》编辑出版工作的同志！

是为序。

2016 年清明节于北京

总　前　言

一

　　潘家铮（1927年11月～2012年7月），水工结构和水电建设专家，设计大师，科普及科幻作家，水利电力部、电力工业部、能源部总工程师，国家电力公司顾问、国家电网公司高级顾问，三峡工程论证领导小组副组长及技术总负责人，国务院三峡工程质量检查专家组组长，国务院南水北调办公室专家委员会主任，河海大学、清华大学双聘教授，博士生导师。中国科学院、中国工程院两院资深院士，中国工程院副院长，第九届光华工程科技奖"成就奖"获得者。

　　1927年11月，他出生于浙江绍兴一个诗礼传家的平民人家，青少年时期受过良好的传统文化熏陶。他的求学之路十分坎坷，饱经战火纷扰，在颠沛流离中艰难求学。1946年，他考入浙江大学。1950年大学毕业，随即分配到当时的燃料工业部钱塘江水力发电勘测处。

　　从此之后，他与中国水利水电事业结下不解之缘，一生从事水电工程设计、建设、科研和管理工作，历时六十余载。"文化大革命"中，他成为"只专不红"的典型代表，虽饱受折磨和屈辱，但仍然坚持水工技术研究和成果推广。他把毕生的智慧和精力都贡献给了中国水利水电建设事业，他见证了新中国水电发展历程的起起伏伏和所取得的举世瞩目的伟大成就，他本人也是新中国水电工程技术的开拓者、创新者和引领者，他为中国水电工程技术赶超世界先进水平做出了杰出的贡献，在水利水电工程界德高望重。2012年7月，他虽然不幸离开我们，然而他的一生给我们留下了极其丰富和宝贵的精神财富，让我们永远深切地怀念他。

　　潘家铮同志是新中国成立之后中国自己培养的第一代水电工程师。60多年来，中国的水力发电事业从无到有，从小到大，从弱到强，随着以二滩、龙滩、小湾和三峡工程为标志的一批特大型水电站的建成，中国当之无愧地成为世界水电第一大国。这一举世瞩目的成就，凝结着几代水电工程师和建设者的智慧和心血，也是中国工程师和建设者的百年梦想。这个百年梦想的实现，潘家铮和以潘家铮为代表的一批科学家、工程师居功至伟。

潘家铮一生参与设计、论证、审定、决策的大中型水电站数不胜数。在具体的工程实践中，他善于把理论知识运用到实际中去，也善于总结实际工作中的经验，找出存在的问题，反馈回理论分析中去，进而提出新的理论方法，形成了他自己独特的辩证思维方式和工程设计思想，为新中国坝工科学技术发展和工程应用研究做了奠基性和开创性工作。他以扎实的理论功底，钻研和解决了大量具体技术难题，留下的技术创新案例不胜枚举。

1956年，他负责广东流溪河水电站的水工设计，积极主张采用双曲溢流拱坝新结构，他带领设计组的工程技术人员开展拱坝应力分析和水工模型试验，提出了一系列技术研究成果，组织开展了我国最早的拱坝震动实验和抗震设计工作，顺利完成设计任务。流溪河水电站78米高双曲拱坝成为国内第一座双曲拱坝。

潘家铮先后担任新安江水电站设计副总工程师、设计代表组组长。这是新中国成立之初，我国第一座自己设计、自制设备并自行施工的大型水电站，工程规模和技术难度都远远超过当时中国已建和在建的水电工程。新安江水电站的设计和施工过程中诞生了许多突破性的技术成果。潘家铮创造性地将原设计的实体重力坝改为大宽缝重力坝，采用抽排措施降低坝基扬压力，大大减少了坝体混凝土工程量。新安江工程还首次采用坝内底孔导流、钢筋混凝土封堵闸门、装配式开关站构架、拉板式大流量溢流厂房等先进技术。新安江水电站的建成，大大缩短了中国与国外水电技术的差距。

流溪河水电站双曲拱坝和新安江水电站重力坝的工程设计无疑具有开创性和里程碑意义，对中国以后的拱坝和重力坝的设计与建设产生了重要和深远的影响。

改革开放之后，潘家铮恢复工作，先后担任水电部水利水电规划设计总院副总工程师、总工程师，1985年起担任水利电力部总工程师、电力工业部总工程师，成为水电系统最高技术负责人，他参与规划、论证、设计，以及主持研究、审查和决策的大中型水电工程更不胜枚举。他踏遍祖国的大江大河，几乎每一座大型水电站坝址都留下了他的足迹和传奇。他以精湛的技术、丰富的经验、过人的胆识，解决过无数工程技术难题，做出过许多关键性的技术决策。他的创新精神在水电工程界有口皆碑。

20世纪80年代初的东江水电站，他力主推荐薄拱坝方案，而不主张重力坝方案；龙羊峡工程已经被国外专家判了"死刑"，认为在一堆烂石堆上不可能修建高坝大库，他经过反复认真研究，确认在合适的坝基处理情况下龙羊峡坝址是成立的；他倾力支持葛洲坝大江泄洪闸底板及护坦采取抽排减压措施降低扬压力；在岩滩工程讨论会上，他鼓励设计和施工者大胆采用碾压混凝土技术修筑大坝；福建水口电站工期拖延，他顶住外国专家的强烈反对，决策采用全断面碾压混凝土和氧化镁混凝土技术，抢回了被延误的工期；他热情支持小浪底工程泄洪洞采用多级孔板消能技术，盛赞其为一个"巧妙"的设计；他支持和决策在雅砻江下游峡谷修建240米高的二滩双曲拱坝和大型地下厂房，并为小湾工程295米高拱坝奔走疾呼。

1986年，潘家铮被任命为三峡工程论证领导小组副组长兼技术总负责人。在400余名专家的集中证论过程中，他尊重客观、尊重科学、尊重专家论证结果，做出了有说服力的论证结论。1991年，全国人民代表大会审议通过了建设三峡工程的议案，1994年三峡工程开工建设。三峡工程建设过程中，他担任长江三峡工程开发总公司技术委员会主任，全面主持三峡工程技术设计的审查工作。之后，又担任三峡工程建设委员会质量检查专家组副组长、组长，一直到去世。他主持决策了三峡工程中诸多重大的技术问题，解决了许许多多技术难题，当三峡工程出现公众关注的问题，受到质疑、批评、责难时，潘家铮一次次挺身而出，为三峡工程辩护，为公众答疑解惑，他是三峡工程的守护者，被誉为"三峡之子"。

晚年，潘家铮出任国务院南水北调办公室专家委员会主任，他对这项关乎国计民生的大型水利工程倾注了大量心血，直到去世前两年，他还频繁奔走在工程工地上，大到参与工程若干重大技术的研究和决策，小到解决工程细部构造设计和施工措施，所有这些无不体现着潘家铮作为科学家的严谨态度与作为工程师的技术功底。南水北调中线、东线工程得以顺利建成，潘家铮的作用与贡献有目共睹。

作为两院院士、中国工程院副院长，潘家铮主持、参与过许多重大咨询课题工作，为国家能源开发、水资源利用、南水北调、西电东送、特高压输电等重大战略决策提供科学依据。

潘家铮长期担任水电部、电力部、能源部总工程师，以及国家电网公司高级顾问，他一生的"工作关系"都没有离开过电力系统，是大家尊敬和崇拜的老领导和老专家；担任中国工程院副院长达八年时间，他平易近人，善于总结和吸收其他学科的科学营养，与广大院士学者结下了深厚的友谊。无论是在业内还是在工程院，大家都亲切地称他为"潘总"。这个跟随他半个世纪的称呼，是大家对潘家铮这位优秀科学家和工程师的崇敬，更是对他科学胸怀和人格修养的尊重与肯定。

潘家铮是从具体工程实践中锻炼成长起来的一代水电巨匠，他专长结构力学理论，特别在水工结构分析上造诣很深。他致力于运用力学新理论新方法解决实际问题，力图沟通理论科学与工程设计两个领域。他对许多复杂建筑物结构，诸如地下建筑物、地基梁、框架、土石坝、拱坝、重力坝、调压井、压力钢管以及水工建筑物地基与边坡稳定、滑动涌浪、水轮机的小波稳定、水锤分析等课题，都曾创造性地应用弹性力学、结构力学、板壳力学和流体力学理论及特殊函数提出一系列合理和新颖的解法，得到水电行业的广泛应用。他是水电坝工科学技术理论的奠基者之一。

同时，他还十分注重科学普及工作，亲自动笔为普通读者和青少年撰写科普著作、科幻小说，给读者留下近百万字的作品。

他在 17 岁外出独自谋生起，就以诗人自期，怀揣文学梦想，有着深厚的文学功底，创作有大量的诗歌、散文作品。晚年，还有大量的政论、随笔性文章见诸报端。

正如刘宁先生所言：潘家铮院士是无愧于这个时代的大师、大家，他一生都在自然与社会的结合处工作，在想象与现实的叠拓中奋斗。他倚重自然，更看重社会；他仰望星空，更脚踏实地。他用自己的思辨、文字和方法努力沟通、系紧人与水、心与物，推动人与自然、人与社会、人与自身的和谐相处。

二

2012 年 7 月 13 日，大星陨落，江河入海。潘家铮的离世是中国工程界的巨大损失，也是中国电力行业的巨大损失。潘家铮离开我们三年多的时间里，中国科学界、工程界、水利水电行业一直以各种形式怀念着他。

2013 年 6 月，国家电网公司、中国水力发电工程学会等组织了"学习和弘扬潘家铮院士科技创新座谈会"。来自水利部、国务院南水北调办公室、中国工程院、国家电网公司等单位的 100 多位专家和院士出席座谈会。多位专家在会上发言回顾了与潘家铮为我国水利电力事业共同奋斗的岁月，感怀潘家铮坚持科学、求是创新的精神。

在潘家铮的故乡浙江绍兴，有民间人士专门辟设了"潘家铮纪念馆"。

早在 2008 年，由中国水力发电工程学会发起，在浙江大学设立了"潘家铮水电科技基金"。该基金的宗旨就是大力弘扬潘家铮先生求是创新的科学精神、忠诚敬业的工作态度、坚韧不拔的顽强毅力、甘为人梯的育人品格、至诚至真的水电情怀、享誉中外的卓著成就，引导和激励广大科技工作者，沿着老一辈的光辉足迹，不断攀登水电科技进步的新高峰，促进我国水利水电事业健康可持续发展。基金设"水力发电科学技术奖"（奖励科技项目）、"潘家铮奖"（奖励科技工作者）和"潘家铮水电奖学金"（奖励在校大学生）等奖项，广泛鼓励了水利水电创新中成绩突出的单位和个人。潘家铮去世后，这项工作每年有序进行，人们以这种方式表达着对潘家铮的崇敬和纪念。

多年以来，在众多报纸杂志上发表的纪念和回忆潘家铮的文章，更加不胜枚举。

以上种种，都是人们发自内心深处对潘家铮的真情怀念。

2012 年 6 月 13 日，时任国务委员的刘延东在给躺在病榻上的潘家铮颁发光华工程科技奖成就奖时，称赞潘家铮院士"在弘扬科学精神、倡导优良学风、捍卫科学尊严、发挥院士群体在科学界的表率作用上起到了重要作用"。并特意嘱托其身边的工作人员，要对潘总的科技成果做认真的总结。

为了深切缅怀潘家铮院士对我国能源和电力事业做出的巨大贡献，传承潘家铮院士留下的科学技术和文化的宝贵遗产，国家电网公司决定组织编辑出版《潘家铮全集》，由中国电力出版社承担具体工作。

《潘家铮全集》是潘家铮院士一生的科技和文学作品的总结和集成。《全集》的出版也是潘家铮院士本人的遗愿。他生前接受采访时曾经说过："谁也违反不了自然规律……你知道河流在入海的时候，一定会有许多泥沙沉积下来，因为流速慢下来了……我希望把过去的经验教训总结成文字，沉淀的泥沙可以采掘出来，开成良田美地，供后人利用。"所以，《全集》也是潘家铮院士留给世人的无尽宝藏。

潘家铮一生勤奋，笔耕不辍，涉猎极广，在每个领域都堪称大家，留下了超过千万字的各类作品。仅从作品的角度看，潘家铮院士就具有四个身份：科学家、科普作家、科幻小说作家、文学家。

潘家铮院士的科技著作和科技论文具有重要的科学价值，而其科幻、科普和诗歌作品具有重要的文学艺术价值，他的杂文和散文具有重要的思想价值，这些作品对弘扬我国优秀的民族文化都具有十分重大的意义。

《潘家铮全集》的出版，虽然是一种纪念，但意义远不止于此。从更深层次考虑，透过《潘家铮全集》，我们还可以去了解和研究中国水利水电的发展历程，研究中国科学家的成长历程。

三

《潘家铮全集》共 18 卷，包括科技著作、科技论文、科幻小说、科普文章、散文、讲话、诗歌、书信等各类作品，约 1200 万字，是潘家铮先生一生的智慧结晶和作品总集。其中，第一至九卷是科技专著，分别是《重力坝的弹性理论计算》《重力坝的设计和计算》《重力坝设计》《水工结构计算》《水工结构应力分析》《水工结构分析文集》《水工建筑物设计》《工程数学计算》《建筑物的抗滑稳定和滑坡分析》。第十卷为科技论文集。第十二卷为科普作品集。第十三卷为科幻作品集。第十四、十五、十六卷为散文集。第十七卷为序跋和书信总集。第十八卷为文言作品和诗歌总集。在大纲审定会上，专家们特别提出增加了第十一卷《工程技术决策与实践》。潘家铮的科技著作都写作于 20 世纪 90 年代之前，这些著作充分阐述了水利水电科技的新发展，提出创新的理论和计算方法，并广泛应用于工程设计之中。而 90 年代以后，我国水电装机容量从 3000 万千瓦发展到 3 亿千瓦的波澜壮阔的发展过程中，潘家铮的贡献同样巨大，他的思想和贡献主要体现在各类审查意见、技术总结、工程处理意见、讲话和报告之中，第十一卷主要收录了这一时期潘家铮参与咨询和决策的重大工程的审查意见、技术总结等内容。

《全集》的编辑以"求全""存真"为基本要求，如实展现潘家铮从一个技术员成长为科学家的道路和我国水利水电科技不断发展的历史进程，为后世提供具有独特价值的珍贵史料和研究材料。

《全集》所收文献纵亘 1950～2012 年，计 62 年，历经新中国发展的各个重要阶段，不仅所记述的科技发展过程弥足珍贵，其文章的写作样式、编辑出版规范、科技名词术语的变化、译名的演变等等，都反映了不同时代的科技文化的样态和趋势，具有特殊史料价值。为此，我们如实地保持了文稿的原貌，未完全按照现有的出版编辑规范做过多加工处理。尤其是潘家铮早期的科技专著中，大量采用了工程制计量单位。在坝工计算中，工程制单位有其方便之处，所以对某些计算仍沿用过去的算式，而将最后的结果化为法定单位。另外，大量的复杂的公式、公式推导过程，以及表格图线等，都无法改动也不宜改动。因此，在此次编辑全集的时候都保留了原有的计算单位。在相关专著的文末，我们特别列出了书中单位和法定计量单位的对照表以及换算关系，以方便读者研究和使用。对于特殊的地方进行了标注处理。而对于散文集，编者的主要工作是广泛收集遗存文稿，考订其发表的时间和背景，编入合适的卷集，辨读文稿内容，酌情予以必要的点校、考证和注释。

四

《潘家铮全集》编纂工作启动之初，当务之急是搜集潘家铮的遗存著述，途径有四：一是以《中国大坝技术发展水平与工程实例》后附"潘家铮院士著述存目"所列篇目为基础，按图索骥；二是对国家图书馆、国家电网公司档案馆等馆藏资料进行系统查阅和检索，收集已经出版的各种著述；三是通过潘家铮的秘书、家属对其收藏书籍进行整理收集；四是与中国水力发电工程学会联合发函，向潘家铮生前工作过或者有各种联系的单位和个人征集。

最终收集到的各种专著版本数十种，各种文章上千篇。经过登记、剔除、查重、标记、遴选和分卷，形成 18 卷初稿。为了更加全面、系统、客观、准确地做好此项工作，中国电力出版社在中国水力发电工程学会的支持下，组织召开了《潘家铮全集》大纲审定会、数次规模不等的审稿会和终审会。《全集》出版工作得到了我国水利水电专业领域单位的热烈响应，来自中国工程院、水利部、国务院南水北调办公室、国家电网公司、中国长江三峡集团公司、中国水力发电工程学会、中国水利水电科学研究院、小浪底枢纽管理局、中国水电顾问集团等单位的数十位领导、专家参与了这项工作，他们是《全集》顺利出版的强大保障。

国家电网公司档案馆为我们检索和提供了全部的有关潘家铮的稿件。

中国水力发电工程学会曾经两次专门发函帮助《全集》征集稿件，第十一卷中的大量稿件都是通过征集而获得的。学会常务副理事长李菊根，为了《全集》的出版工作倾其所能、竭尽全力，他的热心支持和真情襄助贯穿了我们工作的全过程。

潘家铮的女儿潘敏女士和秘书李永立先生，为《全集》提供了大量珍贵的资料。

全国人大常委会原副委员长、中国科学院原院长路甬祥欣然为《全集》作序。

著名艺术家韩美林先生为《全集》题写了书名。

国家新闻出版广电总局将《全集》的出版纳入"十二五"国家重点图书出版规划。

国家出版基金管理委员会将《全集》列为资助项目。

《全集》的各个分卷的主编，以及出版社参与编辑出版各环节的全体工作人员为保证《全集》的进度和质量做出了重要的贡献。

上述的种种支持，保证了《全集》得以顺利出版，在此一并表示衷心的感谢。

因为时间跨度大，涉及领域多，在文稿收集方面难免会有遗漏。编辑出版者水平有限，虽然已经尽力而为，但在文稿的甄别整理、辨读点校、考订注释、排版校对环节上，也有一定的讹误和疏漏。盼广大读者给予批评和指正。

《潘家铮全集》编辑委员会

2016 年 5 月 7 日

本卷前言

　　本卷所收录作品，是潘家铮先生的杂感、思考、随笔性文字，计为政论和社会，能源战略，电力体制改革，工程院工作，电网工作，水利水电建设，科技发展，反对伪科学，科普、科幻、教育，杂谈共十辑。

　　潘家铮先生生前有诸多非科技专业性文字结集出版，计有散文随笔集《春梦秋云录》《老生常谈集》《潘家铮院士文选》，科普作品《千秋功罪话水坝》《发电》（三峡小丛书之一），以及科幻作品《潘家铮科幻小说集》。

　　尽管如此，潘院士尚有大量的非科技专业性文字尚未结集出版，甚至还有许多文字从未发表过，如在全国政协会议上的提案与发言，在不同场合的学术报告稿，给国务院、国家电网公司、三峡工程的建言献策，在许多工程审定、审查会议上的总结、讲话，散见于各种刊物的随笔、杂感，接受媒体的访谈文字。本卷以中国电力出版社 2003 年出版的《潘家铮院士文选》为基础，再增益未收入他卷的未刊稿、散佚在各种报刊的文章编辑而成，多方搜求，力求尽收。

　　潘家铮先生是享有国际声誉的科学家和水电专家，他的专业技术著作有 20 多种，加上为数众多的专业技术论文，计有 1000 多万字。在人们的印象里，这些具有奠基和开创意义的专业技术著作、论文，是作者学术黄金时期的科学技术研究成果与总结。而其后半生，尤其是从 1985 年担任水电部总工程师开始，担任越来越多的技术和社会职务，承担越来越繁重的技术审查、审定和国家重大战略咨询工作，除了 1985 年作者花 7 年时间重新改写完成 70 多万字的《重力坝设计》之外，很少有前半生井喷式的科研专著和论文问世。考察其一生的科研生涯，后半生的学术、科研分量似乎要稍差一些，就其个人的科研历程而言，似乎进入一个"休眠期"。

　　其实不然，我们在编辑完成数百万字的所谓"非科技专业性文字"之后才发现，作为优秀的科学家和杰出水电专家，如果说潘家铮先生的前半生是其科学研究的黄金期，莫若说是其科学技术研究的"播种期""育苗期"，而后半生貌似"休眠"，实则恰恰是其科学研究的"收获期"。这是因为，一方面，潘家铮先生的后半生，恰逢中国改革开放，迎来"科学的春天"，中国的水电建设经过一番曲折和艰难，进入前所未有的建设高潮，从安康、铜街子、东江、岩滩、白山、龙滩、石塘、紧水滩、水口、葛洲坝、二滩、天生桥、小湾、龙羊峡、小浪底、广州抽水蓄能等，一直到三峡工程、溪洛渡、向家坝水电站，中国的水电坝工建设一次一次刷新世界纪录，新技术、新材料、新工艺层出不穷。潘家铮作为中国水电建设最高的技术主持人，每一项重大工程都凝聚着他的汗水与智慧，而其扎实的理论功底和丰富的工程实践经验，又在业内留下了一个又一个技术传奇。如果没有前半生专心致志、乐此不疲的钻研之功，很难有后半生的重大收获，这是个人之幸，也是事业之幸。另一方面，潘家铮是一位受过传统文化熏陶的中国知识分子，从饱经离乱的青少年时期开始，就有着深挚的家国情怀，这种家国情怀几乎可视作贯穿潘家铮先生科技生涯的一条主线，他总是把自己的科研、思考和国家的兴衰联系在一起，潘家铮先生曾说过："讲到200年来的中国知识分子，其所受苦难屈辱之深，那是任何国家知识层从未经历的，正因如此，他们具有无比强烈的爱国心和振兴祖国的愿望。"所以，潘家铮后半生，将更多精力倾注于具体工程建设，将一己之长与国家振兴与民族复兴大业联系在一起。

本卷收入的文章，集中体现着潘家铮作为一名科学家和水电专家的科学胸怀与家国情怀。现代技术之惑，往往缠绕着忧乐天下的士子传统；工程技术创新，又常常看得见修齐治平的文化熏陶；建言献策，上书言事，则深富一位科学家的责任担当；批判伪科学，反对封建迷信，为科学真理发声，拍案而起，慷慨陈词……科学胸怀与家国情怀在潘家铮这位中国科学家、工程师身上，实际上是两样难分彼此、相得益彰的事物。明乎此，就比较容易理解本卷所收潘家铮先生文章的主题所在，价值所在。

潘家铮先生的许多技术著作，比如《重力坝设计》《建筑物的抗滑稳定和滑坡计算》《重力坝的弹性理论计算》《水工结构分析文集》，以及《水工结构应力分析丛书》等，尽管出版问世已有几十年，仍然是具有指导意义的经典，就是水利水电工程的大中专学生都能随口如数家珍说出来。但潘家铮先生许多非技术专业性文章中，同样不乏名篇，比如，政论性文章《我们需要再反一次党八股》《为扭转我国质量下降的现象而斗争》，都发表在当年有影响的政论杂志上，后者还是全国政协会上的发言，这两篇文章甫一发表，即构成一个不小的新闻事件，各大报刊纷纷报道，即便在今天看来仍有启示和警示意义；还有，作者《在〈水利水电工程结构可靠度设计统一标准〉（送审稿）审查会议上的讲话》《呼吁扭转水电前期工作的半停顿局面》诸篇，则是直接影响和扭转工程管理现状和水电建设格局的重头文章，在业内影响甚巨；其他如《水利建设中的哲学思考》《在清华大学水利水电工程系建系 50 周年庆典上的发言》等，从哲学和人文的角度思考水利工程建设，给人无限启迪。这样的精彩文章，在本卷中比比皆是。

潘家铮先生还是一位诲人不倦的老教授，他在不同场合有过几次大型演讲，演讲稿动辄万言，演讲时间长达两三个小时，潘家铮讲演的睿智与幽默，许多人都津津乐道，但讲演稿却是首次与读者见面。如 1996 年，由中组部、中国科学院、中国工程院等 11 个单位在京举办的百场"院士科技系列报告会"上的演讲《中国的能源问题和出路》；2004 年 9 月，在绍兴市首届科普节上的学术报告《新世纪的中国能源和水利问题——兼论绍兴的发展》；2005 年 11 月，在郑州大学的学术报告《孔子、儒家和中国的科技发展》；2007 年在清华大学水利学院演讲《创新和尽职——工程哲学思想漫谈》；2007 年 10 月，应国家发改委能源局邀请所做的《中国的水电开发与争议》报告。凡 5 篇，都是高屋建瓴，架构宏阔，论述严谨，广征博引，启人心智，师者、智者、仁者、勇者之风集于一身。

本卷收入的，还有几个访谈，分别为 2001 年《就院士话题答记者问》；2003 年三峡工程首台机组发电之后，接受央视《面对面》采访的《三峡情结》；2005 年接受央视《大家》栏目访谈的《水电专家潘家铮》；2007 年《水电建设集团是高层次的单位　希望它能高瞻远瞩》；2008 年《汶川大地震与水电建设——地震百日潘家铮访谈录》等，这些访谈，除《就院士话题答记者问》收入已经出版的《潘家铮院士文集》之外，其他都是首次公开出版。这些访谈，都是潘家铮对公众关注的热点、重点问题的及时解答和回应，具有新闻的时效性，也具有历史记录的史料性。

本卷所收录的文章，大致上是潘家铮先生担任众多社会职务，承担众多社会责任之后的所思所想所作所为的记录。在很大程度上，可以理出一条中国改革开放之后能源、水利、科学管理和建设的发展线索，具有重要的参考价值与现实意义，是潘家铮先生对社会、对能源战略、对水利水电科学技术，乃至对提高全国科学素质的思考等的结晶，也是潘家铮作为一名中国知识分子的科学胸怀与家国情怀、历史担当的集中体现。从文体角度来看，本卷所收文章，发表场合不同，文体各异，但都是非常严谨的作品。业内人士都知道，即便是一个会议上的即兴发言，潘家铮先生都要认真写成文字稿，一丝不苟。这既体现着潘家铮先生对待文字的严谨，更体现着潘家铮先生对职业、对会议、对听众的一种尊重，体现的是老一代知识分子的风范。

虽然编者已尽最大努力收集潘家铮先生散佚文字，但由于时间跨度大，涉及领域多等种种原因，遗珠之憾在所难免，希望有心读者参与，容本卷修订时补齐。

鲁顺民

2016 年 3 月

编辑说明

一、基本原则

《潘家铮全集》（以下称《全集》）的编辑工作以"求全""存真"为基本要求。"求全"即尽全力将潘家铮创作的各类作品收集齐全，如实地展现潘家铮从一个技术人员成长为一个科学家的道路中，留下的各类弥足珍贵的文稿、文献。"存真"即尽量保留文稿、文献的原貌，《全集》所收文献纵亘 1950～2012 年，计 62 年，历经新中国发展的各个重要阶段，不仅所记述的科技发展过程弥足珍贵，其文章的写作样式、编辑出版规范、科技名词术语的变化、译名的演变等都反映了不同时代的科技文化的样态和趋势，具有特殊史料价值。为此，我们尽可能如实地保持了文稿的原貌，未完全按照现有的出版编辑规范做加工处理，而是进行了标注或以列出对照表的形式进行了必要的处理。出于同样的原因，作者文章中表述的学术观点和论据，囿于当时的历史条件和环境，可能有些已经过时，有些难免观点有争议，我们同样予以保留。

二、科技专著

1. 按照"存真"原则，作者生前正式出版过的专著独立成册。保留原著的体系结构，保留原著的体例，《全集》体例各卷统一，而不要求《全集》一致。

2. 科技名词术语，保留原来的样貌，未予更改。

3. 物理量的名称和符号，大部分与现行的标准是一致的，所以只对个别与现行标准不一致的进行了修改。例如："速度（V）"改为了"速度（v）"。

4. 早期作品中，物理量量纲未按现在规范使用英文符号，一般按照规范改为使用英文符号。

5. 20 世纪 80 年代以前，我国未采用国际单位制，在工程上质量单位和力的单位未区分，《全集》早期作品中，大量使用千克（kg）、吨（t）等表示力的单位，本次编辑中出于"存真"的考虑，统一不做修改。

6. 早期的科技专著中，大量采用了工程制计量单位。在坝工计算中，工程制单位有其方便之处，另外，因为书中存在大量的复杂的公式、公式推导过程，以及表格图线等，都无法改动也不宜改动。因此，在此次编辑全集的时候都保留了原有的计算单位，物理量的量纲原则上维持原状，不再按现行的国家标准进行换算。在相关专著的文末，我们特别列出了书中单位和法定计量单位的对照表以及换算关系，以方便读者研究和使用。对于特殊的地方进行了标注处理。

三、文集

1. 篇名：一般采用原标题。原文无标题或从报道中摘录成篇的，由编者另拟标题，并加编者注。信函篇名一律用"致×××——为×××事"，由编者统一提出要点并修改。

2. 发表时间：①已刊文章，一般取正式刊载时间；②如为发言、讲话或会议报告者，取实际讲话时间，并在编者注中说明后来刊载或出版时间；③对未发表稿件，取写作时间；④对同一篇稿件多个版本者，取作者认定修改的最晚版本，并注明。

3. 文稿排序：首先按照分类分部分，各部分文稿按照发表时间先后排序。发表时间一般详至月份，有的详尽到日。月份不详者，置于年末；有年月而日子不详者，置于月末。

4. 作者原注：保留作者原注。

5. 编者注：①篇名题注，说明文稿出处、署名方式、合作者、参校本和发表时间考证等，置于篇名页下；②对原文图、表的注释性文字，置于页下；③对原文有疑义之处做的考证性说明，对原文的注释，一般加随文注置于括号中。

四、其他说明

1. 语言风格：保留作者的语言风格不变。作者早期作品中有很多半文半白的文字表达，例如："吾人已知""水流迅急者""以敷实用之需""×××氏"等。本着"存真"和尊重作者的原则，未予改动。

2. 繁体字：一律改用简体字。

3. 古体字和异体字：改用相应的通行规范用字，但有特殊含义者，则用原字。

4. 标点符号：原文有标点而不够规范的，改用规范用法。原文无标点的，编者加了标点。

5. 数字：按照现行规范用法修改。

6. 外文和译文：原著外文的拼写体例不尽一致，编者未予统一。对外文拼写印刷错误的，直接改正。凡是直接用外文，或者中译名附有外文的，一般不再加注今译名。

7. 错字：①对有充分根据认定的错字，径改不注；②认定原文语意不清，但无法确定应该如何修改的，必要时后注（原文如此）或（？）。

8. 参考文献：不同历史时期参考文献引用规范不同，一般保留原貌，编者仅对参考文献的编列格式按现行标准进行了统一。

目录

1 政 论 和 社 会

2 能 源 战 略

3　电 力 体 制 改 革

4 工程院工作

5 电 网 工 作

6 水 利 水 电 建 设

7　科　技　发　展

8 反 对 伪 科 学

9 科普、科幻、教育

10　杂　　谈

1 政论和社会

为扭转我国质量下降的现象而斗争

最近，中国工程院正在组织院士对当前我国的工程质量问题进行调查研究。这是一件大好事。其实，我国的质量问题不限于工程质量，而涉及更广泛的领域和具有极深远的影响，值得作一更全面和深入的探讨。

一、触目惊心的质量问题已成为国家民族的奇耻大辱

本文中所称的质量是指广义的各类质量问题，包括工程质量、产品质量、服务质量、教育质量、管理质量（水平）等。可见，这是一个影响到国民经济全局和社会活动每一角落的重大问题，在当前，对我国实现"两个转变"和"四化"大业、振兴国家民族更具有无比重要的意义。

那么目前我国的质量情况又是如何呢？在这里恕我不想引用报刊上经常出现的八股式评论，什么"总的情况是好的"啦，什么"质量稳中有升、前景喜人"啦，而想尖锐地指出，当前我国的质量问题可以用一句话来概括，那就是，质量情况江河日下，已经达到触目惊心的程度。新建工程尚未启用就伤痕累累、千疮百孔，投产后开裂倾斜、东修西补，甚至大厦倾塌、水坝失事。且不说市场上假冒伪劣商品泛滥成灾，就是正式产品，又有多少是优质或合格的？人民叫苦不迭，视购物为畏途，对国产产品失去了信心，千方百计要购买"原装进口货"。我国企业则千方百计地在商品上冠个洋名或挂个合资招牌来吸引顾客。出口商品也屡因质量低劣被拒被退，而且多数都进不了高级商场，只能作为廉价低质货销售，为人所不齿。当然，我国也有许多优秀工程和高质量商品，但被淹没在劣质工程和低质商品的汪洋大海之中，遭到没顶之灾。我在许多场合上讲过，近百年来，中国备受列强的欺凌宰割，有无数国耻，什么鸦片战争、八国联军、《马关条约》，什么《二十一条》、"五·三"惨案、"五·卅"惨案，以及"九一八""一二·八"……经过先烈们长期的浴血牺牲，最后终于在党的领导下洗刷了这些耻辱。然而，新的国耻已在不知不觉中重新加到中国人的头上，这就是："中国制造""中国质量"已成为"低劣商品"和"低劣质量"的同义词。这个新的国耻更为隐蔽、更为可耻，也更为严峻。不洗刷掉这一耻辱，什么"振兴中华"，什么"实现四化"，都将无从谈起。

有人说，工程或商品质量低劣的情况，在外国也有，不值得大惊小怪，韩国不也发生过坍桥垮楼的事故吗？这些同志没有看到，外国发生这种情况极为罕见，而且他们似乎也没有注意到，韩国政府可以把发生这种事故定为国耻，震惊全国！而作为社会主义大国的中国，又采取了什么措施呢？我们看到的是，许多部门、地方的领导对触目惊心的质量问题是视而不见，听而不闻，麻木不仁。有的做些表面文章，追

本文作者写于 1996 年 5 月，曾刊登于《世界科技研究与发展》，1996 年 12 月又转载于《质量与可靠性》。

求表面的发展速度和政绩。更有甚者，为了部门、地区或个人的私利，怂恿包庇、弄虚作假，成为伪劣商品和低劣工程的策源地和保护伞。长期以来，我国在质量问题上法制松弛、欺诈横行，人民受害却无处申诉，甚至失去信心，不愿或不敢奋起斗争，维护自己的权益。长此以往，其祸害将不堪想象。恕我直言，时至今日，质量低劣问题已成为我国的心腹大患，到了不能容忍的地步。如果再不猛醒，痛下决心，采取铁的措施，坚决扭转局面，我国"四化"大业将如建立在淤泥上的大厦一样，必然招致全面崩塌，这将是我国建设中的最大失误。

1996年是"九五"计划的第一年。为了开一个好头，为了迅速扭转正在恶化的势头，我要大声疾呼，建议从中央到全国人民都要重视质量问题，抓一抓质量问题。

二、质量问题是政治问题，党和政府要承担责任

我国的质量问题为什么会恶化到今天的地步，值得全国各界尤其是理论界和领导层的深思。有的同志将它归咎于我国总的科技和生产水平低落，或归咎于体制不适应国情、制度不健全等，我认为他们都没有找到主要根源。照我看来，我国的质量问题是个政治问题。不正本清源，从本质上解决问题，搞一些小动作和表面文章是不能挽狂澜于既倒的。

我是搞工程建设的人，回忆新中国成立之初，我们一无技术、二无经验、三无设备，然而全国人民坚持党的实事求是和谦虚谨慎的作风，兢兢业业地从事着社会主义建设，建成过大量的优质工程。同样，当时并没有什么"合资企业""部优""省优"的评选，但仍然有过许多优质商品，享誉国际。但是，当极"左"思潮和极"左"路线逐渐在党内占统治地位后，情况就急转直下了。一次次的政治运动冲击着全国各行业各领域，实事求是和认真负责的优良传统被彻底抛弃，代之以吹牛、浮夸、弄虚作假。一批批坚持质量、坚持科学的好同志被定为右派、反党分子，打入地狱，科学、技术、知识、经验都被视为"大跃进"中的拦路石。什么"先破后立""放卫星""一天等于二十年"等虚诞的口号满天飞，演出了一幕又一幕的闹剧，到了十年动乱时期更达到了史无前例的程度。试问在这样的路线和形势下，中国的质量情况还能提吗？党的十一届三中全会拨正了政治航向，批判了"左"的错误，可是上述祸害和影响并未被真正清除，忽视质量、浮夸作假的作风并未被触动过。加上改革开放以来，片面强调实行市场经济、讲究经济效益，放松了抓精神文明建设，更使质量问题进一步恶化（这里用了放松精神文明建设的一句话，还是礼貌性的提法，实际上，有一段时间根本没有抓过精神文明建设，甚至有些地区和部门是在破坏精神文明建设，怂恿和包庇为非作歹的行为）。我认为，新中国成立以来长期执行的极"左"路线和改革开放以来偏重追求利润是两大祸根。我国的质量问题有政治背景，是个政治问题。现在这两大祸根并未清除，而是愈演愈烈。忽视质量的癌细胞已扩散到各行各业，侵入人的思想深处和企业、单位的作风中去了。现在是需要全党全民正视形势，从头认识，下决心动大手术根治顽疾的时候了。

造成这一局面，应该由谁负责？自然应由执政的中国共产党负责。中国共产党是光明磊落不谋私利的党，对历史上的一系列重大失误都敢于承认而且坚决纠正。相信

党中央和政府对于在质量问题上的失误也能总结经验、勇于承认并承担责任。这样就能昭大信于民，然后才能与民更始，领导全国人民认真学习，提高认识，挖出祸根，批判错误，摆正质量的位置，重建优良作风。这样做，不会影响党的威信和政治、社会的稳定；相反，能这样做的政党将会得到人民的衷心拥护，永远立于不败之地。

三、解决质量问题的三剂良药

要较彻底地解决质量问题，我建议，从三个方面下功夫，这也是治顽疾的三剂良药：

（1）有组织地开展全民学习运动，逐步进入高潮，从思想深处解决问题。要发动各部门各地方，在领导带领下对质量问题进行深入调查研究和揭露剖析。使其能清楚地认识到问题的严重性和危害性，挖掘其政治根源和历史根源，真正在思想上有所提高。

要选择一批最恶劣、最典型的"大案要案"予以曝光，追究责任，惩办失职者或罪犯。任何上级部门都无权代担责任（他们有自己的责任），对于高质量的典型要予以充分的肯定和表扬，做到正邪分明，善恶有报，坚决反对过去许多部门、地方包庇坏人坏事的恶劣做法。为此要动员舆论界和人民群众（广播、电视、报刊、各种文艺形式、各级政协、各人民团体等）来揭露和监督质量问题，使劣质工程、劣质产品，以及在质量上违纪犯法的部门和人员成为过街老鼠，成为人所共弃的狗屎堆。实际上，绝大多数质量问题的曝光，不会影响稳定，只会增强人民的信心和凝聚力，而且可以挽救一大批走上歧途的企业领导和个人。

由于质量问题由来已久，集中发动一场战役，形成一个高潮是必要的，但不能指望短期内就能解决问题，而要做长期战斗的准备。各部门、各地方、各企业要锲而不舍地对职工进行质量教育，要从孩子和青工抓起。通过长期坚韧不拔的思想工作，使质量二字深入人心，把提高质量与爱国、爱党、爱事业融合成一体，成为自觉的行动，使人人能以高质量为荣、低质量为耻。有了这样的思想基础，优良作风和名优产品自然会不断建立和涌现，伪劣商品和不重视质量的企业自然会被淘汰。

（2）在思想认识不断提高、质量概念逐步深入人心的过程中，各行业各部门要及时制订、修订和颁发各项有关保证质量的法律、条例、规章、制度、标准和措施（各企业还可以有自己的规章制度），它们应该是严格、有效和切实可行的，应该是符合国情并和国际接轨的。有些标准可以高于国际标准。制订这些规章制度和标准，既要针对我国国情，也要吸取国际上一切好的经验。它们一经制定和颁布，就具有法律权威，不可侵犯。我们必须以法治代替人治，任何领导或上级部门无权在质量问题上做出无根据的决定，否则就是违法。质量检查、监督和管理部门要像财会和纪检人员一样，具有相对的独立性，有权拒绝上级机关和企业领导的行政干预。

要特别重视分层次的质量责任制和质量检查制。即，在生产过程的每一环节中，都要明确质量负责人，都要有明确的检查监督制度（包括自检），每一环节都要有记录，明确当事人。他们对所经手的生产活动质量负责到底。一旦出现事故，必须能够追究到具体的人。

（3）依靠科学技术的进步来提高质量。思想认识上的提高和规章制度的健全，能够扭转质量不断下降的局面，但要使我国的质量能不断跃升，开创全新局面，进入和占领国际市场，还必须依靠科学技术的发展。高科技的发展和科技新成果的出现，才能在材料上、工艺上、设备上、结构上、设计上出现新的境界，才能使产品不断更新换代，使质量达到新的水平。举个例子，用 19 世纪的老车床制造出来的产品，无论如何努力，是无法和多轴数控机床相比的。

"生产建设要依靠科学技术，科学技术要面向生产实践"，这是党指出的正确道路。具体地讲，生产建设要依靠科技的发展来保证质量、提高质量、发展新品种、占领国内外市场，而科技研究要以提高生产建设的质量、跃上新的台阶为主攻方向。市场竞争应该是质量和科技的竞争。目前依靠拉关系、找后台甚至给回扣、行贿等手段进入市场，不仅是非法的，而且是短命的，要受到历史无情的惩罚，最终必是一害国家、二害企业、三害个人。一切有远见的企业和企业家应该重视科学技术，依靠科学技术来极大地提高产品的质量，创立信得过的名牌、名企业，才是正途；而一切有作为的科技专家，都要为提高我国工程和产品的质量而努力，两者应紧密结合，共同发展，为振兴国家和民族做出贡献。

四、从"九五"做起，开创高质量的新时代

1996 年是"九五"计划的第一年，也是今后关键性的十五年奋斗的第一年。党中央也为"九五"计划和其后十年规划制定了纲要，为全国人民指明了奋斗方向、目标和途径。要抓质量，此其时矣。离开质量，一切动人的指标都是空的，实现"两个转变"也是空的。

所以我认为，必须在"九五"计划开一个好头。在"九五"中，必须使我国的质量有个根本性的改变。为此，建议中央明确规定"九五"计划是一个讲究高质量的计划，建议成立全国质量领导组织，以雷霆万钧之势和严密周到的部署，动员全党全民正视质量问题，为开创高质量的新纪元进行艰苦的斗争。

在"九五"计划中要坚决批判和摒弃重数量轻质量的做法。"宁可少些，但要好些"，宁可降低表面上的发展速度和产量，也要讲究实效、实绩、高质、高效和节约。国民经济发展规划当然需要一些数字和指标，但必须是真实的、不掺水分的、确切有效的。举个例子，我国钢铁产量已接近年产亿吨，成为世界上名列前茅的钢铁大国，然而大量的优质钢、特种钢都不能生产，有求于人和受制于人，而不少低质钢则压库积存。试问今后是否应再发展这种低品位材料的生产，使钢铁总产量达世界第一呢，还是应该集中全力，提高质量，增加品种，调整结构？我们要坚决放弃完全根据速度和产量来衡量成绩和政绩的一贯错误做法，要把不合格的、积压无用的数量从总产量中扣除掉，而且应追究有关部门和人员的法律及经济责任。在统计报表中，要把有关质量方面的指标作为重要的内容反映出来。

要坚决执行"质量一票否决制"，凡是质量不合格的产品和工程，都必须依法处理。在此以前，不能出厂，不能销售，不能移交，并应公开曝光，严重的通报全国，将它钉在耻辱柱上。有关企业和人员，不能享受任何荣誉和经济利益，已经取得荣誉和利润的必须剥夺和追回，并加惩处。采购伪劣产品及将工程承包给质量信誉低劣企业的

人员必须承担责任,严加追究。总之,质量是皇帝,质量是上帝。要使人人理解:一切轻视质量、在质量上弄虚作假的企业和个人,以及为了地方、部门"利益"而对低劣质量进行包庇者,必将自食恶果,不容于社会主义的中国。

建设计划、技工项目、科改项目可以少一些、发展速度慢一点,但工程必须是建一个,成一个,都是优质工程。商品必须是生产一批,畅销一批,都是有竞争力的优质名牌产品。依靠质量在社会主义的市场上进行公开、公平、公正的竞争,你追我赶、精益求精、优胜劣汰,走上良性循环的道路。能够这样,国家和民族就有了希望。

我国目前的质量问题是严重的,带有历史性根源,影响社会的各方面。要改变面貌是不容易的,有的同志甚至对此失去信心,但是我坚决认为,只要中央和国务院能下决心,大家认识一致,不讳疾忌医,而是齐心协力,在中央的统一领导和部署下,经过长期和艰苦的斗争,必然能扭转质量滑坡的颓风,出现全新的局面。我国必然能走上以质量立国、以科技立国的道路,涌现出无数的名牌、名优产品,以及名企业、名工程,使中国产品在国际上成为优质产品的同义词,使中国质量成为世界上最好质量的同义词。

心以为危,因此大声疾呼,披沥直陈。治顽疾用猛药,治乱世用重典。如果文中有偏激之处,希望能得到同志们的理解和批评。最后我要疾呼:全国"四化"离不开高质量,真正实现"两个转变"离不开高质量,愿全国人民奋起,为迅速扭转质量滑坡的势头,开创质量全面好转的局面进行顽强的拼搏。

迈向知识经济的新世纪

我们很快就要迎来 20 世纪的最后一年——1999 年,《科技潮》杂志也将进入第 10 个年头。近年来,办科技文化刊物很不容易,《科技潮》却越办越兴旺,不断以新的面貌出现,赢得了广大读者的赞许,为普及科学知识、宣传科学文化做出了重要的贡献。这是件令人欣慰的事。我们应该感谢编者和作者们的辛勤劳动,并预祝他们在新的一年里取得更大的成就,迎接新世纪的到来。

21 世纪是全球进入知识经济的世纪,是全球经济走向一体化的世纪。在新的世纪中,科学、技术、经济和文化将更紧密地结合,我们将面临无情的压力和激烈的竞争,我们必须在这场没有硝烟的战争中取胜,才能屹立于世界,完成民族振兴大业。竞争是综合国力的竞争,是科学技术水平的竞争,是创新意识和能力的竞争,归根到底是人才的竞争。我们需要出类拔萃的人才,更需要全民科技素质的大提高,后者是前者的基础,没有肥沃深厚的土壤是不可能生长出参天大树的。新中国成立以来,我们有伟大的成就也有严重的失误。最大的失误就是只抓所谓的阶级斗争,而把科技发展和人才培养贬入冷宫,甚至对许多人士妄加伤害,其恶果至今还未消除。我曾说过,现在中国人的科技素质还停留在义和团的水平,有人认为我这话有些偏激。但我们只要看一看全国有多少人还在向封建迷信顶礼膜拜,还在相信特异功能,还在上演诸如"水变油""神医救世主"的闹剧,有多少年轻人不想做艰苦的努力而只想不劳而获地坐享其成,就可知科学精神和科学态度的薄弱,仍然是国家民族的心腹大患。所以,科技宣传和科学普及工作是关系国家兴旺发达的大事。全国各行各业都应该为提高民族科学素质努力战斗,做出贡献。科技界、文化界、出版界、舆论界更应发挥尖兵作用。

《科技潮》是一份有影响的刊物,深愿它再接再厉,保持科学战斗的作风,用生动活泼的形式,在祖国大地上和年轻一代的心田里撒播一批又一批的种子,为中华民族最终告别愚昧落后做出新的贡献。这是我的衷心期望。

本文刊登于《科技潮》1999 年第 1 期。

新 春 寄 语
——在 1999 年政协、科协新春茶话会上的讲话

20 世纪很快就要过去。新世纪是从 2000 年开始还是从 2001 年开始，似乎还无定论，但总之，我们不久就要进入 21 世纪了。作为一个古稀老人，处在这世纪之交，心中真是思潮起伏，感慨万千。今天有机会在"两协"举办的新春茶话会上发言，我确实有话想说。很简单，就是三句话：一是不要忘记过去，二是正确认识现在，三是勇敢面对未来。

永远不要忘记过去！20 世纪在人类历史中是个伟大的时代，政治、经济、科技各领域中都发生了巨变。殖民主义瓦解了，霸权主义依然横行。苏联模式的社会主义兴起了，昙花一现后又消失了。全球经济走向一体化，而贫富差距更加扩大。虽然人类已经能制造宇宙飞船并尝试着克隆自己，科学技术的突飞猛进并未给世界带来和平与公正。

对中国来说，变化更是翻天覆地。满清皇朝覆灭，新旧军阀混战，列强瓜分中国，日本更是把中国逼上了亡国灭种的绝境。马列主义传入，星星之火燎原，国内战争、抗日战争、解放战争，打了几十年的仗才建立了新中国。新中国成立后实行了 30 年的计划经济直到"文革"，接着是 20 年的改革开放。哪一个国家都没有经历过这么复杂、沉痛的历史，都没有这么丰富、宝贵的教材，值得几辈子人学习。而我觉得，现在很多人都忘记了这段用血泪写成的苦难史，有些年轻人已不屑或不愿再听"老古董"了。报载，居然有人缝制"皇军帽""皇军服"卖给年轻人"威风"一番。我是当过亡国奴的，身上还留着皇军刺刀戳伤的疤痕，看到这种报道，只觉心如刀割。那些牟利的奸商固然是全无心肝，但那些年轻人也太无常识，看来已彻底忘记了祖辈、父辈的血海深仇和奇耻大辱。"忘记过去就意味着背叛"，我们忘记，别人可没有忘记。日本就有那么一批人，死不承认对中国犯过滔天罪行，死不甘心地要朝拜他们的战犯祖宗，从心底里看不起中国这个"劣等民族"。现在大家重视搞"科普"，"历史学""革命史"也属于广义的科学范畴，我认为"科普"也应该包括"历普""革普"，要把 20 世纪中国的苦难史深深烙入每个人的脑中，这是件大好事。总之，我要大声疾呼："千万不要忘记过去！"

也许有人会说，这毕竟是半个世纪前的事儿，法国不是也已忘记了德国这个世仇了吗？要紧的是，立足现在向前看。很好，我要讲的第二句话就是"正确认识现在"。现在的中国是个什么情况呢？当然是成绩喜人，形势大好。新中国成立、特别是改革开放以来，中国确实取得了举世瞩目的成就。中国的综合国力空前增强，中国是安理会常任理事国，中国是五大核国家之一，中国的钢产量世界第一，中国拥有 1400 多亿

本文是 1999 年 2 月 5 日，作者在全国政协和中国科协联合举行的新春茶话会上的讲话，刊登于《中国政协报》。

美元外汇储备，再加上港澳回归、普天同庆……，更重要的是中国已找到建设有自己特色的社会主义的正确道路和理论——邓小平理论。这些全是事实，成就的巨大是我们祖辈们难以梦想的，对成就怎么宣传也不过分。但我总觉得在成就面前要保持清醒，要看到重大的矛盾、困难和深层次问题。中国面临资源危机、环境危机，中国人均GDP仍然排在世界最低的档次中，中国的科学技术水平与国际先进水平间仍然有巨大差距，中国的管理水平、生产效率仍然低下，而且存在着惊人的浪费。中国的产品仍然以劳动密集型中低档产品为主，"中国制造"甚至是"低质量"的同义词。中国的高新技术仍不发达，许多关键产品、元件、材料仍然依靠进口。中国的创新机制和成果仍然落后于人，这些是不是现实？如果再观察社会风气和现象就更触目惊心：以权牟利、贪污行贿、卖官鬻爵、腐化堕落、执法犯法、弄虚作假等不正之风，已非个别现象，而是在蔓延扩散。江泽民总书记已经把腐败现象提到亡党亡国的高度来讲，难道我们还能掉以轻心吗？到底是党铲除腐败还是腐败毁灭我们党，这个胜负现在还不知道。所以我们一定不要怕揭烂疮疤，这不是给新社会抹黑，而是治病下药。只有正确地认识现状，才能痛切地认识过去的失误和当前的危机，才能避免再犯错误，从而找到出路。过去的失误就是两句话：前三十年"左"的路线统治，后二十年一手硬一手软。出路只有一条：在政治上、思想上与以江泽民同志为核心的党中央保持高度一致，切切实实按中央的指示去做，不要再阳奉阴违了。

再从现在的国际形势看，我说目前就是强权世界。谁有经济和军事实力，谁就主宰一切。对别人说打就打，要炸就炸，动不动就制裁，动不动就干涉内政。别国的元首都可以抓起来审判坐牢，连"国权"都没有，还谈什么"人权"。要清醒地认识到有些国家做梦也想颠覆中国这个唯一的社会主义大国，想打我们，想炸我们，要搞台独，要把西藏分裂出去……，之所以没有动手，是因为中国不像巴拿马、南斯拉夫、伊拉克那么弱。有朝一日中国的力量下降了，他们就要一步步动手了。这是不是我们应该正确认识的现实？

我的第三句话就是：满怀信心，充分准备，勇敢地面对未来。未来是个什么世纪？有人说是信息时代，要多讲点儿"比特"，少讲点儿"原子"。有人说，农业经济、工业经济时代都已过去，21世纪将是知识经济时代。这些我没有研究过，我是从另一角度看，我认为未来是个充满激烈竞争和无形压力的时代。各个国家、各个民族，不进则退，不适应就被淘汰，不能屹立于世界就沦为别人的附庸，挨打受气，恐怕没有什么中间道路。面对这样的未来，中国人只能增强信心，做好准备，英勇地迎接前所未有的挑战。我们要有信心打好这一仗，因为中国有12亿勤劳勇敢聪明的人民，有960万千米^{2}的国土，有一个光荣、正确、伟大的党，有一条正确的、符合国情的建国路线，有无比丰富的正反经验，有一个比较完整强大的经济基础。只要我们小心谨慎，不再犯大的失误，做好充分准备，我们没有理由在竞争中打不赢别人。要做什么准备呢？那就先看竞争的性质是什么，无非是经济实力和综合国力的竞争，是科学技术水平的竞争，归根到底是人才的竞争。所以最重要的准备就是培养各种德才兼备的新一代人才。在21世纪挑重担、打硬仗的都是今天的年轻人和儿童。他们的品格、能力决定了中国的前途。全国各界、全国上下都要为培养新一代人才做贡献。这里，老同志有特殊的责任。我们要尽多、尽快地发现人才、培养人才，要千方百计地为他们的成长施肥、让路、架桥。培养出一个新的学术带头人比自己研究出一些成果具有更加重要的意义。现在规定年满 60 岁的同志都从一线上退下来，这毫不意味着这些同志不能够胜任工作，而是要尽快让下一代锻炼、成长。我们太需要大批的年轻政治家、科学家、经济学家、工程师和各行各业的带头人脱颖而出了。这也是老同志能够为国家做出的最重要的贡献，历史和人民将会记下这一丰功伟绩。

方才我说老同志要乐意为新一代让路、架桥。另外，老同志们（特别是刚过六十岁的）是政治理论最充实、经验最丰富、综合分析和判断能力最成熟的一辈人，如果退下来就休息不干，那是人才上最大的浪费。所以应该是退职而不休息，让路而不停步，继续发挥潜力和余热。这潜力是十分可观的。有的老同志可以继续带领年轻人搞科研；有的老同志可以站在更高的战略观点上分析全局、研究大势、提出建议，为党和国家出谋划策；有的可以深入调查、研究、监督、提供信息；有的可以担任顾问、咨询、参谋，为行业、企业诊病排难；有的可以找到新的起点，开拓新的事业；有的可以著书立说传经播道……条条大路都可以为国家做贡献。对中国来说，现在的知识分子绝对是少了，而不是多了。担任任何职务都有任期，为人民服务、为国家做贡献则永无止境。我们老同志应该满怀信心地喜看长江后浪推前浪，满腔热忱地帮助后人胜前人。在这一转换过程中，特别是在发挥老同志作用方面，政协和科协能起到极大的、不可替代的作用。我们期盼"两协"能在新的时代中大有作为。

新春伊始，本来应该多讲几句吉祥话，我因心有所感，说了一通儿"盛世危言"，把困难和问题多说了几句，我认为这对我们比较有益。如有说错的地方，请大家指正。

社会科学要和自然科学携手前进

李铁映同志的报告既是对过去的总结，也是指导今后工作的方向，我听了深受启发。新中国诞生已经 50 年了，我们取得了举世瞩目的成就，但进入新世纪后，我们将面临更加剧烈、无情的竞争。我们的祖国能否屹立于世界，中华民族能否振兴，有中国特色的社会主义能否胜利建成，都取决于今后数十年的奋斗成果。这将是一场在广泛领域（政治、经济、科技、文化、军事）中开展的较量。我是个工程技术人员，长期以来较多关心自然科学和工程技术的发展，为我们的成就而骄傲，为受到的挫折而痛苦，也为目前的差距而担心。但科学应包括自然科学和社会科学。中国如果在社会科学上不能沿正确方向发展和取得突破，后果将是致命的。这仍是个发动机和方向盘的问题，而且在今天，这个问题尤显重要。因为我们是在新的形势下发展，新的道路上前进，而这条道路是从来没有人走过的。还有些学科更是交叉学科，其中自然科学和社会科学是不可分的。例如现在国有企业很困难，当然有技术、资金和历史上的因素，但更重要的还是管理水平问题。管理科学就是交叉学科，中国工程院一直想成立管理科学部，困难很大，我们正在努力。管理落后的情况不改变，是不行的。

在十年浩劫期间，自然科学和工程技术的发展受到了严重的干扰和破坏，而社会科学受到的影响则更严重，几乎可以说是到了被毁灭的边缘。我们欣喜地看到，十一届三中全会以来，在邓小平理论的指引下，我国的社会科学研究不仅恢复了元气，而且有了重大的发展。这成绩来之不易。回想一下，要从"四人帮"设置的重重禁锢之中冲破牢笼，对基本理论和一些重大问题重新认识、正确评价、深入探索、迅猛发展，这需要有多高的智慧，多大的决心和勇气，需要进行何等艰难曲折的斗争！我认为这方面的努力和成就是可以和搞"两弹一星"相媲美的。请允许我借此机会以一个普通工程技术人员的身份，向千千万万在社会科学研究领域中奋战的同志们表示敬意和祝贺，祝在新的世纪里取得更好的成就。

我很担心地看到，有些年轻同志特别是搞科技的，在社会科学方面的知识实在太少了，马克思主义也不谈了，这不是好现象。而且不但是知识缺乏，在认识上也有误区，不大承认社会科学的意义与作用，总认为那是些空话。我不懂社会科学，但至少与同志们讨论过某些问题。例如近几百年来，中国的科技水平为什么如此落后？是中国人不聪明吗？当然不是。中国古代的四大发明，近世获诺贝尔奖的不乏华人，都说明中国人不比其他民族笨，原因只能从历史上、从社会科学上去找。我总觉得，两千多年来占统治地位的儒家学说、儒家思想与此有关。儒家思想有其合理内容，在历史上有过进步意义和贡献，不应简单地一概否定。但有些思想确实不利于科技发展，需加以澄清和扬弃。

本文是 1999 年 9 月 25 日，作者在中国社会科学院"新中国人文社会科学 50 年学术报告会"上的讲话。

首先，儒家思想是停滞而不是动态的，所谓天不变道亦不变。儒家的社会观是倒退的不是发展的。尧舜之治是他们认定的人类社会最高境界，以后是一代不如一代。儒家是看不起科学探索和技术发展的，不斥之为歪门邪道也是淫巧和机心，不登大雅之堂。哪怕被洋枪洋炮逼上绝路也要来个中学为体西学为用。相应地，教育制度也就是封闭、停滞和灌输式的。所谓封闭，就是十年寒窗，与社会、生活完全脱离。所谓停滞，就是老师讲的都是圣贤之道，只许全盘接受不许怀疑驳难，否则就是犯上悖逆。所谓灌输，就是老师满堂灌，学生死记硬背，没有独立思考之余地。这种教育模式的阴影至今还到处可见。所以中国的学生能记住冗长的公式数据，能进行繁琐计算，可以在狭窄的范围内探奥寻秘，也可以在数理化奥林匹克竞赛中夺冠，但是缺乏高瞻远瞩、综合分析的能力，缺乏创立新学说开拓新领域的雄心，难以出大思想家、大科学家、大发明家。似乎中国人只长于跟着外国人跑，做些补缺拾遗的工作，偶有所得便沾沾自喜，自称已是国际领先。这不是中国人笨，而是头脑受了禁锢。要改变这个局面，不能光靠自然科学界，这是社会科学中应研究的问题。我总觉得要实现科教兴国、科技腾飞，没有社会科学的发展是很难的。近来我读了一些评论儒学的文章，总觉得似乎没有击中要害，也许我的看法有错，好在我不是社会科学家，讲错了也不丢脸，只是把心中的疑惑提出来供大家讨论而已。

研究社会科学的同志们，长期以来，你们勤勤恳恳、默默无闻地做着基础性的研究工作，为祖国的发展和民族的振兴进行着奠基性和方向性的探索。也许你们的成果不像自然科学那样广为人知，但历史将肯定你们的贡献。最后让我再一次向你们致以崇高的敬意和衷心的祝愿，希望有大批的新生力量茁壮成长，希望自然科学界、工程技术界和社会科学界紧密携手，沿着小平同志指明的道路，学好、深化和发展邓小平理论，为祖国的建设、民族的振兴做出自己的贡献！

为科研单位轻装前进、科技人员展翅
腾飞创造条件

今年我国科研单位的改革要迈开更大的步伐。过去国务院各业务部门所属的科研事业单位，除保留少数外，全部要与部门脱钩，实行企业化改造，走向市场，或与大企业合并，或成为科技型企业，或改组为咨询、顾问类公司。从战略上、从国家的长远发展计划来看，这一改革是必需的、不可避免的。

国务院各业务部门所属的科研单位，经过数十年的发展，都集中了一批优秀人才，承担着重要研究任务，是"国家级"的科研队伍，是宝贵的财富，又由于历史原因，负担沉重，体制落后，改革起来难度很大，如不能正视现实，采取简单处理方式，会给国家带来重大损失，如重大科研任务停顿、优秀人才流失、企业萎缩破产等。因此，改革的方向必须坚持，改革的步骤与措施必须稳妥。

为此，我提出以下四条意见供有关领导部门和企业参考。

（1）妥善解决离退休人员和冗员问题。

现在国家级科研院所的负担十分沉重，离退休人数可占全员的 1/3 甚至更多。难以想象一个背上如此沉重包袱的科技企业能够高速前进，所以必须把离退休人员从企业中分离出来，进入社会保障体系中。一方面要对这些老科技人员的生活提供确实保障，另一方面要真正解脱科技单位的历史重担，轻装前进。

同样，科技单位必须下决心分离冗员，千方百计创造条件让不适于做科研、开发、经营的人员另觅出路。为此，可能要付出代价，但这是必须付出的，国家对此要给予支持。

（2）合理保留必要的"吃皇粮"的队伍。

不少国家级科研院所承担着一些公益性研究、应用基础性研究、前瞻性研究和交叉学科研究等任务。这些研究内容难以直接转化为产品或生产力，但从全局和远景来讲是不可缺少的，不能使工作中断、人才流失。建议科研单位在转轨时，上级要对其任务详尽研究分解，对上述必须进行的工作，仍由国家有关部门下达任务支持和资助进行，并使之吃饱喝足，为提供发展后劲创造条件，不能在脱钩后撒手不管。当然，所保留的任务必须明确，人员必须精干。一些全行业性的前瞻性研究或基础性研究，也可由企业集团给予支持。

（3）培养经营人才，全力促进科技成果的转化。

科研成果的取得和成果的转化是不同性质的问题。成果的取得仅是跨出第一步，离转化为产品进入市场路途尚远。多数从事研究的人并不擅长转化工作，所以科技企业需要配备和培养产品转化和开拓市场的高级人才，政府必须采取各种政策和措

本文是 2000 年 3 月，作者在全国政协九届三次会议上的发言。

施，创造条件，促进、推动和保护科技成果转化工作，让科研人员能专心致志地搞研究工作。

（4）规范市场行为，开展公开、公正、公平的竞争。

科技企业要在市场竞争中站稳脚跟，发展壮大，要依靠自己的信誉、人力资源优势、科技水平优势和拳头产品，加上高水平的管理和经营人员。市场的开拓和进入，主要应依靠科技企业领导层的高瞻远瞩和有水平的经营努力。现在有些科研单位不此之图，而把开拓市场争取业务的责任层层分解，落到课题组甚至个人身上，责成他们自找饭碗，自行解决工资奖金，而且必须按人头上缴管理费。院、所领导层变成只征收管理费的机构。这样做是本末倒置的，使基层研究人员整日忙于承揽任务、寻找饭碗，如何能安心钻研，在科技上腾飞呢？必须把基层研究人员从这种压力下解放出来。

目前国内科技市场也不规范，不正之风蔓延。既有行业保护、"肥水不流外人田"的倾向，也存在走后门、拉关系、送回扣等非法行为。建议科学技术部和有关部门要认真整顿和规范市场，对科技企业要给予资格和经营范围的评定，做到能在公开、公正、公平的基础上进行择优。

实行存款实名制势在必行

我国各银行中的储蓄存款总额已超过 5 万亿元，是国家建设资金的主要来源。其中多数为人民合法收入，受国家保护。但也有相当部分是非法的公款私存，甚至是违纪犯法分子的赃款。我国未实行存款实名制，为违纪犯法分子逃避监督和获取高额利息提供了条件。随着改革开放的深入和建设规模的扩大，存款实名制势在必行。

实行存款实名制，对已有的存款，只要是实名存入的，除提款时要出示身份证外，不附加任何其他制约，以昭信于民（对立案侦查的经济犯罪嫌疑人除外）。主要对以假名、化名存入的存款（特别是巨额存款和外币存款），必须由存户提出其来源正当合法的证据，经一定的审批手续后才能改名或提取。否则一律冻结，经过一定的法定时间，就依法没收上缴国库，用以进行国家建设或冲销银行坏账。

实行存款实名制必须做好充分的准备工作，特别要防止伪造身份证取款。银行系统必须设置能检索全国身份证的信息系统，并对应用和伪造身份证者依法予以重刑。

存款实名制是得到人民拥护并与国际接轨的好制度，势在必行。

本文刊登于《领导决策信息》1999 年第 21 期。

锐意创新　锲而不舍

一、思维特色形成背景

回忆我的童年和求学时代，有几件事铭刻于心，难以忘怀。

在我 11 岁时，抗日战争爆发，从此开始逃难、流亡的日子。尽管我还是个孩子，却也挨过日寇的刺刀，做过亡国奴。国破家亡的阴影沉重地压在头上。所以我较早地认识到："落后只能挨打，弱肉必然强食"的道理。希望国家富强、民族振兴的心情十分强烈。和当时许多知识分子一样，我憧憬着走科学救国的道路。

其次，在颠沛流离的逃难中，我也亲眼目睹了当年人民的苦难。除兵祸外，洪旱灾害之烈也深深印入心中。"洪"则一片泽国，人为鱼鳖，"旱"则赤地千里，饿殍遍野。我 13 岁时避难到浙东一个滨海小村，第一次看到一座水利建筑物——三江闸。这是明朝年间的太守汤绍恩主持修建的。乡人告诉我：当年这座闸屡建屡毁，后来神明托梦，需要将一个人垫在闸底，用血肉之躯来黏合地基。最后有个读书人奋然捐躯，这才建成大闸。从此外挡海潮，内排涝水，使数千公顷农田丰产高收。那时闸旁还有一座古庙，奠祭汤太守和献身的人。这个神话般的传说，给幼小的我以很大感触。一是看到水利工程的巨大效益，再是知道要建成一座工程，必须有人献身。当时我站在闸上，北望大海，曾经幻想过：如果当年我在现场，一定乐意垫身闸底，而让自己的灵魂日夜站在闸上，朝迎彩霞，暮送夕阳，也算不虚度此生。

我只读了两年初中，就因战祸失学。但我又特别喜欢读书求知，就只能自学。大家知道那时要自学是多么的困难。没有老师、没有同伴、没有书本……我只能不断从旧书摊中借一些可看的书，努力自学各门基础知识。也许愈是困难愈能促使人树立决心和志气，我居然坚持数年并取得了成绩。数学我从算术自学到微积分。当时根本没有微积分教科书，我是买到一套康熙大帝时石印的《数理精蕴》来摸索的。不但书是用古文写的，其中也没有一个洋字，dy、dx 是写成"彴""彿"的。我就像考古学家研究甲骨文那样啃这本天书。后来又借到一本破旧的原版书《Calculus for Beginners》。这本书写得深入浅出，我一面学英语，一面学数学，真有拨云雾而见青天之感。我一直把这本书当作带我进数学殿堂的恩师，珍藏箱底，直到"文革"才丢失。

自学虽艰苦，但却养成了一些好习惯，一是被迫依靠自己努力，二是锲而不舍。有些数学难题要揣摩几天甚至几个月才找出解答，为之废寝忘食。一旦获解，乐趣横生（个别难题我至今也解不出，例如，在已知三角形内作一内接三角形，令其面积取极值）。三是不以求得解答为满足，常想找找其他解法，比较异同优劣，还喜欢举一反三，拓展思路，从而不自觉地提高了综合与分析能力。另外，由于读的书十分庞杂，

本文收入《院士思维》（选读本），卢嘉锡主编，安徽教育出版社 2000 年 11 月出版；《院士思维》（第三卷），卢嘉锡主编，安徽教育出版社 2001 年 4 月出版。

从而发现许多学科间有紧密联系。物理与数学间的关系自不必说，就是文史和数理间也常可相互启发。我尤其喜欢看数学史和一些讨论"悖论"的书，似乎比读数学、物理本身还有趣味。这有助于培养看问题时跳出其自身范畴，从其他角度进行观察的能力。最后，通过艰苦自学，我体会到实践出灵感的真理。我在做了无数的几何习题后，自然地提高了解题能力和引来"灵感"。

抗战胜利后，我以同等学力考取了浙江大学航空系（后转土木系），圆了我的上学梦。但入学后就爆发了解放战争和汹涌的学运浪潮。我也身不由己地投身进去。在革命大潮中度过大学二三年级迎来解放，我又自愿支援前线而提前一年毕业。这样。在大学学到的知识就很有限。但是，多年来的自学经验，使我在大动乱中仍能见缝插针地汲取知识，尤其是浙江大学名师荟萃、言传身教，学风严谨求是，虽乱不变，对我的影响至深至大。例如，钱令希教授博大精深的学识、启发诱导式的讲课，使学生有如沐春风的感受。他可能是浙江大学中第一位让学生自己预习、写出讲义初稿、实行开卷考试和鼓励学生在课堂上交流争辩的教授。师长的教诲，不仅给了我知识，更重要的是教给我今后工作、研究、思考乃至做人的道理。

二、思维亮点

1950年7月，我完成"支前"任务，毕业离校，从此参加了祖国的水电建设，转瞬已50年了。我参与、主持和审查指导过的水电工程及遇到的难题已难尽记，几乎可说多数大中型水电工地上都留下过我的足迹与汗水。回顾半个世纪的风风雨雨，使人高兴的是祖国的水电发展迅速，建一座成一座，没有捅大娄子，为国民经济发展、环境保护和人民生活的提高起了促进作用。大工程的胜利建设要靠集体智慧与力量，任何个人起的作用极为有限。如果说我有些微小贡献，也是建设高潮所促成的，而且是在不断总结挫折和教训后才变得聪明一些。是实践让我知道，哪些想法和做法是正确的，哪些则是错误的。

（一）锐意创新，才能不断前进

对于水利这样的传统学科和工程，最怕的是墨守成规，故步自封，照搬照抄，不求创新。有一位工程师曾坦率地讲过，做设计不难，抄抄类似工程图纸，并加大点安全系数，多浇几方混凝土，多放几根钢筋就不会有事。这样做，表面看来确实少担风险，稳妥可靠，但将堵塞科技发展之路，遏制新生事物出现和成熟，违反历史进步潮流，最终将严重影响水利建设的进展，我们不能走这一条路。

也许是天性使然，从参加工作之日起，我就不愿受条条框框的限制和权威的约束，总想搞点新的名堂，来点"突破"。在设计我国第一座双曲拱坝——流溪河拱坝时，我力主在拱顶跳流泄洪，甚至不惜冒政治风险与苏联专家对抗。在设计新安江工程时，手中有了一点权，而且时值"大跃进"，搞的花样就更多：大宽缝重力坝、坝内大孔口导流、混凝土封堵闸门、全坝基封闭抽排降压系统、用拉板连接的溢流厂房、斜缝浇筑分期蓄水和预应力装配式结构等。许多做法在当时都有新意但也有风险，结果都成功了，并迅速得到推广。我当时的想法是：总得有人吃第一只螃蟹。

在担任水电总局和水电部总工程师后，责任更大了。我对一些新事物（不论是新理论、新结构、新材料、新设备、新工艺）总有些偏爱，先采取鼓励的态度，再分析其可行性。只要可行，总全力支持，进行试用和推广。如微膨胀水泥、新型消能工❶、碾压混凝土、面板堆石坝、软件包开发 CAD、优化设计和自动化设计等，必要时，我乐意为基层承担责任。在一座百万千瓦的大水电工程上，业主和设计院对是否在主坝上采用碾压混凝土（当时在国内尚处试验阶段）犹豫为难时，我说：采用碾压混凝土后如获得成功，一切功劳都归你们，万一出事，一切责任都由我负，因为是我力主采用的，这一态度使基层下了决心。同样，在另一国际招标施工的工程上，由于要抢回延误的工期，我力主在高温季节浇筑基层混凝土，并毅然决策采用在混凝土内掺加有膨胀性能的氧化镁，置国际专家组的书面强烈抗议于不顾，因为我了解并相信这一我国自己发展的新技术。在葛洲坝工程验收时，一些权威对护堤工程采用"抽排技术"深感疑虑，认为只能满足临时要求。我根据自己的经验，坚决为之"平反"，后来并把这一新技术写入"规范要求"。总之，我的想法是：历史是不断进步的，新东西必然要出现。前人的经验要重视，规程规范要尊重，但不能成为妨碍进步的借口。处在各级领导岗位上的科技人员和有影响的专家，对推动创新负有不可推卸的责任。我感到遗憾的是，新中国成立后前 30 年的闭关锁国和搞空头政治，后 20 年的崇拜外国丧失自信，使我国的科技创新水平很低，动力不足，许多领域是跟在外国后面跑，能真正转化为生产力、占领市场的更少。从闭关锁国到迷信外国是我们思维上的两大误区，需要深入地反思、批判和纠正。

（二）实事求是是做一切工作乃至做人的根本准则

和创新思维一样重要的是做任何事都必须实事求是。我自幼从父母处受到要做老实人的教诲，"求是"又是母校浙江大学的校训，师长们的言传身教深深烙在我的心中。参加工作后，感到一座水坝的倒塌会给下游千百万人民生命财产带来毁灭性的灾害，更觉得在修建工程和探索真理上来不得半点虚假，实事求是是做科技工作乃至做人的根本准则。但是，要做到这一点，尤其是在"左"的路线下，是不容易的。

就拿创新来讲，创新是绝对必要的，但新事物总有不足甚至错误的地方，所以必须通过科学研究直到中间试验证实后才能采用。上面举的一些创新的例子，都是自己或他人经过长期研究，有了坚实基础后才采用与推广的；反之，就必须坚决抵制。例如，在"大跃进"时代，许多人提出种种违反科学的"创新"或技术革新、技术革命，要求在设计、施工中采用，这使我陷入困境。如果迎合潮流，个人可以明哲保身，但工程质量和安全将受影响；如果挺身而出进行抵制，又必招来身败名裂的后果。经过痛苦的思想斗争，我认为必须以实事求是为最高准则，为个人安危、名利放弃这个原则是可耻的。于是坚决抵制一切违反科学的做法，我反对党委提出的不切实际的口号和指标，严厉抨击忽视质量的现象，坚决要求挖掉强度不合格的混凝土而且向上级告状……后果可想而知，我从"大跃进的闯将"一下沦为"反党反三面红旗"的破坏分子。几经批判，在工程完工前夕，将我戴上"右倾机会主义分子"的帽子赶离工地。

❶ 消能工指用以消减高速水流中所挟带的能量的工程措施，是保证下游河道和建筑物安全不可缺少的工程。

我在离去的前夕，到大坝下做了最后一瞥。看到巍然挺立的大坝，心中感到无限安慰，与工程安全相比，个人得失算得了什么。

一个人能够服膺实事求是这一真理，就会正确处理事物，尊重别人的批评和劳动成果。我曾花了很大功夫研究"地基上的圆拱"的解法并推导了一系列公式，发表在学报上。但在建立微分方程时采用了近似的表达式，使成果不够精确，有人写了讨论稿尖锐地指出原文的不足，并推导了更合理的全套公式。我在审阅这篇讨论稿时，一方面惋惜自己做了虚功，但更为有了精确解答而高兴，立刻郑重推荐给学报发表。又如我在锦屏工地时，曾全力研究相邻水工隧洞衬砌的分析问题，发现精确的理论解过分复杂，难以求得，想出了一个逐步接近的解法：先假定衬砌无限刚固，求得一个基本解，然后放松衬砌刚度，进行近似调整。这里，最大的工作量是推求基本解，我废寝忘食地研究了多年，才用复变势和曲线坐标做出了解答，写成论文。在投寄学报前夕，无意中发现外国人在稍早一些时间有一篇已发表的论文，尽管标题不同，实质、内容就是这个基本解（尽管形式上与我不同，但实际上是等价的），这使我失望万分。在那闭关锁国时代，我把自己独立研究的成果在国内发表也没有关系，但几经考虑，我认为应尊重事实。我修改了论文，说明首先得出基本解的人和文献，我的论文重点转到第二部分，并改在内部刊物上发表。几十年来，我依靠实事求是这一原则，坚持真理，不断否定自己，不断采取别人的正确意见，使我没有犯重大错误。

（三）通过实践，学一点辩证法

我没有学过哲学，认为那是哲学家的事，对工程师来讲没有多少用处。其实，人的一切行为都受其世界观和思想意识的控制。我不学哲学，而言行思想无不受其影响。多年实践证明，如果按照唯物辩证法的原则办事，就能成功，否则就会失败。在取得这些经验教训后，回过头来读些哲学书，就不再感到枯燥和玄妙，而能在较高层次上总结出一些规律来。

就以"水利建设要不断创新"和"水利工程不允许冒险，一切新东西要通过实践证实才能应用"这一对矛盾来讲，后面这一条要求就不应绝对化、一刀切，总得有第一个人先吃螃蟹，要具体分析创新的本质、理论根据、技术基础，初步研究试验的情况。结合工程的规模、重要性、应用的部位，预计可能的风险和后果，有的可直接应用，有的需在次要部位或在其他工程上做中间试验，有的尚需长期研究验证，并无统一之规。简单的一刀切的做法是违反辩证法的。

1959年我在新安江工地，那时"大跃进"的恶果已暴露无遗，但有些人总用"成绩是主要的，缺点错误是第二位的"，强调"九个指头与一个指头的关系"，要分清"延安、西安"等似是而非的理论来压制批评意见，使我不得不深思当前的主要矛盾是什么？主要和次要依据什么来判别？如何理解数量与质量的关系。想清楚后，在会议上我就严正指出，新安江大坝有24个坝段，只要有一个出事，大坝就全面溃决，能说这是一个指头与九个指头的关系吗？我的话使全场人员陷入深思。

我深感一个人头脑中少了点辩证法，思想容易僵化，产生误区，迷失方向。设计师可以只追求计算精度，而不关心计算的基础（如材料的本构律、常数和基本假定）是多么粗糙。有的人迷信理论计算成果，而且都是确定性的计算，忘记世上事物都是随机的、间断的、永远含有风险的。有的人提交的地基处理设计对地基的伤害可能大于加固效果，有的施工详图竟无法施工，有的研究成果也可能无法实施。我接触过一些同志，有些人犯有"明察秋毫而不见舆薪"的毛病。有些同志佩服我能从厚厚的设计计算稿中发现谬误，其实我并无过人的本领，而是从大原则、总体条件和常规来判断，逐步深入核对。例如在审核一个复杂结构的计算稿时，如发现最终的内力分布不满足平衡条件，变形不满足连续条件，或违反常规，就肯定其成果不可信，而不管他采用什么计算方法或其计算精度达到几位。又如我接到过一篇冗长的弹性力学论文稿，那是一个多连通体承受体积力作用的问题，但最终解答中未出现材料常数，于是便判定它存在谬误。

"学一点辩证法，它会使你聪明起来"，这是我常常劝告年轻人的一句话，下面这些经验就是从实践中总结出来的：

（1）分别轻重，抓住重点，区别对待。当问题十分复杂时，不必毕其功于一役地寻求最终的完善解答，而可放松或改变某些条件，先求得一个接近实际的基本解再行逐步接近或修正。

（2）化繁为简，集中兵力攻一点。例如分析非线性问题时，可注意到实际上进入非线性域的部位非常有限，可以把它们隔离出来作为处理对象，其他大部分区域都可做线性分析，将它们的影响凝聚到和非线性域接触的部位，问题得到极大简化。

（3）从局部综合成整体，再从整体推广到特例。例如我分析了各种情况下的"角变位移方程"，将它写成最一般性的形式，从中撷出"形常数"和"载常数"的一般性概念，从而可推广到新的领域中去（如用在机械工程中的法兰应力分析上）。

（4）经常注意各学科间的对应关系，考虑一些基本理论问题。例如在学习弹性力学时，读了一些入门书后，就把数学弹性力学和复变函数论及积分变换等混起来读，可以发现数学和物理之间竟有如此美妙的联系和协调，如复变函数中的极点和弹性力学中的复连体。这不仅减少理论学习中的枯燥，而且可使人从更高层次上认识和欣赏这个世界。

（四）锲而不舍、持之以恒是攻克难关的诀窍

科学探索无坦途。古往今来，有多少科学家为探求真理、解决疑难耗尽毕生精力，有许多问题要经过几代人的拼搏才能解决。例如陈景润毕生研究哥德巴赫猜想，最后达到 1+2 的高峰，离顶峰虽仅一步之遥，还是可望而不可即。爱因斯坦直到去世也未能完成他的统一场论。这些巨人虽未能在有生之年完成心愿，但他们所做的努力是最终解决问题中不可缺少的一环。基础研究如此，应用基础研究和工程技术也是如此。

举我亲历的一外事：1948 年我在浙江陈文港海塘工地实习，遇到边坡失稳问题，以后又遇到黄坛门工程的西山滑坡和新安江左坝头滑坡问题，滑坡机理和分析问题就深印心头。从学习最简单的"瑞典条分法"开始，我不断苦思一系列的疑问：滑坡分析和通常的确定性应力分析有何本质区别？破坏面不可能总是圆弧，应根据什么原则、用什么方法寻找滑动破坏面？滑坡分析中应该如何将滑动体分条（块）？分条之间的作用力应如何合理考虑……这些问题经常萦绕心头，反复思考，最后才归纳出两条基本原理（即"极大极小原理"）。这样，原则上讲，只要有足够时间进行无穷多的试算，

总可找到解答，跨出第一步。但这对实际计算并无裨益，要发展出实际可行的算法，有赖于优化理论和计算机技术的发展。这个在 20 世纪 40 年代考虑的问题直到 80 年代才和下一代同志（孙君实同志）共同提出合理的算法和程序（潘家铮—孙君实法），并在微机上实现，从而可用于解算任何情况的边坡稳定问题。后来陈祖煜同志又从塑性理论角度证明了极大极小原理，并对计算理论与公式做了改进并拓展到三维，使我国在这一领域中的研究达到国际先进水平。一个普通的问题要经过两三代人近 50 年的努力才取得一些进展，而且要用于天然岩体边坡研究还有很长的路要走。可见任何课题要取得突破，没有锲而不舍的毅力是不可能的。

我经常收到一些年轻人的来信来稿，其中很有新意，但也担忧地看到一些人不愿意做脚踏实地打基础的工作，总想依靠自己的天才和灵感，一鸣惊人地建立理论、解决难题、完成发明。这些孩子如不改弦更张，必将失败。天才是 99% 的汗水加上 1% 的灵感，而且灵感只能从汗水中出来。"缺乏创新意识"和"只爱幻想不愿打基础"是我国一些青年头脑中两大误区。这表面上矛盾的两种思想会严重妨碍我国年轻一代的成长。

三、学科前瞻

（一）我国能源存在的问题

1. 资源短缺

我国的能源资源从总量上看并不少，按人均计算就非常低了。即使是较丰富的煤，目前探明储量约 1100 亿吨，人均值也仅为世界平均值的一半。而作为重要战略物资的石油、天然气尤其不足。石油探明可采储量仅 32.6 亿吨，人均 2.9 吨，仅为世界平均值的 1/10 左右。另一战略能源的铀矿储量也极有限，目前查明的储量只能供 4000 万千瓦的核电站运行 30 年之需。可开发的水能约 3.7 亿千瓦（年电量 19000 亿千瓦时），占世界首位，但用 10 多亿人口一除也就很有限了。而且这些资源的分布极不均匀，煤集中在晋陕蒙，水能集中在西南，开发、输送都很困难。再者，我国一次能源以煤为主，这在世界上也是少见的，从而引起一系列的问题，如污染、运输等。

2. 利用效率低、浪费大

由于我国技术水平和管理水平较低，能源从开采、运输加工到终端利用的效率很低。据调查研究，开采上的效率为 32%，加工运输效率为 70%，终端利用效率为 41%，总效率约为 9%，有 91% 的能源都未得到利用。主要产品单耗比发达国家要高 30%～80%。加上存在许多令人痛心的浪费现象：长明灯、长流水、煤老虎、电老虎、乱开乱采、跑冒滴漏，如此紧缺和宝贵的能源被无情地浪费掉。

3. 体制、管理、政策上的问题

体制混乱，政企难分，部门分割，地区封锁，能源工业资金短缺，难以自我优化自我发展，有的连维持简单再生产也困难。国家缺乏正确、全面、有力的能源政策来促进能源工业的良性循环，多是出了问题头痛医头、脚痛医脚。

这三方面的问题交错在一起，相互制约，长此下去，后果主要有两条：一是能源供需缺口愈来愈大，不能满足经济发展和人民生活水平提高的要求；二是能源开发和环境保护难以协调，污染日趋严重，危害我国人民生活和发展的基础。

（二）我国能源摆脱困境的出路

经济发展、能源供应和环境保护三者构成一个相互联系、相互制约的系统，好像一个连环套。在这个连环套里我们必须走一条良性循环的发展道路。

什么叫良性循环？就是一个国家有强大和充足的能源供应，保障国家经济能稳定地发展，国家的经济实力能不断提高，而国家经济实力充沛，就可以采取各种措施来发展科技、改造企业、提高效率、保护环境、开发新能源，能源也就能够更稳定的发展了。这就是良性循环。

那么，我国的能源摆脱困境的出路何在？我国的专家学者做过深入的调查研究，现综述如下：

（1）实现两个转变，改变经济增长方式，厉行节约，反对浪费，千方百计提高能源效率。

能源对国家、民族前途既然如此重要，我国的能源家底又如此薄弱，理应千方百计节约每一克煤、每一滴油、每一度电，使每一焦耳的能源能发挥最大效益。

在具体措施上，国民经济的增长速度必须是合理和收实效的。各行业制定发展规划时必须联系能源供应，坚决反对盲目攀比、不切实际、大起大落、产不对销，从而严重浪费能源。要有所为有所不为，有所发展有所限制，调整国民经济结构，一些大量耗能又非我国必须自建的产业，应予限制。要决心改造旧企业、旧设备，关停并转不必要的、不合理的高耗能且不能改造的小旧企业，淘汰落伍设备，开发推广节能产品。

（2）因地、因时制宜，开发利用多种能源，大力优化能源结构，保障可靠的能源供给。

我国是世界上少数以煤为主要能源的国家，这给我们带来很大困难。但我国疆域辽阔、情况各异，完全可以因地因时制宜，分区优化能源结构，以最大程度地缓解煤的压力，使其比重尽可能下降到50%左右。

我国有丰富而相对集中的煤炭资源，当然应利用优势建设现代化的巨型能源基地，尤其是晋陕蒙基地，尽量修建坑口电站，输煤输电并举，支援全国。这一能源是可靠的。建坑口电站要解决水的问题，并不是有煤就可建。所以巨型的煤电基地建设必须在国家的统一规划下进行。

西南地区有得天独厚的水力资源，应抓紧大力开发，在今后二三十年内把条件最好的部分先开发出来，在2050年前大部分技术及经济上可利用的水能应得到开发。按电量计，开发率应达到60%甚至更高，形成世界上最宏伟的水电基地。除满足本地区要求外，输电华中、华东、华南，并促成全国联网，实现跨地区跨流域水火联调，取得最大效益。

东部、沿海地区经济最为发达而能源资源十分短缺，除大力投资开发华北西南的煤矿和水能外，利用有利时机，积极加快核电建设和兴建部分燃油燃气电站也是必需的。以争取时机，赢得主动。

在核电方面，我国已实现了零的突破，现已拥有4座核电站，但发展速度和模式满足不了要求。要使核电在我国真正形成气候，分担重任，必须走定型化、国产化、批量化的道路，不能靠进口。据专家分析，21世纪初正是核电更新换代的关键时机，我国如何把握时机，做好准备，与国际接轨，加速核能利用，这是一个大问题。

对于石油和天然气（包括非常规资源），当然应当继续积极勘探，扩大现有的可采储量，合理开发，并努力开发利用外国资源，开发利用各种替代能源。

除开发常规能源外，还要致力于研究各种新能源和可再生能源（风能、太阳能、燃料电池等），虽在2010—2020年前不会形成大的气候，但可作好技术准备，争取在以后的三四十年中取得突破。

（3）依靠科技进步开发应用新能源，控制环境污染。

要解决我国的能源问题，离开科技发展是不可能的：要降低能源开发的成本和缩短工期，提高能源利用的效率，开发新能源新产品，控制能源利用造成的环境污染……件件离不开科技发展。

在这里只讲两个问题，一个是新能源和可再生能源，另一个是清洁煤技术（CCT）技术。

地球上的化石资源终究要枯竭，因此先进发达国家都在竭尽全力找出路，即开发新能源和可再生能源，我国必须急起直追。除水能和生物质能之外，要选择希望最大的有限目标集中攻关，不能认为"远水解不了近渴"而放松努力。据专家们分析，最有希望的是太阳能、燃料电池、风能等，加速研究，虽在2010年前不能有很大贡献，但在其后数十年将起重要作用。

第二个问题是煤的清洁利用。中国是以煤为主要一次能源的大国，燃煤引起的污染问题是制约中国发展的重大因素。千方百计减轻燃煤污染、开展清洁煤技术（CCT）是必走之路。这不仅是为了应付国际上的压力，也是为了给子孙后代留下一块干净的生活空间。

（4）深化改革开放，利用有利的国际环境，缓解我国能源问题。

中国是有十多亿人口的大国，能源像粮食一样，要立足于国内解决，这是无疑的。但立足国内绝非闭关锁国。相反，我们要抓住有利的国际环境，尽可能利用外国的资源、资金和技术，为我所用。我们可以扩大能源贸易，有进有出，适当增加石油、液化天然气（LNG）、核燃料以及高能产品的进口，作为平衡供需的辅助手段。当然必须在国家宏观控制下进行，要有利可图而不受制于人。我们可以采取多种方式大量引进外资和技术，开发能源，改造企业。我们还可以进入国际市场，利用我们的优势去开发外国的能源。总之，应该坚持改革和开放政策，认真研究日本、韩国等成功的经验，尽可能多地利用外国资源、资金和技术作为解决我国能源问题的一个辅助手段。

回 顾 与 期 待

提到书籍和出版，我的心里总是充满感情的。首先，我自幼和书结下了缘；其次，我经历过难忘的十年饥馑岁月；第三，我这个孱弱的身体居然挨过浩劫重见太平盛世。所以，当《中国出版》杂志社邀我为其《专家走笔》栏目写篇文章，谈谈自己与书的缘和情，写写对出版界的希望时，就欣然答应下来，连自己是否是"专家"，写的东西是否离题也顾不得了。

我 的 书 缘

我从小就与书结上缘。幼时，我是个很笨的孩子，与今天那些小机灵鬼实有天渊之别。譬如说，厨房墙上挂着一只火腿，大人告诉我这是用猪腿做的，我就怎么也对不上号，因为我不懂火腿是倒挂着的。这种蠢事不胜枚举，所以爸爸常常气得拍案大骂我是"呆虫"。"虫"而且"呆"，其笨可知。但"呆虫"也有特长，那就是爱读书。还在识不了几个字的时候，就会趴在地上看《儿童画报》。随着脑中所识字数的增加，就进而读《小朋友》《儿童世界》《少年》一类书刊。然后向成本的厚书进攻。我读的第一本小说是"大达图书供应社"出的一折书《薛仁贵东征》。此后就像水库打开了闸门，一发而不可收了。从历史小说读到公案小说、侦探小说、社会小说、言情小说、外国小说、唐诗宋词、《论语》、《孟子》，来一个兼收并蓄。

进入青年时代，我的读书内容兵分两路。一类是为了读中学、考大学和谋职啖饭所需，读了大量数理化乃至工程、结构之类的"济世书"；另一类是经史子集、说部杂家。这样，脑子里和书架上的积蓄就逐渐增加，好像一座微型图书馆，不断扩大这座图书馆是我最大的乐趣。确实，我其他一无嗜好，所爱唯有读书了。我深信"开卷有益"之说，千方百计找各式各样的书来读。一卷在手，万虑皆忘。读书，或如晤故人良友，或如对英雄美人，或似游名山大川，或似入梦境仙乡。沉醉其中，真有万物皆备于我之乐，断非声色犬马所能及。当然，也可能读到一些恶书，也如遇上伧夫恶汉，那也无妨，把它塞在床下、厕角就是。

为了读书，不免要找书、购书，也不免关心一下出版事业。到1966年初，我的藏书已超千卷，来源极杂：有从故家带来的线装书和儿时读过的旧书，有从大学里留下的课本和参考书，有从外文书店买来的影印书，更多的是工作后历年从新旧书店购来的宝货。至于内容，五花八门，不拘一格，"科技与文史齐飞，洋文共古籍一色"。藏书日丰，小小的书柜书架已不足容纳，不免向床底或柜顶延伸。这常成为我和妻子闹纠纷的原因，因为那些地方是她塞旧衣破布的专用区。我母亲曾感叹曰：这家里的

本文是作者应《中国出版》杂志社之约而作，刊登于2000年12月《中国出版·新世纪导刊》。

旧书与破布可称两大特产。我听后大为不服，旧书与破布，一雅一俗相去千里，岂可并提！

书虽不少，绝无好书——指的是好版本或善本。因为我求书之目的是阅读而不是研究或收藏。另一原因是我也没有本钱、精力与水平。我甚至对一套书是否完整也不太在意，因我觉得天地间本无完物也。我常以极低代价抱回一套缺少一两本的丛书回来，并不影响阅读。但尽管没有好版本，这些新、旧书刊的质量都是不错的，这是深深刻在我脑中的一个印象。

饥馑岁月

就这样，书本成了我的终身良侣。当时政治运动不断，但即使白天挨批，回到家里，灯下枕上，仍可以一读解愁，酣然入睡。殊不料，1966年春发生的那一场浩劫，像狂洪一样一举冲垮了我聊以自躲的书城，而且把全国数十亿册图书都扫进了焚书坑。这场革命端的不同凡响，称得上触及灵魂和史无前例。

"文革"对书籍的冲击是一浪逐一浪而来的。最初称为破四旧，于是一切古旧书都和苍蝇臭虫一样成为扫除对象。然后清查《燕山夜话》一类的"毒草"，不幸我的藏书中就有不少的"话"和"杂"，而且正是我心头之宝。迫于形势，只好含泪将昔日良伴装进麻袋送往回收站，那凄凉味真难口传笔述。

随着运动深入，一些性质难以判明的"可疑分子"也以清除为妥，例如那些中国通史、文学批判史……甚至到《辞源》《辞海》，据说都含"毒素"。在大挖美帝苏修特务时，洋文书也概行驱逐。就是共产党印的书也不可靠，刘少奇、"四条汉子"、大量"走资派"的书都是极毒的"毒草"，万不可沾。听说初版的《雷锋日记》中也有毒！弄到后来，禁忌太多，干脆画条外包线，统统的消灭掉算了。

家里的祸根、隐患除尽，马路上、书店内也面目大异。昔日浩如烟海的书报、期刊一扫而空，代之以一望无际的红色海洋。《毛选》《毛选》，还是《毛选》。对《毛选》《语录》《毛主席诗词》和"最新最高指示"都要反复钻研其中微言大旨，比封建王朝和国民党时代跪接圣旨与默念总理遗嘱要认真得多了。

说到《毛选》，实在是部好书。且不论每篇文章在政治、军事、哲学上的含金量，就作者驾驭文字的能力、纵横捭阖的功夫，嬉笑怒骂皆成文章，实堪倾倒。空下来读一两篇毛文，是一种享受，比啃读硬译过来的马恩原著有味得多。但即使是山珍海味、龙肝凤髓，如每餐必上，哪一个人能受得了。这时候，能咬上一口菜根也会飘飘欲仙的，读书的道理也是一样的啊！

总而言之，整整十年，我们只有四卷《毛选》可读，三部电影可看，八个样板戏可听，几首语录歌可唱，一个忠字舞可跳——我是"牛鬼蛇神"还不让跳。看戏、唱歌、跳舞与我无涉，但无书可读成了我最大的苦闷。我常常躺在床上望着空空的书架发怔，不知道这饥馑岁月会延伸多久？我怀疑焚书坑儒的做法果真能禁锢十亿人民的思想、维持一个纯而又纯的社会？我的脑中自然而然想起一首唐诗：

竹帛烟消帝业虚，关河空锁祖龙居。

坑灰未烬山东乱，刘项原来不读书。

写几句新的《盛世危言》

1976 年秋，"四人帮"被粉碎。1978 年十一届三中全会的召开和改革开放政策的实施，中国的图书出版事业和其他行业一样迎来了第二个春天。二十年来硕果累累，大街小巷书店林立，万紫千红，争艳斗芳。古今中外的书哪一种不能购到？新人、新著、新的报刊如雨后春笋，哪里浏览得过来？何况还有因特网、电子版和音像光盘！过去那种寂寞喑哑的年代像梦魇般地消逝了，说给年轻人听也像天方夜谭一样难以使人相信了。

能活到今天的太平盛世是幸福的，我们每个人都要珍惜她、捍卫她。但是在这个盛世中我也有些迷惘，甚至有些惶恐。恕我在这篇短文中不来歌功颂德，而是写几句盛世危言。

（1）书出得虽然多，却是良莠不齐。政治上、科学上、道德上有严重问题的书畅印无阻，而且都是××人民出版社这类国家出版社出的，无时无刻不在腐蚀人们的灵魂，某些领域甚至正不胜邪。《法轮功》一类的书可以一印数千万，宣传封建、迷信、伪科学的书泛滥成灾，还有黄色、准黄色的书包围着天真的青少年们。几个有点名气的作家甘愿出卖良知，写什么现代《金瓶梅》，许多作品中充满了淫秽的描写，好像离开这些，作者就才尽了。据说这才是纯文学、高品位，是情节需要，至于对下一代有什么影响，他们是不管的。还有的作家宣传什么大师、神医，坑害了多少人的身心健康，甚至送命，也未见到他们作过任何忏悔或自我批评。是由于没有明确的政策界线？实际上，许多情况只要有常识和良心，都能分辨得出善恶美丑。对社会是有益还是有害，并不需要政策法律画线！说穿了，是利欲熏心、人性丧失！

（2）一些书籍的质量明显下降，甚至实际上是垃圾，无情地糟蹋着国家的资源、读者的金钱和时间。垃圾书的泛滥，是与作者、编辑、出版社责任心的降低和追逐利润分不开的。同一内容的东西，几次三番改头换面、排列组合地重复出版，一个人可以在短期内编出成亿文字的工具书，不是天才也是鬼才。有些书：名著实编、名编实抄、名为评点实为注水猪肉！还有的书，装帧引人，翻开一看，鱼鲁豕亥，无页不见，讹误之多、之奇，教人难以卒读。这些现象在我过去买到过的所有新、旧书本——包括那些一折书中都未曾见过的，却在太平盛世中大行其道，岂不可叹！

（3）坏书泛滥、垃圾成堆，而一些有较高学术价值的著作却因为没有经济效益而被拒门外。或要单位贴补，或要作者包销，或只能向一些基金乞求，后者为数之少，手续之繁，入选率之低，也教一些有骨气的学者望而止步。还有使人寒心的是，年轻人对购买学术著作、科技书籍的热情下降了。可以花几百元看一场明星演出、上一次高档餐厅，却不愿去买一些好书，再也没有我念大学时学生们哪怕勒紧裤带也要去买一本影印书回来啃读的那种情况。我们究竟得到了什么，失去了什么，值得三思。

（4）书籍出版愈来愈形式化。印刷精良、装帧讲究当然是件好事，说明社会在进步。但现在的趋向是装帧愈来愈精、行头愈来愈大、价格也愈来愈贵了。我不反对在太平盛世出一些大部头的精品书，那毕竟只能是少数。现在有许多书实际上不是被读的，而是成了摆设品和收藏对象。买书的不读，读书的买不起。一套给少年人看的科普书，整套出售、数百元的定价。除了大城市里的小皇帝、小公主，我敢肯定广大农村、边疆的孩子，下岗职工、低收入群众的子女们是买不起的，又怎么能普及呢！

（5）盗版书已如汪洋大海，甚至出现正版尚未问世，盗版已经横行的奇事。许多作者和出版社为此绞尽脑汁，用《孙子兵法》中的种种措施与之对抗，然而似乎每战必北。"假作真时真亦假"，进入书市简直令人真假不分、邋鬼难辨，这也是上下五千年、中外九万里所未曾有过的奇事吧。我不是为盗版开脱，盗版书固然可恨，但回过头想想，正版书为什么不能薄利多销，把盗版书的市场统统占领过来呢？

还可以举出一些问题。总而言之，尽管现在书市上百花齐放、自己的工资也增长了十多倍，我却视书市为畏途，没有多少购书的愿望与勇气了，当然也很难重温花几毛钱挤公共车到旧书店去淘一本赏心悦目好书的旧梦了。

为什么会有这种现象和问题呢？早已实行市场机制、追逐经济效益的资本主义国家，似乎也未出现这样的情况。我认为，主观上的问题是第一位的，其次是法制上和管理上的问题。图书是商品、出版社是企业，这没有错。但作者所写、出版社所生产的是"精神食粮"，是对人民的灵魂起重大作用的粮食，作为一个作者和出版社，应该有一点对社会对人民负责的起码要求吧？作为社会主义国家的政府，不能放松管理吧？广大社会各界更应严加监督批评吧？

在新旧世纪之交，我兴奋，也惶惑，更期待。期待在新世纪中，中国的图书出版业能认清形势、总结经验、采取措施、涤垢荡非，以崭新的面貌前进，和外国同行一较高低，真正贯彻江泽民同志所提"三个代表"的精神，为祖国"四化"和民族振兴大业做出自己的贡献。

地方保护主义必须批判和制止

地方保护主义是当前阻碍乃至破坏我国实行社会主义市场经济体制以及依法治国的重大祸害。不可讳言，由于各种原因，目前我国各种形式的地方保护主义相当盛行，使中央的政策、政府的法律法规无法实行。不批判和惩办地方保护主义，我国很难顺利推进改革开放、实现四化大业和民族振兴，甚至会危害党的领导和国家的统一。

地方保护主义有各种表现方式，其本质都是以地方本位或小圈子利益为重，置国家全局利益于不顾，利用手中权力，采取明的暗的手段，抗拒、抵制、破坏中央的政策和国家的法律，自成一套，实际上形成独立小王国，反对深化改革，直到破坏国家的统一。最明显的表现，一是为保护地方利益设置禁区，干预正常的市场经济活动，制假、售假甚至就是地方政府的生财门路（人民称之为"诸侯经济"）；二是对司法的干扰，特别在涉及地方利益、地方头面人物时，不顾法制，干扰甚至"代行"司法权力，到了无法无天的程度。这种做法不仅完全违背我国的社会主义制度和理想，也是一切法治国家所不容许的。

地方保护主义之所以盛行不衰，在于对其本质和危害性认识不足，缺乏严格、严厉的监督、惩办制度，或虽有法律法规，不能认真执行，也由于透明度不够，不能发动群众来揭发监督。例如，对于经济问题，似乎只要不贪污受贿，虽然违法，给国家人民造成重大损失，也似乎情有可原。说什么"动机是好的""主观上想给地方办好事""为了搞活经济"，所以不会认真惩办。或表面上办一下，暗地里支持，有的还被认作能人高手，易地做官。在对司法的干预上则打出所谓的"党的一元化领导"的旗子，为其违法行为找根据。进入 21 世纪后，我们的改革要深化，要加入 WTO 和国际接轨，在国际上展开竞争，要实行社会主义民主和法治，就必须深入批判地方保护主义，割除这一毒瘤。

为此，建议：

（1）对地方保护主义的本质、发生和滋长的过程、表现形式、巨大的危害性进行全面深入的调查、研究和讨论，引起全国上下的重视，组织各级党、政干部进行学习、培训，提高认识水平。

（2）选择一些典型案例，进行曝光，开展深入批判，做到使之家喻户晓。

（3）对直接的违法违纪分子，不论官阶高低，必须惩处，触犯刑律的（如因制假而伤害人命），必须移交刑庭审判，对负有失察、包庇责任的领导，必须受到政纪、法纪乃至刑律惩处，且绝不容许易地做官。

（4）对干部的考核，把是否顾大局、是否搞地方保护主义作为重要内容，对后者绝不能提拔重用。

本文是 2001 年 3 月，作者在政协九届四次会议上的发言。

（5）中央和国务院重申：司法审判独立，不受干预。党和国家对司法系统的领导是表现在党的政策、人大的立法、人大政协和舆论界的监督等方面，绝不是党政部门或某领导人对具体案件进行干预，甚至事先进行讨论、定性后，交司法部门去执行。国家应制定防止党政部门干预司法的具体办法。司法部门受到干预时，有权力也有责任及时向上级司法部门汇报。

建议加强对统计数据的审查和监督

——在政协九届五次会议上的提案

一个国家的各项统计数据是反映国家状况、研究问题、制定政策的基本依据，其重要性不言而喻。世界上任何国家的政府都采取措施以保证统计数据的可信性。

由于历史原因，我国统计数据失真和不可信已是人尽皆知的事实。改革开放以来虽有好转，问题并未解决。地方政府围绕经济指标转，干部升迁也取决于这些数据，于是出现了"干部出数字，数字出干部"的荒谬现象。基层"注水"，上级"压指标"，到处玩弄数字游戏，搞数字腐败，不仅对国家决策造成误导，也大大破坏了我国的国际形象（有些外国人士和外国舆论认为中国的统计数据无一可信）。

这种情况绝不能再延续下去。建议国家下大决心，花大力气，采取切实措施来消除这一腐败和祸害，重新建立统计的严肃性和权威性。除了肃清计划经济时期留下来的余毒，纠正政府职能的错位，改革干部考核的方式、内容外，加强法制建设是不可缺少的手段，要使人人认识到统计数据是和会计报表一样严肃和重要的，不能做假账，否则要负法律责任。具体做法，建议国务院加强对《统计法》的宣传，并重申或制订统计法行为的惩办条例。例如：

（1）像全国财经大检查一样，明确规定要定期进行统计数据大检查；

（2）查明统计数据有假者，追究各级领导责任，并记入档案；

（3）凡有数据造假记录的干部，一律不得提升、重用，情节严重的应撤职；

（4）情节特别恶劣的（如恶意造假、强迫下级造假、擅自修改数据造假者）移交司法部门，按渎职罪起诉处理；

（5）鼓励、发动群众举报数字腐败。

只要坚持依法治国，雷厉风行、持之以恒，这一沉疴是可以治愈的。

本文是 2002 年 2 月，作者在政协九届五次会议上的提案。

水利建设中的哲学思考

一、前言

水利工程师有很多学科要掌握和研究，不可能花很多精力去研究哲学问题，更难望成为哲学大师。我在学校中时，主要精力就都花在啃"硬学科"上，什么数学、力学、水文、地质、材料、结构之类，对于"哲学""政治"一类学科照例是敬鬼神而远之的，充其量应付考试，得 60 分足矣。但不管你学不学哲学，学得好不好，一个人的思想言行总是受自己的认识论和世界观支配的。如果在这些方面有偏差，尽管你有一颗爱国忧民之心，掌握了所需的现代科技知识，往往是事倍功半，甚至导致意想不到的后果。这样看来，水利工程师读点哲学书是颇有裨益的。

但工程师们不一定需要去读砖头般厚的经典巨著，最好是读些启蒙、入门性的小书，而用许多实际的事例来做旁证。有时候，一篇高水平的哲学论文还不如一句谚语起的作用大。我很盼望将来有哪位学术大师能为水利工程师写一本哲学教科书出来，这将是件功德无量的事。

下面所述的是我在 50 多年水利水电建设生涯中的一些零星感受，十分肤浅，不登大雅之堂，写出来供工程界参考，算是野人之献曝。

二、照镜子的哲学

人类生存离不开水，不受控制的水又威胁人的生存。人类治水已有长远的历史。尤其处于东亚的中国，受地形、气象条件的制约，水旱灾害特别严重和频繁，从有记载的大禹治水起，中华民族的文明发展史几乎就是一部治水史。

在初期，人们对于浩渺洪水或长年久旱几乎束手无策，只能逃避。避之不及，只能变成浮尸饿殍。其后，随着科技和生产力的发展和经验的积累，人们开始要制服水：开渠、打井、修堤、筑坝，工程规模和作用不断扩大，到 20 世纪达到高潮。在这场较量中，人类似乎取得了重大胜利。就中国（指大陆部分，下同）来说，50 年来修了 26 万千米的江湖大堤，85000 座水库，打了数百万眼机井，开发了 8 千几百万千瓦的水电，保证了黄河、长江安澜，结束了流离逃亡的历史，全国供水量从 1949 年的 1000 亿米^3/年增加到 5600 亿米^3/年，保证了工农业发展，以有限的耕地养活了 12 亿多人口，GDP 产值超万亿美元。现在建设中的三峡水利工程是世界上最大的水利枢纽，明年将开始发挥效益。更多的工程包括著名的"南水北调"正在开工或筹备、规划之中。水坝的高度已达 300 米量级，似乎已经做到"人定胜天"的程度了。

但是，在胜利的影子下，清醒的人们看到一些出乎意料、引人深思的问题。

本文是 2002 年 2 月，作者应台湾中兴科技研究发展基金会的邀请，在该会上做了演讲，并刊登于该会季刊《水利土木科技资讯》第 18 期上。收入《潘家铮院士文选》时，做了一些文字修改。

（1）建了大库、修了长堤，天然径流得到调节，洪水得到控制，荒滩改造成了良田，但是堤防愈来愈长和高，河床不断淤积，民垸林立，湖泊围垦，造成小洪水高水位的局面。一逢汛期，险情迭出，动辄要十万、百万人上堤抢险，这样的"水涨堤高"有一个尽头吗？

（2）供水量成倍递增，经济大发展，人民生活水平也大大提高。但付出的代价是：水资源过度开发，河道断流干涸（母亲河——黄河几乎变成季节性河流）、地下水位大幅度下降，甚至数百米以下难以恢复的深层地下水也被抽取使用。同时，水的低效不合理利用和浪费现象普遍出现。中国要赶上发达国家水平，GDP还得增加10倍以上，又从哪里去取得所需的水呢？

（3）河道的梯级开发和渠化，带来了防洪、灌溉、通航、发电的巨大效益，但在某些河道，天然洪水消失了，鱼类迴游通道截断了，一些物种灭绝了，有些水库淤积了，如果移民未安置好，更会引发水土流失、环境破坏和移民生活困难的问题。尤其是内陆河的不合理"开发"，使下游河道干涸，终端湖消失，风沙肆虐，荒漠发展，令人担忧。

（4）最严重的还是水环境的被污染。有人形容为"有水皆污，无河不干"。对我们的开发讥之为"吃祖宗饭，断子孙粮"。

现在世界上有一些组织和人士竭力反对建一切水坝和水利工程。前国际大坝会议主席——南非的洛勃罗克先生伤感地说，他作为水利工程师服务社会几十年，难道他毕生的努力不是为民造福而是给社会带来祸害吗？恐怕许多水利工程师都有相同的惶惑。我认为，我们坚决反对偏激的言论和因噎废食的做法，但认真总结一下经验教训，改进工作，避免失误是完全必要的。所以在今年清华大学水利水电工程系建系50周年的庆典上，我讲了几句很煞风景的话。我说，在水利这个大学科下，要新增一门"水害学"，或更全面一些："修建水利工程引起的水害学"。清华大学如开这门学科，国内外的活教材是不少的，我还建议请各省市领导，特别是水利厅、局长做第一期学员，政府首脑也不妨听听。

我想正确的态度就是要记住老子的一句话："福兮祸所伏"。世界上的事物总有两面性。人们总习惯于正面照镜子，《红楼梦》中却提醒说镜子正反面都得照。大自然经过千百万年的演变，维持着相对平衡的形态。修建水利工程，特别是大型工程必然会打破平衡，引起一系列扰动，经若干年后再达到新的平衡。在扰动过程中和新的平衡下，总是有得有失，天下没有尽善尽美的好事。问题是要科学、公正地评判是非得失，而且必须站在长期和全局立场上予以衡量。对"失"还要进行最大可能的消除或补偿。这就是水利工程师的责任。

必须反对本位主义和短期观点。现在要建工程都得先做"可行性研究"，但研究的结果很少是"该工程不可行"。一般对工程效益总是反复论述，对副作用（特别是长期、深远的问题）总是避重就轻。这是难免的，官员们要以此体现政绩；业务部门要以此发展自身；设计公司、施工商要揽活吃饭。要他们完全放弃地方、本位和近期观点也是过苛。只有上帝才考虑全面、总体和长期问题。这个上帝就是国家、政府和超脱的科学团体。所以我曾建议负责国家发展计划的领导部门，不要轻信"可行性报告"，也不要去审查什么结构安全。主要应研究祸福问题，在趋利避害上下功夫，例如：

（1）修建防洪水库控制洪水后，不能乘机无限制地围民垸、垦荒滩、废湖为田，侵占行洪空间。要认识到人不能消除洪水，必须学会与洪水共处，将必要的行洪空间留给洪水。

（2）在解决工业、农业、城市生活需水时，不能敞开供应，不能以需定供，不应低价、无偿供水。利用地下水必须保持长周期内抽取和回蓄的平衡。在缺水地区，要维持一定的短缺压力，就是要实行高价供水，用经济杠杆来解决问题，不要去"为民造福"。否则，大供水就意味着大浪费、大破坏、大污染。今天一些地方水资源被严重破坏，浪费水的社会习气得不到扭转，水利工程师可能在无意中也起了作用。

（3）不要认为通过修建工程把天然河道的径流调节到均匀下放，甚至吃光喝干，就是最优方案。要认真研究一切副作用，必要时要泄放人工洪水，冲刷河床，形成瀑布急滩，要保证有一定水量返回大海。

（4）建水利工程要和生态、环境、通航、旅游、文物……各部门协调，特别要重视污染问题。凡是水的污染未被处理，水的浪费未能解决的地方、部门、城市，原则上一个开发工程都不应该上。否则就意味着容忍和鼓励污染与浪费。

（5）在干旱的内陆地区，不能任意蓄水、垦荒、栽树，搞人工绿洲。不宜搞平原水库，不能为搞一点绿洲与耕地，导致下游地区的生态破坏。对大西北这类地区，只能适应自然条件，因势利导，保护改善环境，避免恶化，暂时不要设想把它改造为千里塞外江南。"天苍苍，野茫茫，风吹草低见牛羊"同样是必须保留的风光。

让我们记住"福兮祸所伏"这句至理名言，照镜子一定要照正反两面。当然也应记住"祸兮福所倚"这句话。只要把过去的失误查清、吃透，从思想上、行动上、政策上有所改进，水利工程就能真正做到兴利除害，趋利避害，为民造福，在新世纪中还将以更大的规模开展，并取得新的成就。

三、坐飞机的哲学

如果有两架飞机，一架机龄很新，另一架已超期服役，不久前还出过事故，您选坐哪一架呢？相信人们都容易做出选择。即使那架旧飞机的老板请了专家诊评，认为按标准该机尚符合飞行条件，恐怕也不能改变您的决定，因为坐旧飞机的风险性肯定较大。

水利工程中也存在着"风险论"还是"确定论"的认识问题。

很多年轻的工程师们自觉不自觉地总把手头的工作看作是个"确定性"的问题。$1+1=2$，不可能是 2.1 或 1.9。考得 59 分就留级，61 分就毕业。他们掌握很多现代化科技知识和手段，能进行复杂的分析计算试验，更熟悉规程、规范和标准。但他们忽视了一点：许多基础性的资料、参数、假定、方法……都有相当的任意性，规范条文也只是以往经验的总结，不存在绝对的正确性。

例如，在设计一座水坝时，我们无法查清地基中的一切情况，无法完全掌握材料的特性和反应，更无法预知建成后会遭遇什么样的洪水、多强烈的地震。在水工设计中一定程度上还得依靠过去的经验和工程师的判断。对于地基、土石料等对象，不确定性更多些。以致有人说"坝工学"至今还不是一门科学，而是门"技艺"。所以，基于现代科学理论，通过现代手段分析试验，能满足规程、规范要求的设计在法理上是站得住的，但任何设计师都无权宣布他的设计完美无缺，没有风险。

我深感在水利工程的设计中，"确定论"的影响大了一些。一座坝的稳定安全度，规范上说不能小于3，算出成果是3.1，皆大欢喜，是2.9就寝食不安。有些领导还经常要求专家们下简单的结论，例如，"在这个坝址上能不能建高坝？"专家们在研究后也敢于做出确定的答案："可以建多少米高的××坝"。对这样的问答，我总有些怀疑。随着科技发展和经济实力增强，不计风险与投入，似乎很难排除在某个坝址不能建坝的可能，反过来说，不附加条件地肯定能够建坝也回答得简单了点。

事实上，不存在没有风险的设计或工程，只是风险性有高低，工程失事的后果有大小而已，这就要求决策者作全面衡量。仍以坐飞机为例，如果必须在最短时间内到达某地，其他交通工具都无法满足，机场上也只有一架飞机，该机又经过检定，那么乘坐这架飞机就是合理的决策。但如果并不存在这种紧迫需要，有很多交通手段或有很多架飞机可供选择，您又是携带全家男女登机，那么是否非得乘一架出过事的超龄飞机，就值得深思。

以坝址选择为例。如果我们要建一座兴利水库，有两个坝址可供考虑。甲坝址的地质条件差，附近有活断层，地震烈度高，但可获得较大库容，取得更多效益。乙坝址地质条件好，但位在上游，库容较小，应该选哪个方案呢。这个问题的本质是要在效益、代价和风险中进行平衡和选择。答案取决于具体条件，无一定之规。我们一定要弄清几个基本问题。例如，在效益比较方面，乙方案是否已不满足建库的基本要求，还仅是"相对较差"。在风险比较上，甲方案遭遇强震而溃坝的可能性到底多大，溃坝后果又如何。如果溃坝概率极低而且后果不严重（不死人或很少伤亡），工程风险问题在决策中就不必置于重要位置，相反情况，如垮坝要引起下游大量城镇毁灭、人民重大伤亡，风险问题就成为决策中的重大考虑因素。在这种比较中，没有绝对的标准，而是对效益和风险的权衡，技术经济比较也不是决定性因素。由于对风险的评估只能是个模糊概念，所以这类问题常难取得一致认识，最后的取舍往往取决于决策层的思维方式和协调结果。

四、服中药的哲学

我在幼时依靠吃中药治病，长大后就改看西医，服西药了。印象中，中医、中药有不少迷信落后成分，许多理论也不够科学，而西医、西药要科学可信得多。诊病，要验血、查尿、B超、胸片，现在还有核磁共振，必要时把镜子深入躯体，检查切片。西药的研制更为严密：有分子结构式，做过各类试验，一种药有一种药的特效与功能，连进入身体后怎么吸收、怎么排泄也清清楚楚，这岂是将树皮草根一锅煮的中药可比的呢。

但现在的认识有些变化。西药虽然科学，也一定是今后治病的主力，但似乎总缺少点"综合""辨证"的精神。中医中药虽"不科学"，有待改进，但它的许多原则如"辨证诊治""全面照顾""君臣相配""因人因情增减调整"等，实有深意。如果能把这种思想和西医西药的长处结合起来，定能达到新的境界。

水利工程中也会出现要服中药的情况。

例如，对承受高速含沙水流冲刷的混凝土面，设计人员对混凝土的"抗磨"要求提出很高标准，使水泥用量剧增，或要加入硅粉，导致混凝土最高温度猛升，受气温（寒潮）影响，普遍开裂，反而坏得更快。似不如采取综合措施：调整设计、降低点流速，清除点泥沙、适当提高混凝土强度，或在表面加设敷层，在某些情况下也不妨考虑事后修补。

对混凝土级配设计，我们一般都提出各种要求和指标：抗压强度、抗拉强度、抗渗指标、耐久性指标……还规定水灰比、外加剂、砂率和坍落度等。这些都不错，但似乎都是独立的要求，拼在一起，再取外包线，而少考虑相互的协调。例如，有些部位对强度和其他要求都不高，但需防渗，那么是否可考虑用其他方式满足防渗要求，而使混凝土性能设计趋于合理呢？

在工程建设中经常遇到的边坡失稳问题也是个好例子。整治边坡首先要通过地质勘查、室内外试验和计算分析，弄清边坡稳定条件，这好比医师给病人诊病。查明病情后可采取的措施很多，如减载、压脚、设抗滑桩、抗滑键、防渗、排水、植被保护和监测报警等。必须针对边坡的具体条件采取最合适的综合措施，这就有点像开中药方了。同样措施对不同的边坡其作用可能是大不一样的。

我们再举个拱坝优化的例子，我国学者对拱坝体型优化做了大量工作，在国际上也是领先的。首先建立一个目标函数（例如取为拱坝总体积或总造价），再确定拱坝设计和施工中必须满足的一些条件（称为约束条件）。然后建立一个可描述拱坝体型的数学模式，其中含有若干设计变量，改变这些变量，可以得出不同的拱坝体型。最后运用数学规划方法，寻求一组能满足所有约束条件而使目标函数取最小值的设计变量，就找到了最优方案。其思路和技术路线是十分科学的。但有时优化得出的断面像把扫帚，并不合理。其次，优化时除了追求最小工程量外是否还应考虑点儿什么？这就出现多目标优化问题，例如，使工程造价和工程安全性同时达到最合适状态。问题在于如何把性质不同的因素综合为一。当然，可以用"加权"来解决，但权重的确定就很"模糊"了，经济性和安全性毕竟不是同一层次的问题。再探究下去，所谓工程的安全性又用什么衡量？即使简化到完全用"应力"大小来衡量，也得研究"最大应力值""高应力区""高应力区所在的部位和深度""材料屈服后的变化""应力性质"（恒载、活载、静载、动载……）一系列问题，难以找到一个评价指标。简单的数学寻优道路就走不通，这似乎是一个"模糊综合评价决策"问题，也许要在大量分析计算结果中开个会来决策，这就有些煎中药的意味了。

在论证三峡工程的可行性时，曾由加拿大的著名水电咨询公司在世界银行指导下进行独立的论证。我作为世行聘请的首席专家，与加拿大专家相处几年，深感其水平很高，经验丰富，而且办事"高效率""科学化"，受益良多。但也感到他们在取舍、决策时过分重视经济效益分析，典型的"西医"学派。建水利工程当然要讲究投入产出问题，但工程效益既有具体经济效益，也有社会效益。"减少人被淹的可能性""解除人们心理压力""保护珍稀物种"……之类的效益，怎么能化成美元计算呢。加方专家经分析主张减少三峡水库防洪库容，在遭遇特大洪水时让库区人民临时逃洪，事后补偿。这样可减轻移民压力，而遭遇的频率不高，经济上是有利的。其实，中方最初设想的就是这个方案，但在深入论证后，存在许多较难解决的问题（如逃洪区能否进行建设、如何发展、逃洪会不会死人……），最终认为，根据国情民意不宜采用。在交流中，加方专家很难理解和接受我们的看法。最后我只能说："你们的分析很科学精确，但我们作决策时还得考虑更多的因素，要综合协调研究，好比用中药治病，得全面考虑病人情况，增减药味和用量"。加方专家组组长听后苦笑说："我干了一辈子技术工作，你却要我喝一服中国汤药！"也许这是东西文化的微妙区别吧。

五、管孩子的哲学

不以规矩不能成方圆，所以小至设计制图，大至治国平天下，非立规矩、标准、法律不可。对孩子如果放任不管，很容易走邪路和堕落，父母师长必须加以管教。这是尽人皆知的事。但如果作画写字，都必须用规矩，就没有书法家和画家，世界上也没有一张建筑图和真正意义上的画了。一个国家如果法律多于牛毛，老百姓会无所适从，还会被坏人钻空子，"国将不国"。对孩子管得过严，会产生逆反心理，甚至发生弑父杀母悲剧，这也是常见的事。可见任何事都有个"度"，过犹不及。

水工建筑物的特点，就是它的失事不仅意味工程本身的破坏，而且会影响众多生命死亡和财产损失。特别高坝大库一类工程的失事，甚至意味着对生态、社会的破坏，这是其他建筑物不可比的。所以各国政府都在不同程度上对其设计建造进行管理，颁布各种法规、规范。当然，做法各不相同，有的由政府颁布，有的授权学术组织、团体出面。

我过去对制订水利水电工程的各类规程、规范、标准深感兴趣。尤其在担任水电部总工程师期间，更将它作为重要的业务建设。在我的主持和组织下，对已颁布规范进行清理、修订，对缺门的制定规划、组织力量，全面启动编制，希望能做到巨细无遗。认为这样就可进行全面控制，天下太平。中国的规范、标准系统取法于苏联，本已失于过琐，这样一来，更是青出于蓝。有关水利工程规范之多，可能冠于各国了。

现在我一直在琢磨这样做的后果。正面作用确实有，例如有利于基层同志工作，也有利于保证小工程的安全，鉴定、验收也有依据，但副作用也很大。首先是它妨碍了创新，给科技人员套上了枷锁。规范是建立在过去的经验上的，负有指导和约束全国水利建设的责任，首先要保证安全，所以一定推荐和规定比较成熟的做法。一般讲偏于保守，能做到"中间偏安（全）"就不错，不可能推荐最新的、富创新意义的方法。规范中充满了"严禁""不得""不应"之类的禁忌，和"必须""应""遵照"之类的命令，为科技人员的打破常规、创新发展设置了不可逾越的障碍。一些新的构思、理论、方法、工艺都在违反规范的帽子下被否决。同时，规范又为不思进取的人提供了保护伞。既然列出那么多的规定，提供了标准的理论、方法、参数甚至是具体的公式和范例，依样画瓢岂不既安全又省力，各类检查、鉴定、验收都容易通过，出了事，规范还可以作为辩护武器。相反，如果背离规范，搞什么创新，出了事全由自己负责，惹来大祸一场！几十年来，中国水利建设规模之大世所少见，虽也取得了不少科技进展，但创新性的成就与之是不相称的，创新的力度和速度比不上发达国家，规范过多过细，恐怕是原因之一。你给孩子定下那么多的清规戒律，要他非礼勿视、非礼勿听、非礼勿行，怎能指望他成为爱迪生或爱因斯坦呢？

所以我现在的想法是规范宜少宜粗，手册可多可细。必要的规范、标准还是要有，应该处于"中间偏先（进）"的位置。主要应规定一些基本要求和各级人员的职责，以及各级工程的审批程序。把责任（包括安全性和先进性）落实到具体的人员身上，这比规定一些指标、参数、方法更重要和有效。有些人可能担心这样做会导致工程质量下降与事故增多。其实，有许多国家并无很多规范，由政府颁发的更少，多是一些权威性的学术团体制定的标准与规定，为大家遵循，但并无法律效力，你只要有足够的创新依据就可以突破。结果新事物出得快，也未见发生重大事故。

至于具体的建筑结构设计、计算公式更没有必要作统一规定，完全可以改为大量的设计、施工手册，把丰富的各家理论、各种经验、各种典型实例汇集比较，供广大基层人员参考取舍，而不应是"统一尺码"。

既要使孩子富有朝气，不断创新前进，又不能让他野马般地乱闯瞎撞，这是一门艺术。有关的政府官员、科技管理者和技术带头人应当学会这门艺术。

六、吃第一只螃蟹的哲学

上面提到规范过多、过细对创新的制约，这就涉及在水利工程中采用新技术的问题。

所谓新技术，包括新思路、新理论、新结构、新材料、新设备、新工艺、新管理方法等。搞技术创新并尽快用于实践，转化为生产力，代表人类文明的发展和前进方向，影响国家民族的前途，意义重大，但问题也很复杂。

任何新技术，既冠名为新，就意味着缺少实践经验和存在一定的风险。而水利工程的成败，一般又影响巨大。如何既保证安全又促进新技术在水利工程上的应用，便成为一对矛盾。形象地说就是谁来吃第一只螃蟹和如何吃第一只螃蟹？从中国的情况来看，一般地方上建的中小工程，比较敢于搞点新意、冒点风险，但出现事故的概率也较高。但应该指出，许多工程的出事并不都是由于采用新技术引起的。

我认为，解决这个矛盾的正确方针是"慎重"与"积极"并举，两者相辅相成，不可偏废。

所谓"慎重"，就是保持头脑清醒，不做无根据和无相当把握的事。一切通过试验，由实践来做出结论和决策，切忌拍脑袋做决定，尤其在重要工程和关键部位不能掉以轻心。所谓"积极"，指思想上要确信创新和发展是人间正道，满怀热诚地欢迎新生事物，并深入调查研究，采取各种措施为其成熟和采用创造条件，有"敢为天下先"的襟怀，而不是消极地等待，"等别人吃了第一只我再吃"。

在策略上，"实事求是，区别对待"八个字极为重要。新事物从构思、萌芽到成熟、推广，一般要经过"理论研究和实验室试验""中间试验或工业性试验"和"全面推广，形成生产力"三个阶段，这三个阶段缺一不可，而且总是先小后大，先慢后快，循序推进，但根据不同的情况可以采用不同的做法和速度。

　　有的新事物的理论基础扎实、明确、可信,研究中投入的人力、物力、资金、时间充分,研究试验成果齐全、系统。有的则未能达到这些要求,前者显然可以更快更大规模地试用、推广。

　　有的创新属技术上的改进,原理简单明确,容易检验和实施;有的则属于本质性的重大改革,后果影响深远,甚至要经若干年后才能论定(如某些新材料),则前者显然可以更快和更大规模地试用、推广。

　　有的工程上采用某项新技术,风险不大,后果不严重,或有检修替换条件;有的工程或建筑物上采用某项新技术若万一失败,后果严重,或没有检修补强条件,则对前者显然可以更大胆一些。

　　在小工程上试用成功的新技术,有的需在中型工程上再行考验,然后推广到大型工程上,但有的也可通过理论分析和判断,作跨越式的拓展。

　　有的工程的设施留有较多余地(例如,有较多的泄洪孔、泄流洞、较多机组等),这为试用新技术创造了很好的条件。在条件合适时,工程师还可在工程设计中留出专门部位供试验新技术用。如果大家采取这种主动、积极态度,将可大大促进高新科技在水利工程中的应用。

我们需要再反一次党八股

当前，全国正在学习党的十五届六中全会关于加强和改进党的作风建设的决定。文件指出，加强和改进党的作风建设，核心是保持党同人民群众的血肉联系，并具体化为八个"坚持"、八个"反对"。其中，特别指出要反对因循守旧，反对照抄照搬本本主义，反对形式主义、官僚主义。可谓切中时弊、痛下针砭。最近政府也正在下决心解决"文山会海"问题。我认为，要做到这一点，必须再反一次"党八股"。

20世纪60年代，在延安进行整风，整顿文风是内容之一——毛主席还为此写了著名的文章《反对党八股》（以下简称"毛文"），成效显著，文风为之一正。不幸，"毛文"发挥作用的时间好像不长。新中国成立以来，文件愈来愈多，愈来愈长，愈来愈"正规"，一直演变成文山会海。每一次政治运动都要搞大批判，都需要大部头文章，"文革"时更达到顶峰，党八股就复活甚至发扬光大了。而且由于共产党成为执政党，党八股也随之发展为政八股、社（会）八股，流毒全国，像一座大山压在人们身上、心上，难以招架，无法摆脱。不反掉这新的党八股，要改进党的作风建设是无从谈起的。现将我的看法写下，以质诸高明。

先说说新的党八股的本质和内容。

新八股的内容与老的党八股一脉相承。当然，在新的条件下其表现形式也"与时俱进"，有些创新，但万变不离其宗，最主要的本质就是，连篇累牍地塞满空话、废话、套话、大话，缺少实实在在的见解和新意。这种文章，好像患了浮肿病的人，看个子，脸圆体胖，但毫无力气，做不来任何事。又如注水猪肉，把水分挤干后，不仅干瘪难看，而且味如嚼蜡，令人难以下咽。

"长"是新八股的通病，文章动辄上万甚至几万字。作者的目的只有一个，使人读了后面忘了前面。"毛文"中说，斯大林在德苏战争爆发后发表的演说是很短的。八路军的"三大纪律，八项注意"可以谱成一首歌，唱会歌也就记住了内容。鲁迅先生要人们在写好文章后至少再看两遍，将可有可无的字、句、段去掉。这些优良传统现已荡然无存，甚至是反其道而行之，尽量把各种形容词、状词以及可有可无的字、句、段塞进文章里去。我建议作者们今后写作时，先想一想，如果要把尊作谱成一首歌，应该如何写，然后再下笔。

内容少而文章长，就只能尽量写些套话和废话凑数。八股文是有一定格式的，按格式套进去就成。新八股也一样，文章开头总是"三下"（或四下、五下）：在党的正确领导下、在政府的积极支持下、在有关部门的大力协助下，生怕漏掉一个"下"，得罪一方土地。有人在"报屁股"上总结过"套话大全"，曰：开会没有不隆重的，讲话没有不重要的，鼓掌没有不热烈的，领导没有不重视的，看望没有不亲切的，进展没

本文是2002年3月，作者在全国政协九届五次会议上的发言，刊登于《炎黄春秋》2002年第11期。

有不顺利的，完成没有不圆满的，成就没有不巨大的，工作没有不扎实的，效率没有不显著的，决议没有不通过的，人心没有不振奋的，班子没有不团结的，群众没有不满意的——其实套话何止这些，这14条只能说是"套话精华"或"套话提要"罢了，远远称不上大全。文章中塞满这些套话，读后除使人腻味外，是不会产生其他感受的。

有的作者大概对"反右""文革"尚有余悸，生怕被戴上"给社会主义抹黑"的帽子，所以处处要"一分为二"，要"分清延安、西安"。哪怕是批评社会不正之风，前面总得来一大段正面表扬的大文。一定要在描述了成就如何伟大以后，再转到"还必须清醒地看到……"。一分为二当然是真理，但用在这里就有些莫名其妙。把成绩说得如此之大，岂不要影响人们之清醒耶？有时为了一分为二，搞得逻辑混乱。前面说，缺点是局部的，问题只发生在极少数人身上，后面又说"蔓延成风""要亡党亡国"，怎么也拼不到一块。我不是说文章里不能一分为二，如果是中央文件、政府报告，一篇全面总结或综合评述性的文章，当然应把"成绩说够，问题讲透"，但并非要千篇一律。如果写文章的目的是揭露时弊，就应开门见山，刺刀见红。哪有医生写诊断书时先肯定病人身心如何健康，然后再转到"也要清醒地看到肺里长着个肿块"的？

八股的又一特色就是"毛文"中所称的甲乙丙丁拿来开中药铺。似乎一篇文章不面面俱到，便不够完善。当然，新八股在开中药铺的基础上又有所创新。它已不满足于甲乙丙丁抽屉式的排列，而发展为若干光环，环环相扣，有些像奥运会标志，只是更为复杂而已。例如，在许多文章中，我们常会看到下述十分类似的提法：要以某某为指导，某某为核心，某某为基础，某某为动力，某某为保证，某某为目标，某某为中心……首先写出这种话的文章颇有新意，如篇篇如此，又成套话，而且环环越来越多，全则全矣，只是令人读后摸不着头脑，弄不清这许多指导、核心、基础、动力……之间是个什么关系？万一"指导"与"基础"有矛盾，"目标"和"中心"不相容，又该如何处理，是不是有个"优先律"？在实际工作中如何落实？说穿了，这还是在堆砌辞藻，玩弄文字游戏，文章写好，任务也完，并不打算真正去干的。

借势压人，言必称希腊，这也是党八股的惯技。此风至今不衰。在不长的文章中也要处处引马恩列毛 ❶ 的话，而缺少自己的主见。在过去，这样做还能起些威慑作用，因为那时凡是圣贤之言都句句是真理，一句顶一万句的，辩驳不得。但时至今日，大家都已知道马克思主义是一门科学，不是宗教。马克思主义要与时俱进，圣贤讲过的话——特别是片言只语，不一定都对，甚至根本脱离当前实际。那么在文章里引述那么多的圣贤语录，读的人还得先考察一下，这些话是属于至今适用的原理，还是已经过时的教条，岂不费事？也起不了震慑作用。我也不是说写文章就不能引用前人的话，在合适的地方引用几句经过考验、证明是正确的古人名言，确有画龙点睛之妙，但万不可靠它来压服别人——如果认为自己言之有理，尽可理直气壮地发挥，何必非拖个古人来帮忙呢。

有人说，你这么起劲地反对新八股，想来所写文章一定是尽除陈腐的了。当然不是这样。多少年来，我写的东西可谓多矣，文章也好，总结也好，报告也好，同样废

---

❶ 马恩列毛指马克思、恩格斯、列宁、毛泽东。

话、套话连篇，甚至可选为"八股"范本。这不是我心口不一，我并没有生活在真空里，哪能不食人间烟火？写文章总想发表，写总结总得大家鼓掌通过，社会风气不改，我何能例外——何况，有的文章还可按字数得稿费。但正因为我是写八股老手，才从心底里讨厌它、反对它。我要大声疾呼，不要小看它，这怪物非常可怕，现在已盘根错节，势盛力大，要动摇它谈何容易。但容忍它发展下去，将禁锢人们的思想，耗干人们的精力，折磨人们的心灵，拖延前进的步伐，浪费无法计数的时间、物力和人才，文山愈高、会海愈深，使人人成为魏晋清谈误国之士，祸国殃民，莫此为甚，最终将影响民族振兴大业，是以斗胆陈言，愿全党共诛之，全国共讨之！

建坝还是拆坝

开发水电离不开建坝，水坝也是其他水利工程中最重要的建筑物。有史以来，人们不断在河道中建坝，到 20 世纪而大盛。至今全球到底已建有多少座水坝，恐怕无人能说得清。中国是"水坝大国"之一，而且为了充分开发水电和解决其他水利问题，中国还在修建和即将修建更多的大坝、高坝。据中国大坝委员会资料，至 2003 年年底，中国在建的水电大坝（坝高大于或等于 30 米）有 164 座，最高的云南小湾拱坝高达 292 米，为世界最高拱坝。龙滩的碾压混凝土重力坝高 216.5 米，水布垭的面板堆石坝高 233 米，是相应坝型中最高的。其他如三峡、拉西瓦、溪洛渡、构皮滩、瀑布沟等工程的水坝也是世界上不多见的大坝。至于待建和规划设计中的大水坝更是屈指难数了。

世界上有一部分人士一直反对建坝，要求"让江河自由奔流"。到 20 世纪六七十年代，这一呼声逐渐高涨，形成势力，发源于美国，波及全球，包括中国。由于很多大坝的修建是为了开发水电，从而又声称水电不是可再生的清洁能源，而是一种落后的生产方式。通过这些人士的呼吁和媒体的宣传，正在中国的群众和领导层产生影响。在建坝问题上，中国在新世纪中将向何处去？

凡事一分为二，修坝建库在带来巨大效益的同时，也要产生某些负面影响，尤其中国早年在"控制自然，改造自然"的指导思想下，存在忽视生态环境和移民权益的情况，在新世纪中更要引以为戒，坚决纠正。但把事情说过头，以偏概全，有理也成为谬误。像某些极端"反坝主义"者，罗列了水坝的种种罪行，从破坏生态到侵犯人权，罪大恶极。三峡大坝也荣膺"世界上最大的坟墓"之桂冠。在一位麦考利先生的笔下，水坝、水电被描绘成万恶之渊薮，是人类所干的最愚蠢的事情，人权、污染、腐败、贫困、浪费……，所有的社会丑恶和经济危机都和水坝连在了一起（见《沉默的河流》，此书在中国翻译出版时，巧妙地改名为《大坝经济学》），这就令人难以信服了。无论如何，水电是目前人们唯一能大规模商业化开发的可再生清洁能源，能持续地、积累性地减少燃烧矿石资源产生的环境污染，影响之巨大和深远无可否认。避不谈此，片面夸大负面作用，有失公正。

现在，"反坝主义"者不满足于反对建新坝，而且要拆除已建的坝。中国有一些人士和媒体也就跟进，以反坝为时髦，宣传这几年美国已经拆除了 500 多座水坝，"人家都在拆坝了，我们为何还要建坝？"有的记者就问我三峡大坝何时拆除？怎么拆除？

关于水电是否可再生的清洁能源，联合国有关文件和中国政府都有明确态度，相信这次会议也会有一致认识。这里只谈谈拆坝问题。中国长江三峡工程开发总公司的林初学先生对美国的拆坝问题做了详细的调查研究，在《中国水利》2004 年第 13 期

本文刊登于《中国水利》2004 年第 23 期。

中，也刊有许多资料。我就利用他们的看法和资料来回答这个问题。

建坝、拆坝，首先要问是什么坝？美国建国以来一直在建坝，如果不论高低大小统统算数，可能超过两百万座。对坝高、库容等做些限制，也有7000～8000座。两百年来建了这许多坝，每年一定会有相当数量的坝因各种原因不再使用，予以废弃或拆除。已经拆除的五百多座坝是什么坝呢？它们的坝高均值不到5米，坝长约10米，都是修在支流、溪流上的年代已久、丧失功能的废坝，99%以上不是为水电修建的。有巨大作用的坝一座也没有被拆除。中国一些期刊在刊登美国拆坝资料时，极其细心地把这些最重要的数据都删去。如果这算拆坝，上帝年年在为中国拆坝（每年有许多小型塘坝溃决），前些年中国搞退垸行洪，中国才是拆坝大国呢！因此，当人们振振有词的诘问：发达国家都在拆坝了，你们怎么还在不断建坝呢？这不是逆世界潮流而动吗？这好比问："发达国家已不用牛车了，你们怎么还在造汽车？"一样的逻辑不通。发问者不是情况不明就是偷换概念。

"反坝主义"者的观点并不是全无可借鉴之处，相反，许多地方值得我们深思。我认为，在新世纪中建坝：

（1）必须做好统筹规划和认真审查，建那些应该建、必须建、可以建的坝，不是越多、越高、越大越好，不要在重大问题未落实前草率上马，不要使子孙为我们做出的错误抉择而感到遗憾。

（2）必须认真研究弄清建坝的利弊得失，在规划、设计、施工、运行中要特别重视保护自然和生态环境，要站在弱势群众一面，认真解决好移民问题，听取移民的意见，使移民在建坝中得益而不是受害。要把建坝的负面影响减免到最低程度或实行补偿。

（3）对于已失去基本功能，或因经济、安全原因不宜再运行的小坝、老坝，要有计划地废置、拆除或加固、改建和新建。至于像三峡一类的大坝，属于千年大计，实际上是无法拆、不能拆的。要做好维护工作，使她真正能够"利垂千秋"，直到她的功能可以被其他措施代替。例如，人们已能呼风唤雨，控制气象，用不到三峡水库来调洪；人们已能从核聚变中获得无限的能量，用不到水力发电这种"落后的能源"；万吨巨轮也已能在水上悬浮行驶和飞过大坝——甚至轮船这种落后的交通工具已经淘汰了，三峡的船闸和升船机当然也就完成使命。那时，三峡大坝就可以光荣退役了。退役后怎么办？或者将她改造为一个超过尼亚拉瓜的人工大瀑布？——这些前景不如委托给科幻小说家去想象更好。

创 新 和 尽 职

——工程哲学思想漫谈

进入 21 世纪后，"创新"是个非常时髦的名词。确实，一个国家，一个民族如果缺乏创新意识，那么无论如何"发展"，到头来只能跟在别人后面走或爬，永无出头之日。

要创新，特别是技术上的创新，我认为思想上首先要来个解脱，不能墨守成规，不能迷信过去，不能迷信权威。过去的经验和权威应该得到尊重，但不应迷信。因为这些经验在当时是正确的、先进的，在现在也仍是可行的，但并不总是代表最优或最先进，而具有可以改进、提高的地方。甚至有些似乎属于"天经地义"的概念，或是法规、标准规定的要求，都不妨怀疑而深思之，怀疑是创新之母。

笔者是个工程师，而且专业狭窄（水利水电），甚愿就管窥所及，举些例子和想法，以供同志们讨论参考。

一、谈谈混凝土重力坝的开裂问题

土石坝怕漏水，混凝土坝最怕开裂了。"无坝不裂""坝愈多裂缝愈多"……这些可是外国工程师总结出来的名言。有些裂缝确实危害坝的安全，例如由于碱骨料反应产生的解体性开裂，美国德沃夏克和我国柘溪坝的劈头裂缝以及奥地利柯恩勃兰坝的基础部位大断裂等。所以，从建设现代化的混凝土大坝开始，工程师们就一直为"防裂"而进行不倦的努力。人们从原材料、温度控制、保温养护着手，费尽心血。三峡河床和左岸部分坝段的上游面出现了纵向裂缝，被炒作到骇人听闻程度，仿佛是座豆腐渣工程，我们为此不惜工本地进行多层次修补，以满足"万无一失"的要求。

也许受了刺激，因此在第三期施工中，我对工地提了一个近乎苛刻的要求：数百万立方米的右岸大坝能不能不出现一条裂缝，包括表面发丝裂缝？

这次三峡总公司和各参建单位真痛下决心，重新制定和落实严格的管理制度，从原材料、级配、拌和、运输、浇筑、温度控制、保护养护……全面下手，层层把关，一丝不苟，到了今天，数百万立方米的右岸大坝已近完工，确实没有出现哪怕是一条发丝裂缝。这说明什么？说明混凝土坝体防裂的理论、措施和设计没有错误，更说明事在人为，说明中国人能做到超国际标准的管理水平，足以使看不起自己和心怀不满的批评家哑口无言。但我仔细回思，有两点体会。一是这种认真负责、严格要求、精密管理的作风确实是应该坚持和推广的，有害的裂缝确实应该而且可以防止的。二是是否对每一座混凝土重力坝都要求做到不出现一条裂缝，则值得考虑。

本文是 2007 年 3 月，作者在清华大学水利学院的演讲稿。

毕竟，各个工程有不同的条件，尤其大量地方中小工程和三峡工程不同。重力坝中的裂缝，有些实际上无害，有些虽有可能演化，但采取措施后可以防止今后向有害方向发展。

我想到国内有许多砌石坝，实际上坝内全是裂缝，有些混凝土坝的纵缝没有灌好，都一样在安全运行。因此对某些混凝土重力坝的设计，也可走另一条路，即保护好迎水面，同时有意留设一些人为的、不予处理的缝，大大松弛温度应力，缓解防裂要求。对一些无害的裂缝允许其存在，不必处理，这样同样可以满足要求。不出现一条裂缝的混凝土坝无疑是一座一流的坝，根据客观条件能以最少投入最快工期完成一座安全运行的坝也是一座一流的坝，不能以"有缝无缝论英雄"。

我的上述谬论可能会引起人们批判。尤其是，20世纪在"左风"盛行之下，有所谓"打倒一切，怀疑一切""破字当头立在其中"这种提法，打倒了权威，破除了制度，造成了严重恶果，甚至达到无法无天程度，至今余悸犹存。我今天所述，是不是又在为"怀疑一切"造舆论？其实，20世纪的"左风"对我的伤害极大，我决不会赞成那种近于无知的做法。但是，我深信一切事物都在不断变化、发展、前进，创新是人间正道，"不迷信现有的一切"是不会错的，和过去"左风"不同之处在于：必须经过审慎的思考，进行艰苦深入的探索钻研，有确切的科学依据，才能谈得上"破"。例如，上面举的土石坝渗漏的问题，如果你对渗漏机理茫然不知，如果你未做出渗流分析确定流线、流量、水头、坡降，如果你未查明沿途的材料介质特性，如果你未设置合理的监测设施取得可信成果，不能对今后发展提出预测，也没有可以补强的手段，那么你无论有多么美妙的设想，一切免谈，仍然按照"滴水不漏"的要求去做吧。

二、我不在乎100%的强度合格率

如果有两个施工单位，都在施工混凝土工程。一个单位浇出来的混凝土的强度100%超过要求，即强度合格率（或保证率）是100%，另一个单位却只有50%，意味着有一半混凝土强度不合格，哪一家的质量更好些，更让人放心呢？这似乎是个傻子提的问题，当然是前者了。但问题并不像表面那么简单，值得再探索一下。

混凝土是由各种原材料（水泥、水、粗细骨料、掺合料、外加剂……）按一定的"配合比"拌制而成的人工材料。即使严格控制原材料的质量、执行规定的配合比，生产出来的混凝土也不可能绝对均匀。取样做成试件，试验出来的强度一定会有出入。不但不同拌和楼、不同批次生产的混凝土强度会有不同，就是从同一批的混凝土中取样做成几个试件，其强度也会参差不齐。要反映混凝土的强度，通常规定在若干立方米混凝土中取多少组试件，用它们的试验平均值作为代表。如果平均值低于设计强度（标准值），当然不合格了。但即使平均值等于设计强度，既称为平均，就意味着大致有一半的试件强度达不到要求（另一半则超过要求），这似乎不可接受。所以规范上：①要求试件的平均强度比设计强度高某个值；②要求试件的最低强度不得低于某个值。因此，施工单位实际采用的配合比，总使混凝土的平均强度比设计值有所"超强"，以满足上述①和②的要求。显然，超强愈多，愈易满足要求。

但为了满足条件②，还有个途径，就是减小强的离差系数 C_v（或标准差 σ）。C_v（σ）反映各块试件强度偏离平均值的程度，此值愈小，表示混凝土的质量愈均匀（如果 C_v 或 σ 值为 0，表示绝对均匀），这才是反映施工管理和质量控制水平的一个指标。规范中也以标准差描述混凝土的生产质量水平。

只要控制住上述①、②两条，就控制住了混凝土的强度质量。但还出现了一个所谓"混凝土强度合格率"的指标，即试件强度不小于设计强度的百分比，而且施工单位常以强度合格率高，甚至达 100%自夸。为什么要考核强度合格率呢，据说为了"避免出现标准差达到优良而强度合格率很低时误评为较高水平"。照我看，这纯属多余。要知道，只要试件强度稍低于设计强度，都归为不"合格"的，不科学，也缺乏实际意义。

放开来想，如果一个施工单位的管理水平极高，能使 σ 值很低，它不搞超强，按设计强度作为平均强度生产混凝土，结果有一半试件强度略低于要求，有什么可怕呢？它的"最低强度"完全满足规范要求，而设计中为了考虑材料强度的不均匀，早已留有足够的安全度，"强度合格率低"又有什么影响？当然，我这么说不是主张修改规范，不要超强，由于影响混凝土质量的某些因素不是完全能由人掌握，σ 值不可能达到很小，在施工中规定适当超强，是必要的。我只是说，如果有另一个单位，管理水平很低，但它通过大量超强可以使强度保证率达到 100%，这两个施工单位谁的质量更可信呢？

有知情人士讲了，不论怎么说，后者的试件强度个个超过要求，总是更好些。至于它为了提高强度保证率，超强较多，那是它的选择，反正付出的代价由它承担。话可不能这么说。超强不但意味着增加投入，也意味增加原材料和能源的消耗，换来无用的"安全裕度"，对国家来讲是不利的；而且水泥用量大了，水化热高了，更容易开裂。相应的弹性模量也高了，有时也产生不利影响。再说，一个施工单位浇出来的混凝土质量如此大起大落，很有可能发生事故，给建筑物带来危害，你能放心？

所以，我们不要把强度合格率当作重要的指标看待，只要平均强度和最低强度达到规范要求，同时 C_v 值又低，就是优秀的施工单位，就是我们希望得到的成果。

三、不要吃错补药

五十年前，我刚参加工作时，有一位同志出差去吉林，看到药店里有一支老山人参，由于采掘时伤了外形，在廉价处理，他就买了下来。回到招待所，同志们都笑他花钱买了没用的东西，他一怒之下，就将人参炖了汤喝，连参体都嚼了进肚，心想，好歹是补品，吃下去对身体总有好处。不意第二天双眼发白，全身不适，送到医院，医师束手，最后还是找了位土大夫，让他服了许多萝卜籽才脱离险情。我们身边不是也经常有人为了"补身子"，大服补品和保健品，结果身体未见更好，反倒"上火"，目赤喉肿，口角生疮。可见人参虽补，保健品很贵，但服得不得法，有害无益。这种傻事，工程师也是常常干的。

譬如说：有些水工建筑物承受较高应力，或要泄洪排沙，为保安全或延长使用期，就一味提高该部位的混凝土标号，或大量掺加硅粉等，强度是上去了，但发热量过高，"上了火"，表面大量开裂，反而影响整体性，给水流以可乘之机，倒不如在混凝土中加些纤维，表面上铺层抗冲耐磨材料为好。

对大坝的地基，一般都要进行处理，这当然是必要的，但应有的放矢，区别对待。有些同志，不问地基基岩质量好坏，承受应力大小，一律进行固结灌浆，连厂房的地基也要全面固结一次。其实，如果地基承受的应力不高，天然地基条件也良好，能承受这些应力，又何必"进补"呢？可能有同志认为，灌一下浆总比不灌好，这也和吃点补药总对身体有好处的想法一样。要知道，地基基岩内的天然节理是排水通道，不分青红皂白都将它封堵，把渗流水憋在里面，并非好事，也可能会"上火"的。

还有些同志总希望把大坝建在最好的基岩上，将河床和两岸挖了又挖，要求挖到新鲜基岩，有时也是得不偿失的。好好的狭窄的 V 形峡谷，被挖成宽阔的梯形，如果修建拱坝，跨度大增，水荷载、应力、变形都随之增加，不论对坝体变位、应力和稳定都没有好处。

实事求是、区别对待和综合考虑，是我们永远应该遵循的原则。

四、水坝做到滴水不漏好不好

搞水利水电工程，不免要筑坝建库。建成后当然不希望发生渗漏。特别对于修建在覆盖层上（或对坝址有极不利的地质条件）的土石坝，这个问题尤为突出。

如果建坝后能做到滴水不漏（包括通过坝体、地基和两岸），一定会赢得人们的赞扬。但这是否就是最优解，就是我们应追求的终极目标呢？

原来自由奔流的河水，无端被大坝拦阻，她是不会认输的。在被迫抬高水位以后，她会不断地、千方百计地寻找孔隙或创造条件形成通道往下游渗漏。工程师则采取各种有效措施进行堵截，不能全部截住则将渗漏水集中排除，防止其捣乱。从水坝挡水之时起，这场防渗与反防渗的斗争就将永远较量下去。

我在 20 世纪 80 年代曾参观过欧洲的一座坝，这是一座用冰碛土修建在深厚透水地基上的土石坝。最深的印象是渗漏量大，坝前库水位很低，而进廊道仍需雨衣马靴，坝下还有"潺潺流水"，如果是我设计修建的坝，我心里一定不舒服。这座坝放在中国可能被戴上"病坝"的帽子。但陪同我们的外国专家说，这地方的条件就是如此，防渗工程就视条件做到适可而止。现在的漏水一不影响工程的功能，二不影响安全，管它干什么。看来富得流油的西欧工程师在考虑钱的问题时比我们这些穷措大还抠门。我们眼中的"病坝"也许是他们的"最优解"。

仔细想想，他们的说法也有道理，如果渗漏水量不影响枢纽的基本功能（例如漏水量不影响供水、发电等功能——其实该坝库容不大，漏水量对其功能还是有影响的，他们用水泵把渗漏水再抽上去解决），渗漏过程也不影响安全（扬压力、渗透比降、流速……都在许可范围内，不致产生机械或化学管涌），也不影响工程运行（例如地下厂房的运行和电气绝缘），那何妨让工程与渗漏水"和谐共存"呢？

但是，这里有一些先决条件。例如，你要证明渗漏水不影响工程安全，就必须对渗流的机理有所掌握：水是如何入渗的、通过什么渠道、沿什么途径下渗、沿程的坡降、流速和地质条件、沿程的水质变化过程……如果对此不清，黑箱作业，又怎能保证渗漏不影响工程安全呢？其次，安全是个动态概念，今天安全并不意味今后安全，因此你还得掌握状态的发展趋势，有可信的预测，有合理的维修制度，有完善的监测手段，有必要时补救或抢险措施。没有这些，就不能得出渗漏不影响安全的结论。

如果上述条件都得到满足，那么这就是一个"可行的"方案。在此基础上，增加投入，可以削减渗水量，如何取舍，成为投入与效益之间权衡的问题。所谓效益，包括经济上的效益（增加供水量、发电量……），也可以包括非经济效益，例如"影响"问题或"面子"问题……非专业的人来参观，总认为渗漏水大不是好工程。这样看来，究竟什么是最优方案，就有相当的模糊性了。

总之，一般来讲，"滴水不漏"不一定是个最优方案，它不仅意味着过多的投入，而且会使防渗体系承受过大的压力，不如网开一面为好（就像蒸汽锅炉留个减压阀一样），滴水不漏还会全部切断对下游和两岸的补水，导致某些生态环境后果，这样看来，还是让我们放弃对"滴水不漏"的追求吧。

五、依法、尽职，不一定有利于全局

随着社会进步和科技发展，分工愈来愈细。不论是拥有行政管理权力的政府系统，还是某一单位、企业……都有自己的职责分工，各部门、各职工依照法律和规章制度，各负其责，各尽其职，各把其关，依法治国、行政、办事。医生不应去管农民种些什么作物，飞行员也不会过问水利工程师建什么坝，这似乎是毋庸解释的道理。中国不是有句成语："各人自扫门前雪，莫管他人瓦上霜"吗？

但是，社会是复杂的，各种关系也未必能分得很清楚，各人门前的雪当然应该自扫，但你扫清了门前雪未必就能安全出行，因为有人并未扫他的门前雪，甚至把石头堆到马路上去呢！因此，必要的时候，对别人的门前雪甚至瓦上霜也得关心过问一下。

举个简单的例子：如果城里有个菜市场脏、乱、差，有关部门是要查处以至取缔的。取缔后如果菜贩们转移到马路边去销售，就更影响交通安全、卫生和市容了，警察是决不容许的，定要驱赶、处罚。这完全在他们的职权范围之内，谁能说他们管得不对。但这么一来，老百姓买菜困难了，许多人的生计断绝了，农民的收入降低了，还引起人们对民警、对政府的不满，甚至酿成大事，导致社会的不稳定。

单纯的取缔、驱赶没有解决本质问题，引起许多后果，警察又不能不执法，怎么解决这个矛盾呢？也许较好的办法是由政府安排建设一批文明、卫生、廉价的菜市，加强管理，建设和管理费用由政府掏，不收或只收极低的摊位费。当然，警察并没有这方面的职能，也没有力量去建菜市，但如果市政部门、人大代表、政协委员失了职，警察是否在执法（取缔、驱赶）的同时，也可以"越俎代庖"地出主意、提建议甚至

发警告呢？因为他们是最接近老百姓和菜贩子的人啊，不能说这是别人瓦上霜，不关我的事，而任凭事态恶化啊。

也许警察驱赶小贩的事离工程远了些，那我们就谈些近事，就说说去年的"环评风暴"吧。国家环保总局一口气叫停 30 项重大能源、电力建设项目，因为这些工程的《环评报告》尚未通过，而已开工或进行开工准备，属于非法施工，所以一律叫停。这在环保部门的职权之内，依法叫停，谁说不应该。但深入想想，疑虑很多。叫停这么多的大电力建设项目，如果造成今后电力供应严重短缺，影响国家发展和人民生活提高，怎么办啊？当然，你可以说这不关我事，是"发改委"的责任，可是影响了国家发展，每一个中国人都遭殃啊。其次，叫停的首先是大水电项目，水电是清洁的可再生能源，叫停水电，就只能代以烧煤，增加燃煤污染，这一笔账应不应该算呢？第三，也叫停了一批大煤电，而这些大厂都安装了采用新技术的巨型机组，能耗低，治污要求严；叫停大煤电，人们被迫只能修建或重新启动已关停的低效高污染的小电厂，甚至家家户户买一台小发电机自供，安全和污染问题更不可问，岂不和环保要求更加背道而驰吗？而这些环保总局都是不过问的，都属于"他人瓦上霜"。说句扫兴的话，你执法把关愈严，环境污染就愈厉害。

当然，我绝不是要人们不去尽职把关，中国目前的严重问题正是有许多部门、职工没有尽职。我只是建议在尽职的同时，对问题做些更深入的思考。

环保总局要执法，他也不能代替"发改委"，更无权干涉人们自购小发电机，那么矛盾怎么解决呢？我认为，首先有关部门要尊重环保法，对大小工程都要注意解决好环保问题，并依法报批办事；另一方面，环保部门也要了解国家发展和能源供需大局，主动沟通，及时提醒，多出点子，协助解决问题。不要坐等审批，甚至人家早已报送了《环评报告》，有意拖而不批，来个集中"叫停"，制造"风暴"，以显示"权威"，这就简直在"作秀"了，但受伤害的可是国家啊。

六、和稀泥的解决方案不是正确的答案

上面提到环保风暴，不免想到不久前上演的"圆明园防渗"事件。这是一幕演出精彩的剧本，演员们的表演堪称出色，结局基本上是大团圆，充分代表了中国式解决问题的办法。

圆明园是位于北京海淀区的皇家园林遗址。这座有名的园林以水面景观为主。从未听说过当年有干涸的问题，想来那时地下水位很高，补水水源也十分充足。英法侵略军烧毁了她的建筑，抢夺了她的珍宝，却掠走不了湖光波影。随着北京人口的无限增长和无节制的用水，地下水位剧降，湖水渗漏干涸，遗址景观无存，也影响国家声誉。圆明园管理处只好向北京市买水灌湖，价高不说，由于水源异常紧缺，每年只能买给一二百万立方米的水。对这点珍贵的水当然不能再让它迅速漏掉，于是管理处在湖底试铺一层土工膜减少渗漏，就是这么个简单事实。

接着，2005 年 3 月 29 日有位教授向《人民日报》呼吁，说圆明园这种防渗做法是一场"生态灾难""彻底伤害了圆明园的命脉和灵魂"，这种惊人的提法起了"爆炸性影响"，轰动全国。但有点常识的人不能不怀疑：圆明园面积在北京市地图上不过瓜

子般大小，一二百万立方米的湖水少渗入地下一点，怎么会导致一场生态灾难呢？就算让它全部渗进地下，能提高地下水位一厘米吗？难道任其干涸倒保留了圆明园的命脉和灵魂？导致北京的水环境、水资源灾难的罪魁祸首，怎么说也不应归咎于这层湖底薄膜吧。

一些报刊媒体闻风而动，这是个难得的题材，正可充分炒作，越说越玄。以至有些人把土工膜当作有毒有害、破坏环境、像核废料一样的可怕的东西。小小的圆明园防渗工程新闻能席卷全国，不能不说是媒体大力炒作的功劳。

对于环保总局来讲，更是个天赐良机。这个工程并未履行环评手续，圆明园又是个著名地方。于是在 3 月 31 日就严厉叫停（中国其他部门也有这么高的行政效率就好了），责令提出《环评报告》报批，充分显示其权威性（客观地说，这是件好事，提醒有关部门，工程不论大小，后台不论软硬，涉及环保问题必须依章行事，没有例外）。

原来承担"环评任务"的单位可能嗅出这个小工程的背景复杂，决定对这种吃力不讨好的"鸡肋工程"采取婉拒、退出的做法，也深符"明哲保身"之道。当然还是有一家大学勇于承担，看来他们应对复杂情况的能力较强。当时，我有个估计：这家大学如有些责任感，不会否定土工膜，但他们如想在继续干这个行当，也不会完全同意原方案。这不是我有诸葛亮之明，这是大环境决定了的。

三个月后一份全面的《环评报告》完成了，堪称名作。它首先指出：要防止圆明园生态系统退化，发挥遗址公园功能，在水资源又紧缺的情况下，圆明园必须采取补水、节水的综合措施，承认防止过度渗漏是节水措施之一。然后确认土工膜性能稳定，无毒无害，对人体健康和环境、水源不构成威胁，铺设防渗膜能部分恢复水生生态系统和水域景观。最后笔头一转说，土工膜虽可行但非最优，用黏土防渗可以保持一定的渗透水量，对环境更"友好"，于是对原方案大改大削，用黏土代替大部分土工膜。这真叫人啼笑皆非。要保持一定的渗透水量，在土工膜上穿几个孔不就得了，值得这么大动干戈？

报告上报后，环保总局还召开"听证会"，足见其重视。对于听证会，主持人宜极其公正、毫无先入之见，善于引导，才能取得好的效果。遗憾的是会上发言不冷静，某种气氛压制了不同意见，未能公平、冷静地交流讨论。也许有所预计，许多理应出席的部门（水利、文物、园林）和专家都回避了。

总之，这场"风暴"很快结束了，一切似都美满。"发难者"成功地引发一场风暴，出了名。媒体热炒一场，既表示他们关心环保大局，也增加了报刊销路。环保总局行使了职权，体现了权威，还开了个办听证会的好头。环评单位提出了四平八稳的报告，既不否定原方案，又在实际上否定了它，不辜负这场"风暴"和环保界的委托与信任。可说是皆大欢喜。唯一有些遗憾的是圆明园管理处吧，既耽搁了工程，还得花钱拆掉已铺的土工膜，再去购买 15 万米^{3}的黏土来做更"友好"的防渗层——好在反正由政府埋单。另外吃哑巴亏的就是被挖走 15 万米^{3}黏土而遭破坏的耕地了，这就更没有人为它说话，更不要说引起"风暴"了。

听证会后似乎也有一些人对之质疑，当然，环保总局是不会像对待"风暴"那样感兴趣而予以置理的。在报刊上，我阅读面窄，只看到刘树坤同志写了一篇很中肯的文章（见《水利水电技术》2006 年第 2 期，本文上面所述多取自该文）。其中最引起我兴趣的是下面这段描述：

最近笔者去圆明园现场考察，在 2003 年圆明园采用防渗膜的试验工程中，只经过一年半的时间，水生生态系统已经恢复得相当好，不仅生长繁盛，而且莲、萍、水草种类多样，大小鱼儿成群，水鸟、昆虫都可以看到，湖水清澈，与周围因停工而裸露的湖泊形成了鲜明的对比。还怀疑和反对使用防渗膜的朋友不妨到现场去考察一下。

我觉得这几句话比什么"风暴""炒作""环评报告""听证会"……更使我信服。

最后一句话：和稀泥、面面俱到、各取所需的解决方案，也许在今天的国情下是可行的，但绝不会是最优的，甚至是不正确的。

2 能 源 战 略

群策群力为发展水电多做贡献

——在全国水电中青年科技干部学术报告会上的讲话（摘要）

一、能源形势严峻，水电应多做贡献

我国当前的能源形势究竟怎么样？我认为用"成绩很大，形势严峻，问题不少，困难很多"这四句话来概括，是符合实际的。我们务须清醒地认识这一形势，进一步明确我们的方向和任务。

到 1987 年底，我国的原煤产量达 9.2 亿吨，居世界第一位；原油产量达 1.34 亿吨，居世界第五位；天然气产量 135 亿米^3；全国电力装机容量超过 1 亿千瓦，发电量达 4973 亿千瓦时，居世界第四位，其中水电装机容量 3000 万千瓦，发电量 1002 亿千瓦时，也居世界第四；核电工业正在起步。预计 1988 年能源工业有更大的增长。这些成绩确实使我们欢欣鼓舞，但按全国人口一平均，就变成一个很小的数字，排在世界上很后的名次。全国缺煤缺油缺电，并日趋严重，能源短缺已经成为国民经济发展和人民生活提高的一个主要制约因素。

煤炭是我国的主要能源，煤炭战线上的同志已为国家做出巨大贡献。但是，当前要以更高的速度建设大量大型矿井和大量发展乡镇煤矿都存在许多困难；同时由于铁路运力紧张，煤炭外运问题十分严重，且燃煤污染环境问题实际上并未解决。所有这些都制约着煤电的更大发展，在石油方面，我国石油资源并不丰富，现有油田产量将逐步萎缩，需要投入巨额资金才能有新的发展，任务很艰巨，而且风险也较大。在核能工业方面虽已起步，从远景看，是一个重要的能源，但目前有些关键部件还需引进，且造价十分昂贵，所以近一二十年中，它的发展规模将受到限制。

作为既是一次能源又是二次能源的水电资源，在我国是十分丰富的。除开已建的 3000 多万千瓦、在建的 1880 万千瓦并暂不计西藏等地区的资源外，至少还有 2 亿千瓦可以在近一二十年内开发。水电是永不枯竭的可再生能源，不需燃料，不需运输，不污染环境，成本低廉，还可以收到综合利用的效益，这些都是人尽皆知的事实。当然水电资源分布不均匀，距负荷中心较远，但送电比运煤总要经济、方便得多。如果我们能多开发一些水电，就为能源建设多作一分贡献，就为煤炭、石油行业缓解一分压力，同时也就减少一分污染。所以我们要看清形势，急国家之所急，不论遇到什么困难都不能丧失信心，要百折不挠地奋勇前进。3.78 亿千瓦可开发的水能资源和一支在艰苦考验中成长起来的水电队伍，是我们的最大优势，也是我们的希望和信心所在。我们一定要大力开发祖国的滔滔江河，为人民和子孙后代造福。这是我们的责任，也

本文刊登于《水力发电》1989 年第 2 期。

是我们的誓言!

二、水电翻两番的目标不变,必须加速发展

能源部成立以来,制订了 1989—2000 年的能源发展计划纲要,提出我国能源发展的基本方针是:以电力为中心,煤炭为基础,大力发展水电和核电,积极开发石油和天然气。在水电方面,原水利电力部制订的"力争在 20 年内把水电装机容量和发电量翻两番"的战略目标不变,即到 2000 年,水电装机容量达到 8000 万千瓦,年发电量 2250 亿~2400 亿千瓦时。现在,全国水电装机容量为 3000 多万千瓦,在建规模为 1880 万千瓦。因此在今后十多年里,要新建大中型水电站 4500 万千瓦,并投产 3200 万~3600 万千瓦,新建中小水电站 1400 万千瓦。

根据上述和更远期的目标,发展水电的战略布局是:

(1)重点开发黄河上游,主要向西北地区供电;重点开发红水河、澜沧江,主要向云南、广西供电,并东向广东送电;重点开发长江中上游干支流的一批大型骨干电站,其中三峡工程向华中、华东供电,金沙江梯级电站的建成将实现西电东送的伟大战略目标,雅砻江、大渡河、乌江等大支流上的电站,主要给四川、贵州等省区供电,也可向东部送电。

(2)对华东、东北、华中、华北、华南等经济发达而又缺乏能源的地区,要深度开发水电,包括对已建电站进行扩建、改建、挖潜,并大力开发中小水电。这些地区每一千瓦水电的经济和社会效益十分显著,因此绝不能认为水能资源不多了而有所放松,忽视开发。

(3)在东部地区要建设一批高水头、大容量的抽水蓄能电站,以满足电网调峰填谷的需要。在这方面广东、北京已开始起步,其他地区也要及早研究,加快发展。

(4)大力发展中小水电。我国中小水电资源遍布各地。这类电站工程简单、周期短、产山快,要优先开发,特别对于缺煤地区更为重要。国家将择优支持,鼓励各地区、各部门、各行业合资建设,在今后 12 年中争取投产 1400 万千瓦。

为了达到上述目标,必须大力做好前期工作,力争在 2000 年前完成 1 亿千瓦大中型水电站的可行性研究报告和 6000 万千瓦的初步设计文件。在水电建设中一定要摘掉造价高、工期长这两顶帽子。在造价方面,不计涨价因素,努力做到单位千瓦投资在 1500 元以内。在工期方面,从施工导流开始到第一批机组发电,小型电站 2 年,中型电站 3 年,50 万千瓦左右的大型电站 4 年,100 万千瓦左右的大型电站 5 年。我们认为,只要认真做好前期工作,投资和物资有保证,这些目标是可以达到的。当前,前期工作资金严重不足,为了解决这个问题,能源部建议从每千瓦时水力发电量中征收 2 厘钱的水电勘探基金。至于建电站的资金,能源部估计若 20 世纪末水电达到 8000 万千瓦装机容量,需要建设资金约 1500 亿元。如何筹集这笔巨额资金,我们设想通过国家投资、征收电力建设基金、多方集资、买用电权和引进一些外资来解决;同时,新建水电站投产后实行独立核算,售电利润反馈用于水电建设;再组建一些流域、地区性的水电开发公司,实行扶植政策,以加速水电的发展。

三、面临的困难

加速发展水电已是势在必行，但要实现上述计划纲要提出的目标和要求，问题不少，面临很多困难，主要有：

第一，前期工作的经费、力量和计划安排都不能适应水电建设大发展的要求。我们希望能源部综合计划司、水电开发司和水利水电规划设计院尽快排出具体计划，定项目、定进度、定经费，从中找出问题和缺口，并提出解决问题的办法和意见，在未建立勘探基金前可专项申请前期工作经费，以应急需。勘测设计工作必须打破地区观念，开展设计招标或议标。东部地区的一些勘测设计单位要下决心到艰苦地区去工作；内地的一些勘测设计单位要欢迎他们前去。所有勘测设计单位要团结协作，既是竞争中的对手，又是一条战线上的战友，共同为发展我国的水电事业做出新的贡献。

第二，建设资金短缺。这个根本问题不解决，一切都是纸上谈兵。计划纲要中提出了筹措 1500 亿元的水电建设资金的设想，我们相信国家最高决策层、国家计委、财政部、能源部和能源投资公司会给予高度重视，逐步落实筹集水电建设资金的新办法和新措施；我们也相信有远见的各省、市、自治区会从大局和远景着想，拿出新的办法和新的措施来。

第三，两顶"帽子"问题。投资大、工期长这两项帽子长期扣在水电建设的头上。这里除投资和物资得不到保证的因素外，我们在技术和管理水平上也确有不少问题，这只能靠科学技术的进步和深化水电改革来解决。今后新建的一些大中型骨干电站，自然条件越来越复杂，技术上的难度越来越大，更要引起我们高度重视。如果一个大型水电站上马后不断出现新的问题，不断追加投资，导致工期不断推迟，那国家是承受不了的。因此，我们一定要把好技术关，不断提高设计、施工和管理水平。

第四，认识问题。对于发展水电，各界人士历来就有不同认识。例如建设银行的某些同志列举了水电的所谓缺点，认为建设水电站是妨碍中国能源发展的一大障碍。有的同志认为建设水电的造价总是概算的 4 倍，国内国外都如此。这种说法尽管毫无根据，却流行颇广。有的同志始终认为建设水电电量少，保证出力低，无法同其他能源竞争，也不具备自我发展能力。这种争论已持续了二三十年，我们的态度是：不管外界有多少误解和责难，我们一定要实事求是地加以研讨和澄清；同时要坚定信心，埋头苦干，用我们的成就来做出最有说服力的答复。

第五，各部门、各行业、各地区间的协调问题。发展水电是一宗跨部门、跨地区、跨行业、跨学科的事业，涉及防洪、灌溉、移民及淹没处理、交通航运、生态环境，以及地区、部门之间的经济效益和利益分配等问题。因此，我们一定要加强协调工作，否则必将制约着水电事业的发展。这里需要特别指出的是，在国务院各部委机构的调整和建设体制的改革过程中，目前对水电建设来说，不仅从规划设计到立项建设环节很多，而且牵涉的中央、地方上的领导和管理部门也越来越多，坦率地讲，目前的关系比较错综复杂，很不协调，我们寄希望于深化改革，使之逐步得到理顺和简化。更诚恳地希望能源部和水利部的同志，事事、时时、处处以大局为重，为发展我国的水利水电事业和衷共济，携手前进。

四、群策群力，为水电事业的大发展多做贡献

大力发展水电的目标是明确的，而在发展的道路上困难又如此之大，任务如此之艰巨。我们一方面寄希望于改革的深化配套和中央能制定各项扶植水电的具体政策；另一方面希望全国水电职工，特别是中青年科技干部和老专家们，能为大力加快发展我国的水电事业献计献策，做出实际贡献。例如，帮助省、区决策部门研究能源平衡问题，使领导能注意投资开发水电，选好电站的点子，特别是推荐建设一大批中型水电工程，全力抓紧科技攻关，开发新理论、新技术、新结构、新材料、新工艺，并应用于各个领域，使设计不断优化，节省工程数量，降低工程造价，缩短建设周期，也包括缩短前期工作周期。又如深入开展水电经济、水电政策、建设体制、资金筹集、自我发展等问题的研究，写出高水平的文章来，供有关部门参考，也要在社会上广泛宣传。我们相信，只要大家认真努力，我国的水电事业必将会克服种种困难，得到更大的发展。

21 世纪中叶我国能源供需预测

根据小平同志三步走的设想，21 世纪中叶我国将摆脱贫困落后面貌，实现现代化，达到中等发达国家水平。这一战略目标是必须达到的，也是我们做能源供需预测的基础。我们在分析历史经验和我国国情的基础上，参考国际统计数据，采用合理的数学模型，结合定性分析，对我国从 2000 年起到 2050 年的经济社会发展趋势和能源供需情况做了预测。分析中遵循以下原则：经济、社会发展应与环境相协调；采取开放、优质、高效型的可持续发展模式；充分考虑经济结构变化和技术进步的因素；保持必要和适当的经济增长率，使在 2050 年时人均 GDP 达到 5000～6000 美元 [1990 年不变价（下同）]，进入中发达国家行列，社会经济情况大体达到美国、日本在 20 世纪 80 年代的水平（少数项目如轿车除外）。

分析的手段，采取分部门研究其终端需求，再推算所需的一次能源，同时结合我国资源和开发供应条件，注意国际上的经验和教训，求出分品种的一次能源需求量。务使终端能源趋向优质化，一次能源中煤的比重有所降低。

经研究分析，认为今后国民经济增长速度可考虑为 2000 年为 9.0%，以后递减为 2010 年 8%，2020 年 5.3%，2050 年 2.9%，按此推算，2050 年一次能源总需求量为 34.4 亿吨标准煤（人均 2.25 吨标准煤），其中原煤 23 亿吨（47.7%）、原油 4 亿吨（16.6%）、天然气 2500 亿米^3（9.6%）、水电 7600 亿千瓦时（6.7%）、核电 7200 亿千瓦时（6.3%）、新能源 4.5 亿吨标准煤（13.1%），全国发电量 71900 亿千瓦时，装机 14 亿千瓦。人均 GDP 5200 美元。

同时，我们研究了国产能源可供应的限度。结论认为：煤的供应能力是有限度的，详细的研究分析表明 2050 年的极限值为 27 亿吨，比想象中的少得多；石油和天然气的供应在 2020 年前后达到高峰，以后持续下降，2050 年常规原油估计可产 1 亿吨，天然气 1300 亿米^3。水电可开发 2.6 亿～2.9 亿千瓦，核电和新能源的规模取决于技术的发展和国家的安排及投入，较难明确。估计 2050 年我国一次能源供应极限为 30 亿～37 亿吨标准煤。

从以上的预测和分析中，我们可得出几条重要结论：

（1）我国 21 世纪中叶的人均能耗仍然很低（2.25 吨标准煤/人），大致相当于目前的世界平均水平，比 1990 年仅增长了 2.6 倍，而人均 GDP 要增长 17 倍左右，差距极大。

（2）按这个方案预测，2020 年前能源供需可大致平衡，到 2050 年供需总缺口可控制在 10%或以下，但这里已假定水电、核电、新能源等都能充分开发，否则差距就仍然很大。而且，在品种上仍不能平衡。作为战略物资的石油，缺口将达 3 亿吨/年、

本文是 1995—1997 年，作者主持中国工程院《中国可持续发展能源战略研究》重大咨询项目时撰写的部分内容稿。

天然气缺口达 1200 亿米 ^{3}/年，必须采取措施解决。

（3）采用这个方案，大气污染和 CO_2 排放量仍将有所增加，超过可接受水平。因此，尚需进一步优化。出路是强化节能和大力发展洁净煤技术，但需较多投入。

（4）如果国民经济增长速度比上述方案更高，则在 21 世纪初，国产能源就已不敷需求，在 2020 年后缺口将迅速扩大。2050 年全国一次能源总需求量超出国产供应能力可能高达百分之几十，这样大的缺口是难以弥补和不能接受的。从保障能源供应角度来看，国家不仅从需求出发，追求过高的增长速度，要在风险较小，现实可靠的基础上进行发展规划和贯彻实施。

中国的能源问题和出路

各位首长、各位同志：

我今天向大家汇报的题目是"中国的能源问题与出路"。能源问题是关系到国计民生和国家安危的大问题，涉及的范围很广，远远超出我的专业和水平，我非常担心讲不好，甚至讲错，所以下面讲的内容如有欠妥之处，请大家给予指正和批评。

我想分七点来讲，依次介绍我国能源所存在的问题，产生什么后果，出路何在，以及应采取的政策。

一、李鹏总理担心什么问题

李鹏总理曾经讲过，他担心两个问题：一个是粮食问题，另一个是能源问题。总理简单的一句话，就抓住关键，点中要害。中国面临的最大问题，就是粮食和能源。中国有 12 亿人口，据专家测算，即使抓紧计划生育，21 世纪人口高峰也要超过 16 亿，最后稳定在 16 亿左右。十五六亿人要吃饭，而且要吃得好，中国能养活自己吗？养不活自己则无非产生两个后果：一是永久贫困下去，成为动乱之源；二是有钱在世界市场上大量购粮，搅乱粮食市场。总之，都成为祸害。一些西方人士已在宣传"谁来养活中国"了，当然，已遭到我们的驳斥，我们相信中国能养活自己，而且能吃得很好，但这是件艰巨的任务，要经过极大的努力才能做到。

能源是同样性质的问题，而且还有它的特点。因为只要有耕地，粮食总能生产，人均耗粮也不会无限增长。能源情况就不同。中国的经济要腾飞，十五六亿人要过富裕的日子，中国的经济总规模将高居世界首位，这一切都需要大量的能源。换句话讲，中国的现代化需要惊人的能源供应，中国如果不能解决好能源，不仅经济不能高速、健康发展，国家战略目标无法实现，安全得不到保证，还会给世界能源市场和全球环境带来严重问题。

这样看来，能源确实对今后国家民族的命运起着关键性的作用，它是一个战略问题，一个我们应该重视、研究和解决的问题。我们绝不能掉以轻心，墨守成规、不图改革，只求满足近期需求，不作长久考虑，那将是十分有害的。

二、中国的能源究竟存在什么问题

新中国成立 47 年，我国能源工业取得了举世瞩目的成就，这是有目共睹的事实。新中国成立时，我国能源开发极为落后。1949 年全国原煤产量 3200 万吨、原油 12 万吨、发电量 43 亿千瓦时，以 5 亿人口计，人均为原煤 0.064 吨、原油 0.00024 吨、电

1996 年，中组部、中国科学院、中国工程院等 11 个单位在京举办百场"院士科技系列报告会"，本文为作者的报告稿。作者曾在不同场合下做过此专题报告，报告稿刊登于《世界科技研究与发展》第 19 卷第 1 期，1997 年 2 月。

量 8.6 千瓦时，几乎可以说是从零开始。经过 46 年的奋斗，1995 年一次能源总产量达 12.4 亿吨标准煤，其中原煤达 12.98 亿吨，居世界首位，原油产量 1.49 亿吨，从贫油、无油国变成产油大国。全国发电装机 2.17 亿千瓦，年发电量 1 万亿千瓦时，居世界第三四位。与此相应，在基本建设、设备制造、科技发展、人才培养……各条战线上都取得了巨大进步。中国已成为能源大国。强大的能源供应是我国经济腾飞、人民生活水平和综合国力迅速提高的保障和基础，是稳定社会的因素。不看到这一点是错误的。

但是，用一分为二的观点来看问题，从可持续发展的要求来衡量问题，我国能源供应前景存在巨大隐患。不清醒地看到存在问题的严重性和复杂性是危险的。我个人认为，在当前，把问题的严重性说得透一点，对我们较为有利。

要知道，现在我国人均用能极低，和发达国家相比差一个数量级，而要发展又遇到极大困难。那么，我国能源供需前景究竟怎样？存在什么问题呢？我认为存在三方面问题：

（1）资源短缺。这是自然界给我们造成的困难。我国的能源、资源究竟有多少家底？答案是无情的，从总量上看并不少，按人均计算就非常低了。即使是较丰富的煤，目前探明储量约 1100 亿吨，人均值仅为世界平均值的一半。而作为重要战略物资的石油、天然气尤其不足。石油探明可采储量仅 32.6 亿吨，人均 2.9 吨，仅为世界平均值的 1/10 左右。另一战略能源的铀矿储量也极有限，目前查明的储量只能供 4000 万千瓦的核电站运行 30 年之需。可开发的水能约 3.7 亿千瓦（年电量 19000 亿千瓦时），占世界首位，但用 10 多亿人口一除也就很有限了。而且这些资源的分布极不均匀，煤集中在晋陕蒙，水能集中在西南，开发、输送都很困难。再者，我国一次能源以煤为主，这在世界上也是少见的，从而引起一系列的问题，如污染、运输等。因此，我们应该清醒地认识到我国能源蕴藏量并不丰富，条件是不利的，家底是薄的，并不是什么地大物博、得天独厚。我们需要在承认人均资源严重短缺的基础上考虑问题。

（2）利用效率低、浪费大、污染严重。由于我国技术水平和管理水平低，能源从开采、运输、加工到终端利用的效率很低。据调查研究，开采上的效率为 32%，加工运输率为 70%，终端利用率为 41%，总效率低到 9%。主要产品单耗比先进水平要高很多，甚至是其他发展中国家的 2 倍。加上思想教育上的放松和政策上的失误，存在许多令人痛心的浪费。长明灯、长流水、煤老虎、电老虎、乱开乱采、跑冒滴漏，毫不痛心。如此紧缺和宝贵的能源被如此无情地浪费着，长此以往，将何以堪！

（3）体制、管理、政策上的问题。体制混乱，政企难分、部门分割、地区封锁、能源工业资金短缺，难以自我优化、自我发展，有的连维持简单再生产也困难。国家缺乏正确、全面、有力的能源政策来促进能源工业的良性循环，多是出了问题再头痛医头、脚痛医脚，被迫在老路上挣扎，难以跨出新的步伐。能源工业又有它本身的特点和规律，要改造和加快发展都十分困难。

这三方面的问题交错在一起，相互影响制约，不容易解决，长此下去，后果主要有两条：一是能源供需缺口愈来愈大，不能满足经济发展、人民生活水平提高和国防上的需求，使我国发展的战略目标和民族振兴大业难以实现；另一条是能源开发和环境保护难以协调，污染日趋严重，危害我国人民生活和发展的基地，也成为国际上指责和制裁的对象。

这些后果是我们不能承受的，是必须避免的。

三、必须走上良性循环的路

经济发展、能源供应和环境保护三者构成一个相互联系、相互制约的系统，好像一个连环套。我们想强调说明的一点是，在这个连环套里我们必须走一条良性循环的发展道路，万不可走上恶性循环道路。

什么叫良性循环？就是一个国家有强大和充足的能源供应，保障国家经济能稳定地发展，经济实力能不断提高，而国家经济实力充沛，就可以采取各种措施来发展科技、改造企业、提高效率、保护环境、开发新能源，能源也就能够更稳定地发展了，这就是良性循环。

反过来的情况就是恶性循环，那就是能源供应严重不足，拉闸限电，停三开四，限制了国家经济的腾飞，国家的经济实力上不去，资金短缺，就无力更新设备、提高效率，无力优化能源结构，无力考虑环境保护，无力加大科技投入、研究开发新能源、新技术，无力应付今后的挑战，当然也就进一步扩大了能源供需的缺口，这就形成了一个恶性循环。

我不敢说，中国的能源工业已经陷入了恶性循环，无法自拔了，但如果说中国的能源工业有陷入恶性循环的危险，现在正在为摆脱困境而作努力，今后能否转入良性循环就看国家在这几年下什么决心，采取什么措施，这样说也许比较符合实际情况。因为我们确实有许多事想做而由于经济实力不足不能做：多修水电、核电，优化能源结构，大力发展清洁煤（CCT）技术改善环境，全面改造旧设备，提高能源利用效率，大力增加科技投入开发新能源等，而这些事不能抓紧办，使能源供应和环境污染问题进一步严重化了，经济发展进一步受到制约，事情难道不是如此的吗？反过来看美国，它的能源供应充足，保障了国家经济实力强大，它就能采取各种措施来发展科技、提高效率、保护环境、准备应付以后的挑战。在这方面美国无疑比我国主动得多。

总之，我国的能源工业如果满足于现在的情况，照现在的老路走下去，在现有的水平上开新矿、办新厂，来满足日益增加的能源需求，再应付几年是可以的，日子还能过下去，年年总有些增长，但是路将愈走愈窄，愈走愈难，总会走到难以为继的地步，到那时再后悔不应在世纪之交无所作为可能就晚了，将要被迫付出更沉重的代价。

四、能源供需缺口究竟有多大

有的同志可能要问：我国能源在需要和可能之间究竟有多大缺口？要具体研究这个问题，就不能只考虑 5、10 年的情况，而要考虑较长时段。譬如说，设想一下 55 年后即 2050 年的情况，55 年时间说短不短，说长也不长，正是我国实现"三步走"战略目标的时段。人无远虑，必有近忧，如果对这段关键性的时期存在的重大问题不做些深入研究，将是十分危险的。但是，55 年后的情况怎么估计呢？譬如说，我们能否设想，55 年后我们的能源消耗达到今天美国的水平？一算就知道，由于国情不同（人口、资源、历史条件、目前的经济实力和科技水平），中国永远不能像美国那样消耗能源，中国只能在有限的能源供应下完成"四化"大业。譬如说，美国现在人均消耗石油 3.1 吨，中国仅 0.12 吨，是美国的 1/25。如果到 2050 年中国人都像美国那样消耗石油，年需 50 亿吨。全世界供出口的石油都给了中国也不够。又如美国目前人均向大气排放二氧化碳 5.36 吨/年，如果 16 亿中国人也按此标准向大气排放，将达 85.8 亿吨/年，这是全球环境难以承受的。美国到处推销它的社会制度和生活方式，但决不会愿意中国人也像他们一样的消费。

因此，我们要根据自己的国情来研究、安排能源的需求，依据就是党的"分三步走"的战略目标，在 2050 年达到中等发达国家水平。这是必须达到的，由此来计算各种终端能源的需求（农业、制造业、建筑业、交通运输、服务和生活用能），从而算出对一次能源的总需求量。也可以通过研究各部门的活动来预测。专家们分析认为，2050 年我国一次能源总需求量为 35.7 亿～41 亿～47.5 亿吨标准煤（从低～中～高方案），分别由煤、石油、天然气、水电、核电和其他能源来满足。稍加分析，可知供、需缺口很大。高方案根本办不到，即使中方案，按常规考虑分解，需原煤 29 亿吨、石油 4 亿吨、天然气 2500 亿米^3，水电 2.6 亿千瓦，核电 2.4 亿千瓦，新能源和其他能源 4.1 亿吨标准煤。这里已考虑了改变经济结构、提高效率、压缩油气用量等措施（所以小轿车是不可能进入千家万户的）。而估计那时我国能供应的极限能力，原煤是 26 亿～30 亿吨，石油 1 亿吨，天然气 1300 亿米^3……缺口之大是明显的，尤其是石油。

其实，就算按中方案的数值，以 15.6 亿人口计，2050 年人均一次能源也仅 2.6 吨，只稍高于目前世界平均水平，远远低于目前美国的人均水平（不到其 1/5）。从发展速度看，在 55 年中一次能源平均年增长速度仅 2.2%，与国民经济增长的速度极不协调，但就是这样低水平的增长也难以达到。

首先是石油和天然气。去年我国产油 1.51 亿吨，很多大油田已进入衰减期，依靠高科技投入来维持稳产。这局面不会长。我国现已成为石油净进口国，据多数专家研究，我国石油产量在缓慢增长到一定数量后将急剧下降。现在我国剩余的探明可采储量不到 33 亿吨，"采、储比"低得惊人。预测到 2050 年只能产油 0.8 亿～1 亿吨（悲观地认为仅 0.4 亿吨），而按常规的发展和消耗模式，石油需求量至少得 4 亿吨（有的单位预测需 5 亿～7 亿吨），这巨大缺口如何弥补，实是大问题。

一次能源主要还得由煤炭承担。尽管煤的资源较丰富，但受资源条件、开采技术、可能达到的生产能力和运输、环保条件的制约，煤炭专家在详细分析后认为，极限供应量只能达到 26 亿～30 亿吨，而预测需求量已达到和超过极限量了。

又如核电，预测中要求在 2050 年核电装机达 2.4 亿千瓦，像大亚湾那样的核电厂得修建 133 座。姑且不谈我国核燃料探明储量有限，我国的经济实力能否在 50 年中兴建一百几十座核电站，是个疑问。开发 2.6 亿千瓦的水电是有可能的，但较优越的水能资源将开发殆尽，所需资金是巨大的，照目前的政策和投入情况也难以实现。

我个人的看法，从现实条件分析，不仅预测中的高、中方案不落实，连低方案怕也实现不了。必须再作考虑。一是再调低发展速度和人均 GDP 值，减少对能源的需求；二是在组成上再压低油气消耗。我想，到 2050 年全国一次能源按 31 亿吨标准煤（人均 2 吨）考虑，可能更现实些。其中煤仍占一半以上（原煤 24 亿吨）、石油压低到 2 亿吨、天然气 2000 亿米 ^{3}、水电、新能源尽量开发、核电压到 1 亿千瓦。到 2050 年人均 GDP 相当于 4100 美元（1990 年美元不变价格），尚可列入"中等收入""中等发达"的范畴。这样来考虑安排，安全度要大一些。

按照这个最低限方案，55 年中一次能源增长率是 1.75%，国民经济增长率为 5% 多一点。所以，对能源的开发和利用，仍要采取特别的措施。在二次能源——电力方面，预计 2050 年全国装机 15 亿千瓦或再低一些，人均不到 1 千瓦，是美国目前水平的 1/3。全国发电 70000 亿～75000 亿千瓦时，人均用电 4500～4800 千瓦时，和 1995 年比增长 7.1～7.5 倍，任务还极艰巨，那时，开采的原煤主要应转化为电力，部分油、气也将用来发电，水电核电提供 15000 亿千瓦时，配合新能源来满足最低需求。

从上面的介绍，我们看到了能源供需的矛盾，对于石油，我还想再说几句。众所周知，石油是战略物资。希特勒就是在解决人工合成石油技术后悍然发动战争的。时间过去了半个多世纪，石油的重要性有增无减。目前我们毕竟还不能用煤去开飞机和坦克。也许有人认为将来的战争是按钮战争、电子和信息战争，几天内就可决定胜负。石油问题不那么重要。对这种问题我是外行不敢多说，但总觉得我们似乎还不能按这种设想来考虑国家的安危问题，而我们最缺乏的正是石油。一些发达国家都在全力以赴研究石油的供应和替代问题，千方百计要增加战略储备，我们不研究这个问题是不行的。必须在四个方面下功夫：①开源。大力加紧勘探，增加可采储量；②节流。千方百计节约用油、限制用油，以其他能源代替用油；③转化。大力开展煤的液化、气化研究；④进口。利用有利形势和价格，适当进口，我们必须采取一切合适的措施来满足需求，增加储备，保证安全。

五、出路何在——几帖药方

上面我们分析了我国能源存在的许多深层次问题和巨大的供需差距，那么出路何在？有了病就得服药，药方又是什么呢？

只要了解病情，开药方其实不难。问题是病人要决心服药，这有时是痛苦的，而且要有钱买药，或者想什么方法弄到药。事实上，国家综合部门和有关专业部门，以及大量专家都对中国的能源问题做过调查研究，从不同角度提出过多种建议，这就是药方。很显然，没有什么简单的特效药，只能是综合治理，也就是说服一副复杂的中药。这副中药里含有很多味药料，祛邪扶正，长期服用，坚持不断，就能逐渐收效。大体上讲药中含有四大成分，分述如下：

（1）切切实实实现两个转变，改变经济增长方式，厉行节约、反对浪费，千方百计、最大可能地提高能源效率。

能源对国家前途既如此重要，我国的能源家底又如此薄弱，理应千方百计节约每一克煤、每一滴油、每一度电，使每一焦耳的能源能发挥最大效益。不幸，事实恰恰相反，愈贫穷、愈挥霍，愈困难、愈浪费，这实在令人痛心。当然，我国也在抓节约，有机构、有指标，年年都取得一定效果，但总不够令人满意。挥霍浪费依然，主要产品能耗距先进水平差距仍远，这是因为政策软弱无力、水分较多。节能，既无动力又无压力，更没有形成全国全民的自觉风气和首要选择。据测算，如果不抓节能，按目前的耗能水平，达到 2010 年《纲要》提出的经济发展目标，就需 37 亿吨标准煤。我希望利用这个机会再次大声疾呼：中国的能源再也禁不起这样挥霍浪费和低效利用下去了！

要像抓计划生育那样把节能作为基本国策之一，大力宣传，反复教育，务使深入人心，使各行各业、全国全民都充分认识到节能光荣、浪费可耻，既要抓直接节能，更要抓全社会的节约——间接节能。因为任何产品，哪怕是一滴水，都含有能源成分。要强调适度消费、强调勤俭节约是永恒的美德、反对一些不切实际的误导。要提倡"严监生"❶精神。要制订政策、规划、措施、指标、办法，投入资金，重奖重惩，从技术上、结构上、政策上全面下手，务使节能落到实处，开展全民、全社会的节能运动。尤以节约和替代油气资源为重中之重。

在具体措施上，国民经济的增长速度必须是合理和有实效的。再不能走牺牲资源和环境来追求数量增长的道路了。各行业制订发展规划时必须联系能源供应，坚决反对盲目攀比、不切实际、大起大落、产不对销，从而严重浪费能源。要有所为、有所不为，有所发展、有所限制，调整国民经济结构，一些大量耗能又非我国必须自搞的产业，应予限制。要决心改造旧企业、旧设备，关停并转不必要的、高耗能的小、旧企业，淘汰落伍设备。要开发推广节能产品。据说如全国用上节能灯，效益超过一座三峡水电站。可是产品既不过关，政策也不支持，更无人去抓。三峡枢纽当然应建，但是我们既能用上千亿资金建三峡，为什么不能花些资金来抓节能产品呢？如果花一块钱修新的能源企业和花一块钱搞节能能起到同样效果的话，国家首先应投资搞后者。

在我国还存在许多极不合理的现象。例如一座优良的煤矿，被无数小煤窑盲目开采，遍体鳞伤，采出 1/10，浪费 9/10，这是不是犯罪啊！中国今后所需的煤炭生产，主要应由现代化的大型煤矿来提供，小煤窑必须按改造、整顿、联合、提高的方针向集约化改造转变，不能让目前的无秩序状态发展下去。又如，我国的终端能源中优质能源比重偏低，大量的还是直接燃煤，所采的煤仅 30% 转化为电能，而美国高达 80%。这又是个极大的浪费，必须尽快地改变这种局面。

我国目前能源系统的总效率只有 9%，仅为发达国家的 1/2，只要认真采取措施，尽一切力量赶上发达国家目前的水平，一吨资源就能顶两吨用。节能不仅是为了满足经济增长之需，在环境保护上尤为迫切。所以我们说，开发和节能应该并举，但更要把节能放在优先的地位。今后的能源需求中，只能一小半靠开发，一大半靠节约，舍此并无他途可循。

（2）因地、因时制宜，开发利用多种能源，大力优化能源结构，保障可靠的能源供给。

我国是世界上少数以煤为主要能源的国家，但我国疆域辽阔、情况各异，完全可以因地、因时制宜，分区优化能源结构，以最大限度地缓解煤的压力，使其比重尽可能下降到 50% 左右。

---

❶　严监生是《儒林外史》中的一个吝啬者，到死不忘油灯中点着三根灯芯。

我国有丰富而相对集中的煤炭资源,当然应利用优势建设现代化的巨型能源基地,尤其是晋陕蒙基地,尽量修建坑口电站,输煤、输电并举,支援全国。这一能源是可靠的。巨型的煤炭和火电基地建设必须在国家的统一规划下进行。

西南地区有得天独厚的水力资源,国家无论如何困难必须抓紧大力开发,在今后二三十年内把条件最好的部分先开发出来,在 2050 年前,大部分技术及经济上可利用的水能应都得到开发,形成世界上最宏伟的水电基地,除满足本地区要求外,输电华中、华东、华南,并促成全国联网,实现跨地区跨流域水火联调,取得最大效益。我国水力资源世界第一,水电开发风险最小,效益最全面,是一个可靠的再生的清洁能源,不幸由于各种因素制约,发展很困难。水电占全国电力的比重,由 20 世纪 80 年代的 32%一直递减到去年的 24%(按电量只占 18%),今后还将进一步下降。李鹏总理曾特别撰文,要求在 2010 年水电比重能达到 30%。邹家华副总理为水电开发问题无数次的进行研究和协调,都没有起色。现在每年开工建设的电站都在 1000 万千瓦以上,而 1995 年开工的大中型水电站仅 24 万千瓦,1996 年干脆是 0,许多条件具备包括资金落实的水电都不批准开工,有的实际上已开工三年,仍是个黑户口。不管你愿意不愿意,"九五"期内水电建设的马鞍形已经形成,因为大水电是不可能在一二年内建成的。这是重大失误。今天不是专谈水电问题,所以我也不作展开。我们希望国家采取措施。今年我们 45 位政协委员又在政协大会上交了提案,作最后一次呼吁。

东部、沿海地区经济发达,而能源资源十分短缺,除大力投资开发华北西南的煤矿和水能外,利用有利时机,积极加快核电建设和兴建部分燃油燃气电站也是必需的,以争取时机,赢得主动。但是要注意进口燃料应在适当范围之内,不能受控于人,更不能离开全国一盘棋的立场,忽视,甚至放弃对煤和水能的开发,形成"独立王国",因为这对于国家来讲是十分不利的。中央政府对此要行使指导和干预权。

在核电方面,我国已实现了零的突破,在 2000 年将拥有 4 座核电站,但发展速度和模式满足不了要求。要使核电在我国形成气候,分担重任,必须走定型化、国产化、批量化的道路,不能靠进口。据专家分析,21 世纪初正是核电更新换代的关键时机,我国如何把握时机,做好准备,与国际接轨,加速核能利用,是一个大问题。总之,核电能否成为我国能源中的重要支柱,取决于国家的决心和采取的措施。

对于石油和天然气(包括非常规资源)当然应当继续积极勘探、扩大保有的可采储量,合理开发,争取在 21 世纪初仍能稳定增长,并努力开发利用外国资源,开发利用各种替代能源。凡是可以不用油的一概不用,把它用到最必需部门。

我国除开发常规能源外,还要致力于研究各种新能源、新技术和再生能源(风能、太阳能、燃料电池等),虽在 2010—2020 年前不会形成大的气候,但可作好技术准备,争取在以后的三四十年中取得突破,这个问题在下面还要谈到。在我国广大农村地区,在很大程度上仍然依靠生物质能源,所以对此绝不可掉以轻心,要像抓商品能源一样,使它得到健康的、最大限度的利用。

通过艰苦努力,争取在我国建设起国家统一规划控制下的能源生产、供应体系,包括若干现代化的能源基地,通过国家电网和交通运输网有机地联成一体,相互补充、相互配合,切实保障我国必要的能源供应。

（3）深化改革开放，利用有利的国际环境，缓解我国能源问题。

我们一再提到，中国是有10多亿人口的大国，能源像粮食一样，要立足于国内解决，这是无疑义的。但立足国内绝非闭关锁国。相反，我们要抓住有利的国际环境，尽可能利用外国的资源、资金和技术，为我所用。我们可以扩大能源贸易，有进有出，适当增加石油、LNG、核燃料及高能耗产品的进口，当然，必须在国家宏观控制下进行，要有利可图而不受制于人。我们可以采取多种方式大量引进外资和技术，开发能源、改造企业，控制污染。我们还可以进入国际市场，利用我们的优势去开发外国的能源。总之，我们应该坚持改革和开放政策，认真研究日本、韩国等成功的经验，尽可能多地利用外国资源、资金和技术作为解决我国能源问题的一个辅助手段。

（4）依靠科技进步、开发应用新能源、新技术，控制环境污染。

这一剂药中的主要成分是高科技。确实，要解决我国的能源问题，离开技术发展是不可能的：要降低能源开发的成本和缩短工期、要提高能源利用的效率、要开发新能源、新技术、要控制能源利用造成的污染……件件离不开科技发展。我国如果因为目前的日子尚能过得去而忽视对科技的投入和抓科技开发，将是最大的失误，将落入恶性循环道路不能自拔。这个问题我们在下一节中专门谈一下。

以上四帖药方，都能针对我国能源供需存在巨大缺口及环境污染日趋严重这两大问题起到祛邪扶正的作用，而且四者之间也是相互影响、相互促进的，能共同使能源供需向良性循环道路发展。

六、加快科技开发，解决21世纪的能源问题

上面提到要解决我国的能源供需矛盾和环境污染问题，最终得依靠科技上的进展和突破。我们在这里只讲两个问题，一个是新能源、新技术和再生能源，另一个是CCT技术。

地球上的化石资源终究要枯竭，因此先进国家莫不在竭尽全力找出路，即开发新能源和可再生能源及研究能源利用中的新技术。我国必须急起直追。除开发水能和生物质能外，要选择希望最大的有限目标集中攻关，不能认为"远水救不了近火"而放松努力。据专家们分析，最有希望的是太阳能、燃料电池、快堆、风能，较遥远的有氢能和核聚变。

光伏电池发电是直接把太阳能变成电能，处于中试阶段，预计2010年左右可实现商业化，我国广阔的沙漠地区如能大量修建阳光电站，潜力极大。

燃料电池是能源利用的新技术，处于示范阶段，21世纪初可商业化，特点是高效率，用于交通运输又可以大量取代石油。

快堆技术可以最大限度地利用核燃料中的能量，处于示范阶段，我国如要发展核电，快堆技术是不能不开发的。

氢能源系统，也是一种新的能源载体，处于开发试验阶段，最吸引人的是无污染，预计到2030年前后可实现商业化。

上述各种新能源新技术要加快研究，虽在2010年前，不能有很大贡献，但在以后将起重大作用。有的专家估计，到2050年，新能源和再生能源所占比例可达1/3，取

决于我们的决心和努力程度。

第二个问题是煤的清洁利用。中国是以煤为主要一次能源的大国，燃煤引起的污染问题是制约中国发展的重大因素。千方百计减轻煤污染，同时也提高效率，开展清洁煤技术（CCT）是必走之路。这不仅是为了应付国际上的压力，也是给子孙后代留下一块干净的生活空间。

要减少燃煤污染，首先是尽量开发清洁、再生能源和提高效率，减少燃煤量，这在前面已经提到。其次是坚定不移走 CCT 道路。现在的矛盾是：要进行煤的清洁利用，需大量资金投入和科技开发，这必然会影响发展的速度。怎么办？我们不能走"先污染后治理"的错路，但又不可能一步登天解决矛盾。因此，可行之途是明确方向、制订规划、综合治理，从简到繁，步步前进，务求必成。减少燃煤污染的措施很多，首先应从煤源着手，对原煤进行洗选、对口供应，关闭一些高硫煤矿和采用型煤、水煤浆，就可以大大减轻污染，提高效率，这在技术上是过关的，也不需太多的投资，完全可以在全国全面实行。遗憾的是，这个措施在我国就是推不动，已建的洗煤厂也停着不用，原因据说是"没有经济效益"。相反，还有些煤矿专门组织队伍在原煤中掺研石和废渣，来"提高经济效益"，让千万吨废料在铁路上作几千千米的运输，再送入电厂和锅炉中燃烧来加剧污染环境。在社会主义的中国上演这种悲剧是否令人痛心？

第二步，就是要尽量多地将煤转化为电能，在大电厂中燃烧，即使不实行烟气净化脱硫，其污染量也比分散燃烧原煤要少得多。所以发达国家开采的原煤 80% 或 85% 以上都用以发电，而我国仅 30%。我们必须把燃煤的小锅炉、民用炉等转为电气化，使 80% 以上的原煤都发电，并在新建的电厂脱硫、脱氮，使污染得到进一步控制。

更深层次的洁净煤技术就是进行更高效和清洁的燃烧，如 CFBC、PFBC、IGCC 等，以及煤的液化、气化等。这些需要较高技术和较多投入，但这样做不仅可控制污染而且可大大提高燃烧效率。我国既然是燃煤大国，这条路非走不可，比任何其他国家更为急迫。国家有关部门对此也正在抓紧研究试点。问题是各部门间协调不够、力度不大、进展缓慢，还需要大大加劲。

实事求是地讲，在今后一段时期内，我国燃煤引起的污染恐怕还会有所增长，但只要我们在以上各个方面、各个层次上进行努力，坚定不移的按预定目标走下去，在不太长的时间内控制污染的加剧速度直到下降到容许范围内，是做得到的。在这场战斗中，加强管理和科技进步是两条主要措施。

同志们，小平同志告诉我们，科学技术是第一生产力。上面我们也提到过，要真正解决能源问题，归根到底要依靠科技上的发展和突破。实际上，世界上许多国家都在花大力气投入能源方面的科技研究，发达国家在这一领域投入之多，研究之深尤其惊人。我们是社会主义大国，不可能没有自己的能源保障系统和战略考虑。遗憾的是，目前由于各种因素，能源科技上的投入是少了一点。有些工作不是没有启动，但力度和进度总嫌不足、不快。我们理解国家的困难，但是对关键性的研究和开发、推广工作如清洁煤利用、快堆技术、煤的液化成油、光伏技术……不能更快地进行，以及研究人员流失、困苦的情况总感到担忧。听说甚至关系国家安危的核弹、航天技术的研究也是经费短缺，要自谋出路，更为担心。我个人认为这些都是必须稳住的一头，必须吃皇粮，而且要吃饱喝足，使人无后顾之忧地全心力投入到研究开发中去才好。衷心希望随着国家经济实力的强大，这些领域的科研工作能有新的突破和腾飞。

七、买药的钱从哪里来——政策保障体系

上面讲的一些措施，实际上并无新意。例如，加快开发水电、核电以优化能源结构，大力节能，抓紧推行清洁煤技术，增加科技投入开发新能源等，都曾由专家们提出过建议，也确实引起国家的重视和得到一些改进。但总的讲来，进展不理想，因此需要在更高层次上作综合研究并制定有效的政策保障体系。世界各国对能源这样一个战略问题也都是由国家来控制和保证的。

这一政策保障体系应该由国家研究制定，是个长期、完整和可行的体系，不是针对某个行业某一时期出现的问题作头痛医头、脚痛医脚式的应急处理。这一体系应由中央决策，全国人民代表大会立法，国务院负责实施，具有严肃的法律约束性，不是某一地方某一部门可以违反抵制的，也不是随领导人员变动而改变的。

国家需要制定一个向能源倾斜，能保证能源健康发展可靠供应的总政策，还应有一系列的具体政策，包括经济政策、节能政策、环保政策、科技政策乃至更具体的水电开发政策、核电国产化政策、新能源开发政策等，以及相应的法律、法规、条例。有关地方、部门、行业、企业都应制定贯彻国家能源政策的具体措施。我们在这里只提一下经济政策问题，例如融资政策、还贷政策、税收政策、价格政策、利用外资政策等。经验告诉我们，如果要在现在的模式上跨出一步，都首先遇到资金上的障碍。搞节能要钱、搞设备改造要钱、开发水电要钱、搞核电要钱、搞 CCT 要钱、加速科技开发要钱……药方再好，没有钱抓也是空的。过去许多好的建议，不是道理没有说透，而是没钱付诸实施。

怎么解决问题？一要钞票，二要粮票。就是说，一要能弄到钱，二要国家允许你去找钱、花钱。关于粮票问题，只能随着国家经济实力的增强，把蛋糕不断做大，而且依靠国家的政策倾斜导向，在蛋糕中多切一些给能源行业。至于具体的资金来源，一是利用倾斜政策，广开渠道，引导更多的资金投入能源行业，包括尽量多地利用有利的外资；二是增加能源行业自身的活力，使它具有更强的自我积累、自我发展、自我优化（也包括自我约束）的能力。研究制订有关政策时，有一个问题必须搞清，即能源是基础产业，和其他下游产业不同。开发能源的目的主要不是为赚钱，是为发展经济提供动力，促进经济腾飞。能源企业要讲究经济效益，也是为了加快能源开发，所以国家对能源行业应该给予优惠政策，扶植它健康高速发展，再从它所产生的经济腾飞效果上来取得利税。把这个问题弄清，经费问题是可以解决的。

说到提高能源行业自身的活力，就要允许企业把现有的资产盘活，使死资产变成能下蛋的老母鸡。只要国家加以规范和控制，不存在私有化失控和改变企业性质的问题，而这将是一笔多么巨大的资金。另外要合理调整能源价格。在计划经济时期，能源价格完全是扭曲的，谈不到能源行业的自我发展，也对节能十分不利。改革开放以来，能源价格曾作过多次调整。目前个别价格已接近国际价格，没有多大调价余地。但在许多其他地方，还是要作调价考虑。目前在能源价格上存在一些问题：一是价格

体系非常混乱、复杂，实有必要予以改革和规范化。二是部分能源价格不合理，应该调整。例如，在计划经济时期修建的水电站，因无还贷付息要求，上网电价就只有几分钱。既然实行市场经济，作为一种商品，就应调整为正常价格。每年增收的一百数十亿元还给国家作为再投入。三是目前在能源的开发利用中，有大量经济效益流入流通领域，开发生产单位难以为继，终端用户负担不轻，形成"两头叫，中间笑"的局面，应予合理纠正。凡此，都需合理改革调整，使有更多资金投入能源领域。

能源价格的合理调整，其总体水平必然会提高。换句话说，开发能源的资金最终还是要由用户承担。如果说，这样做会影响物价，那么这正和调整粮价一样，从国家的长期和整体利益考虑是不可避免的，人民能理解的。这样做也有利于增强节能意识，推行节能措施。总之，能源是垄断性基础产业，能源价格须由国家控制，这是各国的通例，但控制价格必须规范、合理、符合市场机制，能够促使能源工业向良性循环发展、否则是短期行为，是难以为继的。

我们认为只要有正确合理的政策，增加能源领域的投入，开拓一点新局面是可能的。当然不能百废俱兴，应该分清轻重缓急，有计划地逐步启动。先选择一些最重要、具有把握的事干起来。例如选择若干条件最优越的河流加速水电开发、抓紧核电的国产化过程、修建现代化的煤电基地、推行煤源的清洁处理和某些 CCT 技术、推行某些节能技术和产品、看准目标开发一些新能源新技术等。

归纳起来讲，我们认为：①我国在现代化过程中，面临十分复杂困难的能源问题，所面临的挑战是世界上独一无二的，千万不可为暂时、表面现象所迷惑而掉以轻心。②存在的问题主要是人均资源不足、资源条件不利，能源利用效率和科技水平低，体制、政策上不完善，以致能源供需缺口大，难以满足国家经济增长的需要，而且引起生态环境的破坏与污染。③出路是切实实现两个根本性转变，改变经济增长模式，厉行节约提高效率，使在有限的能源供应下实现现代化；要因地制宜开发多种能源，优化能源结构，降低煤的比重和节约油气资源，以保障能源的最低需要；要增加科技投入，解决能源生产利用中的重大问题，特别是环境保护和新能源开发问题；要利用有利条件，使国外的资源、技术、资金能为我所用，作为辅助手段。④要实现上述各点，必须在国家的统一研究安排下，制定长期、全面、可行的倾斜政策，并通过立法手续，坚决贯彻，特别是经济政策最为重要。并应抓住一些重点，进行启动和突破，务使我国的能源开发利用逐步走上良性循环道路，实现可持续发展，最终做到能源、经济和环境保护真正协调发展，立于不败之地。

为《中国的能源政策》一文致李鹏总理的信

李鹏总理:

您写的《中国的能源政策》一文,送史、陆部长(编者注:指史大桢、陆延昌)提意见。部里特别邀请一些同志进行讨论,并提出了"建议修改稿"呈还。我感到此文影响极大,故不揣冒昧,陈述些个人看法。

一、关于水电开发

原稿中指出发展水电的关键是实行"新电新价""同电同价",也就是水电与火电要实行相同的上网电价,才可以做到滚动开发,这实是抓住要害。水电投资集中(集一次、二次能源开发、环境保护、运输和综合利用投资于一体),在还贷期内,必然电价较高,如不采用新电新价政策,一个水电也上不去。实际上"华能""核电"都实行此政策。但在"建议修改稿"中将"新电新价"四字删去了。在还贷以后,以及对于老水电厂,应实行水、火电相同的上网价格,只有这样,水电才能取得较多的利润,供再滚动之用。"建议修改稿"中修改为"实行相同的上网电价机制",其意仍然采用成本加适当利润的机制,水火电仍然不同价,也无法为水电开发征集资金。总之,这样一改,原稿精神全失,必会使广大水电职工失望,更无助于改变水电滞后现象。

二、关于煤炭政策

原稿中称煤炭工业"要坚持大中小并举的方针",建议改为"要以现代化大型企业为主,改造提高小煤矿"。窃以为,今后我国煤炭工业的发展,要以现代化大企业为主,这符合"两个根本性转变"的精神,避免一系列恶果。过去已发展的小煤矿,要逐步整顿、改造、提高,对于新搞的小矿,宜严格控制,只能在不浪费资源(开发分散的小矿点),不加剧污染、能保证安全文明生产的条件下适当开发,不宜因为它们能成为地方财源和解决失业、先富问题而不加控制地发展,否则恐造成严重后果而为后世诉议。

以上两点作为野人之献曝,供总理定稿时参考。

本文是1997年4月,作者就《中国的能源政策》一文写给李鹏总理的信。

在计委"十五"规划专家座谈会上的发言

计委召开这次会议是完全必要和及时的。过去的苏联模式的计划经济是完全失败了，计划经济这个名词也成了过街老鼠、万恶之源。我想过去计划经济的失败，一是它完全不顾市场经济规律；二是管理过广、过细、过死，僵硬不化；三是计划不科学，跟着政治转，按领导意图定。尽管如此，计划经济还是立下了历史功勋。要辩证地看问题。

计划经济的失败，并不意味着一个国家可以不需要规划，不需要政府行为。我们过去的问题是：政府不该管、不该干预的事，管理得太多，干预得太多，而该管的事没有管好，或者根本没有管。例如，如果管好、管对，全国为什么会有那么多的重复建设？本届政府把国家计委改名为国家发展计划委员会，是有深意的。我们看到，一些发达的资本主义国家政府对许多部门、行业、地区都有规划、计划，而且管得很紧，抓得很牢。所以我们要理直气壮地抓规划、计划，行使政府职能。

下面说几点意见：

（1）赞成既要有中长期的规划，又要有较详细的五年计划；既要有指导性的规划，又要有政府组织落实的规划；既要有行业规划，又要有地区规划。

要使这些规划相互配合、衔接、协调（在国家的宏观协调下）。中长期规划要看到20～50年，至少看到15年。一些重要领域，惰性很大，深层次的问题或隐忧很多，如粮食、能源、水资源、环境、国防……不下决心及时抓改造、转轨，到以后问题恶化，要改很难，要付出极大代价。所以有必要进行宏观规划，中长期规划，战略规划。在此基础上分期制定五年计划。中长期规划应该是严肃的，但也应该是滚动的、动态的。

要有指导性规划，也要有政府组织、落实的规划。以市场机制为主的行业应制定指导性计划，表明政府意图。后者不能完全由市场行为来决定，要由政府来引导、组织、支持和落实，以满足国家长期和宏观利益的要求。

要有行业规划，也要有地区规划，两者必须通过国家协调来衔接。

总之，我们希望新的国家计委能抓这些大事，不要去管具体小事。

（2）传统产业与新兴产业、高新技术间的关系问题。

21世纪是信息社会，是知识型经济。所以我们必须抓高新技术，搞新兴产业，这是无疑问的。问题是中国刚从农业经济转向工业经济，工业化远未完成，中国至今造不出一架大客机、一艘航空母舰。许多传统工业都远远落后于世界水平。所以，在规划中要将传统工业与高新科技摆对位置，要大力发展高新科技，搞新兴产业，但不是为高科技而高科技，是要用高科技促进、提高和发展传统产业，使它们在尽可能短的

本文是1999年7月6日，作者在国家计委召开的专家座谈会上的发言。

时间内赶上国际先进水平，我认为这是关系国家兴亡的大事。

（3）全局利益与局部利益关系问题。

现在许多地方、部门强调局部利益，不顾国家全局。例如，在一个地区内搞了许多机场、大桥、码头、高速公路……各地搞小汽车厂、小电厂、小烟厂、小煤矿……在干旱的西北地区规划搞耗水量极大的农业基地等。这些规划在局部看来是可行的、有利的，从全局来看是不可行的、有害的。这种只顾局部和眼前的做法不能再继续下去了。国家计委要树立权威，进行干预，否决掉那些有害于全局利益的做法。

（4）全球经济一体化是不可违抗的趋势。

要利用国内外两种资金、两个市场是完全正确的，绝不能再闭关锁国。但是中国是目前世界上唯一的社会主义大国，西方亡我之心不死，今后世界愈来愈不太平，对此心中要有个谱。对于关系到国家兴衰、民族存亡、影响国家命脉的经济领域，要有个安全尺度。如粮食、能源、金融、国防……不能靠别人，更不能交给别人，主要靠自己，要设有安全底线。相反，一些非关键性的、应用范围窄的东西，就非都要自己搞不可。有所为有所不为。希望计委能在什么东西必须自己做，什么不必自己去做，做出决策。

（5）我对今后经济发展提出六个"更重要"。①质量比数量更重要；②节约比开发更重要；③技改比新建更重要；④将已有成果转化为生产力比开新课题更重要；⑤内资、内企比外资、外企更重要；⑥消化吸收比再引进更重要。

现在的政策、做法不利于"更重要"的那一端，希望计委、经贸委、科技部能商讨提出一些有效、有力的政策措施出来，使全国经济的发展向"更重要"的一端倾斜。

建议将西南水电作为西部大开发的重点

党中央国务院决定实施西部大开发战略并以基础设施建设为主，十分英明正确，我们坚决拥护和支持。我们建议将开发西南水电，实施"西电东送"作为西部大开发的重点之一。

一、开发西南水电的条件和必要性

（1）西南地区水能资源富集，开发条件有利。我国水能资源居世界首位，可开发容量达 3.78 亿千瓦，年发电量约 1.9 万亿千瓦时。到 1999 年年底，全国水电装机约 7000 万千瓦，年发电约 2000 亿千瓦时。按电量计，目前开发程度仅 10%，西南地区更低。西南地区水能资源量占全国总量的 68%，且富集在几条大河上，淹没移民工程量相对较少，经济指标十分优越（如龙滩和小湾水电站的静态单位千瓦造价为 4500 元左右，上网电价约 0.28 元/千瓦时，送到广东后约 0.38 元/千瓦时）。还贷期（20～25 年）后运行成本更低，仅 0.05 元左右。因此，西南水电开发潜力很大，是国家宝贵资源。

（2）开发西南水电是实施我国能源可持续发展战略所必需。我国一次能源以煤为主，所产生的环境污染和生态破坏已成为制约经济和社会发展的重要因素，而且将承受越来越大的国际压力。水电是清洁、再生的能源，全面开发西南水电东送，可以改善能源结构，减轻煤炭需求压力和环境污染问题，是实施能源可持续发展的重要措施。

（3）开发西南水电是改变西部落后面貌，发展经济的有效措施。我国广大西部地区由于各种原因尚较贫穷落后，开发水电所投入的资金基本上都消纳在当地和国内，可以迅速带动交通、水泥、钢材、有色金属、机电制造乃至旅游等行业的发展。随着交通、能源条件的完善，可吸引大量资金与企业的进入。大量电能的外送既促进东部经济的发展，更加强西部的经济实力，解决失业问题，真正做到化资源优势为经济优势。

（4）西南水电开发需建设有较大库容的水库，因此还具有巨大防洪效益和其他综合效益。"西电东送"还将极大地促进各地电网的建设和全国联网的形成，特别是西起澜沧江东至广东、西起金沙江东至上海的输电大通道，将可实现全国电能的优化调度。

二、西南水电开发中的主要项目

这些项目都是主要河流中的龙头水库、骨干电站，例如：

（1）龙滩水电站（420 万千瓦），是红水河的龙头电站，具有多年调节功能，除本身的发电效益巨大外，且可对红水河梯级电站及广西电网进行补偿调节，显著增加发电量和保证出力，同时对下游西江和珠江三角洲有巨大防洪作用。现三通一平工作已

本文是 2000 年 3 月 2 日，作者在全国政协九届三次会议上的提案。

完成，完全可即开工，并在 2010 年年前建成投产。

（2）小湾水电站（420 万千瓦）和景洪水电站（150 万千瓦）。小湾是澜沧江中下游的龙头电站，具多年调节性能，是"西电东送"和调整云南电力结构的关键项目。现正开展三通一平工作，有条件在 2002 年开工建设，2012 年建成投产。景洪水电站位于澜沧江下游，是 1997 年中泰签订的泰国从中国购电谅解备忘录中的启动项目，有条件根据泰方要求在 2003 年开工，2010 年投产。

（3）三板溪水电站（100 万千瓦）。三板溪水电站位于贵州境内，具有多年调节性能，电站可以改善湖南的电源结构，有利于湖南消纳三峡水电站的电力电量。此电站有条件在 2002 年开工建设，2007 年左右建成投产。

（4）洪家渡水电站（54 万千瓦）。洪家渡水电站是乌江干流梯级的龙头水库，具有多年调节性能，对下游梯级电站进行补偿调节后，可大幅度增加乌江干流的发电效益。目前三通一平工作已完成，完全可在 2000 年正式开工建设，在 2006 年建成投产。

（5）溪洛渡水电站（1200 万千瓦）。溪洛渡水电站位于三峡上游的金沙江上，以发电为主，具有防洪、拦沙等综合效益，对减少三峡泥沙淤积作用巨大。此电站可以三峡水电站为母体滚动开发，计划在 2005 年左右开工建设。

另外还应加快红水河大藤峡、澜沧江糯扎渡、岷江紫坪铺、乌江索风营、构皮滩、金沙江向家坝等水电站的前期工作，争取在 2010—2020 年年前建成投产。对四川要重点考虑大渡河瀑布沟和雅砻江锦屏水电站开发时间，它们是四川省今后电源开发的战略性项目。西藏地区近期可开发经济性较好的是金河水电站。

在重点开发西南水电站时，当然应同时加强电网项目的建设。

三、建议国家实施必要的倾斜政策，支持西南水电站的开发建设

（1）建议将西南主要的战略性水电站项目（龙滩、小湾、三板溪、洪家渡、溪洛渡等），列为国家西部大开发的重点项目。

（2）加快水电站项目的审批。建议简化水电站建设项目的审批手续，加快审批的速度。凡具备条件的项目希望尽早批准立项。

（3）建议国家做出规定，在能源供应中，需有一定比例的可再生能源，以保持可持续发展。对水电不仅要优先开发，建成后还要优先使用。

（4）建议国家对水电采取扶植的财政和金融政策。例如，建议对新建水电站实行 8% 以下的增值税率，对所得税和耕地占用税等税项实行先征后退或减免和降低。

建议国家发行长期国债，专项用于包括西部水电项目的开发，作为国家投入，在适当时机转为国家资本金；并可批准国家电力公司发行企业债券，专项用于西部电力（主要是水电）的发展；建议国家对外国政府及国际金融组织的优惠贷款优先用于西部水电的开发，并放宽限制条件；建议国务院及国家有关综合部门从全局和长期利益出发，规划东部发达地区电源项目建设，为"西电东送"留出必要的市场空间；建议国家和西部地方政府制定相关的法规，改善西部地区的投资环境，对外来投资给予一定的优惠政策，吸引外来的投资和人才流入西部，促进更快地发展。

关于开发西部水电
实现西电东送的若干建议
——在加快西部电力发展战略研讨会上的发言

希望国家综合部门、地方综合部门和电力部门能够研究制定一个较长期的、合理可行的电力发展规划,在电力市场上留出水电位置,促成西电东送南、中、北三条大通道,在新世纪的 10～15 年内真正能初步形成,发挥作用。水电不能包打天下,沿海、东部发达地区还是需要火电、核电,只希望在一定时期内从全局利益出发,给水电留一个发展空间。特别希望东部发达地区,能关心、介入西部水电开发,投入资金、人才、技术。这是为了国家全局和长期利益,包括能源安全、结构优化、环境保护、缩小地区差异、共同富裕、稳定边疆、民族团结等。不一定非把电站建在鼻子下面不可。

以上做法带有政府宏观调控性质,但要实现西部水电开发,光依赖宏观调控、政府行为是不行的,还必须按市场规律办事。重要的一点是要降低水电造价,降低水电销售价格,这才能从根本上解决问题。但水电集一、二次能源开发于一身,而且建于大江大河上,牵涉淹没移民和方方面面,其投资集中和工期较长(与火电厂比)是不争的事实。要真正做到水电电价在还贷期内有竞争能力很不容易,确实需要国家政策扶植,需要有关行业、人民群众的理解、当地政府支持和参战各方面的艰苦努力。为此,我提出以下几条具体建议。

1. 税收

水电站是一、二次能源同时开发的基础性产业,本身并非以营利为目的。水电开发的真正效益是为国家提供再生、清洁、廉价的电能,带动有关行业的发展和人民生活水平的提高。所以对新建水电站确应减轻征收增值税、所得税。从根本上说,减轻税收、降低电价、拉动需求后,国家实际上能征收到多得多的税。

水电站因具有综合效益,请按大型水利枢纽(如三峡)和小水电政策的实例,耕地占用税按 1/3 征收。如果水电工程具有巨大灌溉、防洪、供水、围垦效益的,或已用其投资造田的,建议免征耕地占用税。

2. 投融资

政策性银行要加大投资水电的力度,并采取优惠的、合理的利率和还贷期。另外,水电工程是风险很小的投资点,投产后时间愈长,效益愈凸显出来,宜采取多种渠道吸引民间资金投向水电(例如发行免税的长期债券等)。

对有条件的已建水电站和开发公司,实行债转股,减轻企业还贷压力,降低电价,并早日摆脱困境,进入良性循环,以滚动开发新的资源。表面上银行近期所得红利会

本文是 2000 年 3 月,作者在加快西部电力发展战略研讨会上的发言。

少于利息收入，但这是为国家、为生态环境、为长远利益做贡献，而且最后还是能获得较利息为大的股息。

3. 投资分摊

有综合效益的水电站务必做到合理的投资分摊，避免出现综合效益愈好的点子愈难开发的怪事。防洪、灌溉效益所应分摊的投资应由国家投入。为供水修建的建筑物投资由受益地区、部门承担。通航建筑物标准只能以恢复（或稍高于）现有通航标准为准，超过部分应列入交通部门投资。若系远期发展所需，尽量做好设计，留待后建，以免投资积压。水电投产后，水产、旅游等行业取得的经济效益，应提取部分补贴水电。

4. 妥善处理移民问题

主要是各级地方政府要以大局和长期利益为重，大力支持，正确对待。一方面要安排好移民的生活、生产条件和城镇迁移，使不低于现有水平而且有发展前途（开发性移民）；另一方面要尽量压缩移民及补偿投资，反对攀比、反对搭车、反对超前建设。水电站投产后，可长期向库区及移民区进行投资，促进其经济发展。

5. 电力系统

做到优化调度，尽量发挥水电优势，坚决实行同网同价、竞价上网和峰谷、丰枯不同电价制度，吸纳水电能量，减少弃水。要千方百计降低水电的"过网费用"，扶植水电发展。

6. 新技术

西部地区水电大都位于地形、地质、交通条件不利地区，建筑物都较巨大，输电距离长，应大力、大胆采用成熟的新技术（包括新结构、新布置、新设备、新工艺、新理论等）。通过科技进步来降低工程造价、缩短工期、提高效益。基层部门要敢于创新，审查部门要敢放手。除牵涉重大安全问题者外，一般技术方案建议由业主负责决策和承担责任。建议对前期工作和科研工作增加投入，实行奖励、择优制度。

7. 水电和其他产业的结合开发

建议有丰富水电资源的地区，能抓紧对当地资源做综合调查，研究是否能利用当地的优势资源与水电结合开发，特别是高耗能、高产值、短缺产品和可以利用季节性电能的产业，真正做到充分合理利用水电能量，化资源优势为经济优势。

要研究核电问题

中国工程院举办的第二次工程科技论坛，以研讨中国的核电发展战略为题。这是个重要和及时的课题。众所周知，电力工业是一个国家最重要的基础产业之一，是工业、农业、国防、人民生活和社会发展的基础，而且影响生态环境的保护。一个国家的发展水平和文明水平，"人均用电量"和"一次能源转化为电能的百分比"是两个最直接的衡量指标。不能设想一个国家的电力水平十分低落，而会成为文明发达的国家。

新中国成立 50 年来，我国电力工业从小到大、从弱到强，目前全国装机容量已达 3 亿千瓦，年发电量达 12300 亿千瓦时，稳居世界第二位，成绩喜人。可是与其他指标一样，用人口一除，就跌到底层去了。人均装机仅 0.25 千瓦，人均用电量仅 1000 千瓦时/年，不仅只为美国等发达国家的十几分之一，也远低于韩国、台湾地区和香港特别行政区。而且电力结构不合理、技术及管理水平低、污染严重、离国际先进水平差距不小。尤其在今后的发展过程中，隐患尚多，这不能不引起我们的忧虑。

21 世纪中叶我国要达到中等发达国家水平，GDP 要增加十多倍，电力怎么样？当然，电力不必要也不可能同样增长十多倍。但 GDP 的增长毕竟不能完全依靠信息产业和服务行业等低耗能产业，尤其我国的工业化过程远远没有完成，必须把更多的一次能源尽快地转化为电力。所以从大方向看，今后我国的电力发展速度不可能低，千万不要因近期电力供需形势暂时缓解而高枕无忧，要有些战略眼光，要认识到目前是在极低水平下的暂时平衡，要抓住有利时机做好下一步腾飞的准备，绝不是已到了可以停步休整的时候。我认为，今后制约我国发展的最大因素还是"水"和"能"。

过去中国工程院做过我国可持续发展能源的战略研究，对能源供需做过多方面的分析和预测。当然，对中长期的预测不可能很精确，但就电力而言，到了 2050 年，平均每人一千瓦总是不高的要求吧。那就需要 16 亿千瓦的容量。这 16 亿千瓦从哪里来？新能源、新电源肯定会有发展，但在数量上还不能成大气候，我们还得依靠火电、水电和核电。一些专家建议，到那时核电应占 2.4 亿千瓦。这就是说，在今后数十年中，要修建一百几十座大亚湾规模的核电站，工作量和投入之巨是惊人的，似不够现实。即使压到 1.2 亿千瓦，任务仍是十分艰巨，不做好准备、确定方向、采取措施是难以实现的。

在三种电源中，我感到最玄的是核电。现在看来，在"十五"期间，不能无条件大发展，只能"适当发展"，但必须在适当发展中，为今后的大发展做点准备，创造条件，否则以后的事就难说了。核电上不去，如果水电也未能充分开发，最后还是只得靠火电、靠烧煤、烧天然气、烧进口燃料，甚至再来个"遍地开花"的小火电。这样

本文是 2000 年 4 月 25 日，作者在中国工程院工程科技论坛上的致辞。

做，不仅浪费能源，使能源结构愈加不合理，使大气污染和温室效应得不到控制，而且影响国家能源安全，我们千万不可走上这条不能持续发展的道路。解决的出路之一就是加快核电发展，核电是清洁安全的能源，对中国来说是非常需要的，是"三足鼎"中不可缺少的一足。我们希望这一点能引起全国人民的重视和理解。

有的同志说，不是不想发展核电，而是有许多问题不好解决：堆型怎么定型？怎么国产化、批量化？是在现有的堆型上改进还是另搞一套更先进的？是自力为主开发还是与外国合作？自主开发何时有把握可商业化生产？与外合作的风险性如何？核燃料问题怎么解决？要不要搞快堆？安全问题怎么保证？巨额资金从何筹集？市场经济体制下，核电厂怎么竞争？以核养核能有多大发展速度？国家能给核电什么政策？一句话，中国的核电发展到底应该怎么规划、怎么做，现在尚无一致意见，部门、地方间有分歧，不好决策。其实这些问题议论已久，大的方向渐趋明朗，不难通过深入研讨以求取得更一致的认识，为快速稳妥的发展核电奠定基础。

举办工程论坛是让各方面充分发表意见的一个好机会、好方式。在论坛上专家们可以不受部门、地方的影响，站在国家利益的立场上，超脱地提出见解、阐述道理，畅所欲言，从中求同存异，归纳出一些共同性的意见或倾向，供国家领导决策。通过论坛还可以起科普作用，打消许多人对核电的过虑，澄清一些问题。如果我们的论坛能对以上方面有所裨益，我们将感到十分欣慰。

这次论坛由中国工程院和中国核工业总公司共同主办，有 6 位核电和能源领域的院士担任组委会成员，有十多位院士、专家将从不同角度对核电发展作精湛的报告。时间很紧，内容丰富，我就不多占时间了。请大家听取专家们的报告吧。

水电东送要解决两大难题

要真正实施西电东送，难题还是不少。一方面，要使西部水电本身具有较强的竞争力；另一方面，要使东部电力市场公平合理优先吸纳西部水电。要解决这两大问题，牵涉技术、经济、体制、政策乃至习惯传统等各方面的因素，不将它们研究透彻，并采取相应的、有效的、可行的政策和措施，西电东送只能是一句空话。

众所周知，我国西部地区，特别是西南地区，水电资源十分丰富，不仅是中国，也可能是世界上最集中的水电宝藏。开发清洁、再生的水能，既满足当地的需要，又可大量外送东部经济发达地区，甚至可通过全国联网，充分发挥调节效益，使各种能源合理配置调度、优化全国能源结构、缓解环境污染问题，这完全符合国家的长期、全局利益，也是全国人民和能源界呼吁已久、期盼已久的事。

但要真正实施西电东送，难题还是不少。我认为主要有两方面的问题：一方面，要使西部水电本身具有较强的竞争力；另一方面，要使东部电力市场公平合理优先吸纳西部水电。要解决这两大问题，牵涉技术、经济、体制、政策乃至习惯传统种种方面因素，不将它们研究透彻，并采取相应的、有效的、可行的政策和措施，西电东送只能是一句空话。

西部水电要有竞争力

要使西部水电在电力市场上具有竞争力，必须大大降低它的造价，缩短工期，也就是使水电的成本和电价尽可能低。我们都知道，西部地区地形、地质、交通条件很不利，水电建设又是集一次能源和二次能源开发于一身，牵涉面又广，与单纯修一座火电厂相比，其初期投入大，工期长，这是不争的事实。贷款修建水电站，至少在还贷期内电价不会低的。怎么解决这个问题？我认为要作四方面努力。

一是技术。要尽可能采用新技术，尽可能妥善解决高坝、长洞、大机组、超高压输电等难题，依靠科技进步来降低造价、缩短工期、减少损失和降低过网费用。

二是政策。要在政策上给予优惠，主要是融资、还贷、贴息、税权上给予优惠，减少水电的负担。例如，增加政府投入，减少贷款比例，适当延长偿还期，给予贴息，适当减免耕地占用税和增值税等。总之，没有政府行为，没有政府的扶持，在目前政策下要靠企业行为去开发大水电是不现实的。

三是移民问题。在改革开放以前，对于移民问题我们走过弯路：不重视，光补偿，而且补偿标准很低，给许多移民造成困难，留下后遗症，这些教训是深刻的，现在这些情况已得到纠正。移民能否妥善安置，已成为工程能否成立的首要因素。但有时又

本文刊登于 2000 年 7 月 30 日《西南电力报》。

走向另一极端，就是对搬迁和补偿要求过高，都要一次到位。有些基层政府和干部，不是兼顾国家与移民的利益，而是出歪主意，趁机抬价，无限提高，"若要富，下水库"，淹没的地方本来是一片荒地，也要求高额赔偿。有的城镇迁建后的规格和要求，达到不合理的程度，甚至不敢让中央领导去参观，加上彼此攀比，只高不下。这样做的结果，必然是制约乃至破坏了水电开发，最后断送了发展的前途或变成贪污腐化的大黑洞。建议重新修订水库移民法，按法办事。移民一定要安置好，要能安居乐业，生活水平不降低，更重要的是有发展前途，有致富门路。但只能是长期扶植，逐步实现，不能一步登天。

四是投资分摊问题。水电建设常常有综合效益和综合利用要求，应该合理分担投入，防洪效益分担的部分应由国家投入，通航标准只能恢复到现有水平或稍提高，超过的部分应作为交通投入，或留有发展余地。如果大家都只点菜不付账，把所有负担都压在水电电价上，水电是很难有竞争力的。

东部要吸纳西部水电

这一问题更为重要和复杂。我们费尽心力修建的二滩水电站（330万千瓦）投产后，电卖不出去。三峡发电后能否有效吸纳，也不清楚。当然这里有当前电力市场疲软的问题，但今后情况到底如何，值得思考。因为即使缺电，各地也可搞小火电，进口燃料来发电，也可以用燃气轮机来调峰，可以养活许多人，可以得到许多税收，可以把电厂掌握在自己手中，为什么要用水电？这个问题不解决，即使国家斥巨资建了电网，修了水电站，也不一定能"西电东送"，而是大量弃水。这牵扯到电力体制问题，各地方的局部利益问题，乃至人的思想观念问题，非常复杂。必须站在国家立场上，从全局大局出发，宏观规划、宏观调控，改革体制，制定政策法规，真正做到市场开放，网厂分开，公平公正公开地竞价上网，而且还要给水电一些倾斜，例如在同样情况下要优先用水电，在全部电量上硬性规定至少有一定比例必须是清洁能源等。现在离这样成熟、合理的体制还有距离。

现在对开发水电、西电东送的呼声很高，国家也很支持，许多部门、省区、专家都在关心这个问题，并进行专题研究。研究的内容有两类：一类是硬科学，研究怎么修300米乃至500米高的坝，打几十千米长的洞，建50万伏以上的输电线，造百万千瓦的机组等。另一类是软科学，研究如何加强规划，加强调控，优化配置，提高效益效率；如何建立合理体制，形成成熟市场；如何让西电进入东部市场，需要什么政策、法规。要开发水电实现西电东送，两类研究都不可少，但尤其要重视后者的研究。所以应该加强研究，采取措施，解决西电东进中的难题，让几亿千瓦的水电在新世纪顺利输向中国全境，为祖国的强盛做出应有的贡献。

在华能集团专家委员会第一次年会上的发言

　　能参加今天的年会，我感到非常荣幸和高兴。阅读和学习了计划发展部的产业战略，我十分欣慰，并完全同意。刚才听了李总（编者注：指李小鹏）扼要和全面的介绍，知道华能的大好形势，过去已做出的巨大贡献以及今后发展规划。相信在李总的领导下，通过全体华能人的努力，这个战略一定能够实现，并为我国的电力工业、为全面建设小康社会做出突出的贡献。下面简单讲几点个人体会，供会议参考。

　　1. 华能要在四个方面为我国的电力工业做出贡献

　　电力工业是关键性的基础产业，直接影响国民经济的发展、人民生活水平的提高、社会的稳定与进步和全面建设小康社会的大业。今后我国电力工业的发展又将面临严峻挑战：①电力发展能否满足需求；②电力系统能否安全运行；③电力工业能否走上可持续发展道路；④电力科技水平能否显著提高。华能作为国有特大型的以电力为主业的企业集团，要为解决上述四大问题做出自己的贡献。我们与其他发电集团与企业要展开竞争，这种竞争不是资本主义性质的竞争，而是要比一下谁对我国电力工业健康发展的贡献大。我希望华能集团能在这场竞争中取得胜利，获得冠军。

　　2. 华能要为保证我国电力供应做出贡献

　　在相当长的一段时间内，我国的电力供应是紧张的，在某些地区某些时段甚至存在相当的缺口，成为短线或瓶颈。华能要利用自己的优势，因地制宜，尽其所能多建电站、快建电站、建设优质电站，煤电、水电、核电、气电、新电源……能争取到的、有能力搞的、能引入外资的都要上，争取成为新供电源最多的集团。

　　在水电建设方面，以澜沧江和三江两河为基地，大型、中型都可以搞。要特别注意小湾的建设，确保质量、安全和进度，要利用科技发展降低造价，提前发电。要对移民和生态环境负责，做到移民满意、生态得到保护。

　　关于怒江的开发，现在有不同意见，不少人主张保留一条原始风貌的怒江。我们要虚心听取意见，认真研究问题，争取能取得一致看法。

　　在煤电建设方面，我们要通过调查研究与分析实际情况，因地制宜地建设坑口、路口、港口电厂。要重视煤源问题，探索建立煤源基地，实施煤电联营的可行性。在建煤电时，必须高起点，要建大型、巨型的燃煤电厂，要采取新型高效机组，要提前、快速向超超临界进军，把煤耗降到全国最低、效率提高到全国最高。这方面，在投入与财务经营上有无困难我不清楚，但觉得这是大方向，有困难还可以向国家申请政策支持。

　　在核电建设方面，从国家能源分布和东部地区发展需求来看，核电发展不是可有可无，而是必须加速开发。我们已失去很多机会，现在需要抓紧了，我完全赞成华能

本文是 2003 年 9 月 12 日，作者在华能集团专家委员会第一次年会上的发言。

在可能与有利条件下，为促进核电建设做出努力。

建议华能与电网公司加强沟通协调，就大型电源的布点和建设进度取得共识，以便有计划地及时进行建设和投产。

3. 华能要为我国电力系统的安全运行做出贡献

我国电力供不应求，电网结构又单薄，保证电力系统的安全运行具有特别重要的意义。这问题不能全由电网部门来解决，所以电力企业和集团都要为此做出努力和贡献。华能不但要向电力系统提供大量电量，也要提供大量容量。华能拥有的机组应该有较大的调峰能力（包括水电、煤电和燃气轮机组），华能应开发有利的大型蓄能电站，华能在需要时可以向电网提供巨大的备用容量。华能的电厂严格服从调度，在紧急情况下，绝对服从大局。华能在这个方面要做出信誉，成为典型。经济效益方面的问题可以根据政策、合同，通过协调合理解决。

4. 华能要为我国电力的可持续发展做出贡献

在市场经济模式中，企业很容易单纯追求利润搞"短、平、快"，背离全局和长远利益。在电力工业方面，这样做会使电源结构愈趋不合理，污染愈趋加剧，国家能源安全难以保障，最后给国家人民造成极大危害，而且难以改正。华能集团绝不做这种目光短浅的事情。华能发展电力的前提是：保护生态环境，减免污染，优化结构，走健康的、可持续发展的道路。

开发水电要进行细致的调查研究，着重分析其对生态环境的副作用，从而尽最大努力避免或补偿。

华能新建的大型火电，必须脱硫、脱氮，必须采用最先进高效机组，大力减少煤耗和 CO_2 排放量，对旧机组要定期改造更新。在不能一步到位时，注意采用各种有效的"土措施"减轻污染。新能源、零污染能源是今后发展方向，华能要调查分析国际形势，追踪研究，确定自己发展方向。建议华能对今后发展电力时的污染问题做仔细研究、采取措施、制订指标，争取在各大集团中，华能的清洁能源比例最高，污染影响最低。

华能是一家企业，当然讲究和追求经济效益。华能的经济效益是从千方百计降低成本、造价、损耗，提高管理水平和各项效率中获得的，华能不做损国利己的事，华能的效益是和国家的全局效益、长期效益紧密结合在一起的。这应该成为"华能精神"的重要内容。

5. 华能要为我国电力科技的腾飞创造条件

要达到以上目的，归根到底要依靠科技的创新和突破，依靠人才的引进和培养。一句话，要永远"与时俱进"，这是保证华能永远具有生命力、战斗力、发动力的基本条件。

华能要重视和加强前期工作，这不是个简单的合同问题。华能大力鼓励在前期工作中有创新、有突破，为降低成本提高质量有所贡献。华能拒绝质量低劣、安全无保障的设计，华能也不欢迎墨守成规故步自封的设计。对承包商和施工、安装单位的要求也是一样。

华能要支持研发的工作。直接关系华能发展的项目要支持，对前瞻性、公益性的项目也要量力支持或共同支持，毕竟这是大家利益之所在。电力改革中，许多同志担心对科研会产生重大冲击，华能要以实际行动消除这些顾虑。华能应当拥有越来越多的新技术和专利。

人才是一切之本。华能要抓紧人才的引进、发现、培养和重用，让新的拔尖人才不断涌现。华能的待遇相对讲不低，很多人都想来华能工作，这是有利条件。但华能不依靠这一点吸引人才。华能要使每一位职工感到华能是关心他们、培养他们的，华能是蓬勃发展、前景无量的，在华能是心境愉快、大有用武之地的。形成一股强大的凝聚力或亲和力，就是无论有什么外企用高价来挖人，也没有一个华能的职工愿意离开，这就意味着我们的工作成功了。现在的党委、工会、人事部门都很重视人的工作，是好现象。希望不要仅停留在调查、统计、考核、奖惩这些"管人"的工作上，而要把工作做到职工的心里。得民心者得天下，对一个企业来讲，也是如此。

最后我还是回到竞争这个问题上。有人说 21 世纪是竞争的世纪，有人说电力体制改革为的是打破垄断引入竞争机制。那么，华能现在面临竞争形势了，究竟是与谁竞争？竞争些什么？值得深思。华能是不是和某些行业一样，面临与外国资本、企业、产品的大量涌入的竞争？就中国的电力工业来讲，我看不出存在这样的形势与危险。是不是面临与其他发电集团公司抢市场的竞争？像农贸市场上或家电市场上谁的西红柿便宜，谁的电视机价格低、质量好，谁就占领市场？情况似乎也不如此。中国长时期内电力是紧张的，因此，我认为华能面临的竞争形势是：在为国家电力发展提供最大贡献上的竞争；在为保护环境减少污染走可持续发展的道路上的竞争；在提高效率、降低成本、加强管理上的竞争；在创立企业信誉，打造企业形象上的竞争；在推动科技创新突破，发现培养人才上的竞争。只要我们脚踏实地把这几方面的工作做好，我们就立于不败之地，我们就无往不胜。

热烈预祝华能有一个无比美好的明天。

新世纪的中国能源和水利问题

——兼论绍兴的发展

尊敬的各位领导、各位同志：

绍兴市首届科普节今天开始了。我有机会参加这次盛会，感到十分荣幸。市科协聘我为名誉主席，使我至为感激。我把它作为故乡领导、人民和科技界给予我的崇高荣誉。

科协要我在今天上午给大家作个报告，我毕生从事能源和水利建设，能源和水利又是影响国家今后发展的关键问题，所以报告的题目就叫"新世纪的中国能源和水利问题"，顺便也对绍兴的发展提些看法，供领导参考。不妥之处，敬请批评指正。

第一部分 能 源 问 题

能源是国家最重要的基础产业之一。中国的能源产业在过去五十多年中取得了举世瞩目的成就，现已成为世界第二的能源生产和消费大国。强大和充足的能源，成为国民经济迅速发展和人民生活水平不断提高的重要支撑。但是，中国的耗能水平又极低，例如，以人均商品能源消费计，我国只有 1 吨多标准煤（人/年），仅为世界平均值的一半，是发达国家的 1/5 至 1/10。在新世纪中，国家对能源有更大需求，能源工业将有更大的发展，但也面临严峻的挑战，这是事关全局的重大问题，值得全国人民重视。

一、能源短缺是客观现实

中国能源短缺，今后形势尤为严峻。目前全国的 GDP 超过 10 万亿元，到 2020 年翻两番需达 40 万亿元，到 2050 年将达 80 万亿元或更多才达到中等发达国家水平。即，GDP 需有 4、8 倍乃至 10 倍的增长。虽然能源不会以同样比例增长，但以一倍的增长来支持 GDP 的 8 倍的增长总是最低要求，而这对中国来说就面临严峻的挑战了。

有人认为中国有煤，不必担心。中国探明的煤储量是有限的。按人均计，更落在世界平均水平以下。受到各种条件的制约（特别是国际上对污染环境的制约），不可能任意地增长。而且，还存在能源结构上和运输上的问题。总之，中国一次能源尤其是油、气战略资源的短缺，是客观现实。

二、中国的国情使能源问题严峻化

各国都重视能源安全问题，而就中国来说，问题尤为突出，因为中国国情有四大

本文是 2004 年 9 月 20 日，作者在绍兴市首届科普节上的学术报告稿。

特点：

（1）中国是世界上人口最多的国家，新世纪中将达到 16 亿高峰。

（2）中国正在全面建设小康社会，国民经济将在较长时期内以很高速率增长。

（3）中国幅员辽阔，各地区情况很不相同，在能源配置、转换和运输上有很大困难。

（4）中国是世界上唯一的社会主义大国，国际反华势力必然会利用能源来制裁欺压我们。

根据上述国情，中国在新世纪中面临的能源挑战将是独一无二的。

三、新世纪能源发展之路

瞻望前景，新世纪的中国能源发展必须，也必将走以下道路。

1. 中国要全面建设节能社会，高效利用能源

目前中国能源的利用效率很低，单位产值的能耗是发达国家的几倍到十几倍，社会上浪费能源的情况更比比皆是。这种情况和形势相背，必须改变。

在新世纪中，中国将建成一个全面节能的社会。不仅是从能源的生产、运输、转化上节约，而是全社会的节约和高效利用。全社会将节约每一滴油、每一块煤、每一度电、每一滴水、每一粒粮食，通过产业结构调整和科技进步，极大地降低单位产值耗能量，至少达到世界平均而偏先进的水平。落后的小企业、工艺、设备、技术将全面淘汰，这样才能用有限的能源实现 GDP 翻两番的增长。绍兴经济发展，能源利用效率高，但我们仍应千方百计节能，这不仅对自己有好处，更是为国家做贡献。

2. 中国将实现煤的清洁利用

现在中国已是世界上第二燃煤大国，年燃原煤十余亿吨，严重污染了环境，今后动力煤的消耗还将大增。所以中国必将全力解决以煤的清洁利用为中心的污染治理问题，要采取各种"土"和"洋"的措施，大力减少燃煤引起的硫、氮氧化物和二氧化碳的排放量。

还应指出，节能和治污是密不可分的，节能就从根本上减少能源消耗和污染，而采用洁净燃烧技术也大大提高能源转化效率。此外，尽量将煤转化为电能，减少小锅炉和煤的直接燃用，也可达到高效和减污双重目的。我希望绍兴的终端能源以电能为主。

3. 中国的水能将在新世纪中得到全面开发

中国蕴藏着丰富的水力资源，尤其富集于西南。目前中国的水电装机已达八千万千瓦，列世界第二，但仍只开发了一小部分。国家已确定大力开发水电、实现西电东送的国策。到新世纪中叶，大部分可经济开发的水电都将得到开发。水能和核能、天然气及其他新能源的开发利用，有望使煤在一次能源中的比例下降到 50% 以下。

假定到新世纪中叶，中国共开发了 3 亿千瓦水电，年发电 1.5 万亿千瓦时，可替代燃烧原煤 7.5 亿吨。水电是永不枯竭的再生能源，利用 100 年就是 750 亿吨的惊人数字。开发水电要淹一些地，移一些民，但大水电多位于西南山区，其代价和影响是

有限的。

4. 新世纪中国要发展核电

中国的核电建设已经跨出步伐。但由于各种的原因，进展较慢。中国能够掌握核电技术和核电站建设，安全是有保证的，造价是可以降低的，确定今后中国核电发展前景的因素恐怕是对开发核电必要性及急迫性的认识，以及对许多问题的统一见解。我们向中央建议，到2020年核电容量达4000万千瓦，2050年核电总规模达亿千瓦量级。

从能源布局看，在东部沿海需要建成若干巨大的核电基地，这对合理配置电源点，满足东部用电需求，十分必要。浙江要力争成为中国巨大的核电基地之一，越早实现越主动。

5. 中国将妥善解决油气供需问题

在各种一次能源中，问题最大的是油气资源不足。经过50年的努力，中国现能年产原油1.6亿吨，但不能满足需求的剧增，缺口不断扩大。目前已每年进口原油七千万吨，今后年需求量要超过4亿吨，这是不可回避的问题。

解决之道仍是依靠综合措施。一是开源，扩大勘探，增加储量和开采量，还要重视稠油、油页岩、煤层气等资源的开发利用；二是节约，杜绝浪费；三是替代，尽量用煤、水煤浆、电和其他能源替代油气；四是转化，开发煤和生物质能的液化气化技术，实现商业生产，争取替代和转化能挑起半壁江山；五是进口，多元化进口油气，开发利用国外资源。中国将在以上方面努力，解决油气供需，保持必要的战略储备。

6. 中国将大力研究开发新能源

风能、太阳能、地热等清洁可再生能源，氢能、燃料电池等零污染和可替代石油的能源以及生物质能的现代化利用等新技术，是中国在新世纪中研究开发的重点，并将形成规模生产能力。有的人认为新能源的技术复杂，造价及成本高，数量上形不成气候。其实，许多新能源在技术上已无障碍，主要是提高转换效率，掌握设备制造技术和降低造价及成本问题，而这些可通过大规模生产来实现，取决于国家的政策和决心。应认识到，这方面的努力代表了能源发展的方向，必须重视。

四、科技创新和突破是根本出路

要达到以上各项目标，实现能源的高速和可持续发展，最终出路要依靠科学技术的创新与突破。在新世纪中，中国将在国家的组织导向下，以企业为主体，增加科技投入，推动有目标的科技创新与突破。重点是各项节能设备与技术、各种洁净煤利用技术和煤的转化技术、大型水电开发技术、新一代核电和乏燃料处理技术、油气勘探开发新技术、非常规油气资源利用技术以及各种新能源的开发利用技术等。在许多领域中，中国必须走在世界前列。企业家要敢于向成熟的新技术投资。

总之，中国要在新世纪中全面建设小康社会，并进入中等发达国家水平，需要巨大的能源支持，面临着能源生产、环境保护和科技发展等各方面的挑战，但也充满着机遇，只要认准方向、抓住重点、政策正确、措施得力、管理得法，中国可以解决能源问题，并使能源的各个领域都有所突破，跃居世界前列。

必须做到开发与节约并重，发展与环保双赢，集中（巨大的现代化能源基地）与分散（风能、太阳能、小水电、先进小型燃气机、用户热电联产、农村能源）结合，使各种能源因地制宜地开发配置。要立足于常规能源、常规技术，而又全力向新能源、新技术进军；要立足于国内资源，而又全面开拓国外市场。要确保发展需求，而又狠抓科技后备，最终依靠科技的创新和突破较彻底地解决能源问题。

我们坚信在党中央和国务院的正确领导下，中国人民一定能妥善解决好能源问题，希望浙江与绍兴人民也为此做出自己的贡献。

第二部分 水 利 问 题

一、50 年来中国水利事业的成就

中国的水利建设活动，可以上溯到大禹治水。历史上，中国的主要自然灾害就是水旱灾害，所有流域都难幸免。大旱时"赤地千里"，大水时"庐舍为墟"，数十万人民死亡，百、千万人遭灾。新中国成立后才改变了灾难局面。

（1）修堤建库，抗洪减灾，保障了人民生命财产安全和社会稳定。

50 年来，全国修建和加固了防洪堤 26 万千米，建成水库 8.5 万座，主要江河初步形成了以堤防、河道整治、水库及分洪区组成的防洪体系，保护了 5 亿亩耕地、600 多座城市以及重要工矿、交通设施等的安全，创造了黄河连续 50 年安澜的历史记录。1954、1957、1963、1998 年各次特大洪水都被战胜，未造成毁灭性灾害。

（2）发展灌溉，增产粮食，解决 12 亿人口温饱问题。

50 年来，共兴建万亩以上灌区 5600 多处，打机井 400 万眼，并修建大量水库。全国有效灌溉面积由 2.4 亿亩增加到 8 亿亩，全国农业用水达 4100 亿米^3。全国粮食产量已超 5 亿吨，使中国以占世界 7%的耕地养活了占世界 22%的人口，回答了"谁来养活中国人"的问题。据研究，在新世纪中国人口达 16 亿高峰时，中国也能养活自己。

（3）保障工业、城市用水，提高人民生活水平，促进城市化建设。

50 年来，我国修建了大批供水工程，满足工矿企业和城市的供水需求，乡镇及农村供水事业也得到巨大发展。目前，全国工业和城市用水量约为 1500 亿米^3 以上，为我国的经济发展和社会稳定创造了条件。

（4）大力开发水电，成为我国能源的重要组成部分。

经 50 年的努力，全国水电装机达 7935 万千瓦，年发电 2431 亿千瓦时，分别列世界第 2 及第 3 位。在建的三峡水电站装机 1820 万千瓦，是世界上最大的水电站，已于今年开始投产。水电的大开发不仅提供了重要的能源，而且缓解了燃煤引起的污染问题，同时兼有防洪、灌溉、供水、航运、旅游等综合效益。

（5）其他。

50 年来，全国累计治理水土流失面积 78 万千米^2，保护了国土资源，减轻了河道水库的淤积。通过疏浚、炸礁、建闸等措施，发展内河航运，目前通航里程达 10 万千米。

改革开放以来，在法治、管理、筹资等方面进行了许多改革。水利科学技术水平迅速提高，人才不断锻炼成长，许多领域都达到国际先进水平。

二、存在的缺点和问题

过去 50 年中，中国的水利事业也走过弯路，存在缺点和问题。

（1）防洪。

尽管 50 年来主要江河未出现毁灭性的洪灾，但迄今大江大河的防洪标准仍然偏低，没有形成完整而科学的防洪体系，人民并未摆脱洪灾的威胁。

防洪需要综合措施。过去的工作偏重于修堤建库，忽视分洪问题，各地不断围垦湖泊、洼地，无节制地与洪水争地。其后果是全国堤防愈来愈长，洪水位不断抬高，造成堤防与洪水位相互抬高的恶性循环，防汛负担和风险也不断增加。

黄河由于每年有巨量泥沙入河，而水量锐减，问题更形复杂。50 年来，河床不断淤高，造成小洪水、高水位、大漫滩现象。在新世纪中，如水文周期转丰，能否安澜，以及如何妥善解决拦沙、调洪、减淤作用是个复杂、困难的问题，还有待解决。

（2）灌溉和供水。

在工农业和城市用水上，突出的问题是水资源的严重短缺和过度开发。

中国是个缺水国家，人均水资源 2200 米^3，列世界第 121 位。到 21 世纪中期，更将减至 1700 米^3。水资源的分布又极不均匀，如北方地区严重缺水。50 年来，水资源的开发剧增，黄河、淮河、海河的水资源利用率远远超过合理程度。水资源的过度开发，引发了湖泊干涸、河流断流、地下水超采和生态恶化等一系列问题。

更严重的是，水资源的过度开发是和水资源的低效利用乃至浪费并存。全国农业灌溉水的利用系数为 0.3～0.4，先进国家可达 0.7～0.8。我国工业单位产值用水量是先进国家的 5～10 倍。工业用水的重复利用率为 30%～40%，先进国家为 75%～85%。多数城市自来水管网的漏失率至少为 20%。

（3）污染加剧，水质下降。

中国的工业化远未完成，而水环境污染已经严重。全国废污水绝大部分未经处理或未达标准就排入江河、湖泊、水库，或直接用于灌溉。在全国约 10 万千米的评价河段中，Ⅳ类以上的污染河段长占 47%。对全国 118 座城市调查显示，只有 3% 的城市地下水未污染。

工业结构的不合理和粗放型发展，特别如化工、造纸、矿冶企业是重要污染源。乡镇企业兴起和使用污水和化肥的农田则是面污染源。一些水库、湖泊则成为污染富集库。

除了水环境污染外，西北干旱地区天然绿洲萎缩、内陆河下游断流、终端湖泊消亡、畜牧地区草原退化、森林消失、荒漠化地区扩大、沙尘暴加剧和黄土高原区水土流失都是生态环境破坏及恶化的表现。

这种趋势如不得到遏制和改善，将不仅影响中国经济的可持续发展，并将对中国人民的健康和生存造成极大灾难。

（4）其他问题。

其他缺点如：水利工程建设多属于"粗放型"，不讲究配套和管理，工程不断老化、报废；以国家投入为主，经济效益差，运行费也无着落，成为政府负担等，不再细述。

三、产生失误的原因

从上可见，问题和失误是相当严重的，这不是个别工程、部门的问题，而牵涉人们的思想意识和国家的行为。

（1）首要的问题是思想认识上的问题。

新中国成立后长期强调"改造自然""人定胜天"，而不懂得人类必须适应自然，才能做到可持续发展的道理。其次，只向自然索取，不让自然"休养生息"，只强调开发，不讲究保护。特别是水，往往被认为是无尽、无偿的资源，进行低效甚至毁灭性的"开发利用"，而且把生态环境需水排除在外，以致水环境污染，许多地方"有河皆干，无水不污"。

（2）在工作作风上背离实事求是的传统，走上主观唯心的错路。

在"左"的路线干扰下，背离了实事求是这一正确道路，以主观想象替代科学论证和民主决策。政治运动不断，错误地批判知识分子，否定科学技术的作用。工程草率决策，轻易开工，有的中途停工，有的拖延十余年，有的质量低劣，建成后不能发挥应有效益。其次则追求外表和数字，只图形式，不讲实效。甚至把搞水利建设变成表示"政绩"的手段，弄虚作假。第三是急功近利，只重视眼前利益，搞短期行为。为官一任，都要搞些"政绩"工程，乱开发、乱建设，导致资源浪费、布局错误、环境恶化。

（3）传统历史因素和计划经济体制的作祟也起一定作用。

长期以来地方主义的思想并未得到批判，特别是水利问题往往牵涉相邻省区、流域上下游和各部门之间的利益，各地都只顾小圈子利益，有些矛盾长期得不到解决。

新中国成立后30年实行计划经济，重要水利工程都由国家投入、经营，不计成本、不计工期、不讲效率效益。工程没有收益，反成为政府的负担。不合理的低水价，助长了浪费用水。

总之，过去的失误可归纳为"十重十轻"：重发展轻环境，重利用轻节约，重形式轻实效，重主体轻配套，重数量轻质量，重建设轻管理，重技术轻经济，重局部眼前、轻全局长远，重工程措施、轻社会措施，重空头政治、轻科学技术。要吸取教训，就必须从思想上、作风上、政策上、措施上把它颠倒过来。

四、新世纪中国水利事业的展望

在新世纪中，中国新一代的水利工程师们要完成以下任务：

（1）妥善地解决大江大河防洪问题。

大江大河及有关大城市的防洪标准，应提高到适当标准，并在遇到超标准特大洪水时，也有应对措施，不致造成毁灭性灾难。

从工程角度讲，仍依赖于泄、蓄、分兼施，并以泄为主的综合措施。在"泄"的方面要继续加高加固江河湖泊大堤，消除隐患和行洪道内障碍物，把行洪空间还给洪水。继续建设必要的水库，在汛期联合调度，削减洪峰。江河边滩、湖泊民垸仍可供农业利用，但在一定洪水流量下必须按规定放弃。继续建设和完善必要的分洪区，遇特大洪水时按规划启用，并保证区内人民安全撤离和以后的合理补偿。

除上述措施外，要强调非工程措施，如提高预报的精度和效率，确定最优调度方案，组织精悍机动的防汛队伍，建立权威性的防汛调度机构，实施防洪的社会保险制度。

（2）治理黄河，把黄河的事情办好。

黄河具有特殊的复杂性，整治黄河仍是新世纪水利事业中的重大问题。

小浪底枢纽竣工投入后，约有二三十年时间可以起调洪、拦沙、减淤及冲深河道的作用，为我们赢得时间。要抓紧这千载难得良机，探索最优调度运用方式，追踪监测、研究进一步根治黄河的措施，主要是解决入黄泥沙和下游悬河问题。

从治本上讲，必须坚持进行上中游的水土保持工程，合理地退耕还林（草）、封山绿化，在支流上修建行之有效的拦沙工程，大量削减入黄泥沙。对于入黄泥沙，要通过科学调度，尽量使之输送入海，研究采取从源头补水、泄放人工洪水、降低河口高程、产生溯源冲刷等措施，适当降低悬河高程。辅以吸、挖方式，将泥沙引至两岸利用，以求黄河的长治久安。中国如能在 21 世纪解决好黄河问题，将是震惊世界的成就。

（3）合理调配水资源，实施南水北调工程。

中国许多地区特别是北方水资源严重短缺，制约着经济发展和人民生活的提高，而且破坏生态环境。在这些地区，首先要立足于节水和本流域水资源的合理开发、配置和利用，全面建成节水型社会。在此前提下，适当进行跨流域调水。

最重大的调水工程是从长江调水到北方地区，即所谓南水北调工程，从长江分东、中、西三条线向北方调水。现在东、中线已分期启动，两线共可调二三百亿立方米水北上，满足华北地区之需，改善目前已恶化的生态环境，调整黄河上中下游用水量。

西线工程从长江干流及支流的源头部位建坝截水，用隧洞穿过巴颜喀喇山引入黄河上游。工程分期实施，调水量从初期的 40 亿米^{3}逐步增长到 170 亿米^3，实现后对改变西北部分地区生态面貌和治理黄河有深远意义。西线工程极为艰巨，投入也极大，目前尚在进行规划研究，拟争取在 2010 年以前启动，在 21 世纪前半期完成。

（4）狠抓节水、治污和保护及改善生态环境工作。

过去我们的发展往往以浪费资源和破坏生态环境为代价取得，这种做法，在新世纪中万难再继续。水利工作必须把节水、治污、保护和改善生态环境放在首要位置。

中国全年供水规模到 20 世纪末已达 5600 亿米^3。在新世纪中，人口、经济、城市化等仍将持续增加和发展，用水规模也还将增加。唯一出路是厉行节约，建设节水型社会。

在用水中，农业用水占最大比例。必须从粗放型农业转变为节水高效的现代农业，使在基本上不增加农业用水的条件下，增产农作物，满足 16 亿人口的需要。工业系统要把节水改造作为重要内容。城市用水要减低渗漏，开发节水器具。务须尽早实现水资源的零增长，做到供需平衡，持续发展。

与节水同样重要的是全面治污和保护、恢复生态环境。要进行源头控制，推行清洁生产，加快城市废水处理厂建设，启动对面污染的治理。要结合建设"生态农业"合理使用化肥、农药，回收利用废水废渣。

在全国因地制宜推进退耕还林（草）、封山绿化、拦沙治沙、地下水回灌、减少水土流失，控制荒漠化扩大趋势，保持江河长流、湖泊常盈、蓝天碧水、人物共休。

过去的年代中，我们对生态环境欠下了债。在新世纪里，中国需要进行一场全国全民性的节水、治污、拯救生态环境的战斗，走上良性循环、适应自然、可持续发展的道路。

（5）继续大力开发水能资源，为国家提供清洁能源。

在新世纪中，西部水电资源将得到大开发。这在能源部分中已提到，不再重复。

21 世纪中我国水利建设任务无比繁重，上述几条仅为最主要的几项。实践出真知，可以肯定，和 20 世纪一样，随着这些宏伟工程的进展，相应的科学技术、管理水平将上升到新的高度，有关学科都会蓬勃发展，为中国和世界人民做出贡献。

绍兴位于中国东部，依山傍海，雨量丰沛，洪水和干旱问题较轻，也基本上不缺水，水利条件得天独厚。半个世纪的水利建设，取得巨大成绩，很多工程做到兴利除弊、有利无弊，寓水利建设、城市建设、环境保护和旅游开发于一体，这是值得祝贺的。但仍需十分珍惜水资源。过去受历史和思想条件的限制，也有一些教训可以吸取，如水污染问题。所以，研究了解全国情况，全面总结经验教训，以指导今后工作将是有益的。

第三部分　对绍兴发展的几点建议

绍兴是人杰地灵之乡，物华天宝之邦。改革开放以来，经济迅速发展。考虑到人民币的实际购买力，按人均 GDP 计算，绍兴可能已跨入中等发达水平。这些成绩来自中央的好政策、全市人民的努力和历届市委市政府的领导。绍兴是长江三角洲的组成部分，今后发展不可限量，我深信绍兴将率先实现三步走的计划，我为自己的故乡有如此光明的前景感到幸福和骄傲。作为一名在外五十多年的游子，谨向市领导和全市人民表示崇高的敬意。

另一方面，今后竞争将愈来愈烈，这种竞争是全方位包括来自国际的竞争。绍兴要保持长期、稳定、健康的高速发展，必须清醒地认识形势、了解自己、看准方向、开拓创新。绍兴的优点是地理区位和交通条件好，特色产业、产品发达，旅游资源丰富，人文资源优越，文化水平高，擅长经营管理。缺点是产品多为中低档，矿产能源等资源不足，重工业不多。根据这些条件谨对绍兴的发展提些建议，作为野人之献曝。

由于我对家乡的发展情况了解很少，一定有欠妥之处，只供参考。

一、巩固基础，利用优势，开拓新的亮点

绍兴有不少产品、产业已拥有基础、占有市场、具有影响，例如纺织、建筑、土特产、旅游业等，这是优势和基础，要巩固和利用，继续做大做强做新，你劣我优，你贵我廉，你无我有、你有我新，以质量、信誉、创新取胜，使人们听到绍兴产品、绍兴企业就有一种信任感，这是使自己永占鳌头的不二法门。有条件的企业要在境内外上市，拓宽融资渠道，加快发展。对传统产品、产业不能故步自封，要调研发展趋向与需求，不断采用新技术、推出新品种、推动新需求。往往一种产品稍作改进，产值可以成十倍提高。我们需要拥有大量自主知识产权的核心技术和产品，特别要注意打造终端名牌产品，需要有专门研究市场和创新的能人，以求做到永不落伍，不能永远提供中间成品为人作嫁。

在发展传统产业的基础上，需要开拓新的发展亮点，投资新的经济领域，以保持今后长期高速甚至跨越式发展。新的经济增长点主要应是科技含量和产值高的，符合可持续发展大趋势的，如前面提到过的节水节能、能源包括新能源产业、防污治污以及绿色农业、基因产品、医药产品等。如能搭好平台，慧眼识珠，在萌芽状态就大力投入或引进，壮大成为继起的骨干产业，将大大有利于绍兴经济的长盛不衰。希望对传统产业和新领域、知识密集型和劳动密集型、国企和民企等之间有通盘安排，使各得其所、各逞其长。

二、立足绍兴、走向全国、放眼世界

全国、全球经济走向一体化，是不可逆转的趋势。绍兴的经济发展必须立足家乡、走向全国全球。不想进军世界市场的企业家不是个有作为的企业家。

所谓立足绍兴，指的是发展的基础在绍兴，回报在绍兴，依靠绍兴人民和政府的支持、依靠绍兴的声誉和关系而创业、取信、发展。但主战场在全国、全球。

第一步要跨向全国。中国有 12 亿多人口的市场，要使绍兴人和绍兴产品出现在全国各地，特别是中西部和老少边穷地区，那里迫切需要资金、人才和发展。我们去开拓业务，不仅仅为了经济效益，而是履行先富帮后富、共同致富的责任，可以大力开展对口支援合作，既拓展业务，又发展当地经济，双赢两利。

更广阔的市场在海外，这方面绍兴也有基础。海外有这么多的华裔、华侨特别是绍籍人士，是我们的有利条件，现在的发展规模远远不够。要培养人才，调查市场，加强沟通，建立渠道，熟悉规则，打造国际生产科研基地，推出优势名牌产品，大力开拓国际业务。要了解对外业务和商品中有什么问题，及时改进。拓展海外业务时，务必以大局为重，重信誉、讲质量、创名牌，不做有损中国、绍兴信誉的事和一锤子买卖。各企业要在政府协调下共同发展，政府要为企业的进军国际市场创造条件，提供支持。

要走向全国和世界，还需在全市推广普通话，学习外语，扫除语言上的障碍，这并不是一件小事，也不是一件易事，要从孩子抓起，请领导注意。

三、振兴教育、培养人才、发展科技

国际竞争，表面上是政治、军事、经济上的竞争，实质上是科技上的竞争，创新上的竞争，归根到底是人才和人心的竞争。绍兴自古以来教育发达，人才辈出，出现过许多著名的政治、军事、经济、教育、科学家。改革开放以来，市委市府实施科技兴市战略，引进与培养并举，取得巨大成就，要坚持下去，绍兴还需要更多的各层次的能人。

要不拘一格吸引和选用人才。要吸引人才，所谓楚才晋用。更要培育人才，高瞻远瞩，从基础抓起，提高全民素质。我提个建议指标，绍兴城镇人口普遍达到高中以上水平，乡村达到初中以上水平。全民素质高了，人才自然会如群星灿烂、不断涌现，整个社会会发生深远的变化。

绍兴现有好几座高等院校，但还没有一流的大学。是不是要办一所一流大学？能办当然好，但这不但需巨大和长期的投入，而且要做到名师会集、形成流派、建立声誉不是一朝一夕之功。实际上像绍兴文理学院这样的院校，已有很高水平，所以当务之急还是办好现有院校，加强与浙大等名校的紧密联系，溶入于它们之中。还可以从全国聘请已退休的大师们来长期讲学，不断提高水平，办成有特色的、能为绍兴提供急需人才的高等院校。人才的大量涌现和科技投入的不断增加，会出现创新和突破的高潮，绍兴就立于不败之地了。

四、把绍兴建成文化城、生态城、旅游城

绍兴是一座历史文化名城，祖宗留给我们丰富和宝贵的遗产。社会经济的发展，势必对城乡进行改建。但如果在改造过程中，历史风貌扫地以尽，换成到处可见的马路、高楼，那将是永久的遗憾。我对此十分担忧，曾建议领导邀请吴良镛、周干峙等大师前来考察。他们对绍兴的改建褒贬都有。我们高兴地知道，市领导十分重视这些意见，对城市建设进行全面规划，花巨资保护古城，做出巨大成绩。环城河的改造，赢得了极高的评价。对许多街区，修旧如旧，保留了历史面貌。现在，全市的历史古迹、文化街区、名人故居……得到充分保护利用，发展区和保护区有了妥善规划。人们来到绍兴，能深刻呼吸到历史文化气味，似乎从大禹、勾践、王羲之、陆游到秋瑾、徐锡麟、蔡元培、鲁迅、周恩来都在身边，而不是一座普通的商业城市。希望在这方面能坚持下去，把绍兴建成举世闻名的文化城。

绍兴风光绮丽，山阴道上、若耶溪畔都是令人神往的仙境。在经济发展和工业化过程中，环境不免被破坏和污染。现在修建了小舜江水库，解决了饮水安全问题，但这是不够的。我们应有个长远的目标，就是治理工农业和生活发展对环境的污染问题，使绍兴天空中的大气和河湖中的水质都符合国际标准，还我碧水蓝天！把绍兴建成一座国际少见的绿色生态城。我们要记住，谁保护了环境，谁就赢得了明天。

旅游是无烟工业，绍兴山水风光秀丽，人文景观丰富，风土民俗诱人，有禹陵、柯岩、会稽山、曹娥江、越王台、宋六陵、兰亭修禊、沈园题壁、苎萝江畔西施村、鉴湖湖中古纤道，还有咸亨酒店和乌篷船，旅游发展前景无量。问题是要极端珍视和

保护旅游资源，要发展高品位的旅游，切忌庸俗的开发，破坏历史风貌，代之以千篇一律引人作呕的人工景观。更要禁绝宰客的旅游商品和黑导游，要使人们到绍兴旅游后感到身心上的极大满足，萌发再游三游的需求。相信市委、市府对此必有通盘和长远的规划，把绍兴建成一座高品位的旅游城。

五、以民为本，精神、物质文明建设两手抓

我们不但要建设富裕发达的社会，更要建设公正、和谐和有道德的社会，后者更难一些。这需要领导带头，一身正气，以民为本，为民表率，真正做到"三个代表"。

关于地方领导，过去称为"父母官"，现在称为"公仆"。有人说，"父母官"这个名词封建，我说一位领导，如果能像父母关心子女那样关心他的人民和职工，还怕天下不治？任何人，在遇到挫折、冤屈、病痛时，首先呼喊的是父母，请求帮助的是父母，想投怀痛哭倾诉的是父母。有人说现在政治、人事工作不好做，其成绩也难以衡量。我说很简单，当群众、职工有困难痛苦时，愿意到你那里去倾吐一番，就说明你的工作有成绩。如果职工把你和你的部门当作阎王和阎王殿，只能说明你这位领导极不称职。

过去的职工是"单位所有制"，当然不合理，现在是双向选择，进行竞争。但如果一个企业的职工只要一找到工资更高的职位就立刻跳槽，这样的企业是没有前途的。反之，如果职工感到企业是关心他们、培养他们的，有发展前途的，虽然目前工资低一点，也舍不得走，有一股凝聚力，这样的企业就有希望，其他任何部门、地区都一样。总之，党委也好，政府也好，企业也好，都要得民心。现在一套又一套的管理理论涌入中国，但如果把被管理者当作工具来研究，再好的理论和方法都赢不得人心。用数学和公式表达出来的管理理论，总还得结合点精神上的作用才能发挥最高效率。

我们要讲究经济效益，但赚的是合法钱、清洁钱、良心钱，有时社会效益更重要，尤其政府行为起有导向作用，更要注意。譬如说，我们要搞扶贫、办义务教育、宣传科学、反封建迷信、推动社会公益事业、提倡敬老抚幼、保护生态环境……这些都谈不上多少经济效益，但对社会进步意义何等巨大！绍兴有一些民营企业，在发展自己的同时，热心公益事业，为邻省灾区捐助巨款，这种风气要大力发扬。再以三农问题来说，我们怎么能设想让广大农民永远贫困落后下去！一定要加快发展大农业、现代农业，让农民富裕起来。要加快城镇化，但不能在富裕的城市周围出现一圈贫民层，凡此种种都需要党、政府和全体人民来共同努力解决。只有解决好这些问题才是全面建设小康社会。

在经济发展中，人民收入差距总会拉大，社会总会出现弱势群体。有人觉得这是引发社会不稳定的严重问题。但是难道我们能因此回头吃大锅饭吗？因此而不让人们去开拓发展、合理合法赚钱吗？社会上存在弱势群体是正常的，也不可怕。主要一点，要使他们感到社会对他们是公平的、关心的、扶植的，他们是受尊重的、有前景的，他们就会成为社会建设力量。关键问题是党、政府、社会要关心、支持和维护他们的

权益，真心真意帮助他们走向共同富裕之路。希望绍兴能大力推进社会正义和公平、公益事业！这是完全符合中央大力推进精神文明建设的要求的。

最后，我预祝也深信我们的"父母官"能领导全市人民高歌猛进，在新世纪中将绍兴市建成一个既有高度物质文明又有高度精神文明的社会。这个社会是富裕而节俭的、竞争而和谐的、讲法治而又有道德的、生产发达而环境优美的、不断进步而又珍视和保护历史的。在这个社会里，正气发扬，邪风敛迹，人人急公好义，乐于助人。除正常的法庭外，人们心中有一个道德法庭，一切腐朽丑恶之事，将遭到全社会的唾弃。它就是有中国特色社会主义社会的样板，也是大同世界的雏形。绍兴能建成这样一个社会，将为中国、为世界做出名垂千秋的贡献。相信全市人民会在市委、市府的领导下努力奋战，完成这一大业，也希望绍兴的科技界在这一伟大历史时期中做出自己的奉献。

我的报告完了，不妥错误之处，敬请领导、同志批评指正。谢谢大家。

也谈建设节约型社会问题

最近，中央和国务院领导全力以赴抓建设节约型社会问题，做出许多决策，制定许多措施，发出通知，十分正确及时，我感到振奋。

对节约问题，我曾多次发表过意见，归纳起来说，是以下几句话。

1. 节约是中国唯一的出路

中国人口达 13 亿，今后高峰将达 16 亿，地大而物不博，土地、水、矿产、能源……各类资源用人口一除，都掉在世界最后列。中国还很落后，还要通过工业化走向现代化，需要惊人的资源来支持，不走建设节约型社会的路，水荒、地荒、煤荒、油荒、电荒……和环境污染只会愈来愈剧，这是一条死路。

2. 节约需要进行长期教育和导向

节约本来是中国人民的传统美德，但一段时期来被忽视了。浪费和低效惊人，做了许多自断生路的事。现在要乘东风大宣传，要天天讲、月月讲、年年讲，要从娃娃抓起，要让全国人民认识到问题的严重性和紧迫性："中华民族到了最危险的时候"，传媒界对此起有关键作用也负有重大责任。

3. 改变"两头热中间冷"的局面

过去谈节约问题有些两头热中间冷，就是中央等高层领导十分重视，科技界一些人士努力呼吁，而地方上、广大的企事业单位乃至全国人民并不那么重视，或口头上说重要，实际行动很少，甚至阳奉阴违，反其道而行之，惊人的浪费和低效现象身边比比皆是。现在开始有所改变，我们要动员一切力量和手段：政策的、行政的、经济的、技术的、舆论的、教育的等，让中间热起来。只有全国各行业和所有人民行动起来才会有效。

4. 从理论探讨转向实际行动

对节约的重要性和现况、潜力等问题讨论得够多了，现在应该是脚踏实地采取行动的时候了。如果说还要研究探讨，则与其研究中国目前的资源消耗增长是否是个不可避免的过程，不如研究中国到底有多少家底，以需定供；与其研究出按实际购买力计算，中国单位 GDP 的资源消耗量并不比人家高的结论，不如具体比一比，中国和先进国家的矿产开采回收率各是多少？同样产品，单位产量的用水、用能、用原料各是多少？与其论证工业化的过程不能跨越，不如各省各区各行业根据自身条件和特点，看看哪些产业、产品该发展，哪些该限制，哪些该更新改造，哪些该关该停更为有益。

5. 既要搞全民节约，又要抓重点

要大张旗鼓搞全民节约，每个人每个企业从自身做起，节约每滴水、每度电、每张纸、每粒粮……每个人都要问一问自己能为节约做点什么？勿以节约小而不为，勿

本文是 2005 年 3 月 2 日，作者在中国工程院召开的"建设节约型社会座谈会"上的发言。2005 年 3 月 3 日《中国青年报》曾做过报道。

以浪费小而为之，不但集腋成裘，涓滴之水能汇成大海，更重要的是移风易俗，改变社会风气。

同时要抓重点产业、行业、企业，作专门调研，制定针对性措施，堵住浪费的最大漏洞，取得节约的最大成果。这就需要有心人做深入研究，艰苦努力，不是说空话能解决的。能不能成功取决于是否情况明方向清？是否有科技支持？是否有政策支持？

6. 反对浪费不是反对消费

有些同志担心建设节约型社会会导致需求下降，影响经济发展，这是误解。中国人民的生活和消费水平一定会不断提高，我们绝不反对正常、适度的消费，反对的是浪费。

人民富裕起来了，要上餐馆、住酒店、开汽车、买住宅……这都是正常合理的需求，需求也拉动了经济发展，谁会去反对、抑制。但是，上餐馆不要糟蹋粮食菜肴，住总统套间也不能浪费自来水和电力。汽车必须以节能型为主，住宅必须以经济、适用、节能型为主。

消费必须适度，超过了就是浪费。空调温度不要太低，暖气温度不要太高，照明不要过亮，小车不要追求豪华……不要和美国人比享受，永远保持勤俭节约美德。

"人家有钱爱花，谁管得了？"你有钱，你可以花，但是你无权浪费，浪费是社会公德所不许，浪费要受到法律法规的制裁。

只要我们认真贯彻中央的方针，共同努力，我们一定能建设起一个文明、节约、清洁、和谐的社会。

对风电发展专题座谈会要说的几句话

（1）祝贺风电发展专题座谈会的召开，相信将取得重要成果。

（2）风电是一种重要的可再生能源，在《可再生能源法》中列在重要位置上。在《可再生能源法》通过实施后，预期会有较快发展。作为电网部门，要全力支持风电的健康发展，做出贡献。

（3）凡事有利必有弊。当前媒体上的导向，只说利不言弊，是不全面的，甚至还会起误导作用。我们应实事求是，将风电的利弊得失及其对电网的影响分析清楚，做好准备，才能真正为风电的健康发展做出贡献。

（4）风电的不利特点：①它是分散性的电源，当前规模不会很大，而数量可能较多；②它是间断性的供电，有风有电，无风无电，对于缺乏大容量长期储存手段的电力来讲，要充分吸纳风电需采取措施；③风电造价及发电成本高，不能参与竞价上网，要按法律和政策吸纳，有一系列的经济问题要研究落实；④当风电总量在电网中只占很小比例时，上述问题的影响也不严重，但如风电比例逐步扩大时，影响也将随之增加，所以必须对各地区风电发展规划有一预测，以便做好相应研究准备工作。

（5）生态环境是复杂的系统，牵一发而动全身，如将空中风速大量转化为电能，一定要变动原来的大气流动模式，会不会产生不利后果，尚不清楚，此问题不属于电网公司研究范围，但也要予以关注，搜集了解有关资料，提请环保部门注意，以免大规模利用风能后，出现未想到的问题。

（6）我国各地区风能资源有很大差异，这次邀请风能资源较丰富的省区电力公司和研究院、所的同志与会，希望针对《通知》中所列出的问题（但不限于此）各抒己见，畅所欲言，提出看法和建议，供公司领导考虑。

本文是 2005 年 4 月 21 日，作者在风电发展专题座谈会上的讲话。

我国面临严峻的资源短缺

　　世界各国要走上可持续发展的道路，建设节约型社会应该是共同的方向，节约应该是全人类的美德。但对于中国来说，这一点尤其显得重要和紧迫。

　　我国是人多而物不博。现在发展水平还很低，人均 GDP 仅为发达国家的十几分之一，还需要大力迅猛发展。中国人口已达 13 亿，占全球 1/5，高峰将达 16 亿或更多，而主要资源：耕地、水、能源、各种矿产按人均计，都列在世界最后列。例如人均耕地仅 1 亩多，为世界平均的 1/3，还在不断减少，要养活自己难度极大。如果有 1/10 的粮食要进口，就会压垮世界粮食市场。又如石油，为世界平均的 1/10，如果中国按美国现在的标准消费，每年需 50 亿吨以上，全世界生产的石油都给中国用也不够。其他如水和重要的矿产资源现在都已面临危机，如没有远虑，前景十分危险。另外，中国的环境也不容许这样消耗下去。

　　这种资源的短缺又和资源的严重浪费、低效使用并存。无论从哪个角度看，只有建设节约型社会才是唯一的出路。

产业的调整是最大的节约

　　根据我国的国情和中央的精神，我国在工业化过程中必须有所为有所不为，有所发展有所控制，低级产业向中国转移并不是来者不拒、多多益善。那些以付出土地、水、能源、矿产为代价取得一点点经济效益或外汇的产业就不能要。必须加快产业结构升级的步伐，加快从传统工业向新兴工业的转变。国家应该宣布，以牺牲资源和环境为代价取得经济发展的时期已经结束，今后要基本停止发展高消耗、高污染、低效率、低产出的产业，各行各业各省区都要按照中央精神和具体情况对产业体系进行规划、转轨、重组、引进，制定传统工业和新兴工业的发展和取代过程。再不能搞那些外延式、粗放式、低附加值的生产了，东部地区尤其要先行。产业体系结构的调整升级是最大的节约，无论有多少困难都必须迎难而上去做。

　　这一转变不可能依靠市场行为自动完成，在这里，政府的宏观调控是重要的。就是说，政府要对此进行规划、导向、规范，利用政策、法律和经济手段来引导甚至迫使企业走上正确的道路。

以科技发展建设节约型社会

　　要实现新型工业化以信息化带动工业化，从传统工业走向知识产业，以及提高生

　　本文刊登于《今日中国论坛》2005 年第 9 期。

产效率，降低生产消耗，开发节约型产品……无一不需要依靠科技创新和发展。中国必须有强大的科技创新能力与发明成果，科技创新和发展是我国实现走新型工业化道路的动力和支撑力量。国家和社会必须大大增加 R&D 的投入，投入必须主要用于开发性、应用性和应用基础研究上，还必须有将发明和专利转化为生产力的渠道和保证，必须致力于人才的培养和人力资源的开发，否则一切都是虚话。

再让我们看看医药产业，这么大的国家，竟没有几种具有自主知识产权的重要的特效药和医疗设备，统统要买别人的专利，成本几分钱一粒的药要卖几块钱。中国的医药好像只能生产这个钙那个丸的保健品，我为此感到痛心和羞愧，什么时候才有我们自己的制药工业啊？

开展全民教育，树立节约观念是当务之急

建设节约型社会是全党、全国人民的共同任务，大家必须有共同的认识，一齐动手，才能达到目标。根据目前情况，开展全民教育，树立节约观念，实为当务之急。

作为一个社会主义国家的人民，总得有点理想，有个方向，对社会对国家有些贡献，对生活方式的追求有个准则。取舍标准就是国家民族的全局利益和长远大计。我总觉得现在很多人，尤其是年轻一代，这方面的认识差了一些。要进行全民教育，首先要进行国情教育、形势教育，使大家知道国家民族能否振兴，现在是一个战略关键期；充分认识到我们面临资源全面短缺的严峻现实。我们一定要发扬艰苦朴素、勤俭节约的传统美德，唾弃奢侈浪费的作风，让全社会正气上升、邪风下降。我们一定要选择正确的发展模式，正确的生活方式，建设文明、节约、清洁、和谐的社会，只要我们认真贯彻中央的方针，共同努力，我们一定能达到目标，中华民族的振兴大业一定能完成！

解决水资源问题
为建设中国特色社会主义做贡献

中国的经济发展面临着资源的制约，特别是水资源和矿产资源的制约。这种制约不仅影响经济的发展，更影响到社会的稳定和国家的安全。问题是迫切的，"人无远虑，必有近忧"，小夫妻过日子也要看看自己的家底，所谓"看菜吃饭，量体裁衣"，何况一个国家呢？可惜有一些同志总是看不到或者认识不到这个起码的原则。所以，这次举办的节水型社会建设高层论坛，我认为是非常重要的。

对于水资源问题的解决我比较乐观，尽管任务非常艰巨。乐观的原因有下面三点：第一，水资源是再生的。第二，只要全国人民认识一致，认真理解执行中央的科学发展观的精神，坚持节水为本、合理配置、高效利用，使用水量尽早进入零增长是有希望的。第三，中国有一个坚强的有力的统一的团结的管水机构——水利部。水利部有丰富的正、反两方面的经验，了解中国的水利问题；中国的水利问题靠外国水利专家解决不了。我们有许多专家学者，还有大量的科研成果、实践经验，这些意见、建议、经验，我认为基本上都是一致的，没有什么大的出入。有这三个基础，解决水资源的问题应该说是比较乐观的。

我建议，在思想统一起来的基础上，把大家的看法、建议、实践经验总结一下，梳理归纳成几条可行的、可操作的措施。我们不要停留在发表建议、写文章的层次上，要真正归纳整理出几条，一条一条加以落实、加以实施。我希望在土地、水、矿产三大资源制约中，水资源短缺及污染的问题能够首先得到解决，树立榜样，为建设中国特色社会主义和民族振兴大业做出重大贡献。

本文是 2005 年 6 月 3 日，作者在"《中国水利》杂志专家委员会会议暨节水型社会建设高层论坛"上的讲话，刊登于《中国水利》2005 年第 13 期。

关于西藏电力发展的发言

这次咨询会议，对明确西藏今后十五年电力发展目标，促进西藏电力建设和经济发展有重要意义。我没有去过西藏，对有关情况知之甚少，只读了一点资料，没有发言资格。上午听了领导同志讲话和西藏发改委、电力局的汇报，感到欢欣鼓舞。我基本赞同汇报提纲，下面简单说一点个人体会和建议，供会议参考。

1. 关于电力需求预测

电力需求预测的依据是合理的，预测的方法是可行的，预测的成果是可信的，可供制定规划采用。

从预测成果来看，西藏电力发展速度高于西部地区和全国水平。由于历史因素和其他原因，目前西藏的发展水平低于全国，基数很低，所以今后发展速度应该高一些，否则无法赶上去，难以达到全国中等水平，也难以为西藏与全国一道进入现代化打好基础。

建议根据会议咨询意见调整后作为今后规划依据。

2. 关于能源资源条件和发展方向

赞同汇报中所做的分析，西藏缺少煤、油、气，而水能、太阳能、风能和生物质能等再生能源十分丰富，其中尤以水能最富，而且可以大规模经济开发和远距离输送平衡。因此，西藏的能源开发以发展水能（水电）为主，坚持多能互补的方针是正确的。赞同"大力发展水电，积极开发利用新能源，电网与电源建设同步，因地制宜，多能互补，适当集中和分散供电相结合，建设与管理并重，开发与节约并举"的总方针。

3. 关于具体电源规划

对于最重要的中部电网的电源建设方案，汇报材料中研究了三个方案：常规水电、常规水电＋火电、常规水电＋抽水蓄能，最后推荐第三方案。从资料比较上看，也是合理的，我也赞成。但根据多能互补的原则，是否可对在拉萨兴建火电的问题再做些研究，即常规水电＋抽水蓄能＋火电。理由如下：

（1）一座电网中似应有一点火电起互补和保证作用；

（2）青藏铁路通车后，煤的运输较方便和有保证；

（3）煤电比例和绝对值极小，不致显著影响环境；

（4）可适当提高水电利用小时，减少装机；

（5）可为开发雅鲁藏布江干流水电站赢得前期工作的时间。

另外，在西藏是否可建一座高温气冷堆？也建议做些研究。

本文是 2005 年 6 月 8 日，作者在华能集团西藏电力发展咨询会上的发言。

4. 关于电网规划

赞同一大二小的电网建设规划，与电源建设同步进行。

5. 关于多能互补和分散电源

西藏地区辽阔，除要抓紧一大二小电网及集中电源的建设外，积极搞多能互补和开发分散性电源也不容忽视。

西藏风能丰富，但由于成本高，且为间断性电源，电网较小时难以吸纳调节，目前暂难大量开发。但在合适地区，仍应积极开发示范。其他如小水电、太阳能、生物质能的高效利用、小电网等，都要因地制宜地发展。希望能有更具体的规划，尽可能满足广大边远地区群众用电需要。

6. 关于节电

西藏电力成本很高，要千方百计节电，提高用电效率。建议采取合理的政策，例如妥善安排产业结构，家电用品一律采用节电型等。

最后，我认为从远景看，西藏水电开发前景远大，结合特高压输电技术的成熟，在 21 世纪中叶，实施藏电东送并非梦想。希望从现在开始，就进行必要的调研规划工作。

对《华能集团公司发展"绿色煤电"
初步规划》的意见

这一《规划》对我国乃至全球的电力发展和环境保护具有战略意义。

煤电占我国发电量的绝大部分,在可预见的期内,这一局面难望有本质性的改变,每年发电燃煤量将不断增长,达到每年十多亿吨的天文数字。煤电产生的污染成为我国面临的巨大挑战。如果说,增加投入,采取高效装置,尚能脱硫、脱硝的话,对二氧化碳似乎无能为力。华能根据这一情况,研究国际形势,分析自身条件,提出"绿色煤电"规划,意义巨大,完全赞成,并呼吁国家科技部能重视和支持。

这一规划简单说就是先把煤化成煤气,净化除硫,得到净煤气($CO+H_2O$),再将煤气中的氢和二氧化碳分离,然后用氢发电(氢气轮机或燃料电池),副产品为硫黄、氢气、二氧化碳和稀有气体,原理科学,不仅发电效率大增,而且包括二氧化碳在内的排放量大减,完全符合国家最大利益。

这一规划具有一定风险性。在技术风险上,煤的气化似较成熟,净化似也不存在巨大障碍,主要难点是将煤气中的氢和二氧化碳分离,以及大容量燃料电池研制。为减轻风险,赞成采取分阶段各有重点的实施步骤。第一阶段以突破大规模煤的气化和煤气联合循环发电系统的 100MW 级工业性试验为主,同时对煤气制氢、燃料电池、氢气燃气轮机和二氧化碳分离技术开展研究。第二阶段再完成大规模绿色煤电系统。

在经济风险上,初期成本一定较高,建议研发费用由国家和企业专项列了,获得成功后,正常运行成本可随发电规模增大而下降,竞价上网时与普通煤电比较应在考虑环保的同一基础上进行。随着煤、气、油价的高涨更将有利于竞争,加上国家政策扶植,站稳脚跟是有可能的。

以上意见供华能领导参考。

本文写作时间不详。

西 部 水 电 开 发

能参加这次会议，非常高兴。领导方才出了几个重要的讨论题，有的我没有研究，说不出中肯的意见，只能就个别问题，谈点感受，当然也是十分肤浅的，供大家参考。

1. 加快西部水电开发的意义

原谅我说远一点。中国的能源问题形势严峻，中国当前遇到三大资源问题：土地资源（粮食问题）、水资源和矿石资源，严重制约了中国的发展。但三者性质不同。对于土地资源，只要认真保护、合理利用，960 万千米^{2}的领土和 300 万千米^{2}的海域是不会减少的。对于水资源，是大自然为我们年年更新的。而且，人们对粮食和水的消耗量，今后虽还会有所增长，总不会成倍乃至十倍的增长。所以，解决土地资源和水资源的问题，虽然艰巨困难，总还有前景和办法。而矿石资源，尤其是一次能源的主角：煤、石油、天然气，可真是用一吨少一吨，用一吨对环境污染一层。而且今后数十年其消耗量的增长根本看不到底。因此在三大资源中，能源问题最难、最重要、最需特别关注。最近中央提出"十一五"规划建议中专门提到能源，是有深意的。千方百计多利用可再生能源是无法回避之路。

中国的水电资源独步全球，就技术可开发容量论，至少有 5 亿千瓦，绝大多数富集在西部。中国到 2020 年全国装机将达 9 亿～10 亿千瓦，主要靠烧煤发电。据煤炭部门专家详细分析研究，受各种因素制约，每年极限供应量也就是 20 多亿吨。而且这样无限制地燃煤，环境也难以承受下去。如果能认真大力开发水电，到 2020 年可达 3 亿千瓦，连同核电、风电、生物质能等，火电以外的发电容量可以占到总量的 40%甚或更多，在一定时期内确可撑起半壁江山，这对缓解能源紧张、优化电源结构、减轻环境污染、提高供电质量和电网安全水平，将起何等重大作用！这是解决中国能源问题的一条出路。而在所有可再生电源中，水电是目前唯一成熟可行的大头，西部水电又更是重中之重，"十一五"则是加大开发力度最有利、最关键的时机。我想，这样来评述加快西部水电开发的意义，没有夸大吧。

2. 水电开发中的生态环境问题

任何工程总是有利有弊。开发水电对环境的影响，就绝大多数水电站而言，从宏观上考察，其正面效益总是远大于负面影响，而且负面影响是可以查清、减免或补偿的。我希望中国的环保界不仅要对一个个独立的工程环评报告负责，而且要对全国的大环境负责，要对中国为世界环保做贡献、守承诺负责。中国总得发展，远的不说，到 2020 年人均 GDP 要达到 3000 美元，总得再消耗巨大的能源，这里绝大部分是燃煤，对大气、对水域、对地表地下产生多大的污染和破坏！总得有个交代，有所控制。能多开发一份水电，就减少一份燃煤污染，这总是大局，总比保护几条鱼——如果不是

本文是 2005 年 10 月，作者在国务院发展研究中心召开的"西部水电开发研讨会"上的发言。

无法补救的濒危珍稀鱼——更重要些。总之，只要从大局看问题，我相信环保界是会支持、赞成开发清洁的水能，而且会帮助水电界共同查清负面影响，共同研究解决措施，做到在保护中开发，以开发促保护。说穿了，只有发展了，经济实力强大了，人民生活和认识水平提高了，才能真正有效地保护环境。看看世界上先进发达富裕的国家，哪一个不是把环境保护得较好的，而在贫穷落后地区，甚至还在刀耕火种时代，环境是保护不了的。实际上，今后要开发的西部大水电都在穷山荒谷之中，人烟稀少，经济落后，相应的环保问题还是相对较少和较易解决的。

3. 水电开发中的移民问题

移民问题更为复杂困难，解决办法的总原则是"以人为本"和"长治久安"。我们还需要更好地总结过去的经验教训，寻求更有效的解决途径。

中央提出的"开发性移民"方针是十分正确的。为此，我不赞成把初期补偿费搞得过多，把城镇迁建标准定得过高，只注意盖房子、修马路，做表面文章，我认为要把精力放在"发展前途"上。否则，初期给了过高补偿，不仅工程本身吃不消，引起攀比，越比越高，连已迁走的移民又不稳定，而且坐吃山空，到头来还是要闹事。所以初期迁建安置标准，只能以不降低现有标准并略有提高为准，把更多的注意放在后期扶植上，并对人负责到底。所谓后期扶植，就是根据实际条件，千方百计扶植发展当地经济，并对移民进行教育培训，使移民能通过自己的努力和水电的扶植真正做到稳定致富，并不一定是直接给钱。对于鳏寡孤独和失去土地又无出路的人，则应负责给予社会保障。

这样做，需要极细致的工作，比做个简单规划、给些钱、一刀切要困难复杂得多，但这确是走向长治久安之道。

移民费一定要打够，但是：①不能都用在初期赔偿性项目上；②每一文钱都要真正花在移民身上。

4. 流域水电管理体制问题

一个流域上的水电站愈建愈多，有的是由不同主体开发的。水电站群必须在科学管理调度下才能发挥最优效益，何况每座水电站不仅仅只供电给电力系统，往往同时承担着防洪、灌溉、供水、通航、环保等综合利用任务，这就使管理和运行问题变得十分复杂。有的流域还要和外流域进行补偿。

我想很难提出一个适用于任何流域的通用管理模式，也难以通过行政手段规定一个流域只能由一个主体来开发。我的意见是两条：一是一个流域似乎要有一个主要的开发单位为好，不宜"百花齐放"，各谋其利；二是要针对每个流域的实际情况，通过深入研究，拟定最合理可行的管理模式。

如果一个流域由多个主体开发，则彼此关系既紧密而又复杂，还牵涉各综合利用部门，似乎有必要在政府的指导下，成立一个层次较高、有权威性的决策协调机构（或组织），由各开发部门（按投入比例出人参加）、有关综合利用部门和电力部门参加。首先要以全局利益为基础，研究制定出水电站群总的调度原则、利益分配和补偿原则以及其他需要明确的原则，作为一部"总法"，通过后大家依法办事，不能自行其是，有矛盾由这一组织协调裁决。

5. 西部水电开发中的政策支持

对此，我只有一句话，请国家承认水电是可再生能源，适用《中华人民共和国可再生能源法》就够了。

不久前，人大通过了这一可再生能源法，在原稿中，明确地把 5 万千瓦以上的大水电排除在外，理由是大水电技术成熟，可以商业化开发云云。我对此实难同意，会同几十位院士专家紧急上书，呼吁重新考虑。最后，仍把大水电列为另类，但留了个活口，说水电如何适用本法由国务院综合部门确定（大意）。

水电绝对是可再生能源，任何人举不出半条理由能证明水电不可再生。水电而且是当前唯一能大规模开发的可再生能源，在最近这几十年中，把水电排除在外，其他可再生能源能成多少气候？何况中国又是水电资源最富的国家。不要看目前水电发展势头很好，它的开发周期长、投入集中、技术难度大，受移民环保条件的制约，风险很大，隐忧重重，很有可能在今后出现大挫折，因此，水电有百分之百的理由享受《可再生能源法》中规定的有关政策和优惠！人大把球踢给了国家发改委，我们祈求发改委接好球打好球。

如果说西部水电还有什么特殊之处，那就是西部比较贫困，经济落后，是少数民族聚居处，自然条件特别困难，因此国家对开发西部水电应该给予更多的关怀、支持和倾斜。

对《华能创建节约环保型企业规划》的意见

这是一份全面、深入、可行的文件，完全符合中央关于建设节约环保型社会的精神，只要认真落实，也是做得到的，我十分赞赏、完全同意《规划》，希望，也深信华能集团能够做到，成为全国以实际行动响应中央要求的表率。以下强调几个重点，供参考。

（1）关于提高发电效率、降低损耗和防治污染问题上，华能集团在全国排列前茅，这是可喜的，但也必须看到，华能许多电厂建设期较近，设备较大型、现代化，存在不可比因素，不能以集团公司的平均值来衡量，而应与同样类型的机组比，尤其要与国外最先进的指标比，这才能真正找出差距，研究措施，迎头赶上。我很赞赏《规划》中实事求是地列出了这方面差距。我希望华能职工能下决心以国际同类型机组的最先进指标为"对标"标准，立誓赶超一流，不安居于所谓"国内先进"。建议将《规划》中的表6作为考核时必须达到的指标，而把国际最先进指标列为赶超指标。企业特别是示范电厂能做到赶超指标者，给予重奖，并组织推广。

（2）华能还有一些较小和落后的机组，影响集团的整体指标，建议制订周密的计划，明确规定进度，以大换小，以新代旧，按期淘汰，使到了规定时间，小旧机组完全退役。

（3）建议发动职工集思广益，为提高效率、降低煤耗水耗厂用电出谋划策，开展创点子活动，搞合理化建议活动，提倡一切有益的小改小革。

（4）把住新建电厂的关，加强审核力度，新厂必须采用先进的大容量高参数、高效低耗机组，必须烟气脱硫、脱硝、高效除尘，必须节约用地，环境友好，废水、粉煤灰和石膏基本上得到利用，做到循环经济，否则不建。

（5）加强开发澜沧江水电力度，积极参与其他水电和风电开发，继续发展、推进已开拓的领域并探索参与其他新领域工程的可能性：

——煤电联营工程；

——热电联产机组；

——煤改油工程；

——海水淡化技术；

——洁净煤发电技术和绿色煤电计划；

——高温气冷堆核电站；

……

以上意见供参考。

本文作者写于 2005 年 12 月 23 日。

千方百计加快开发利用水电减少燃煤和污染

减少燃煤污染是不可回避的义务

最近联合国召开的巴厘岛会议说明：减少燃煤产生的污染，特别是碳排放量，已成为国际共识和各国不可回避的义务。这对一次能源以煤为主的我国来说，形成头号压力，除厉行节能减排外，尽量开发清洁的可再生能源是唯一出路。而在目前条件下，只有水电是可以大规模开发利用的可再生能源，这也是明摆着的事。我国的风电、太阳能和核能都将大力开发，但受多种条件制约，在一定时期内，总量有限，法律已规定对这些电能必须全部优先吸纳，只有水电的开发利用弹性较大，能替代相当部分燃煤，这也是客观现实。所以我们呼吁千方百计增发水电，来缓解燃煤和污染压力。

水电能为减排做贡献，是不争的事实，然而也有人睁眼说瞎话。例如在最近掀起的诋毁三峡工程的风波中，有些外国媒体恶意说"三峡工程将成为全球变暖的定时炸弹"。三峡工程连同其组成部分葛洲坝水电站每年发电一千亿度（千瓦时），每年可替代燃煤五六千万吨，减排 CO_2 一亿数千万吨，现在倒成为全球变暖的炸弹了。理由是根据某位"科学家"的研究，水电厂水库腐烂植物发生的 CO_2 是煤电的 4 倍。大家想一想，三峡水库中没有森林，连大树都难见，蓄水前还严格清库，即使有些树根残留，会年年发出相当于燃烧两亿多吨年原煤的 CO_2！这些记者到底是没有头脑还是偏离了客观和真实这两条道德底线？可叹我国也有些媒体跟上，不讲原则，不怕误导，只求轰动效应，狗咬人不是新闻，不能登，一定要登人咬狗的新闻。

一度电一斤煤

关于如何计算水电在一次能源中的贡献，有各种理论。但计算水电对减少燃煤和污染的作用，最简单、最合理的办法，就是计算以每度水电替代同样的煤电，所能节约的原煤。

一度水电究竟能替代多少原煤？根据统计资料，今年我国煤电的平均单位煤耗是 355 克/千瓦时。这指的是热值为 7000 大卡/千克的标准煤。我国原煤质量不一，平均热量为 5000 大卡左右。因此，一度水电可以替代 $355×700/500＝497$ 克原煤，或即一度水电约可节约一斤原煤。有同志讲，今后煤电的效率会越来越高，这是大好事。但我们要注意，在相当长的时期内，大量现有机组还将运行，近年来发电煤耗的减低速率越来越慢。除非大量采用 IGCC 一类的新型发电系统，但这要增加巨额的投入，

本文刊登于《环境科技》2008 年第 3 期。

目前只在进行少量试验，难以在短期内全面替代原有发电模式。

有同志讲，采用优质煤发电，可以减少燃煤量和污染。要知道，我国有大量低热值煤，包括褐煤，它们也是宝贵资源，而且优质煤用于发电是不经济的，电力行业就应该承担利用劣质煤的重任，甚至要利用煤矸石、油页岩来发电，同样发一度电，需要的燃料更多，污染更大。所以，说一度水电可替代一斤原煤是合理的。

厂 用 电 问 题

参观过百万千瓦级的煤电厂和水电厂的人都会明确感受到，煤电厂的规模真大，占地广，系统真复杂，而水电厂简单得像煤电厂的一个小车间。所以水电的厂用电量少得可以不计（但我认为现在有些水电厂的用电还应再节省），而煤电厂本身就是个用电大户。不同规模、条件和技术水平的煤电厂的厂用电率不相同。我们采用当前平均值的7%，就是说，煤电厂所发的每度电，有7%是他自己用掉了，真正能上网的只有0.93度。这样，一度水电能替代的原煤就应该是 1/0.93＝1.075 斤原煤了。

有知情人士讲，今后煤电厂的厂用电率可以降低。这当然也是好事，但也要看到，今后对煤电厂的要求会越来越高，要求彻底脱硫、脱硝、减少废渣……在缺水的地区要用空冷机组，这一切都要增加厂用电。

燃 料 生 产 问 题

在讨论水电替代燃煤时，还要注意一个问题，即燃料的生产问题。水电的燃料是天然降水，是老天爷白给的，而煤电厂的燃料——原煤，要采掘、通风、冲洗、破碎、装运……这一切都需能源。尤其在地下深处开采的煤，电力供应不仅必须充足，而且要十分保险。我现在缺乏可靠的统计数据，反正煤也是用电大户之一。如果每吨原煤的生产需要 100 度电，那么每生产 1 斤煤需要 0.05 度电，也就是每斤原煤所发出的 1 度电中还拿出 0.05 度抵偿生产原煤之需。这样，每度水电所能替代的原煤又上升到 1.075/0.95＝1.13 斤了。

其 他 问 题

水电站的利用小时数较煤电厂低，往往使某些人认为是水电的缺点。其实正相反，由于电力的生产和消费必须同时完成，电网要保证随时满足急剧变化着的负荷需要，保证电网和频率的稳定，并具有充足的备用电源。水电以其启动灵活快速，承担着大量调峰、调频、调相任务，并作为重要的备用和安全电源。如果全由煤电来承担这些任务，则所需煤耗更将增加，有些机组甚至要空转着备用（热备用）。这也是为什么以四度电换三度电的抽水蓄能电站也起节能作用的原因。

综合以上理由，我们认为开发 1 度水电可以替代至少 1.0 至 1.2 斤（0.5 至 0.6 公斤）的原煤。

更 多 的 影 响

其实，从保存能源蕴藏量来说，还有更深层次的意义。作为化石燃料的煤是不能再生的，采掘一吨就减少一吨，但不开发留在地下，它也不会消失。现在受技术和其他种种因素的限制（姑且不谈破坏性的采掘），采出量远远低于储量，也就是说，每出一吨原煤，往往另有 1 至 2 吨的资源被浪费而无法利用了。水电是可再生能源，换一个角度说，又是一去不返的能源，今年不利用，就永久失去了。就是人们所说的"万里江河滚滚流，流的都是煤和油"。如果能抓紧时机，尽量多地加快开发利用水电，替代燃煤，让宝贵的地下资源延迟一些开发，使之今后能得到更全面更有效的利用，这是多么好的事啊！

煤矿无论如何富集，总有枯竭时期。挖完了煤，留下了废渣和破坏的地面与洞穴，面临城市荒芜、人民失业种种困境，尽量多用些水电，也可以延缓这些后果的到来。

道理是如此明显，现实又使我们十分不安。水电开发受到铺天盖地的质难与反对，宣传水电开发危害生态环境的人，第一是，绝口不提水电可为缓解压倒一切的减排这个生态环境问题做出的巨大贡献；第二是，将水电产生的一些副作用拔高到空前程度，而且说成是不可解决的。现在，许多大型巨型的好点子都不能启动，已经开发的水电远未得到充分利用，在汛期，往往这边水电厂大弃水，那边煤电厂拼命抢发。在共产党领导下的社会主义国家中出现这种局面，使人无话可说，啼笑皆非！据了解最近有些地方已在研究改进，我们向他们致敬。

为了缓解燃煤和减排压力，我们再次呼吁：千方百计、尽早尽多地开发利用水电！

水 电 开 发 漫 谈

《水电发展论坛》约我写篇文章，我想《论坛》是个宽容的交流沟通平台，什么意见都可发表和争论，不比写学术论文那么严肃，因此把近来自己对有关水电开发争论中的一些观点（曾在不同场合下反映或发表过）汇集成文，以供大家讨论。

1. 将水电排除在可再生能源以外是荒谬的

多数发达国家的水能资源已得到高度开发（或国内并无丰富的水力资源），前期开发中环保意识又不强，产生过一些负面影响，受到批评。他们在一些偏激的社会舆论影响下，当前在强调可再生能源开发时，将大、中型水电除外，这是有历史和国情因素的。我国国情完全不同，有些人士却照抄照搬"国际经验"，最明显的就是在制订《中华人民共和国可再生能源法（草案）》时，也将大、中型水电排除在外，理由是"大中型水电技术已经成熟，完全实现了商业化"。"技术经验成熟"了就不算可再生能源？小水电的技术经验在哪方面不成熟？风电、太阳能技术经验成熟后是否也要排除在可再生能源以外？有这样的逻辑吗？今后统计我国可再生能源的利用量还包括水电吗？无论从哪个角度看，把水电排除在可再生能源之外都是荒谬的。

2. 否认水电是清洁能源是不公正的

有些人士并不否认水电的可再生性，但认为开发水电要污染环境，所以不能称为清洁能源。

水力发电利用水的势能、动能转化为电能，既不向大气中排放废气，也不在陆地或海洋倾倒废渣，又怎么污染环境呢？

为了证明水电是肮脏能源，一些外国"科学家"花了不少功夫，做了深入"研究"，总算发现了水力发电不仅不是清洁能源，还是排放温室气体的元凶。这位"科学家"证明一座热带水库在运行十年里所释放的碳是化石燃料电站的四倍。由于有轰动效应，我国许多报刊，连一些"科学报刊"都纷纷转载，某些人依此为据，跟风而上，宣称三峡大坝将引发严重的温室效应。我们都知道三峡和葛洲坝水电厂每年发电 1000 亿千瓦时，至少可替代 6000 万吨燃煤，减少 1.2 亿吨二氧化碳排放，四倍就是 2.4 亿吨原煤和 4.8 亿吨二氧化碳，水库又从哪里取得如此巨量的燃料进行化学反应，排出如此惊人的废气？据说是水库中腐烂的植物会形成二氧化碳和甲烷。请大家想想，三峡水库中"腐烂的树木"竟会相当于每年燃烧 2.4 亿吨原煤，排放 4.8 亿吨温室气体，而且年年如此，谎话也过于离奇了。反正传播这些"科学新闻"是不需负法律或道义上责任的。

也有人说，即使水电不排放温室气体，但水库是一潭死水，污染水质，这总是事实吧。我们知道任何水库不能只蓄不泄，不可能变成一潭死水，当然建库后水深加大、

流速降低，会带来一些不利影响，自净能力减弱，但这是水库的罪过吗。不责备排污者光骂水库，有失公正吧。长期以来，工矿企业、城镇市民和农民都把河流作为天然排污下水道，不论什么垃圾、污水、毒品……都向河流一送了之，这是错误、落后和不负责任的恶习。在生产不发达、人口稀少时，后果还不严重。工农业和城镇大发展后，不论建不建水库，这样做后果都一样严重。江南平原、淮河中下游、海河、辽河……有什么大水库，河水不都成为巧克力糖浆吗？相反，拥有 178 亿库容的新安江水库，由于严格控制污染，建库 50 年，仍是一库清水，下游杭嘉湖平原一再要求从水库引水解决困难，这不是活生生的例子吗？

水库建成后自净能力减弱是事实，但不建库那千千万万吨污水、毒物不是同样进入河道排向下游吗？所谓自净，无非是尽快把祸害送到下游去罢了。即使能排到海里，难道海域就可以永远承受污染吗？那后果才是千秋万载贻害子孙。解决水质污染问题不是禁建水库而是整治污染源。水库的兴建正可以起正本清源的作用。例如三峡水库的兴建和其创造的巨大经济效益，使国家能投入大量的资金治理库区污染问题，长江干流水质是全国大江大河中最干净的，就是明证。

3. 水电开发对生态环境的影响是利大于弊

当然，水电开发确实对生态环境产生复杂的影响，客观的评价应是：总的看来，有利有弊，利大于弊，利是主要面，弊可以采取措施予以减免，不应成为制约开发水电的因素。开发水电不但提供清洁能源，减少污染，而且有防洪、减灾、供水、灌溉、通航、旅游、养殖，推动经济和城镇发展，避免落后生产方式对生态环境的破坏。只要不存偏见，这些贡献是不可否定的。只是利虽大，却不被重视，或认为是"当然"。例如三峡工程对减排的贡献，就少为人提，而在遭遇特大洪水时能避免一次分洪，甚至避免大堤全面溃决，从而可防止洪水对生态环境的毁灭性破坏，就更少人知了。而库区发生了一个滑坡倒被某些人拿来作为吸引眼球的大新闻。

提到水电的负面影响，可以列出几十条，主要还是水质污染和对水生生物（以鱼类为主）的影响。上面谈了水质污染问题，下面再讨论一下鱼的问题。建水库对以鱼为主的水生生物确有影响。但如果把近几十年来江河水产品品种的减少和质量的下降，以及珍稀物种的灭绝全归咎于水电开发是不符事实的。造成这种后果的主要原因是竭泽而渔式的毁灭性捕捞滥杀、水质的严重污染和其他影响鱼类生存的人类活动。一些珍稀物种如白鳍豚、白鲟，早在长江干流上建坝以前就难见踪迹了，不建水库也难让它们重新形成种群。不如依托水电建设，加强科学研究，采取保护和增殖鱼类的人工工程措施，例如严禁过度捕捞，制订科学的禁渔期制度，优化水库调度，使之有利于鱼类繁殖生存，防止和减免航行对鱼类的杀伤，利用水库和陆地鱼塘大力发展人工养殖业。对珍稀品种，设立保护区和人工繁殖放流，防止某些品种的灭绝，修建闸坝时视需要建设过鱼设施等，这才是正道。

4. 土地淹没问题

开发水电要淹没大量耕地，中国人多地少，承受不了，这是反对开发水电的一条理由。

土地是宝贵的，淹没后成为"不可逆转"的损失，所以水电开发中应千方百计减

115

少淹没，可防护的尽量防护，规划中不要盲目追求"最大"的综合利用效益，而应实事求是。但从宏观上看，几千年来就是人与水争地以及湖泊、水域消亡的历史。如中国的湖北省，昔为云梦泽，号称千湖之省，已被围垦占用殆尽，八百里洞庭也萎缩成为一条盲肠，失去天然调节长江洪水作用，后果严重，从而要退田还湖。既然如此，将一部分土地转化为水库是否也算是一种补偿？而且水库的调洪作用比湖泊和滞洪蓄洪区大得多，因为对后者来讲，水一进去就蓄满，动弹不得，而上游的水库能拦能泄，十分灵活。谈到农业生产，如果被淹的地多为低产地或荒地，而可使下游大批荒滩转化为良田沃土，可改造上下游大批低产田为旱涝丰收田，可在库内大兴渔业，这笔账就更得算一算，似乎不能简单以"不可逆转"四字封杀。

5. 移民问题是可以解决的

开发水电要造成大量移民，造成移民的苦痛和严重的社会问题，这也是一条反水电的主要理由。

应该承认，我国传统习俗总是安土重迁，特别是农民，要他们放弃祖辈留下的土地外迁到命运不定的陌生之处，总是不愿的。如果不安排好足够的补偿和良好的新环境，那更将给移民带来苦痛和灾难，新中国建立后的三四十年间，我们正是犯了这种错误，花了很大代价和经历了很长时期，才逐步偿还欠债、取得经验。

要解决移民问题，一定要详细调查、周密规划，根据库区条件和开发性移民政策妥善安置，不能只搞"后靠开荒"，不能强调粮食自给，特别对失地农民一定要安排好，鳏寡孤独一定要实施社会保险。要结合发展库区经济、转变经济结构、创造就业岗位和实施必要的外迁，保证移民迁得出，稳得住，能致富。一次性补偿要与长期扶植相结合。移民工作要做到细致公开，要和移民团结合作开诚布公，要列有充足的经费决不允许挪用。要做到：建设一座电站，带动一方经济，保护一方环境，致富一批移民。在新的政策下，不少水利水电工程的移民工作做得较好，得到联合国和世界银行的肯定。长期以来，水电开发是利在下游和供电受益处，弊在上游特别是库区，今后应该扭转，把水电创造的巨大利益返回一部分到资源区，提倡上下游的对口支援，这才公平合理。今后大水电的单位移民数量并不多，而且多处于贫困环境中，新一代农民渴望脱贫，移民工作能否做好，取决于自己的工作。

6. 解决西南地震灾害的出路是大力开发水电

中国的主要水电资源集中在地震烈度较高的西南高山深谷地区，许多人担心水坝在强震下溃决，造成严重次生灾害，尤其在汶川大地震后，有人联名上书中央，要求在查清安全问题之前，暂缓开发西南水电，这是一种误解。

汶川大地震是千百年不遇的特大自然灾害，无数座房屋倒塌、桥隧破坏、道路中断、人民伤亡巨大，而灾区内大小水坝无一溃决，尤其是位在极震区的两座高坝大库——紫坪铺面板坝和沙牌碾压混凝土拱坝安然无恙，各水电站很快恢复供电，为抗震救灾做出了不可磨灭的贡献。事实说明了水坝抗震能力之强和水利水电工程设计、施工、管理体系的成熟和完善。

真正对下游造成重大威胁的是天然滑坡造成的坝及形成的水库，即堰塞湖，最大的就是唐家山堰塞湖。为此，政府集中人力、物力进行抢险，动迁下游数十万人民避让，最后解除了险情，但也付出了巨大代价。在大西南深山峡谷区，如果发生特大地震，不知会造成多少个更大的堰塞湖，在交通阻塞、信息不通、生产落后的地区，政府怎么去警告和组织居民撤退？怎么输送救援人员和设备进去？

出路只有一条，抓紧搞流域开发，建成一批震不垮、能调节水资源和洪水的高坝大库，例如目前雅砻江上正在修建三百多米高的锦屏大坝就是这样的工程。这些工程建成后，从直接的抗震作用来讲，可以根据情况泄流腾库，拦蓄堰塞湖的溃决洪水，大坝形成的宽深水道，是一条震不垮的生命运输线，水电站的强大电能是抗震救灾的动力保证。更重要的是：通过流域水电开发，打通交通道路，开通信息渠道，设置地震台网，发展库区经济，实施产业结构转轨，进行生态移民，移风易俗，彻底改变落后面貌，为抗震救灾奠定坚实基础。停滞和回避不是出路是死路。

7. 科学发展观的主体词是"发展观"

现在有些"环保主义者"进一步提出：要保护河流的原始生态，要保留一条生态河，要保护世界遗产，要保护传统文化等口号，从根本上否定开发水电，因为即使解决了所有的负面作用，也破坏了原始生态和传统文化啊！典型的就是反对开发怒江，提出要保护这条"处女河"。

这个争论恐怕只有在科学发展观的指导下，认真弄清争议的本质，才能使多数同志的看法统一起来。

科学发展观的主体词是"发展观"，不是停滞观。所谓保持原生态，这种提法本身就是违反发展观的。什么叫"原生态"？6500万年前恐龙统治地球时的生态是不是原生态？生态是指自然界各生物间的相互生存关系的状态，它是不断变化的，所谓的生态平衡是相对于某一短暂时段而言的，不平衡是绝对的，不平衡才推动着生物进化。不存在停滞的原始生态。

有人说，我指的是保护当前未受人类活动破坏的生态。要知道，不发展，不进步，就根本谈不上保护。就拿被人们形容为天堂美景的怒江流域来说，多数地区都处于绝对贫困状态，人们过着难以想象的原始生活，而人口不断增长，素质无法提高，只能在陡坡上开荒，刀耕火种，砍树伐木，1500米高程以下已看不到一株大树，水土流失，岸坡东崩西坍，恶性循环，哪还有什么原始生态？李冰父子修都江堰，不也改变了原始生态？难道要把这种原始生态永远保护下去？

保护传统文化？落后贫困绝对不是传统文化。住四面通风的"叉叉房"，抱溜索过江，一年四季用玉米粑填腹……这样的"文化"要保护下去？传统文化是可贵的，要保护的，但绝不是保护贫穷落后的现状。

关于"三江并流是世界自然遗产，开发水电会破坏这个遗产"的观点，我不知道"三江并流"区域有个范围没有？只知道至少金沙江流进云南后就分道扬镳向东去了，在怒江中下游开发水电和金沙江并流拉不上任何关系。我建议做个大模型，看看在2000米高程以下的怒江上修建了几座不高的坝怎么会破坏四五千米高程处的"三江并流"？如果说，哪怕在低高程处开发也破坏了世界遗产的"完整性"，那么，下游的缅甸、泰国也无权开发，以免影响"处女河"的完整性。

澜沧江是紧邻怒江的一条大江，也是"三江并流"中的中间那条江，现在其水电资源正在合理快速开发中，过去也是绝对贫困的地区，正在发生天翻地覆的变化，通过开发，山更绿水更清，"水电"大军沿江驱除贫困，开启民智，播种希望，脚踏实地为民造福，为什么怒江就不能做呢？

怒江应该开发，合理开发怒江，完全可以做到在保护下开发，以开发促保护，水电得到开发，人民富裕、经济繁荣，雪山依旧，明珠般的水库间仍然有瀑布急滩，悬崖翠谷，白云蓝天。让我们消除贫困，留下美丽。我们要保护的是民族语言、民族服饰、民族歌舞、优良的民族生活习惯……不是保护贫穷落后。反对开发的人士和组织，即使他们的动机是好的，只会是对怒江流域人民的伤害。

8. 在开发河流时决不能无序开发

有人呼吁让"江河自由奔流"，江河的"自由奔流"和"自由泛滥"或"自由干涸"是同一个含义。事实上，中国的江河已经"自由奔流"了几千几万年了，带来了血泪斑斑的历史：江淮河汉，灾难频生，或是滔滔洪水，三江五湖尽成泽国，千百万人民，尽为鱼鳖，或是烈日当空，江河断流，赤地千里，颗粒无收，饿殍遍野，百万人民逃荒；或是人民蓬头垢面，世世代代过着牲畜般的生活，乃至牲畜都饥渴死亡（这种情况在今天中国最贫困落后的地区仍或可见）。对几千年来的这种苦难岁月，难道还能再继续下去或噩梦重来吗？答案是不言自明的，不能让江河自由奔流。为了生存和发展，我们必须继续开发和利用河流。

但是，同样重要的是，沉痛的教训告诉我们，我们在向河流索取、利用时，将会改变河流原状，干扰了她的自然功能，如果这种干扰超过她的自我调节和自我修复能力，河流将不可逆转地退化甚至提前消亡，造成事与愿违的恶果。因此，决不能无序开发，为所欲为，必须与河流和谐发展，必须维持河流的健康生命。有索取也有补偿，有利用更有保护，所有不合理的"开发"，都是破坏与犯罪。

如果我们能全面理解和认识问题，一切从国情出发，一切以全局为重，一切从长远考虑，那么"建坝主义者"和"反坝主义者"之间是可以找到共同语言的。那就是在保护的前提下开发，在开发的过程中保护。发展是硬道理，保护是硬要求，两者之间不是"零和"博弈，可以做到双赢。相信在总结国内外正反经验的基础上，遵循科学发展观和建立和谐社会的方针，中国人民能够做到开发和环境保护相协调，走上真正的可持续发展的道路。

在华能集团专家委员会 2009 年年会上的发言

今年华能集团公司经受了经济萧条、电力需求下降、煤价高位运行、企业亏损……多重严峻考验。在集团公司的坚强领导下，全体员工艰苦努力，战胜了重重困难，取得重大成就：企业进入全球 500 强，装机突破 9000 万千瓦，售电量较同期实现 5% 的增长，率先实现扭亏为盈，电源结构持续优化，科研有了新的进展，尤其是节能减排效果明显，总之是全面贯彻了科学发展观。对此，我们谨表示衷心的祝贺。

哥本哈根会议正进入最后阶段，现在全球都在关心气候变暖问题。尽管还有争议和分歧，但主流观点是温室气体的持续增排，将对地球环境产生不可逆转的灾害性后果，各国政府原则上都愿为减排做努力，我国政府更做出庄严承诺。中央经济工作会议也要求开展低碳经济试点，努力控制温室气体排放，从成立时起就坚持建设节约环保型企业，并以科技创新来引领，2004 年更提出和推动绿色煤电专项计划，在全国处于领先地位，如能在此基础上乘胜前进，做出更大的贡献，意义将十分深远。集团公司将减排问题列为今年专家委员会讨论的议题十分正确。

明年是集团成立 25 周年，想必集团公司领导对全年工作一定有高瞻远瞩的安排。根据目前形势和集团公司的优势及已取得的成就，个人建议公司在全面开拓生产、经营、基建各领域的工作时，把进一步节能降耗减排作为中心任务，大力推进，重点突破，为实现我国可持续发展和低碳经济做出新的贡献。

但要在我国发电行业落实节能减排，尤其既要在最近一二十年间收到成效，又要为以后的持续进展直至达到零排放目标奠定基础，问题十分复杂。我们对此要十分清醒，要看清国情，远近结合，全面布局，才能取得成效。任何跟风、浮躁的作风都十分有害。

什么是我国的国情呢？我认为可用下面三个层次来概括：①在相当长的时期内，燃煤发电仍占电源结构中的绝大部分；②在一定时期内，常规机组仍为主力；③在最近几年内，仍有一定的容量较小、效率较低的机组在役。针对这一局面，我们也应分层次应对，即全面实施常规煤电的高效利用，抓紧推进清洁煤电的研究与实施以及尽可能加快非煤电源的开发。

（1）进一步实施常规煤电的高效利用。

1）对所有在役机组逐个进行诊断，提出相应的提高效率、降低煤耗和各种损耗的措施，发动群众，全面落实，并有具体指标。

2）按计划并争取提前淘汰低效机组。

3）新建常规机组一律采用最高水平的设备（大容量、超临界、全脱硫脱硝除尘）。

本文是 2009 年 12 月 18 日，作者在华能集团专家委员会 2009 年年会上的发言。

4）常规煤电在燃烧后从烟气中捕集 CO_2 的技术，华能也有突破（北京热电厂），但需耗较多能量，初期投入及运行费的增加也很高，有无推广前景以及能达到的规模，如何进一步改进完善，要请专家讨论。

（2）抓紧推进清洁煤电的研究与实施。

1）在后年建成天津 IGCC 示范工程，实现绿色煤电第一阶段（IG）目标的基础上，分析各种条件，有计划地推广。到 2020—2030 年能有几座 IGCC 电站，希望有个实事求是的规划。

2）集中力量开展绿色煤电第二阶段计划：即气能发电及 CO_2 捕存技术。原规划在 2014 年完成，力争提前。并努力研究 CO_2 的储存、利用问题。

3）另一洁净煤燃烧技术——循环流化床技术，热工院也做出了贡献，并在中电投的分宜电厂 33 万机组上实现。IGCC 和 FRC 两者哪一种更适合今后推广，就我这个外行从减排上看，似乎 IGCC 更彻底，请专家们指教。

（3）继续加快水电、核电、风电、光伏等非煤电站的建设。

1）水电是较成熟的技术，只要条件具备，希望尽可能多上。主要争取合理上网电价，解决好移民和环保问题，建议有个更积极的计划。

2）建议集团公司继续积极参与第三代核电站建设。高温气冷堆的发展前景和规模以及乏燃料的再利用问题，请有关专家指教。

3）风电的发展一定要和电网部门共同研究，解决存在的瓶颈问题，使能在保证安全的基础上送得出、用得上。有条件的地方能否与抽水蓄能或常规水电或气电结合，同步建设，打捆送出，以减轻电网调节补偿压力。

4）太阳能以光伏为主，但成本高，要认真听取一些不同的意见。有些同志建议开发太阳能热发电，也请有关专家提出看法。个人认为在一定时期内太阳能的利用是有限的。

5）在生物质能发电方面，根据我国国情，粮食转化为能源之路不可行，秸秆发电只能作为分散式的小型能源，非集团公司主攻方向，其他非粮生物质能开发和生物质能的现代化利用技术待研究，因此一定时间内生物质能还是以非商业化的农村分散利用为主。

（4）为了尽快取得成效，要利用有利形势，加强国际合作，有合作、有引进、有输出，坚持以我为主、为我所用的原则。

（5）集团公司对节能减排已有个远近结合的规划，既积极又现实，确定了重要节点的任务。每年能为减排做出多少贡献，都有了个底数，想念必能做到，甚至超过，以供国家综合平衡。

除了节能减排外，建议研究加强加快开发西藏水能和太阳能、新疆煤电、煤化工项目以及福建海西区的能源建设问题，这不但是能源开发的需要，对稳定边疆、加强民族团结和促进两岸和平发展、最终走向统一有重大意义。

（6）结论。

1）华能在实施低碳经济方面处于有利和领先地位，能为国家和全球的减排做出重大贡献。

2）但要收到实效，任务还十分艰巨，需有高瞻远瞩的全盘规划和坚持不懈的努力。

3）近期应以全力对在役机组进行改造、尽一切可能节能减排和大力开发大中型水电、积极参与核电建设为主。

4）对其他可再生能源开发、煤电高效利用及绿色煤电计划，除须继续全力攻关和推广外，还要重视经济方面的研究和联网问题，使新技术能真正付诸实施，收到实效。所谓经济问题，一是减少投入，二是明确由谁埋单（人民、企业、国家、全球）。

我的专业很窄，对许多知识是外行，又未能和其他专家商讨，上面的发言仍是老生常谈，只起个抛砖引玉的作用，供专家们讨论，欠妥之处请专家、领导和各位同志批评指正。

输煤输电不是零和关系

随着特高压技术的成熟，大力发展远距离输电技术以缓解矛盾，不仅是可行的，也是必要的。

"煤电之争"由来已久，对这个问题的讨论，多年来不曾消停。

我国一次能源资源的地理分布很不均匀，与全国各地区的发展情况更不匹配，多数经济发达地区的电力需依赖远距离送煤，就近建煤电厂供应，或需从外地区输电解决，因此出现了输煤与输电何者更优的问题。

难道输煤与输电是激烈的竞争关系，非要争个高下？非也。

世界上有一些选择是"非此即彼"的"零和"性质，例如建水电站时的坝址选择就是一例。但更多的可能是一种主辅关系，甚至是相辅相成的作用。例如我国电力发展中曾有"水火之争"，其实开发水电与发展火电并无根本矛盾，而且各具优缺点，各有特色，相互补充、相辅相成。我们在比较输煤输电时，也应持这种思路。

首先要明确，在相当长时间内，我国一次能源要以煤为主，在电源结构中煤电也占最大部分。各经济发达地区的电网中，也需要足够的本地电源，只要上述条件没有发生根本性的改变，输煤现象将长期存在，而且是全国能源输送中的重要组成部分，应无异议。

但是，当前必须要看到输煤比例过大带来的严峻后果及受到的各种制约。数据显示，2009年全国煤炭产量的近六成通过铁路外运，运煤占用铁路运力资源的比重超过50%。华东地区（上海、江苏、浙江、福建、安徽）按电煤输入口径计算的输煤输电比例为48:1。这使得输电的优势远未发挥，对输煤的配合作用也不明显。

如今，随着特高压技术的成熟，大力发展远距离输电技术以缓解矛盾，不仅是可行的，也是必要的。

发达地区的环境容量不允许无限制增建煤电厂。即使输煤能力足够，由于环境容量的制约，煤电厂建设也要受限。出路之一就是在产煤地区就近建设电站，形成能源大基地，通过输电来满足各地需求。

为了尽快、优先开发清洁的可再生能源，输电必不可少。我们要将这些边远地区的间歇性清洁电能可靠地输送利用，宜使其和煤电、水电等打捆外送，这些都要求发展远距离输电和发展强大的智能电网来实现。

输电还能帮助缓解输煤压力。目前，我国的铁道和公路运力极为紧张，甚至挤占客运和其他货运。虽然其运送的煤中有一部分是为化工、炼铁等所用，无法替代，但超过一半是"电煤"，如能发展远距离输电技术，缓解运煤压力，于国于民皆有利。

进一步说，党的十七届五中全会提出"加强现代能源产业和综合运输体系建设"，

本文刊登于 2011 年 2 月 28 日《人民日报》。

值得我们深入领会。科技和经济发展至今,电网已不再是单纯的供电工具,而是综合运输体系中的组成部分,是铁路、公路、水路、航空、管道以外的新运输方式,它还具有信息化、自动化和十分灵活的特性。统筹协调、发挥各种运输体系功能,实现整体运输效能的最优组合,创造最大的综合效益,这才是我们的目标。

总之,看待输煤输电问题,应根据国情在高层次上加以综合研究。国家也宜统筹协调,因地制宜,利用特高压,输煤输电并举,加快发展输电,使国家的运输系统达到全局最优化,为全国的经济发展、环境保护和科技腾飞做出贡献。

在专家委员会 2011 年年会上的
书面发言之一

尊敬的曹总、黄书记（编者注：指曹培玺、黄永达），**尊敬的各位领导、各位专家，上
午好！**

我今年初就因病住院至今，未能出席今年的专家委员会年会，不能亲聆领导的报
告和专家们的发言，十分遗憾。但蒙专家委寄来通知和附件，拜读后深受启发。我对
华能产业发展近况和取得的成就深表敬佩与祝贺，对"十二五"发展规划、特别是重
大科技项目规划完全赞同。下面结合这次会议主题，准备了一个书面发言。我现在是
个病人，脱离现实，不可能提出具体建议，只能就个人考虑所及，谈些自己的体会，
空洞得很，供领导和专家们指正。

（1）对"十二五"重大科技项目再行细化，进行分析摸底，区别对待。

在"十二五"中，我国能源与电力行业将遇到空前的挑战，而且要为今后长期发
展奠定基础。华能要通过"十二五"进一步做优做强、转轨升级，向国家提供充足的
电力和完成节能减排任务，担子十分沉重。主要的出路是依靠科技发展与创新，华能
对此十分重视，做出全面规划，是完全正确的。

建议对科技项目和新能源开发再行细化，并逐项深入研究摸底，予以分类，以便
分别轻重缓急，科学布局、有序安排、集中攻关。例如分为三大类。第一类是科技上
已突破，实践中证明有效、在近期将起主导作用的，必须坚持、完善和全力推进。
第二类是科技上虽基本过关，但还存在重大问题和困难的（包括科技上和经济上的
困难），必须摸清关键问题，集中力量攻关，以便全面实施。第三类是尚存在较大难
度，或当前不能形成气候，但从远景看具有重大战略意义的，必须看准方向，加强
科研、试点和示范，力争取得较大突破。我们如能分别轻重缓急，科学布局，抓住
关键，集中攻关，就能做到先后衔接，顺利实施，切实发挥科技的作用，直到最后
取得大突破。

（2）要使科技产业发挥作用，必须重视协同作战。

提到创新，人们首先想到的是科技突破。华能对此有骄人业绩，如最先进的火电
机组、小湾糯扎渡等巨型水电、绿色能源、CO_2 捕获、高温气冷堆……华能都走在国
内外前列。华能必须保持荣誉，再上高峰，要使更多的华能科研基地成为国家级中心，
在任何考核体制下永远把科技投入放第一位。

但要使科研创新能真正推动产业发展，就牵涉一系列问题，仅靠科技部门孤军作
战鲜有成效，必须分析收实效所遇到的所有问题，组织有关方协同作战。必须注意抓
思路创新、体制创新、管理创新、人才创新……总之是软实力的创新。我们希望华能

本文是 2011 年 12 月 23 日，作者在华能集团专家委员会 2011 年年会上的书面发言之一。

能在这方面做出成就。

（3）绝对不能忽视常规燃煤电厂的科技研究与应用。

常规燃煤电厂始终是我国的主力电厂，要发展其他新能源也离不开煤电的支持。减排的主要难题也在煤电，所以我们永远不能忽视常规火电的科技研究与应用。华能把火电厂的节能降耗、安全运行、脱硫脱硝脱汞、最先进最大容量的火电机组、低质燃料应用等列入规划是完全正确的。华能在这个领域中具有特殊优势，我们期待在"十二五"中取得进一步突破（包括上大压小，希望不久华能的火电机组全部是第一流大机组）。

（4）为进一步全面开发我国水电立新功。

水电仍是当前最大清洁能源，今后还须大力开发。今年华能糯扎渡水电站的投产是水电建设上的一个奇迹！西藏是我国最后一个待开发的宝库，华能已建立西藏公司。目前最大的藏木电站正在施工，我们对此感到欢欣鼓舞。但要实施雅鲁藏布江大河湾水电开发，各方面难度之大，世无伦比。对此，华能要在国家的统一布局下积极投入。主要利用国家水能高效利用与大坝安全技术研发中心这一平台，着重研究大河湾水电开发中的关键技术，争取有所突破，那么今后的实施主角就非华能莫属！建议华能加强与原水电顾问集团、水科院及电网公司的联系，抓紧做好预研究工作。

（5）切实突破风电大开发中的关键问题。

风电的大规模开发和应用存在很多实际问题，华能都做了规划。我认为尤其关键的是成本、电网安全和远送问题。在成本上不能指望长期由国家补贴，要在设备的完善化、大型化、规模化上下功夫。安全上应正视大规模风电上网后带来的电网安全问题。作为国家巨型发电企业，我们不能只负责建风电场，然后向电网一联了之，而要和电网联合研究，共同解决运行安全问题。在远送上更要和电网密切合作，与大火电打捆远送。风电是否可像小水电一样分散利用上网，也值得研究。对太阳能光伏光热发电的研究，个人认为如能在"储能"上有所突破将是极大的成就，又光热大发展的难点更多些。

（6）积极参与核电开发，继续推进第四代核电机组研发。

坚信核电是我国电力结构中不可替代的组成之一，继续积极参与第三代核电的开发，特别关注在设计中提高其安全度。高温气冷堆具有固有安全性，与第三代有质的区别，现在已达到建设 20 万千瓦机组的水平，战略意义重大，建议在现基础上抓紧研发，领先全球。

我还有个也许不切实际的想法，由于西藏水电在季节上有巨大差异，能否在西藏建设高温气冷堆核电站，提供基荷，而把大水电和核电结合输出，充分利用必须建设的特高压输电线路。

（7）妥善规划，有序推进"绿色煤电"。

华能所进行的在燃煤电厂中捕获储存 CO_2——不论在燃烧前捕存或在燃烧后捕存，已进入示范或深化试验的程度，处于全国、全球领先地位，具有极其巨大的战略意义，自应继续抓紧。但要真正大规模采用，除尚有一系列科技问题外，主要障碍是成本过高和捕获的 CO_2 处理问题。和石油部门合作，给我们一个启发，不知可以达到什么规模。建议从战略高度对这两个问题的解决加以探究。

在专家委员会 2011 年年会上的
书面发言之二

关于华能在"十二五"中的科技发展问题，我已写了一份书面发言，下面是对其他方面问题的一些个人看法，不计正确与否，也提供集团公司领导参考。

今年是极不平凡的一年，是"十一五"收官、"十二五"开局之年，国家制定和通过了"十二五"规划纲要，明确了"十二五"经济、社会特别是能源的发展目标和措施。全国经济进入大转轨、大变化的新时期。同时，世界经济萧条和不稳定，政治动荡和战乱，日本核灾难等，严重影响和干扰我国发展。对于华能这样一个巨型能源企业来讲，所承受的压力和遇到的困难是难以想象的。我们高兴地看到，在华能集团领导们的把舵下，全体华能人迎难而上，艰苦战斗，克服重重困难，在容量电量、节能减排、科技创新、经营管理、国际合作等各方面都取得重大成就，在做优做强做大上又上台阶，成为国内电力能源企业的领头羊，在世界范围内也名列最前茅。成就来之不易，对此我们谨表示衷心的钦佩和祝贺。

但是，也必须看到今后的形势更为复杂困难，我国和国内企业一些固有的矛盾并未得到彻底解决，华能并不例外，有些问题甚至较其他企业更严重一些，对此绝不能掉以轻心。过去任何光辉记录在新形势下显得十分脆弱，绝不能躺在"国内最大、国际名列第几"这些成绩上自满。最容易被淘汰的正是拿冠军的人。为此，对华能今后的工作，谨提出以下几点建议或想法供参考。

（1）加强对宏观形势的调查研究、掌握全局、正确制定企业发展目标和具体举措，并及时调整。

明年的经济形势非常复杂，美国的复苏前景、欧洲债务危机、日本核事故影响，新兴国家间的激烈竞争，此外还有政治和战争因素，对我国形成极大压力。国内经济增长的前景、能源和电力的供需、通货膨胀物价上升势头，环保政策与要求都存在不确定因素。华能这样的巨型国企的生产经营离不开这些大形势，绝不能依靠做"事后诸葛亮"、用老一套办法凑付过日子。建议华能领导对此能予以重视，集团公司总部的研究院和风险控制部门，应广泛搜集信息，加强对国内外大事的调查研究分析，定期提出报告、做出预判预案，以供领导决策发展的方向、目标、规划和措施，并滚动调整，才能立于不败之地。

（2）结合国家电力供需情况和输煤输电布局，合理开发各类电源，为满足全国用电需求做出更大贡献。

很多专家对明年我国的经济形势和电力需求做了研究和预测，一般认为明年国际经济环境进一步趋紧，我国进出口有所回落，经济势将下行，GDP 增长下降，电量的

本文是 2011 年 12 月 23 日，作者在华能集团专家委员会 2011 年年会上的书面发言之二。

增长也将放缓，但全国用电仍有缺口，最大缺口可能达数千万千瓦，而且全国各地区和全年各季度都不平衡。建议华能在研究大环境、大趋势的同时，着重研究全国各地区各季度的供需平衡情况，结合华能的实际，妥善布置在役电厂的发电任务和各类新厂的建设任务，融入国家计划中。尤其由于全国各地区的不平衡，跨区远距离输电任务很重，建议华能与电网部门紧密合作，尽一切可能，为满足各地区各时段用电需要做出最大的贡献。

现在全国正处于开发新能源高潮中，建议华能保持清醒头脑，紧抓常规煤电的优化和建设不放，千方百计挖潜减排增效，解决煤电中的问题。要满足当前用电，常规煤电和水电仍是不可替代的主角。

（3）继续为解决煤电矛盾和火电亏损做努力。

我国"市场煤、计划电""市场煤、合同煤"和"省市煤、国家电"的矛盾一时恐难解决，煤、电、运一体开发是解决矛盾的有效措施之一，华能在这个领域起了极大的带头作用，最近还将西安天受能源投资管理公司全部转让给大唐，协助兄弟公司提高煤炭供应保障能力，显示华能的风格和我国央企的社会主义性质与优势，令人感佩。这也是华能的一项大创新和社会责任。希望华能克服困难，在煤电运一体开发上做出更大贡献！

但还有大量电煤需采购，且煤价不断上涨，而对火电排放要术越来越高，已达到难以担负的程度。最近发改委调整电价，略纾困境，但并未从根源上解决问题，马上又会转入老路。这问题不是发电集团能解决的，但我们不能等待恩施。建议华能联合有关发电、电网企业，调查研究，提出一个或几个合理可行的措施，报国家请求采纳解决。市场煤（运）的"市场价"政府管不管？否则何必设物价局？如果煤价不会脱离成本无约束上涨，执行煤电联动就无困难。又如"计划电"的电价为什么不按成本加利润定价？电力既是计划定价，亏损的火电为什么要负担如此高的税负？出路是有的，也不会扰乱市场，只会促进节电和转轨。我们要大力发声，要提出方案，要争取今后电力企业能真正解困。

（4）逐项检查评议，降低境外投资经营的风险。

华能现在已是国际化大企业，经营活动早已超出国界，今后还将有更大发展。但当前国际形势复杂。西方强国仍称霸全球，无国际法可言。在伊拉克、阿富汗得手后又打利比亚，现在要搞叙利亚、伊朗，干涉非洲、南美，处处时时不得安宁。尤其对我国更是百般忌恨，全面打压。中俄、中日、中印、中非、中越、中国—东盟等关系十分敏感。这次利比亚事件中我国损失惨重，我们要多个心眼，永远不要指望能在公正、稳定、太平的局面下拓展国际业务。为此建议华能在积极拓展海外业务时，无论是资源开发、资本运行及其他合作，对每个项目都进行全面调研分析，评定风险。针对不同对象和情况，分析对方的环境条件、政治稳定、法治水平、对我态度、诚信记录和周边关系等，妥善处理，以降低风险，必要时可搞合作开发，联合投资等。对敏感项目有预案，留后路，在执行中更要谨慎，把风险降到最低。

（5）承担起更多的社会责任。

华能作为特大型央企，负有重大的社会责任。当然，完美地完成本职工作，为国家提供丰富、优质、廉价的清洁能源，通过优化管理取得巨大经济效益，完成纳税和保值增值任务等，这是最基本的社会责任。但人民常常更注视央企在此以外的社会行为，例如扶贫、解困、抢险、救灾、助教等，今后还需进一步开展。我觉得最能显示华能的社会责任感的就是华能人走到哪里，华能开发到哪里；华能经营到哪里，哪里就有了希望，哪里就脱贫致富，哪里就出现廉洁、文明与和谐，糯扎渡工程就是一个最好的榜样。我想这样的范例不在少数，建议大力宣传。我诚恳希望今后能出现更多的这种范例，希望华能的每个基层都成为新的糯扎渡，成为驱除贫困落后、带来富裕环保、实现文明和谐的使者。

（6）做优做强，加强管理，提高效益，建成真正的一流企业。

我国企业一直致力于做大做强，结果是大而不强，成为浮肿病人。华能的发展目标是"建设具有国际竞争力的世界一流企业""做优做强做大"。我的体会，只有在各领域都"做优"，才能"做强"，而"做大"是做优做强后带来的自然后果，不是靠简单的合并，购买做大的，那样做只会变成浮肿病人，浮肿病人先需治病，谈不上强大。建议华能今后别太注意形式上的大，致全力于提高实质上的优和强。为此必力抓管理，使华能所有方面的效率都提高一步。我在一份资料上似乎看到其他四大发电集团的可控成本都下降，只有华能上升，心中很是不安。华能现在已建立有效的三级管理体制，希望能进一步加强创新，使千头万绪的管理网络运行得如大脑之指挥人体。每个区域（产业）公司和基层的成功管理经验，都能得到反映和推广，同时更严密地管控每个基层，每个项目都有全过程的监管，绩效、安全达最优，风险最小并可控。不存在漏洞与死角。要在管理上与世界第一流企业一比高下。

加强管理还要管出"华能文化"。华能已创立了底蕴深厚有特色的华能文化，我的感觉是过去华能在这方面的宣传推广不够。建议今后加以适当重视。

3　电力体制改革

大力优化电力结构　充分发挥水电作用

一

我国拥有丰富的煤炭和水力资源，与此相应，我国的电力结构中也以煤电及水电为两大支柱，而尤以煤电为主体。核电已经起步，预期今后也将有适当发展，连同必要的油电，共同组成我国的电力结构。

由于长期缺电，加上资金短缺以及其他许多因素，我国过去在电力建设中比较重视抓电站的建设，而对输电和电网的建设重视不够。同样，在电源建设中又比较强调投入少、见效快，而对全国能源的合理开发、长期布局以及生态环境等方面的问题却注意得不够。作为一个经济迅速发展中的大国，新中国成立时的基础又如此落后，新中国成立初期出现这种情况不仅是可以理解的，在某种程度上也是不可避免的，否则就不能赢得必需的发展速度。但是在即将进入新的世纪，在我国经济建设已具一定规模、综合国力显著增强、生态环境问题日益严重的今天，有关电力结构的优化、全国电网的建设和生态环境的改善等问题就不能不提到重要的位置上来考虑。否则就将贻误子孙后代和受到国际上的批评与压力。因此，如何加速开发水电，充分发挥其作用的问题值得再次提出来作一回顾和思考。

众所周知，水电是一种清洁、优质、廉价的再生能源。发达国家以及一些发展中国家在电力建设初期都十分重视水电开发，许多国家水力资源的开发程度达到50%以上，甚至接近100%，使这一天然资源能得到最大限度的利用。我国自新中国成立以来，经广大水电建设者努力，也取得了举世瞩目的成就，从无到有，从小到大。到1993年年底，全国水电装机容量约达4460万千瓦，列世界第五位；1993年全国水电发电量达1507亿千瓦时。目前有一批大中型水电站包括世界第一的三峡枢纽正在积极建设，在规划和设计中的水电规模更大。但是已开发的水电容量和全国的水电资源蕴藏量相比却仅占可开发容量（不包括抽水蓄能）的11%，水电发电量仅占7.8%，十分落后。在全国电力装机和发电量中，水电容量仅占24%，电量仅占18%（以上均根据电力部规划计划司统计资料）。这些比例不仅与资源蕴藏量极不相称，而且还有进一步下降的趋势。在市场经济的机制下，由于水电建设集一次、二次能源开发于一身，资金集中，周期较长，而且牵涉较多的部门和方面，关系复杂，发展中遇到的困难将更突出，这种现象已引起许多同志的关心和担忧。

本文是作者为中国电机工程学会建会六十周年撰写的论文，收入《电气工程科学发展与科技进步——中国电机工程学会建会六十周年论文专辑》一书，1994年10月内部发行。

二

关于开发水电的必要性和优越性，已有许多文章加以阐述，似乎没有必要在这里加以重复。这些文献都有资料、有分析，写得很好。当然少数文章也有不足之处，例如过分强调水电资源的丰富和水电的优越性，而较少提到在我国情况下开发水电所受到的制约条件及复杂的关系，显得有些片面。又如专门论述具体的水利枢纽布置和技术问题的文章较多，而涉及用电市场、筹资方式和经济财务上的可行性等问题的却较少，可操作性不高。当然，后面这类问题本来也很难由个别工程技术人员或作者能够深入论述，或经过简单的考察就能够解决的。我们期待着在今后讨论水电开发问题时能在国家和有关部门的组织下，进行更全面深入的研究，涉及深一层次的问题，这对协助国家决策，加速水电开发将起有重大促进作用。

三

由于我国幅员辽阔，各地区经济发展水平和能源蕴藏条件有较大差异，水电在电力系统中所起的作用也将有明显差别。下面我想就沿海和内地两个经济发展状况不同的地区应如何加快发展水电谈点个人看法。

沿海地区的特点是经济较发达，实力较强，而水力资源（或包括其他能源）的蕴藏量有限，电力供应须依靠煤电、核电为主，以及从外地输煤、输电来解决。在这些地区的水电开发任务是：

（1）修建抽水蓄能电站，保证电网的安全经济运行。

随着国民经济的发展和人民生活水平的提高，电网峰谷差将愈来愈大，核电和大型火电机组的投入更需要强有力的调峰电源。抽水蓄能站址较易找到，单位工程造价也相对较低，因此应大力开展规划和查勘工作，及时开发抽水蓄能电站，以保证电网的安全经济运行，满足工农业及人民生活用电的需要。

（2）对老水电站进行扩容和更新改造。

这些老水电站多修建于二三十年或更久以前，是根据当时的设计水平考虑的，其规模大多偏小，技术也较落后，设备效率低，有待更新。在新的形势下，应重新规划研究，进行更新改造或扩容，有的甚至可以考虑重建。由于本地区电源中水电比重小，十分宝贵，所以对老水电站的扩容改造更显得必要。

（3）继续开发常规水电。

沿海地区仍有不少常规水电可以开发，特别是中小型水电。有些沿海省还有潮汐资源可供利用，应加深研究，继续纳入开发计划，尽可能增加水电在系统中的比重。在设备方面要注意引进和开发低水头、贯流式机组。尽管中小水电和潮汐电站的单位造价将高于内地大水电，但不至高于核电。况且本地区经济发展，单位电能的产值高，对电价具备一定的承受能力，而且考虑到水电资源在系统中的重要作用，因此，继续充分开发常规水电仍不应忽视。

（4）投资内地开发大型、巨型水电，供电本区。

沿海地区的能源蕴藏量既然不能满足本地区经济发展的需要，因此，必然要有一部分能源自外地输入。其方式有：修建港口、路口火电，由外地区（包括国外）运煤或油供本地区发电需要；修建核电；在外地区修建坑口煤电站或投资外地区修建大型、巨型水电向本地区输电。究竟如何布局最为合理是个复杂问题，不宜简单地主张或排斥某种方式。但从全局或长远利益来看，鉴于在一定时期内核电造价较高，某些技术或燃料仍受制于人，煤电的污染问题较难解决，因此，经济发达地区投资内地开发大水电，以长期获得稳定、可靠、清洁的电能实为有利之举，至少应作为一条可行之路加以研究。高瞻远瞩的地方领导及企业界实应加以慎重考虑。

四

我国水电资源富集在西南一带，主要为川、滇、黔三省及广西壮族自治区（从远景讲还有西藏自治区）。其次，青海、甘肃一带也有一定资源。这些地区的特点是水力资源丰富或比较丰富，而地区经济相对较落后，发展速度较慢，对高电价的承受能力也较低。如果完全依靠自有资金和结合本地区电力市场开发水电，其速度不可能快。因此如何创造条件吸引地区外的力量和资金（包括外资）来尽快开发富饶的水力资源，不仅对本地区，而且对全国的能源点布局和促进大电网的形成与发展都有重要意义。

作为一个地区的水力资源当然首先要满足本地区的发展要求，这是没有异议的。因此，各地区应根据其水力和其他资源（尤其是矿产）的条件，结合经济发展的速度和水电在电力系统中合理的地位与作用，拟定积极而现实的开发规划。许多地区并可将水电与矿产的开发结合考虑。这里的主要问题是，水电和矿产开发都需要大量的投资，都需要较长的建设工期，从短期看资金利润率不可能高。在市场经济体制下，由于经济效益不吸引人，财务可行性上有困难，所以较难筹资。因此，在经济不发达地区要开发水电需要国家扶持，采取倾斜政策，使轻重工业有机配合，长期行为与短期行为有机结合，才能迈出步伐。

其次，如前所述，仅从本地区需要出发，水电开发速度不可能快，更不可能在更大范围内发挥作用。要突破这个局限，必须在更高的层次上即在国家的宏观协调下进行规划，以更快的速度开发西部水电，并实现东送和全国联网，取得全国性的最大效益。同时，水力资源地区也将获得最大效益。

只要分析一下全国能源蕴藏的分布，水电东送不但是可能、必要的，也是势在必行的。东送的潮流大致有三：

一是从长江中上游干流及支流上的巨大水电站群，连同在建中的三峡和已建成的葛洲坝输电华中、华东乃至华北。

较合理的布局是，以部分支流（如雅砻江、大渡河、嘉陵江等）水电满足四川所需，有余部分随同干流主力东送；贵州煤矿和水力资源都有，不妨考虑以煤电配合部分水电满足自需，而将乌江主力及多余煤电东送或南送广东。

二是开发红水河及澜沧江上的大水电，以其主力东南送往广东。滇、桂省区尚有其他丰富水力资源可满足本省区所需。

三是黄河上游青甘的水电东送华北、京津，或与华北联网。这三大水电基地主要河流已规划的水电容量约为 1.76 亿千瓦，已开发和在建中的约 3850 万千瓦（包括三峡）。葛沪、天广两条直流输电线路已架通投产，跨出了西电东送可贵的第一步。

大量水电东送和全国性电网的形成，将带来巨大和长远的效益。但要实现这一壮举征途尚远，必须上下齐心共同努力。

首先是国家宏观调控部门（计委、科委）要主动牵头组织有关部门、地区和专家从全国格局上综合研究论证，提出规划方案和政策。

二是资源所在地区要摒弃地方观点，怕吃亏、怕"丧权辱省"的心理，敞开大门，创造条件。应认识到大江大河的水力资源迟开发一年，就是白白流失千百万吨原煤、原油，推迟十年或数十年，损失的能源可能达天文数字，何不利用白白流失的资源共同开发共同受益呢。

三是受电地区要摒弃在本地区建电站的陈旧观点，敢于向内地投资开发。在国家的控制协调下，不必有怕"血本无归"和"受制于人"的担心。

最后还需要得到有关综合利用部门的理解和支持，多促进，少设障，更不应乘机搭车。过去我国综合利用效益愈大的水力资源愈难开发，争论不休，甚至无疾而终。这一教训是值得吸取的。

以上讲了两类地区，当然还有介乎其间的地区，都要根据各自的资源分布及经济发展情况进行规划和平衡，这里所谓平衡应在较大甚或全国范围内进行。我认为"省为实体"并非指能源自给，搞封闭圈。在大电网覆盖不到的地区，需开发小水电、小火电、风电来改变落后面貌。针对我国现实情况，在一定时期内它们是重要的补充手段，但不能满足于现状，更不宜形成独占的供电区与大电网对抗。因为，这些地区的最终实现电气化毕竟需要大电网的发展扩大。

建议电力行业树立十大形象

我参加了全国政协九届二次会议，听了领导讲话，看了近 500 份委员发言稿，知道全国关心的重点、热点问题。深深体会到去年的成就来之不易，电力行业为此做出了努力。也体会到今后任务更艰巨，电力行业需做出更多的贡献。还体会到与其他行业比，电力处境相对宽松，有条件在今后通过努力成为全国各界的先行和标兵，甚至做出名垂青史的贡献。

我认为国家电力公司在天津会议上的精神、安排和部署，以及各位总经理在最近许多会议上的决定和指示，完全符合国家对电力行业的要求。我们只要不折不扣地贯彻、执行国家电力公司的各项决定，必能完成任务，并在全国树立起良好形象（归纳为十大形象）。

1. 深化改革

重点是抓好网厂分开试点，真正做到公平竞价上网，在全国人民和所有电厂业主的心中，树立起国家电力公司是真正体现国家最高利益的良好形象（还会推动电信等行业进行类似的大改革，意义重大）。

2. 重视质量

电力工程质量一直较好，我们要做到好上加好、精益求精，力争不出现工程质量事故，使电力工程成为国家和人民放心的工程。

3. 廉洁奉公

电力行业今后建设任务很重。希望能对工程招标和器材采购等一律实行公开招标和公开采购，杜绝人情工程和回扣现象。

4. 为农民解困

通过农村电网改造、试点，将农电价格大幅度降低，再采取些优惠措施，使农民真正得到实惠，开拓农电市场，还可拉动内需。

5. 重视环保

新建电厂必须满足环保要求。对老火电厂，从煤源起，抓各种措施，为减污做出明显成效。

6. 分流不下岗

尽一切可能在本行业内消化下岗职工（包括去新厂、新工地工作，大办三产及正常退休），力争做到减人增效而不下岗（离开现岗，进入新岗），尽量不给政府和社会增加压力。

7. 科教兴电

解决好本行业科研体制改革，既走企业化之路，也保留少量精干队伍开展全行业

本文是 1999 年 3 月，作者给国家电力公司领导提出的建议。

性、先行性和公益性研究，各得其所。抓出几个有重大意义的科研成果，推动电力科技进步。

8. 节约资源

主要抓减低线损和发电煤耗，向国际水平看齐，成为全国节约资源的标兵行业。

9. 为人民服务

各电力单位都制订便民措施，提高服务质量，把"电老虎"变成"电亲人"。

10. 求真务实

做到不浮夸，不搞花架子，统计数字绝对可信。把务实作为电力行业的基本风气。

如果我们电力行业能在新世纪到来之前树立起上述十大形象，将对国家的改革、发展和进步做出名垂青史的贡献。

在电力体制深化改革座谈会上的发言稿

对于电力体制改革问题，我没有多少发言权，只能本着知无不言、言无不尽的精神，谈一点个人体会，有些意见可能与其他同志有些不同，也算一家之言，供参考。欠妥之处，请批评指正。

一、对当前形势和成就的看法

我认为当前电力形势很好，成绩很大。

（1）电力建设取得巨大成就，全国装机突破3亿千瓦，年发电量12300亿千瓦时，跃居世界第二，强大的电力供应为国民经济的发展、综合国力的增强、人民生活水平的提高提供了坚实基础。彻底改变了缺电限电局面，赢得了深化改革的时机。

（2）近几年来在经济不景气、内需不足、通货紧缩的困难情况下，经过千方百计地努力，全国电力仍能稳定增长，在各行业中、在国有企业中是少见的。

（3）抓紧有利时机，进行许多过去想做而不能做的事，包括优化电源结构，关停小火电，加强电网建设，改造农网，搞清洁能源、新能源试点等，成绩是显著的。

（4）维持电价稳定，农电价格还有显著降低。在电费被严重拖欠情况下千方百计增加收入，三年来向国家上缴利税一千多亿元，为国家财政做出重要贡献。当前物价与20世纪50年代相比，上升了十倍、二十倍甚至百倍，电价只升了一倍多！贡献十分巨大，人民应该有体会。

（5）在安全生产、降低煤耗、改进服务态度、抗洪救灾、科技发展、人才培养各个方面都取得重要进步。

不看到这些成绩是违反事实的。

二、对电力体制改革的评价

（1）电力行业有强烈的改革意识，走在前面。而且完全遵照中央总的改革精神和国务院的具体部署进行。思路明晰，步骤正确，一步一个脚印地前进。既积极主动，又保证稳定，是各种行业中改革得较快较成功的。

（2）四步走的步骤，第一、二步已顺利完成，至少在中央一层政企已分开，国家电力公司完全是个企业。现正在进行最艰巨的第三步改革：厂网分开、竞价上网。已抓住几个点在试点，通过试点，探索经验教训，为今后全面推广创造条件。这条路得到国务院领导的肯定。没有做错的地方。

（3）电力体制改革是件极复杂的事，不可能一帆风顺，什么缺点都没有，不可能什么问题都在一个早上解决。所以才需要试点——分析得失——总结经验——调整做

本文是2000年7月12日，作者在电力体制深化改革座谈会上的发言稿。

法——稳步前进。不宜看到一点问题就无限上纲，主意不定，忽上忽下，大起大落。对电力工业改革采取草率决策，会给国家带来灾难。

三、国际上没有现成的公认的最优模式

电力体制有多种模式，不仅社会主义国家与资本主义国家不同，资本主义国家也有各种形式，不存在什么现成的、最优的公认模式，一切要结合国情。

就以英国和法国两个邻国来讲，其体制就不同，英国更松散些，法国的 EDF 垄断了几乎 80% 的发输配市场。法国的电力工业也并未搞垮，反而输电给英国和其他邻国，成为欧洲电网中电价最廉、竞争力很强的公司。这得不出英国体制就是最好的结论。

电力工业具有天然的垄断性，不可能像某些行业那样全部放开，彻底搞市场经济，也不是分得愈小、竞争得愈剧烈愈好，那样大家去搞短期行为。市场一定要结合计划，只能在大垄断下在合适部位引入竞争机制改革弊病。国际上一些较为一致的倾向、趋势、做法值得重视和借鉴，但不见得可以全盘照搬。否则，发现不合国情、吃了苦头，再来改变，国家是受不了的。

四、改革要结合中国国情

许多资本主义国家行之有效的做法，照搬到中国来并不都灵，甚至变样、失败，因为不适合中国的国情。

中国的国情是什么？

（1）中国是最大的社会主义国家，以公有制为主，保证国家安全和社会稳定以及保持较高的发展速度是压倒一切的任务。

（2）中国的电力要大发展。与欧美国家完全不同，他们每人已拥有几个千瓦，已经饱和，技术发达、资金雄厚，主要是优化、更新问题。我们不久将达 16 亿人口，就算 1 人 1 千瓦也要 16 亿千瓦，现在的 3 亿只是半个零头。这个巨大的缺口要建设，靠什么？能靠市场经济？能靠企业家来投资？欧美国家有这样的问题吗？韩国新加坡有这样的问题吗？

（3）中国领土辽阔，各地能源分布、经济发展水平……存在巨大差异。许多问题必须从全国大局来考虑、从可持续发展来考虑，搞分散、搞地方主义是没有出路的。所以我认为任何改革措施如果会促使地方、分散、本位主义抬头的话，都值得三思！

具体讲，对中国来说，今后要建设 10 多亿千瓦电力，要实现全国联网、要建特大电力基地、要实现资源优化配置、要开发西部大水电西电东运、要全面推进科技进步、要改造老企业、要搞清洁发电实现可持续发展，在进行电力体制改革时希望能想到这些大任务、大要求，不要只盯在几家电厂的产权关系上。

五、对今后改革的一些看法

（1）肯定四步走的大方向，坚定不移。要加快第三步的攻坚，取得经验，尽快推广。

（2）"电网国家管、电厂大家办"的原则是对的。在发、输、供、配环节中，国家

电力公司主要抓电网、抓输电是正确的。

（3）对于新电源建设，尽量走向投资多元化，使今后独立发电比重愈来愈大，特别是一般性的电源尽量让大家来办。但根据中国国情，国家电力公司不能不关心和参与一些重要的电源建设，不能将他排除在外。

对已建电厂，有一部分（略大于 50%）属国家电力公司系统，另一部分是独立发电厂。我也赞成把有条件的国家电力公司所属的电厂上市或改组，但让国家电力公司拥有一些电厂（例如占 25%～30%）也不是什么大问题，仿佛成了万恶根源，非一刀割不可。随着新电源的建设，这比例还会迅速下降。

（4）为了保证公平上网，主要的是加紧立法，加紧创造有效的竞争环境。只要有明确、合理、可行的上网规则，做到公开、公平、公正，上网是不难的。可以由国家派稽查员驻网稽查，对不按规则办理的人员进行撤换惩处就可以了，并非只有把所有电厂都和国家电力公司割开这么一剂药方。某些问题不解决，所有电厂都变成独立公司也做不到公平竞争。

（5）要深入研究省公司与分公司的关系和职责，要研究"省为实体"和"打破垄断省电力市场"的关系，要研究如何防止地方政府行政干预问题，我认为可以研究人民银行撤销各省分行的做法。

（6）对中国来说，国家电力公司不能变成仅经营高压电网的一个企业。因为如前所述，国家电力公司还承担着十分艰巨的任务。如果将国家电力公司分解萎缩成一个电网公司，那么有关责任应该由其他的部门承担和负责。

附 提请探讨的一些疑问：

（1）全国建了一大批小火电是什么原因？新的小火电"如雨后春笋"是谁的责任？以后如何防止出现这一现象？将所有发电厂改成独立电厂是否会遏止小火电的建设？已有的小火电如何关闭，由谁负责？

（2）电厂电网有多大的"巨大的隐性超额利润"？现在的电价是否过高？清除了"隐性超额利润"可以降低多少电价？欠缴电费是否由于企业难以承受太高的电价？水电厂"在大坝下挖洞装小机组发电为自己赚钱"给国家造成什么损失？

（3）国家电力公司是公益性企业还是营利性企业？国家电力公司 8000 亿资产，盈利 88 亿，是否应列为破产企业？EDF 是多少资产、多少盈利，是否也是破产企业？

（4）二滩电厂的电卖不出去，究竟什么是主要原因？什么是次要原因？将四川、重庆的所有发电厂都改成独立发电公司后，二滩的电是否就能全部卖掉？或可以卖掉多少？

就电力改革问题致朱总理的信

镕基总理：

在南水北调会上看到您政躬健康，十分欣慰。

目前电力行业正在深化改革之中，下面提些个人见解，作野人之献曝，供您参考。

一、对电力行业的功过，宜予适当评价

现在报刊上纷纷指责电力行业改革之失败，民间舆论中，电力行业也成为垄断、谋利的典型，我认为有失公允。

新中国成立 50 年来，物价至少涨了 10 倍，有的行业、产品达几十倍甚至百倍。20 世纪 50 年代上海的民用电是 0.15 元/千瓦时，今天北京的民用电是 0.396 元/千瓦时，涨了 2.64 倍。我不知道还有哪些行业产品价格的涨幅有如此之低。正是充足和廉价的电力，支撑了国民经济的发展，保证了国家收入和人民生活的提高，这里凝聚了百万电力职工的血汗，包括提供了近八千万千瓦和两千几百亿千瓦时水电的水电职工的贡献。

我不否认，电力行业中有霸气、傲气，电力局（公司）建高楼、搞宾馆、谋福利，不能公平地做到竞价上网，甚至个别干部、领导腐化。这些都要改，但并非在各行业中是最严重的，尤其不能以此否定电力行业的贡献。

在电力职工中，位高禄厚的是少数（我算一个），大批职工，尤其是勘测、设计、施工、科研、制造安装、教学方面的职工是艰苦的。青海唐格木大地震时，中央慰问团到了龙羊峡工地看到从书记、局长至老工人的赤贫情况凄然泪下。现在下岗职工、半下岗职工、离退休职工、矽肺病患者都在艰苦地拼搏。他们相信党和人民不会忘记他们为祖国电力做出的牺牲与贡献。希望不要对此一笔抹杀。如果电力行业有什么隐性收入，首先应该偿还这笔欠债。

二、不能公平竞价上网的症结是什么

现在攻击电力改革失败的最大罪状是垄断，认为在垄断下不可能公平上网。并认为解决之道只能是将电厂与电网彻底分开，瓦解电力公司，形成竞争，似乎只要这么一来，问题就迎刃而解。

我认为把部分电厂搞成独立发电公司是可行的，但不是问题的症结（在今后的电源建设中，国家电力公司控股的电厂有限，其实所谓电网拥有电厂的事，愈来愈不成问题）。问题在于，中国是实行法治还是人治？是春秋战国制还是电网统调制？

大型电网必须拥有强大的水、火骨干电厂、抽水蓄能电厂和其他调峰、调频手段。否则，目前这样脆弱的电网恐将灾祸、事故不断。其次，电网拥有一定容量的直属厂

本文是 2000 年 10 月 1 日，作者写给朱镕基总理的信。

是否肯定做不到公平竞争？如果我们实行法治，由国家制定合理、可行、严格的竞争上网的原则、法规和细则，责成电网执行（可派员稽查），规定一切操作必须公开，基本上由计算机控制实行择优上网，为什么做不到公平合理呢？

现在许多电厂的效益牵涉到地方、税收、行业、基层政府和企业的利益，情况复杂，许多官员都有发言权、决定权，如果还是实行这种春秋战国制，即使把电厂和电网完全脱钩，能解决问题么？还是将形成更大的混乱？尚请三思。

二滩水电站不能充分发挥效益，确有电力公司不公的因素，但根本原因是供需失调。二滩是在电力短缺时代兴建的——当时也做过电力电量平衡，认为电力可以全部吸收，而且还要兴建火电以补不足，这些都是国家计委批准的。但亚洲金融危机一来，预测落空，尤其川渝电网负荷竟出现负增长，这是二滩的电不能全部售出的主要因素（火电也不能满发，只是在电力公司的庇护下略胜一筹而已）。另一个因素是电网太小，二滩又无调节能力，电量集中在汛期输出，更难吸纳。如果汛期全部吸纳二滩的廉价电，那么谁来调峰？枯水期谁来供电？把这些都转嫁给火电，将使火电和煤的产运在一年内变成季节性生产，按市场规律，火电价必将上升，如不允许其提价，火电也难以生存。这个问题只有内需和负荷增加、电网扩大、跨区送电、有更大调节能力的电站投入才能解决，光靠电厂与电网脱钩是不能从本质上解决问题的。

三、外国经验不宜不顾国情照搬

许多专家纷赴欧美考察，认为可以仿照他们（如英国）的模式进行改革。我认为由于国情不同，外国经验不宜照搬。据说英国在电力体制改革后，电价下降 1/3。在中国，无论如何改革体制，取消电力行业的隐性收入，我也看不出有这种潜力（不合理的农电价格除外）。

欧美发达国家人均拥有二三个千瓦电力，年用电量达一万几千千瓦时，是我国的十倍乃至十几倍。他们的电力规模已经饱和，通过更新改造和少量新建足可满足需求。我国在 21 世纪中叶至少要装机 16 亿千瓦，现在的 3 亿千瓦是半个零头。我国幅员辽阔，资源分布及经济发展极不平衡，也没有大量油气资源或大量资金可购买油气发电。我们要做到保障电力供应、结构优化、水火配合、全国联调，面临艰巨任务，与美国不同，和欧洲小国比，更有天渊之别。政府行为（政策、导向、宏观调控）绝不能放松。绝不能认为，今后电力发展可完全依赖市场经济在春秋战国式的体制下能自动完成。我国过去有水电部、能源部、电力部，现在还剩个国家电力公司，虽是企业，挂了"国家电力"的字样，多少还要研究、考虑全国性的问题。如果将国电解体为几个独立的地区性电网，那么电力的大局（例如西电东送问题）由谁来负责呢？靠市场经济，还是计委电力司的几个同志？如为了打破垄断必须这么做，我建议恢复电力部或能源部。

四、电力企业是什么性质的企业

有的专家批评说，国家电力公司总资产八千多亿元，每年仅上缴利润八十多亿，应算是破产企业。这就涉及电力企业是什么性质的企业的问题。

电力企业是企业，但却是一种特殊的企业。一在于它是为国民经济各部门及人民生活提供基本动力的企业，二在于它是高度垄断性的企业。这种性质决定了电力企业不能自定电价，不能以营利为目的。它的一切活动（包括开发电源、架设电网、输电配电）的最终目的应该是以最低的价格给全国全社会提供充裕的、优质的、安全高效的电能。国家不能视电力企业为利税大户，利税应该在下游产业获取。我一直反对电力企业提出的"以经济效益为中心"的口号。要搞经济效益，把电价提一分钱就增利123亿元，太方便了。

过去，国家和有关部门总把电力企业当作普通企业看待，这是几十年来政策不利于电力向正确方向发展的根子（例如对水电征收高税等）。希望这个问题能引起国人的注意和研究。

镕基总理，在撤销电力部建立国家电力公司时，我也满怀希望，曾提出过十条建议。今天的情况确不尽如人意，继续改革是必要的。但事关国家最重要的基础产业，希望慎重，要客观评论功过得失，要找出问题真正症结所在，对症下药，不宜未摸清病情前就大砍大改，以致事与愿违，则国家幸甚，电力幸甚。我的专业很窄，对经济一窍不通，但心有所感，一吐为快，谨供您及邦国副总理决策时参考。谬误之处，盼加批评指正。

敬祝

政安

也谈电力体制改革问题

新中国成立以来，我国的电力工业有了巨大发展，目前全国的装机容量及年发电量均已跃居世界第二位。充足廉价的电力供应，保证了国民经济的高速发展、人民生活水平的不断提高和社会秩序的稳定。这是有目共睹的成就。

但是，由于电力工业具有天然的垄断性，新中国成立后的前30年又实行苏联式的计划经济体制，电力成为中央政府垄断经营的行业，实行彻底的大锅饭制度。改革开放以来，其弊端不断凸现，为舆论所诟病，电力体制的改革也成为当务之急。近20年来，电力改革在摸索中前进，从调动地方积极性、集资办电起步，到逐步走向政企分开（撤销电力部，组建国家电力公司和各种公司）、国家管电网、大家办电厂、打破垄断、竞价上网等。但一些经济学家和社会舆论对电力改革的进展总感到不满意，认为改革令人沮丧、电力行业是"既得利益集团"、行业垄断是万恶之本，必须采取更激进的措施，仿效西方国家的做法，将电力行业解体，充分引入竞争机制，完全按市场经济规则办事等，认为只有这样做才能解决问题。

电力行业是国家最基本的基础产业，电力改革的成败影响整个经济体制的改革成果。电力改革中，政企分开，引入竞争机制的方向无疑是正确的，但结合电力工业的特殊情况和我国具体国情，应该怎么做？做到哪一步？是个重大问题。尤其我国能源和电力工业存在一些严重的深层次问题，措施失当，就会使这种问题更加恶化，十分值得注意。因此，我虽对经济管理和体制改革是个外行，仍愿提出一些问题和看法以供讨论、参考。

一、电力行业不能实行完全的市场经济

电力虽然是一种商品，电力企业也是各种企业之一，但具有不同于其他工业、企业的一些特点。正由于此，电力行业并不能完全按一般市场规律办事。在改革中，我们必须充分认识这一事实，才不致迷失方向，走入误区。

电力行业的特点是众所熟知的，扼要讲来有以下几条。

（1）电力工业具有天然的高度垄断性。不仅与一般的制造、采掘业不同，也有别于铁道、电信等较具垄断性的行业。

（2）在目前的科技水平下，电力不能大规模、长期和经济的存储，因此，其生产、运输和消费必须在同时完成。

（3）电力是工农业发展的主要动力，是人民生活水平提高的重要标志，电力并不是最终产品，它的效益呈现在下游。所以电力具有重大的"基础性"和"公益性"性质。电力企业不能是谋利的企业，对于这样的行业，政府不能放任自流，必须加以控

本文刊登于 2001 年 1 月 8 日《中国电力报》。

制、管理。

电力行业的这些特点决定了它不能完全按市场规律办事，也不可能完全开放，搞全面的竞争，而需在国家宏观规划的导向下适当引入合理的竞争机制。如果违背客观规律，会引起意想不到的后果。

具体分析一下，可知：电力行业是由发电企业、输电网和终端销售系统三大部分组成。其中，作为主心骨的电网系统具有天然的垄断性。不能设想在同一地区设置并形成几个电网来开展竞争。如果这样做，绝不能取得经济效益，只会造成电网的重复建设、资源的浪费和产生其他恶果。因此，任何国家都没有这么做。在我国一些边远地区，由于大电网一时难以到达，建立一些地方小网临时供电是一种过渡性、不得已的做法。在大、小电网交接区出现所谓"竞争"和矛盾是不正常的，随着电力工业的发展，这些问题都会解决。基于电网的上述特性，在各种改革方案中，也没有人提出要改变这种垄断局面。

既然电网是垄断的，在配电销售一侧的变动余地也极有限，不能在同一范围内设立很多销售点，实行自由竞争。输配电的垄断或准垄断的经营，确实会产生一些弊端，例如服务质量差、不合理收费等。这些弊端应该可以通过采取"法治"措施来解决，不见得非得在销售端搞竞争经营才能解决。一家配电公司可以胜任的事，分成几家来经营，增人增机构，在经济上是不合算的。当然可以采取一些灵活办法，打破销售上一家独统的局面，例如鼓励大用户与发电厂直接挂钩，签订供用合同，电网只起过网作用，但这也仅限于少数大用户、大电厂，并没有从本质上改变售电的垄断经营局面。由于在销售端进行竞争的复杂性，一些文章里也把它作为一个方向，并不要求立刻实施。究竟配电销售侧要不要多家经营，进行竞争，还有待深入探究试点，比较利弊得失后才能确定。

余下就是发电侧了，这是可以引入竞争机制的领域。"各家办电、竞价上网"，作为改革方向无疑是正确的。但是不是可以认为：电网购电时可以像在农贸市场上采购副食品一样开展自由竞争，拣最便宜的电来上网呢？当然不是如此。

所谓"竞价上网"到底怎么进行，现在还不很明确。有种设想：将电厂全部与电网分开，在全国组成若干个独立的发电公司，电网将预测的每天需采购的电量事前公布显示，由各发电公司报价，然后在每一时段按报价高低循序选购，由此确定综合电价，这样就可以通过竞争得到最低的综合上网电价。这种提法表面上看符合竞争择优原则，实际上电力供需问题远较复杂，这种简单操作法是做不到公平合理的。

（1）现有电厂的性质十分复杂。有些是在计划经济时代建成的老厂，没有还本付息的负担，或连折旧年限也过了，电力生产只需支付一些成本；有些电厂则是"拨改贷"建成的；而一些新的大厂则是依靠银行贷款和部分资本金建设，贷款比例和利息有很大不同；有的利用外资，更需负担沉重的偿还本息负担；一些大型水电厂其造价更远高于火电厂。在"公平竞争""低价上网"的市场机制中，这些代表先进生产力的大厂、大机组和大水电厂（至少在还贷期内）怎么竞争得过小厂、老厂呢？只能无例外地被排到最后！我们担心这种竞争只能助长那些效率低、污染大的小厂、老厂多发电，促使投资者搞短期行为。

144

（2）电力负荷在一年内乃至一日内都有巨大变化，各种电厂（水、火、核）的运行性质又极不相同。由于电力工业要求发、输、供、用一次完成，年调节、月调节、周调节乃至每日的瞬时调峰都是保证电力质量和安全的重要环节，这必须在整个电网中统筹考虑，协调优化，才能使各电厂都各得其所，发挥最佳效益。"竞价上网"起不了这个作用。相反，以修水电厂而言，要搞竞价上网，大量修建径流式电厂或无较大调节性能的水电厂最上算，远比修有大水库的电厂有利，因为它们既可以降低投资，又可以利用汛期大发廉价电能竞价上网，到枯水期则担任调峰，甚至放假休整。电网又如何应付这种局面呢？

（3）为了保证高质、安全地供电，电网必须随时调峰、调频、调相，特别在发生意外时，更要紧急启动备用机组，以免电网瓦解。这些调峰、调频、调相，特别是备用机组利用小时很低，发电量很少，尤其是紧急备用机组需长期处于待命状态（对某些火电机组更要求处于热备用状态），所有这些都不适用常规的市场机制、竞价上网的方式来解决，而它们却对保证供电的质量和安全起有决定性作用。由此可知，不宜将电厂全部与电网脱钩，电网不能出于卸包袱的心理甩开电厂。对于电网结构薄弱的中国来讲，这点尤其重要。

（4）有的同志认为，只要把现有电厂划分为属于几个大致相等的发电公司中，就可解决问题。如果这些独立发电公司是以地区为准组建的（如东北发电公司、华北发电公司……），则在该区内它仍是垄断性的。如果这些发电公司所属电厂都有大、有中、有小，有老电厂有新电厂，分散在全国各地，又如何进行有效的管理和提高呢？目前全国大小电厂产权情况复杂，又如何选配到一个公司中去呢？现在已有一些大的独立发电公司，多为流域性的水电公司，如二滩公司、三峡公司，要充分吸纳其电能，发挥最佳作用，有赖于国家协调和电网调度配合，也不是完全用市场竞争就能解决的。

我们的看法是：电网必须垄断经营，销售端也未必非多家竞争不可。即使在发电端建立和实行电力市场和竞价上网机制也只是一个原则，绝不是像农贸市场那样自由开价，择低选购，而必须在国家的领导下，以全国、全网、全民的长远利益为准，深入研究情况、分析矛盾、制定相应的政策与措施，建立严格的法规与守则并切实执行，才能保证电网的优质安全运行，为国家发展和人民生活水平的提高带来最大的效益。在电力市场的建立和调控上，政府的政策、行为起着十分重要的导向作用。放弃这些职能，听任市场自流，是不负责任的。

二、电力行业的改革应促使电力工业向良性循环发展

上面所讲的是电力行业的普遍性问题，对于中国来说，还要考虑中国的国情和特点。

必须注意，中国是一个发展中的社会主义大国，其电力工业有特殊的情况和迫切的要求，这和发达的西方国家或发展中的小国都不同。

（1）尽管在过去的 50 年中，中国在电力工业上取得了举世瞩目的进展，电力装机和年发电量已列世界第二，但电力供应水平仍十分低下。人均装机不过略多于 0.2 千瓦，人均用电不足 1000 千瓦时/年，只为发达国家的十分之一甚至几十分之一。中国

要在今后三五十年中实现第三步战略目标，彻底摆脱挨打受欺的局面，电力必须有更大的高速发展，全国装机至少应达到 16 亿千瓦。如按这个目标来发展，加上必需的更新换代，今后每年新增容量应需达到 3000 万～5000 万千瓦，这样巨大、紧迫的建设要求是其他国家少有的。要完成这一任务，是十分困难、艰巨的。

（2）中国幅员辽阔，各地区的资源蕴藏量和经济发展水平有巨大差异，必须全国通盘考虑，合理配置资源，长距离输送电力，才能最优的解决问题，决不能"村自为战""人自为战"，不顾大局。

（3）中国的能源资源有限，石油、天然气尤其匮乏，不宜用来发电；水能集中在西南，开发条件艰苦而当地经济又较落后；煤的资源集中在北方，要进一步利用煤为动力源，必须解决好污染与运输问题。这些问题也都只能在国家层次上来解决。

（4）中国的科技水平总体较低，电力工业也不例外，需要全力发展科技来改造电力行业。而目前对科技的重视与投入是远远不足的，可以说，缺乏后劲，亟待改进。

（5）由于历史原因，中国现在的电力体制还是"诸侯经济"模式，许多地方实行的不是"法治"而是"人治"，也亟待改变。

上面这些情况构成影响中国电力健康、快速发展的深层次问题。简单说，就是如果因循守旧或掉以轻心就有陷入恶性循环的危险。所谓恶性循环是指：由于电力供应水平、科技水平和效率的低下，电力无论在规模上和价格上都不能满足国民经济和人民生活水平提高的要求，制约了国家经济实力和综合国力的增长，从而国家不能以更多的资金投入电力结构的改造、科技的进步、环境的保护、清洁再生能源的开发等重要环节上来，无法解决一些深层次的问题，被迫只能应付一些燃眉之急的要求，搞一些短期行为，追求一些眼前效益，最后就更加剧了电力工业的困难与问题，这就形成了恶性循环。中国电力工业的改革其目的是要解决上述问题，力求步入良性循环道路。

分析现在提出的各种改革方案，似乎都致力于探讨政企分开、打破垄断、竞价上网一类问题，这些无疑是正确和应该进行的，但这些显然都不是改革的目的。我们建议在研究和确定改革方案时，要与我们的最终目的联系起来考虑。改革的方案应有助于电力工业迈上良性循环发展道路，如果对之有不利影响，一定要重视、解决。我们认为，中国电力改革的成败应该以下列条件为考核标准：

（1）电力改革应能促进电力工业的发展，做到电力先行，促使每年有 3000 万～5000 万千瓦新容量投产，充分满足市场需要，改善投资环境、拉动经济前进。反之，如果电力不能先行，甚至又走上开三停四、拉闸限电的缺电道路，那就根本谈不上什么打破垄断和开展竞争。由于中国经济发展速度快，处理不当，出现电力短缺的现象是很有可能的。同样，由于中国电力建设的任务十分繁重，现有的规划、勘测、设计、施工的力量都是宝贵的财富，并不是什么"副业"和"包袱"。

（2）电力改革应能促进电力结构的改善，使其趋向合理和优化，而不是相反。在全国范围内要实现资源的最优化配置，这包括水、火、核的合理配置、促进西电东送、淘汰落后的机组、开发新能源、加强电网建设等，绝不能导向为追求经济效益而搞短期行为。

（3）电力改革应能大大减轻环境污染，做到可持续发展。我国的工业化远未完成，而环境污染已到了不可容许的程度，其中燃煤发电是一大污染源。今后电力还要大力发展，煤炭仍为主力，电力改革必须能减轻环境污染，为子孙留下一片干净的土地与天空，也为世界环保做出贡献。否则，不仅使我国的能源发展难以为继，也将为国际社会所不容。

（4）电力改革应能大力促进电力科技的发展，大力增加科技投入，依靠高科技和技术创新，从根本上改变我国电力科技落后的面貌，解决电力发展中存在的矛盾与困难。如果只热衷于将电力体制分割解体，而将科技开发——特别是有前瞻性、公益性的研究视为包袱予以卸除的做法，将犯下历史性的失误。

（5）电力改革应有助于打破地区垄断和"诸侯经济"，有助于废止人治，建立法治，有助于层次简化、管理高效和取得电价下降的成果。不可讳言，我国目前的电力体制中存在严重的地区垄断，地方官说了算的情况，应该通过改革实现全国一盘棋，打破地区垄断，废止人治，建立严格的法治体制，并应通过改革大大简化机构，提高效率，降低电价，给用户及人民以实惠。如果改来改去，层次更多，关系更复杂，办事更困难，官员领导数量更增，电价不降只涨，则不论改革的道理如何正确，只能认为改革是失败的。

我们的看法是：电力体制的改革是必要的，但改革模式的选择，应以解决目前电力工业还存在的一些深层次问题为目的，以促进电力工业的可持续发展为前提，以是否能真正实现资源的优化配置和高效利用，是否有利于提高电力企业的管理水平和效率，是否有利于提高服务质量为检验标准。

我国的电力工业并非漆黑一团，电价水平也低于国际平均价格（各别农村地区的高电价是不正常的，通过合理改革完全可以降下来），在问题没有摸清以前，改革的步伐还是稳妥一些为好，按照小平同志"摸着石头过河"的精神，一步一个脚印地前进，一切通过试点，比较利弊得失后再行决策，以免重犯过去急于求成、朝令夕改的失误。

走出误区，探讨正确的电力改革之路

近年来，一些同志对电力体制改革问题发表了许多看法，但其中电力行业的专家并不多。这恐怕不是他们没有见解，而是怕被戴上"反对改革""留恋垄断""要保护既得利益"的帽子。有关方面在研究、拟具改革方案时，也把电力部门排除在外，理由是：他们不会自愿退出垄断经营，必然反对改革。这种做法是不利于探讨问题，发扬民主，正确决策的。因此，不揣冒昧，将个人一得之见坦陈于下，以供参考。

我读了不少讨论电力改革的文章，窃以为有一些认识上的误区，难以苟同，而且如不加以澄清，极易起误导作用，本文就想讨论这些原则问题。

（1）电力公司既然是企业，必然要搞企业行为，追求最大利润。

我认为电力公司不应是营利性企业。

众所周知，电力行业是最重要的基础产业，为所有的工业、农业、第三产业提供动力，直接影响人民生活，是国民经济的命脉。因此，它具有极强的基础性和公益性，不同于一般企业。任何国家的政府都不会允许电力公司自由定价，追逐高利，都要对它进行一定的控制。

作为社会主义国家的电力公司，更应该是服务性、公益性企业，其任务和目标应该是尽一切可能，向社会提供充足的、优质的、安全的、最低价格的电能，以满足各方所需。电力公司不能以追求最大利润为中心任务，甚至称其为非营利性行业都无不可。

当然，电力公司要讲究经济效益。那是通过加强管理、提高科技水平来降低成本，目的还是降低电价和维持企业的正常运行和健康发展。对于新建工程，还有一个给投资者适当回报率的任务，以促进电力工业的发展。这和一般的企业有本质上的区别。

同样理由，国家不应把电力公司视作纳税大户，应课以轻税，使电价尽量降低，推动经济的全面增长，而在下游取得十倍的利税，这才是聪明的做法。

（2）所有的垄断都是坏的。中国的电力行业高度垄断经营，必须分拆，打破垄断。

世界上没有绝对的坏事。电力改革是手段不是目的，不能不问情况，"逢垄必反"，盲目分拆。

电力行业在客观上是一种自然垄断产业。只有规模化、网络化地垄断经营才能出现最高经济效益，才能有保证地、安全地提供优质、廉价电能，才能体现国家的意志、符合长远的目标和人民的利益。对于中国这样一个发展中的社会主义大国，尤其重要。

法国的电力行业大概是垄断性最强的了。按照垄断是万恶之源的理论，法国的电力应该是搞得惨不忍睹了。事实却是：法国的电力系统强大，电价是欧洲最低的，已经占领了"打破垄断"的英国的电力市场。法国电力公司总裁（前法国经济部长）阿

本文刊登于 2001 年 8 月 26 日《中国电力报》。

尔方德里说:"法国电力如果不靠垄断,今天不会有 80%的核电,不会有世界上最标准化的电力工业,也不会有欧洲最低的电价"(引自谢绍雄:"我对学习发达国家电力改革经验与教训的看法"一文)。同样的情况在巴西也可看到,巴西全国无煤、无油,从国家大局看只能靠水电和核电。巴西的政治家看准这一点,牢牢把握发展方向,建成以水电为主、核电为辅的电力系统,解决了国家电源问题。不依靠国家的力量和垄断性经营,搞自由竞争,能走上这一道路吗?中国今天能源上的深层次问题远比当年的法国、巴西要多、要重,这种经验值得深思和参考。

(3)竞争可以解决任何经济问题。

这一论调可称为"竞争万能论"和上面的"垄断万恶论"是配套的,即一切垄断都是坏的,一切问题靠竞争就能解决。

我的看法是,在某些情况下垄断不是坏事,竞争更不是医治百病的灵丹妙药。

中国人思想上的毛病大概就是容易把复杂的问题公式化、简单化,热衷于"一"。从当年的"一面倒""一窝蜂""一刀切""阶级斗争一抓就灵",到改革开放后的"一包就灵""一竞就灵"。这是违反党的"实事求是"和"具体问题具体分析"的精神的。

我国民航业的"价高质次"是"有口皆碑"的。为了打破垄断,成立了多家公司(甚至一省一家)。后果如何呢?除了增加了更多的人员和亏损外,并未见到票价降低和服务质量的改进,现在又酝酿合并。可见,一定还存在深层次问题。不从根本上解决,光靠分拆成几家公司来竞争,是不解决问题的。像电力这样的基础性产业,是经不起轻率地改来变去的折腾的。

中国电力行业的问题,可以分为两种类型。一种是深层次的,如发电、输电容量不足,电网脆弱,科技水平低落,电力结构不合理,发电引起的环境污染严重,省间壁垒难以打破等。很显然,这类问题只能依靠国家的宏观控制、引导来解决,而不可能通过竞争来解决。有的人认为,实行市场经济后,电力市场必然永远是买方市场,不会再出现电力短缺,许多问题都会迎刃而解。这是没有事实根据的。相反,低级无序的竞争只会使某些问题更加恶化。值得注意的是,许多谈论电力体制改革的文章都热衷于对现有的一些资产的产权、组合、竞争议论不休,对上述重大问题完全不提。

第二类问题则是为人们直接感受到的,如电力部门服务态度差(电老虎)、以权谋私、不讲道理,农村电价奇高、上网不公等。其实,除上网问题外,这些缺点都出现在最下游的销售服务环节,特别在县、乡一级。后者实际掌握在地方上,黑锅却要整个电力系统来背,是不公平的。纠正这些缺点(包括上网问题)最有效的办法是厉行"法治""透明作业"和加强政府及人民的监督权力,比用"竞争"的方式要有效得多。

(4)西方国家电力体制改革已搞了多年,有成功的经验可为我所用。

西方国家电力改革中的经验和教训,是可贵的参考资料,但绝不能迷信、盲从,认为西方做的就是对的,就可以搬到中国来用。

首先,到目前止,西方的电力改革并没有找到一个公认的最好模式,英国与法国不同,美国和日本有别,同一国家里也有多种模式,而且都不成熟,还在不断变化中。改革成果也成败互见,问题多于成绩,甚至由于"改革"引起了大事故。

更重要的是,中国国情与西方完全不同。欧美发达国家人均拥有二三个千瓦的电力，人均年用电量达一万几千千瓦时，是我国的十倍乃至十几倍，他们的电力规模是过剩的。我国到 21 世纪中叶，至少应装机 16 亿千瓦，现有 3 亿千瓦是半个零头，而且还要退役一大部分小机组。所以平均每年至少应增加 3000 万千瓦的容量才能满足发展所需。如何筹措资金，保证建设进度，是个大问题。我国幅员辽阔，资源分布及经济发展极不平衡，也没有大量油气资源或可用大量外汇购买油气发电，需要在全国范围内平衡，水、火、核配合，远距送电，合理统调，全国联网。我国电源以煤电为主，有严重的污染问题，必须解决，要大力开发资金集中、工期较长的水电、核电、新能源和发展清洁煤技术。我们的科技水平低下，难以解决发展中的各项问题，缺乏发展后劲，必须大力增加科技投入……凡此种种，都与西方国家不同，和一些小国相比更有天渊之别。认为照抄西方某一国家的某些做法进行改革，就可以依赖市场经济行为自动解决上述问题，乃是空想。对中国的电力行业来讲，政府行为（政策、导向、控制）绝不能放松，否则必会发生严重后果：那就是大家追逐自身利益、搞短期行为，严重影响水电、核电、新能源和清洁煤技术的发展，使电力结构愈趋于不合理，资源无法优化配置，使环境污染问题更趋严重，使科技得不到超前的发展，甚至回到严重缺电、停三开四的局面。那时什么竞价上网、优化结构、降低电价等许诺都会成为一句空话。实际上，在国内召开的一些电力体制研讨会上，一些外国专家倒是正确地指出他们体制中的问题，而且认为，按照中国国情，解体分散并不是好的模式，更不是当务之急。

（5）输电网相当于高速公路，只要收取过网费，不必参与更多的活动。

有的专家除了建议将电力行业在纵向分割成"发电""输电""配电""售电"几大段外，由于"输电"环节不能实行竞争机制，又提出电网相当于高速公路，只要收取过网费，不必管其他的事，希望以此来消除垄断经营的影响。这种说法，几乎是对电力运行性质的无知。

高速公路的管理部门是不必理会来往车辆运载的是什么货物、货物是从哪里买来、销往何处，是否会积压或不敷市场要求。他们确实只要按章收费就是。电网也是这样的吗？

众所周知，电力的生产、输送、分配、销售和使用是在每一瞬间平衡的。电网面对着众多不同性质的发电公司和发电厂，面对着千行百业的用户，面对着瞬息千变的负荷，面对着随时可能出现的事故，必须拥有现代化的调控手段、强大的调峰调频容量、足够的备用设备才能进行科学调度，使各电厂位于最佳的运行位置，发挥最优的综合效益，向用户提供可靠的、优质的和廉价电能。它是高速公路吗？如果西方国家有些电网由于发输电容量强大、充裕，市场机制完善、透明，技术手段先进、可靠，加上供电范围有限、电源简单，可以摆脱电厂运行的话，对中国来讲是不可行的，否则，可能发生灾难性事故。当然，若干大用户可以选择有关电厂订立销售合同，在电网上过网。但就是后者，也要纳入电网的统一平衡计划中。

值得注意的是，有些电力部门的人也赞成电网、电厂彻底分开的做法，认为这样可使责任分明，以后电网发生瓦解事故就由不执行调度的发电公司负责。这似乎有些"甩责任"或"负气"的味道，并被另一些人指责为"迹近讹诈"。电网瓦解的后果是国家、企业、人民受损，追究谁的责任都没有用。而且我相信发电公司一定能找出一百条理由辩护。我认为：大家既不能负气，也不要指责别人搞讹诈，一切从中国国情出发，以全局利益为重，认真探讨一下电网是不是高速公路的问题以及电源和电网的关系问题。

（6）电力部门在改革中要主、副业分开，将副业剥离出去。

这里的所谓副业，如果指电力部门兴办的第三产业，上述提法是有道理的。但有些同志的心中，把规划设计、科学研究和施工安装等都作为副业，就值得斟酌了。

考虑到中国电力行业今后的前期工作、建设任务和科研任务无比繁重，责任巨大，影响深远，电力系统的规划设计、施工建设、科学研究等领域都应是主业中不可缺少的部分，并不是什么副业。

承认这些领域是主业，并不意味着要把这些单位的人都养起来吃皇粮。毫无疑问，他们都应该遵循国家的政策进行改革、改制，增强活力，走向市场。但作为上级单位（如目前的国家电力公司）必须关心支持他们的改革，调查了解他们的困难，帮助解决历史上和新出现的问题，不能采取一放了之、一改了之的甩包袱态度。前期工作中的政府行为部分，科研工作中的基础性、前瞻性、公益性部分以及施工等单位历史上遗留下来的包袱，上级单位应名正言顺、理直气壮地给予支持解决，或请求国家支持解决，切莫听某些专家的意见，把全部精力都放在能营利的部门上去，这才能调动最广大电力职工的积极性，凝聚成一支强大的队伍，夺取电力大发展的全面胜利。

以上提出了六个问题，我们还可以列出其他的较次要的问题，为节省篇幅就不赘述了。如果我对上述问题的看法有正确之处，则是否可以认为：电力企业并非纯粹追逐利润的行业，应该区别对待；电力是自然垄断的行业，垄断并非总是坏事，不宜单纯为了打破垄断而纵横切割，无序竞争；中国的电力存在两类性质的问题，其中深层次的问题最为严重，须加强政府的控制、导向和实施正确的政策来解决，盲目的竞争只会使问题更加恶化；一些表层的问题可采取加强法治、增强透明度和加强政府、人民的监督行为来解决，更为有效；中国的国情与西方国家有本质区别，搞电力改革要充分考虑国情，不能照搬西方的某些做法，何况西方的所谓电力改革也不成熟，也不一致，失败的例子很多；电网不是高速公路，担负着极复杂和重要的调控、经营任务，为保证安全、优质、廉价地供电，电网只能加强，不能削弱和瓜分；电力行业中的规划设计、施工、科研都是本行业中的主业，既要促进这些部门的改革，更要关心、支持他们，解决他们面临的困难。总而言之，鉴于电力是国家最重要的基础产业并具有特殊性，电力改革是个极为复杂的问题，加上中国国情特殊，所以要特别慎重地进行。要多听取各方面特别是不同的声音，要进行更深入的研究，进一步摸清情况、问题，拟出合理可行的方案，再慎重决策。在此以前，如要推行一些设想，应先局部试点，一切根据试点实践再作结论。不宜事前定调，用行政手段推行，以至事与愿违，陷入被动。我虽系电力职工，但年逾古稀，为日无多，不存在"留恋垄断""维护既得利益"的嫌疑，只是对目前的一些议论、做法心以为危，故敢于披沥直言，如有关部门能考虑一二，则电力幸甚，国家幸甚。

在电力投资体制改革专家研讨会上的发言

中国的电力工业面临着发展和改革两大挑战。经过 50 年的艰苦建设，到 20 世纪末，全国装机达到 3.2 亿千瓦，发电 1300 亿千瓦时，位居世界第二。但按人口平均计算，仍处于较低的水平。中国的经济发展一直保持着较高的速度（约为 8%），预计将保持较长时期的高速发展。"十五"期间电力发展的速度约为 6%，需投产 9000 万千瓦，需投资约 9000 亿元。

另外，中国电力还面临着体制改革的挑战，要从计划经济时期国家统办、垄断经营的模式走向开放和市场化经营。具体的方案还未最后落实，大方向是打破垄断、引入竞争。具体的做法是政企分开、多家办电、一家管网、厂网分开、竞价上网等，这也是多数专家所肯定的。我认为电力行业的改革需要适应国情，慎重进行，因为它会影响到社会各个方面。我觉得一些讨论电力改革的文章对改革的目的、国情、合适的改革方式、可能引起的问题及如何解决等不够关注。在改革过程中必然会出现各种问题，如果不考虑好会带来严重后果，如电力投资问题就是其中之一。我认为改革是否成功应该看它是否促进了电力工业的发展，降低电价、提高供电质量、是否有利于解决深层次的问题，形成良性循环。由于电力行业的特殊性和中国国情，我们的电力改革不能简单地打破垄断、实行竞争，不能单一实行市场经济，必须把政府行为和市场运作科学地结合起来，在政府的全面规划、宏观控制、政策导向下进行有序的体制改革和适当地引入竞争，这才是正确的做法。

解决电力投资问题，我认为也应遵循同样的方向，不能完全依靠竞争和市场机制来进行。下面我具体说几点意见。

第一，关于电力投资者的投资意愿，投资者总是要考虑回报率和风险性。一般来说，电力投资不会有过高的回报率，但风险也较小。所以投资者是愿意投资于电力的。但是实行竞价上网使得新建电厂的回报率得不到保障，而风险又大大增加，使得投资者裹足不前。这个问题可否通过市场行为来解决呢？就是通过电价上涨来吸引投资，我认为这不可能，理由如下：①政府不可能放开电价不管；②电力建设投资集中、工期很长，等局部出现短缺之后再来建设会对国民经济和社会发展造成严重恶果。我认为电力发展还应在政府指导之下，有规划地进行。国家可以根据新厂上网的类型实行保护电价。保护电价也不是无限期的，等电厂建成以后若干年再让其进入竞争。我认为在中国竞价上网没有很大作用，只有这样做才可以激发投资者的投资意愿。

第二，如何保证水电、核电、可再生能源以及结晶体的发展。从国家的长远利益和可持续发展的要求看，这些是必须发展的，否则，深层次的问题越来越严重。另外，这些建设又都是投资极大、工期很长、关系复杂、经济效益很差的工程。如何解决这

本文是 2001 年 8 月 30 日，作者在电力投资体制改革专家研讨会上的发言。

一矛盾？我认为要靠政治家的高瞻远瞩和大手笔来解决，市场经济无能为力。以水电为例，我认为我们可以走的道路如下：①成立开发机构，国家给予它开发的权利和责任；②给这些机构足够的权利；③对开发水电实行倾斜政策，包括融资、还贷、投资的分摊、税收、保护电价等多种支持办法。总之，水电没有国家的支持是难以发展起来的。

第三，电网建设问题。过去我国重视电源建设、电力销售这两端，以致我们的电网脆弱、城网落后、农网就更差了。改革开放以来，有所改变。尤其是近几年，国家大力抓电网建设和两网改造，取得了显著的成绩。但是，电网建设和发展的任务仍然非常艰巨，需要巨大的投入。现在的电网建设只能由需电部门（电网公司）来承担。最近国电公司销售额同比增加了 12.2%，而利润下降了 12.1%。因为它的财务费用很高，其中大部分是电网改造等基建费用和长期监管的利息、折旧等，这里还未涉及电网投资的来源和还贷问题。要解决这一问题，我认为有以下两点：①我国的电网加强和改造工作是否要做？②如要做，投资来源如何解决？对于第一个问题，大家没有异议。对于第二个问题，国家应该给予电网公司政策支持，如可以动用专用的国债、基金、出口信贷以及银行政策性贷款等。并且，这些投资应计入输电的成本。这样是否会提高电价呢？肯定会有影响，但也只能这样解决。但是，我认为对农网的改造投资不能完全在电价里收回。我的意见就是这些，供大家讨论。

对电力体制改革的若干建议

一、防止电力建设的发展与国民经济增长需求不协调

建议国家授权并责成国家电网公司（以下简称国网）调查分析全国及各省、区、市及各行业、人民生活的电力需求增长情况，做出尽可能符合实际的预测，提出电力电量平衡规划和电源、电网的建设规划（包括近期及中期），并进行动态跟踪，定期滚动调整。此规划经国家审定后作为各发电公司及电网的建设指导性文件。国家综合部门在审批建议项目时，据此进行宏观调控，使电力建设与经济增长、人民生活水平的提高相协调。

二、防止电源建设追逐利润，搞短平快项目，违背国家的环保国策

（1）建议将电源项目分为常规（燃煤、燃油气为主）电源与政策性电源（大水电、风电、新能源、清洁能源等）两类。国家对常规电源中的小火电、油电、气电、购买进口油气发电等项目从能源安全和环保政策出发，制定限制法规（包括环保要求），严格审批。对政策性电源开发制定合适的扶植政策，进行导向。

（2）鉴于大水电开发有投入集中、工期长并牵涉淹没、移民和综合作用等问题，协调困难，而且中国的水电洪枯期出力、电量悬殊，难以全由水库调节解决，必须放在大电网甚至在全国范围内平衡安排才能发挥最佳作用，并可提高电网安全和电能质量，故建议成立国家水电开发（投资）公司，将国电现拥有的水电资产划入，直属于国电。由国电代表国家进行规划、投资、建设、运行（包括大型抽水蓄能电站），以体现国家总体利益。这部分电力电量允许以上网平均电价（或略高一点）优先吸纳。其他风电、新能源发电、生物质能等政策性能源也有类似情况，可一并纳入其中。

三、促进电力科技迅速发展，为今后电力建设、运行提供后劲

（1）建议国家规定：各电力企业必须提取总销售收入的一定比例作为科研发展基金（允许列入成本），在国家指导下有规划和适当集中使用，不得扣减，不得移作他用。

（2）建议将科研内容、项目分为两类，第一类是战略性、前瞻性、公益性、应用基础性和共性的研究；第二类为开发性研究。国家经过详细调研，将科研基金按比例划分（可视情况滚动调整）。

（3）属于第一类的科研基金，集中由国网掌握，研究解决全国性、深层次问题及政策性电源开发问题。在科技部、计委等部门的参与协助下，制订长远科技发展

本文作者写于 2002 年 4 月。

规划，确定项目、经费，通过适当地择优，下达有资质的科研院、所、校签订合同进行。

（4）属于第二类的科研基金，属于电网和政策性能源范畴的由国网公司掌握使用；属于常规电源的，由各发电公司掌握使用（最好组成联合基金委管理，以免重复），原则上按市场规律竞争择优分配使用，做到公开、公正、公平。

（5）建议保留国家级的电力、水电研究院，挂靠国网（水电研究院可与水利部共管）。这些研究院的业务和人员也分为两类，承担第一类任务的研究所和人员由下达的战略性研究任务经费运行，不参与市场竞争，但必须如期提交成果。承担第二类开发性任务的研究所和人员面向市场，通过开发的产品、成果运行。

（6）其余国有研究所，也分为两类，或由国家拨款进行工作，或进入市场，并入企业。

四、使前期工作能正常进行，施工企业能公平竞争

（1）将电力建设前期工作划分为政府行为和企业行为两部分。属于资源普查、全国性和流域性规划、电源选点、预可行性研究等性质的任务属于政府行为，由国家拨款，列入预算，按年度拨交国网，下达给电力、水电两顾问公司集团，再由他们根据情况分配给下属设计咨询公司承担，签订合同进行。此类项目在明确业主、立项建设后，国家已支付的前期费用，可以回收部分专项滚动积存，使其用于扩大开展前期工作（如业主已明确，也可由其负担一部分此类任务的费用）。

（2）立项以后的后续各阶段设计任务由业主负责前期费用，并由业主与设计咨询公司签订合同执行，在有正当理由下，业主并有权择优更换设计单位或重新划分设计工作由不同单位承担。

（3）建议将现有电力顾问公司和下属各设计咨询公司及水电顾问公司和下属各设计咨询公司组建两大顾问公司集团，由计委领导，业务上接受国网公司指导。国家授权电力和水电两顾问公司负责承担、协调政府行为部分的前期工作和代表国家进行上属范围内的审查工作。其余各设计咨询公司作为两顾问集团公司的子公司进行企业化改造，进入市场。

（4）不属于上述两集团公司的有资质的设计咨询公司有权通过公平竞争取得承担具体项目的设计任务。

（5）所有施工企业现均已企业化，但由于历史因素，各企业的条件、负担、资产有很大区别（例如基地、设备、资金等），实际上处于不公平的起跑线上开展竞争。建议国家对之作过细调查分析，对一些特殊困难的企业给予一次性补助或解决某些历史问题，以便真正公平竞争。

五、解决电力企业的社会负担

（1）国家对历年积欠的数百亿元电费进行专门清查，凡有能力偿还而故意拒交以取利的，责成限期或分期归还，否则停电。凡因历史或其他原因确实无法清偿或无法全部清偿的，明令豁免全部或一部欠费，豁免部分作为国网上缴国家的利润并退回已交的税金。

（2）清理积欠后，如再拖欠电费的，电力行业有权停电（少数保安用电可例外），宜制定法令明确，地方政府不得行政干预。

（3）由于各种原因，电力行业必须以低于市场价格供电的用户（农业排灌、特种企业和其他用户），由国家审定并明确电价，其电费与市场价的差额部分作为国电上缴国家的利润处理（即实质上由国家贴补差额），以如实地反映国电经营情况和效益。

（4）由于紧急情况（如防汛、抗旱）以及国家特别需要，要由国网紧急支援，国电应无条件执行，如事后无法收回费用或造成重大亏损的，也作为国网上缴国家的利润处理，以照公允。

（5）小水电和其他电源上网电价，按同质同价、同网同价的市场规律，并适当照顾的原则，由双方协商、签订合同执行。

应该注意电力体制改革中
可能出现的问题

我国电力体制改革方案已经国务院批准。厂网分开，电网方面成立国家电网公司和中国南方电网有限责任公司，电源方面成立若干个发电公司竞价上网。今后输电和销售还将分开，按照市场经济规则运行。中央的决策，我们一定坚决贯彻。

电力工业是国家的命脉性行业，长期以来，规划、建设、运行、销售、科研、投资及回收都在国家统筹下进行。这次是重大改革，所以，应对可能出现的问题未雨绸缪，进行深入研究，采取有效对策，以免影响国民经济的健康发展与社会的稳定，更要防止陷入更深层次的恶性循环之中。

为保证改革取得预期的成果，建议对改革中可能出现的问题抓紧进行研究：

1. 防止电力发展不能满足国民经济发展需要

我国在今后较长时期内经济都将保持较高增长速度，人民生活水平也要大幅度提高，电力发展必须与之相适应，而且应稍保领先，才能营造竞价上网条件（我国发电能力与最高负荷的比值是远低于发达国家的，稍有变化便左支右绌）。为满足需求，近期全国每年新投产容量总要在 1500 万～2000 万千瓦，今后更多。过去国家和各省区电力电量平衡都由政府掌握规划，及时兴建电站电网。出现失调情况或苗头时，立刻采取措施。改革后分为许多单位，实行市场调节，供需失衡要通过市场才能暴露，一旦出现缺电局面，不但影响国家发展大局，使竞价上网成为虚话，也必然引发短期行为，干扰国家能源政策大局。大型水电、核电站的建设周期很长，投入极大，即使是大型火电也要三四年建设周期，还不计规划设计和燃煤及运输规划。特别针对我国富裕容量很少的情况，缺电局面一经形成，短期内难以解决，后果将是严重的。

2. 不能影响我国电源结构的优化和违背国家最大利益

从国家长远和整体利益看，我国需要因地制宜水、火、核并举，全国联网、统筹调配，务使电力结构走向优化，减轻环保压力，更不能盲目进口油气发电受制于外人。这些需要政府宏观政策导向才能实现。发电侧改组为几家公司进行竞争，作为企业必然以获得最大利润为目标行事，可能会出现搞短平快、上小机组的情况，后果值得研究。特别是目前国家为贯彻西部大开发战略，正在大力开发西部水电，通过全国联网远送东部。这些项目投资集中、工期长，具有防洪、供水等综合效益也有移民等复杂问题，协调非常困难，目前在国家调控下主要靠国家投资组建。而且以后的西电开发任务更重。希望在改革中，国家采取妥善有效的措施、政策和安排，务使刚刚启动的西电东送工程不受影响，而且能进一步加快西部大水电、新能源、清洁能源和必要的核电开发，确保继续优化电源结构，改善环境。

本文是作者在政协九届五次会议上提交的提案，这个提案得到 15 位政协委员的支持并联合署名，刊登于《中国能源》2002 年第 4 期。

3. 抓紧建立电力市场监管机制

电力体制改革后，电网、电厂、销售商、用户都进入电力市场，各自都要追求自己的利益。电力不同于其他商品，带有一定的垄断性。为公正地按市场规律运作，必须建立电力市场运作规则和权威的监管机构。今后国家还可视需要授以其他权力。

4. 建议重视电力科技进步，保护科技力量

我国电力行业规模虽已居世界第二，但在基建、生产、运行控制、设备制造等各方面的技术水平都落后于发达国家，存在许多深层次问题，包括效率和环保问题都有待解决，否则缺乏发展后劲，不能形成可持续发展的局面。改革后，科研将以企业为主体，这也是大方向。但是，有关战略性、前瞻性、公益性、共同性、基础性的研究企业恐难承担，而这些研究是万不可丢的，必须有人做，必须给皇粮，而且应让他们吃饱。岂有拥有三亿多千瓦容量的中国电力界养不起这一点科技人员的道理。国家级的科研院应保留，骨干队伍应加强和成长，改革只应使科技事业兴旺发达。要防止出现人员星散资料佚失现象，绝不能使电力科技投入更少，水平更形落后，形成恶性循环。

5. 抓紧前期工作，保留施工力量

我国电力建设的任务十分繁重，预计今后数十年中我国要兴建十多亿千瓦的巨型火电、水电、核电站和相应的变电输电工程，这是世界上任何国家都没有的。所以对电力的规划、勘测、设计、施工等单位的安排要给予重视，这些队伍是经过几十年、几十个工程锻炼出来的专业队伍，不能简单地以"企业化"和"走向市场"两句话处理之。否则，队伍将溃散，人才将流失，前期工作、建设质量恐难以保证。有的前期工作属于政府行为（如江河和巨型电源的开发规划），关系国家利益，国家更要管，要投入。走向市场的部分，也应实事求是地解决许多单位的历史遗留包袱，并规范市场行为，做到真正的公平竞争择优选标。并按国际通例照顾国内企业，防止国内有力量承建的工程也都交由外国公司承包。

6. 解决电力企业的社会负担问题

我国的电力企业并不是纯粹意义上的企业，它承担着许多社会责任或国家指定的任务。例如要用大量的廉价电能支援农业的抗旱排涝，有些省区必须用低价电进行高扬程灌溉。某些高耗能产业要依靠廉价电维持生产，特别对一些困难省区的某些行业要给予特殊照顾。在汛期或国家有重要活动时，电力行业更必须不计代价无条件地支持防汛或有关任务。有时根本收回不了费用。

许多企业目前还拖欠着数百亿元的电费，年年追欠，年年增加，电力企业也无权停电。改革中，这种不良资产如何处理，如何防止形成更大的拖欠，如何制定合理的各级电价，都是急需研究解决的难题。

其他还有保证电网的调度与安全等问题，不一一阐述。

以上这些问题有的已露端倪，如不事先研究采取措施，一旦出现，后果将十分严重。各国政府对电力都是紧抓的，如美国有能源部、垦务局统筹大局，因此建议国家责成主管、负责部门广泛听取各方面特别是电力行业的意见，迅速详细研究，拟订妥善的解决方案与措施，报请国务院安排落实。问题未明朗前，改革步骤宜稳妥一些。否则，一旦出现问题，有关部门是难辞其咎的。

团结协作，争取电力体制改革取得全面胜利

电力工业正处于非常阶段

目前，电力工业正按照中央决策和国务院的部署，进行重大改革和重组，可以说，正处在非常时期。

中国的电力改革是在特殊的情况下进行的。

（1）中国是个发展中国家，经济正在健康、稳定、高速的发展。长期以来，电力是严重短缺的，至今才做到低水平下的暂时平衡。如处理不妥，随时会重现缺电局面。

（2）中国的电源结构和电网结构，都需要优化和改善，以做到良性循环和可持续发展。科技投入也不多，缺乏腾飞条件。

（3）中国的市场机制和法治观念都远未完善，有待培育和发展。

因此，在改革中，我们必须认清基本国情，认真调查研究，积极提出建议，采取有效措施，才能取得成功。有同志说，中央已做了决策，照办就是。我认为对待中央和国家的决定有两种态度都是不正确的：一种是阳奉阴违、不认真贯彻；另一种是不调查研究、不积极反映情况和提出建议，反正出了问题是上级的事，做一个观潮派或秋后算账派。我们要认真体会中央的精神，积极贯彻，同时做好中央的参谋，这才是实事求是的态度。

衡量改革改成败的标准

任何改革总有风险，不能以有风险而拒绝变动，也不能无视风险而盲目行事。我们不谈一些暂时或个别问题，如国有资产流失、行业利润下降、所需资金不到位、管理暂时发生紊乱、个别队伍不稳、水电开发和西电东送受影响等，而拟从较宏观、战略的角度进行分析。

究竟衡量改革是否成功的标准是什么？我认为不能看政企是否已分开、垄断是否已打破、竞争是否已形成等来衡量，这些都是手段，不是目的，而应看以下几条：

（1）电力工业能否持续发展，满足经济增长和人民生活水平提高的需要，还是又重现了缺电现象，成为制约我国发展的瓶颈？

（2）电源及电网结构是否得到优化，走上良性循环和可持续发展道路，还是又回到短期行为、破坏环境、危害能源安全之路？

（3）法制是否健全？电网能否安全科学调度？还是调度不灵、事故频繁？

本文是 2002 年 4 月，作者在国家电力公司一次电力体制改革座谈会上的发言稿。

（4）电价是否通过改革而下降，使企业和人民得到实惠，还是反而上升？

（5）科技研究是否欣欣向荣、成果迭出，全行业技术水平不断提高，还是反而萎缩？

（6）工作效率是否提高，服务态度是否改进？还是办事更难，又变成电老虎？

如果这些问题都得到正面答案，改革就是成功的，如做不到，甚至是反其道而行之，不论经济学家认为改革如何合理和必要，只能认为是失败，老百姓是不认这个账的，我们也对不起人民，辜负了中央的期望。

发扬优良传统、团结协作夺取胜利

50 多年来，中国的电力行业一直是一个整体。在国家层次有水电部（电力部、能源部、国家电力公司）统筹考虑和统一领导，全面管理规划计划、基本建设、输配供售、科技发展、规章制度，也与系统外的院校厂商有良好密切的协作关系。虽有垄断之弊，存在各种缺陷，毕竟做到了向社会提供充足、低价、优质的电能，支持了国家的发展，保证了社会的稳定。

改革以后，这种大一统的局面不复存在，大体上分解为"发电""输配"和"辅业"三大块，每大块中又分割为很多单位，并都变成企业。谁来考虑全局性的问题（例如电力的可持续发展和能源安全问题），相信国家必有妥善的安排。但如果改革后各企业都为自己的最大利润着想（经济学家说这是必然的），后果不堪设想。因此，我认为大家不能放弃自己的职责义务，必须永远保持团结协作的优良传统，必须把大局、全局、宏观效益放在第一位。我呼吁所有企业包括有关院校厂商都永远紧密联系在一起，加强沟通协调，调查研究预测电力供需趋势，结合国情提出发展规划和选项建议，供国家考虑。努力开拓资金渠道，积极建设电厂电网，包括核电和新能源，不使水电开发、西电东送、全国联网受到影响，不使优化电力结构的努力受到挫折。电网透明、公正、科学调度，电厂严格服从调度，前期工作必须有保证，科研必须得到重视，大家联合起来开展前瞻性、战略性和公益性的研究……总之，机构上分开了，思想上、行动上仍应是一体。具体采取什么形式来沟通、合作和协调，我说不上，请大家提宝贵意见。我只能总结为一句口号：发扬优良传统、永远团结协作、把全局大局利益置于最高位置、共同夺取改革的全面胜利。

不妥之处，请批评指正。

我国电力工业改革模式探讨

我国的电力工业改革处在前进的十字路口，在引入竞争已经基本达成共识之后，以哪个环节为突破口进行改革更为有利，成了讨论的焦点问题。本文通过对我国电力工业当前存在的主要问题进行分析，找出了电力工业需要重点改进的几个方面，确定了改革的重点，最后提出了以售电环节为切入点的电力工业改革模式。

一、我国电力工业当前存在的问题分析

1. 我国的电力总体供应还远远不足

我国幅员辽阔，地形复杂，水电、煤炭资源主要分布在西部地区，而经济相对发达的东部地区的能源则非常匮乏。从总量上来讲，我国虽然资源总量不少，但人均资源蕴藏量也相对较低。

尽管过去的 50 年中，尤其是改革开放 20 年来，我国电力工业取得了举世瞩目的进展，2000 年底，全国发电装机容量达到 3.14 亿千瓦，发电量将超过 13000 亿千瓦时，均位居世界第 2 位，标志着我国已经进入了电力生产和消费大国的行列。长期困扰我国经济发展和人民生活的缺电局面已经得到缓解，最近几年还在部分地区出现了电力供应供大于求的局面。面对这种情况，有很多人乐观地讲我们已经不用担心电力供应问题了，甚至有人说我们应该控制在电源建设方面投资，减缓电源建设的速度。

客观地对待这一问题，我们应该看到我国的电力供需矛盾还远未从根本上解决，电力供应水平仍然十分低下。2000 年底，我国的人均装机容量仅为 0.24 千瓦，人均发电量 1000 千瓦时/年，在世界上排位居 80 之后。这些指标与发达国家存在着非常大的差距，仅为他们的 1/10 甚至几十分之一，相当于世界平均水平的 1/10。截至 1999 年底，我国还有 11 个无电县，有 6000 万人未用上电。1998 年电能在终端能源消费中的比例为 94%，远低于世界平均水平的 17%；电煤消费占煤炭产量的比重为 42.1%，也比发达国家的 70%～80%低得多。在这种情况下，不能说我国的电力供应已经达到了高水平。

而且，前几年部分地区出现的电力供应供大于求现象的出现，很大程度上受国有大企业开工不足的影响，随着国企 3 年脱困目标的实现，这方面的电力需求将大大增加。根据国民经济规划的要求，2050 年国民生产总值要比 2000 年翻两番，届时年发电量要达到 25000 亿千瓦时，装机容量达到 5.5 亿千瓦，电源增长应该达到每年 3000 万～5000 万千瓦的增长速度，如果没有充足的能量储备和心理准备，必然会造成措手不及，再次陷入电力供应紧张的境地。

本文由彭全刚、潘家铮、吴之明合著，刊登于《经济前沿》2002 年第 10 期。

因此，电力紧缺虽然已经不是当前的主要矛盾，但是仍然长期存在，应该给予足够重视，并通过合理的规划，使电力建设得到可持续地发展。

2. 电网问题是电力工业改革的瓶颈

随着电力供应紧张的缓解，原来没有得到足够重视的电网问题就变得非常突出，成了当前的主要矛盾。由于我国在过去的电力建设中对电网建设的重视不够，形成了电网建设滞后于电源建设，发电、输电、配电设施不配套。西方经济发达国家发电、输电、配电的投资比例大体为1:0.45:0.7，而近10年来我国的这个比例为1:0.23:0.2，输电和配电的比例明显偏低。电网建设不足，导致对已建电厂不能充分加以利用，我国的大多数水电站在丰水季节还存在着大量的弃水，西部的优质水电还不能有效地输送到东部经济发达、对电能急需的地区。就在去年，我国已经全面投产的最大的水电站——二滩电站还因为电网薄弱发生电送不出去的问题。

坚强有力的电网是保证电力安全供应的重要保障，电网不够坚强很容易造成大面积的电力事故。国外、国内都曾出现过由于个别零件故障或负荷过载造成的整个电网崩溃的事例。一些省的电力局还常常会以电网输电能力不足为由拒绝接受外地的廉价电力，形成电力割据的局面，损害国家的整体利益。

1998年，我国政府已经把城乡电网建设和改造作为加强基础设施建设的重要内容，计划用3年左右的时间投入3000亿元，建设和改造全国2400多个县农村电网和280个地级以上城市电网。

这些投入虽然能够在一定程度上提高供电质量，减少线路损失，但是不能从根本上解决大范围电能优化配置的问题。我国的电网发展是从个别城市开始，逐步发展到省网、大区电网，进一步建设能够跨大区输电的500千伏电网是最紧迫的。

如果不能借三峡并网发电和西电东送的时机大力推进全国联网，电网发展的滞后不能够在近期内改变，电网问题将长期成为我国电力供应的瓶颈。

3. 供电环节的垄断销售严重制约着其他环节的改革

我国的电力工业，绝大多数时间都是在垄断的条件下进行建设和运行。1998年3月九届全国人大会议通过决议撤销电力部，开始了电力工业政企分开的改革，原来电力部担负的行政职能移交国家经贸委，行业职能移交中国电力企业联合会，企业职能由国家电力公司承担。相应的，省级电力工业管理局也将逐步撤销，省级电力公司也逐步转变为商业化运营，几个电力集团公司将全部改组为国家电力公司的分公司。经过国务院批准的"厂网分开，竞价上网"的试点正在上海、山东、浙江、辽宁、吉林、黑龙江6省市进行。

在近几年的电力工业改革中，成果最大的是发电上网环节的竞争。这主要因为二滩、华能等独立电力企业的出现，它们由于承担着还本付息的压力，努力通过各种渠道扩大售电量和提高售电价格。而输配售电各个环节的从业人员仍然没有改变自己属于政府官员的意识，他们掌握着定价的权利，从一定程度上削弱了竞争的力度。

从理论上讲，这种从发输配售一系列环节中的上游开始，逐级向下推动的成本控制方法的效果是有限的，因为上游的成本单位无法控制下游的低效率，而从下游出发控制成本，则可以层层向上推进，直至源头对发电成本的控制。我国著名制造企业——

海尔公司的零缺陷生产法，就是由下一生产环节控制上一生产环节的生产质量。大量的研究已经表明，售电环节是不具有天然垄断性的，在售电环节引入竞争，可以推动其他环节的竞争。

正是由于在售电环节的垄断，各供电局只是作为省电力公司的一个下属机构，没有成本意识，要建立合理的电价体制就难上加难。电力用户只是电价的被动接受者，没有任何选择供电方和供电合同形式的权利，尤其是作为电力消费大户的工业用户，没有选择供电方的权利，也就丧失了控制自己用电成本的机会。

当然，由于电力工业的长期垄断经营，存在的问题是非常多的，在此不进行一一列举，笔者认为以上 3 个方面的问题是最主要的，同时，电力改革也应该针对上述 3 个方面有针对性地展开。

二、我国电力工业改革的重点

我国的电力工业改革是一个复杂的系统工程，需要在国务院的统一领导下，有计划、有步骤地逐步展开。在学术界的讨论中，也有很多专家提出见仁见智的方案，并为我国电力工业的未来描绘出了美妙的蓝图。绝大多数的专家都主张汲取发达国家的改革经验，对电力工业实行市场化改革，尽可能地将各个环节都推向市场，不能够市场化的暂时保持政府垄断，在时机成熟时再推向市场。

十五届五中全会《决议》指出了电力工业改革与发展的基本方针是：电力建设要立足当前，着眼长远，调整电源结构，加强电网建设，推进全国联网。充分利用现有发电能力，发展水电、坑口大机组火电，压缩小火电，适度发展核电。深化电力体制改革，逐步实现厂网分开，竞价上网，健全合理的电价形成机制。发展新能源和可再生能源，推广能源节约和综合利用技术。

从本文前面的分析可以来看，《决议》的基本方针是非常正确的。根据以上的分析，笔者认为下一阶段我国电力工业改革的重点应该放在以下 3 个方面。

（1）从售电环节入手，建立大用户直接购电的电力工业体制。

工业用电，尤其是高耗能工业如冶炼、化工等行业的用电量在全国总用电量中占有极大的比例，1999 年我国重工业用电量占总用电量的 57.46%，超过其他各种用电量的总和。而目前这些工业用电基本上还是从各地的电力局购电，没有多大的用电选择权。如果能够从售电环节入手，给这些大用电户松绑，让他们有自由采购电力的权利，同时电网给予必要的输电服务，将极大地刺激市场竞争，带来不可低估的市场效益。

电量采购：改革以后，这些大用电单位独立地进行所需电力的采购，采购的范围不受任何限制，可以向电网购买，也可以直接与发电公司签订供电合同，电力传输由供电公司委托输电公司进行，购电单位向输电公司支付输电费用。

优点：由于有了自由的采购权，大用电户会主动地降低自己的用电成本，目前能够考虑到的方式至少有以下几种。第一，通过广泛询价和比价，在向本地电网购电和向发电厂购电并支付过网费之间进行选择，确定对自己最有利的购电方式；第二，基于水电在丰水期发电充足、成本低的特点，大用户可以在丰水期向水电站购电，降低自己的成本；第三，在经过比较认为所有的购电方式都不够经济的情况下，一部分大用户可以自建电厂，保证自己的低价电源供应。

从我国现状来看，让所有大小用户都自由地到电厂购电是不现实的，而且城乡居民的生活用电量也仅占全部用电量的 12.16%，向国外一样对一个地区建立多个供电公司进行竞争性供电，无疑会增加社会总成本。以北京地区的电价情况来看，工业用电价格为 0.7 元左右，商业用电为 0.5 元左右，居民用电为 0.4 元左右，工业供电的成本非常高。而美国 2000 年工业供电平均价格仅为居民用电平均价格的一半左右。到底那种电价更加合理，值得进行专题研究。

（2）国家电力公司集中管理，统一规划，加强电网建设。

任务： 由于电网具有规模效益和网络性，以及我国目前电网发展相对落后的现状，应该借西电东送的时机，在国家的统一规划下，加强电网建设，推进全国联网。由于电网自身的网络特性决定了其自身的垄断性，从经济方面考虑的规模效益，以及保证电网建设的规划协调，电网部分应该保持国家电力公司集中经营，由国家电力公司负责专门成立电网建设和管理公司，负责电网发展规划、运营和管理。

组织机构： 电网总公司全国只设一个，负责电网的规划统筹，资金募集。总公司可以在各个省、直辖市、自治区设立分公司，作为总公司的派出机构，执行总公司的经营策略，负责各省电网输配电设备的运营和维护。各省的分公司为维护电网，可以派分支机构到所属的市、地、州。但是，这些公司总的来说是一个整体，由电网总公司进行统一管理，不受地方政府的支配。

收费来源： 电网公司除了保留一定的调频、调峰电站外，不拥有营利性的发电设施。电网的运营费用和电网发展资金主要来自提供输电服务的收费。电网公司作为国家的公用事业公司，也不以营利为目的，不追求高的盈利率，保证运营费用外有微利即可。电网公司的备用容量所发电量也不向用户收费，而是向没有完成发电计划，造成电网运行不利条件的发电公司收取高额赔偿金。

建设资金： 国家电网公司作为一个经济实体，同时作为公用事业公司，可以通过发行国债等方式募集资金，同时要承担还本付息的责任。电网公司获得的资金不能用于其他方面，必须专款专用，发展电网。

管制： 国家电网公司要接受电力管制机构的管制，输电费用要公开透明，相应的管制方式要进行详细的设计。

（3）吸引各方投资，保证电源的可持续发展。

改革开放以来的 20 年间，我国电力工业由于打破了发电环节的垄断，实行了多家办电、多渠道筹资办电的政策，在发电环节取得了突飞猛进的发展。1997 年发电装机超过 2 亿千瓦，2000 年发电装机超过 3 亿千瓦，各种独立发电公司的出现，使电力产业组织结构也发生了很大变化。地方政府投资设立，法人投资设立，中外合资、合作，在国内外股票市场上市的股份制公司等各种形式的独立电力企业，拥有的装机容量已占全国发电装机总容量的 50% 以上。这些数据充分说明，通过提供优惠的政策，提供好的环境，可以吸引各方的资金参与电力建设、弥补国家电力建设资金的不足。而且，这些独立电力企业的出现，虽然有着不同的产权形式，却并没有对我国电力工业和整个国民经济产生不良的影响。

但是，由于历史和现实的种种原因，国家电力公司目前还全资或以控股方式拥有近50%的装机容量，拥有近87%的电力销售市场，并掌管统一调度权。垂直垄断经营体制还占有统治地位，如果不进行有效的重组，难以开展公平的竞争。这种产权相互关联、导致效率低下的现象也同时发生在省一级的电网运行中，某些省电力局为使本省的电厂多发电，可以利用管理电网的权利以各种原因拒绝外省或独立电厂的低价优质电量。

对发电企业进行重组，可以采取以下的方式。原来的股份制独立电厂，仍然保持原来的形式不变；由国家电力公司拥有或控股的发电企业，将部分产权出售给各省电力公司，省电力公司可以对这些发电厂进行管理运营。国家电力公司将出售发电厂获得的资金投入到电网公司中，加强全国联网的建设。

通过这种重组，切断发电公司与电网公司的产权联系和行政隶属关系，各自成为独立的经济实体。省电力公司实际上是发电公司，开发本省的电力资源，同时也可以将本省多余的电力销售到外省。如果经济实力允许，如广东等省，也可以直接到西部资源丰富的地方自建电厂获得廉价能源，其成本仅为建电厂费用和输电费用。

以上3个方面的改革，尤其是在销售环节引入大用户直接购电最为重要和紧迫，只有降低了这些用户的用电成本，才能降低社会用电总成本，同时也能带动上游发电、输电的竞争。电网的国家垄断经营可以切断发电方和售电方的联系，避免出现产权联系，发生关联交易，徇私舞弊。以省为单位建立发电公司，可以调动省办电力的积极性，使一些省的能源优势得以充分的体现，也才能将西部的能源优势转化为经济实力。

三、以销售环节大用户直接购电为切入点的电力市场改革模式

对于我国的电力工业改革应该建立什么样的电力市场模式，很多专家、学者、实际从事电力工作的专业人员提出了多种模式。这些模式，或多或少地借鉴了国外改革的经验，反映的改革的发展趋势，有很多的借鉴意义，同时也各有利弊。这些模式主要归纳为以下几类：

（1）主张以发电上网为切入点的改革模式。持这种观点的人较多，认为通过改革可以降低上网电价。参见1998年6月《电业政策研究》上熊云的文章《厂网分开与竞售电力市场的建立》，1999年1月《电业政策研究》上骆明的文章《改组发电企业是电力市场的关键》。

（2）主张在整个电力工业全面引入竞争，走英国改革的模式，发输配电全面分开。参见1998年3月《电业政策研究》上顾自立的文章《走中国的电力市场之路》，2000年3月《水电能源科学》上李湘娇的文章《对我国电力市场的初探》。

（3）当然也有人私下讨论时仍然认为不论其他国家的改革如何，我国的电力工业还是应该保持国家垄断，但是在学术期刊上未发现持这种观点的文章。

本文结合对我国电力工业问题的分析，指出改革的首要任务是建立在售电环节实现大用户直接购电的改革模式。如图1所示。

（一）电力市场主体分析

1. 发电环节

发电环节将主要由以下一些主体构成：独立发电厂（IPP）、省属发电公司、大企业自备电厂、其他类型的发电厂。

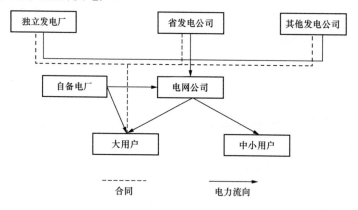

图 1　电力市场改革模式示意图

（1）独立发电企业（IPP）是当前就存在的，这些发电企业是由地方集资、中外合资、世行贷款等方式建立起来的经济独立的法人实体。IPP 在发电市场中占有市场比例最大，超过 50%，而且随着放松管制、引入竞争，其市场占有率将进一步加大。

（2）省属发电公司是各省收购国家电力公司控股电厂的股份，从而拥有一定数量的发电厂的发电公司。省属发电公司会因为各省的电能资源多少而具有不同的规模，在个别省，省属发电公司将成为支柱产业。

（3）大企业自备电厂是一些制造业、冶炼业的大型企业，由于对电力需求比较大，为了保证充足的电力供应，或降低用电成本，自己投资修建的电厂。这些电厂一般都是火电厂，固定投资少，工期短，见效快，为了达到一定的热效率并保持一定的备用，自备电厂一般都会比实际需要的容量多。在市场条件下，大企业的自发电量也可以出售给其他用户。

（4）其他类型的电厂如国家电网公司所属的调峰调频电站、抽水蓄能电站，属于特殊主体，不参与电力市场的竞争，在电网出现意外情况时投入使用。这些电站与电网是一个整体，其运行、维护费用来自电网收费，以及对一些不能完成既定任务的电站的惩罚性收费。

随着投资主体多元化，发电环节的主体将不断增加，一些以前没有的市场主体也会涌现出来。

2. 输配电环节

输配电由国家电网公司垄断经营，国家电网公司为了完成维护全国电网运营维护的任务，可以在各大区、省、市，甚至是县一级设立电网公司。无论总公司还是公司都应该是和发电厂在产权上相互独立的，不能有产权不明的情况出现（见图 2）。

电网公司还负有建立各级电力交易中心的职责，为发电和售电两方提供一个进行交易的场所。

3. 售电环节

由图1可知，在建议的改革模式中，售电环节的主体是电网公司享有直接购电公司和发电厂。电网公司肩负着向商业用户、居民用户等绝大多数用户供电任务，他们向各省的发电公司和独立电厂购电，同时向中小用户售电。而大用户则既可以向电网公司购电，同时也可以向发电厂直接购电，通过电网转运，支付一定的转运费。

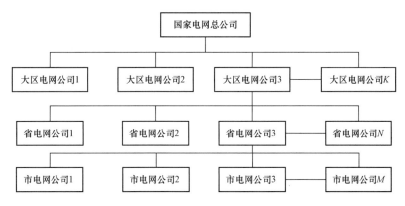

图 2　建设的国家电网公司在全国的组织机构示意图

4. 咨询机构

合同供电方式改变了原来先用电后付钱，用多少电付多少钱的电力交易方式，发电公司、大电力用户要先对自己的用电有一个预测，然后签订供电合同，大用户还要与电网公司签订合同。对于一些缺乏专业电力预测人员的用电单位，需要咨询机构提供必要的咨询，同时可以进行如何降低用电成本的咨询。

（二）交易模式

根据电力工业特点和我国电网相对薄弱的现状，电力交易方式的改进将逐步进行。虽然国外流行实时交易，但是目前在我国还很难实行，只有在具备条件的情况下逐步实行。并且，即使交易手段再发达，远期合同交易的方式还会以其安全、经济的特性占据电力交易的绝大部分比例。根据不同条件，我国电力交易模式的改进适于分3步走：

第一步，在具备一定条件后，及时给大电用户松绑，让这些大用户自由采购所需电力，通过远期合同的方式进行。同时，鉴于当前在电力交易上不可能马上实行全国联网实时电力交易的现状，电力用户还将沿用现有的方式向电网购电。电力的买方可以是供电公司，也可以是大用户，供需双方签订供电合同后由电网负责转运，电网要收取转运费。这种交易方式如图3所示。这种交易模式的实施，取决于体制改革的速度，如果顺利，可以在2～3年内加以实施。当然，在实施过程中，电力合同能否成立，还受很多硬件条件（如输电能力）的限制。

本阶段的特点是结合我国现状，首先实现厂网分开和大电力用户的直接供电。

第二步，当电网建设得相对完善，并且在软件设施上有了充分的试验，积累了一定的经验之后，可以将一部分电力在电力交易中心进行实时交易，但仍将以合同供电为主。同时，部分供电公司可以与电网相分离，成为独立体，向中小用户供电。这种交易方式如图4所示。值得指出的是，在这种交易模式下，虽然参与实时交易的供需双方达成交易要经过交易中心，但交易中心只是起到交易平台的服务职能，自身并不参与交易。根据当前模拟电力市场的经验，这种交易模式的实施，不具有太多技术上的困难，可以在短期内加以实施。

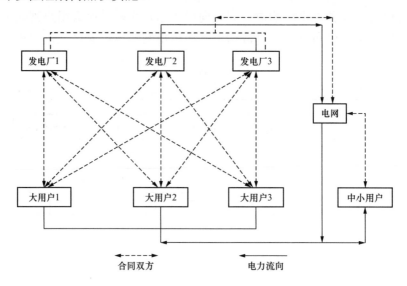

图 3　合同方式的电力交易模式示意图

本阶段的特点是实现了实时交易，实现部分销售与电网的分离。

第三步，只有在电源供应有了充足的保证，电力交易中心也非常完善之后，才可以将更多的电力交易转移到中心进行，并将供电公司与电网全面分离。这一步能否实施，取决于电网的状况和发电能力，如果过早地全部通过交易中心进行交易，必将带来巨大的市场波动，影响广大电力市场的稳定，损害广大用户的利益。这时的电力交易模式与图 4 相同，只是交易量的差别。

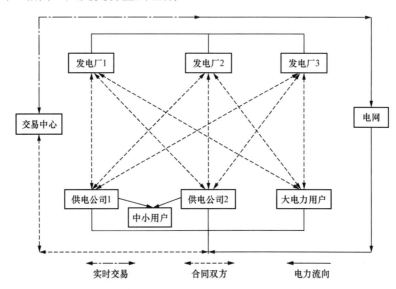

图 4　部分电力通过交易中心进行的电力交易模式示意图

这一阶段的特点是实现自由购电和全面的售电与电网分离。

（三）管制方式与管制机构

建立市场机制，必须进行有力的监管，我国电力市场的建设和对电力市场的管制要根据我国的国情，将政府管制、消费者监督有机地结合起来，因地制宜地、逐步展开。对于电网、输配电应由政府建立专门的管制机构，聘请各方面的专家，制定合理的收益率，使电网既能够自我发展，又不存在超额利润，同时管制机构还要监督电网的正常运行。对于发电方和供电方，由管制机构进行资格认定，并发放营业执照，对违规的行为进行监督和惩罚。

在供电方，消费者可以对整体的价格是否合理进行监督，各地消费者协会配合执行，这就要求消费者协会的职能要大大加强。电力市场的监管模式如图5所示。

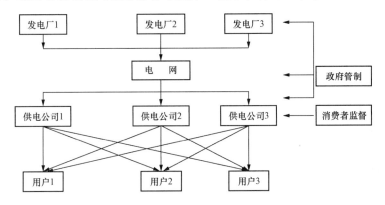

图 5　电力市场的监管模式简图

四、结语

电力市场改革是一个全新的课题，尤其是如何结合我国的国情，建立适于我国的改革模式，需要广大专家、学者和电力工作者的共同努力来完成。本文提出的在售电端采用大用户直接购电的改革模式是否可行，期待着实践的检验。我们相信，通过大家的共同努力一定能够探索出一条适于我国发展的电力改革之路。

4 工程院工作

请投下你神圣的一票

——在中国工程院第五次院士大会上的发言

各位院士：

在大会即将投票表决是否设立管理学部之前，主席团要我再简单地做些解释。6月6日上午，我受主席团委托，向大会做了关于建议成立中国工程院管理科学与工程学部的报告，院士们对这个报告及提出的《建议》和《增选办法》进行了热烈的讨论。大家畅所欲言，发表了许多重要的意见，这说明院士们对成立管理学部的关心和负责，这种认真负责的精神使我们深受感动。所提意见也给我们以很大的启发，这是使我们今后能做好工作、少走弯路的重要保证。请允许我趁这个机会，再次向院士们表示感谢和敬意。

6月6日下午，主席团召开第三次会议，听取各学部介绍对成立管理学部的讨论情况。分析了所有发表的意见，认为可归纳成以下几条共识。第一，一致认为管理是门科学，管理工作具有极端的重要性。第二，认为成立管理学部是大势所趋，经过一年多来的努力，可以把工作往前推进一步。第三，根据我国国情，成立管理学部要采取十分稳妥的步骤与措施，适当缩小范围，制定严格规定，一定要防止不合格的人选进来，甚至成为官员与企业家的俱乐部。大家尤其对企业管理方面的疑虑较多。为此，院士们提出了多种建议。总之，看起来院士们对于以现有的管理委员会为基础成立一个学部还是比较放心、赞同的，主要关心的是管理学部的范围和增选新院士的把关问题。

经过主席团全体成员认真、反复的讨论，决定根据多数院士的意见，对成立管理学部的建议，作重要修改。即为了更稳妥可靠，走好第一步，主席团决定把管理学部的涵盖范围缩小，即界定为"工程管理"，学部的名称也改为"工程管理学部"。主席团做出上述决定后，责成我拟就决议书草案，经主席团执行主席核定，提请院士大会表决。如果表决通过，我们要对原来提出的《报告》《增选办法》都作相应的修改、调整，重新报主席团审定后实施。

以上是对学部涵盖范围的改变。关于增选院士的把关问题，院士们提出的意见极为重要。我们既要把真正有坚实工程背景的，又在管理理论与实践上有卓越成就与造诣的专家选进来，又要防止把只挂空名当官的人选进来。在我们原提的增选办法中，也已就考虑所及，提出了一些规定。特别在提名上，被提名人必须具有合乎要求的职称，必须有工程科学背景，必须在工程管理理论与实践上有确切的成就。而且也不在全国范围内普遍提名，只限于院士提名和少量综合部门的提名。在评审工作中，我们

2000年6月8日，在中国工程院院士大会上将投票表决是否成立工程管理学部，本文是作者在表决前发表的讲话，表决结果以微弱多数通过成立工程管理学部的决议。

将第一轮评审工作委请有关学部把关，不经过有关学部评审进入第二轮，就根本到不了管理学部等。我们分析，有了这么严格的规定，那些浮在表层的人，当官不干事的人，没有真才实学的人，弄虚作假的人，是进不了工程院的。另一方面，我国的管理水平虽然不高，但全国的工程建设规模是举世无双的。实践出真知，在这样史无前例的建设中，总会出现一些高水平的工程管理专家。不谈早年的两弹一星和最近的载人宇宙飞船，就以我所接触的水利水电工程讲，有些宏伟工程的组织管理确实不比洋人差，甚至令洋人认输的工程也被我国的专家救活了。将这种专家通过各学部的遴选选入工程院，为推动我国工程管理水平的提高而做出贡献，实在是件好事、急事、大事。主席团讨论中也考虑过是否今年不予表决，再次把问题推后几年再说。这么做当然简单，但这样一直停步不前，总也不是办法，所以最后一致同意把决议草案提请大会表决。

再说一次，如果大会表决通过，我们将在原来提出的《办法》基础上，吸收大家所提意见，再次改进。例如，我们不自己选邀一些院校、学会来提名，而可以规定少数名额，委托国家教委、中国科协和国家综合管理部门根据我们的标准来遴选提名等。修改后的办法报请主席团审议通过执行，只会比现在提出的方案更合理、更严密，不会有丝毫放松。

在讨论中，还有些院士担心，现在虽然规定得很好、很严，但管理学部成立后，会不会在人数上要向其他学部看齐，在以后的增选中失控。有这种顾虑也可理解，但不会出现这种情况。我们还是要相信管理学部的院士，相信主席团，相信全体院士监督的力量。他们不会做出有损中国工程院崇高荣誉的任何事情。

有一点遗憾，就是时间实在太紧，虽然我们彻夜加班，来不及将草案当夜发给院士们讨论，今天上午又去听朱镕基总理的报告，所以只能在会前发给各位。现在我宣读这个草案，希望大家能同意以此进行表决。

希望我的解释能如实反映昨天主席团讨论的精神，如有欠妥处，请主席团同志指正。现在，请各位院士在慎重考虑后，投下你神圣的一票。

就院士话题答记者问

记者问：中国院士的数量是否过多？

答： 现在只是四万选一。中国工程院目前有 538 名院士，加上中国科学院的 633 名院士，两院院士的总数为 1000 多名。有些人认为院士数太多，我不以为然。工程科技涵盖的领域非常广阔，工程院现在有包括农业、医药和工程管理学部在内的 8 个学部。全国至少有 2000 万工程科技人员。现在是从 4 万名科技工程人员中才选出一位院士。不能说多了。

据了解，美国工程院目前有 1000 余位院士，欧洲其他一些小国院士人数也在几百人以上。今年中国工程院院士增选总数将控制在 87 人以内，平均一个学部两年才增选 10 人左右，而一个学部覆盖了很多一级学科和二级学科。到目前止，一级学科下的院士数量寥寥无几，许多二级学科还没有院士。

现在我国工程建设的规模不断扩大，可以说每年都会涌现出许多做出重大贡献的满足院士条件的工程科技人才，而我们现在并不能给他们一个光荣的称号，我对此表示深深的遗憾。

问：如何评价中国院士的水平连外国二三流大学教授的水平都比不上之说？

答： 我看我国一些领域中二三流的专家比外国院士的水平还要高。

目前社会上对中国院士的水平颇有微词。有人说要真有水平就拿个诺贝尔奖回来。但要知道除了文学、和平和经济奖外，诺贝尔奖主要奖励的是在科学研究、科学理论特别是在基础研究领域做出特殊贡献的人，而工程院院士无论在工程科技上做出多大的贡献，具有多高的水平也是和诺贝尔奖沾不上边的，因为研究的领域不同。如果获得诺贝尔奖的人被提名为工程院院士候选人，也是选不上的。

社会舆论对当今院士水平质疑的另一个依据就是知名度不高。常听人说以前的老院士、老科学家像修铁路的詹天佑、建桥梁的茅以升谁人不知，现在的院士有几人知道。我对此的看法是一个人的水平只和他的成就有关而不能依据名气来衡量。在旧中国，我们能有多少工程建设？几条破破烂烂的铁路，一座黄河大桥，都是外国人修建的。就在那个时候，詹天佑先生能够修建成功京张铁路，茅以升先生能够主持钱塘江大桥工程，开天辟地，当然是了不起，自然妇孺皆知。

而在今天，比京张铁路施工要复杂上百倍的成昆线早已修通，修建在世界屋脊上的青藏铁路也已开工，世界级的桥梁、水利工程建设比比皆是。能说这些伟大工程的设计和施工专家水平比老院士低？而我们现在是在这么多的工程科技专家中千挑万选，尖中拔尖，虽然最终只有很少的人能进入工程院，但他们的名气就是没有前辈

2001 年 9 月 3 日《科学时报》记者徐彬、陈静采访中国工程院副院长潘家铮，就院士水平和科学道德等内容提出了九个问题，潘家铮院士一一给予答复。此问答曾由记者徐彬以采访稿形式刊登于 9 月 9 日《科学时报》。

们大。

对于最近出现在因特网上的有关中国院士的水平，连外国二三流大学的教授都比不上的说法，我认为应严加驳斥。这是以偏概全，不符事实。

首先要承认，我国整体的科技水平与世界先进水平相比的确有差距，尤其是在基础科学和管理科学方面的差距还相当大。但在一般的工程科技领域上，我们的差距并不是很大，甚至在某些领域上我们比人家强。

新中国成立 50 年来，我国工程建设的规模是史无前例的，成功地完成了很多宏伟的工程建设，攻克了数不清的难关，其中也有很多深刻的教训。在这样的建设高潮中，不可能不出现一批高水平的工程科技专家。

例如在修建黄河小浪底工程、长江三峡工程的过程中，泥沙科学发展得很快，我国的泥沙科学就是国际领先的，出现了许多世界一流的泥沙工程科技专家。在这些领域，我国一些二三流的专家比外国院士的水平还要高。

我不排除的确有个别院士不够格。但奉劝某些人不要总是看不起自己人，全面否定他们，而宁愿花重金把国外的一些二三流专家请进来奉为上宾。

问：中国工程院在加强科学道德建设中采取了哪些措施？

答：我们制定了一系列可操作性强的规范准则。中国工程院对院士们的科学道德问题非常重视，采取了一系列富有成效的措施。1997 年中国工程院就成立了科学道德建设委员会，负责促进提高院士的科学道德水平。道德委员会先后制订了中国工程院院士增选工作中院士行为规范、中国工程院院士科学道德行为准则及关于对涉及院士科学道德问题投诉信件处理程序和办法的规定等。这些规章制度都已作为正式的文件下发给每位院士，要求非常明确，可操作性很强，而且便于检查。另外，道德委员会还经常注意调查国外有关这方面的工作情况及案例，并把这些材料整理后印发给每位院士以做参考。

道德委员会还接受社会各界对院士的投诉，主要是科学道德方面的投诉。只要是署名的，有具体内容的，道德委员会都会进行认真的调查，直至有最终的结论，并按规定把结论送交院主席团和有关学部处理。

最近道德委员会就社会上对院士的一些舆论和反映分门别类地加以整理，在院士大会上跟全体院士见了面。即使并不完全正确，但只要这些舆论和反映有助于加强院士们自律，我们都予以集中，包括投诉中的一些问题，即使不符事实，但可说明已有些苗头和倾向的，我们也把它搜集起来，起警钟长鸣的作用。我们准备把这项工作做得更细致些，将提出更具体的要求和建议，拟订出一份更详细的要求，但采取的方法和形式还在研究中。

问：工程院院士中是否有道德失落的？

答：至今未发现有院士严重违反行为准则的情况。通过采取一系列行之有效的措施，就中国工程院院士总体来说，对自己的要求是严格的，能够遵守有关准则，做到洁身自好。到目前为止，我们还没有查出有哪位工程院院士有严重违反科学道德准则的事例。大多数院士在科学道德上做出了表率，特别是一些资深院士，他们的献身精神特别使人感动，不为名、不为利，到现在还经常奋斗在工程科技的第一线上。有些院士甚至昏倒在会议上，牺牲在出差途中。如90岁高龄的两院院士张光斗，在受命负责检查三峡工程质量时，不顾个人安危，坚持要爬到最危险的地段亲自检查，让所有在场的工程技术人员都深受感动。

　　但要说院士们什么问题都没有，也不是事实。有些事发生在一般人身上不太会引起注意，而发生在院士身上，就有很坏的影响！我们认为要常敲警钟，这也是道德委员会准备制订一个更详细的行为准则，来加强院士自律的原因。比如说，一篇文章主要是他的学生做的，但在署名时他的名字列在前面，这是不是违反了科学道德，要具体分析。如果学生是受到他思想的影响和得到他的具体指导，他也为这篇文章承担责任，署名是可以的。这种情况在其他国家也存在，但工程院特别严格要求院士，如果你对这篇文章没有参与，对它的详情也不了解，也不对其正确与否负责，就绝不能署名。再如，有些院士在当选后，比较傲慢，以权威自居，对人不礼貌，这种行为也说不上是严重违反了准则，但作为院士，其影响就特别坏。我们要求院士们在这方面要特别注意自律，要谦虚谨慎。世界上没有全知全能的科学家，也没有不犯错误的人。院士仅仅是个称号，只是人民肯定你过去的成就而给予的荣誉。

　　问：如果有院士违规，工程院将如何处理？
　　答： 视其情节严重程度，有四种处理方式。轻微违规的将通知本人，提醒他注意自律，或在学部中自我检查。严重一点的将在全体院士中通报，进行内部批评，如果更严重就要在社会上曝光。最严重的将通过学部投票和主席团批准，撤销其院士称号。但到目前止，我们还没有发现需要采取上述措施来处理的事例。当然不是所有的投诉都处理完了，还有些投诉件尚在调查之中。

　　问：如何杜绝院士增选中的不正之风？
　　答： 送礼者肯定落选。两年一次的院士增选，受到社会各界的普遍关注。在增选中确有不正之风，主要表现在候选者本人、更多的是候选者所在单位进行的一些不恰当活动，即向院士们送礼：有把钱夹在著作中作为咨询费的，有赠送贵重首饰的，也有赠送纪念品的。对于这种行为，在"中国工程院院士增选工作中院士行为规范"中有明确规定：院士们在遇到这种情况时，首先要坚决拒收，因故未能拒绝的（如本人不在家，别人送上门的）则要将这些东西上交中国工程院，而且要将这些情况汇报给学部办公室。对于送礼这种行为，工程院的处理是很严肃的：立即取消该候选者的候选资格。有几次经过调查，实际上是候选人所在单位送的，候选者并不知情，而且该候选者确实有很大成就，并不用靠送礼来拉票。尽管如此，我们发现后立即取消了这些候选者的资格。我再次奉劝候选者所在单位别帮倒忙了。

　　还有个例子也可说明工程院杜绝这种风气的决心。有一位候选者经过最终投票已经当选，但后来发现他曾向有关院士送过不太值钱的纪念品。这件事被提交到道德委员会反复讨论，最后以9名委员全票通过建议取消其当选资格。因为这一次能接受纪念品，下一次自然可以送钱了。我们要从源头上堵住这种不正之风。送礼者屡遭碰壁之后，自然再不去做这种傻事了。像今年的院士增选，就没有发现送礼的事。

问：**院士增选中如何应付行政干预？**

答：坚定而有礼貌地拒绝。在院士增选中，确实遇到过上级单位或领导人打招呼的事。如有的领导机构给工程院写信，说某人贡献如何如何，但有某种特殊情况，要求工程院破例破格照顾。有的则组织一些同行专家联名给工程院写信，施加影响。工程院将此类事交给道德委员会讨论。讨论结果非常简单：无论是哪里来的意见，只要违反"中国工程院章程"，一概拒绝。对于这类信件，我们的回答礼貌而坚决：根据"中国工程院章程"您的要求我们无法满足。其实，这类信件中确有不无道理之处。例如章程规定，候选人必须具有教授、研究员或高级工程师职称，但有些工程科技人员虽然做出了巨大贡献，但由于各种原因，没有取得这些职称（例如担任领导职务后未参与职称评定），因此不具备被提名的资格，但在现章程修改之前，我们只能严格遵守，哪怕是遗憾地委屈了某些专家。如果这个大门一开，我们就很难控制了。

问：**提名候选人有何弄虚作假现象？**

答：主要表现为成就介绍中水分太多。在提名书中把被提名人的成就贡献说得天花乱坠，无限拔高，把集体成果说成个人成就等。这种现象非常普遍，实堪忧虑。在院士增选会议短短的时间内，院士们主要还是依据提名书来评判，我不敢排除有个别不够格的人因此而选入了院士队伍。工程院只能一方面要求院士们尽可能认真地审阅材料，严格把关，另一方面只能不断提高透明度，在报刊网络上和候选者所在单位公开候选者名单，并将提名书中个人成就的内容在候选者所在单位公开张贴。候选人如果夸大自己的成就，是很难欺骗本单位的人的。

问：**如何看待院士兼职？**

答：鼓励多做贡献。长期以来，人们赞美的是一身正气，两袖清风。一身正气永远是要提倡的，而两袖清风的标准则应顺应社会的发展。如果一位院士对科技发展做出了巨大的贡献，为社会创造了巨大的财富，因此得到了合理的报酬或奖励，我认为不但应该，还应鼓励。只要是正当的，收入越多越好，越多正说明院士的贡献越大。

现在有不少单位或企业由于投资决策和科技发展的需要，纷纷聘请院士做顾问，支付较高的聘金。我认为，在院士们做好本职工作的前提下，要鼓励他们多为社会做贡献。不要只看院士们一个月拿多少钱，而要看他为社会做出了多少贡献。但也有不少单位看中的只是院士的头衔，于是个别院士到处兼职任教、咨询、顾问。一个人的精力能有多少，如果不管能否胜任、有无贡献，为了多赚钱来者不拒、到处挂名，我们是坚决反对的。

在工程科技论坛上的讲话

各位领导、各位院士、各位专家：

今天，我们在这里举行由中国工程院主办的"重大工程项目管理模式研讨"论坛。首先请允许我代表中国工程院和会议的协办单位——国家自然科学基金委、北京工业大学，对各位的到来表示衷心的感谢！

众所周知，中国经济正在持续高速发展，国家每年用于重大工程方面的投资达上千亿元。著名的三峡工程、西气东输工程、西电东送工程、南水北调工程、青藏铁路等都是跨世纪的重大工程项目，其工程效益、社会效益和环境效益十分显著，但如决策欠妥、管理不善，影响也特别严重。因此，这不仅是对我国工程技术水平的考验，更是对我国重大工程项目决策和管理水平的考验。如何正确决策、科学实施，是政府、企业界和科技界不可回避的重大难题，不可推脱的社会责任。

中国已经加入了世界贸易组织，这意味着挑战与机遇的并存。先进管理理念和管理方法的引入，必将加速与国际接轨的进程。了解和掌握国际通行的重大工程项目管理方法，必将提升企业的内在素质，形成企业间的竞争态势，促使我国重大工程项目管理不断趋于科学化、规范化。在转轨的过程中，我们应冷静客观地看到目前管理问题的特殊性、复杂性。毋庸讳言，由于历史原因，至今行政命令式的管理方式并不少见，工程项目不按科学规律施工，大搞首长工程、政绩工程、献礼工程，结果出现了献礼之后又献丑的状况。近年来，随着市场经济的发展，竞争机制的引入，工程招投标中的腐败问题屡见不鲜，工程施工、监理方面的管理薄弱也出现了不少"豆腐渣工程"，严重影响国家建设，危害人民群众。这些都引起人们对工程管理问题更多更深层次的关注。可以说，提高我国工程管理水平已是工程和科技界的头号任务。

因此，今天我们要探讨的主题具有现实性和紧迫性。我们很荣幸地邀请到我国一些重大工程项目的管理者和国内外研究工程项目管理的专家，他们将通过对不同类型的重大工程项目管理模式的介绍，互相交流经验，探讨差异与共性问题，提高认识，研究"入世"后的管理之路，实现新的跨越。

我们也非常荣幸地邀请到出席论坛的各位来宾。你们作为各大中企业的高层管理者、政府主管部门的领导和从事管理研究的学者，能莅临交流，是本次论坛能取得成效的关键。感谢你们的关注与支持！

工程科技论坛是中国工程院主办的特色论坛，于 2000 年初创办。其宗旨是为了推动中国工程科学技术的发展，跟踪国际科技前沿，为工程科技界的专家，特别是青年人提供讲台，把有良好工程应用前景的、目前处于前沿的科学技术介绍给中国工程科技界。工程科技论坛原则上两个月一次，由工程院各学部确定不同主题，轮流举办。

本文是 2001 年 12 月 7 日，作者在中国工程院、国家自然科学基金委、北京工业大学联合在北京举办的"重大工程项目管理模式的研讨"工程科技论坛开幕式上的致辞。

至今已举办了 13 场，邀请了 100 多位专家学者演讲，吸引了近万名听众参加。

本次论坛由中国工程院新成立的工程管理学部主办，工程管理学部的主要研究领域有以下几方面：①重大工程建设实施中的管理（包括规划、论证、勘设、施工、运行管理等）；②重要、复杂的新型产品、设备、装备在开发、制造、生产过程中的管理；③重大技术革新、改造、转型、转轨和与国际接轨的管理；④产业、工程、重大科技布局和战略发展研究、管理等。本次论坛只从研究范畴中选取了一个角度，将探讨的主题定位在重大工程项目的管理模式上，因为这不仅是工程科技界需要迫切研究的问题，更是关系到国家战略发展成败的重要问题。

我们相信，中国的管理问题具有中国的特色，我们既要认识自己的不足，认真学习国外先进的管理科学理论和方法，更需要立足于中国的国情，认真总结、创造自己的经验，发展自己的理论，解决自己的问题。中国的现代化建设毕竟要依靠优秀的本土专家来完成，管理也不例外，那些轻视自己的能力和无所作为的观点是完全错误的。

我们深信，我国绝大多数重大工程项目的管理者、建设者是具有强烈的社会责任感和民族使命感的，这是胜利实施工程项目的真正基石，而科学的管理理论和管理方法是胜利实施工程项目的重要支柱。工程项目管理模式可以多种多样，但只有适合中国国情的，才是最有意义、最好的！

衷心祝愿本次论坛取得圆满成功！

谢谢各位！

院士制度之我见

两年一度的两院（中国科学院、中国工程院）院士大会已于今年 6 月 10 日闭幕。中央领导同志几乎全体出席了 6 月 5 日的开幕式，胡锦涛总书记发表了重要讲话，陈至立国务委员在 7 日上午做了长篇报告，都说明中央对两院工作的重视与期许。另一方面，社会上也有一些质疑院士制度的声音，甚至认为中国的院士制度简直是万恶之源，必须废除。笔者在 1980 年被谬选为中科院院士（学部委员），1994 年又被遴选为中国工程院首批院士，参与了多次两院院士增选和咨询工作，还担任过两届中国工程院副院长和科学道德建设委员会主任的职务，因此经常有同志询问我对当前院士制度的看法，我都没有回答。现在经过考虑，愿把我个人的认识写在下面。本文曾在科技日报上发表过，现蒙《群言》不弃，做了少许补充，再次发表，以求正于院士们和各界人士。

院 士 制 度 应 予 肯 定

从国际经验上看，世界上的发达国家乃至不少发展中国家，都实行院士制，并在推动国家科技发展、加强国际学术交流中起到良好作用，为什么中国就不能实行呢？有人说，外国可以实行院士制，中国不行，因为"歪嘴和尚"会把好的经念坏，外国的好制度搬到中国来就变质了。如果是这样性质的问题，那应该把和尚的嘴医好，而不应把经丢掉。否则，改革开放以来实施的许多制度：市场经济、股份制企业、招标投标制……都是外来的经，在实施中都出现过这样那样的问题，远远比"院士制"严重得多，是不是都应该废止呢？这不是十分明显的道理吗？

中国实行院士制，究竟有没有起到作用？这个问题在胡锦涛总书记的讲话中有明确的回答。他说："长期以来，两院院士作为全国科技大军的领军人物，崇尚科学，敬业奉献，为我国科学技术事业发展、经济社会发展做出了重大贡献。从 1956 年我国制定《十二年科学技术发展远景规划》到在条件异常艰苦的岁月里成功研制'两弹一星'，从制定和实施对我国科技发展起到重大作用的'863''973'计划到'神舟五号''神舟六号'载人航天飞船遨游太空，从我国取得杂交水稻、陆相成油理论和应用、高性能计算机等领域的重大成果到三峡工程、南水北调、西电东送、西气东输、青藏铁路、高速轨道交通等重大决策，两院院士都付出了大量心血和辛劳。前不久过世的王选院士就是我国院士的杰出代表，他献身科学、敢为人先、提携后学、甘为人梯，为我国广大知识分子树立了光辉的榜样。两院院士真正是祖国和人民的骄傲！"他又说："实践证明，中国特色的院士制度，有利于凝聚我国科技界的精英为国家经济社会发展出

本文作者写于 2002 年 6 月 10 日，刊登于《群言》杂志 2006 年 11 期。

主意、攻难关，有利于组织创新团队承担国家重大科研项目，有利于激励广大科学技术工作者为国家富强、民族振兴贡献智慧才干。"我无意引用领导人的讲话来压制不同意见，但是我认为作为党和国家的领导人，对中国特色院士制度的评价，绝不是随便讲的，而是经过调查研究、深思熟虑后做出的，这是符合实际的评价，这是中央的评价，也反映了人民的评价。

我们如能客观地分析事实，两院院士们利用跨学科、跨部门、高水平的优势，在国家科技事业发展中的领军作用，对国家重大问题的咨询建议作用，培养、吸引、凝聚人才的作用和加强国际交流引进新思路的作用，都是不容否认和不能替代的。我希望几位看到当前院士制中的某些负面影响而彻底否定院士制的同志们能从更全面的角度来思考问题。

关于"终身荣誉"和"最高学术称号"问题

对院士制争议较大的就是所谓"终身荣誉"与"最高学术称号"的提法。要讨论这个问题首先要弄清"院士"究竟是什么性质？其实国家和两院章程中说得很清楚，这是一种学术性荣誉称号，是对院士所取得的成就的一种肯定。院士不是一级行政级，也不是在博士以上的一种学术等级，更不是职务和待遇。就像"战斗英雄""劳动模范""功勋演员"一样，只是一个荣誉称号而已。

如果认识到院士只是个称号，那么也不会对"终身制"有什么反感。我们总不会要求对"战斗英雄"来个任期制，过两年你就不是英雄了，或者来个淘汰制，把已得到英雄称号的人淘汰，让位给新的英雄吧。至于"最高"的提法，我的理解，第一，这是根据院士所取得的成就，按照当选时的水准衡量的，也就是王选院士说的，是"过去式"，不是"现在式"，更不代表"将来式"。当然，依靠院士自己的努力，也可以使"最高"多维持一段时间，但终究要让位给年轻一代。科学技术不断发展进步，如果没有一个动态概念，根本不存在绝对的"最高"。如果詹天佑先生被选为中国工程院院士，并活到今天，大概不会有人反对吧，但他对现代铁路科技知识的理解掌握，可能不及今天在校的大学生，就是这么个道理。第二，这个所谓"最高"，当然指院士所从事的研究和工作领域而言，对于其他领域，哪怕是比较接近的领域，院士就不是"最高"，甚至可能连起码常识都欠缺。世界上不存在全知全能的人。什么"万能科学家""天纵之圣""洞察一切"……都是拍马屁的话。所以我希望院士们要有些自知之明，对自己不熟悉乃至陌生领域的问题的表态要慎重。当然，我不是说不能发表看法，任何人对任何问题都有发表自己看法的权利，但既然该问题并不属于你当选为院士的那个学科范围，就应以一般人的身份出现，不应该挂出院士的头衔，否则，岂不是有些以势压人的嫌疑吗？同样，我对社会上乱拉非相应专业的院士参与鉴定、评审、答辩、考察、咨询等活动的做法深表反对，因为这是不合理、不正当并起负面作用的做法。

不要把一切罪恶都归咎于院士制

有些同志由于看到目前院士制引起一些负面作用，就把许多问题都归咎于它，这是不够客观的。例如在一些文章中，说到一个人当选为院士后，就变成社会活动家，没有时间做科研，再也没有高水平研究成果。还说现在中国科技创新呈现负增长，科技大奖连年空缺，发明专利数量只相当于美国的 1/10……并追问：这说明了什么？言外之意当然指这种恶果全是由于实行了院士制。

确实有些院士的社会活动较多，影响研究工作，他们也以此为苦，但两院有大量材料证明，绝大多数院士都在科技一线上奋力拼搏，做出卓越贡献，取得出色成果，怎么能不顾这些事实，以偏概全，凭想象就下结论呢？

实际情况，不仅较年轻的院士都在领队向科技难关冲锋陷阵，许多耄耋之年的资深院士仍在忘我工作，有的就倒在工作岗位上。与笔者在同一学部的张光斗院士，不仅对国家发展方向和重点工程提出重要建议，九十高龄还在酷暑下亲临三峡工地，在上百米高的脚手架上爬上爬下，严格把关。钱正英院士也年逾八旬，几年来跑遍中国全境特别是边远省区，对水利建设的大局和深层次问题进行呕心沥血的研究，完成多项战略性的咨询任务。他们是为了名还是利？面对他们，我觉得少数人的指责，甚至把两院诋毁为"养老院"，不仅背离事实，也有些"残酷"。

至于科技大奖空缺，更没有拿到诺贝尔奖，难道是实行院士制的后果？为什么不查一查获得了科技大奖的又是谁呢？不都是院士吗？难道能使人相信，不从一些根本问题上进行反思和改造，只要取消院士制，科技大奖就会不出现空白？诺贝尔奖就能到手？专利就会源源涌现？现在每两年只增选百来名院士，被提名的人数也不过六七百人，就算这几百人都为了想跻身院士而"施出浑身解数"，这就导致了全国科技水平的下降？我想这些问题是不难回答的吧。

当前中国院士制中存在的问题

任何一项制度不会是完美无缺的，有待不断改进和完善。胡锦涛总书记在讲话中就指出：院士制度在我国才实行几十年，需要根据形势的发展，在总结经验的基础上继续完善，使之更好地发挥作用。说明中央对完善院士制的殷切期望与要求。

怎样才能做到这一点呢？我认为，认真研究社会各界对院士制的质疑，从中找出问题症结所在，是极其重要的一步。社会上的主要意见是什么呢？似可归纳为以下几条：

（1）对院士吹捧炒作，提高待遇，给予各种优惠。

（2）院士成为广大科技人员求名逐利、跻身上进的目标和道路。

（3）单位、地方千方百计要为自己评出院士或聘得院士，搞"院士工程"，进行各种公关活动。

（4）院士增选劳民伤财，出现各种腐败现象。

（5）院士忙于考察、颁奖、咨询、开会等社会活动，无时间做研究工作。

（6）院士利用地位寻租牟利。

这些问题确实存在，或在一定程度上存在，且有负面作用。问题的表现虽是各式各样，但稍加分析便可知道，根本问题在于社会上和许多人的心目中已经偏离院士仅仅是一个学术荣誉称号这一基本定义，而把院士"异化"成为一种有利可图的"贵族身份"了，都想从这里为自己谋些好处。我们一定要采取有力措施，扭转这种风气，使大家以平常心看待院士，让院士称号回归为学术身份，则许多问题都可迎刃而解。这是从根本上解决问题之道。需要全社会进行努力，并希望政府也采取相应措施。

几条建议：

1. 停止炒作院士

现在社会上吹捧崇拜院士，固然有尊重知识和人才的因素，更多的恐怕是另有目的。为煞住这股风，我呼吁媒体和社会舆论停止炒作院士，不要重复地编写、出版宣传院士个人的文章书籍。院士做出贡献当然可以宣传，但必须实事求是，不应拔高，把功劳归于一人，宣传的重点始终应放在群体、团队和年轻一代上。

院士只是个荣誉称号，而且是对他过去成就的肯定，不是一种职称或等级。我建议在介绍高等学校、研究院所、企业、省市区……的所有资料中一概删去"有院士若干"的提法。所有拉来的"兼职院士"更不能算作正式职工。部门、企业、地区的真正科技水平反映在实绩上，不以有无院士、院士多少论英雄。

同样，在各种答辩、鉴定、评审会议中，对参与人员只填写教授、研究员或工程师等国家法定职称，不出现院士头衔。同时，建议有关部门做出规定：在上述各种会议中，应该将参与专家的专业学科以及对讨论问题的熟悉程度如实填报清楚，如主持者或有不少参与者的专业对所讨论的问题并不精通甚至不熟悉，不论有多少院士出席，其结论应不被接受。

在正常的科研基金项目申请、审批以及科研经费分配中，取消一切对院士另眼看待的各种规定。院士进行重大科研咨询活动，应该由院士们自己提出，经一定程序审批确定；或由两院组织，有计划开展；或接受国家及各级政府的委托进行。经费独立，这才能满足胡锦涛总书记对院士们的要求。

2. 院士正常退休

院士的称号是终身的，但其工作职务不是终身的，一样要实行退休制。

在两院内，已实行资深院士制度，资深院士不再提名新院士，无选举权和被选举权（在担任主席团成员、院领导和学部主任、常委等职务上还有更严要求），这实际上已是实行退休制。

在院士所在单位，院士到一定年龄，应从行政、技术领导岗位上退下来，由年轻人接替。院士可以担一些学术性、不占编制的职务，如学术委员、技术委员、顾问、咨询等，以利他们继续发挥学术领军作用。很多院士成为资深院士或从领导职务上退下来后，在学术上反而能比过去发挥更大的作用。

3. 规范院士的待遇

国家目前发给院士200元/月的院士津贴，为数过微，宜予调整。调整以后各单位不应再重复发院士津贴。

对院士的医疗、交通、住房等给予适当照顾是能为群众理解的，但应合理，不要与"副省级"挂钩，更不应大肆宣扬，国家最好有个合适的规定，一体遵行。

院士的薪酬应取决于其实质性的工作和贡献。应该把院士薪酬与院士承担科研项目的经费区分开来，后者处于严格管理之下，不成为变相收入。

反对院士挂名兼职领取报酬甚至高报酬，出现这种情况，即使不是"贪污受贿"，也不符合院士道德行为规范，应禁止和批评。

4. 严把院士的增选关

（1）规定院士总数。根据国情，对两院院士总数（不计资深院士）有个规定，例如各不超过七八百人。达到总数后，只递补自然减员和进入资深行列的院士数。目前中国院士年龄偏高，这样做，既能控制总数，也仍能使优秀的年轻人才进入院士行列。

（2）削减各渠道提名院士的人数，强调推荐者和推荐单位负有的责任。

（3）延长和扩大提名书公示的时间和范围，广泛听取意见。

（4）建议两院规定：被提名人或其单位为增选进行活动者，不论何种性质（向院士赠送著作、论文、纪念品、礼品、现金，组织院士参观、考察、鉴定、座谈、以各种名义致送酬金等），院士有义务和责任报告两院，并一律曝光，供评审中参考。

应该认识到，地方、单位或企业培养拔尖的年轻科技人员，为他们提供条件，鼓励他们向成为院士的目标进军，并不是坏事，更不违法，但不能搞什么"院士工程"，更不应进行公关活动，应该引导他们脚踏实地向科技高峰进军，取得"院士"称号只能是"实至名归""水到渠成"的结果。

5. 加强院士的科学道德建设

两院对院士的科学道德建设问题都十分重视，制定有各种行为规范，总的讲，情况是好的，但确实也有个别院士自律不严，引起人们的诟议。国家和人民既然给予院士如此高的荣誉，院士们自应以高的标准要求自己。有些事，发生在一般科技人员身上，也许属于细节或缺点，出在院士身上却可能是败坏院士声誉的大问题。

工程院徐匡迪院长曾对院士行为提出过"五个不希望"，收到一定效果。时至今日，我认为某些"不希望"应可"升格"了，建议两院对院士不宜、不应、不得做的事有更明确的规定，并通告社会共知。例如，院士不宜指导过多的学生，不宜兼过多的职务，不应参加非自己专业的咨询考察活动，不得在自己未参与的论文、成果上签名，不得在研究课题上挂虚名、兼虚职，更不得由此取得报酬……当然更严禁院士利用其称号"寻租"。实际上很多院士有上述某些行为是被动的，他们很希望两院能有明确规定，可以让自己有理由和根据拒绝来自外界的"盛意"！

对查明有违规行为的院士，两院和有关部门、地方不能护短，应坚决曝光和处理，直至除名，这样才能真正维护院士的尊严和声誉。

再论院士制度问题

我国实施院士制度以来，一直受到一些人士的质疑和批评。最近，中国科学院和中国工程院（以下简称两院）增选了新一届院士，使质疑又达到高潮。这种情况在别国少见。前些日子也有记者采访，询问我的看法。我总的意见是：希望社会上包括院士本身持一颗"平常心"对待院士这个称号，消除误解，纠正一些不适当的做法，使院士制度更臻完善，为国家的科技发展做出贡献。

关于院士称号的定位

根据两院规程，"院士"是国家设立的最高学术称号，为终身荣誉。很多同志对"最高"和"终身"两个词意见最大。对此，我们应认清院士既不是一种职称或职务（教授、工程师、总工程师……），也不是一种学位（硕士、博士以上又设一级）。更与行政级别挂不上钩。只是一个荣誉称号。明乎此，则对"终身"也不会有什么怀疑。正如一个人取得"战斗英雄""劳动模范"或"功勋演员""功勋运动员"等称号后，不会因他年老就撤销荣誉。

既然"终身"只是对荣誉称号而言，则院士到一定年龄自应从现职上退休（可以比一般同志晚几年），如果工作上需要他。健康条件又许可。则可以担任不占一线员工名额的顾问、咨询、学术委员这类职务，继续从事或带领团队做科技工作。我想人们也不会有意见。

院士还有在两院任职的问题。对此，两院有明确规定，院士到一定年龄后自动转为"资深院士"。失去被选举权，不能担任两院和学部的任何职务，增选新院士时也没有提名权和投票权。这实际上就是退休制度，多年来都得到严格执行。

关于"最高"的问题，就我个人想法，最好取消这两个字。院士就定位为国家授予的一种荣誉性学术称号便是。但这个意见不易被接受，那么我对"最高"有以下两点认识。

第一，一个人在学术上取得成就、做出贡献。可以得到各种荣誉称号，如"设计大师""有杰出贡献专家""享受政府特殊津贴专家""长江学者""荣誉教授""某某奖获得者"等，院士则是在各类荣誉称号中由国家授予的最高一种。

第二，这个所谓"最高"，限于某一专业，而且是"过去完成时"，即国家对你在该专业中"取得过"的成就和"做出过"的贡献的肯定，不意味着现在仍然是最高，更不是将来时。院士如能坚持不懈终身钻研，随着经验的不断丰富、视界的不断开拓，看问题的观点和立场的愈加客观和提高，可以率领团队做出更多贡献，这是国家的宝

本文刊登于《中国科技奖励》2010 年第 3 期。

贵财富,值得尊重。但科技日新月异,人的身心健康却与时俱衰。在学术上的最高地位必然要由后人接替,即使是学科的开拓者、领队者也不例外,这是自然规律。

我国现在有种不好的风气。似乎当选了院士,就成为天纵之圣、万能科学家,一言九鼎,有些院士也不很自觉。院士对外专业就是一个常人,甚至缺乏常识。当然,院士和任何人一样可以对任何问题发表他的看法。但如不是他专长的领域,就不必亮出院士身份,只是常人一个。甚至在同一大专业下,不同的二三级学科间也有极大距离。

关于"官员院士"

据有人调查统计。在当选院士中,"官员"的比例不断增加,这更引起很多同志疑虑。我没有做过这方面调查,但想明确"官员"的定义。部长、省长当然是官员了,总工、主任算不算?校长、系主任算不算?科研院所和医院的院长、所长、主任以及工程局的局长、总工、项目负责人算不算?如果所有这些都算官员,院士中的"官员"比例就不会低。其实,有些人所指的"官员",比较正确的提法是"担任或担任过某些行政或技术领导职务的人"。

在我国,一些在科技上取得重要成就的人,往往被任命担任某些行政或技术领导职务。有时这很需要,我们可以举出无数位"官员院士"在当选前和担任领导工作后所做出的巨大贡献。人们对这些"官员院士"不见得会有意见。(但并非"领导"非得由科技尖子去当,有些科技专家不必、也不宜提为领导,领导工作由内行、公正、有远见而又有较强组织协调能力的人去做会更好,例如两院院领导不一定都要院士来担任,建议组织部门能重视这点。)我想大家顾虑的还是一些不合格的"官员",他们会利用权力,通过搞公关活动,并把集体或别人的贡献揽在自己身上,从而被选为院士。这种情况确实可能发生,两院对此已高度重视,采取了多种有力有效措施,严格防止。

最有效的措施就是院士提名的彻底透明,所有候选人资料都在原单位及网上公布,接受群众的监督、批评和投诉;对投诉件都组织独立的院士团进行深入调查,弄清真相,反对一切不正常的公关活动。对提名书中的材料进行严格评审。对获奖项目、论文著作,不是看其排名或数量,而是要了解本人实际所做贡献、所发挥的作用。工程院对进入第二轮的候选人还要求其亲自到会作介绍和接受质询,最后由全学部院士无记名投票选举。"官员"想通过不正常的方式当选,难哉。我们应相信院士集体的判断能力,相信没有什么势力能操纵院士选举,相信选出的院士基本上是合格的。

关于"管理学部"

也许工程院的管理学部是被质疑最多的学部。事实上,在20世纪90年代成立这个学部时,就有很多院士反对或担忧。反对者认为新中国建立后长时期执行"左"的路线,在科技和工程建设中强调政治挂帅,搞人海战,不讲究效率效益,谈不上科学管理,和国外差距太远,没有条件成立学部;担忧的则怕这个学部变成官员和企业家、资本家俱乐部。针对这种意见，工程院领导采取既积极又慎重的做法，先组织部分院士成立一个专委会，进行深入调查研究，明确设立管理学部的必要性和可行性。提出方案。交院士大会讨论。由于当时仍有较多院士表示不宜急于成立，因此又决定撤销该议案。继续研究落实。以后随着科技和建设的腾飞发展，我国管理科学水平也迅速提高，人才涌现，条件成熟，才于次届（2000 年）大会上提出。经全体院士投票表决通过成立。为消除大家的疑虑，还采取许多措施，包括：①将管理学部范围限定为工程管理，暂不包括企业管理（学部名称也称为"工程管理学部"）；②对该学部院士的要求做出更明确的规定；③先从各学部现有院士中遴选有管理经验和背景者组成第一届管理学部（跨学部院士），在第二届才开始增选，并严格限制增选名额（除首次增选了 5 名院士外，其后每届只选出 2 至 3 人）；④提名为管理学部的候选人，第一轮选举在相关专业学部中进行，只有通过专业学部评审表决，认为符合进入第二轮选举条件的提名人，才由管理学部进行第二轮评审选举。

本届增选前，该学部仅 41 位院士，其中跨学部院士达 27 人，增选院士仅 14 人。没有什么企业家、资本家。分析管理学部院士的组成，大致来自两类人：一是改革开放以后，大量高校设立了管理学院，成长了一批管理科学的开拓性学者教授；二是随着我国史无前例的建设高潮，涌现了一批从工程实践中锻炼出来的管理人才。

我国发射了宇宙飞船，振兴了军工工业，建设了三峡工程、青藏铁路、南水北调……都是世界级的系统工程，没有先进的管理科学，是不可想象的。我国还是发展中国家，多数学科和世界先进水平相比都有差距。不能因此认为没有条件成立学部。特别是我国有自己的国情，许多工程如由外国专家来管理，就做不到我们的水平和成就，不要太贬低自己（小浪底水利枢纽和水口水电站原以外方管理为主，问题不断，世界银行专家一致认为工程已失败，后由我们自管，都如期、优质、经济地建成）。

管理学部成立以来，为推动我国管理科学的发展做了很多工作，为我国科技发展和工程建设提供了很多咨询，成绩有目共睹。在管理学部院士中，除教授外，"官员"的比例较高，是可以理解的，领导层在管理方面做出的贡献，确实要比基层同志大。希望大家能了解这些实情，不要轻信一些无根据的断言。

几 点 建 议

一是对院士的介绍宣传应实事求是。被选为院士，一定有所成就和贡献，适当的介绍是必要和有益的，但必须实事求是，不要拔高、把院士描摹成"高、大、全"，尤忌把集体和别人的功劳归于院士。更要反对炒作，这些介绍宣传文章应由本人审阅把关，如果发现失实，发表的报刊和院士本人要负责。

二是院士的待遇应合情合理。地方政府和院士所在单位对院士（尤其对年老有病有困难的院士）在医疗、交通、住房方面适当地给一点照顾，群众也能理解，但必须在合理范围内，不要太突出，更不要和行政级别挂钩。也不宜以高待遇作为重视人才的宣传材料和吸引人才的唯一手段。

三是采取措施。不要把荣誉称号变成可利用的资源，建议有关部门采取各种措施，不让荣誉称号变成可利用的资源。例如，在评审或申请科学基金、报奖评奖、评比学校成绩名次等活动中，院士不具有任何特殊性，我建议在各种活动中，如无必要，一律不提"院士"称号。

四是呼吁院士加强自律。我呼吁每位院士加强自律，洁身自好，珍惜"院士"这个集体荣誉称号，不要做任何有损这个称号的事。要意识到有些事别人可以做，院士却不能或不宜做。

5 电 网 工 作

我 的 几 点 看 法

——在国家电网公司 2003 年工作会议前第一次
总经理办公会上的发言

一、参加国家电网公司工作会议的体会

这次会议是国家电网公司成立后的第一次年度工作会议，且有重要意义。赵希正总经理的报告是经过认真准备、多次征求意见、讨论修改定稿的。报告是全面、深入和符合实际的，我完全同意这个报告。摆在我们面前的任务是认真贯彻落实。

电力体制改革后，电力行业分解为发电、电网和辅企三大系统。其中，起总的联系、进行实时调度运行、保障优质安全供电、直接和用户接触的是电网公司系统。电网公司工作做得好不好是影响整个行业声誉形象的。如果电力的供应、质量、安全、电价、服务各方面不能满足用户要求，人民也把账记在电网公司的头上。因此，我们除应竭尽全力做好本职工作外，还要会同所有有关单位，共同努力，从较高层次统观全局，进行调查研究和协调，向国家提出建议，为我国电力的改革和发展做出最大的贡献。

二、对今后的电网建设的意见

电网是电力安全发、需、供的基础与载体，其重要性与个别电源是不同的。尤其实行"西电东送、南北互供、全国联网"，进行跨地区的优化调度，是重大能源政策，也是电网公司的神圣责任。建设强大、安全、合理的全国电网，是电网公司的头号任务。由于历史原因，欠账较多。赵总指出，电网需适度超前建设，十分重要。我补充一句，对电网系统的规划研究，更应超前进行，不宜迁就现实。建一座（批）电源，拉几条输电线，在证明不合理后就难以逆转。所以建议在预期的电力发展规划（2005—2020 年装机达 4.3 及 8 亿～9 亿千瓦，年电量达 2 及 4.6 万亿千瓦时）和目前掌握的可能开发的电源点基础上，规划较长期的各大区和全国电网的主网架布局，研究高一级的输电电压、交直流输电后的配合、各大区间的骨干通道等问题。近期的输电建设，应符合这个大框架，至少不应对今后全国输电和电力市场的发展要求造成被动。

三、在今后运行中要注意的几个问题

随着国民经济发展和人民生活水平提高，调峰问题愈趋突出，用户和人民感到切

本文是作者在国家电网公司 2003 年工作会议前第一次总经理办公会上的发言稿。

肤之痛的也是这个问题。我们不能依靠拉闸限电来解决问题。相反，电网公司要下决心许诺今后不再拉闸限电。各大区和省公司要尽可能准确地预测情况，采取措施来做到这点。除利用经济杠杆和精心调度外，要研究各种有效的调峰手段抽水蓄能、水电、火电调峰、燃气轮机……因地制宜地综合采用，以满足需要。其中抽水蓄能：①不仅能调峰且能填谷；②符合国家能源安全和环保政策；③较易找到合适的站址；④造价成本不断降低。建议予以特别重视。

四、改革后应怎么抓科技发展

要解决电力行业存在的各种难题，归根到底要依靠科技现代化，所以务必重视科技发展。这在赵总报告中有专门论述。例如，能提高电网输送能力和稳定性的各种先进输电技术、高一级输电电压和结构的研究、电力工业的高度信息化、输电对环境的影响、减低线损和其他节能新技术、特大型抽水蓄能建设及设备制造以及有关的大量软科学研究。总之，科技不发展、不突破，电力工业的发展是没有后劲的，深层次的困难与问题是无法解决的。

我还很关心有关电源建设方面的科技进展，特别是战略性、前瞻性、公益性的研究，希望各企业领导能理解和支持，联合起来集中力量和资金来攻关解决。

五、关于改革后的服务质量问题

这是直接影响电网公司以至整个电力行业形象的大事，也影响到人民对电力改革成绩的看法。建议国家电网公司和各区、省公司要按赵总报告要求全力以赴抓服务，抓形象。一切好的制度和措施要坚持和发扬，一切存在的缺点漏洞要欢迎用户监督、提出和改进，要坚决杜绝以（垄断）权谋私的任何做法。经济效益要依靠深化改革、加强管理、高持高效、科技创新和合理的电价政策来取得。许多问题出在基层（市、县农电局的工作人员），要有办法监督和管住他们。一个基层单位、一个服务人员的恶劣行径会玷污整个行业，成为媒体炒作重点，对这种情况，我们要自己批评处理在前，取得主动。好的样板一定要树立、要表扬、要奖励，坏的一定要曝光、要批判、要处分。我们要把提高服务质量作为是否真正贯彻三个代表重要思想的试金石。争取每一级公司和每一个服务点都做到优质服务、文明单位、信得过单位，都成为模范窗口。做到群众满意，消灭投诉。

六、其他意见

电力改革是件复杂困难的工作，我们将会遇到很多问题，例如赵总报告中提到的安全运行、经济效益下降问题、电价可能攀升问题、各级电力公司的改组问题。对此我没有调查研究，也没有发言权，总之都要认真对待，妥善解决。但只要真正做到全心全意为人民服务，一切运作做到公开、公正、公平，群众是会理解的。我预祝各级公司在新的一年中捷报频传，为全面建设小康社会做出自己的贡献。

开发水电，促进电源、电网的和谐发展

一、电源、电网的"和谐"发展，是安全供电的基础

（1）美加大停电的教训。发生在 8 月 14 日的美加大停电事故，是一份难得的反面教材，也为我们敲起警钟。许多专家都做了分析。赵希正总经理代表电网公司更做了全面阐述，提出具体建议和措施，我在这里不再重复展开，只说一句话：电力改革的最终目的是向社会提供充足、可靠和廉价的电能。"打破垄断""引入竞争"只是手段，决不能本末倒置。

大家都知道，电源企业和电网企业是互存互依和互补的企业，从宏观规律上来说是不可分的，这是因为电力工业是一个特殊行业，电力产品是个特殊的产品，发、输、供、用瞬时完成（且电能不易储存）。无视这一特殊性，只强调打破垄断，不提加强法制和监管，只强调竞争，不提全面规划和合作，不仅是片面的，而且是错误的和有害的。

（2）安全供电的两个基础。首先，电力工业是国民经济的基础和支柱，是先行官，弹性系数要大一些，电力建设要适度超前一些，这是非常明显的道理。那种把电力当作农贸市场上的西红柿对待，迷信通过市场调节，自然会解决供需问题的看法，是禁不起事实考验的。现在我国缺电形势正在出现和形成，我们必须提高警惕，采取措施，防止"停三开四"现象的重现。

其次，要使电力满足社会需求，除要加快电力（包括电源、电网）建设外，更要保证电源与电网的和谐（或协调）发展。这包括两层意思：首先指长期来电网建设落后的情况必须改变和补课；其次指电源、电网的建设要统筹进行，不能各自为政，不能在建了大电源后再考虑"接入设计"。电网网架应结构合理、电压等级选择能适应我国能源资源分布及配置布局，并适度超前建设，以保证各种电能（水电、火电、核电、气电、抽水蓄能电站等）顺利输送。总之，电源建设要与电网建设协调发展，电网建设要最大限度地实现资源优化配置，充分发挥不同类型电源作用；电源建设必须服从全局利益，不搞短期行为，具体电源点的选择及开发规模、技术经济指标还要考虑电网结构和未来发展。

（3）电源、电网共同保证安全可靠供电。供电的可靠性，既有赖于电源的可靠，又建立在电网的安全稳定基础上，后者更是电源企业和电网企业共同利益所在，是大家的共同目标。因此电源、电网要共同保证电网的安全，携手共建安全、稳定、可靠的供电机制。电源企业要服从电网为实现负荷平衡、安全稳定供电而下达的调度命令，向电网提供优质廉价的电能和规定的容量，要提高设备的可靠性，避免发生故障。电

本文是 2003 年 10 月 9 日，作者为 2003 年 10 月 21—23 日在北京召开的"第 28 届中国电网调度运行会议"上准备的演讲稿。

网调度则要保证做到"三公"即公平、公正、公开的科学调度，同时要应用市场经济杠杆为发电企业提高经济效益和防范风险做贡献。这就是分开后的电源与电网的关系，也是共同的责任，只有这样做，才可以实现电源、电网双赢，国家和全社会利益得到保障。

（4）"十一五"和2020年电力发展展望。发改委和有关部门根据"十一五"和2020年经济和社会发展的规模要求，研究分析GDP增长规律和社会用电量的增长需求，对电力发展做了大致的预测：

2003—2010年间全国社会用电量需求增长建设保持6.6%～7%。

2011—2020年间全国社会用电量需求增长建设保持4.5%～5.5%。

相应发电装机总容量要达到：

2010年，5.5亿～5.8亿千瓦，电量2.5万亿～2.6万亿千瓦时。

2020年，8.2亿～9亿千瓦，电量3.9万亿～4.3万亿千瓦时。

其中水力发电以占全部容量30%左右计：

2010年，1.6亿～1.7亿千瓦。

2020年，2.4亿～2.7亿千瓦。

这就是我们面临的任务和奋斗的目标。

二、水电在电源和电网建设中的作用及影响

水电是迄今为止人们能够大规模和廉价取得的可再生、清洁能源。在20世纪，发达国家无不先从开发水能起步，形成并发展自己的电力工业。目前美国水能利用率达65%，挪威、瑞士、法国、日本等更高。但随着他们水力资源的开发殆尽，和早期开发水电时忽视生态环境所引起后果的呈现，许多人开始否定水电开发，并把水电特别是大水电排除在可再生与清洁能源之外。理由是水电开发破坏了河流的天然状态，引发了一系列生态环境问题，还影响移民的"人权"。一些人呼吁全世界（主要是针对发展中国家）停止开发水电。

我们不想干预别人的想法，但中国的发展必须根据中国的国情行事。中央和国务院明确把大力开发水电列为能源基本国策之一，从未动摇过。半个多世纪来，经过艰苦曲折的奋斗，使中国成为世界上名列前茅的水电大国，新世纪中更将有史无前例的大发展，中央的决策是十分正确的。下面简单阐述水电在我国能源中的地位与作用。

（1）水电的可再生和清洁性质。我国的一次能源在较长时期内将以煤为主，这是不争的事实。中国目前年燃原煤十亿多吨，已是世界上第二大燃煤和排污大国。全国已有1/3的国土被酸雨覆盖。1995年全国二氧化硫排放量是2370万吨，其中有30%是由燃煤火电厂造成。今后燃煤还将剧增，如何减轻污染和对付国际压力，是能源行业面临的最大挑战。任何有效措施都不能放过，水电自然是首选。

我国水电资源居世界第一。如能将可开发水电电量——2.28万亿千瓦时/年都加以利用（去年全国发电量是1.4万亿千瓦时），每年可替代原煤11.4亿吨，利用100年就是1140亿吨（全国目前煤的探明剩余可采量是1145亿吨）。在农村，水电还能替代薪柴，对封山育林、水土保持、环境保护起巨大作用。应该说，水电是最大的环保工程。

如不此图，会有什么后果，已用不到细述。总之水电的可再生性与清洁性是无法否认的。中国只能发展水电，辅以核电和其他清洁能源，才能缓解燃煤压力，舍此并无出路。至于水电不需燃料，本质上是廉价能源，能为电力企业带来巨大经济效益，还是第二位的事。

（2）水电开发与电网的关系。水电厂必须修建在有水力资源的河川上，通过电网将电能送到负荷区，以输电代替输煤和进口燃料，极大地缓解运输压力、保障能源安全，同时出现了超高压远距离送电，促进了电网的发展。中国的水电偏在西部，开发水电必然相应出现了西电（包括西部火电）东送和全国联网。

从历史上看，都是大水电的开发促进了大电网和高电压的出现。丰满和新安江水电站的建设使东北、华东地区电压等级在 50 年代升到 220 千伏；1969 年刘家峡水电站的投入，在西北地区出现了 330 千伏级电压；1988 年葛洲坝水电站建成发电，出现500 千伏交流和±500 千伏直流输电电压，实现了华中、华东联网；2002 年公伯峡、拉西瓦水电站的启动，促进了 750 千伏电压送电工程。三峡电站的兴建促进了全国联网工程，正在筹建的溪洛渡水电站可能采用更高级的电压输电。我们相信，随着西部水电的大开发，中国将形成无比宏伟和先进的全国电网，并将不断加强和优化，攀登世界顶峰。

（3）水电是电网应急的关键、安全的保障。水电机组包括抽水蓄能机组有运行灵活、启动快、负荷跟踪迅速等特点，在电网运行中起有调峰、填谷、调频、调相，支撑电压稳定和紧急事故备用等作用，在这些方面，有着不可替代的优越性，成为电网安全、可靠供电的支柱。抽水蓄能电站运行，比常规水电站更为灵活，"黑启动"运行更为迅速可靠。1998—1999 年曾对京津唐电网中的十三陵抽水蓄能电厂进行几次电厂机组"黑启动"试验，2000 年再进行 "黑启动"全功能重演，试验圆满成功。事实说明，为了保障安全可靠供电，应付各种事故，电网需要足够的大水电和抽水蓄能容量及机组。

（4）水电的综合利用性质。水电工程常常具有综合利用效益，开发水电不仅是一次能源（水能）、二次能源（电力）同时完成，实际上是电力工程、防洪工程、供水工程、水运工程、旅游工程、脱贫工程以及生态环保工程的综合任务。一举多得，利国利民，不是其他单项工程可比的。

即以防洪减灾而言，据国家防汛指挥部不完全统计，全国大中型水库的减灾效益一年就是 1000 亿元以上。我国迄今尚未完全摆脱洪旱灾害威胁，国民经济的发展和人民生活的提高也需要更多的供水，结合水电开发，综合满足各方面需求，是符合国家全局利益的。

（5）中国水电的不足与副作用。中国的水电资源虽然丰富，也有不利条件。首先是河川径流在年内及年际的不均匀性，使水电有很大的季节性电能，而枯水期或枯水年出力较小。虽可修建水库进行一定调节，但不是总可做到，修大库的代价和问题也较多。其次是主要资源集中于西南，距负荷中心较远。这两大问题都可让水电投入大电网得到解决。

开发水电也有副作用。首先是修坝建库需淹没一定土地以及一些文物、景观，要迁移居民，并改变了河川的水文条件，产生一系列影响。尤其对多沙河流，存在水库淤积和下游河床冲淤问题。修坝建库打乱了原始的自然状态，会引发许多其他生态环境问题，特别是对鱼类的影响。不同工程的副作用也不同，其影响大小取决于所在地区的具体条件和工程规模。过去对此重视不够，应引以为训。现已充分重视，例如对移民实施开发性移民方针，事前进行深入调查、妥善安置，在建设期投入充足资金，保证移民迁得出、稳得住、生活生产条件高于迁移前，在运行期内进行扶植，使逐步致富。让移民和库区通过开发水电得到大的发展。

我们诚恳希望生态环保界能与我们共同研究水电开发中的副作用和应采取的减免或补偿措施，在国家全局利益的基础上取得一致，不要简单地予以否定。

三、中国的水电资源与开发前景

1. 水电资源

水电资源有过几次普查。据最新资料统计：我国可开发水能资源为 2.28 万亿千瓦时/年（相应装机容量 5.26 亿千瓦）。截至 2002 年底，已开发年电量 2710 亿千瓦时，装机容量 8455 万千瓦，开发率 12%（按电量）至 16%（按容量）。截至目前，剩余可开发年电量 2 万亿千瓦时，相应装机容量 4.4 亿千瓦。

据资料统计：全国可开发潮汐能年发电量 619 亿千瓦时，相应装机容量 2158 万千瓦。

据资料统计：全国已调查可开发的抽水蓄能电站总装机 0.9 亿~1.0 亿千瓦。

全国小水电可开发资源总装机容量 1.02 亿千瓦，占全国水电资源 19.39%。到 2000 年底已开发总装机容量 2485 万千瓦，年发电量 800 亿千瓦时。

2. 西部地区水电东送能力

中国西部水电资源丰富，但部分省、市、区人均资源量并不富裕，仅够自用。从长远来看，能输出水电的主要是云、川、青、藏四省区，近期鄂、黔、桂三省也可适当输出。这些省、区的人均可开发资源量及可输出量的情况大致如下：

项 目	长远可输出					近期可输出			
省、区	云南	西藏	四川	青海	合计	湖北	贵州	广西	合计
人均可开发资源（千瓦/人）	2.06	26.81	1.12	3.43		0.498	0.45	0.35	
保输出量不少于（万千瓦）	7000	7000	4500	1500	20000	送华东 720	500	500	1720

3. 开发规划

我国西部水能资源主要集中在西南的长江干支流（包括金沙江、雅砻江、大渡河、乌江等）、澜沧江和雅鲁藏布江等几条大江大河上，其次分布在红水河、黄河上游和湘鄂水系。

西部水电大体上将从北、中、南三条通道分别送入东部各电网：北路为黄河上游的水电东送至华北电网，西北、华北联网；中路为长江上、中游的水电东送至华中、华东电网，形成西南、华中、华东三大区联网；南路为南盘江、红水河干流梯级电站和澜沧江中下游梯级电站东送至华南，形成粤、桂、滇、黔四省（区）的南方电网。

（1）北路。以开发黄河上游和中游北干流的水能资源为基础，在已建的刘家峡、龙羊峡、八盘峡、青铜峡、盐锅峡、天桥、李家峡、大峡、万家寨、小浪底等水电站的基础上，开工建设公伯峡、拉西瓦、黑山峡等大型水电站，加上青海尼娜、直岗拉卡、甘肃小峡、乌金峡等中型水电站，以及八盘峡和盐锅峡等电站的扩建，预计至2020年总装机容量可达1800万千瓦。

（2）中路。①长江葛洲坝和清江隔河岩、高坝洲水电站已竣工，21世纪初三峡电站全部建成，水布垭电站相继投入运行，加上丹江口、黄龙滩、潘口电站扩机等，2020年前，预计水电总容量可达2437万千瓦。②金沙江下游先建设溪洛渡和向家坝水电站，续建白鹤滩、乌东德、虎跳峡等水电站，自2010—2015年兴建中游的金安桥、观音岩水电站，预计2020年总装机可达4200万千瓦。同时开发雅砻江及大渡河。

（3）南路。①红水河上现已建成鲁布革、大化、恶滩、岩滩、天生桥一、二级和百龙滩水电站，已开工建设龙滩电站，2010年内兴建长洲和大藤峡电站，2020年前后，除桥巩电站外，其余梯级陆续建成投产，共装机1319万千瓦。②澜沧江干流15个梯级中，近期先开发功果桥以下8级电站，共装机1520万千瓦。目前漫湾电站已竣工，大朝山电站已投产，并已开始修建小湾水电站，2010年左右建设糯扎渡和景洪电站，2020年中下游5个主要梯级全部建成，共可投产1390万千瓦。③乌江干流11个梯级电站总装机868万千瓦，目前已建成乌江渡、普定、东风电站，计划2020年前开发构皮滩、思林、彭水电站，总装机可达732万千瓦。

4. "十一五"期间我国水电建设战略项目

"十一五"期间我国在建成三峡工程和已开工的其他工程外，还要开发一系列西电东送的后续战略性工程，主要是调节性好的工程。初步建议安排十多个大型及特大型电站，总装容量6000万千瓦左右。

糯扎渡水电站装机容量600万千瓦（调节性能好，特大型水库战略工程），景洪水电站150万千瓦，思林100万千瓦；

溪洛渡1260万千瓦，向家坝600万千瓦，两座电站总装机1860万千瓦（调节性能好，西电东送战略性工程）；

虎跳峡水电站装机容量680万千瓦，是我国调蓄水能资源特大型工程，电站调蓄电量为1187亿千瓦时（西电东送骨干电源）；

白鹤滩1250万千瓦和乌东德740万千瓦两个水电站装机容量近2000万千瓦，是金沙江下游一组调节性能好的特大型电站（西电东送骨干电源）；

雅砻江锦屏一、二级760万千瓦，两河口水电站200万千瓦（龙头水库，是补偿和调节性能好的水电站）；

独松水电站，装机容量136万千瓦，是大渡河的龙头水库（补偿及调节性能好的电站）；

黄河黑山峡水电站装机容量200万千瓦，是黄河承上启下的反调节水库，也是北部西电东送和治黄工程。

"十一五"期间抽水蓄能电站重点项目有：胶东100万千瓦，蒲石河120万千瓦，响水涧 100 万千瓦，惠州一期 120 万千瓦，白莲河 60 万千瓦，洪屏 120 万千瓦，丰宁 180 万千瓦，共计 800 万千瓦。

这样，在 2002 年我国水电装机的基础上，增加三峡和其他在建电站；"十一五"期间新开发水电装机容量 6000 万千瓦，其中相当部分可以发电，抽水蓄能电站装机新增加 800 万千瓦；加上其他地方中小水电装机在内，到 2010 年我国水电装机容量可达到 1.6 亿千瓦以上，占全国电力总装机容量的 30%左右。

实施上述规划，每年需投入 350 亿～400 亿元，（按 4000 元/千瓦计算），这对目前的电源企业来讲，在资本金和融资方面还有一定困难。其实，我国的经济实力能够承担水电大开发的需求，各投资方（包括民间资金和外资）对开发水电也有浓厚兴趣，我们期待着国家能根据当前情况，出台一些有利于开发水电的配套政策，让水电开发真正展翅腾飞。

5. 流域梯级水电的整合

水电站建在河川上，在一个流域里有多座水电站呈梯级开发模式。梯级电站之间，既有水力联系，又存在着电力联系，生产运行、管理、调度的全局性规律，决定了流域梯级水电"整合"的必要性。所谓流域梯级水电整合，是指流域水电开发建设中水资源优化配置，各梯级电站技术经济参数、管理模式的统一规划和全流域整合。我国在许多流域实施梯级滚动开发，由一个流域公司负责，改革中流域公司成建制归并，是实现梯级水电整合的有利条件。但也有些流域上下游由多家业主分头开发，各有其建设和管理模式。为有利于优化资源利用，发挥梯级水电站群整体优势，最大限度地提高各电源点的效益，也为电网的安全稳定运行，不同利益主体需要协调，实行流域梯级水电整合，强化统一调度，这是符合流域开发的宗旨和基本要求的。

流域梯级水电整合，要依据法律、法规及通过协商制定准则以利执行。一般要求在一个独立流域内，只有一个生产运行和调度管理单位，即梯级调度中心（或总厂），实施生产管理整合。各开发业主可将产权（电源所有权）和管理权（调度权）分开，条件成熟可组建管理董事会。

四、水电开发与电网建设比翼齐飞

在上面我们提到，水电开发是促进全国联网和长距离超高压输电的重要因素，电网需要水电提供大量的廉价电能，缓解污染问题，电网需要巨大的水电机组作为稳定、安全运行和应急的保障……，从这个角度看，电网离不开水电。同样，水电需要通过电网把电能输送到负荷中心，消纳巨大的季节性电能。水电只有投入强大的电网并依赖其科学调度，才能位于最佳工作位置，发挥最大作用，取得最好效益，从这个角度看，水电离不开电网。水电开发和电网建设是相互依赖、相辅相成、比翼齐飞的关系，不是简单的电力买卖关系。

开发大的能源基地，特别是集中的水电基地和巨型水电工程的建设，连同巨大火电、核电基地的配置，建设大电网，是我国电力工业发展的必走之路，也只有这样，电网才能充分发挥优化配置发电资源的作用，实现跨地区水火联调、互为备用、事故支援、调剂余缺、错峰避峰等联网效益。

　　我们希望电网建设能在统一规划下适当超前进行，使水电投产后电力能送得出、落得下、用得上，避免出现当年刘家峡、龙羊峡、二滩等几个大水电站的窝电、限发、造成严重的经济损失现象。而如三峡电网与工程同步建设，适度超前，电站机组一投产就能全部送出，资金效益和工程效益双丰收。总之，电网建设的适度超前，电网网架结构合理，才能真正实现西电东送、南北互供，全国联网，在全国范围内实现资源优化配置。这是国家和电力企业的全局利益。建议按照西南水电东送 1.5 亿千瓦的规模及主要电源点的布局，及早进行全国电网规划和电压等级的研究。

　　其次，我们希望通过电网的优化调度和经济杠杆，为水电优越性的发挥起更大作用。例如随着我国用电负荷结构变化、城市居民生活用电大幅度增长、度夏供电负荷的激增、农村用电的需求、工业用电的安排，为消纳季节性水电提供广阔的市场，甚至可为水电开发装机的决策和我国节煤事业提供新思路、新方向。

　　在电源方面，正像在开头讲过的那样，要服从国家能源开发大局，不搞短期行为。电源企业要在国家全局利益的基础上发展自己和取得最大效益，要对水电、核电和其他清洁能源及新能源作必要的投入。在水电开发方面，电源企业要尽一切努力，降低工程造价和发电成本，向电网提供大量的廉价清洁电能，提供强大、灵活和可靠的容量和随时可以启动的应急、备用机组，根据电网调度，忠实地履行调峰调频调相运行任务，在出现紧急情况时，更不会考虑任何自身利益，绝对地服从电网调度，为保障电网的安全稳定而做出贡献。这就是在新体制下水电和电网的不可分隔的关系。

垄断的电网能"三公调度""优质服务"吗?

一、问题的提出

1998 年 7 月,历尽千辛万苦建成的二滩水电站在投产后未能将所发水电全部售给电网,不仅使二滩公司陷入窘境,而且引起有关部门和人士的重视。经济学家和舆论同声谴责,认为这是垄断体制带来的恶果(当时电力行业由国家电力公司统一经营,部分电厂为其直属企业,人称"亲生儿子",二滩则为独立发电企业,人称"非亲生儿子")。"二滩事件"对开展电力体制改革,实施厂网分开,起了促进作用。

其实,客观分析可知,二滩投产后短期内不能将所发水电充分上网,因素很多。首先是当时受亚洲金融危机影响,我国经济发展速度放缓,四川甚至出现负增长,而二滩和一批火电厂同时投产,电力暂时供过于求,即使"亲生儿子"也不能满发;其次是受输电线路限制;三是统一的四川电网被划分为川渝二网,渝网不要二滩水电;四是二滩调节库容很小,汛期电量巨大,于是就出现了"二滩大量弃水、火电烧煤发电"的现象。现在电力紧缺、电网加强、厂网分开,情况有了根本变化,相信今后类似的问题应该较少出现了。

目前电网除拥有少量必需的调峰、备用电源外,已没有"亲生儿子",电源方面已成立五大发电集团和众多独立发电公司,进入"建立电力市场,竞价上网"的阶段。但电网仍是垄断性的,发电厂所发的电主要都卖给同一电网,用户主要向同一电网购电,这就出现了电网能否"三公(公开、公平、公正)调度"和能否提供优质服务的问题。是否要进一步打破电网的垄断,引入竞争呢?例如,将电网分解为较小的独立网,在售电环节引入竞争机制,推行大用户直接向电厂购电和自备电厂等。

要研究这个问题,首先要回答:作为自然垄断的电网企业(按中国国情,而且是一个以公有制为主,受国家控制的"国企"),能够做到三公调度和提供优质服务吗?我的看法:只要采取有效措施,答案是正面的。

二、有效的措施

现在电网和各发电公司是平等协作的关系,有共同的目标和最大利益,即保证安全运行,为国家、人民提供丰富廉价的电能,所以完全有条件做到双赢。人民关心的主要问题是如何保证垄断经营的电网能做到三公调度和优质服务,我认为,根据我国的体制和国情,只要采取以下有效措施,就完全能做到这一点。

1. 制定明确的调度原则

在所有的电源中,尤其在"供过于求"的形势下,要明确电网根据什么原则来"择

本文是 2005 年 5 月,作者在中国科学技术协会主办的"中国电力发展论坛"上的演讲稿。

"优"上网，以取得全局最大利益。这是实施"三公调度"的基础。现在国家已颁布"电力监管条例"和有关能源的法规，电监会颁布了《关于促进电力调度公开、公平、公正的暂行规定》，还将制定更具体的配套规定，这就为各种电源在各种情况下遵循什么原则依序上网有了法定准则，规范了调度工作。

2. 设置透明的信息窗口

对于垄断企业，最怕"暗箱作业"，这是发生种种违法违纪事件的根源。"三公"中将"公开"列为第一，是有道理的。信息公开是三公调度的保障，国家及电监会将明确规定：电力调度的一切行为都公开示众，使上级、电厂、用户及全社会知情。电监会将规范信息披露要求，定期召开信息发布会、通报电网运行、电力调度情况，一切按法规和合同透明进行，不给"暗箱作业"留下余地。

3. 应用先进的调度技术

我国每年高考考生超过百万，招生部门在制定录取分挡的原则后，由计算机投档，防止了人为干预和违法事件。目前信息科学和计算机技术高度发展，电网的常规调度操作完全可以由计算机完成，将人为干预减少到最低程度。

4. 完善全面的监督制度

电网的调度和服务质量将置于全面和严格的监督之不。不但电监会将对各级电网进行全过程的监督管理，电网更将接受所有电厂、用户和全社会的监督，广泛设置举报箱，完善上访接待工作，举办听证会，编织起一张严密的监督网，任何以权谋私、违法乱纪的事件将无所容身。

5. 实施严格的奖惩制度

电网企业制定严格的奖惩制度、开展竞赛，奖励先进，鞭策后进，惩办违法违纪人员，追究渎职失责领导，将不合格人员清除出去，树立优良行风，使正气上升，邪风绝迹。

6. 坚持长期的思想教育

这是最后和最难的一条，可能有同志认为这是最空洞的一条，而我则认为是最重要最根本的一条。以前的五条可以说都属于"法治"范畴，这一条属于"德治"范畴。法治是永远需要的，而且要不断完善改进，但必须加上"德治"，使执行三公调度、提供优质服务成为行风，成为每位职工的自觉行为和基本职业道德，才能真正解决问题。电力企业向来有"人民电业为人民"的优良传统，是过去的极"左"路线和现在的"一切向钱看"把好传统破坏了，少数电力部门甚至被讥为"电霸""电老虎"，也出了一些腐败分子。尽管如此，电力行业的问题绝不比竞争性行业严重，更可贵的，在这一垄断行业中仍然出现无数先进人物和感人至深的先进事迹。这使我们坚信，只要遵照中央"法治"加"德治"的方针，坚持不懈地做好政治思想教育工作，一定能得到最好的效果。

有人常把过去思想工作的失败，作为政治思想工作是"空"的依据，还认为在现体制下更无能为力。我认为过去并没有真正进行思想教育，是在搞"阶级斗争为纲""政治统帅一切"和形式主义，在思想领域上进行压服、迫害，逼着人说假、大、空话，失败是必然的。现在党总结经验教训，高举民族振兴的大旗，创导以人为本，构建和谐社会的原则，只要遵循这一正确方针，认真做好思想教育工作，精神转化为物质的力量将是无比巨大的。

三、要树立信心

目前国家电网公司为了加强行风建设，贯彻三公调度，促进供电优质服务，进行了全面部署，正式公布了三公调度的十项措施，供电服务的十项承诺，电网职工的十个不准，全系统出现了学习贯彻高潮，并与保持共产党员先进性的学习活动紧密地结合起来。我对这一蓬勃开展的活动深具信心，坚信全体员工不会辜负党、国家和人民的殷切期望，不会辜负"国企职工"的光荣称号与责任，把这三个"十"一丝不苟地做到，永葆荣誉，重塑和发扬人民电力为人民的光荣传统。

也许有的同志信心不足，认为企业离不开追逐最大利润，个人离不开谋取自己名利，法规制度总有漏洞，思想教育只是空话，最可靠的办法还是分解电网，削弱它的垄断性，引入竞争，才是可靠措施。

我认为上述有没有信心的问题，本质上是对"公有制"、对"建设有中国特色社会主义"有没有信心的问题，也是对精神与物质关系看法的问题。

我们不能忘记我们的最终目标，这就是建成有中国特色的社会主义社会，这个社会是和谐的、从人为本的、法治加德治的、可持续发展的、共同富裕的社会。打破垄断也好，引入竞争也好，都是手段，不是目的。发展私营经济也好，引入外资也好，让一部分地区一部分人先富起来也好，都是过程，不是终极目标。在较长的社会主义初级阶段中，这些做法是必要的，而且还须坚持和大力发展，但中国的经济始终要以公有制为主，始终要以共同富裕为终极目标，过程虽长，方向不能变。在改革中，这一点似不能忘记。

如果依靠无情的竞争和淘汰，依靠单纯的利益驱动，可以达到某一目的，而依靠法治、协调和竞赛，依靠教育和引导，也能达到同样目的，后者就远优于前者。因为按前一方式做，往往要付出思想意识上的代价，而按后一方式做，可以给人们增添"公"的意识，增添对美好远景的信心！

作为垄断性的大型国企——国家电网，有条件以"公"为主经营，而达到完善境界。如果事实证明采取这个模式，能做到三公调度和优质服务，其意义将是不可估量的——不仅仅在经济上。

四、关于弱化电网垄断性的思考

如果上述分析成立，则要不要弱化电网的垄断性和整体性就值得深入思考。

1. 销售端要不要多头竞争

销售端是电力行业中另一个可引入竞争的领域，但电力供销毕竟不同于农贸市场，在农贸市场中，各摊主有不同进货渠道和进货价格，用户可以自由地选择卖主，充分地、立竿见影地体现市场竞争作用。而在电力市场里，用户和发电厂并不"见面"，设置多家供电公司，配电网仍是一张，都要以相同的上网价加上输电价向电网购电，再加上供电成本和利润成为销售电价，竞价余地极小。在一个地区中设一个供电公司其运营成本总比设几个公司要低，多头经营究竟对用户有什么好处？如果说可提高服务质量，难道只有这么一个办法？我国一些行业拆了又合、合了又拆，服务质量提高了多少？

2. 要不要推广用户直接向电厂购电

电网运行不像高速公路那么简单，电网要对整个区域的电力供需实施随时平衡（包括无功），要对出现任何意外或灾害准备应急手段，要在全国范围内按国家全局利益调配资源，要完成扶贫、扶农、救灾、应急和各种公益任务，要建设在经济上不可取的输电线路。大用户直购电，只是试点，不宜推广。如果大量用户都向电厂直接购电或自备电厂发电售电，实行"体外循环"，仅把电网作为通道和起保安作用，这能成吗？这样做，个别用户或电厂所取得的好处，归根到底要由电网（亦即国家和网内其他用户）来埋单！

3. 要不要全国联网，建设特高压骨干网架

有的同志分析电力市场供销额，认为绝大部分是省内平衡，省间交易较少，跨大区的输电比例也不大，所以应重视独立的省网，其次是区网建设，跨区特高压网架不是当务之急。

中国一次能源蕴藏的特点，就是在时空上和品种上的极端不均匀性，与各地区的经济发展更不适应。从全局和长期看，资源需要在全国优化配置，需要远距离调剂平衡，才能使各种能源、各座电厂都发挥最大作用。现在西部水电进入开发高潮，金沙江及其支流和云南的巨型水电要超远东送，晋陕宁蒙的大火电要集中南输，稍后，西藏的水电和新疆的煤电也将输向全国，建设世界最高水平的 1000 千伏交流和±1000 千伏直流的特高压骨干网架是时代赋予中国电力工业的历史重任，失误不得、耽误不起。当年过分强调省为实体，不利影响延续至今，用短视眼光看问题必带来长远之痛。

4. 国家要不要控制电网

电力企业是影响国计民生的最重要基础产业，各国政府都进行一定控管，许多国家并直接由政府建设经营。20 世纪后半期，一些资本主义国家放松管理，推行私有化，我国有些人士也主张尽量依靠市场行为来解决问题，政府不要直接介入，尽量退出，以此作为下一步改革方向。

作为企业，电网自应按现代化企业建设管理，实施股份制改革，吸引更多的民资乃至外资，以拓宽融资渠道，加快基本建设，提高管理水平。但就中国的国情和电网的特性而言，电网决不能以私营为主和纯粹商业化运作，国家必须绝对控股，必须能在能源领域中贯彻国家意志。对电网的改革，政府不是退出而是改变控制方式，使政府调控和市场行为合适地结合起来。

有人说，愈是关系国计民生的企业，垄断性愈强，毛病愈多，愈要彻底改革，而且没有什么可怕的。美国甚至战略武器都是私营企业研究制造、政府采购的。对此，我只想说：中国是美国吗？中国保留几个国家控制的企业，不仅无妨，而且必要。电网企业确应继续深化改革，但决不能改成资本主义的企业！

在国家电网公司的发言

刘总（编者注：指刘振亚）在报告中最后提到，要按照中央建设节约型社会的统一部署，结合电网企业特点，贯彻落实好《国务院关于做好建设节约型社会近期重点工作的通知》要求，我认为十分重要。中央和国务院最近全力抓节约工作，这是关系国家民族前途的大事。电力企业对此工作影响巨大。

首先，电力系统本身有很大潜力可挖，要为节能做出表率和贡献。例如电网方面的降低线损和提高输送能力，我们在这方面的水平与发达国家比，差距很大，建议各公司能认真调查研究，采取措施，做出成绩。例如线损高，先要调查清楚是什么原因，是偷漏？是设备性能？是调度问题？弄清原因，才能对症下药，把线损降下来，线损能降低 1%，那意味着节省了多少可贵的电量啊。又如，提高输送能力，现在铁路多次提速，效果非常显著，相当于新建几条干线。黄毅诚同志对我们电网输电能力一直意见很大，因为和外国差距太大，当然，这里有极复杂的因素，建议能列为研究重点，弄清我们输送能力低是受制于什么因素？如何改善？消除制约，提高通过能力，就相当于新建几条输电线。

发电与输配已分开，但电网仍拥有和管理少量重要电厂，要千方百计提高效率、减少煤耗、减少厂用电、优化调度、减少弃水。在这方面也有很多工作可做。

诚恳希望有关部门能以外国先进指标为准，调查研究，采取措施，在节约方面做出巨大贡献，响应中央的号召。

本文是 2005 年 7 月 29 日，作者在国家电网公司的发言。

对电网企业的三点感想和希望

——《国家电网》创刊祝词

《国家电网》杂志即将问世，我表示衷心祝贺，并就我国电网企业的发展谈三点感想，作刍荛之献。

一、为国企"正名"和"争气"

电网企业以其固有的特性，至今仍为国家垄断经营，是我国最大的几家国企之一。在一些专家的眼里，"国企"是"低效""腐败""官商"的同义词，至于"垄断"更是万恶渊薮，必然导致种种弊端，只有改弦更张，变成私营，引入市场机制，开展你死我活的竞争，才有生路，才是正道。事情真是那么绝对吗？那么还能建设以公为主的社会主义社会吗？几年来我们对医疗事业、教育事业……改来革去，市场操作、追逐利润……人民究竟得到了什么？我看，像电网这样基础性、公益性的大企业，就得由国家控制，以公为主经营，其他的路是走不通的。

我始终认为，依靠党的领导和思想教育，加上严格有效的管理，垄断经营的国家电网完全可以做到公开透明经营，公正公平的竞争上网，提供最优的服务，发挥比私营企业更高的效率，至于为国家谋求最大的利益更是民企绝对做不到的。国家电网公司现在制订了三个"十条"，并向全社会公开，做出庄严承诺，我深信全网职工已经而且必将坚持执行下去，一定会把国家电网办成一强三优、举世瞩目、为全国人民满意的国企，为国企争口气，也让全国人民对建设以公为主的社会主义社会增加一份信心。

二、建设起中国电力的脊梁骨

国家电网公司现正为建设特高压电网而全力奋斗，对此也有不同的见解。有同志认为，当前电力市场中主要是省内平衡，大区内省间交易是次要的，至于跨大区供电的比例更小，特高压电网建设非当务之急。

人无远虑必有近忧。中国幅员如此辽阔，能源蕴藏与负荷中心如此不匹配，北煤（电）南运、西电（能）东送，配以沿海的核电、气电已是必然的布局。就眼下形势，华北、东北的煤电，四川、云南的水电，其远送已成为当前电网不堪承受之重，而今后开发的水电更在边陲，更遥远的西藏自治区还有近一亿千瓦的水能资源，新疆的煤蕴藏量更占全国总量的很大比例，是重要战略后备基地，没有特高压电网能开发这些资源吗？更不要讲今后发展国际联网的远景。

也有同志担心目前国际上还没有特高压线路商业化运行经验。其实，特高压技术

本文作者写于 2005 年年底，应《国家电网》杂志创刊而作。《国家电网》杂志创刊于 2006 年 1 月。

在 20 世纪就已为俄、日、美等国掌握并建设，只是他们没有足够的市场需求而已。建设特高压电网在战术上当然应极端慎重（国网公司正是这么做的），但时至新世纪，中国的经济和技术已面目一新，若在战略上始终以外国无成熟经验限制自己的手脚，也未免太没有志气了。

特高压电网的发展，还能极大地减少输电损失，解决输电走廊问题，使中国输电技术跃居国际领先水平，让我们同心协力，为尽早建成中国电力工业的脊梁骨——特高压网架做出贡献吧。

三、心中永远记得"以人为本"

"以人为本"是我党第三代领导治国执政的主要思路之一。在这个问题上，电网职工的责任特别重大。

以电扶贫、以电促农、以电抗灾、消灭无电区、改造农网、拖欠电费也不轻易拉闸、千方百计提高服务质量……处处都体现"人民电业为人民"亦即"以人为本"的精神。尤其在当前缺电的形势下，更应该牢牢记住"以人为本"这四个字。

其实，所谓缺电，主要是缺"峰电"，所以要搞错峰、避峰、让峰、限峰。我认为这时电网责任就更大了。首先是愈缺电愈要提高服务质量；第二是要利用强大的电网，进行最优调度，挖掘一切潜力，跨区跨省优化配置资源，实行需求侧管理，力求尽量满足需要。

关于需求侧管理的一些措施，例如将保民用电排在第一位，企业积极配合，合理调整生产，安排轮休等，无疑是合理的。拉开峰谷电价，用经济杠杆甚或行政手段来减小峰谷差，在当前条件下也是必然之举。但我始终认为，通过人为措施，过分削减峰谷差是违反自然的。试想，如果有大量企业，不能正常生产，大量职工，被迫深夜生产办公，这符合"以人为本"精神吗？对于峰荷不足问题，电网有责任建设和调动水电、煤电、气电、蓄能机组的调峰能力来满足"合理的"峰谷差，让企业能正常生产，让人民能正常生活。

有些同志认为抽水蓄能电站不能生产电能，只起一点调峰填谷作用，而调峰问题可通过需求侧管理、必要时依序限电拉闸来解决，因此其必要性不能与建常规电厂和输电线比，是第二位的，甚至作为另类看待。我认为，从"以人为本"的角度看问题，抽水蓄能这类调峰电站和常规电站、输电线路一样重要。今后，大量无调节能力的风电的投入，电网的调节问题更复杂，希望早为之计，不要满足于"错峰、避峰、限电、拉闸"的传统法宝才好。

6 水利水电建设

从 16 万千瓦到 2100 万千瓦

《水力发电》杂志出版 100 期了，我表示衷心的祝贺！100 期的出版是编辑部同志长期辛勤劳动和心血的结晶，我在此表示衷心的慰问。

回顾 31 年前，我跨出学校大门就踏进了水电战线。当时新中国成立伊始，困难重重，水电建设更无从谈起，全国水电装机容量只有 16 万千瓦。我参加的第一项工程，是一座 200 千瓦的小电站。今天，许多公社甚至生产队里都有比它大得多的水电站，但在那时，它确是我心目中最伟大的工程了。

其后不久，在北京成立了水力发电建设总局，水电建设步伐愈来愈快。仅过了四五年我参加的设计对象就从 200 千瓦跃进到 66 万千瓦，这就是周总理称之为"我国第一座自行设计、自制设备、自己建设的大型水电站"——新安江水电站。这座拥有 178 亿米^3 库容、坝高 105 米、投资 4 亿元、土石方及混凝土方分别达 580 万米^3 及 176 万米^3 的工程，从 1957 年 4 月开挖左坝头第一声炮响算起，只用了三年时间第一台机组就运转了。工期、投资、工程量都比初步设计缩短或降低。建设中采用了当时较新颖的溢流厂房、大宽缝坝、斜缝浇筑、大底孔导流和大量预应力及装配结构，都很成功。那时，全国搞得又好又快的水电站还多着：盐锅峡、柘溪、新丰江、西津……真是一片繁荣景象。谁不愿意为祖国的水电建设事业贡献自己的青春啊！

可惜，好景不长，接着而来的是挫折和弯路。最大的祸害无疑就是极"左"思潮。违反科学的浮夸风、瞎指挥，一直到十年浩劫的大破坏，水电事业遭了劫、国家吃了亏。代价昂贵的历史教训，实在值得吸取！

一弹指 30 多年过去了。这中间尽管经过很多曲折，走过很大弯路，但在我国国土上仍然建设起了 2100 万千瓦的大中小水电站。在建的最大水电站已近 300 万千瓦，最高的坝已达 175 米；规划、设计中的工程规模就更宏伟了。有些同志担心：在经过 10 年摧残之后，我们这支队伍还能否承担今后的任务呢？其实，想一想新中国成立初期的水平和力量，算一算过去的成绩，比一比今天的条件，我们有一千条理由自信，而没有一条理由泄气。应该明确、坚定地说，今后在党的正确方针引导下，我国的水电队伍是完全能够担负起时代所赋予我们的光荣任务的。

当然，问题和困难是有的；不仅有，而且很多。不正视现实、不下定决心、不采取措施豁出命来打几个硬仗，就谈不到把水电搞上去。譬如改革体制，制订规章，加强管理，充分调动人的积极性和加速培养人才等，就须采取切实可行的措施加以解决。在思想上尤须吸取教训，不要忽"左"忽右。可以想见，过去 30 多年要是一直像 50 年代那样搞下去，今天肯定会是另一个样子。在技术上必须大踏步前进，通过脚踏实地的科研，采用新技术、新理论、新设备、新材料、新工艺，这样才能真正翻过身来，迎

本文刊登于《水力发电》1982 年第 8 期。

头赶上，突飞猛进。拿水工来说，我们所熟悉的基础处理、混凝土浇筑、土石坝堆筑等那一套设计和施工作法，愈来愈不适应形势了，很多问题处在突破、改革的前夕。全国水电建设战线上的同志们，包括我们《水力发电》编辑部的同志们，让我们团结起来，共同奋斗，大家为打好这一翻身仗而贡献才华，迎接水电建设新高潮的到来吧！

光辉的历史　灿烂的前程

——《中南水电》创刊祝词

《中南水电》创刊了，我表示热烈的祝贺。编好一份技术刊物是不容易的，希望在编辑部和中南院全体同志的努力下，把刊物愈办愈好，为祖国的水电事业做出贡献。

中南勘测设计院从它的前身武汉院和长沙院算起，已成立三十多年了。在这一段不平凡的时期中，中南院同志们的足迹印遍了祖国中南和西南广大地区的山山水水，为水电开发做出了重要贡献。中南院设计的柘溪水电站是 50 年代中我国自己设计施工、工期最短、经济效益最显著的大型水电站之一，至今仍为湖南电网中的一座骨干电站。另如凤滩水电站以其新颖巧妙的坝型和泄洪方式著名于世，乌江渡水电站是世界上少见的成功地修建于岩溶地区的高坝大库。除了大型工程以外，中南院还设计了大量灌溉水利工程和小水电站，中南院不愧为水利水电建设的一支善战队伍。

经过长期的实践锻炼，中南院的技术水平有了飞速的提高，凤滩的空腹拱坝至今仍为世界上这类坝型中最高的一座。它的双层跳坎对冲消能方式，满意地解决了拱坝大流量泄洪消能问题。乌江渡重力拱坝不仅是我国目前已建成的最高的大坝，而且在建设过程中解决了岩溶地区勘探、地下防渗、坝肩稳定和高速水流等一系列技术难题。乌江渡泄洪试验的录像，在美国和巴西放映时，博得外国同行的普遍赞扬。三十年来，中南院为了攻克这些难题，进行了细致的试验研究工作，完成了大量的技术报告和论文。当然，在早期的工作中，也存在一些问题，但经过运行考验和研究补强后，更提高了水平、丰富了经验。可以无愧色地说，中南院的技术水平已达到国内先进水平，在许多方面与外国著名的设计公司相比，也并不逊色。

尤其可贵的是，中南院是一支团结战斗、砸不烂搞不垮的坚强队伍。十年浩劫期间，"四人帮"的魔爪伸向每一个部门，许多设计院的力量和设备受到严重摧残。中南院在严峻的形势下，巧妙地将全院分解为三，成建制地分赴湘、鄂、黔三省。在有关工程局和地方的支持下，各自保存了完整的领导体制、技术力量和图书设备，而且做出了卓越成绩。凤滩、五强溪、东江、乌江渡的勘测设计工作都是在这种"黑云压城"的形势下完成的。1972 年我曾有机会到乌江工地，当时贵州全省一片混战，工业生产几乎全面停顿，乌江工地上物质生活十分艰苦，而设计施工同志坚决不介入"文化大革命"，热火朝天地战斗在水电站上。水泥供应中断，他们派人求援，水泥厂不相信还有正在施工的工程，特地派人去现场了解。这些人看了乌江工地的艰苦奋战场面后感动地说："想不到在贵州还有这么一个工程，我们无论如何也要生产些水泥供应你们"。乌江上的英雄们就是以这样的毅力建成了荣获国家银质奖的乌江渡水电站的。更需指

本文作者写于 1984 年 11 月，应《中南水电》杂志创刊而作。《中南水电》杂志创刊于 1985 年 3 月。

出的是，中南院同志是有革命骨气的战士。他们决不同意把成就归功于"史无前例"或什么"伟大旗手"，他们明确地声称，如果不是受到干扰，将会取得更大更多的成就，给"四人帮"以无情的反击。我们可以肯定地说，在当年这样险恶的形势下，三支队伍尚且能各自取得如此光辉的成绩，在今天的大好形势里，三支坚强善战的队伍再次会师，重建了中南院，还有什么困难能阻挡我们前进呢。

当然，光荣的成绩只说明过去的历史，展望今后的征途，更是光明远大，祖国的中南、西南地区，正是水电富矿集中之乡，许多条河流都抵得上美国的哥伦比亚流域，中国人民一定要开发这些宝藏。中南院面临的任务将百十倍于以往的战绩，用"任重道远"这句话来描述中南院的前景，是恰当不过的了。

为了要完成面临的伟大任务，中南院还必须百尺竿头求再进，在各方面大大提高一步。我提出以下一些努力方向，供中南院同志参考。

第一，要进一步提高技术水平，敢于攀登高峰，向世界最高水平进军。

中南院面临的任务非常艰巨。我国水电资源固然十分丰富，同样的现实是地质、地形和洪水条件也十分复杂，工程建设的规模又远非昔比，中南院必须下决心向大江大川进军，敢于设计我国甚或世界上少见的高坝、大库和巨型水电站（例如龙滩电站）。为此，中南院必须把技术水平再大大提高一步，必须培养出一大批高水平的专家。他们不仅要有高深的理论水平，而且有丰富的实践经验和勇于负责的精神。他们不满足于因循守旧的做法，敢于创新，敢于攀登技术高峰。对国内特别是国外专家的意见固然应尊重，但必须迅速取得自己的发言权。我希望院领导能重视技术业务建设，把迅速提高全院技术水平作为大事来抓，发现人才，培养人才，支持革新，掀起技术进步高潮。《中南水电》在这方面可以起到重要作用。

第二，要用最先进的设备武装自己，改变面貌。

我国水电设计院的技术装备十分落后，有些工作实际上还是手工作业，和三十年前无大区别，这和已进入信息时代的当前形势是极不相符的。造成这样大的差距的原因，除受十年动乱的影响外，人们的思想也是一条原因。愈穷愈革命、愈落后愈光荣的思想是错误的，我们决不能永远用小米加步枪来保卫和建设社会主义。三十年来设计院"山河依旧，面目如昔"的局面不能不说与这种思想有关。我们既然要建成世界上第一流的设计院，要承担无比艰巨的任务，就必须以最先进的设备武装自己，全面普及和深化计算机的应用，要把最新颖的武器交给战士们去用，务使我们院在各个方面（不仅是勘测、计算、绘图，而且包括资料信息、复制印刷、办公设备、业务管理）都不次于外国同行。希望中南院能订立一个全院全面现代化、彻底改变面貌的规划，并且按步实施。

第三，要厉行改革，加强经营管理，成为一个有强大活力和竞争能力的企业。

长期以来，设计院不负经济责任，既无压力也无活力，大锅饭和铁饭碗制度，严重地挫伤群众的积极性，束缚了生产力，这绝不是社会主义的做法，而是封建主义的残余。党的十二届三中全会已做出进行城市改革的决定。中南院是我部设计院改革的试点单位，希望中南院同志人人献计献策，解放思想，打开出路，迅速向社会化、企业化过渡，真正成为一个经营灵活、管理严密、有强大竞争力的先进企业。中南院不仅要打入社会，冲出中南，而且要进入世界。一切不适应新形势的制度都要改革，特别是过去最不受重视的经营管理部门要大力加强。我预祝中南院能成为设计院体制改革的先进单位和最先富裕起来的单位。

在改革中，一切合法的经营都要做，要调动全院每个同志的积极性。但我们决不离开社会主义道路，我们考虑问题时永远把国家利益、全局利益放在第一位。这是我们与资本主义企业根本不同的地方，我们要永远保持这个不同点。

第四，要发扬团结奋斗的优良传统，热爱水电事业。

团结奋斗是中南院的优良传统，这个传家宝决不能丢。外国有些企业尚且能做到职工与企业共命运，新中国的企业就更应该做到了。中南院2700多位同志要团结得像一个人一样，人人为维护中南院的荣誉和促进其发展而努力。在这支强大的队伍中，有老一代的水电界前辈，我们要特别尊重他们，希望他们在欢度晚年的同时，继续为中南院的发展贡献出可贵的经验和技术，一如既往地指导我们前进。还有大量中年骨干，已经肩负重任，战斗在第一线的领导岗位上，深信他们一定能不孚众望，带领队伍奋勇向前，承前启后，开创业绩，当好出色的指挥员。我尤其寄厚望于广大的青年同志，他们是我们事业的未来和希望，愿他们抓紧青春时期，如饥似渴地勤奋学习，提高自己，了解中南院的光辉历史，热爱光荣而艰苦的水电事业，迅速成长为水电界的一代新人。

信笔写去，离题万里，赶快结束，最后题小诗一首，愿与中南院同志尤其是青年同志共勉：

> 丰功显绩遍湘黔，弹指光阴三十年；
> 资水烟波留盛誉，龙滩风雨谱新篇；
> 雄图宏伟今非昔，新秀峥嵘后超先；
> 好趁青春试身手，共迎四化浪滔天。

1984 年 11 月

提高产品质量，加强技术交流，抓好水工
金属结构产品标准化、系列化工作

——在全国水工金属结构产品行业规划组预备会议上的讲话

同志们，今天我们邀请有关单位的专家召开这次水工金属结构产品行业规划组的预备会，这次预备会和即将召开的大会是非常重要的会议。陆副部长（编者注：指陆佑楣）和我虽因为工作忙，不能参加到底。陆副部长讲至少应该来一下。陆副部长一定要我讲几句话，我就说几点意见，供专家们参考。

第一点意见：水工金属结构是水利水电部门中不可缺少的组成部分。这一点刚才陆副部长已经着重指出了。新中国成立以来，我们修建了大量的水工建筑物，还设计、制造和安装了大量的金属结构，这对保证水利水电工程的安全运行和发挥效益方面起了很大的作用。这个大家都是很理解的，比如一个闸门打不开，可能影响整个工程的安全。新中国成立以来，究竟我们已经做了多少工作量呢？恐怕很难估计得精确，同志们给我的资料说是新中国成立以来，在水工金属结构产品方面投资了一百亿元，花了钢材三百多万吨，又说水工金属结构投资一般占枢纽总投资的 10%～30%。我想这些数据虽然不一定精确，但足以说明水工金属结构的重要性，确实是水工结构不可缺少的一部分。我想，随着我们生产的发展，为了满足四化的需要，今后的任务会更大，还要修建更多水利水电工程，其中有一些工程将是大型的，甚至是超大型的。相应的金属结构也将达到甚至超过世界先进水平。另外，我们还要修建大量的小型工程。因此，今后无论是从数量上看或者从质量上看，水工金属结构的设计、制作、安装、定型都要求我们达到新的高度、新的水平，这就是摆在我们面前的任务。我相信我们的专家们、同志们，一定会清醒地看到我们光荣而艰巨的任务，这就是我要讲的第一点。

第二点意见：新中国成立以来，我们虽然取得了上述的很大成绩，但是确实也存在着一些不足之处，或者存在一些问题，有些问题甚至是相当严重的。这些问题如果不解决，是会严重妨碍我们生产力发展的，满足不了形势的要求。在我们存在的各种问题中，最大的问题可能就是水工金属结构一般来讲都是非标准产品。人自为战，村自为战，没有形成标准化、系列化。从设计上来看，每一个金属结构，几乎不论大小都要同样地从头计算、画图，实际上进行了大量重复的、低水平的劳动，很多产品都停留在低水平上面重复设计。这样做，不但是妨碍了效率的提高，更影响了水平的突破。我们搞来搞去，都是些老产品。不论是钢管也好，闸门也好，升船机也好，都很难说我们的设计质量已经达到了很高的水平。为什么呢？因为大量的力量都集中到这些低水平的重复劳动上了。再从制造方面来讲，我们有几百家，甚至更多的厂家，你

本文是 1986 年 10 月 28 日，作者在全国水工金属结构产品行业规划预备会上的讲话稿，刊登于《水利电力机械》1987 年第 2 期。

也搞，我也搞，生产水平不相等，产品质量参差不齐。全国也没有一个统一的质量控制标准和权威的检测机构。因此，应该讲，我们的产品质量还不是很好的，有许多产品的质量甚至是不好的。产品质量不好，严重影响了工程设计的优化，有的设计同志向我们反映：我不是不能采取更优的方案，而是金属结构过不了关，即使做得出来，我们国家的制造质量不可靠，我必须要保留裕地，因此，我不能采取最优方案，只能这么样做。这样，就出现设计与制造之间的脱节，制造与安装、运行脱节。技术上重大的突破不够多，也不是说没有突破，我们一直在进步。但是重大的突破还不够，进步的速度不够快。刚才讲的这些问题就是目前我们存在的而且迫切需要解决的一些问题。

第三点意见：既然我们水工金属结构设计与制造方面存在着上面这些问题，那么我们就应该加以解决。这些问题已经引起了有关方面的重视。今年四月份国家经委把水工金属结构列入发放产品许可证的目录，要求水电部对水工金属结构产品进行质量控制。我们现在打算成立产品的行业规划组，就是想改变过去的面貌。想从标准化和质量控制这方面着手，加强全行业的纵横联系与管理来解决上面所说到的那些问题。开这会的目的，就是邀请有关的专家先来进行一下讨论、协商，共同研究究竟怎么办？我们当前是否存在问题？存在哪些问题？怎样来逐步解决？我们只要方向明，决心大，就可以做出成就，改变过去的面貌，为我们的企业，为水利水电建设办点好事，这是第三点意见。

第四点意见：我个人提出些希望。我希望在行业规划组成立之后，能够迅速地、顺利地开展工作，逐步壮大、逐步完善，逐步把以下几个问题解决好。

第一：希望对我们的产品行业进行长远的规划，使得我们水工金属结构产品得以发展，能够满足我国大规模水利水电建设发展的需要。刚才陆副部长讲我们今后的发展规模是很大的，一方面有大量的大型的工程要做，另一方面有大量的地方上的中小型工程要做。那么要使我们的水工金属结构产品发展能够满足这个要求，就需要制订一个稳妥的、长远的规划。这个产品规划如果完全由专家来搞，也许还会有片面性，这件事恐怕还要和设计部门密切联系，看看设计方面怎么发展，他有什么要求，我们和他配合起来，这样搞综合规划就比较细致，比较能够订准了，这是我第一点希望。即行业规划组成立以后，能够制订一个比较切实可行的产品长远发展规划。

第二：希望能够推进水工金属结构产品的标准化，系列化的工作，制订出行业标准来。这样可以解决设计和生产之间脱节问题，可以大大提高设计和生产的效率和质量。这样，许多设计力量可以解放出来，生产力、生产效率可以提高了。我们还可以开拓新的技术领域，不论设计方面，制造方面，都可以把力量腾出来开拓新的领域，比如说，在设计方面可以采用计算机辅助设计这一类更新的手段来进行工作；在制作方面，可以用更精密、更科学的方法来进行制作。而要做到这一点，必须搞产品的标准化、系列化，把力量腾出来，这是完全必要的。这是一个非常重要的问题，也是过去最薄弱的环，我还记得十多年前就想推进这个工作。当时想，其他的先不说，闸门这个东西比较简单，应该较容易做到系列化、标准化。但到现在为止，看来还非常困难，还有很大的阻力，因为谁都喜欢自己搞自己的一套。我想虽然有阻力，但是这一次非做不可。我们希望这一次，请专家们能下点功夫，认真研究一下怎么搞，一定要把产品系列化、标准化抓上去，这是第二点希望。

第三：希望加强对水工金属结构的质量检查工作，制订出统一的、先进的质量标准。我们应该拥有先进的检测手段和一个公正的科学的、权威的质检队伍，使我们的水工金属结构产品完全可靠。搞信得过产品，也是一件非常重要的事。如果我们没有这样一个质量检查、质量控制的标准和严格的执法机构，我看我们的设计要取得突破和进步是困难的。因为大家信不过，特别是信不过中国制造的东西。有人说，如果产品是外国进口的，我放心，是本国的就不放心。这样下去怎么行啊。问题就在我们没有这套标准，没有这套机构，我们希望行业组成立以后，这方面要抓紧推进工作。现在，水电部打算在郑州机械设计研究所成立一个"水电部水工金属结构产品质量检测中心"，目的就是按国家经委要求，对重要的产品实行质量监督。水工金属结构出毛病，可能会影响整个工程的安全，影响到下游千百万人民的生命财产。像这样一种重要的产品，当然应该进行质量监督。对于列入发放生产许可证目录的产品，一定要进行监督、检测。我想这项工作如果只靠少数几个人来做，几个单位努力，还是不行的。还希望大家来，群策群力，研究怎样推进这个工作，怎么把这个工作抓好，这是第三点。

第四：希望能够加强交流和提高。几十年来的经验和成就，说明了这样一回事：我们中国人并不缺少技术专家，我们在许多产品上，许多项目上取得了相当好的成就，我们一点也不低于洋人。但是另外一个方面，从总的水平来看，我们还落后于世界先进水平。原因之一，就是我们的交流和提高工作做得很差，往往是一个工程建设的周期非常长。等工程建设起来了，任务也就完成了，至于进行交流、总结、提高这方面，我们往往抓得不够。有些同志不屑于此，觉得这是多余的事，这是非常可惜的。因为经过一个工程的建设，它一定有成功的经验，有失败的教训，这些都是极其宝贵的财富。但是，我们恰恰在这方面放松了。我们处在技术发展如此迅速的时代里，必须要有系统地、有组织地进行交流来传播技术，交流信息，提高水平。对于外国新的技术、新的产品、新的材料、新的结构，要及时地抓住信息为我所用。我不知道水工金属结构方面技术情报搞得怎么样？我们过去参观一些外国的厂家，他们可不得了，投入极大的力量，专门注意世界上每个角落的一举一动。他们的信息非常灵，往往有些很不引人注目的信息，被他们抓到了，他们马上想到这个可以为我所用，他们甚至于下决心马上改变他们的施工工艺和设计。我们这方面的工作估计不是很灵，因为我们国家的情报系统工作是非常阿弥陀佛的，大概你们对这个评价也不会有什么不同意见，这是对国外的信息。在国内，我们有那么多的设计单位、制造单位、科研单位，我们要以大局为重，结束目前这样一种封闭的、保守的、甚至讲得难听一点是混乱的局面。我们一事当前，首先要考虑大局，考虑一下四化的要求，考虑一下社会效益。我们要强调大协作，还要强调各方面之间的协调工作，这里面要放弃一点小我、小单位的利益。这件事好像越来越难，这是大锅饭打破之后，出现的副作用。当然我们如果有一些新的创造，可以申请专利，可以请奖，也可以进行技术转让，这是国家保护的。但是我们不要为这种事情搞得鼠目寸光、钩心斗角。你防我、我防你，这个就不好，我们反对自己对自己保密，自己对自己钩心斗角，这样妨碍了我们的进步与速度。我想我们的产品行业规划组成立并开展活动以后，可以为大家提供一个探讨新技术、提出好意见的基础，在这个交流和提高过程中，我们还必须要跟设计部门加强联系，还必须跟部外系统加强联系。现在我们这里主要是水电部内部的会议，我们还要和机械部，跟其他国外的系统加强联系。我们要坦率待人，今天上午开会之前，我们专门谈了这个问题。机械部门、水电部门之间千万不要有什么隔阂。我们要开诚布公讲清楚，工作由我们来抓，我们欢迎他们参加，尊重他们的意见。一定要做到同心协力，千万不要搞成两层皮。

同志们，我们国家还有90%以上的水能资源有待开发，还有大量的水利问题没有解决，大量的中小型水利工程要建设。所以我们面前任务确实非常繁重，我对水工金属结构是外行，说不出更多东西来。只有一个心愿，愿同志们同心协力，共同努力为四化做出我们应有的贡献。

希望三峡工程的讨论能进一步深化

三峡工程是一项巨大的水利工程，目前正在论证其可行性。《群言》最近开展了对三峡工程的讨论，这反映了我国对重大问题的决策走向民主化和科学化，是一件好事。为了使群众性的讨论能更有助于论证工作的进行和获得一个比较符合实际的结论，我提出两点意见，供同志们参考。

第一，希望我们的讨论能逐步深入，不再限于以一些估计、推测或猜想为立论依据，而能进入到更科学、更定量化的阶段。否则，同一件事实，不同的人士会得出完全相反的估计，谁也说不服谁，就很难统一见解，获得正确的答案。反之，如能对这些问题深入调查了解，得到更可靠的数据，就比较容易看清问题的本质。举个例子，很多国内外人士都提到：修建三峡工程形成巨大水库后，万一发生战争，大坝被毁，下游半个中国被淹，"三江两湖人民尽成鱼鳖"，将发生难以想象的灾难。因此，这个工程从战略上就不能考虑，对于不明真相的同志或朋友有这种担心是完全可以理解的。但是我们可以深究一下：三峡大坝被毁，究竟有多少水量下泄？葛洲坝工程是否会垮？下游多少面积受淹？武汉市有什么影响？如能获得这方面数据，对大坝被毁的后果就更清楚了。真实的情况是：如采用合适的蓄水位和相应措施，即使大坝在顷刻间化为灰烬（这实际上是不可能的），下泄流量也不会使荆江大堤溃决，更不要说影响武汉甚至半个中国受淹了。了解这些真实情况后，我想许多同志的忧虑将会解除，也不至于在这个问题上争论不休。

类似的问题还很多。我总觉得，有关三峡工程的利弊得失的见解性文章已发表得相当多，但有许多意见都是在常识或概念性阶段上的重复。对于这种讨论当然也是宝贵和需要的，可以反映出人们关心和担心的是什么问题，但如能更深入一些，效果就会更好，目前有些文章都用一些形容词来加强其说服力。事实上，有很多问题是可以更精确化的，例如说"诱发地震可能会使水库毁于一旦"，不如根据已有的大量资料论证诱发地震可能达到多大的震级，在坝址区产生多大的烈度，混凝土坝是否能够承受等；又如说"岩崩滑坡对水库寿命的影响不可想象"，实际上库区沿岸巨大滑坡体已经过多次调查，并针对不同滑坡做过试验和计算，它的影响都有数字可以说明。又如对风景古迹淹没的影响，有些文章慨叹古今中外闻名的三峡胜景和几千年的历史遗迹都将消失。如果我们将几个重点胜景（如夔门、神女峰等）的断面绘出，再画上三峡水库水面，就可以更清楚地看到究竟发生什么变化。讨论古迹问题，也最好列举出究竟是哪些被淹，以便研究它是否有保护价值或迁建方案。为了达到这一目的，我建议有的讨论文章的内容可以窄一些，不必罗列所有因素，一一加以评述，因为作者从其专长去论证往往可以谈得更深入而有说服力。

本文刊登于《群言》1987年第2期。

有的同志可能会说：不直接参加工程规划、设计、论证的人从哪里获得具体的资料呢？其实，有很多问题都在设计文件和研究报告中有详细介绍或有专文在公开或内部的刊物上发表过，有心的同志不难找到，也可以向有关单位询问，包括规划设计部门（长办）、主管部门（水电部），以及做了大量科研工作的科学院、科委、地矿部、交通部、高等院校等，我相信他们都会热情介绍，通过一定手续，也可提供有关资料。

第二，在讨论一个工程时，我们常会引用其他工程的成败来印证，这是一种重要手段，但在引用其他工程资料时，一要注意资料的可靠性，二要注意两个工程之间是否存在可比性。例如，国内外许多讨论三峡的文章中常以埃及阿斯旺高坝工程的"失败教训"为例。阿斯旺究竟是成功的经验还是失败的教训？是利大于弊还是弊大于利？这不能只看过去的一两篇评述或报道就下结论。阿斯旺高坝建于 60 年代，迄今已有近三十年的运行历史，埃及政府领导人也已更替两届。目前的埃及官方以及外国较客观机构所做的结论应该是较可信的。前不久，作者有机会陪同李鹏副总理访问埃及，埃方从总统、总理、各有关部的部长和专家都十分肯定阿斯旺工程是完全成功的、稳妥的、利远大于弊的，对埃及来讲是绝对需要的。许多外国机构和专家也都得出相同的结论。

事实确实如此，埃及修建了高坝，完全控制了尼罗河水，根除了旱涝灾害，发展和改造了农业（按扩大面积、提高复种指数计算，相当于耕地翻了一番），提供了全国 1/4～1/2 的廉价电能，对于沙漠占全国面积 96%、人口在几十年中膨胀了三倍的埃及来讲，这个工程确实是"绝对需要"的。60 年代以来，尼罗河两次特大洪水，一次特大干旱，最近更是七年连续大旱，邻国如苏丹、埃塞俄比亚都是赤地千里、饿殍遍野，埃及得以幸免，这样的事实我们应该承认。

这并不是说高坝没有副作用。副作用有，而且是多方面的。只是，我们若对这些副作用作一客观深入分析后可以发现：有一些不能归咎于高坝，有一些程度轻微、影响有限，有一些损失从另一方面得到补偿，有一些影响采取措施后已经或正在解决。而且不论怎么说，这些副作用与工程的效益相比总是第二位的。埃及政府和人民目前正在全力以赴进一步发挥工程的效益，并消除副作用，或把它减轻到最低程度。如果我们今天再去问埃及人民，高坝工程是得是失，他们会表示惊讶的。在这种情况下，我们再引用阿斯旺工程作为失败的例子是不适当的。

这里出现一个有趣的问题，阿斯旺工程的利弊得失为什么会在埃及国内外引起如此长期热烈的争论呢？探索一下其中原因对我们是很有益的。据我们分析，原因之一，在建坝以前埃及就有一些人士指出高坝的副作用，呼吁重视，可是当时纳赛尔政府建坝心切，不予理睬，而且在规划设计中，对副作用（至少是对间接影响）的研究是不够深的。而建坝后，确实出现了一些预料到或未预料到的副作用，这就引起了强烈反响。第二，埃及原来希望由西方援建，由于西方提出政治条件而为埃及所拒，接着发生苏伊士战争，埃及转向苏联求援，终于顺利建成。西方某些幸灾乐祸式的评论，显然含有贬低苏联影响的政治因素在内。埃及国内在纳赛尔逝世后，继任者要调整其政策，也出现了否定高坝的论调。这些都掺入了政治因素。另外，国际上确实有一些人士反对人类对自然环境作过大改变，认为这必将遭到大自然的报复。阿斯旺工程对尼罗河自然条件的改变十分巨大,他们始终认为这是一种冒险,坚决持否定态度。

我在这里说阿斯旺工程是成功的,并不意味着三峡工程也没有问题。因为,还存在着两个工程是否可比的问题。阿斯旺与三峡,尼罗河与长江,有些条件相似,有些则迥异。例如说,阿斯旺水库的淤积,目前并未产生不利的影响,埃及也没有采取措施,这毫不意味三峡工程的泥沙和对航运影响就也能解决,因为不论从河流输沙量的多少,死库容的大小和航运问题的重要性两者都完全不同。三峡的泥沙问题必须针对长江的情况做过细的工作来解决。同样,阿斯旺建库后,尼罗河口海岸线退缩、盐水入侵,是副作用中较严重的一种。这是由于阿斯旺建库后,尼罗河基本上成为清水均匀下泄状态,而且被大量引去灌溉,入海的流量和沙量几乎下降到零,完全破坏了河口自然平衡状态。而三峡的调节库容相对于总径流量十分微小,对长江口的流量和沙量的影响也是非常轻微的,显然不会发生像尼罗河口一样的严重问题。在宏观上我们完全可以这样判断,当然在微观上还须做深入研究,得到定量的答案。

以上这两条意见,仅为一得愚见,未必妥当,供同志们参考指正。

迎接我国坝工建设新时代的到来

——为东江水电站高拱坝蓄水发电而作

一座高 157 米、雄伟而又秀丽的双曲薄拱坝耸立在湘江耒水之上，坝前碧波荡漾，坝下机组轰鸣，这就是湖南省东江水电站。东江水电站第一台机组的胜利发电和全部建成投产，将对中南电力系统起到巨大的作用，也是我国坝工建设史上的一件大事。我们向承担东江水电站建设重任的水利电力部中南勘测设计院和第八工程局的同志们表示热烈的祝贺，也向为这一工程做出巨大贡献的地区人民和有关科研单位、高等院校表示衷心的感谢。

东江水电站的建设曾走过曲折的道路。早在 50 年代，中国的水电建设者们就迷上了耒水丰富的水能资源、优越的调节性能和得天独厚的坝址条件，决心在东江修建高坝，开发水电，并且在 1958 年就开工了。可是，由于受当时技术水平的限制和各种因素的干扰，这个愿望竟经历了 20 多个年头，在"十年浩劫"以后才得到实现。1977年，在最后审定坝型时，不少专家根据当时的技术和管理水平，并考虑到东江工程的重要性，曾主张采用重力坝或重力拱坝以求稳妥。可是，这样就难以大量节省工程量和降低造价，也将辜负这一难得的坝址。当时，水利电力部和湖南省的领导，认真分析了东江水电站的所处地位和坝址优势，充分信赖自己的队伍，做出了修建薄拱坝的决策。这一决策在设计水平和施工工艺上将我们"逼"上了破釜沉舟、背水一战的境地。记得我曾和八局的总工程师谭靖夷同志热烈讨论过坝型问题。我说，作为设计师，我们完全有信心做好双曲拱坝的设计，问题就在施工。谭总站在山头上，遥望着烟雾弥漫，急流奔涌的峡谷，坚定地说：你们能够设计出一座世界上第一流的双曲拱坝，我们就保证能修建出一座最漂亮、高质量的双曲拱坝来。谭总的声调不高，但却表达了中国水电建设者们的坚强信心和共同意愿。今天，我们高兴地看到，谭总的诺言已经成为现实。

当然，东江拱坝的设计和施工绝不是一帆风顺的。在设计方面，为了选择最优体形和精确确定应力及变形的分布，为了正确认识坝前断层的影响并拟定合理的处理措施，为了设计出新颖高效的边坡泄洪道和巨大的阀闸，为了在拱坝上设置现代化的自动监测仪表，设计院和有关科研单位、高等院校反复做了多次调查、计算、试验和研究工作。在我的资料柜中保存的东江工程技术专题报告，堆放起来已近 1 米之高。在施工方面，初期出现过一些质量事故，尤其是主坝坝块严重裂缝曾引起人们极大的关注。但是，建设者们既不气馁也不惊慌，而是冷静分析，严格处理，并且通过处理大大提高了管理水平和施工工艺，使混凝土的制造、浇筑、温控、保护都达到了新的水平，终于取得了全面的胜利。事实雄辩地说明，只要我们坚持党的实事求是作风，真

本文刊登于《水力发电》1987 年第 11 期。

正做到技术民主和科学决策，就没有克服不了的困难和障碍。东江双曲拱坝的胜利建成，不仅充分体现了社会主义制度的优越性，显示了我们的能力和水平，也极大地增强了我们攀登高峰的信心。所以我说这是我国坝工建设史上的一件大事。

根据我国国情，修建双曲薄拱坝、面板（或心墙）堆石坝和碾压混凝土坝将是我国坝工建设的主要发展方向。东江拱坝的建设为双曲高拱坝的大发展开拓了光明的前景。现在，一座比东江拱坝高 80 余米、体积达 400 万米^3、泄洪达 24000 米^3/秒的二滩高拱坝又开始兴建了，我国的坝工建设又将跨上新的台阶。等待兴建的还有黄河上的拉西瓦，金沙江上的白鹤滩、溪罗渡，乌江上的构皮滩，大渡河上的瀑布沟，红水河上的龙滩，澜沧江上的小湾和雅砻江上的锦屏等。正是颗颗明珠、千姿百态、各放异彩、争立新功。让我们张开双手迎接我国坝工建设新时代的到来吧。

"鲁布革冲击"说明了什么

　　鲁布革工程是我国在建中的一座普通大型水电站。由于这项工程利用外资，对引水系统实行国际招标，因而在管理体制、劳动生产率和报酬分配等方面都发生了很大变化，对我国一些部门的建设产生了重大影响，即宣传舆论所谓的"鲁布革冲击"，致使这座水电站很有点名气。

　　"鲁布革冲击"说明了什么呢？

　　首先它说明：过去的施工体制再不能继续下去了。"大锅饭"必须打破，"铁饭碗"必须废除，这才是方向，这样才有出路。

　　它也说明：加快水电建设的关键问题是，通过改革，大大提高管理水平；采用先进技术，实现文明施工和科学施工。而决不能仰仗人海战术和拍脑袋指挥那一套已经彻底过时的方法。

　　它还说明：我国的技术人员和工人是英雄好汉。只要去掉他们思想和行政上的框框条条，真正调动其积极性，就一定能使巨大潜力爆发出来，创造出世界纪录。

　　鲁布革水电站建设已经取得令人瞩目的成就，第1台机组即将发电，在鲁布革以后和以外怎么办？鲁布革的经验当然要推广，首先应当在其发源地的水电部门推广。推广中必然会遇到这样或那样的困难和阻力。对此，除必须坚定不移地走改革的道路之外，对具体问题还必须认真细致地解决好；否则，"冲击"是难以为继的。譬如说，工程建设必须引入竞争机制，施工企业必须精简，那么"多余人员"怎么办？既不能扔弃，又不能包养，只能设法调动他们的积极性，发挥其专长，在基地、资金、设备上给予支持，广谋出路。其实，许多被视为"包袱"的人在其他岗位、行业中可能成为宝贝。我深信没有一个人会愿意被别人视为累赘的，只要在宣布废除"铁饭碗"的同时，认真加以安排，绝大多数问题是可以解决的。

　　"鲁布革冲击"主要发生在工程施工中，但丝毫不意味我们的设计体制无需改革。相反，我看到过一些外国专家批评我们设计思想保守、有些技术人员不管经济核算造成许多浪费的报道，心中很不是滋味，我们的设计单位和同志应当引以为戒。长期以来，我们设计工作中没有竞争机制，设计部门并不对工程的总体效益负责，责权利不统一，因而必然会造成如前所述那样的问题，这是不容忽视的。我相信在深入改革的进程中，有一定难度的设计改革问题必将进一步提到议事日程上来，并加以解决。

　　祝贺鲁布革工程取得的成就，祝我国水电事业在改革开放的新形势下取得更大的胜利！

本文刊登于《水力发电》1988 年第 12 期。

全国大坝安全检查鉴定工作必须抓紧进行

新中国成立以来，为了发展水利水电事业，全国已修建了为数惊人的拦河坝。据不完全统计，在 80 年代初期全国高于 15 米的大坝有 18675 座，如包括 15 米以下的则多达 86900 座，居世界首位，这些工程为兴利除害、为工农业的发展起到了巨大的作用。

拦河坝工程尤其是拥有巨大水库的拦河坝，与其他建筑物相比，有它的特殊性。这特殊性不仅表现在它对国民经济发展中所起的巨大作用，也不仅表现在它的巨大规模、工程量和相应的勘测、设计、施工的难度以及投资的集中度，更表现在万一发生溃决事故后所将带来的无可挽回的灾难性损失。如果我们简略地回顾一下人类建坝的历史经验教训和国内外一些不算太大的拦河坝的失事后果，谁都不会怀疑这一点。因此，人们常常要求大坝的设计施工应做到"万无一失"和"一劳永逸"，这也是完全可以理解的。

然而，实际的情况，任何工程不可能做到"万无一失"，失事的风险性永远存在。要求对一座工程做到在任何情况下不失事，不仅在理论上是荒谬的，即使办得到，无限制地提高标准和安全度，在经济上也是行不通的。任何工程只能达到一定的可靠度，但这个可靠度必须与工程的重要性和失事后果相匹配，必须考虑出现超标准情况时的后果和措施，这里没有绝对的概念，只有相对的概念。

"一劳永逸"在实际上也是办不到的。任何建筑物完成后总要不断老化，情况总会不断变动，这对拦河坝来讲情况尤其严重。即使以最"可靠"的大体积混凝土坝来讲，建成后混凝土材料会不断老化，钙质流失，剥蚀崩解，高压水在地基和坝体内的不断渗流，会逐步引起化学或物理的管涌。在长期的运行中，还可能遭遇特大洪水、发生意外地震，都需修改原来的设计依据。所以，所谓"一劳永逸"也只能是一个文学修辞上的用语，而不是一个科学的提法。

考虑到大坝对国民经济的巨大作用和溃决后的灾难性影响，同时考虑到"万无一失"和"一劳永逸"又是实际上不能达到的目的，我们应该怎么正确处理这个问题呢？我认为解决的办法除必须根据合理的可靠度（安全度）和尽可能准确的数据设计、千方百计保证工程质量外，在大坝建成后加强监测，不断积累资料、定期进行科学鉴定、及时采取必要的补强加固措施，是十分必要的。做好后一篇文章，就能真正接近万无一失的目标，使全国的大坝能永葆青春，无限期地为祖国服务。

我深信上述浅显道理是世界各国坝工科技人员和行政官员所能理解的。所以许多国家都把对大坝在安全监测和鉴定放在重要的位置上。一些国家把全国大坝（甚至小坝）的安全监察工作都置于国家控制之下，甚至由国家元首或政府总理直接过问。许多国家十分珍视有经验的老工程人员，特别是参加大坝建设的骨干人员的经验，组织他们在大坝监测鉴定工作中发挥重要作用。例如瑞士 156 米高的苏泽尔拱坝在安全运

本文刊登于《大坝与安全》1989 年第 1、2 期。

行十余年后，突然发生异常变形，当局就以最快的速度集中国内著名专家包括当年的主要设计师和地质师进行研究，迅速摸清情况，查明原因，分析后果，提出并进行加固措施，不仅避免发生事故，而且使大坝恢复正常运行。这种正负两方面的经验是不胜枚举的，可以作为我们的借鉴。

回顾我国情况，四十年来建坝的成就是巨大的，但也发生了一些溃坝事故。在我国的高坝大库中，很大一部分是大中型水电站的拦河坝与水库，由能源系统管理。由于各部门的共同努力，能源系统管理的大坝一直保持安全运行，但是病坝、险坝大量存在，坝龄老化、隐患潜伏，无论如何不能掉以轻心。我国许多部门，包括水利水电部门，不同程度地存在着重建、轻管（理）、轻查的思想，这也是不容讳言之事。我们的管理水平与先进的国家相比，差距很大。这种不协调的情况，不能不引起人们的忧虑，我盼望担负着大坝安全运行任务的各水电厂、电力局、水库管理处、两部主管部门以及广大设计、施工、科研、运行同志能密切注意这一问题。

为了确保大坝的安全运行，我们也已进行了一定的努力。在原水电部及现能源部、水利部领导的关怀支持下和有关同志的共同努力，我们研究编制了大坝安全监测技术规范、成立了能源部水电站大坝安全监察中心和水利部大坝监测中心。召开过多次有关会议，把防汛和大坝安全工作紧密而有机地结合起来。在水电站大坝安全监测方面，已颁布了具体监察条例和工作细则，调查了全国水电站大坝安全状态，拟定了定期鉴定大坝安全的规划和计划，并已开始执行。这样就使大坝的定期鉴定工作走上制度化、规范化和科学化的道路。这是十分重要的一步，我愿借此机会对辛苦工作在这一条战线上的所有同志表示崇高的敬意，并吁请有关领导部门和同志大力支持这一有重大意义的工作，把它坚持进行下去，直到建立起完整严格的制度。

现在，古田溪一级大坝的第一次安全检查鉴定工作已经严格地按照规定完成，鉴定经过和结论将在《大坝与安全》中辟专刊予以登载介绍，这样做在全国还是第一次。我们可以全面了解这座在 50 年代初期建设的大坝的工作状态和安全情况的真相，并可为全国大坝的安全鉴定工作起良好的带头作用。我建议今后每座大坝的定期鉴定经过和成果经一定批准手续后都公开刊载，使人民特别是下游人民都知道确切情况。有异常情况或病变的大坝当然是鉴定的重点，我们要通过鉴定查明情况，研究有效和可行的处理措施加固，并且从中吸取教训。对于目前运行正常、质量良好的大坝，同样要进行定期鉴定，这或可查出也许存在的隐患，或可适当简化检测工作，而且可以总结出宝贵的正面经验。有一大批在新中国成立初期修建的大坝，质量和安全状态远胜于在以后二三十年中设计、施工、设备水平都大有提高后所修建的工程，这种反常现象难道不值得引起我们的深思吗？

《大坝与安全》编委会要我为这期专刊写几句话，我就写了上面的几点意见供同志们参考。最后希望水电站大坝安全鉴定工作能坚持进行下去，希望在二线的有丰富经验的老同志为这一工作发挥余热，希望水利部门同志也能很快开展类似工作——他们的工作比水电部门更为复杂和困难，更希望两部门的同志能加强交流、密切联系，使我国不仅是世界上坝工建设成就最大的国家，而且也是世界上管理大坝安全运行最有成效的先进国家。

四十年来我国水利水电建设的回顾与展望

今年是新中国成立四十周年，在党和人民政府的领导下，经过水利水电战线广大职工四十年的艰苦奋斗，水利水电建设事业取得了很大的成就，本文拟作一简要的回顾和展望。

一、现状与回顾

四十年来我国共建成大中小型水库 82937 座，总库容达 4504 亿米^3。整修和新建约 20 万千米的堤防，水电装机达 3270 万千瓦，其中农村小水电装机 1179 万千瓦。建成万亩以上灌区 5302 处，灌溉面积从新中国成立初的 2.4 亿亩发展到 7.2 亿亩。治理易涝耕地 2.8 亿亩，占全国易涝面积的 78%。初步治理水土流失面积 51 万千米^2，占全国水土流失面积 1/3 以上。兴建、整修的江河防洪系统，保护着全国一半以上的人口和占全国总产值 2/3 以上的工矿企业和耕地。大量水利水电工程的建成，发挥了巨大的社会效益和经济效益，保障了社会安定，促进了工农业的发展，提高了人民的生活水平，现分述如下。

（一）江河治理

我国降水在时空分布上极不均匀，水旱灾害频繁。黄河 1933 年洪水，花园口流量 20400 米^3/秒，决口 54 处，淹没冀、鲁、豫三省大片地区。长江 1931 年洪水，淹没 7 省 250 个县，损失惨重。淮河灾害更为常见，"大雨大灾，小雨小灾，无雨旱灾"。而这些大江大河流域历来为我中华民族文化、经济最发达地区。新中国成立后，党和政府十分重视大江大河的治理，在总结前人治水经验的基础上，制定了蓄、疏、泄兼顾的方针，不同江河侧重不一。为把淮河治好，上游兴建了南湾、薄山等 17 座水库，下游修建了高良涧及三河闸等，并新开尾闾诸河，配合堤防加高加固，使淮河及沂、沭、泗河排洪能力从 8000 米^3/秒提高到 23000 米^3/秒，淮河干流达到防御约 50 年一遇洪水的标准。

黄河洪害中外闻名，因长期泥沙淤积，下游已成地上悬河，河床年平均淤高 6～10 厘米，现河床高出地面 3～7 米，最大达 10 米以上。新中国成立以后，黄河大堤经三次加高，完成土石方 4.5 亿米^{3}以上。在黄河上游修建了刘家峡及龙羊峡两大水库，控制了黄河上游的洪水。在中游河段，早在 50 年代后期就修建了三门峡水利枢纽，但由于规划上的某些失误，过高估计了上游水土保持的效益，建成后不得不改建，并改变水库运用方式，蓄清排浑，以延长水库寿命。改建后的三门峡水库，对防洪、防凌、发电等，都起了显著作用，但对减少下游泥沙作用甚微。由于三门峡下游地区性洪水依然很大，又在下游设置了东平湖、北金堤、南北展等分滞洪区，采取上述综合

本文由潘家铮、何璟合著，刊登于《水利水电技术》1989 年第 9 期。

治理措施后，基本上形成了"上蓄下排、两岸分滞"的防洪体系，使黄河达到防御新中国成立以来（1958 年）出现过的最大洪水（花园口洪峰流量 22300 米³/秒）的标准，取得了黄河 40 年伏秋大汛大汛不决口的巨大成绩。

长江中下游防洪安全也是重大问题，尤以荆江河段最为险要。新中国成立后，对江河圩垸堤防进行了普遍加高加固，共完成土石方达 30 多亿米³。同时还兴建了荆江分洪和有关工程。1954 年长江中下游发生特大洪水，荆江工程三次分洪，避免了荆江大堤溃决的灾难性后果。此外，又在长江的主要支流和水患严重的汉江上修建了杜家台分洪工程和丹江口水利枢纽。丹江口水库建成后，控制了汉江流域面积的 54.7%、总水量的 64.7%，与杜家台分洪工程配合运用，可大大减轻洪水对江汉平原和武汉等城市的威胁。通过以上综合治理，长江中下游基本上能达到防御新中国成立后 1954 年出现的洪水标准，赢得进一步整治的时间。

海河流域的治理在 1963 年以前以防洪为主结合兴利，在上游先后兴建了官厅、密云等 17 座大型水库。1963 年海河水系发生特大洪水，水库拦蓄了 40% 的洪水，并经百万大军奋力抗洪，保住了天津市和津浦铁路。此后，治理工作转向整治下游尾闾，开挖、疏浚和整治了黑龙港河、子牙新河、滏阳新河、永定新河、潮白新河、漳卫新河、卫河、卫运河、大清河、枣林庄分洪道、新盖房分洪道、白沟引河等，并加固了有关堤防。共计开挖、疏浚骨干河道 3 条，总长 3250 千米，修筑加固堤防 2700 千米。经过治理，使海河水系达到 20～50 年一遇的防洪标准。

其他如辽河、珠江、松花江等大河也都进行了治理，防洪能力都有很大程度的提高。

综上所述，新中国成立以来治理大江大河的成绩是巨大的，治理工程规模之大，投入资金及劳力数量之巨，举世少见。已建成的防洪工程，发挥了巨大效益，大大减轻了洪灾的损失，保障了社会安定和经济建设的顺利进行，赢得 40 年的安澜局面。

（二）农田水利及引水工程

我国按人口平均的水资源并不丰富，再加上地表水年内、年际的分布不均，约有一半以上的国土缺水。我国人均可耕地面积不到 1.5 亩。农业问题始终是头等重要的问题，新中国成立以来，我们始终把灌溉作为水利重点之一。到目前为止，我国已建成万亩以上灌区 5302 处；打机井 252 万多眼；固定排灌站 46 万多处，机电排灌动力达到 4600 多万马力；灌溉面积发展到 7.2 亿亩。在灌区建设中，一方面改建和扩建了原有的灌区，如举世闻名的古代四川都江堰灌区，灌溉面积由新中国成立前夕的 200 万亩扩建到 870 万亩。又如 1929 年修建的陕西径惠渠灌区，原灌溉面积 50 万亩，改建后达 130 多万亩。另一方面，兴建了大量的新灌区，其中灌溉面积 30 万亩以上的约 140 处。安徽省淠史杭灌区是新中国成立后兴建的最大灌区，内有 5 座大型水库和 800 多座中小型水库，渠道长 4 万多千米，各种建筑物 12 万多座，设计灌溉面积 1194 万亩，实灌面积已达 800 万亩以上。江苏省江都排灌站是目前我国最大的以排灌为主的水利枢纽，设备总容量 49500 千瓦，抽水流量 400 米³/秒。该枢纽不但遇涝可排，遇旱可灌，还是京杭运河航运水量和沿岸工业、生活用水的可靠水源。它已成为江苏省跨流域调水的关键工程，该站 1977 年刚建成，江苏省即逢七十年来未有的大旱，4 座抽水站同时连续工作 220 天，抽江水 63 亿米^3 至苏北，还自流引江水 40 亿米^3，使大旱之年反获丰收。现在扬淮地区粮食产量连年超过历来高产的苏南地区，将来南水北调东线工程实施，江都排灌站的作用将更为巨大。其他许多灌区建设，如陕西宝鸡峡引渭灌溉工程，不仅规模大，而且工程艰巨，技术非常复杂，但经艰苦努力后都胜利建成。节水灌溉技术也有了发展，现在全国已有喷灌机具 30 余万套，喷灌面积已达 1000 余万亩，滴灌面积 15 余万亩，并逐步从灌溉经济作物向大田作物推广，以提高效益，节约水量，若干大型灌溉工程已开始采用分水配水自动化和遥控管理等新技术。

十一届三中全会以后，随着国民经济的进一步发展，工矿企业及城市人民生活用水急剧增加，1984 年对 196 个城市的调查统计表明，有 188 个城市缺水，日缺水量达 1400 万吨。如计及乡镇用水，缺水量更大。有些城市不得不采取限水措施；有些城市由于过量开采地下水，造成地面沉降；有些城市由于污水排放超过水体的自净能力，造成水体污染。形势的变化使水利的服务对象从以农业为主扩大到为国民经济和整个社会发展服务。从城市缺水情况看，以华北地区及沿海城市更为突出。引滦入津、引深入唐、引碧入连（向大连供水）、北溪引水（向厦门市供水）以及正在修建的引黄济青（向青岛市供水）等工程，就是在这种形势下兴修的。这些工程都是规模巨大，效益显著。以将滦河水引入海河水系的引滦入津工程为例，1982 年全线开工，从潘家口水库引水至天津市，全长 234 千米，历时一年零两个月。自 1983 年 9 月正式通水至今已为天津市供水 24 亿米^3，大大缓解了天津市用水之急，天津人民再也不喝苦涩水了，无不心情激动，感谢党和政府的关怀。此外，我们还兴建了向港澳地区供水的工程。港澳缺水十分严重，祖国给予大力支持，几乎提供了全部水源。以向香港供水的东深引水工程为例，从广东引东江水，通过 19 千米人工渠道，八级提水，辗转引入。向澳门供水工程也已完成通水，充分体现祖国对港澳同胞的关怀，促进了港澳地区的繁荣。

上述众多供水工程的建成，每年向全国城市工矿和人民生活提供了 570 亿米^3 水源。此外还初步解决了农牧区 1 亿人口和 6 千万头牲畜的饮水困难。

（三）水库和水电站建设

我国已建成水库 82900 多座，其中大型水库和水电站 355 座，中型水库 2462 座，建坝数量居世界之首，水电装机容量 3270 万千瓦，跃居世界第六位。年发电量超过 1050 亿千瓦时，居世界第五位。在已建水电装机中，大型水电站占 42%，中型水电站占 21%，它们成为各电力系统中的骨干电站和主要调峰、调频电站；小型水电站占 37%，它们对解决农村和大电网不及地区的供电起了重要作用。大部分小水电都已联网运行。目前在建大中型水电站 30 项，工程规模 1407 万千瓦，还有 600 余万千瓦的大型水电和抽水蓄能电站即将开工建设，水电已成为我国电力工业中的重要组成部分。

我国水电建设的发展，有一个过程。新中国成立初期，水电建设队伍初建，借助苏联经验和援助，建成狮子滩、古田、上犹江、流溪河、官厅、佛子岭等一批中型水电。50 年代后期和 60 年代，水电建设转入依靠自己力量和大规模发展时期，先后建成坝高 105 米、总库容 220 亿米^3、装机 66.25 万千瓦的第一座大型水电站新安江水电站，第一座装机容量超百万千瓦、坝高 147 米的刘家峡水电站，以及盐锅峡、柘溪、新丰江、西津等大批骨干电站，取得了宝贵经验，锻炼了强大的队伍。在 70 年代至

80 年代中，水电建设更攀登新台阶，其标志是在万里长江上建成了第一座综合水利枢纽葛洲坝工程，在岩溶发育地区建成 165 米高的乌江渡拱坝，在黄河上游建成坝高 178 米的龙头水库龙羊峡水电站，在松花江、耒水上建成宏伟的白山和东江水电站等。在兴建这些工程中，进行了大量的勘探设计、科研工作，在施工、制造、安装过程中，有关部门战胜了巨大的困难，获得举世瞩目的成就，也极大地提高了我们的水平。例如，在长江上的导流、截流，大型船闸的设计和运行，单机容量 32 万千瓦水轮发电机组和 17 万千瓦低水头机组的制造，巨型闸门、阀门和其他金属结构的设计和安装，复杂地基的勘探、设计和处理，大型以至巨型地下工程的设计施工、高水头大流量泄洪消能问题的解决，150～200 米以上高坝的设计及优化，计算机的普及应用和软件包的大量开发，各种新坝型新结构的采用等。通过实践，我们在快速高精度勘测、高速水流、泥沙科学、断裂力学、岩土力学、抗震设计、优化和自动化设计、模型试验技术、地下工程、高边坡处理，以及施工、制造、安装水平上有了飞跃发展，接近或赶上了世界水平。目前我们正在攀登更高的台阶：坝高 240 米、装机 330 万千瓦的二滩水电站已着手兴建，面板堆石坝、碾压混凝土坝等新坝型正在全面推广，其中坝高 178 米的天生桥一级面板堆石坝已设计完成，不久即将施工，天生桥二级电站长 10 千米以上的引水隧洞正在用直径 10.8 米的隧洞掘进机施工，装机容量分别为 80、120、180 万千瓦的十三陵、广川、天荒坪抽水蓄能电站正在或即将施工，一大批大型或巨型的水电站如小湾、龙滩、锦屏、瀑布沟、构皮滩、拉西瓦等的前期工作正在抓紧进行，水电建设各部门的同志正在为进一步开发祖国无比丰富的水电资源进行着紧张的战斗。

在水利水电建设所取得的成就中，最宝贵的是培养和造就了一支 50 万人的专业队伍，其中科技人员占 1/3，还未包括高等院校和科研院所的力量，他们在艰苦的工作环境下，风餐露宿，南征北战，与大自然作斗争，为人民兴福利，技术素质不断提高，为今后水利水电建设的发展奠定了可靠的基础。

二、问题与展望

40 年来水利水电建设走过了曲折的道路，在肯定成绩的同时，也不能不看到某些教训。产生这些教训的原因，既包括对自然认识不足，也包括经验不够和人为的失误。今后摆在我们面前的一项重要任务，就是用求实的态度和进取的精神，认真总结经验和吸取教训，积极贯彻改革方针，开创水利水电建设的新局面，实现到 2000 年的规划宏图。

（一）加强水资源的综合开发利用

我国水资源并不丰富，且分布不均，有限的水资源要为各行各业服务，因此，加强水资源的综合利用是首要的问题。作为第一步必须做好流域规划。新中国成立以来我们已编制黄河、长江、珠江、海河、淮河等流域的综合利用规划，随着国民经济的发展，人对自然条件认识的加深，国民经济战略布局的变化，我们要及时修改、补充或重编各流域规划，作为进行水利水电建设的基本依据。过去规划的缺点之一是对综合利用认识不足。各部门、地区编制的规划，往往着重考虑本行业、本地区的要求，对其他行业、地区的考虑较少，对生态环境的影响认识不够。如有的水库可以建水电站的没有建水电站；有的灌区重灌轻排，以至引起涝、渍或土地盐碱化；有的水电站只注意发电需要，未能兼顾防洪和灌溉；有的水利水电工程对通航、过鱼等考虑不周；有的工程对库区建设和移民安置重视不够等。我们讲综合利用，绝不是说每项工程的任务都必须面面俱到，而是在有所侧重的前提下，尽可能考虑其他用途，使有限的水，得到最优的综合利用效益。为此，各地区、各部门必须遵从《水法》的规定，按照全面规划、统筹兼顾、综合利用、协调矛盾、讲求实效的原则，抓紧编制或修订各流域综合利用规划和专业规划，我们希望这一工作能抓紧进行，如期完成。江河流域规划经国务院或地方政府批准后，就具有法律效力。各用水部门应根据流域规划，积极进行综合开发，使有限的水资源能尽早发挥最大的综合效益。

（二）积极促进江河治理，巩固并逐步提高大江大河的防洪能力

经过40年的努力治理，各主要江河的防洪能力已有所提高，但主要河流还只能防御常遇洪水，重要河段及大中城市对特大洪水缺乏有效对策，近年由于上、中游植被的破坏，河道淤积和人为设障等原因，使河道行洪能力有所降低。此外由于人口增长和生产的发展，安全设施又跟不上，使原有的分蓄洪区运用条件起了很大变化，也降低了江河的防洪能力。因此，江河洪水威胁仍为我国心腹之患，切不可掉以轻心。从当前的形势出发，一方面要加固、完善现有的防洪工程措施，另一方面要积极兴建若干新的工程，进一步提高主要江河的防洪能力。

长江在加固加高荆江、同马、无为和武汉堤防，整治河道的同时，要逐步搞好分洪区的安全建设；加快洞庭湖和鄱阳湖的治理；进行上海市区防洪、挡潮工程和太湖、长江口整治。结合能源建设，积极争取兴建三峡水利枢纽。

黄河要加固加高堤防、消除隐患，治理滩区和滞洪区，加速中游水土保持工作，减少下游泥沙淤积，争取近期兴建小浪底水库，与三门峡水库及支流水库联合运用，使黄河下游的防洪标准有较大提高。

淮河的整治重点是加固加高中游干流河道堤防，搞好行蓄洪区的安全建设，上游除加固现有水库外，复建板桥、石漫滩水库，新建白莲崖、红石潭水库及中游控制性枢纽，开辟下游入海水道，续建沂沭泗下游调水工程。

海滦河流域要恢复和巩固河道防洪能力，加速病险库处理，重点治理永定河、大清河，争取修建石匣里水库，确保北京、天津的安全。

珠江的治理，首先要提高北江大堤的实际防洪能力，争取兴建飞来峡水库，进行西江、浔江堤防加固，争取修建大藤峡水库、百色水库，整治三角洲水系及口门，保证广州和南宁市的防洪安全。

辽河、松花江的治理重点是河道清障，加固堤防，加快观音阁水库建设，并兴建石佛寺水库。

在治理江河的同时，还必须注意到我国目前相当数量的病险水库，应加速进行这部分水库的除险加固工作。

通过治理，力争在遭遇20世纪内曾经发生过的大洪水时，能保证重点河段和大中城市的安全，尽量缩小受灾范围，以保障社会安全和经济建设的发展。

（三）加强灌溉、供水，保护水土资源

我国的农田灌溉和排水面积在 1949 年到 1980 年之间，以年递增 3%的速度发展，保证了同时期内全国粮食总产量的相同递增率。然而近年来，由于水利投入减少，加之水利工程老化失修，人为破坏严重，效益日趋下降。以灌溉面积为例，从 1981 年到 1986 年，全国灌溉面积净减少 1400 多万亩。这也是我国近年来粮食产量徘徊不前的重要原因之一。此外，已建灌区中有的渠系建筑物不配套，不能充分发挥效益，有的机电排灌设施老化磨损，效率低。因此必须巩固改善现有排灌设施，积极进行配套和更新，新建一批灌区，扩大灌溉面积，提高排水能力，改进灌溉技术，争取到 2000 年新发展灌溉面积 8000 万亩,新增排水面积 4000 万亩,治理盐碱地和改造低产田 5000 万亩。同时积极推广渠道防渗、暗管系统及田间软管输水等节水技术，争取到 2000 年，全国大、中灌区的骨干渠道有二分之一以上采取防渗措施；80%以上的井灌区采用管道输水或软管灌溉；喷、滴灌面积增加到 5000 万亩左右。为了实现以上目标，当务之急是要抓紧进行全国和各级的地区水利规划,特别是重点农业开发区的水利规划,并付诸实施，为争取 2000 年粮食总产量达到 5000 亿千克的新台阶做出自己的贡献。

为缓解北方缺水地区和沿海城市用水的供需矛盾，除大力推行计划用水、节约用水外，还要加强水资源的统一管理和调度。兴修必要的跨流域调水工程。逐步实现引黄入淀、引黄入青、引黄入晋、引江济淮、引松济辽以及东线南水北调第一期工程。力争在 20 世纪末基本解决我国人畜饮水问题。

我国水土流失和自然水域被污染的情况越来越严重。水土流失面积已达 150 万千米 ^{2}，多集中在江河上中游，自然水域的污染多集中在江河中下游，靠近城市和工矿企业区。如不严加控制和治理，不但生活条件恶化，就连人类的生存条件也将受到严重威胁。要改善生态环境，根本还在于提高认识，不断完善和制定各种有关的法律、法规，加强执法。与此同时也要争取必要的工程措施和生物措施。以黄河中游和长江上游为重点，按小流域进行水土保持综合治理，初步规划，新增治理面积 25 万千米 ^{2}，即到 2000 年累计治理 75 万千米 ^{2}。加强对江，河、湖、库等水域的水质监测和保护，控制主要河段、主要水域的水质污染。会同地矿部门和城建部门严格控制大面积地下水的不合理超采；配合林业等部门积极植树种草，加强植被，保护生态环境。

（四）大力发展水电

当前能源紧张的问题十分突出，在很大程度上制约了工农业的发展。我国水资源十分丰富，为了缓解煤炭开采和运输的紧张局面，充分利用再生能源，因地制宜地大力开发水电势在必行。根据初步规划，到 20 世纪末，我国水电总装机容量应达 8000 万千瓦左右，即在今后 12 年中，水电要新装机约 5000 万千瓦，其中大型约 3000 万千瓦，中型约 1000 万千瓦，小型约 1000 万千瓦，开发重点放在西南、西北等水力资源特别丰富的地区和严重缺煤、缺电地区，建立一大批水电基地，特别是长江上中游干、支流，黄河上、中游干流，红水河干流，澜沧江干流等。华中、华东、东北、华南等经济发达而能源又十分短缺地区，水电要深度开发，包括要修建一批中型水电站，一批大容量抽水蓄能电站和对老水电站的扩建、改造,此外，要大力修建农村小水电站。

为了实现上述目标，到 20 世纪末我国将陆续建成或开工兴建一大批百万千瓦以上的大型水电站，包括二滩、李家峡、天生桥、漫湾、五强溪、隔河岩、岩滩（以上电站已开工）、拉西瓦、公伯峡、大峡、龙滩、构皮滩、洪家渡、彭水、大朝山、小湾、瀑布沟、锦屏、向家坝、水布垭、黑山峡、万家寨等，还有天荒坪、广州、十三陵等大型抽水蓄能电站。这一批水电站规模巨大，工程艰巨，装机容量最大的达330万～400万千瓦，最大坝高达300米左右，最长引水隧洞达17千米，单机容量达70万千瓦，它们的建成将标志我国的水电建设水平跃居世界前列。除此以外，我们力争在20世纪内开发具有十分重要意义的长江三峡和黄河小浪底水利枢纽。

积极推进农村小水电建设是另一项非常重要的工作。目前我国有800个县主要依靠小水电供电。经国务院批准的100个农村电气化试点县，到目前为止已有48个县达标，其余将在1990年全部完成。经初步规划，到1995年增加100个县，到2000年再增加300个县。即到20世纪末将有600个初级电气化县，共增加小水电约1000万千瓦。届时我国将成为世界上拥有最多的小水电容量和最丰富的小水电利用经验的国家。这对增强农业后劲，加快农村脱贫致富，发展乡镇企业等都将起到积极的作用。

我们还愿意特别提一下中型水电站的建设问题。我国中型水电站可开发容量约6400万千瓦，现仅开发624万千瓦，开发程度不到10%，要缓和用电紧张的局面，加速中型水电的发展十分必要，已引起各方面的重视。不少有识之士纷纷提出有益的建议。中型水电将在国家扶植下，依靠地方投资为主，由地方负责建设，可以充分调动各方面积极性，发挥建设周期短、生效快的特点，不失为缓解能源短缺的有效措施之一。

（五）争取兴建两项战略性综合利用工程

1. 长江三峡水利枢纽

举世瞩目的三峡水利枢纽已研究了数十年，各方看法不一。1986年中央和国务院下达15号文件，责成原水电部负责，重新组织对三峡工程的全面论证，并重新提出可行性报告供中央决策。水电部为完成中央交下的任务，成立论证领导小组，从各界聘请21位特邀顾问以便接受指导和监督，聘请不同专业的400多位国内、国际上享有盛誉的专家，组成14个专家组，分专题进行独立和综合的深入研究论证，经过两年半的紧张工作，论证工作已全部结束，专家组提交了论证报告，有关方面根据论证报告重新编制可行性报告，即将提交国务院审查。

论证成果清楚地指出，三峡工程的综合效益十分巨大，三峡水库配合下游堤防及分蓄洪区工程，将形成防御长江中下游洪灾的完整体系，最大限度地减免洪灾损失，并防止遭遇特大洪水后产生灾难性后果。在这个综合防洪体系中，三峡水库是不可缺少的组成部分。三峡水电站装机1768万千瓦，年发电量840亿千瓦时，主要向经济发达能源短缺的华中、华东地区供电，这个世界上最大的水电站，相当于一座年产5000万吨原煤或2500万吨原油的煤矿或油田，而且是廉价、清洁、永不枯竭的再生能源。三峡工程还能较彻底地改善川江航道，使万吨船队直达重庆，可满足年运输5000万吨的要求，可大大降低运输成本，使长江真正起到黄金水道的作用。

论证成果说明，兴建三峡的主要技术问题，诸如地震地质、水文泥沙、枢纽设计、机电设备和施工等都已清楚，不存在不能解决的问题，完全可以依靠自己的力量修建。

兴建三峡工程的移民数量巨大,但按照开发性移民的精神,经认真细致的调查研究、安排和试点,移民问题不仅可以解决,而且将促进库区经济的振兴,改变贫困落后面貌。三峡工程对生态环境有有利的影响,有不利的影响,专家组着重分析了不利影响,提出减轻和免除的措施。

专家组详细估算了投资,进行了综合经济评价和财务评价,确认了其在经济和财务上的可行性,也完全为国力所能承担。最后的结论是建比不建好,早建比晚建有利。这是绝大多数专家和特邀顾问的共同意见。

我们认为,三峡工程论证的结论是可信的,这是集中了全国各方面权威,在数十年勘探、设计、试验资料的基础上,做了深入全面研究后得到的结论。为了较稳妥地解决威胁长江中下游几千万人民和工农业精华地区的洪水灾害,为了向深受能源短缺之苦的华中、华东地区提供大量廉价再生能源,为了使长江这条贯穿东西的大动脉充分发挥航运效益,我们希望中央做出英明决策,在条件具备时开工兴建,谱写中国乃至世界水利水电建设史的新篇章。

2. 小浪底水利枢纽

小浪底工程是为解决黄河下游防洪、减淤问题的一项综合利用水利枢纽。工程位于河南洛阳以北 40 千米的黄河干流上,坝址位于黄河最后一个峡谷的出口,控制总流域面积的 95%,坝址径流量和输沙量分别占全河总量的 91.2% 和近 100%,处在控制黄河泥沙的关键部位,工程以防洪、防凌、减淤为主,兼顾发电、灌溉和供水。水库最高蓄水位 275 米,总库容 126.5 亿米^3,坝高 167 米,电站装机容量 156 万千瓦。

黄河下游最突出的问题是洪水和泥沙并存。从洪水来看,目前威胁最大的是三门峡至花园口区间的洪水,近 200 年来花园口出现两次超过 30000 米^3/秒的大洪水,而花园口段大堤的设防标准只能达到 22000 米^3/秒。不仅如此,在多年平均年输沙量 16 亿吨中,约 1/4 淤积在下游,致使河床逐年抬高,迫使不断加高堤防,由于堤线长、堤身隐患多,虽然沿黄大堤年年加高,但越高越险,防洪形势十分严峻。

凌汛威胁也是黄河一患,黄河下游河道上宽下窄,每年冬春之交,河水上融下冻,冰块壅塞,甚或形成冰坝,引起水位骤涨,危及堤防安全。新中国成立前凌汛决口频繁,新中国成立后 1951 年和 1955 年也曾在河口地区出现两次凌汛决口。

为解决黄河下游的问题,黄委会和专家们曾研究过多种方案和设想,如加高堤防、开辟分洪道、大改道、修建中游水库、拦沙、灌区放淤、水土保持、引汉刷黄等。经深入的分析论证,专家们认为加强中游水土保持是减淤的根本途径,但短期内难以奏效,需结合其他措施进行。中游水库和灌区放淤虽能拦蓄泥沙,但难以解决"三花"区间的洪水问题,拦沙终因黄河沙量过大,无法实现,其他分流、改道、刷黄等设想皆因工程浩大、问题复杂,需进一步研究其可行性,也不是目前我国国力所能及。在近期能较好地同时解决下游防洪和减淤问题的唯有修建小浪底工程。

小浪底工程建成后,将长期保持 50 亿米^3 防洪库容,与三门峡、陆浑、故县水库联合运用,可以控制花园口百年一遇流量不超过 15000 米^3/秒,千年一遇洪水不使用北金堤滞洪区。水库还留有 20 亿米^3 的防凌库容,与三门峡联合调度可基本解除下游凌汛威胁,并解除凌汛对上游龙羊峡、刘家峡水电站的控泄要求。小浪底水库可以拦蓄 100 亿吨泥沙，并预留 10 亿米 ^{3} 调水调沙库容，可以使 20 年或更长一些时间内下游河床不再淤积。应当指出，修建小浪底工程的同时还必须大力加强水土保持工作，绝不可忽视下游堤防、滞洪区以及河口治理的防洪作用。

小浪底水电站年发电量约 50 亿千瓦时，其中 80%为峰腰荷电量，是系统中唯一大型调峰水电站，对中原地区的经济发展具有重要作用。

水库建成后，每年约增加 40 亿米 ^{3} 水量，可向青岛市、中原、胜利油田及下游农田灌区，提供更多的水量。

综上所述，小浪底水利枢纽的综合效益十分显著，通过黄委会和国内外专家多年精心研究，主要技术问题已基本解决，目前初步设计已上报待批。当然，修建小浪底工程需要一定投入，按 1988 年价格水平计算，投资约 51 亿元。但目前黄河防洪标准不高，一旦大堤决口，洪泛面积将达 28000 多千米 ^{2}，受灾人口将达 1500 多万，直接经济损失可达 150 亿元以上，远大于整个工程总投资。如不修建小浪底工程，为了维持目前不高的防洪能力，还需要第四次加高黄河大堤，投资约 40 亿元，为小浪底工程投资的 80%，但却没有小浪底工程巨大的综合效益。从全局考虑，我们希望中央及早决策，争取早日兴建，解除年年为之提心吊胆的不测"黄祸"，为治黄史上揭开新的一页。

要实现上述展望宏图，任务十分艰巨，但前景令人鼓舞，让我们在党的十一届三中全会方针指导下，坚定信心，鼓足干劲，为促进水利水电事业的进一步发展做出更大的贡献。

中国水电四十年

今年 8 月 2 日，是我投身新中国水电建设事业后跨进第 40 个年头的日子，我站在 187 米高的龙羊峡大坝顶上，遥望被拦蓄的滚滚黄河浪涛，不由得心潮起伏、浮想联翩。

40 年来，千百座大中小水电站，像无数颗明珠镶缀在神州大地上，3300 万千瓦的水电机组在隆隆运转，每年发送近 1100 亿度的电量，跃居世界第 5 位。这是清洁、廉价、取之不尽用之不竭的再生能源，而为了开发水能，又有多少同志在穷山恶水中熬白了头，多少战友埋骨在水电站旁！

我想起若干年前出访美国和巴西时的情景。长期的闭关锁国，外国同行对我们的了解太少了，甚至把我们当小学生看。但当我们放映了葛洲坝大江截流的录像后，朋友们都惊奇得瞪圆了眼睛，并伸出大拇指。

就拿脚下这座龙羊峡大坝来说，今年青海高原连续普降大暴雨，库水位猛涨三、四十米，如果没有这座尚未竣工的大坝拦蓄，中下游将不知出现什么局面。而在建设时，这座古老的峡谷断层纵横、地形单薄，被一位地质专家比方为"一堆烂石头"。一位国际岩石力学权威认为"中国人在进行一项挑战性工程"。曾几何时，我们在破烂的断层带中填进 7 万米^{3}混凝土，进行了巧夺天工的特殊灌浆，把破烂山头改造成铁壁铜墙，建设了目前中国最高的大坝和最大的水库。

我又想到为了设计红水河上一座超大型水电站，我们曾请了欧洲最有名的咨询公司做空间分析。该公司动用了他们的最新软件，耗尽了计算机的容量，完成了该公司成立后规模最大、国际少见的数值分析。他们的工作是认真负责的，水平确是第一流的，但他们可能不了解，中国的科技人员完成了更合理和精确的计算。外国咨询公司的尖端技术"拱坝计算机辅助设计系统"，也已由中国工程师们独立开发出来了。

40 年，中国的水电技术取得了难以置信的成绩。外国同行们不能不承认中国工程师有能力在任何复杂的条件下修建世界第一流水平的大水电站。那些认为外国人都解决不了的事中国人也决不能解决的先生们，永远不会理解中国科技人员的智慧、信心和能力！

伟大的祖国大地上蕴藏着世界第一的水力资源，目前开发的能量仅仅占 5%～6%！每年有相当于 9 亿吨原煤或 4.5 亿吨原油的能源白白流进大海。无数座二三百米高的大坝、上千亿容量的水库、几百万以至几千万千瓦的水电站，有待建设。

我们呼吁：给我们以机会，中国的水电建设和技术将率先赶上世界先进水平，为祖国的四化大业做出更加巨大的贡献。

本文刊登于 1989 年 10 月 28 日《科技日报》。

三　峡　梦

一、一个引人做梦的地方

朋友，你到过三峡吗？

三峡是个诱人做梦的地方。古往今来，有多少英雄豪杰、骚人墨客为这百里画廊神魂颠倒，积思成梦，有美丽奇幻的梦，也有辛酸的梦和噩梦。

根据文字记载，最早在三峡（巫峡）做梦的似乎是 2200 多年前的楚怀王和楚襄王。不过他们做的梦有些浪漫，据说是梦见和姿容绝代的巫山神女幽会。当时风流文人宋玉还为之写下了著名的高唐赋和神女赋。当然，宋玉记述或编造的故事，早已成为文人笔下的典故。以后很少有人再去做这种荒唐的绮梦了，人们改做一些怀旧梦、旅游梦……只有在两千多年之后，才有人开辟了三峡梦的新纪元。这个人就是伟大的民主革命家孙中山。1918 年，第一次世界大战刚结束，他就想利用西方战时留下的生产设备、技术和资金，来开发三峡的水力资源，还想改善航道。这些在他所著的《建国方略》《民生主义》中都有明确的阐述。当然，这只能是中山先生的一个梦想。但在那时就能提出这样的设想，后人不能不钦佩他敏锐的目光和宏伟的抱负。

此后，做三峡资源开发梦的人就多起来了。有意思的是，一位洋专家也大做起三峡梦来，他就是美国头号水电和坝工权威、垦务局的总设计师萨凡奇博士。他在抗战烽火烧遍中国的 1944 年，以 65 岁高龄乘了小木船深入三峡考察，并亲手编写了一份报告。他主张在宜昌上游峡谷中建一座 225 米高的大坝，回水直达重庆，安装 1500 万千瓦的水电机组，而且能发挥防洪、航运、发电、给水、灌溉、旅游的综合效益。这已经接近几十年后的研究结论了。博士到过三峡后，似乎完全被它的宏伟气势和巨大资源迷住了。他的梦也做得特别认真，他声称生死在所不惜，三峡一定要去。他认为三峡的水力资源在中国是唯一的，世界上也无双。他发誓要建一座世界上最大的水坝。两年后他又来华复勘，并组织中国人员去美培训。"萨凡奇旋风"确实卷起了一股不小的三峡热。可惜只过了一年，"国民政府"就下令结束了这一点缀性的三峡水电计划。参与工作的人员如梦初醒，沮丧地收拾行装。据说，副总工程师张光斗写了篇文章，最后一句是"三峡工程的理想和梦境终有实现之日"。当然，萨凡奇老人是等不到这一天地来临了。

1949 年新中国成立后，这个一度在孙中山和萨凡奇的头脑中萦绕并为无数人所憧憬的梦境终于开始逐步明朗并走向实现。作为开国元勋的政治家和将军们，风尘仆仆

1989 年春夏之交，三峡论证工作完成，正拟向国务院汇报时，发生了一场政治风波，工作陷于停顿。后来，一位国务院领导表示，三峡工程五年内不会开工，希望各界不必为此争论。作者当时心情十分沉重，于 1990 年初写了《三峡梦》一文，曾发表于《中国水利》1991 年第 1、2 期。但就在《三峡梦》写好不久，1990 年 7 月，国务院就召开了"三峡工程论证汇报会"。1991 年 8 月，国务院审查委员会通过对可行性研究报告的审查，在 1992 年 4 月 3 日七届人大五次会议上通过了兴建三峡工程的决议，"三峡梦"终于成为"三峡圆梦"。

地奔走于大江南北，视察两湖平原，了解人民的疾苦和忧患。新中国成立伊始，就成立了专门机构从事长江的治理开发规划。但背负着历史重荷的新生共和国要立刻改变长江严峻的局面何其艰难。1954 年长江发生大水，尽管出动百万军民拼死搏斗，保住了武汉市，但仍付出了极其惨重的代价：千里长堤被扒开或溃决成互不联系的堤段，4750 万亩农田被淹，3 万人死亡，京广线中断 100 天，间接损失和后果更难计算。人民政权被迫加快了治理长江的研究步伐，周恩来总理担任这一工作的最高负责人。对长江、三峡全面治理和开发的研究工作从此真正开始了。

起初，人们的设想是在三峡修一座二百几十米的高坝，搬迁重庆市，一举解决中下游洪灾问题，同时发电 3000 万千瓦——毕其功于一役，而且推荐尽快开工。恕我唐突，当年提出的这种方案，也只能列入梦的范畴。要知道，直到 1957 年全国的总装机也不过 460 万千瓦。要建设这样大的工程，不要说国力不敷远甚，科技水平也相差太大，有些问题（如泥沙问题）甚至还没有认识到，更不要说解决了。设想尽管脱离现实，却反映了人民迫切要求结束灾难性局面的心情，是三峡工程从梦境走向现实的难以避免的过程。

党和国家的领导人当然不会草率行事。经过一次次的讨论研究，中央做出了一系列重要决定："蓄水位不能超过 200 米，重庆不能受淹""要研究更低的方案""对三峡工程要采取既积极又慎重的方针""积极准备，充分可靠"……

虽然 50 年代以后，中国的建设走了不少弯路，三峡工程一直没能提上议事日程，但其规划研究工作却从未中断。在水利工程师们的辛勤劳作下，笼罩在三峡工程上的重重面纱一层一层被揭去，方案日趋现实。70 年代又修建了万里长江第一坝，三峡枢纽的组成部分——葛洲坝工程，为三峡工程作实战准备。几十年的光阴并未白白流逝，1984 年国务院原则上批准了三峡工程的可行性研究报告，并着手筹建。梦幻似乎真要变成现实了。

然而，新的波折又出现了。由于批准方案所定的蓄水位偏低，遇特大洪水时上游要临时超蓄才能救下游，航道虽得改善，万吨船队还不能直驶重庆。地方和交通部门强烈要求提高设计水位。同时，国内外许多人士对这个工程表示怀疑或提出异议，中央决定再一次进行研究，开展更深入的全面论证，重编可行性研究报告。这项工作一直做到 1989 年初才告结束。三峡的梦可真长啊。

开头，我一直没有参与三峡工程的争论，既超脱，又轻松。但是从"重新论证"开始，我也被卷了进去，做了一场又一场光怪陆离的梦，就像着了魔一样，再也摆脱不了。不仅是"为伊消得人憔悴"，而且招来了许多使人招架不住、精疲力竭的诘难和误解。我也只好是"衣带渐宽终不悔"了。

二、一场惨绝人寰的浩劫

我原先对长江洪灾的印象不深。为了论证需要，读了一些史书，看了一些资料和电影，心中就像蒙上一重阴影，经常做起噩梦来。

我梦见自己坐着时间机器，穿过冥冥的时空隧道，飞回到同治九年（1870 年）农历五月的宜昌城头。只见长空漆黑如墨，大地阴风怒号，整个四川、湖北笼罩在暴雨云团之下。那雨，倾盆倾缸，无休无止，百川千溪，齐汇长江。江水日升夜涨，四天之内长江流量就从 4 万米^3/秒猛涨到 10 万米^3/秒以上。城里乡下，不论是官吏百姓，富豪平民，都面如死灰，烧香磕头，祈求上苍开恩。

可是苍天并不容情。"不好了，大水进城了！"半夜里突然锣声四起，全城顿时乱成一团。我混杂在哭爹喊娘、拖儿带女的逃难人群里，拼命奔跑。可两条腿又怎能逃得出这全城灭顶之灾呢！一个巨浪打来，我被卷入浊流之中。等我再睁开眼，我已在空中飘荡，我明白自己已成为百万水底冤魂之一。低头一望，滚滚江流，无际无涯，南扑洞庭、北吞江汉，以排山倒海之势，席卷着一座座城池和一片片乡村。江湖已连成一片，什么江陵故郡、公安新城，什么松滋、石首、监利、嘉鱼、咸宁、安乡、华容……全都消失了，衙署、民房、寺观、街坊统统倒塌，汪洋巨浸中偶尔露出几处塔尖房顶，飘来几艘挤满难民的诺亚方舟……逃得性命的官儿连夜给万岁爷上奏折："……此诚百年未有之奇灾……"，恳请皇帝赶快放赈救灾。

我不忍看下去，钻进时间机器。这一次我飞进了已经是小康水平、繁荣昌盛的 21 世纪。不幸的是，一百数十年前的天灾正在重演，连日来，报纸上用头号大字报导着令人揪心的消息：

"长江上游普降特大暴雨"。

"长江水位猛涨，百万军民紧急出动抗洪"。

"长江防汛形势危急，中央召开紧急会议，号召全国人民动员起来，抗洪救灾"。

"中央决定明晨开闸分洪，命令分洪区百万居民紧急撤离"。

……

为了保帅，只得弃车。丰收在望的四大分洪区顷刻化为一片汪洋，飞机船只紧急出动援救被困灾民。但是，随着上游暴雨的不断倾泻，分洪仍缓解不了从三峡喷吐出来的滚滚洪流。中南海里通宵灯火如昼，慑人心魂的电话声回荡京城，甲级电报如雪似云涌到。这时，我听到有人绝望而懊悔地喊道："如果有一座三峡水库，削掉一点洪峰，我们就有回天之力了！"可是，一切都已无可挽回。洪水先冲破南岸口门，江湖随之连成一片，百余年的沧桑变化，这些地区已普遍淤高，洞庭湖也所剩无几，尽管十余座城市已埋于水底，也容纳不下多少水量，不久北堤也告溃决。顷刻间，百万生灵和社会主义建设成果——良田沃土、高楼大厦、工厂油田、铁道公路……都像幻影似地消失了。

我遍身冷汗地惊醒过来，有谁能忍心去想象这样一场人间惨剧呢？这就是为什么中国的水利工程师和党政领导对三峡工程如此锲而不舍、无论蒙受多少误解委屈总不甘罢休的原因。

多少同志为了实现这个理想献出了全部青春才智，直到赍志而殁。对于这样的志士仁人，如果斥之为好大喜功、树碑立传，欺上压下，造孽子孙，甚至是失去了良心和大脑……我总觉得有点"残忍"。

我想，任何一个中国人都不会愿意在神州大地上发生这样的浩劫，也不会反对采取些措施防止出现这种灾难吧，分歧到底在哪里呢？

第一，1870 年的洪水是极为罕见的灾难，防洪标准不必如此之高。但是，在近几百年中，长江枝城站流量超过 8 万米 ^{3}/秒的已有 8 次，其中超过 9 万米 ^{3}/秒的有 5 次，1860、1870 年两年还连续发生了 10 万米 ^{3}/秒以上的洪水，而下游的安全泄量却仅为 6 万米 ^{3}/秒。对这种影响全局的灾难，为什么不应多考虑一点呢？

第二，长江洪水峰高量大，组成复杂，靠三峡水库拦蓄解决不了问题。这话很对，要解决长江洪灾，必须综合治理，三管齐下（增加河道泄量、设置分洪区和建库拦蓄）。正如鼎的三足，我们怎能指责光靠一只足不能支鼎从而要排除它呢？更有甚者则说有了这只"足"，水灾将更加严重。恕我无礼，这倒真有些欺上骗下的味道了。

第三，三峡虽好，投入太多，无力及此。确实，防洪工程效益再大，属于减灾性质，要依靠国家投资，目前的水利经费是负担不了的。但三峡枢纽恰好具有举世无双的发电能力，依靠它，工程建成之次年，就是还清本息的时候。这才使长江防洪的梦想能够实现。这也是水利和能源两支大军走到一起来的原因。

说到三峡水电站，我的眼前不禁浮现出一幅诱人的光明图像。

三、一座抽不干的油田、采不完的煤矿

翻开中国的能源分布图：华北有煤，西南有水，东北西北有油，最贫乏的就是华南、华中、华东这块大地。而三峡这座举世无双的水电站就坐落在这片广袤富饶、潜力无穷的土地上，家门口有如此丰富的清洁、廉价、再生能源，又怎能不令人欢欣鼓舞而生发开发利用之情？！要知道，水力资源不加利用就永远消逝了，而煤和石油埋在地下却永远不会丢失，让三峡的水空流百年，就等于流失了 50 亿吨煤，二三十亿吨石油！"三峡滔滔年复年，资源耗尽少人怜"。中国水利界元老汪胡桢先生把这两句诗吟唱了 32 年，直到他恋恋不舍地离开人间。我想，如果在能源如此贫乏的地区，埋藏着一座抽不干、采不完的大煤矿和大油田，谁也不会反对尽快开采吧。可惜，它不是煤，也不是油，却是个灰姑娘——水电。

但是灰姑娘实在太迷人了。三峡水电站一年就能发电 840 亿千瓦时。这是 1949 年全国发电量的 20 倍！它一年上缴的利税就可以兴建一座葛洲坝枢纽！每千瓦时电创造的产值如以 4 元计，它每年可为国家人民创造 3300 亿元的财富。这样的宝贵资源怎么能让它长期付之东流呢？

我多少次梦见宏伟的三峡水电站已矗立在西陵峡里。水电站落成剪彩大会正在隆重举行。礼炮声中，国家领导人按动电钮，几十台世界上最大的水轮发电机徐徐启动，两岸厂房下喷出滔滔白浪，开关站上空金光闪闪，强大电流源源不断地送往如饥似渴的电力网中。参与盛典的各国贵宾齐声喝彩鼓掌，我却禁不住热泪盈眶。几代中国水利工程师的梦想实现了，汪胡桢老人在地下含笑瞑目了，从此以后通过三峡的江水再也不会白流了，从此以后人们再也不会年复一年地哀叹"长江滚滚向东流，流的都是煤和油"了。

接着我又进入到更迷人的梦境。三峡水电站已和金沙江上巨大的水电站群联成一体，几十条超高压线路奔向东方，真正实现了西电东送。三峡水电站已和西北、华北、西南、华南各大电网联成全国性的世界最大的电网，社会主义祖国的电力工业已跃登世界顶峰。这个梦境已远远超过孙中山、萨凡奇的水平，也不是毛主席挥毫写下"更

立西江石壁，截断巫山云雨"的境界了。谁说这个梦境不会实现？！

四、乘缆车和坐电梯的哲学

蜀道难，难于上青天！

我梦见自己坐在小木船中，循着唯一的入川水道——川江前进。可是长江在切开三峡时，留下了无数的急流恶滩，犹如千百把钢刀布列江中，洪流汹涌奔腾而下，卷起千堆雪、万重浪，使这条生命线同时也是死亡线。此刻，纤夫和舵工的汗水和号叫，推动了小船艰难地前进。挣扎了一天，啊，怎么还在离昨日不远的地方？我不禁喟然长叹："朝发黄牛，暮宿黄牛，三朝三暮，黄牛如故！"

出川时，我实在不愿再坐小木船了。听说洋人不信川江有那么难走，成立了轮船公司。我赶紧买了票，上了这条"瑞生轮"。洋轮船果然神气，汽笛一吼，声传十里。鬼子船长和大副趾高气扬，冲滩下行，兴许洋人还真行。

船驶近崆岭滩了，只见江心一块大石，刻着"对我来"三个大字。洋人鼓轮往右汉驶去。一位中国水手赶紧上前：

"大人，青滩泄滩不算滩，崆岭才是鬼门关。要过崆岭滩，船头要对准石头驶去！"

"把船对准石头撞？放屁！滚开！"洋人发火了。老水手退了下来，脸色铁青，对旅客说：

"我们都没有命了，大家各自逃生吧"。

那船在惊涛骇浪中上下颠簸，左右摇晃，驶进急滩后，洋人再也控制不住，只听见一声巨响，轮船撞上岩石，化成齑粉。第二天，老百姓捞上好些尸体，江边白骨塔里，又添上了新的冤魂。

然后我又仿佛看见在新中国成立后的岁月里，人们冒着生命危险，炸礁整滩，造船设标，川江航运展现了新的局面，加上葛洲坝的建成，使得千百年来谈虎色变的"黄牛峡""滟滪堆""对我来"……成为历史遗迹。然而从宜昌到重庆的 600 千米航道中，还有 34 处单向航段，12 处绞滩站，大一点的船舶依旧不能上溯。

最后，我梦见三峡工程建成了。我乘着华丽的客轮，直驶重庆。进入西陵峡，但见大坝锁江，高塔凌天。一座难以想象的巨大电梯，把整艘轮船迅速提上坝顶，眼前展现了波平如镜的深水航道。我还看到满载货物的万吨船队正在过闸。回忆当年航行川江的艰难险阻真有隔世之感。

川江，真正成了黄金水道。

修建三峡工程能振兴航运似乎是明摆着的事。可是意见仍然分歧：有些同志坚持"利少弊多""是碍航不是便航"，甚至"三峡建库将使航运中断！"

为什么呢？道理似乎很简单。长江本来百舸争流，建了坝斩断长江，当然是碍航；逼着船只去钻狭窄的船闸，当然是碍航；过闸要排队等候，闸门还会出事，不仅是碍航，还会中断航运，给国家和子孙造孽了。

这一套理论又使我如堕梦幻。筑坝就要碍航？那么美国密西西比河水系一定是受苦最深的了。因为愚蠢的美国人在其上修了那么多碍航船闸，使它的通航量从微不足道提高到每年数亿吨的水平。真是紊乱的哲学！排队过闸当然是碍航了，但是过闸所花的几十分钟甚至几小时的时间，换来的是 600 千米的畅通航道和十多小时甚至几十小时的航程节约，这里的得失竟如此难判么？排队上缆车登泰山或乘电梯上高楼不是人人都这么做的么？似乎没有人指责缆车或电梯妨碍登山上楼。我多想和持异议的专家们商讨一下缆车或电梯的利弊得失呀！其实，不用讨论，答案已经有了。因为那几位认为船闸碍航的专家发过言后，从会场出来回房间去时，无一例外地都等候在电梯门口，既无怨言，也不怕电梯出事，尽管他们可能只住在三楼、四楼，爬一下楼梯不必通过单行段或者要靠绞关上楼，当然更不会发生翻船覆舟的事故了。

五、在帝国军事会议上

国内外许多人士并不担心长江洪灾，担心的是核战争。三峡水库好像是"顶在头上的一缸水"，又像"悬在头上的一颗炸弹，而把引爆按钮交给了敌人"。敌酋只要手指一按，三峡大坝顷刻化为灰烬，滔滔大水自天而降，比关云长水淹七军厉害万倍，中国只好不战而降。

所以要研究战争风险和溃坝后果及措施问题，就是要研究"弹从何处飞来，坝自哪儿垮起"的问题。"弹"自然是从敌人处飞来啰。谁又是假想敌呢？历来中国树敌可谓多矣，是日本？美国？苏联？越南？还是"八国联军"？随着国际形势的发展，一个比一个不可思议，只好不予深究，反正有那么个穷凶极恶、军事独裁的核帝国要炸三峡，来一个居安思危，备战备荒为人民，从最坏处着想吧。

有了敌人，还要研究敌人的战略，才能知己知彼。最好能钻进敌人心脏去，探明虚实。这个难题搞得我神魂颠倒，模糊睡去。醒来时发现自己正参加着一个军事会议。我恍惚记起几年前一个核大国发生军事政变，希特勒元首上了台，我呢，已奉命钻入敌营，爬到元首的战略咨询高位。此刻，元首正满脸杀气地在下达命令：

"……我讨厌中国人，软硬不吃，还坚持搞社会主义。我决定对她来个突然袭击，趁洪水季节炸掉她的三峡大坝，怎么样？"

"元首，"我慌忙进言，"洪水季节不行，中国人为了拦洪冲沙，三峡水库在汛期放得很低，造不成太大损害。"

"妈的！那就改在 11 月 1 号炸，又要我等上两个多月，真憋气。"元首一脸不快。

安全顾问斯勒杜博士站了起来，小心地建议："中国人有好些氢弹，火箭命中率又高，动手前我们是否把大城市疏散一下……"

"不行不行，"我连声大叫，"中国人的卫星满天飞，要是这么大动干戈岂不等于告诉他们要打仗了，他们只要几天时间就可把水库放低……"

"不行也得行"，博士轻蔑地横了我一眼，"炸三峡就是核大战揭幕，中国人能不报复？！不疏散，风险你承当得起？"

希特勒皱着眉头想了一会，果断地说："传我的令，从 10 月 25 日开始，一级城市和基地疏散，限七天完成，第八天我要按电钮了，三峡大坝一垮，半个中国被淹，三江两湖之人尽成鱼鳖，第十天我就可以接受他们的投降。"

"元首，你千万别上当，要做长期战争准备。你引用的话我清楚，那是他们争论三峡修不修时的用词。要知道中国是个弄文字游戏的国家，用起形容词来不怕亏老本的。

他们的诗人李白曾说过'白发三千丈'，实际上 30 厘米都不到，差三万倍呢，你怎么当起真来了。"

"胡说，炸垮三峡还淹不了武汉、上海？淹不死她一两亿人？"

"哪有的事，能淹掉宜昌一带，至于说武汉，江里的水位还够不上大堤的顶呢……"

"你这狗娘养的，你怎么知道得那么清楚？"希特勒由于失望而大动肝火。

"元首，在我投靠你以前，我是中国三峡工程论证的技术总负责，个个报告和试验成果我都看过，还能不清楚。"

"他妈的中国人。"希特勒气得把桌子敲得震天价响。

"元首，我看还是直接炸北京、上海，又过瘾，又致命，反正打核大战了嘛。"国防部长西条英机摸摸小胡子建议。

"炸核电站最好，核电站就在广州、香港、上海旁边，让它千年万年污染下去。"总参谋长罗巴哈夫上将又想出一招。

"我说不如在长江发生洪水时对那千里长堤进行地毯式轰炸，一次大洪水总量何止千亿。我们只要用常规炸弹把大堤炸成百孔千疮，让洪水破堤而出。给中国人造成的损失远大于炸三峡，又不冒发生核战争的风险，岂不美哉！"一个叛逃的"动乱精英"又献上一策，顿时赢得一片喝彩。希特勒高兴了，掏出手枪说："你小子真不愧是个出卖祖宗的精英，照你的方子办。准备一千枚灵巧炸弹炸大堤。现在你的使命结束了，我送你上西天吧？"尽管"精英"发狂似地叩头乞命，元首仍旧狠狠地扣动扳机，接着又把手枪瞄准我。

轰的一声，我睁开眼睛，自己仍伏在办公台上。我揩掉额上冒出的汗珠，继续翻阅着《三峡溃坝试验报告》。报告中落下一封夹着的群众来信，我打开一看，上面写道：

"……坚决反对修建三峡工程。建了三峡水库，只要一个恐怖分子握了核弹，扬言要炸掉三峡，就可以劫持整个中国，就可以使中国屈服，使子孙堕入万劫不复的境地……"

谢谢这封海外来信的启发，使我知道核弹是像茶叶蛋一样可以由人捏着去搞恐怖讹诈的。这样看来，三峡工程当然是不能修了。可是北京呢？上海呢？核电站呢？……我又坠入迷魂阵中，只好苦笑一下，干脆还是上床睡觉，改做其他的梦吧。

六、在特别法庭上的辩护

这是另一个可怕的噩梦，我梦见自己被押上"国际生态环境法庭"受审。检察官正在宣读公诉书：

"……自从世界上出现大坝这个家伙后，森林遭毁，河道变态，严重威胁人类生存。大坝实为恶魔，三峡大坝尤为首恶。被告置世人反对于不顾，悍然主张修建这一超级坟墓，使库区良田沃土尽沉水底、百万移民流离失所，泥沙淤积，长江驼背，地震频繁，库岸崩坍，航道堵塞，破坏中国生态，祸延全球，务请法庭依法严惩，以儆效尤！"

法官把惊堂木一拍："被告，你有何说？"

事已至此，我也只好站起来为自己辩护了。

"庭上，起诉书所称，纯系不实之词。三峡库区并无亚马逊森林；三峡调节库容，不到河道总径流 5%，何至于森林遭毁，河道变态？三峡水库乃河道型水库，排浑蓄清，永久使用，'长江驼背'实属无稽之谈！建库淹地 35.7 万亩，其中水田 11 万亩，仅占有关县市耕地总面积的 1/40，'良田沃土尽沉水底'缘何而来？移民皆安居乐业，城镇均新建扩建，库区橘园如云，工厂鳞次栉比，农民收入成倍增加，加之每年从发电收入中提成建设库区，使昔日贫困之地一跃成为富饶发达之乡。若无三峡建设，何谈这云泥之变？原告席中库区代表空缺，实在令人不解。至于说地震频繁，航道堵塞，更是幻觉梦呓，全非事实。"

"胡说，三峡建坝，弊大于利，天下人人皆知，你还敢抵赖？"

"庭上，三峡工程对生态环境有利有弊，此在'论证报告'中述之详矣。依我看来，利之大远胜于弊。中游洪灾已得控制，千里平原免受分洪之累，此其功之一也。三峡水电站替代了 18 座百万千瓦之火电站，减少巨量废气毒气排放，全球为之一爽，泽被子孙万世，此其功之二也。三峡建设伊始，八百里洞庭已近湮废，今日湖库相济，洞庭烟波，长留华夏，此其功之三也。试问检察官对此丰功伟绩何不稍稍提及？"

"被告狡诈万端，妄图逃避罪责。为建三峡，张飞庙、孔明碑、牛肝马肺……百里画廊，千古胜迹，尽数消失。人类付出了何等惨重的代价！三峡乃人类之共同财富，中国无权处理。未得海外华裔首肯与国际认可，被告胆敢冒天下之大不韪，使三峡长眠库底，罪该万死！"

"庭上，公诉人说三峡长眠库底，实系缺乏常识。三峡两岸重峦叠嶂，遮天蔽日，三峡建库后，汛期坝前水位抬高不及 80 米，又如何使三峡沉入水底？建库以来，消失者唯恶礁险滩，减弱者仅若干河段之'峡感'耳！然瞿塘不失其峻，巫山更增其秀。云雨依然，烟波不减，加以大坝锁江，巨轮登天，天然胜景与人工奇观交相辉映。旅游事业之繁荣前所未有，岂非明证！至于孔明碑、张飞庙，乃后人缅怀先贤所建，卧龙先生从未在碑上挥毫，翼德公亦不曾驻马庙中，依式迁建，足资凭吊。牛肝马肺不过两块钟乳石，今日人体器官尚可移植，牛肝马肺取下另粘又有何妨？"

"审判长！三峡水库不仅毁我人间仙境，而且殃及珍稀物种。库区固遭灭顶之祸，下游中华鲟、白鳍豚亦近绝种。庭上请看，如此可爱之物种即将消失，我人类心中岂能安逸？上帝岂能宽恕者乎？"原告抬出大盆一只，中有一条奄奄欲绝的白鳍豚，果然可怜。

"庭上，库区并无特殊珍稀物种。中华鲟、白鳍豚之危机在于滥捕乱杀。经中国政府及生态学家努力，已得有效制止。现已不断生息繁殖，丁口日旺。不唯如此，一切受影响的生物，均有专款改善补救，务使人、物共荣，同享太平之福，岂不懿欤！"

"被告避重就轻，负隅顽抗。须知三峡利在明处，弊在暗处。暗中之弊，至重至大。中游数千万亩农田将成沼泽，河口大上海之命运亦已堪虞。理论上言之，建库必然影响下游，无可否认。"

"庭上，三峡水库对天然流量之调节幅度至为有限，且均在天然变幅之内，何至于千万亩农田化为沼泽？上海远离三峡 1800 千米；建库影响微不足道。若非从理论推断不可，则在三峡撒泡尿亦将污染上海，甚至影响大洋彼岸。难道法庭能据此对撒尿者科罪，或受理美国政府之抗议乎？"

"抗议被告对公诉人之恶毒攻击与不严肃态度！"

"抗议有效。现在辩论即将结束，被告还有什么话说？"

"庭上，千百年来，人类为了生存与繁衍，对自然界只知索取，不知保护，以致恶果丛生；森林消亡，水土流失，物种灭绝，环境污染。因此目前强调保护生态环境，此理所必然，人所共愿。但亡羊补牢固为重要，因噎废食则大可不必。言过其实，更非科学态度。三峡工程是功是罪，事实俱在，请庭上明察！"

法官们合议完毕，宣读判决书：

"查被告为一无行文人，吹拍逢迎乃其专长。为图一己之名利，敢逆万众之公意，力主三峡建库，遂致水土流失，山河改容，长江患驼背之病，两湖化沼泽之乡。千里秀丽景观尽沉水底，珍稀物种惨遭灭绝。其罪恶天地之所不容，神人之所共愤。案发后犹不思悔改，负隅顽抗，不予严惩，难申公理。特予开除人籍，永堕魔道，发往阴司地狱，长受凌迟之苦，此判。"

我没有想到罪名和惩罚竟如此之重，不禁失声呼叫，"公理何在？"一惊之下醒来，原来是南柯一梦。

七、养大儿子到底要花多少钱

"你赞成上三峡，到底要花多少钱？你说！"我梦见自己被一大群人围住责问。

"上三峡要花多少钱？这问题说来话长，一言难尽。"我回答。

"不要回避事实，今天非要你说个确数不可！"

"一定要我说，我还是那句老话：按1986年价格计算，静态总投资是361.1亿元。"

"上马预算！""弄虚作假！""欺骗百姓！""为什么不考虑物价上涨？""为什么不计利息？"斥骂声交织成一片。等骂声稍静，我回答说：

"这个数字是根据可靠的实物工作量，按照明确的价格算出来的，是个最重要的基础，其科学性不容置疑。你们要我说个数字，我也问你个问题：你养大个儿子到20岁自立为止到底要花多少钱？假如你不知道你的公子哪年诞生，不清楚物价怎么个涨法，也不知道你每年花在儿子身上的钱是向谁借来的——也许还是借的'驴打滚'……，你能说得清养大这个儿子到底要花多少钱么？如果你答不上，又怎能怪我？

你们所以非议这个361.1亿元，无非一是没有考虑物价上涨，二是没有计算应付利息。可是考虑这些就成了动态投资，动态投资不是个固定值，你可以算到1200亿、3000亿、5800亿，甚至无穷大（永远还不清债）。

比如说考虑物价吧。物价上涨，投资额就相应增大，现在的361.1亿，到了1994年也许会变成六百几十亿。而这笔钱要分20年使用，每年物价都在涨，那么到完工时总投资额也许是1200亿，比361.1亿高出3倍多。这是否就说明三峡工程不可行呢？

物价上涨意味着货币贬值，既不增加工程的实物工作量，也不改变工程经济分析和财务分析结论，只是每年要筹措的资金面值增加了。

"再说说利息问题。现在不是由国家包揽一切建设的时代了，每项工程建设都有个'业主'，正像养儿子总得有个老子。'老子'要负责筹资、建设、收益和还本利息。'老子'的钱从哪儿来？有的是向国家或银行借，有的是他自己发债券、股票，有的是以'卖青苗'方式向受益地区筹集，还有他自己的卖电收入……国家要借给'老子'的'开办费'，和'老子'要归还的全部本利之和是风马牛不相及的两码事。

姑且假定三峡工程在 1994 年开工，经历 20 年结束。全部动态投资要 1200 多亿，再加上逐年偿付的利息，也许达到 1800 多亿。但从开工后第 12 年起，就有大量电能输出，到完成时总电量已达 4400 亿千瓦时，所以真正需要筹措的是前面十多年的几百亿资金，而要向国家、银行借的又仅是其中的一部分。

如果认为今后物价的上涨率是两位数，利率比它更高，再加上些其他苛刻条件，如一切费用都由发电一家偿还，建设期的发电收入也当借来的钱计算，还要支付高额利息等，那么建三峡工程所需的本利之和可以算到 3000 亿、5000 亿……如果再假定物价要涨，而电价不许动，还可以算到无穷大。但不论算出多大的值，国家要帮助'老子'筹措的仍然是开始时十多年内的几百亿，其余的天文数字主要是'老子'缴给国家、银行……的利税。把这个天文数字作为国家修建三峡的总投资，而且认为国力承担不起，有道理么？真若有这么个'冤大头'愿当国家的'聚宝盆'，不是更好么？"

我这些回答梦中人的话，不知局外人听了以为如何？

八、挨了领导的批评

自从我承担三峡工程论证任务后，常常梦见好心的朋友劝我少惹是非。

"你知不知道人们对三峡工程看法的分歧有多深多久？何苦去捅这个马蜂窝？踏进这个陷坑会搞得你精疲力竭，里外不是人，甚至身败名裂。让别人去争好了。"

我回答说：

"我知道在三峡工程问题上各界人士的意见是不一致的。我也知道历史因素给这一争论抹上了更迷离的色彩。我清楚，1958 年反对在当时修建三峡的李锐同志被打成反党分子。但那是由于他在庐山会议上'反毛主席'。要不然，不要说反三峡，就是反六峡、九峡，也不会被罢官、批斗或坐牢的。但在打落水狗时，'反三峡'肯定也是被批判内容之一，而且还连累了一大批'同党'。这不能不使以后的三峡论证掺杂了历史恩怨、集团成见和个人情绪因素，尽管谁也不肯承认。

但是我想，不论分歧多大，通过心平气和的讨论，实事求是的分析，目标一致的同志总会取得共识的。中央领导同志反复嘱咐我们要发扬民主，要虚心听取不同意见、谆谆教导、语重心长。我们只要照中央领导同志的指示去做，一定会一致起来的。你就别多虑了。"

我很乐观。但后来事实的发展似乎被"梦友"言中了。讨论愈深入，壁垒愈分明。不仅没有弥合分歧，甚至还扩大了些。争论中，一些不甚文明的词句也出现了。不论怎么奔走呼吁，都难奏效。我感到难以向中央交代，忧心忡忡。

恍惚间，一辆小车把我送进中南海，国务院领导正在开会。我心中惴惴不安。

"最近三峡的争论愈演愈烈，中央很关心。这事你们要负主要责任。中央一再告诫你们要谦虚谨慎，为什么仍不注意呢？"

我挨了批，心情沉重，嗫嚅地说："我们没有贯彻好中央精神，辜负了领导期望，是应该检讨的，只是情况也实在太复杂。"我说到这里不禁有些委屈，便纵情倾诉了一番：

"论证工作愈做愈难，甚至搞到动辄得咎的地步。你从宏观上进行论证，他就说你是泛泛而谈；你作精确分析计算，又说你是借口深入论证，反对综合研究、宏观决策。

你要对误解和责难公开答复，他就说你是组织围攻，仗势压人；你忍气吞声，不作答辩，又说你是关门论证，搞神秘化。

你依靠中国专家论证，他就抬出外国权威，还在海外报刊连篇累牍发表高论；你根据中央决定，聘请外国咨询公司作独立论证，又被戴上崇洋媚外、出卖国家机密的帽子。

你根据绝大多数专家的意见归纳整理，便成为压制民主，以多数压人。但总不能把个别人的意见作为论证结论吧？

你要正面摆事实、讲道理地讨论，他却题诗一首扬长而去，只落得聋子对话。他提的意见，不论有理无理，都得照单全收，不得有违……"

"你有没有不尊重别人意见的情况？"

"不尊重别人意见的事，诚然有过。我曾反对'气功空中调水'的建议，并嗤之以鼻；也曾反对靠某位能人的超凡本领（他能预报第二年的洪水）、由中央领导亲率空军迎战乌云，弭洪灾于九天的建议；我不打算研究用超导技术把金沙江上的水电送到上海，更不同意美国物理博士的伟大创议，在长江上挂几十条巨缆，吊上水轮发电机来代替三峡工程等。因为这样的论证已超越时代水平。但对其他的意见，那可是研而又研，究之再究。就连'气功调水'一类的建议，也不易一字地呈报了中央。尽管我个人认为让中央领导抽出宝贵时间来读这些建议是于心不安的。"

"其实我自己并不是三峡工程的积极分子。直到1985年我还对移民和泥沙问题深感忧虑。只是在学习了多少位专家、同志的劳动成果后，才打消这些顾虑。三峡工程有可行的一面，有必要把真实情况和分歧所在向国家汇报清楚，由中央决策就是。不幸这样一来，我就也被视为变节分子。一位长者说我'因职位在身，讲了不少违心之论，有损学部委员的荣誉'。这真是天大冤枉，噩梦一场……"

我发泄了一通，自以为真理都在我这边，中央领导一定是同情我的了。沉默了片刻后，领导说：

"三峡这样的工程，一定要决策民主化，一定要得到全国人民的理解和支持。应该相信，所有提不同意见的同志，都是从国家、人民的利益出发的，都是忧国忧民，许多意见都还是有道理的。不仅他们的愿望是好的，而且只有在他们意见的启发下，论证工作才能深入，论证质量才能提高，你应该高度评价他们的作用和贡献，你应该真心地感谢他们。"

我低下了头。听了这样胸襟宽阔的话，我才认识到自己气量的狭隘。所以做过这场梦后，我遇到反对建三峡的同志，就有了一种亲切感——都是同一战壕中的战友呀。以前我遇见他们，常常气得面红，现在遇见他们，我也面红。这是为我过去胸襟狭窄听不得不同意见而面红。

九、和癌细胞进行坚决斗争

这又是场噩梦，我梦见中国发生了大动乱。几个打手把我揪进了动乱指挥中心。

这里聚集着一大批"精英",有"理论权威""学运领袖""动乱记者"港澳巨商、台湾来客，还有外国记者、华裔外人以及跑单帮的、耍流氓的……真是物以类聚，人以群分。一个留着不男不女长头发的"领袖"正在口沫横飞地"布置工作"：

"现在形势对推翻共产党非常有利，要全面出击！……三峡工程是个极好的突破口，要向全国全世界宣传，三峡是共产党头头为了树碑立传置全国人民生死于不顾的暴政，他们把不赞成上三峡的人统统打成反革命，中国的知识分子已经变成失去良心和大脑的泥娃娃了。三峡工程论证就是共产党独裁、专制、假民主的铁证。但是还是有不怕死的人挺身出来。要高度评价他们，要称他们是中国知识界的真正代表，是有胆量有骨气的英雄，要把他们统统拉到我们的旗帜下来。要搞义卖，搞募捐，让老百姓看到我们是怎么样卖儿卖女来为反对极权做出牺牲的。要把文艺界、新闻界、教育科技界、民主党派统统动员起来。把那些死心塌地做走狗的人骂臭批倒……"

"领袖"的发言引起热烈鼓掌。打手们把我推上前去："这里就有一条走狗！"

说实话，经过数十年的跌打滚爬，我身上的锐气和棱角已消磨殆尽。但是听到自己的祖国和母亲被人这样诅咒辱骂，我的心血沸腾了。中国人对同志间的任何误解都可一笑泯之，但对敌人和内奸的咒骂决不能沉默。我推开打手跳上前去，指着"精英"们怒吼：

"住口！你们在诅咒自己的祖国和母亲！你们算什么民族的精英、知识界的代表，你们是不折不扣出卖自己祖宗和灵魂的民族败类，是中国知识界的垃圾，是一群癌细胞。你们想以三峡工程作为掀起动乱的突破口，可惜三峡工程恰恰最能说明我们党和政府是如何尊重科学、发扬民主、慎重决策的！你们想把对三峡工程有不同看法的人拉过去，只能是梦想！任凭你们怎么造谣诬蔑，太阳仍只会从东方升起，中国的社会主义事业仍将不断前进，而你们的真面目终将大白于世，永远钉在历史的耻辱柱上。"

会场上一片混乱，几个洋记者和美籍华人气势汹汹地发出一系列责问：

"你敢否认中央犯了错误吗？为什么不下台？"

"你敢否认中共迫害过知识分子吗？你自己不也曾遭受到厄运的折磨吗？为什么还要跟着走？"

"中国知识分子难道不是已成为独裁政治下的应声虫了吗？你没有说过违心之论吗？"

"我无意为中共犯过的失误辩护，这不是唯物主义者的态度，"我回答说，"但是我要告诉你们的是，中共是有伟大理想并愿为之献身的党，是唯一能把中国从亡国灭种的绝境下拯救出来走向光明的党，中共又是一个能够吸取教训、敢于批判自己、勇于改正错误光明磊落的党。失去共产党，中国国内必将变成春秋战国、八百诸侯，对外必将沦为仰人鼻息的附庸！这一点中国老百姓十分明白。因此，中国人民历尽磨难仍然紧紧凝聚在中共周围。中共什么时候失去这些特征，人民自然会离开，用不着你们这帮精英和后台主子们指手画脚。"

"讲到两百年来中国知识分子所受的困苦屈辱，那是别国知识层从未经历的。正因为如此，他们才具有无比强烈的爱国心和振兴中华的愿望，这也正是他们对于拯救自己而又有些失误的中共如此迷恋不离的原因。只要中共能纠正失误，他们永远不会离开这个核心和希望。同样，正因为他们有强烈的爱国心和事业感，在任何情况下都不会丧失大脑和良心。否则，怎么解释40年来中国取得的举世瞩目的成就呢？以水利行业来讲，怎能设想一群没有大脑和良心的工程师能建成这么多高坝大库和电站且长期安全运行呢。可惜这些浅显的道理，你们这些癌细胞是不会理解的。"

十、残梦将醒、浮生已老

梦无论做得多长，终究是要醒的。做了那么多的三峡梦，应该觉醒了。不但如此，年逾花甲后，人生也到了残梦将醒的时候，每个人在这个时候总不免回首望望，留下几句话。

梦将醒的时候，人往往感到倦怠。作为一名水电战线上的老兵，在战斗了40年后，我确实感到万分疲倦。是我对事业厌倦了吗？不。中国从赤手空拳起家，已建成大中小水电站近3600万千瓦，跃居世界第五或第六，在建和待开发的还有几亿千瓦。这是祖国无尽的宝藏，得天独厚的财富。中国的水电，不久即将跃居世界首位，前程似锦。我怎么会厌倦呢？

是对技术问题畏惧了吗？随着水电开发的深入，山愈高，谷愈深，交通愈不便，地质愈复杂，建设规模愈宏伟。要修建300米高的坝，要打通几十千米长的洞，要制造六七十万千瓦的机组。前进道路上确实障碍重重，但是中国的水电建设者们头脑中没有一个"怕"字，技术困难再大也挡不住他们前进的脚步，只会激励他们攀登绝顶的决心。

那么，是什么使我感到疲倦呢？

首先是社会上对水电事业的误解和诘难。国家虽一再说要大力发展水电，可是没有规划，没有政策，没有措施，倒是制订了某些置水电于困境的政策和规定。现在要建设一座大水电站，需要下层向上面去"攻"，其程序的复杂困难，是局外人难以想象的。百般努力，最后往往落空。我真不解，如果国家真打算发展水电，为什么不根据国情有个宏观规划和合理的政策措施，责成基层按部就班地实施，而非要工程师们不去攻技术关而去攻"立项关"呢？几次攻坚失利，人的精力就差不多了。

其次，水电站是有综合效益的，又发电，又防洪，又灌溉，又通航……这件大好事现在倒变成了大坏事。综合利用效益愈高的工程就愈难建设，部门间扯不完的皮，省区间闹不尽的纠纷，人人都慷慨激昂要为他那一行业那一地区建立不世奇勋。我们许多技术专家就都在处理矛盾和纠纷中消磨岁月。让爱因斯坦改行去干基辛格的任务，其失败是"无待蓍龟"的，最终必以工程的搁浅了事。

最后，水电是资金密集的大项目。"吃大户""雁过拔毛"是理所当然的了。明明是荒土废地，一听说国家要建水库，连每根草都得算钱。淳朴的老百姓不懂得吃国家，自有人在背后唆使，有时，雁未起飞，毛已拔尽，只好无疾而终。

还可以写出许多牢骚。这一切，败坏了水电的声誉，增加了水电的负担，阻碍了水电的发展，耗尽了水电人的精力，哪一位水电界同志不感到疲倦呢？

可是，只要我还没有躺下，我就还要战斗。把滔滔洪水化为无穷尽的能源，这是人类文明的骄傲，是水电工程师的神圣职责。中国有多么丰富的水力资源，有一支多么可敬可爱的建设大军。水电终将得到祖国和人民的理解与尊敬。一切艰难困苦终将得到解决，水电一定会有个空前的大发展时期，一定会有更多的年轻一代源源不断地投身到这一伟大光荣的行业中来。

　　亲爱的同志们，请关心一下中国的水利水电事业吧——这就是我要说的最后一句话。

祝贺安康水电站第一台机组发电

——团结奋斗推进技术进步的硕果

经过水利水电第三工程局和北京勘测设计院广大职工多年来的艰辛努力，汉江上游安康水电站的第一台机组将于 1990 年底发电，这是我国水电建设的又一巨大成绩。安康水电站装机 4×20 万千瓦，年发电 28 亿千瓦时，是陕西省境内最大的水电站，建成发电后，将有力地缓解陕西及西北电网缺电的现状，提高电网的安全可靠性和供电质量，促进该地区的经济发展。

安康水电站是国家"七五"计划的重点建设项目之一，又是开发治理汉江的骨干工程之一。这项工程的建设难度是很大的，其原因首先是坝址有大量断层、裂隙、缓倾角夹层和遍布上下游的滑坡体，为此有人将其列为我国和国际上地质条件最复杂的高坝坝址之一；其次是汉江洪水峰高量大、泥沙多，而坝址又处于汉江安康段的急弯处，给工程的设计和施工带来很多困难。但是，安康水电站的建设者以严谨的科学态度，顽强的拼搏精神，迎难而上，精心设计，精心施工，与断层、滑坡、洪水展开了顽强的斗争。面对大量的技术难题和施工中的具体困难，设计、施工、科研单位，团结协作，密切配合，潜心研究，反复试验，革新创造，开发了大量新技术和新工艺，并成功地应用在生产实践之中，在诸如泄洪消能新技术的应用，复杂地基基础和高边坡的处理，在洪水流量特大的河道上进行导流度汛，高尾水位下厂房的结构设计，大尺寸弧形门及预应力闸墩的采用，封闭式组合电气及计算机监控，大量掺用粉煤灰节约水泥以及在表孔坝段利用低热微膨胀混凝土并缝通仓浇筑混凝土等方面，都积累了宝贵的经验。我和安康工程接触不算多，但每一次接触，都使我深受启发，得到提高。我认为，安康工程的建设是一座难得的大学校，在这座学校中，科技人员如此积极努力地搞革新创造，施工人员又是如此自觉地加以支持配合，都是少见的。他们的成就不仅解决了安康工程的难题，而且大大增强了我们对征服大江大河的信心，对推动我国科学技术发展和对其他水电工程的施工将具有巨大的促进作用。在迎来安康水电站蓄水发电伟大胜利的时刻里。我们不能不向广大的建设者表示崇高的敬意和赞颂：安康水电站是你们辛勤汗水的结晶，是你们聪明才智的化身，你们不愧是水电战线的好战士和中华民族的真正精英，党和国家是不会忘记你们的贡献的，巴山汉水地区的人民将世代铭记着你们的功绩。

汉江是长江的一条重要大支流，自古以来人们就以"江淮河汉"并称。汉江，千万年来滋润灌溉着广袤的地区，哺养着勤劳勇敢的人民，也成为沟通陕、鄂的主要水道。可是，汉江洪水之大实在令人触目惊心，每逢丰水大汛，汉江就变成一条咆哮的孽龙，浊浪滚滚，横扫千里，摧毁过多少田园，吞没过多少生命。新中国成立前，汉

本文刊登于《水力发电》1990 年第 11 期。

江两岸人民就这样年复一年地生活在灾难的阴影之下。新中国成立以后,汉江才翻开了新的历史篇章。现在,丹江口、石泉、安康三大枢纽先后建成,为全面开发和整治汉江奠定了基础,今后还有一些梯级枢纽工程有待建设。这些枢纽的技术经济指标也许不如其他大型水电站那么优越,在建设中也会有这样那样的困难和矛盾,可是,要使汉江真正达到梯级渠化,全面综合开发,这些梯级是不可缺少的。在安康水电站行将竣工之际,我热烈并迫切希望交通、能源、水利三大部门和陕、鄂两省政府通力协作,全面规划,有计划地实现梯级开发,使汉江尽早成为一条电站林立、舟楫相继、根绝旱涝灾害、永远造福人民的幸福河流。

值此《水力发电》杂志出刊"安康水电站专号"之际,我谨表达以上一些感想和希望,愿安康水电站的建设者继续努力,为我国的四化建设,为今后水利水电事业的发展,做出更大的贡献。

我国水电建设的 10 年规划及存在的
困难与奋斗方向

一、水电建设的"八五"计划和 10 年规划

从现在到 20 世纪末只剩下最后的 10 年了，这是战斗的 10 年，是决定实现我国经济发展战略部署最关键的 10 年。

目前国家正在安排"八五"计划和制订 10 年规划。能源部的计划部门和有关单位，也为制订今后水电建设的计划和规划做了大量工作，各单位设想的方案虽并不完全一致，但大体轮廓则是一致的。

到 1989 年底，全国水电总装机 3458 万千瓦（全口径），年发电量 1185 亿千瓦时，分别占全国电力总装机和总年电量的 27.3% 和 20.2%，占可开发利用的水电资源的 9.1% 和 6.1%，可见开发程度是很低的，但在总量上已分别列居世界第 6 位和第 5 位。

到 1990 年底，预计水电总装机可达 3530 万千瓦，年发电量约 1230 亿千瓦时以上，由于增加的绝对值并不大，致使水电在全国电力中的比例进一步下降。应该指出："七五"计划中，全国电力建设和生产是可以超额完成的，但水电建设远不能完成计划。"七五"水电计划新增 821 万千瓦，实际只能完成 600 万千瓦，仅为计划的 73%，主要靠火电超计划建设。这一情况和趋势值得我们注意。

在今后的 10 年中，根据能源部计划司的资料，计划新增水电约 4500 万千瓦，其中列入国家计划的大中型常规水电站（未列入三峡，因为这是一个要专案考虑的工程）约 2800 万千瓦（"八五" 979 万千瓦，"九五" 1798 万千瓦）；抽水蓄能电站约 600 万千瓦（"八五" 177 万千瓦，"九五" 426 万千瓦）；地方中型水电约 500 万千瓦（"八五" 200 万千瓦，"九五" 300 万千瓦）；小水电约 600 万千瓦（"八五"、"九五"各 300 万千瓦）。从在建规模来看，"八五"期间大中型常规水电为 3213 万千瓦（"七五"结转 1328 万千瓦，新开工 1885 万千瓦，另拟争取加 160 万千瓦），抽水蓄能电站为 603 万千瓦（"七五"结转 223 万千瓦）；"九五"期间大中型常规水电 4426 万千瓦（"八五"计划结转 2234 万千瓦），抽水蓄能电站为 586 万千瓦（"八五"计划结转 426 万千瓦）。这样，到 20 世纪末水电总装机可达 8000 万千瓦（全口径），按容量计开发程度为 18%，水电装机占全国总装机的 30%，电量占 20%，恢复到 1986 年的比例。这就是我们的总目标，是个总的盘子，至于具体数字和项目当然还可能会有某些调整。可以看出，今后 10 年我们要修建的水电容量，将超过过去 40 年的总和，每年应投产的

本文是 1990 年 10 月 23 日，作者在中国水力发电工程学会第三次会员代表大会上的发言摘要，刊登于《水力发电》1991 年第 2 期。

水电，要达到目前的 3 倍以上，面临的任务是十分艰巨的。

二、水电建设的规划布局

在今后的 10 年水电建设中，我们将把重点放在修建重点河段的大中型常规水电站上；其次是修建其他地区的常规水电、地方中小型水电和抽水蓄能电站。下面列举一些最主要的项目。

（1）重点河段的常规水电：①长江干流：三峡水电站供电华中、华东、川东，要在 21 世纪初才能投入。金沙江上的向家坝是个相对比较现实的点子，要加紧工作，争取尽早建设。②黄河上游：在建的有李家峡和大峡，"九五"可全部投产。"八五"拟新开工兴建公伯峡和小峡，"九五"新开工兴建拉西瓦和黑山峡。这样，可大体上完成黄河上游河段的开发。③黄河中游："八五"将开工建设万家寨和小浪底，"九五"开工建设龙口和其他。该河段的开发要与水利系统密切结合。④红水河：在建的有天生桥二级和岩滩，"八五"中均可投产。"八五"将开工建设天生桥一级，扩建天生桥二级和兴建骨干工程龙滩；"九五"继续开工建设大藤峡等。这样，红水河这一水电"富矿"的开发也将基本完成。⑤澜沧江：在建的漫湾，将于"八五"投产。"八五"新开工建设大朝山，"九五"中建设小湾，实现云电东送。⑥乌江：在建的东风，将于"八五"投产。"八五"中新开工建设洪家渡，"九五"中开工建设思林、彭水和构皮滩，基本完成乌江的开发。⑦大渡河、雅砻江：在建的二滩"九五"投产。在今后 10 年中还要开工建设桐子林、瀑布沟或锦屏二级。⑧长江中游支流：在建五强溪、隔河岩，将于"八五"投产。"八五"拟开工兴建高坝洲、水布垭、潘口、江垭和汉江梯级（电航结合），"九五"开工修建碗米坡等。

（2）其他地区：①华东地区：在建的水口"八五"投入。"八五"拟开工修建穆阳溪、棉花滩，"九五"拟开工修建街面、滩坑。②东北地区：在建白山二期，"八五"新开工修建高岭金坑、松江河梯级、莲花等。③西藏、新疆：在建羊湖蓄能、大山口，今后拟开工修建喀什二级、直孔和吉林台等。

（3）中型水电，分为两类：①容量较大（10 万千瓦以上）、接入电网、纳入电网电力平衡规划的，如洪江、凌津滩、南梳河梯级、东西关等；②以地方为主开发的水电，10 年中总共规划开发 600 万千瓦，"八五"投入 200 万千瓦，"九五"投入 300 万千瓦。我国中型水电的资源已基本查清，并整理出较完整的清单，但要真正实现上述开发规划，还需付出很大的努力。

（4）抽水蓄能：在建的有广州和十三陵抽水蓄能电站。"八五"拟新开工修建天荒坪和辽宁的抽水蓄能电站，"九五"再修建张河湾、西龙池、广州二期和其他抽水蓄能电站。

上面提到的项目，都是一些主要的点子。对于这些点子的开发，计划、规划设计、投资等部门和地方上的意见比较一致。

三、"八五"中的科技攻关

要完成上述任务，必须在科技上有大的发展，在管理上有大的提高。国家决定，今后对科技攻关将分层次进行管理和监督实施。目前"八五"国家科技攻关项目虽然还没有最终定稿，但在水电开发方面预期有以下几个项目是可以入选的：

（1）200～300m 高坝建设的成套技术。今后很多骨干水电站的坝高要超过 200 米，甚至达到 300 米量级，我们必须掌握这类高坝建设的成套技术，包括混凝土坝和土石坝。我国的土石坝技术更较落后，而这种坝型将是今后重点发展的对象。

（2）高碾压混凝土重力坝和碾压混凝土拱坝。"七五"期间我国在碾压混凝土技术方面已取得可喜成绩，现在拟将这项技术推广到 150 米量级的重力坝和 100 米量级的拱坝上，这将为混凝土坝的设计施工开创新的局面。

（3）高水头、大容量抽水蓄能电站关键技术。这里主要指的是机组设备的设计制造，也包括勘测、设计、运行等方面的技术。通过攻关，我们要立足于国内，用自己的技术和设备来建设高水头、大容量的抽水蓄能电站。

（4）三峡等大型工程水电设备。这个项目中的所谓水电设备，包括水轮发电机和电气设备及金属结构等，还包括水电专用施工设备。我们攻关的重点，主要是水轮发电机组、高坝通航设施和大型专用施工设备。

（5）50 万伏输变电成套设备。这是水、火电都适用的。但是，由于我国水电资源分布集中在西南、西北，要真正大力开发，实现西电东送，对超高压输变电技术是非掌握不可的。

在国家级的科技攻关项目下，我们还应该有行业科技攻关的重点。现在，1990、1991 年的行业攻关项目已经下达，其内容很多，包括水工新材料、抗震、消能、高边坡、大坝安全监测、水电站计算机监控等；在设备研制方面有高速缆机、自动化拌和楼、爬罐和贯流式机组；在规划方面有水电站增容、设计洪水分析，以及计算机软件开发和专家系统研制等。我们要配合国家重点攻关要求，配合今后 10 年的水电建设任务，进一步安排 1992 年以后的具体任务和项目，并要着手考虑后 5 年的行业科技攻关规划。有些课题，如大爆破筑坝、潮汐电站开发等，究竟应如何进行，还有待研究。

四、存在的问题和困难

从充分利用水电资源、缓解煤炭生产运输压力、减轻环境污染、优化能源结构的需要来看，上述的水电建设规划，实在还只是一个较低的目标，很多同志可能还感到不满足。然而，就是要实现这样一个规划，也存在很多问题和困难，如果我们不重视、不呼吁，国家不采取有力措施，那么这一规划也是不落实的，具体来说有以下几点：

（1）上述规划仅仅是能源部搞计划和前期工作同志的设想，尽管经过反复讨论，多次形成文件，也多次向上级汇报过，但并未得到国家的正式批准，因而还不是一个指令性的计划。我们认为，编制全国性的能源规划是一项严肃的工作，应该由国家来组织进行，并有正式批准手续，形成有法律约束力的文件。如果完不成计划，因而打乱四化建设的步伐，有关部门是要负法律责任的。目前水电立项十分困难，一般要由基层提出来，恳求国家同意，又往往因为"集资不落实"而被否决。那么，最终水电计划无法完成，究竟又该由谁负责呢？我们认为，目前这种"计委管微观审批，基层搞宏观规划"的颠倒了的做法，是不能再继续下去了。

（2）资金不落实，要修建这么多的水电站，必须解决资金渠道问题。实行电力投资多元化和以省为实体的做法，对调动地方办电的积极性起到了很大的作用，火电建设有了很快的发展；但也不能不看到，以依靠国家投资为主的大水电的比重却急剧下降。用于水电建设的投资，已从"四五"期间占全国电力投资的35%直线下降到"七五"的18%，1990年仅为16.7%。地方和银行、投资部门都不愿或难以向水电投资，甚至在建的工程也不能按合理工期进行安排，新工程更无法开工建设，致使水电的后续能力很弱。如果"八五"前两年再不新开工修建一批大型水电站，那么1997年后水电就没有什么投产容量了。目前，我们建议在"八五"中开工的 29 个项目，只有 5 个上报了项目建议书，而其余的资金都不落实。这种情况如不加以改变，要发展水电、完成规划任务就谈不上了。

（3）前期工作不落实。按照2000年前投产4500万千瓦考虑，并按照可行性研究、初步设计和在建工程以 4:2:1 的比例计算，则需要有大量的可行性研究和初步设计工作储备。然而，到1989年年底，初步设计储备仅有1500万千瓦，可行性研究仅有2412万千瓦（不包括三峡工程），相差实在太远了。据水利水电规划设计总院安排，每年水电方面的前期工作经费需 2 亿元，而现在还不到 1 亿元，以致许多项目的前期工作不能深入进行，许多技术方案不能解决，科研试验工作无法开展。这个问题不解决，即使国家安排了建设资金，水电建设也是快不起来的，或者又走上"三边"的老路，造成不利的后果。

（4）关系协调和矛盾处理问题未解决。许多水电工程具有较大的综合效益，但也引起综合利用各部门间的分歧看法或矛盾。应该承认，由于过去对这方面的问题处理得不好，以致出现"综合效益愈高的工程愈难建设"的不正常情况。在规划中有好些重要工程，目前仍然遇到这方面的矛盾，如果不能妥善解决，就无法建设。例如，有些大型水电站位于省区界河上，或电厂、大坝在下游，水库在上游另一省区内，这样就引起省区间对水能资源开发方式和利益分配的不同看法，有时意见不能一致，也影响水能资源的及时合理开发。有些大型水电站所发的电量要远送其他省区，要进行开发必须通过有关省区的协商，统一意见，集中资金，商妥各项办法。最近，南方四省达成了统一办电的协议，这是一个良好的开端。我们希望今后能坚持下去，有更多的省区合作办电。

五、设想的解决问题的措施

（1）建议由国家权力部门组织能源部，根据全国能源的分布情况、各地区的经济发展规划，会同有关部门、省区，正式制定全国能源（或电力）中长期开发建设规划和近 5、10 年的具体计划，将水电开发规划有机地包含在内，使之成为全国能源综合开发中的一个组成部分。这个能源（水电）开发规划，应该是综合性的、优化的和落实的。这个规划由国务院批准后，应该是国家的基本发展规划之一，应具有约束力，各部门要对完成这个基本规划负责。根据这一规划，制定相应的资金筹集、物资供应、移民、环保、科研和前期工作等方面的专项规划，一一加以落实。根据基本规划，国家可以制定有关的政策、措施、法规和条例，以保证规划的实现。

（2）妥善解决水电建设的资金来源问题。现在全国各行各业都深感资金短缺的困难。水电建设由于属资金密集型，投入期较长，困难尤为突出，因此必须妥善加以解决，要有几个明确的渠道才好。我们的想法是：①巨型、大型、跨省区、跨流域的水电建设，特别是一些战略性强的项目，还是需要国家的支持，因此建议增加中央安排的水电投资的数额。中央领导同志正在考虑适当集中资金举办一些重大的项目，我们迫切希望能将河流开发和水电建设列入中央要举办的大事之中。②希望有远见的地方领导能增加对水电的投资。四川省决定投资开发二滩，湖北省决定投资开发隔河岩，云南省决定投资开发漫湾等，都是极好的典范。我们钦佩这些省领导的为本省工农业发展奠定坚实基础的远见卓识。希望看到今后地方上有更多的资金投向水电，也希望中央制定一些必要的规定和措施（例如规定从水电电量征收的电力建设基金返回水电建设中去）进行引导。③要创造多种渠道为水电集资，欢迎经济实力较雄厚的省市到其他省区投资开发水电，也包括合理地利用外资。在多数情况下，电力虽不能直接出口创汇，但如与矿产等结合开发，仍有可能以矿产品为载体创汇或减少国外进口，这样就可以为归还外资创造条件。希望国家计划和经贸部门能够给予支持合作。

（3）要制定向水电倾斜的政策和解决矛盾的措施，我们认为：①水电是一次能源和二次能源的结合开发，水电建设理应享有和煤炭、石油等一次能源开发同样优惠的待遇，特别是在贷款方面。这件事我们已呼吁很久了，希望能在政策上予以明确。②水电开发往往同时具有防洪、灌溉等巨大综合效益，理应和其他水利工程一样，免缴耕地占用税。但是，目前对水电建设征用的耕地占用税为数巨大，除30%缴回国库外，绝大部分转入地方财政留作他用了，这样，不仅大大增加水电投资的负担，从全局看也是十分不合理的。对此我们曾多次据理力争，但尚未获上级及有关部门的理解。我们希望大家共同继续呼吁。③对有巨大综合利用效益的水电站，应从国家全局利益出发，制定规划设计的原则和合理可行的投资分摊办法，以免各部门只从自己的立场出发提要求，造成矛盾和纠纷。对于界河或跨省河流的开发，也应规定合理的利益分配原则，从而使一些综合利用工程及跨省工程有章可循，及时解决矛盾，统一认识，早日进行建设。④应制定水库移民法，兼顾国家、地方和人民的利益，把库区发展与电站效益挂起钩来，从而能用较少的基建投资，解决好移民安置问题。这样，不仅能使移民安居乐业，而且能使库区经济有较快的发展；使兴建水库不仅对下游有利，同时也造福于库区。⑤应给各水电开发公司以更优惠和灵活的政策，使其具有更大的活力，能筹集到更多的资金，更快地推动水电建设的滚动开发。总之，国家为水电行业制定一些合理可行的政策和措施，不仅可以促进水电事业的发展，而且能真正把水电的优越性发挥出来，充分体现出水电的经济效益和社会效益，使水电能够在公平的基础上进入"市场"，进行竞争，吸引投资。

（4）全力以赴进行科技攻关，把水电开发技术提高到新的水平。今后开发水电的任务十分艰巨，自然条件愈来愈复杂，交通愈来愈不便，工程规模愈来愈大，各方面的制约条件也愈苛刻，因此如何降低造价、加快工程进度，显得更加重要。我们只有依靠科技进步，登上一个新的台阶，才能真正解决问题，真正显示出水电的优点，真正吸引各方面来办水电。我们必须解放思想，步子跨大一些、快一些，这副担子确实很重，但我们非下决心突破不可。如果墨守成规，或老是跟在外国人后面，我们就难以完成时代赋予我们的任务。我国总的科技水平落后于世界先进水平，但有些行业是可以率先赶上去的。从我们水电建设的水平来看，完全有条件一马当先地赶上世界先进水平，以此来鼓舞全国各行各业的军心与斗志。

六、结束语

摆在我们面前的任务是十分光荣的，困难也是非常大的。我们的水电资源是祖国的宝贵财富，是大自然留给我们的宝藏。我们有责任、有义务把它开发出来，为社会主义四化大业服务，为子孙后代造福。无论有多少艰难险阻，我们决不动摇，决不松劲。现在水电事业处境确实比较艰难：缺乏资金、开工不足、窝工严重、后继乏人、社会各界还有某些误解等，但这一切都是暂时的，相信在深化改革和实行开放的过程中，在中央的正确领导下，通过我们的努力，这些困难终究是会得到克服和解决的。现在中央领导十分重视水电，可以肯定地说，我国的水电事业前程似锦，光辉灿烂，一定会有更大的发展，一定会有更多的年轻一代源源不断地投身到这一伟大光荣的事业中来。让我们团结奋斗，勇往直前，迎接我国水电事业的大发展吧！

树立信心、做好准备、迎接水利水电
建设的新时期

同志们，1991 年初，"八五"计划第一年，在全国能源工作会议以后，总公司召开这一次工作会议，是非常及时的。相信这次会议一定会对促进我国水利水电建设产生很好的作用。我未能从头至尾参加会议，但是昨天上午听了总公司领导的讲话，看了一些文件后，也深受启发。会议领导要我讲些意见，我没有很好地准备，简单地说点看法，供同志们参考。我没有新的内容，都是部领导和总公司领导讲过的，所以我尽量讲短一点，希望不要占大家太多的宝贵时间。

我的发言题目是"树立信心、做好准备，迎接水利水电建设的新时期"。在"八五"和今后十年中，中国的水利水电建设将要进入一个新的历史时期，这是无可置疑的。水利方面我不太清楚，但我几次听到国家领导同志反复强调农业是基础，要大力加强水利建设，以及大江大河洪水是心腹大患，要着手治理。水电方面，在能源工作会议和这次会议上，许多领导同志已经谈得十分清楚，不论从能源的战略布局，缓解煤炭生产和运输的压力，环境保护，综合利用以及电网的优化、经济、安全、可靠来看，都必须把大力开发水电作为国家的一项重大决策。开发水电不是少数部门、少数同志的主观主张，而是国家的需要，势在必行。这一形势，已经用不着多加解释，大家都看得很清楚了。简单一句话，今后十年我们要开发的水电，至少要等于或超过过去四十多年的总和，每年要投产的数量，将是目前水平的三四倍。开发水电不仅是我们的神圣责任，也是对国家、民族和子孙负责，所以不论目前我们有多少艰难困苦，决不能失去信心，相反我们要认清形势，树立坚强的信心。

目前形势确实对我们的事业很有利，因为开发水电的重要性、必要性和急迫性，已经愈来愈为全国人民所认识，更为中央领导同志所肯定。这一点非常重要。李鹏总理长期领导我国电力工作，他本人就是位水电工程师。他对电力工业的熟悉，对水电的感情是不言而喻的。国务委员、计委主任邹家华同志，更是一位水电的热诚倡导者，我们不止一次地听到他对发展水电的指示，他从宏观上、战略上、经济分析上反复论述了加快开发水电的必要性。在能源工作会议上，他对我部提出的"八五"规划的第一个想法，就是水电太少了一点，指示能源部进行研究。从总理到主持全国建设的国务委员都如此重视水电，而且做出明确指示和提出具体要求，在这样的形势下，我们还能不树立信心，拼命战斗吗？

有的同志讲，你说得再动听，但是目前现实是水电走入低谷，大量窝工，资金短缺，看不到出路。这些情况，一是由历史造成的；二是由改革开放中出现的新问题造成的。要相信中央，相信我们自己，有决心、有能力逐步解决这些前进道路上的困难。

本文 1991 年 1 月 25 日，作者在中国水利水电工程总公司工作会议上的讲话稿。

最近部领导根据邹家华同志的指示，抓紧准备汇报材料。我们要向家华同志，向有关领导部门详细汇报，提出我们的建议。中央决心集中力量办几件事，我认为水利水电建设是要考虑的一个内容。我们的责任是充分反映情况，提出具体建议和可行的政策，供中央决策时参考。我预计，"八五"期间，在建的水电资金将得到保证，进度将有所加快，而且还要开工大批的大中小水电站，增加投产数量，也为"九五"大发展创造条件。到"九五"和 20 世纪末，将形成高潮！一些水电富矿如黄河上游、红水河、乌江，基本上都要开发出来。这个高潮将延续到 21 世纪，中国将跃居世界水电开发的首位。我们应该为这一目标努力战斗，更要为完成这一目标搞好充分准备。

我们要清醒地看到在新时期中我们任务的艰巨性。这不但指数量上的翻番，而且工程的性质也有所不同。我们要修一批大型、巨型水电站，无论是水工上，机电上，施工、科研上，都要登上一个新的台阶。我们要修建 200～300 米量级的高坝，开挖十多千米至二十千米长的隧洞。容量为几百万千瓦至几千万千瓦的地下厂房。一个工程的混凝土方量动辄数百万方乃至上亿方。我们将遇高强度地震区，复杂的工程地质条件，深厚的覆盖层，特高的边坡等种种困难。要研制 50 万千瓦到 70 万千瓦的机组和相应的电气设备与金属结构。这样的工程不允许勘测、设计中有大的失误，更不允许施工中发生问题。我们要为此做好充分准备。只有真正有所准备，才能完成时代赋予我们的任务。

首先要在科学技术进步上下功夫。我们必须采用新技术、新材料、新工艺、新结构、新理论，必须在科学技术上跨进一大步。许多传统的做法，三四十年代形成的工艺，现在都行不通了。就筑坝来讲，今后只能搞碾压混凝土、面板坝、土石坝、薄拱坝，以及其他新的坝型。引水系统、泄洪消能、厂房、地下工程、过坝设计等，都要搞新技术。这需要设计、施工、科研部门的紧密配合，艰苦努力。

第二，要从提高质量上下功夫。设计固然要高水平的，施工质量尤其要确保。这次会上提出合格率 100%，优良率 80%，我看后者是个最低要求。施工质量得不到保证，什么新技术都将是无根之木、无源之水，甚至发生灾难性事故。不能设想二三百米高的大坝建设中出现大的事故，或留下隐患，需要放空水库检修。千方百计提高质量，是今后主攻的方向，完全符合今年以质量、品种、效益为主的方向。水电施工在这些年中取得过很多成就，这是大家有目共睹的。但在质量上是不能令人满意的。有的老专家、领导批评我们是"江河日下"，至少谈不上高水平。我对此非常焦虑，非常痛心。因为这确实是关系今后水电工程能否顺利发展、能否取信于人的制约因素。没有质量，就没有数量，没有速度，没有一切。要保证质量，其实也不是难不可及，高不可攀。难就难在"认真"二字，难就难在真正树立起"质量第一"的思想。因此，为了迎接今后的建设高潮，我呼吁所有搞建设的同志，特别是领导同志认真注意这个问题。首先从思想上真正把确保质量提到工程的生命和企业的生命的高度来认识。其次要养成严格、严谨、严密的优良作风，在任何情况下都不忽视质量。关键部位的工程质量固然要视若生命，一般部位也紧抓不放，因为这影响到作风和信誉。对质量方面的批评意见，要欢迎，要严于律己，要勇于承认和改正，不要急于争辩哪些反映不符事实。有1%正确我们就要接受，不断创造出优质工程，才是对批评意见的最好答复。

同时，要有一套严格的监督检查和奖惩制度。每个单位和个人，对经手工程的质量要负全责，负责到底。质量不好，要否定一切成绩，取消一切荣誉和奖励。坚持质量的要重奖，要表扬；忽视质量，出了事故的要重罚重批评，决不手软。我热诚希望每一支施工队伍都能拿到质量信得过的奖牌。这件事务请各级领导紧抓不放。

第三，要在管理上下功夫。施工是门科学，而且是一门大学问。昨天水利部朱尔明司长讲得很好。如果说过去的施工还可以采用较原始的方式进行，今后是不行了。时代进步了，工程规模不同了，希望每位同志特别是领导同志要钻进去学，成为施工科学的行家里手。希望每个工地都有高的管理水平。当然对大工程的要求更高。为此要在思想上、组织上和人才培训上做充分准备。水电开发司的陈东平同志在研究较高深的施工网络技术，有的同志认为太理想，在中国工地上行不通，不具备条件。中国能搞好横道图，最多搞个 CPM 图就不错了。我的看法有些不同，我们应该向前看，向高标准看齐，现在动手学习准备，并非为时过早。今后，我们水电工程施工一定要有高度科学化的组织管理，建议出一些普及的材料，在全系统进行学习推广。

第四，要在机构改革上下功夫。我们确实需要轻装上阵，施工单位应该是生龙活虎般充满活力的战斗队，不能是老牛破车、举步维艰，所以一定要妥善安排富余人员，因地制宜地搞好多种经营、第三产业。这确实是改革中的重大课题。我想每个人都不愿意吃闲饭，都不愿意被视为包袱，都有一技之长，问题就在如何发挥优势、利用所长、因地制宜、开辟门路。各单位领导必须花大力量深入细致地研究解决这一问题，总公司（水电公司）、中电联、能源部和地方政府、电力局也有责任给予支持。同志们有困难时，请及时向总公司提出，只要我们力所能及，一定尽量做好服务工作。

在打破铁饭碗不搞大锅饭的过程中，有两点还应注意。一是坚持把最精锐的力量用在主业上；二是教育职工要照顾全局，发扬阶级友爱，不能走上极端自私自利、鼠目寸光的道路，要保持社会主义的基本性质。

我们还可以举出其他需要准备的地方，限于时间不一一说了。但是千准备、万准备，思想上的准备和提高还是第一条。一个人、一个企业如果没有一点精神，11 亿人民如果都顾自己不考虑国家，事情是绝对办不好的。所以今后的政治思想工作任务是更加重要和艰巨了。为了把思想教育工作做到职工的心上去，有一点很重要，就是领导、党委和政工同志要成为职工的贴心人，要知道职工在想些什么、做些什么、有什么怨气，而不是一些"衙门"等职工上门，甚至对上门的职工还要设卡。

同志们，你们都来自水利水电建设前线，都是身负重任、承上启下、承前启后的骨干力量。四十多年来，水利水电建设队伍转战祖国各地，为国家、民族和党的事业，做出了巨大贡献，也做出重大牺牲。去年唐格木地震后，我曾较深入地到四局职工住地了解了一下，感到心头沉痛。我们的同志确实是又苦又累，任劳任怨，绝大多数同志怀着对祖国、对事业的无比忠诚坚持下来，这是一支多么可敬可爱的队伍。这里，我想说的是，第一你们做出的贡献和牺牲，党、国家和人民是不会忘记的，历史是不会忘记的，将永远刻在振兴中华的史册上；第二，情况一定会改变，随着改革的深入，国家经济实力的增长，一定会不断向好的方向变化。我们的祖国所受的屈辱和苦痛已经够深的了，国家不振兴，每个人都没有前途，国家振兴了，每一个人都会有光明的前途。所以，为了振兴祖国所做出的牺牲和受到的委屈是光荣的。现在，我们进入第八个五年计划，到 20 世纪末还有 10 年。这 10 年将是战斗的十年，关键的十年，决定祖国命运的十年。水电建设对振兴中华有重要作用，愿我们齐心协力，发扬优良传统，继续艰苦奋斗，做一个襟怀宽阔，对得起祖先和子孙的中国人。为实现"四化"做出我们最大的贡献吧。

中国水电建设的若干问题

从 1991 年算起，到 20 世纪末只剩下 10 年了。中国人民要在这 10 年中完成国民经济总产值再翻一番，使我国达到小康水平的宏伟任务，这将是关键的 10 年，决定祖国命运的 10 年。水电建设从新中国成立以来走过了 40 多年曲折的道路，现在又到了一个转折点。对此，本文拟提出些粗浅的看法，供同志们参考。

一、水电在电力工业中应占适当的比重

据初步统计，到 1990 年底，全国大、中、小水电站总装机 3530 万千瓦，占全国电力总装机 13500 万千瓦的 26.2%，居世界第 6 位；水电年发电量 1260 亿千瓦时，占全国年发电量 6180 亿千瓦时的 20.4%，居世界第 5 位。这个比例数比之于历史上曾经达到，而且在较长时期内维持过的水平（容量占 1/3，电量占 1/4）都有所下降。"七五"期间，全国主要工业项目都完成或超额完成计划，只有水电仅完成了计划的 74%。这种状况不能不引起人们的关注。

水电比重的下降，当然不是由于资源匮乏。众所周知，中国蕴藏有世界第一的水力资源。目前，已开发的水电，按容量计仅占可利用资源的 9%，按电量计仅占 6.6%。近年来水电比重不断下降的原因，是由于我国电力需求发展速度极快，水电开发集一次、二次能源开发于一体，投资比较集中、建设周期比单纯修建火电厂较长，加上国家并未实行扶助水电开发的政策之故（有些做法甚至是严重阻碍水电开发的）。这些情况不改变，水电比重只会进一步下降。从国家长远、全局利益来考虑，这是十分不利的。我们迫切希望中央和国家计划部门能有见于此。

水电的开发利用确有其特殊的优点，我们如能多开发一分水电，就能多保留一分煤、油资源，缓解一分运输压力，减轻一分环境污染，提高一分电网的安全，增加一分综合利用效益。这是对国家、人民具有长远利益的事，应该在力所能及的范围内采取些措施，加快水电的开发。在这一点上，我想不难取得共识。

尽管如此，由于受各种现实条件的制约，我们也不能提出脱离现实的要求。根据国家的经济情况、水能资源的分布条件和勘设研究的程度，我们认为，在今后 10 年和 21 世纪初，使水电比重保持在全国电力容量的 30%～33%、电量的 20%左右是比较合适的。也就是说到 2000 年，要使我国水电总装机达到 7000 万～8000 万千瓦、年电量达到 2200 亿～2400 亿千瓦时，而且应力争上限。

二、明确各地区水电的地位与作用

水电虽有众多优越性，但也有其制约条件。例如，我国水力资源分布很不平衡，

本文刊登于《中国电业》1991 年第 7 期。

超远距离的输电尚有困难，天然流量的变幅很大；我国人多地少，较难承受过大的淹没损失等。因此，我们在积极主张多上水电的同时，也不赞成把水电的作用说过头，而应该因地制宜地把火、水、核电站纳入电网的优化规划之中，使其各占合适的比重，发挥最佳的作用，以取得最大的整体效益。由此可知，各地区的水电地位与作用是完全不同的。

例如，西北地区东部有煤矿资源，西部有水力资源（主要集中在黄河上游），形成"东火西水"的格局。因此西北电网应该是个统一的强大电网，水、火并举，水、火互济。在相当长的时期内，水电在电网中将占到一定比重（例如 50%），黄河上游的水电站群应根据地区经济发展情况在 20 世纪内（部分延至 21 世纪初）开发出来。

西南地区水力资源特别丰富，在本地区中水电在电力中应占主导地位，配合以适当的火电。开发的重点是四川境内的长江干支流、贵州境内的乌江和云南的澜沧江。近期可满足本地区的需要，远景实现金沙江及澜沧江水电资源东送。

两广地区的特点是广西有较丰富的水力资源（尤其集中在红水河），广东能源较贫乏，但经济发达，并已建和在建相当规模的火电、核电和抽水蓄能电站，因此宜统筹互补，大力开发广西水电，除满足本地区需要外，尽可能东送广东。红水河上的水电站群应在今后 10 年及 21 世纪初全部开发。

华中地区的格局是"北煤南水"，应在华中电网的统一调度下取得最优效益。在 20 世纪内和 21 世纪初，应大力开发湖南、湖北的水电，其中的三峡水电，不仅可满足本区需要，还可供电华东。

华北、华东、东北、广东地区水电资源相对较少，较优越的点子多已开发，水电在电网中只能起辅助但同样是极重要的作用。对这些地区的水电，一是要继续开发一切可利用的常规水电；二是对已开发的水电要提高效益、更新改造；三是视需要修建抽水蓄能电站。所以，这些地区的水电建设仍大有可为。

我国幅员广阔，地区间差异很大。对水电开发的布局、重点、经济评价等也应该因地制宜、区别对待，不能用一个模式去套。这是本文想说明的第二个问题。

三、关于"西电东送"和大区联网

许多人很关心"西电东送"问题。从能源分布格局来讲，我国煤矿资源集中在华北、水力资源集中在西部，而华东、华南甚至华中部分地区能源严重短缺，目前依靠"北煤南运"解决。从长远观点看，"西电（水电）东送"是合理的，也是必然趋势，只有如此，才能缓解北煤南运的压力。

具体的西电东送路线有三条，即南路、中路和北路，南路最现实，中路潜力最大。

所谓南路就是红水河、澜沧江的水电向广东方向输送。红水河是我国水电富矿之一，全流域可开发水电 1200 万千瓦、年电量 600 多亿千瓦时，除可满足广西负荷需要外，尚有大量电力可以东送广东，目前正在兴建的天（天生桥）—广（广州）线，不久即可发挥作用。澜沧江的水力资源也很丰富，除满足云南需要外，也可通过红水河方向东送广东，实现这一目标的时间可能在 21 世纪初。

中路指将长江上中游干支流段水电东送华中、华东。从三峡至金沙江上游，包括乌江、大渡河、雅砻江等长江的主要支流，是中国（也许是世界上）水力资源最集中的地区。全部开发后，将形成极强大的水电站群，是"西电东送"的主力。最现实的是三峡水电站以及金沙江的宜宾—渡口段。我们希望这个地段的水电开发能在 20 世纪内动手，21 世纪初实现电力东送。随着电站的陆续投入，东送电力稳步增长。

北路指的是黄河上游水电向华北地区送电。黄河上游从龙羊峡到青铜峡共可开发水电 1300 万千瓦、年发电量 500 余亿千瓦时，资源总蕴藏量和广大西北地区的需求比并不算多，较可能的是西北华北联网进行电力交换，取得最大整体效益。何时实现，取决于需要和经济分析。

我国各大区的电力结构构成有很大差别，再考虑时间、水文气象上的区别，大电网间的连接可以起到巨大的补偿效益。除上述西北—华北联网外，还可考虑华中—华南、西南—西北的联网。当然，这些工程的实现都将在 21 世纪。

通过以上分析，不难看出，电网发展需要水电，水电也离不开电网，两者只有紧密而有机地结合在一起，水电才能充分发挥其优势并能取得最优的全局效益，从而加快发展速度。有些同志主张将全部水电自成体系，与电网只是合同售电关系，认为这样做不致"吃亏"，可以加快发展。这恐怕是有所误解。我们认为，这样做的后果，只会制约水电发挥它的最大优越性和效益，只会影响它的发展，只会人为地引起无数难以解决的纠纷和矛盾，对全局是十分不利的。因此，除个别条件合适的流域可以独立开发外，大量的水电还是在电网的统一规划下开发为宜。

四、关于中小水电开发

在我国已建水电站中，容量 2.5 万千瓦以下的小水电占 1/3 稍多，多数分布在广大的农村中。根据我国国情，在相当长时期内，小水电仍将在国家扶植下，采取自建、自有、自用的方式继续发展。在今后 10 年中，大体按每年净增 60 万千瓦的规模（冲抵不断淘汰、报废、更新部分）考虑，将是合适和稳妥的。

目前在小水电的建设和运行管理中存在的分歧看法是，在大电网覆盖下是另外成立一个以小水电为主体的独立电网，还是应纳入大网统一运行。我们的初步看法是，似乎不宜在同一地区存在大小两个电网。在大电网覆盖地区，除仍可开发一些孤立的小水电自用或划定一块地区独立经营外，应尽量选择对全网全地区最有利的小（中）水电优先开发，纳入电网统一运行（并不改变产权性质），并与电网商定合理的供售合同，做到互利，以减免重复建设和多头管理之弊，使全局利益达到最优。

我国中型水电（2.5 万～25 万千瓦）资源也较丰富，据初步调查可开发 7500 万千瓦。现只开发 709 万千瓦，在建 211 万千瓦，利用程度很低。中型水电规模不大，投资较易筹措，建设期也较短，既可由中央为主投资兴建，也可由地方为主集资兴办（延用小水电政策），所以很多同志建议要大力开发。但中型水电也存在调节性能较差、季节性电能较多的问题，需在电网中统一安排吸收。其次，按静态投资计算，中水电的单位造价一般较大水电为高。我们认为，在今后 10 年内，大体按新开工 800 万千瓦中水电考虑（其中投产 600 多万千瓦），也许是合适的。应尽量选取一批条件优越、容量合适、调节性能较好、利用小时较高、季节性电能能吸收利用的点子或流域优先开发，并简化、加快审批立项手续，促进滚动开发。

到 20 世纪末，全国拥有的中水电容量约可达到 1500 万千瓦左右，将成为一支不可忽视的力量。但是也不宜过分夸大中水电的作用。因为在电网中起主力和关键作用的，毕竟还是大型，以至巨型的水电站。

五、今后 10 年的具体建设规划（略）

六、资金的筹措

无疑，要实现上述规划，我们将遇到巨大的技术、资金上的困难。技术上的困难是明显存在的，有些问题的难度甚至已超越当前国际水平。但是，经过 40 多年的奋斗，我国已培养、锻炼了一支 25 万人的水电勘测、设计、施工和科研队伍，设备制造能力也有极大的发展。从原则上讲，并不存在不可逾越的技术困难。主要的问题仍在资金筹措上。

1991 年，在国家的重视下，投入水电建设的资金为 56 亿元（全口径，包括中央投资、地方集资、银行贷款和发行债券等）。但要实现上述计划和规划，特别要将上文所提出的关系重大的第 3 项工作付诸实施，10 年中共需资金 1200 余亿元，相差 1 倍以上。其中"八五"期间，每年平均需投入 100 亿元左右，相差也近 1 倍。所缺巨额资金要完全从现有体制下挤出来，是很困难的，必须采取一些合理、可行、有效的措施和政策。除了继续增加中央和地方对水电的投资和尽量多引用外资外，许多同志提出过大量建议，这里只简单叙述一些我们认为是最重要和可行的几条。

（1）建立水电建设基金，不断滚动扩大。我国在运行的水电站中，有很大部分是 20 世纪 80 年代中期以前所建，投资由国家拨给，不需还本付息，所以发电成本很低（1989 年平均成本为 1.7 分），据此制定的上网电价也很低（如葛洲坝的上网电价为 3.9 分），大大低于火电或近年依靠贷款修建的水电站的还贷电价，对电力行业做出的贡献估计每年达 35 亿元以上。这部分贡献并未以利润方式上缴国家财政，而是摊入全网以降低平均售电价，由社会得益。由于目前水电建设资金万分困难，水电上网电价应该按商品价格确定，恢复到合理水平，由此每年国家可以集中约 30 亿元资金，用作水电建设基金，免利使用，并逐渐扩大。当然，这样做将使全网的平均售电价略有上升（不同电网的电价上升 0.5～1 分多不等）。但这样做是合理的，影响不严重，把道理讲清楚，社会上也是能够接受的。或者，不调整老水电电价，而在全网售电价中征收水电建设基金，也是一样的。

（2）发行债券（或股票）。大型水电建设期较长，要全部依靠发行债券筹资较为困难。但在第一批机组投入前 3 年起开始发行利率略高于同期存款的短期债券则是现实的。债券既可向个人发行，也可由企业认购，还可以采取卖用电权等多种方式集资，每年筹集 15 亿～20 亿元应无大的困难。

（3）千方百计降低水电工程造价。这个问题要从两方面着手。一方面当然要通过从事水电建设的同志的努力，尽一切可能的采用新技术、优化设计、减少工程量、缩短工期（特别是加快投产期）、提高质量（包括提高发电设备的质量和降低造价），并应把这方面的成绩和设计院的利益挂起钩来。我认为，经过大家努力，在现有水平上降低 10%～15%的造价是有可能的。

另一方面要制定合理的政策，例如，制定水库移民法，实行开发性移民和后补偿政策，既保证移民安居乐业和库区经济发展，又降低基建期内的补偿投资；制定投资分摊法，由建设水电站而取得较大综合利用效益的部门，适当分担部分投资。水电站都有较大的防洪、灌溉、造田效益，对农业发展作用至大，应和其他水利工程一样减免耕地占用税。水电是一次能源开发，在贷款利率和还贷期上应该比照煤炭、石油行业一样对待。在其他有关利税问题上也应采取倾斜政策予以优惠。

采取合理的政策和措施，使国家每年投入水电开发的资金（全口径）达 100 亿元以上是可以做到的。但如因循不决，不愿跨出这一步，必致坐失良机，造成又一大马鞍形。这将给我国的社会主义建设事业带来严重后果，后人将不能原谅我们的失误。

再接再厉，为三峡工程建设做出新贡献

中国人民为了建设举世瞩目的三峡水利枢纽工程，已经不间断地进行了数十年的探索和研究。在"七五"期间，"长江三峡工程重大科学技术研究"更专列为国家重点科技攻关任务，集中了国内的优秀专家对关键性课题进行了系统和深入的研究，取得了丰硕的成果。这说明三峡工程的建设是建筑在可靠的科学基础上的，将经得起历史的考验。现在，有关"水工建筑物关键技术"这一课题的主要成果，将在《水力发电》专号中予以介绍。对此，我深表赞同，而且希望能引起有关同志的注意，产生良好的效果。

这个课题包括五个专题，涉及枢纽总体布置优化、多层大孔口坝段的结构分析优化和安全度研究、引水钢管与厂房水下结构分析、船闸水力学和结构问题的研究，以及泄水建筑物水力学问题研究。主要成果都发表在本期专刊中，当然，刊物上的文章篇幅是有限的，不过十多万字，但是这十多万字是从无数的辛勤劳动和大量研究报告中综合出来的，实在值得珍视。据我所知，参加本课题攻关的有五所著名的科研院所、六所著名的高等学府，每年全时人数达 200 人。经过五年艰苦努力，共提出 79 份最终成果报告，并都经过专家组作严格的鉴定，整体水平达到国内领先，其中九项成果达到国际先进水平。我们在阅读这些研究成果时，不由得要对那些脚踏实地为祖国的水利水电事业进行不懈研究的同志们表示敬意。长期以来，他们在艰苦的环境下，利用有限的经费（为了完成任务，有时不得不由单位自筹贴补）默默无闻地攻克着一个又一个难题，为发展祖国的水利水电事业做出了贡献。中国知识分子的这种无与伦比的爱国心和事业心，百折不挠的献身精神，是国家最可贵的财富，是振兴我国科技事业的有力保证。让我们向这些无名英雄表示祝贺和感谢吧。

这些研究并不是学院式的探索，而具有鲜明的实践性。其中许多成果已直接应用于三峡工程可行性研究阶段的设计中，而且对其他水利水电工程也有重要参考价值。如能巩固和推广，将发挥显著的经济和社会效益。多年来的经验和教训说明，我国科研工作中的缺点之一，就是重研究、轻推广。为山九仞，功亏一篑，就必然导致事倍功半、成效不显。许多研究成果出来后，常常以论文或试制品的形式存档告终。能真正付诸实用，形成生产力，促进建设或生产发展的较少，而且往往出现相似课题同一水平上重复工作的现象。水力发电杂志社主办这期专号，一方面固然可以及时交流所取得的成果，另一方面——也许是更重要的方面，则是促使成果能更好地用于工程实践，发挥经济效益，推动水利水电科技进步。我希望今后各项科研成果能尽早地在各种刊物上交流发表，对以往的科研成果也可以"清仓""展览"一下，各设计施工单位能尽快地采用一切有效的成果。我们要推行"拿来主义"，而不需要"事必躬亲"，目

本文刊登于《水力发电》1991 年第 8 期。

的只有一个：让科技之花尽量结成硕果，使我国建设事业得到尽快的发展。

最后还应指出，科技发展一日千里，科技进步永无止境，三峡工程尚在审查中，许多大型水电站亟待建设，因此我们面前的征途正长。"八五"期间是实现党中央第二步战略目标的关键时段，也是我国水电事业腾飞的时段。在今后岁月中，不仅三峡工程将逐步付诸实践，而且还将兴建一大批大型以至巨型的水电工程，有大量重大关键技术经济问题要研究解决。国家决定在"八五"攻关中再次列入有关坝工和三峡的专题，这是对我们事业的极大支持。希望我们全体同志以十倍的信心，百倍的努力，继续发扬团结协作、艰苦奋斗的优良传统，勇攀科技高峰，扫除前进中的障碍，为迎接三峡工程的建设，为迎接我国水电事业新高潮的到来，做出我们新的、应有的贡献。

总结经验　乘胜前进

　　"水电工程筑坝技术"是国家"七五"重点科技攻关项目。五年来在国家计委的关怀和支持下，在能源部和国家教委的密切合作和组织管理下，经过科研、设计、施工、制造、运行、高校、中科院等单位的科技人员的辛勤劳动，出色地完成了任务，提供了 255 项高水平的科技成果，在实际工程中实施后取得了节约建设资金 5.28 亿元的直接经济效益（包括后增加的龙羊峡工程直接经济效益 2 亿元），约为科技投入的 10 余倍。推广应用后的经济和社会效益更为显著。这对加快水电建设，提高水电科技水平，发展国民经济，都有十分重要的意义。认真总结"七五"科技攻关工作的丰富经验，指导今后的水电科技工作，将是十分有益的。

　　（1）对重大项目组织科技攻关，是科技体制改革中的一项重要决策，已在实践中显示出它的生命力。

　　邓小平同志早就指出"科学技术是第一生产力"，江泽民总书记又进一步指出"更加自觉地把经济建设转到依靠科技进步和提高劳动者素质的轨道上来，采取有力措施，把科研成果转化为现实生产力"。在国民经济发展的每一个时期，提出一批具有重大经济效益的科研项目，国家采取倾斜的政策，给予重点投入，集中各方面的优势力量进行攻关，对于加快我国科学技术的发展，尽快开发出一批国民经济建设急需的重大技术有重要意义。水电筑坝技术攻关的科技成果正是说明了对于一些较大规模的重要课题，没有国家的重点投入，国家计委、科委等领导部门的有力支持，要取得突破性的进展几乎是不可能的，正是有国家的重点支持，才使我们在筑坝技术这一领域内，缩小了同世界先进水平的差距，并在某些方面处于国际领先地位。

　　（2）攻关目标明确，起点高，是攻关项目取得成功的重要因素。

　　科学技术要面向经济建设，服务于经济建设。我们从水电建设的实际需要出发，选择了高土石坝、高混凝土坝、高坝坝基处理和定向爆破筑坝四个课题，并重点倾斜于高土石坝和高混凝土坝。根据水电建设项目进展情况，确定各自的近期结合和远景瞄准的对象。还根据国际上发展趋势和国内具体情况，以混凝土面板堆石坝、碾压混凝土坝和高拱坝的有关技术难点为重点，将国家经过很大努力而提供的资金，集中到最急需而经济效益最佳的几个方面，即 3 项 100 米级高坝的成套技术，6 项筑坝新技术、新工艺及两个室内试验研究中心，得出许多带有科技导向型的科技成果，对当前水电建设具有深远的影响。同时对在建或近期拟建的工程，可以提高水平，节约投资，加快建设步伐，达到预期的目标。在立项过程中，经过领导和专家们的反复研究和论证，从国际先进技术水平和发展趋势出发，在较高的起点上起步，不做低水平的重复。这样组织起来的课题网络，目标明确，起点高，实用性强，保证了科技攻关成果的高

　　本文由潘家铮、王圣培合著，刊登于《水力发电》1991 年第 9 期。

水平和实用性。

（3）组织管理工作逐步走上正规化、系统化，各方面团结协作、联合攻关做得好。

"七五"国家重点科技攻关项目是多层次、多学科、多部门的专题研究网络，参加的单位和人员多，是一个既有深度，又有广度的庞大而复杂的系统工程。在"六五"攻关的基础上，逐步摸索和制订了各项以分级管理和以技术合同责任制为基础的管理体制和办法，发扬各单位的技术优势，既能独立作战，又是联合攻关的一整套运行体制，以及计划管理、目标管理、经费管理、工作协调、成果管理等项制度，形成以课题组长单位和专题第一负责单位为核心的工作网络，做到科研、设计和施工三结合，保证了科技成果的先进性和实用性。还制订了岗位津贴、成果奖励等制度，进一步调动各方面的积极因素。在攻关过程中，各单位争挑重担，不计得失，以完成国家重点课题为荣，以全局利益为重，有的单位以自己资金弥补攻关费之不足，充分体现了社会主义制度的优越性和团结协作的好风尚。在组织工作中还试行了招标形式，取得了初步经验。

（4）科技攻关和技术推广相结合，相辅相成，使科技成果更快转化为现实生产力。

在我们组织"七五"科技攻关过程中，除以结合和瞄准的工程对象的关键问题为主攻对象外，还注意到使科技工作不仅局限于这些试点工程，而且能及时地指导面上的水电工程建设。如混凝土面板堆石坝不仅是结合西北口，瞄准天生桥，而且在攻关成果的基础上，制订设计导则和施工规范，在"七五"期间就同时推广到七项水利水电工程中。碾压混凝土坝也是在结合铜街子工程进行系统试验研究的同时，在许多工程上推广应用。

"七五"科技攻关取得了丰硕成果。在255项成果中，属国际领先水平的16个，国际先进水平的97个，国内领先水平的90个，总体上达到国际先进水平，这是以往科技发展中所未曾有过的，这不但增强了我们水电科技开发的能力，为今后向更高层次进军奠定了坚实的基础，而且也鼓舞了广大科技人员攀登新的高峰的斗志和坚定了信心。今后十年水电建设任务十分繁重，将遇到诸如200米级高坝工程中提出的难度更高、更为复杂艰巨的科技任务。在国家大力支持和投入的情况下，我们更应认真总结经验，吸取教训，进一步发挥广大科技人员的积极性，深化科技体制改革，再接再厉，向更高的目标前进。

在《水利水电工程结构可靠度设计
统一标准》（送审稿）审查
会议上的讲话

今天我们召开《水利水电工程可靠度设计统一标准》（送审稿）（下面我们简称为《水工统标》）审查会议。

首先，让我借此机会，向各单位、各兄弟部门前来参加审查的专家、代表，向多年来为编制这一标准付出了辛勤劳动的同志们表示衷心的感谢。会议领导同志要我在开始的时候讲几句话，我很愿意说一些个人的看法供大家参考。

设计标准、设计规范是我们设计工作的法律，是上层建筑。标准、规范的水平就是国家在这一领域科技水平的总结和反映。它对指导设计、约束设计起着重要的作用，直接、间接地影响到设计质量，影响到工程安全性、经济性。标准和规范有很多层次，层次愈高，影响也就愈大。这一次我们要讨论的《水工统标》，就国家范围来讲是第二层次，就水利水电工程来说是第一层次。如果这本统标为大家所理解、接受、通过，并且决定要实施，那么，今后各种水工结构设计规范都要遵照它的规定和原则逐步地修订，所以这是一本有重要意义的标准。另外，这本标准第一次放弃了我们传统采用的安全系数法，而改用以概率、极限状态为准的设计原则，具有根本性改变的性质。所以，这次审查会议是至为重要的。

我国水工结构设计，采用安全系数的传统设计方法已经使用了几十年了。实践证明它也能够保证建筑物的安全。那么，我们为什么要改变它呢？我想，最主要的原因是旧的做法还不够合理，不够精确，不能完全反映客观实际。首先，在客观实际上，无论"作用"也好，还是"结构抗力"也好，都不是定值，而是变量，是一种随机变量。旧的设计方法中，我们都把它当作定值处理，不论这个定值是怎么精心选择的，总是忽略了它的随机性，忽略了不同因素的不同随机性，这显然是不合理的。这种做法久而久之，还会在思想上引起误解，认为我们所采用的定值，就是一个准确的数值，就是一个绝对值。用这样的数值算出来的安全系数没有概率意义。我们在设计完成以后，仍然回答不了这座建筑物的安全可靠性到底是多少，或者说它的失效概率到底是多少。几个建筑物的安全系数相同，也许它们的安全可靠性大不相同。第二，实际上影响结构物安全的因素很多，各有各的特性，各有各的影响，在老的设计方法中，用一个安全系数统统包下来，这应该说是吃大锅饭，当然是不合理的，现在我们在经济上反对吃大锅饭，在技术上也应该改革一下，不能再吃大锅饭了。第三，在客观实际中，建筑物的安全性是一个动态过程。比如说，我们按照某一个安全系数设计的建筑物，刚修好的时候和运用了 100 年以后的情况完全不同，而在旧的设计方

本文是 1992 年 3 月 6 日，作者在会议开幕式上的讲话。

法中也反映不了这种性能。总而言之，虽然旧的设计方法也能够保证建筑物的安全，但是不见得是最合理、经济的。随着科学技术的发展，这种采取吃大锅饭的方法、定值的方法、静态的方法不能再令人满意。因此，在国际、国内其他行业上，都先后采用更加合理的、更加先进的思想和方法，即采用可靠度的方法。这个方向无疑是正确的。

与建筑、铁道、交通等部门相比，我们的起步是迟了一些。这里面有主观的因素，也有一些客观的限制。所谓客观限制，就是指水工建筑确实有一些它的特点。一般来讲，水工建筑物的工程规模都比较大，各种作用情况复杂，有的数值具有不定性，分析计算困难，失事的后果十分严重，更缺乏必需的、完整的统计分析资料。这些情况使得我们要在水工建筑中有所突破，将遇到更大困难。这次，同志们经过长达 5 年的调查、分析、研究、讨论，最后提出了《水工统标》（送审稿）是很不容易的。这本《水工统标》（送审稿）明确采用概率极限状态的设计原则，用建筑物达到预定目标的可靠指标来替代传统的安全系数，用分项系数的标准值来体现极限状态的设计表达，建立了一套新的概念、新的做法。和过去相比，第一是抛去了定值的概念，用概率原则来指导设计；第二是用分项系数来反映不同因素的影响，不再吃大锅饭了；第三是引入了设计基准期的概念，具有了动态的意义。这些都是概念性的变化，本质性的变化。这样的做法究竟合理不合理，可行不可行，我们请参加会议的专家、代表畅所欲言，深入的审查，并提出宝贵意见。当然，由于水工结构有其特殊性和历史上的因素，我们还需要采取逐步过渡的办法，采取审慎的态度。从高要求来衡量，目前我们提出的《水工统标》（送审稿），还不能使人满意，它的使用比较复杂，许多指标是依靠和传统规范设计成果比较、校准来确定的。许多地方必需的和传统的方法衔接，还有许多具体建筑尚未进行类似的分析研究。总之一句话，我们现在做到的，还远不完满。所以请代表、专家们能够对下一步工作也提出宝贵意见。总之，即使这一次这本《水工统标》（送审稿）能够被审定通过，也仅仅是万里长征的第一步。在一定的时期内，也许存在两种做法并存的局面，我们觉得也不要紧。我们倒是希望，通过大家的设计实践、设计对比和统计资料的丰富，我们能够不断完善新的体系，而且将第三层次的设计标准、规范，按照新的体系逐步地进行修订，最终建立起完整的、新的设计体系。我想，这一工作将是长期的，需要我们努力去作。相信我们能够完成这一任务。

最后，我再对标准、规范问题说两点意见：①对于标准和规范要有一个辩证的看法，一方面它是过去经验的总结，指导设计的法律，具有严肃性，我们每一位同志都要遵守它，不允许任意违反。另一方面，标准和规范必须不断地更新，不断地吸收新的东西，向前进步。我们每位同志又都要为更新它做出努力。两个方面是相辅相成的辩证关系。②标准和规范不宜定得太多、太琐碎，不能过分地束缚人的思想和手脚，否则还要设计人员干什么呢？规范应该规定一些大的原则、大的方向，应该留下一些活口，让设计人员去发挥他们的聪明才智。很多发达国家没有太多的规范、标准，但是并没有妨碍他们的科技进步，这件事是值得我们深思的。我们目前的规范体系可能还是从苏联的那套体系继承下来的，但是又有所"发扬光大"。我发现我们的每个部门都好心好意地希望能多搞一些标准，多定一些规范，以利于基层的设计工作。但是这样做，工作量非常浩大，效果并不明显。所以我一直主张少一些规范、标准，多一些手册、指南。在这个方面，我觉得在技术上的状况和政治、经济形势也有相似之处。也要改革搞活，同时在方向和原则上加以引导和约束。我的这两点看法可能不对，提出来供大家参考。

发展国际合作　促进水电建设

一、在中国经济建设飞跃发展时期，将大力发展水电

从现在起到 2000 年还有 9 年不到的时间,这将是中国经济建设飞跃发展的重要时期，作为基础工业的能源建设将会得到迅速的发展。根据中国的国情，加速开发得天独厚的水能资源，以缓解煤的开采、运输和污染压力是坚定不移的方向。国家将采取一系列的政策以加快水电的开发。

从宏观上讲，到今年底，中国拥有的各类水电站的总容量将接近 4000 万千瓦，其中在建规模约 2000 万千瓦；在近期内将再开工建设一批水电站，到 2000 年我国能拥有 8000 万千瓦的水电容量。这就是说，在今后一段时期中，我国平均每年要投产 400 万千瓦以上的水电装机容量。在发展中，起主导作用的将是一批大型骨干水电站，它们包括：黄河上游段的公伯峡、拉西瓦、黑山峡和中游段的小浪底、万家寨及龙口，乌江上的洪家渡、构皮滩，红水河上的龙滩和恶滩，澜沧江上的大朝山、小湾；大渡河上的瀑布沟，雅砻江上的桐子林、锦屏，以及长江、金沙江干流上的三峡和向家坝等。此外，还有为数众多、分布在各省（区）各流域上的大批大中小型水电站和高水头大容量的抽水蓄能电站。当前，我们正在进行规划、可行性研究和初设的水电工程，总容量超过 1 亿千瓦。

上面列举的这批大型骨干水电站，都是十分宏伟的具有国际水平的工程，在建设中，我们将会遇到许多困难和问题，包括技术问题、资金问题和社会问题。但是，我们有能力主要依靠自己的力量来解决这些问题。同时，根据我国改革开放的政策，也热烈欢迎和友好的国家、企业、人士进行合作，欢迎外国提供资金、设备、技术咨询、技术转让和多种形式的合作。在过去一段时间里，我们已经和许多国家、企业、金融机构在水电领域中进行了卓有成效的合作；但是规模还不大，办法还不多。今后，希望通过双方、多方的努力探索，能够找到更多的途径和办法，加快并扩大这种合作。这种合作不仅对中外双方企业有利，而且能促进我们和各国政府、人民间的友谊；并对缓解全球环境污染有着重大的意义。让我们共同来修建这些促进友谊造福后代的桥梁吧。我们初步打算在明年六七月份举办一次大型水电及三峡工程技术和设备专题展览。这项工作正在筹备中，有了确切方案后，我们将及时通知各位朋友前来参加展览。

二、三峡工程将很快开始建设

1992 年 4 月 3 日，我国第七届全国人民代表大会第五次会议，通过了关于兴建三峡工程的决议。至此，三峡工程的建设完成了立法手续。以我个人的估计，三峡工程

本文刊登于《水力发电》1992 年第 7 期。

的建设，特别是准备工程和移民工作将很快开始。

三峡工程是一座宏伟的综合利用工程，具有巨大的防洪、航运和发电效益。但最现实的经济效益和资金的筹措与偿还，主要反映和依赖于它的举世无双的发电能力上。

根据通过的可行性研究报告，三峡水电站将是目前世界上已建在建和拟建中的最大水电站。它安装 26 台机组，单机容量为 68 万千瓦，设计水头 81.7 米，转轮直径 9.5 米，电站总装机达 1768 万千瓦。发出的电流将通过 15 条 500 千伏交流及 ±500 千伏直流输电线路送到华中、华东和川东地区，最远输电距离约 1000 千米。三峡工程的主要建筑物是一座 175 米高的混凝土重力坝、两座厂房，以及一座双线 5 级船闸和一座世界上最大的升船机。

三峡枢纽工程量巨大，开挖土石方约 8800 万米³，浇筑混凝土 2600 万米³，制作安装金属结构 55 万吨。整个工程施工 18 年，前 3 年是施工准备；然后进入第一期主体工程施工，也是 3 年；接着进行第二期主体工程，计 6 年，首批机组投入运行；第三期工程也是 6 年，主要是继续安装投产机组和完成全部建筑物。按照 1990 年物价水平，三峡工程（包括枢纽、移民和输变电）的静态总投资为 570 亿元。以此为基础，根据具体开工时间、物价指数、资金组成及所需利率，可以算出建设期的动态资金总额，这就不是一个定值，而取决于上述因素，估计需 1500 亿元。

为了建设三峡工程，我们需要采购 26 台巨型水轮发电机组及相应的高压电气设备、输变电设备和自动化控制设备，在建设中也需要采购一些先进的、大威力的施工机械和许多材料。三峡工程的主要技术问题已经解决，但也有许多具体问题需在今后认真研究妥善解决。凡此种种，我们都欢迎和外国开展合作，引进资金、技术、设备和管理体制。

三峡工程是一项人类改造自然造福全球的史诗般的工程，它不但应该成为反映中国人民志气和能力的工程，也应该成为反映世界人民友谊和国际合作的工程。因此，我们热诚欢迎外国金融界、企业界、技术界关心三峡工程，参与三峡工程，在这座跨世纪的伟大工程的史册中留下你们的名字和贡献。

铜街子水电站发电贺词

经过多少个春秋的拼搏，在举世闻名的大渡河上，继龚咀水电站之后，第二座大型水电站——铜街子水电站胜利地并网发电了。这是四川水电开发史上的一件大事，值得庆贺，值得大书特书。值此喜庆的日子里，我抚今追昔、感慨万千，愿借《水力发电》的宝贵篇幅，向长期以来为建设铜街子水电站和开发四川水电做出无私奉献的科研、规划、勘测、设计、施工、安装、运行、管理的同志们表示崇高的敬意和衷心的祝贺，同时也想吐几句由衷之言。

我只在 70 年代中接触过铜街子工程，对它的复杂性留下很深印象。它的拦河坝虽不算高，但河床深槽、深槽盖、大断裂、深层连续软弱面、岸坡失稳体等不利的自然条件，在选坝轴线时就像走钢丝；加上洪水峰高量大，构成对建设者们的严重挑战，使这一宝藏迟迟不能开发。驯服大渡河，谈何容易啊！然而，在今天，滔滔河水化成强大电流，大渡河又一次在人们的斗志和科学技术的成就面前低下了头。

在庆贺铜街子水电站投产之时，我们自然要想起今后四川水电开发前景的问题。四川是我国人口最多的大省，号称天府之国，长年来却困扰于严重的能源短缺，无法腾飞。而接近 1 亿千瓦的水电蕴藏量不仅未为四川电力工业做出应有的贡献，其开发速度甚至还落后于水力资源不富的省区。直到党的十一届三中全会以后，才出现新的起色。宝珠寺、太平驿、二滩等一批大中型水电站的开工兴建和铜街子水电站的投产，揭开了四川水电开发的新篇章。

当然，前进的道路不会平坦，在研究了过去走过的曲折道路后，我愿提出以下几点意见供有关部门参考。

（1）中央和省的领导部门对四川这样一个大省的能源平衡和发展要研究制定出一个长期的、综合的战略规划，明确水、火电及煤炭、油（气）各自的位置，本省和全国的关系，大中小工程开发的安排，以及资金的筹措等。一经确定，就要全力以赴，坚持实施。

（2）既要看到四川水电资源丰富的一面，又要充分认识它的复杂一面，即地形、地质、水文、交通、淹没、社会等条件。要舍得出钱加快加深前期工作，针对困难，采取相应措施，做到心中有底；上马一项工程，要充分准备，搞则必成。

（3）进一步解放思想，广开集资之路，特别要千方百计吸引外省和利用外国资金来开发水电。要学会用别人的钱来办本省的事，做到两利。要算大账，算一下全省每年白白流失的白煤有多少？水电迟迟不能开发对全省乃至全国工农业生产的影响是多少？对全省环境污染的影响有多大？要认识到办水电并非最终目的，也不是为了营利，水电的大发展带动全省乃至全国经济的振兴和腾飞，这才是最大利益之所在。

本文刊登于《水力发电》1992 年第 11 期。

（4）因地制宜；大中小并举；要理顺关系，团结办电；调动一切积极因素，共同为电力发展做出贡献。

党的十一届三中全会以来，我们高兴地看到，四川把加快水电建设作为全省发展能源工业的基本战略。只要坚持下去，它的前程似锦，它将走在全国甚至全世界的最前列。让我们共同努力，迎接这一日子的早日来临。

为我国水利水电建设登上新的台阶而奋斗

在举国欢庆党的十四大胜利举行后不久，我们迎来了 1993 年的新春。从现在算起到 2000 年——也就是"九五计划"的结束还有八年时间。这将是关键的、战斗的、决定祖国命运的一段时期。

党的十四大是一次具有重大历史意义的大会。十四大以邓小平同志建设有中国特色的社会主义理论为指导，明确地提出了社会主义市场经济的新体制、做出了加快改革开放和现代化建设步伐的决策和部署。十四大总结了社会主义建设中正反两方面的经验，特别是中国十四年来的伟大实践，回答了共产党在取得政权后如何进行建设的重大问题。十四大通过的路线、方针、政策将长期指导中国革命和建设沿着正确的航向前进，将极大地加快中国社会主义建设的速度。在这样的形势下，作为基础建设的水利水电界，我们应该怎样认识时代赋予我们的任务和要求又应该怎样进行努力战斗呢？这是一个严肃问题。

中央对于水利水电建设给予极大的重视和关怀。江泽民总书记在十四大的报告第二段"90 年代改革和建设的主要任务"中有一段话专门提到能源和水利建设，即"加快交通、通信、能源、重要原材料和水利等基础设施和基础工业的开发与建设，这是当前加快经济发展的迫切需要，也是增强经济发展后劲的重要条件""集中必要的力量，高质量高效率地建设一批重点骨干工程，抓紧长江三峡水利枢纽、南水北调……跨世纪特大工程的兴建"。我认为，这就是中央向我们布置的光荣任务，也是对我们的号召和动员。这必将激发起全国水利水电界的热情，带来全国水利水电建设的高潮。我们每位同志都应该为中国水利水电事业的腾飞、为完成党所交付我们的历史性任务同心协力奋斗、做出自己的奉献。

为了完成这一历史任务，我们必须有强烈的时代感和紧迫感，必须千方百计地加快水利水电建设的速度。新中国成立以来，特别是改革开放 14 年来，我们的成就是举世瞩目的，这一点谁也不能否认。可是和时代对我们的要求来比，以及和先进发达国家相比，我们更应该看到差距。直到目前水旱灾害仍难控制，大江大河有待治理开发，许多地区的农业还要靠天吃饭，许多地区水资源严重短缺、污染，去年我国人均用电量是 600 千瓦时，仅为发达国家的数十分之一。在电力构成中，水电比重不断下降，已开发的水电容量仅为可开发量的 10%。如果不加快速度，我们何时才能改变局面、赶上世界水平？岁月无情、竞争激烈，如果我们没有强烈的时代感和紧迫感，没有必要的发展速度，我们就难以在经济上翻身，什么"小康水平""社会主义优越性"都只是一句空话。我们必须根据新的形势，对水利水电建设的近期和中长期规划进行深入调查、研究、调整和落实，并全力以赴加快实施。以水电为例，1992 年底全国装机为

本文刊登于《水利水电技术》1993 年第 1 期。

4000万千瓦，这是我们起飞的基础，是第一个台阶，在2000年，我们要登上8000千瓦的台阶，成为世界水电大国，再经过15~20年的拼搏，在21世纪初叶达到1.6亿千瓦率先登上世界最高巅峰。在这个伟大任务前面，一切历史恩怨、部门偏见、地区矛盾……都应抛进垃圾箱内，一切要以国家最大利益为衡量标准，一切要以是否有利于水利水电事业的最快发展为衡量标准。

为了完成这一历史任务，我们必须树雄心、立壮志，敢于攀登新台阶，敢于夺取世界冠军。在今后的建设中，我们要整治黄河、长江，要实现南水北调，要开发西南、西北的巨型水电。我们将要修建一批世界最高的大坝、最长的隧洞和最大的地下工程，其规模和难度都是空前的，有许多都是世界冠军。我们必须相信自己的智慧和力量。在几千年前就能修建长城和开凿大运河的中国人民一定能依靠自己的力量来完成这些史诗般的跨世纪工程。欧美一些发达国家在历史上为水利水电开发做出过贡献，但由于资源开发已多受外部条件的制约，今后全球水利水电建设的重点将要转移到以中国为代表的发展中国家和地区。去年9月在西班牙格兰拉达举行的国际大坝会议年会上，秘书长卡蒂隆指出：根据统计资料，目前绝大部分在建大坝均在发展中国家里。我们要认清这一历史潮流，英勇地迎接挑战，承担任务。同时，我们也必须充分认识到目前我国的技术水平和管理水平仍然较低的状况，要大力开展科研加快科技进步的步伐。吝惜一些科技和前期经费的投入，实在是最短视和有害的做法。面对任务，我们还必须战战兢兢、谦虚谨慎，学习一切国家的先进经验和技术、广泛开展国际交流与合作，引进和利用一切有用的东西，使我们的水平能迅速提高，雄心壮志与谦虚谨慎相结合是使我们立于不败之地的保证。

为了完成这一历史任务，我们必须解放思想改换脑筋，挣脱旧意识旧模式的束缚，按照社会主义市场经济的机制实行大改大革采用一切能促进水利水电事业腾飞的体制、措施和模式。我们的勘测、设计、施工、科研、管理、运行部门必须改革成精悍的有强大竞争力和活力的企业或单位，不仅要承担国内任务而且要进入国际市场。我们必须改变水利水电工程主要依靠国家投资国家主办的想法，而要实行业主责任制、走上多种渠道多种型式的开发道路。特别对于富有偿还能力的水电建设，更要广开门路，采取集资、合资、外省投资、联合办电、引用外资各种方式，借鸡下蛋、负债经营，迅速扩大建设规模。政府部门要从繁琐的事务管理中解脱出来，抓好宏观规划和调控，抓政策、法规、导向、协调、监督和服务工作，真正起到政府职能作用。

为了完成这一历史任务，我们必须向全社会广泛宣传水利水电建设的重要性、必要性和紧迫性，正确解释水利水电工程和生态环境的关系，对淹没补偿和移民安置的新政策与新措施，强调说明挑战和机会并存，没有建设没有发展就失去时机的道理，以便取得人民的理解和支持，以便吸引更多的年轻一代投身到这场改天换地的战斗中来。宣传，也是个重要的战场。为此，我们要广泛利用广播、电视、电影、书刊报纸……一切文艺形式进行工作，要大力开展科普、奖学金、夏令营、参观团……多种有益活动。希望从行政领导部门到学术团体都能重视和抓紧这方面工作。

为了完成这一历史任务，我们必须加速培养新生力量。由于众所周知的原因和水利水电建设的艰苦复杂性，我们行业的人才断层现象特别严重。千方百计使新的一代更快更好地成长，实在是当务之急。要认识到青年、只有青年才是我们的未来和希望。他们的人数千千万万，其中英才辈出。他们朝气蓬勃，如日方升，是跨世纪的干部。大江大河将在他们手中得到治理，一亿几千万千瓦的水电将在他们手中得到开发。他们将看到具有中国特色的社会主义的建成，看到祖国从小康走向富裕和发达。因此，我们的领导部门、人事部门、宣传部门、教育部门和学术团体都应把加快培养接班人作为头等重要大事，全力以赴地培养他们、教育他们、宣传他们，让他们多经受风浪考验和锻炼，把重任加在他们身上，让更多的人才脱颖而出，接好中国水利水电建设的班子。

社会主义中国的水利水电建设前景无限光明，遭到的困难和挑战也是空前的。我们正在和将要进行改天换地造福万代的伟大事业。让我们齐心协力团结拼搏为振兴中华建设祖国做出自己的奉献，为我国水利水电建设登上新的台阶而奋斗吧。

谱写云南水电开发的新篇章

——贺漫湾水电站投产

澜沧江上第一座大型水电站——漫湾水电站即将投产了，这是一件值得庆贺的大喜事。

我国的水电建设正在面临前所未有的大好形势，今年全国投产的大中型水电站的容量将超过300万千瓦，其中装机规模超过百万千瓦的大水电站就有五座，人们亲切地称它们为五朵金花。漫湾这株金花，开放在祖国西南边疆，正是电影"五朵金花"的故乡，让我们祝贺它灿烂夺目地开放，永开不败，为云南工农业和祖国水电事业的腾飞做出巨大的贡献！

对于云南来讲，漫湾水电站的投产，更具有特殊的意义。云南的水电资源蕴藏量极其丰富，位列全国第二，而且开发条件优越，这是大自然赐予云南人的宝藏，是永不枯竭的煤矿和油田。云南是重视水电开发的，在中央的扶植下，四十多年来取得很大成绩，水电已成为云南的主要电源，但一直都以在支流上进行引水开发为主，其规模和速度远不能满足需要。漫湾水电站不仅是云南省乃至西南地区第一座胜利建成的百万千瓦级的大水电站，而且修建在条件复杂的著名的国际河流澜沧江（湄公河）上。漫湾水电站的投产，宣告了云南的水电开发已进入一个新的时代，这就是向大江大河开战、建设大型巨型电站并夺取伟大胜利的时代。漫湾水电站的建成不仅将为云南的国民经济发展和人民生活水平提高做出贡献，而且将大大鼓舞斗志，加快更伟大的水电开发事业的步伐。继漫湾以后，另一座百万千瓦级的大朝山水电站的建设已经开始，开发四百万千瓦级的小湾巨型水电站（和另一座巨型水电站糯扎渡）的步伐已经加快，全面开发澜沧江、怒江乃至金沙江的号角已经吹响，开发云南水电宝库的前景十分光明。

要在较短的时期内完成如此繁重的开发任务，我们必须从旧的计划经济的笼子中解脱出来，坚定不移地走改革开放的道路。我们必须千方百计地广开集资渠道，包括外资、侨资以及一切可用的资金，我们必须千方百计地打开电力市场，将廉价、清洁的再生资源广送外地外省甚至外国。必须如饥似渴地吸收一切对我们有用的经验、技术和设备。我相信，在中央的正确方针指引下，有省委省政府卓有远见的领导和决策，加上全体云南人民团结一致的奋斗，云电开发一定能走出一条新的路子，尽早地完成这一功在当代本地、利及千秋四方的伟大事业！

漫湾水电站的投产，有力地证明中国的水电队伍、特别是云南的战友们，包括勘测、设计、施工、科研、运行、管理……各界都是优秀的，有能力完成历史赋予我们的任务。我愿借此短文，向长期以来战斗在云南水电战线上的战友们表示最崇高的敬意和最亲切的问候。同时，我也愿意坦率指出，由于受到我国整体科技水平的限制，

本文刊登于《云南水力发电》1993 年第 2 期。

我们在水电建设上和国际先进水平比也必然存在差距。要有更大的进步，就必须清醒地认识到这一点。譬如，在漫湾工程的建设中，对于边坡稳定性的预测和处理，对于砂石系统的勘测与考虑都有不周之处。漫湾的枢纽建筑物也显得较为粗笨。施工中也有一些不尽如人意之处。如果说，这是我们在跨出第一大步时不可免的过程，那么对于建设300米量级的小湾薄拱坝和420万千瓦的小湾厂房来讲，就是不可允许的了。前途以锦、重任在肩，盼我云南同志戒骄戒躁、谦虚谨慎、努力学习、奋勇拼搏，为祖国的四化建设大业，为云南的高速腾飞奉献出自己的青春和力量吧。

呼吁扭转水电前期工作的半停顿局面

新中国成立后，特别是改革开放以来，我国能源工业有了迅速发展。去年，我国原煤产量达 12.12 亿吨，石油达 1.476 亿吨，发电装机容量已达 2 亿千瓦，已成为世界能源生产和消费大国，取得了举世瞩目的成就。今后，我国经济仍将以较高速度发展，一次能源也必须按合理的速度继续发展，这是不争的事实。

但在取得巨大成绩的同时，我们也不能不看到当前能源生产与消费领域中存在的深层次问题，主要是：一次能源以煤为主（而且过半数由地方甚至乡镇企业采掘），继续大规模开采煤引起的污染和运输问题；油气的蕴藏量有限，核燃料的蕴藏量也不多；丰富的水力资源难以大力开发以及能源消费上的惊人浪费和低效率。这些问题如不早作研究、采取措施，不仅今后一次能源难以满足国家和人民的需要，而且会受到国际上的压力和制约（如环境污染问题）。

根据我国一次能源资源的蕴藏和分布情况，今后一定时间内以煤为主的格局难以有根本性的改变，但是尽一切可能的多开发一些再生清洁能源，力求降低煤炭所占的比重和缓解一些污染及运输压力，应当是可以办到的。就我国的国情和世界各国的经验来看，进一步开发水力资源是现实可行的措施，应该作为基本国策之一。

我国水力资源居世界首位，可开发的容量达 3.78 亿千瓦。到去年底开发了 4800 万千瓦，成绩很大。但开发率仍仅为 12.7%（按发电量计仅 8%），低于美国、加拿大、苏联、巴西等许多国家。水电待开发部分主要集中在西南（金沙江、雅砻江、大渡河、乌江、红水河、澜沧江）和黄河上游。这些地区不仅落差和流量大，而且移民数量也较少，许多外国人士考察了解后无不惊叹为世界上不可多得的水力富矿。按照电力部规划，到 2020 年全国水电装机容量应达到 1.8 亿～2 亿千瓦（相应年发电量约相当于 3.5 亿～4 亿吨原煤），使水电在电力中的比例不致降低，这实在是一个必需的、最低的，也是可以达到的目标，完成这一任务确实可对我国能源及电力工业起到重大作用，更何况水电建设还有防洪、航运、供水、拦沙、渔业等综合效益。

要开发这 1.3 亿～1.5 亿千瓦以上的水电，在工程科学技术上是可以做到的，但困难还很多，主要是：自然条件复杂，位置偏离负荷中心，许多水电站和建筑物的规模都达到甚至超过国际水平，资金集中（但水电建设是一次二次能源同时开发，考虑这一因素，水电造价实际上与火电相当，而建成后的效益却十分显著）、工期较长。由于开发大水电牵涉综合利用、工业布局、移民安置、当地的脱贫致富等一系列问题，还要协调各部门各地区的利益与要求。总之，为了开发这一宝藏，国家必须有宏观的规划和采取相应的措施，证诸世界各国经验也无不如此。对于这些问题，还需在国家长远规划中统筹考虑，综合平衡来解决。

1995 年 7 月 20 日，钱正英、张光斗、李鹗鼎、罗西北及作者联名上书李鹏总理和朱镕基、邹家华、吴邦国副总理，建议采取措施扭转水电前期工作的半停顿局面。这是作者起草的建议初稿。

我们这次写信只提出一个较简单的问题，即希望国家采取措施，解决目前水电开发前期工作陷入半停顿状态的问题，否则，长远规划的研究将缺乏依据。如上所述，我国主要水力资源蕴藏在西部深山峡谷急流险滩中。要进行规划、勘测和设计工作，不仅条件十分艰苦，也必须有一定经费，这和勘探石油资源及其他矿产资源是类似的。按今后 25 年开发 1.3 亿～1.5 亿千瓦以上的水电考虑，需要完成的河流规划选点、有关项目的预可行性研究及可行性研究的工作量非常浩大。许多地方还需修路架桥才能进入。而一些国际水平的大水电站不经过充分、长期、艰苦的规划勘探和设计研究工作是不可能决定开工的，也不可能充分降低造价和压缩工期。仓促开工必然导致重大失误。按目前价格水平计算，每年至少需前期费用 6.5 亿元，而现在通过各种渠道得到的经费最多只能达到 1.9 亿元。其中国家下达的勘探费仅 6000 万元，还是 20 世纪 80 年代初的水平，此外是开发银行的软贷款 5000 万元，其余为电力部的经营资金 3000 万元及地方的集资。前期工作费与在建工程投资比例从 1981 年 3.66% 下跌到去年的 1.6%。由于缺口过大，不仅许多重要河流的开发规划无法安排，而且在进行的可行性研究和技术储备很少，无法满足今后的开发要求，甚至几个重大水电站的勘测设计都陷入停顿和半停顿状态，科研攻关无从进行，勘设单位的骨干和青年力量大批流失，已到了难以为继的地步。这种情况如不迅速扭转，"九五"期间水电投产规模将滑坡下降，21 世纪初期除三峡枢纽外将无大水电可以投入，这对我国的能源建设十分不利。许多了解内情的老同志无不为此感到忧心忡忡、寝食不安，发出过多次呼吁。

鉴于上述情况，我们特提出如下建议：

（1）大力加速开发我国的水电资源应作为国家的基本能源政策之一，政府有关部门尤其是综合部门应进行研究和支持，当前首先解决前期工作经费短缺问题。

（2）水电前期工作按性质可区分为政府职能和企业行为两类，应分别由政府及项目业主负责解决所需经费。

（3）资源普查、河流规划选点、项目的预可行性研究、编报项目建议书以及牵涉水电开发的战略研究，产业政策、社会、经济、环境研究，移民规划，跨地区流域开发，权益分配等都属于政府行为，或需由政府协调，所需经费应由国家下拨，每年约 3 亿元（现在物价水平）。此数目和石油勘探费相比，实在为一小数。

（4）项目建议书编报后进行的可行性研究以及其后的设计工作属企业行为，由项目业主（电力集团公司、电力公司、流域开发公司等）负责，每年约需 3.5 亿元。为此，需由开发银行给业主单位以一定的软贷款调剂，开工后从基建投资中偿还。对尚未明确业主单位的项目，希尽早明确。

对于已成立流域开发公司的，上述政府行为中的一部分也可划给公司负责，同时给予企业筹措前期工作费的手段和灵活性。

我国能源问题形势比较严峻，而且今后矛盾会愈来愈突出，丰富的水力资源长年流失、不得开发，前期工作萎缩、人才凋零，时机正在不断丧失。我们深以为忧，特此披沥上书，是否有当，敬请研究指示。

在水电建设工程质量管理工作会议上的发言

这次会议开得非常及时，十分重要。我深信，通过大会的发言和小组的讨论，一定能提高我们对质量问题的认识、制定出科学合理的管理办法，使我们水电建设工程质量迈上一个新的台阶。请允许我向会议取得的成就表示热烈的祝贺。

近年来，我为扭转我国质量下降问题曾在多种场合下作过呼吁，而且说得很严重。我把质量问题摆到"国耻"的高度，说成是决定国家民族兴衰的大事。关于质量问题的本质，我把它说成是政治问题，而且认为党和政府负有责任。为扭转质量下降的现象，我提出三大措施，一是提高认识，把质量问题放到应有的高度；二是加强管理，制定严密的管理制度；三是依靠科技发展。这些，我都写成文章发表了，是否正确，欢迎大家批评。

在今天的闭幕会上，领导要我讲几句话，我不再重复过去说过的话，只就水电行业的情况说点补充意见，没有新的具体内容，仍然是鼓劲性质的，供大家参考。

1. 高质量是实现两个根本性转变的需要

"九五"和今后的十年内，我国的经济体制将经历极其深刻和实质性的改革。改革的中心就是中央纲要中所提出的两个转变。我认为任何个人、企业、部门、行业要在这场改革中求得生存、发展以致腾飞，就离不开高质量，以质量取胜。

第一个根本性转变是从计划经济向社会主义市场经济转变。我们都记得，在计划经济时期，建设任务是上面下达的，没有活干，国家就养着。这个情况现在已有很大变化，但还有个电力部可以做些协调工作。今后，改革进一步深化，部也没有了。在市场经济中，设计院也好、施工企业也好，要生存就只能靠高质量，否则，谁来信任你呢？

另一个根本性转变就是从粗放型经济向集约型经济转变。谁能设想一个质量低劣的企业或部门能适应得了这一转变。集约型经济的特点就是要高质量、高效率、低消耗、低成本。不讲究质量的企业和单位，是过不了这一关的。

所以我认为，我们的任何单位、企业，想要经受得起这场深刻改革的考验，切切实实实现两个根本性转变，讲究质量、提高质量，是绝对必要的。

2. 高质量是大力开发水电所必需

当前由于国家经济形势较紧张，九五期间没有新的大水电开工。我们处在困难的境地。但是国民经济要发展，人民生活要提高，对电力需求愈来愈迫切。而煤炭的开采、运输和污染的问题也愈来愈严重。所以中国的水电特别是大水电开发高潮必然要到来，这是不以人们意志为转移的。当前，部领导、政协、工程院都在全力研究如何克服困难加快开发水电，预备向中央献计献策。

本文是 1996 年 9 月 24 日，作者在水电建设工程质量管理工作会议上的发言稿。

今后开发的水电，规模愈来愈大，技术上愈来愈复杂。如果说过去修一座数十米、百来米高的重力坝或拱坝，存在一些设计或施工上的缺陷时，它还能带病运行的话，今后在修建 300 米量级的大坝时就完全不能允许了。大自然总是千方百计寻找设计、施工和监理人员留下的最细小的失误并进行无情的报复。因此，没有高质量，就谈不到大力开发水电，因为不可能做到经济，不可能做到高速度，更不可能做到安全。我们必须以最优秀的质量作为开发巨大的水电宝藏的基本保证。

3. 高质量是爱国心和党性的反映

以上说高质量是实现两个转变所必需，是开发大水电所必需，多少还带有点"被动"的性质。我们还应在认识上更提高一步，把提高质量、保证质量作为自己的神圣天职，作为自己的主动行动。一个人、一个企业的素质如何，最终就落实在他的工作质量如何。质量是灵魂，质量是统帅，质量决定一切。只有高质量才会有高速度，高效益。让我们大声疾呼，作为一个中国人，质量就是他的爱国心的表现，作为一个共产党员，质量就是他的党性的反映。大家来共同努力，为提高质量进行艰苦卓绝的奋斗吧。

4. 抓质量要开展批评与自我批评

制订科学、严密、合理的质量管理制度是必需的，但更重要的是要付诸实施，真正执行，用法治代替人治。今后，出了质量事故，要追究个人、领导、企业的责任；要处以行政、经济上的处分，直到刑事处分。但是我们并不希望出现这种情况，用事后处分来解决问题，而要把事故消灭在事前。主要一条就是我们要善于吸取经验，要善于开展批评和自我批评，而这一点我认为目前做得很差。

在计划经济时期，哪怕出严重事故，造成重大损失，在检查报告上总要先肯定成绩，在事故责任上尽量和稀泥。有关单位则尽量找客观原因，推脱责任。这样做，大家都过得去，但是谁也不会受到震动，不会有"切肤之痛"，不会真正吸取教训，到头来吃亏的是国家、是人民。这种庸俗做法与马克思主义毫无共同之处。我建议，今后对质量问题不讲情面，只有通过斗争才会有进步，才会治掉癌症。事故检查中不应讲什么成绩，应该做的是——单刀直入地分析原因，追究责任，应通报就通报，该处分就处分。这才是对个人、对企业最大的爱护。有远见的个人和企业也应该树立起严格进行自我批评的风气和敢于接受批评的勇气，哪怕是批得体无完肤，也要敢于接受。这样的企业才是有朝气的、立于不败之地的企业。

5. 抓质量从自我做起

在会上有很多单位表态，要"从我做起"来抓质量管理。我听后非常高兴，也很感动。我国目前面临着如何在较短时期内迅速提高全国各行业的质量、走上质量强国的问题。这是一场长期而艰巨的战斗，当然需要中央和政府来全面部署，国务院最近原则通过质量振兴计划，就是个重要的好兆头。但是战斗无论如何巨大，仗总是一场场地打，一处处的打。我们现在应做的事，就是先在本行业、本部门、本企业、本机关和本人抓起，不必等到国家来部署，上级来发动。这次水电质量管理工作会就是我们水电界的一次主动行动。我希望在会后，每个部门都能为质量做出一两件实事，创立一两个好经验，以此为契机，能带动兄弟部门、各行各业的响应。只要每个人都成为对质量负责的人，每个企业都视质量为其生命线，每个行业都抓紧质量管理这一关，中国的质量问题怎么会解决不了！有的人对我说，每个民族都有其民族性，德国人、日本人就是办事认真，重视质量，法国人、意大利人就要差些。言下之意中国人是最马虎的了，只能是成为制造伪劣商品的劣等民族了，这话我不服气。几十年前，东洋货就是劣质品的代名词，而经过日本人民几十年的努力，他们洗刷了这个耻辱，"日本制造"成为全球抢手的产品。世界上没有什么"上帝的选民"或"劣等民族"，中国人哪一点比不上日本人？事在人为嘛。就说我们水电行业，新中国成立数十年，尽管受尽政治运动和极"左"路线的干扰，还是取得了举世公认的成绩，其中涌现过无数坚持质量的好同志、好单位，也出现过十分感人的事迹和非常优秀的工程，只是过去没有大力宣传罢了。日本人、德国人能做到的，我们一定能够做到而且要做得更好。总之，我们要光荣不要耻辱，要高质量不要低劣产品，要自立于世界民族之林而且名列前茅，绝不自认落后、甘居下游。我相信这是一切中国人民的共同呼声。

最后我高呼：抓质量从自己做起，抓质量从今天开始！以质量求生存，以质量求发展，以质量促腾飞！

探索组织水电前期工作的新途径

《人民长江》杂志为正处于前期工作阶段的清江水布垭电站出版一期专刊，我认为是具有深意的，不仅由于这一工程的技术难度（它的面板堆石坝将是世界之冠），恐怕也由于水布垭工程前期工作的组织和管理具有新的特色。

经过长期探索，中央已为我国水电开发的模式指明了一个方向，那就是走流域梯级滚动综合开发的道路，以调动各方面的积极性，加快水电开发的进程。所谓各方面的积极性，应该包括中央和地方、发电和各综合利用部门、勘测设计科研和施工单位乃至外国的投资与技术部门。显然，要做到这一点有个前提，这就是要有个真正的项目法人单位，能起到"主心骨"的作用。这个项目法人单位不是计划经济时期的工程指挥部，也不是以后陆续出现过的建设管理局或"翻牌公司"，而是一个真正的独立企业。它不仅负责建设，而且是对规划设计、科研、筹资、施工、运行、经营、还贷、再开发全面负责的单位。和过去相比，这是一种本质性的改变。

遵循上述方向，我国已成立不少流域开发公司，它们在负责建设、项目管理、利用外资、引进技术、提高管理水平等方面都取得可贵的经验，在有的方面已与国际接轨，但除了广蓄联营公司外，对如何处理前期工作方面的经验较少。这是因为，水电站的前期工作不仅要研究解决一系列复杂的技术问题和牵涉众多的外部关系，而且有的内容要经过政府或其授权单位的审查与协调，作为一个"企业"，很难全面介入。那么项目法人是否对这个影响工程效益至为重要的环节无能为力了呢？清江公司对水布垭前期工作的做法给我们以极大的启发。

清江公司明确地看到正确做好前期工作对开发这一项目的极端重要性，所以他们知难而上、紧抓不放，在组织和推动前期工作中起了主导作用。在规划和大方案上，他们既尊重审批过的流域规划，也明确提出自己的见解，通过反复研究共同确定；在保证和提高设计质量方面，他们取得设计单位（长江委设计院）的理解和配合，聘请专家组织进行"设计监理"（这一名词可以商榷）。他们深深理解科研工作对正确完成水布垭这样巨型复杂工程设计的重要性，积极主动地组织并推动大量的科研工作。据知，仅对面板坝的科研投入就已达 1000 万元，这和某些工程设计科研部门千方百计申请一些研究经费而不得相比，多么发人深思。他们的上述工作又都是结合审批部门进行的，不仅为消除隔阂，更为尽早审定方案创造了条件。实践证明，清江公司这么做是高瞻远瞩的，他们的努力不仅反映到设计质量和工程效益上，一元钱的投入可以导致十倍、数十倍的回报，而且为中国的坝工科技发展、为项目法人如何主导管理前期工作都做出重要的贡献。

现在，清江的开发形势很好，隔河岩工程已经竣工，高坝洲工程正在兴建、水布

本文是作者为《人民长江·水布垭电站专刊》写的文章，刊登于该刊 1998 年第 8 期。

垭工程正在紧张而顺利地开展前期工作,清江梯级滚动开发的全部完成已是曙光在望。清江开发是贯彻执行中央水电开发方针的成功范例,借此机会,我向全体"清江人"致意,向所有支持、协助清江开发的部门、单位和专家致意,并衷心希望清江公司总结经验、再接再厉,在水布垭的设计与施工中,继续加大科学研究力度,除对大坝的所有技术问题要抓到底外,对其他工程如地下厂房和泄洪道等的技术问题也都研究深透,既保证安全,又有所发展,确保这座清江的龙头水库和骨干工程能高质量、高速度地建成。清江公司还要在此基础上探索经营管理和综合开发的新经验,成为中国水电企业的一个好榜样。

建立国家水电建设基金加快水电建设

我国一次能源以煤为主，电力工业中火电比例占 75% 以上。今后由于受运输，特别是环境保护等方面的制约，大力修建煤电厂的困难将愈来愈大，造价和成本也愈来愈高。而我国又拥有世界第一的水力资源，迄今开发比例仅 10%（按电量计）。开发水电不仅可获得清洁和可再生能源，而且还可结合促进大江大河的治理，意义十分重大。因此，中央一再明确在能源建设中要大力开发水电（见《国民经济和社会发展"九五"计划和 2010 年远景目标纲要》）。李鹏总理 1996 年 5 月 31 日更在一篇文章中明确指示："关于水电建设，'九五'期间要为下世纪前 10 年做准备，努力加大水电的比重"，"下世纪前 10 年，力争把全国水电的比重提高到 30%"，说明中央的方针是明确的，决心是坚定的。

可是，由于各种困难和因素，实际上水电在电力中所占的比重不断下降（容量从历史上的 30.9% 下降到目前的 24%，电量下降到 18%）。1996 年大中型水电开工项目竟下降到零。大水电的建设周期较长，现在看来"九五"到 21 世纪初水电比重将进一步下降，即使三峡工程投产也改变不了这种趋势。如不采取措施，中央的方针和李鹏总理的要求根本不可能实现。

有关部门和专家对此现象极为忧虑，多次提出过建议，我们认为的确应引起重视。鉴于水电开发集一次、二次能源建设于一体，单纯和建火电厂相比，投资必然较多，工期必然较长（但和建火电厂加上煤矿、油田、铁道、环保建设的总投资、总工期相比，结论就有所不同），我国主要水电资源又集中在经济较后进的地区，巨大的水能需跨区输送，水电建设又涉及多种综合利用要求和淹没、移民问题，因此没有国家的倾斜政策和直接支持，要开发大型、巨型水电是不可能的。外国的经验也莫不如此。近几年来，宏观调控经济和实现两个根本性转变是压倒一切的任务，国家还暂时顾不上对水电的开发采取大的政策，这可能是我国大水电不能加速开发的主要原因。目前宏观调控取得显效，经济形势较为宽松，为国家和人民的长远利益计，我们希望国家能抓住有利时机，采取一点措施。

国家对水电开发的支持主要表现在资金和政策两方面，即加大国家对水电建设资金的投入和出台有利于水电发展的政策。

本提案只建议国家建立水电建设基金，作为资金之一，来解决大中型骨干水电的投入问题。有关部门根据《纲要》进行安排，1996 年至 2010 年需新增水电 1.13 亿千瓦，从现在起平均每年应开工 600 万千瓦，每年需投入 500 亿元左右，需资本金 100 亿元左右，其中中央应投入大部分（70%～80%）。中央的资金从哪里来呢？全国第三次工业普查资料表明，火电上网电价为 0.191 元/千瓦时，水电为 0.085 元。水电上网

本文是 1999 年 2 月，作者预备参加全国政协九届二次会议所写的提案。

电价较低，是因为它不需要燃料，而且早期国家修建的水电厂没有还贷要求。按照市场经济原则和《电力法》关于上网电价实行同网同质同价的规定，将水电上网电价提到平均水平，提价部分作为水电建设基金投入再开发，是合理合法的。

据匡算，实行水火电同价后，水电电价平均提高 0.1 元/千瓦时，影响全国电价不会超过 0.02 元/千瓦时。中央电力企业售电价格作这一点调整对全国物价影响是不大的（预测对零售物价的影响为 0.20%~0.34%），而中央每年可集中一百几十亿的资金交由有关部门负责投入水电建设，专项使用，保值增值，迅速扩大。如一步到位有困难，也可分步实施。

这一建议并非我们首创，实际上有关部门领导、专家多次提出，综合部门有关同志也考虑过，认为合理，但总因牵涉面广，难以实施。为此，我们特再一次呼吁，请求提案委员会除将本提案送交有关综合和专业部门研究外，同时呈报国务院领导，以利迅速决策，制定具体实施措施，实为幸甚。

坚持不懈地做好大坝安全定期检查工作

　　我国是坝工大国，修建的拦河大坝总数居世界首位，这些工程兴利除害，对国民经济发展起到了巨大作用。我国目前由电力部门管理的 130 多座水电站大坝，虽在数量上只占全国筑坝总数的很小一部分，但因多数为高坝或拥有巨大水库，其安全状态不仅直接影响到水电站的正常发电运行，而且与上、下游人民的生命财产、工农业生产乃至生态环境和社会稳定大局息息相关。

　　为了确保大坝的安全运行，电力管理部门 10 多年来做了不懈的努力，对大坝实行定期检查制度是其中最主要的举措。自 1987 年试点至 1998 年底，已按计划完成了对 96 座水电站大坝的首轮定检任务。通过设计复核、施工复查、运行总结和现场检查，基本摸清了 80 年代以前投运的水电站大坝的安全状况，查出了一些重大隐患，确定了某些缺陷对大坝安全的影响程度，解决了一些长期悬而未解的疑点和问题，从而推动了大坝维修加固和改造工程的全面开展。据不完全统计，10 多年来共完成规模较大的加固和改造工程 500 多项，使大坝的许多重大缺陷得以消除。在目前首轮定检已经过审查批准的 93 座大坝中，被评为正常坝的有 85 座，病坝 6 座，险坝 2 座。虽然某些正常坝也还不同程度地存在着一些缺陷，但与 1987 年首轮定检前普查时安全状况正常或比较正常的大坝只占普查总数的 10% 相比，我国水电站大坝安全状况已经有了明显的改善，并得到科学的评价。

　　水电站拦河大坝是一种特殊建筑物，在国计民生中的作用巨大，而一旦溃决将会带来无可挽回的灾难性损失，这就使得人们不能不对其安全可靠性给予特别密切的关注。拦河大坝通常体量庞大，约束条件复杂，施工周期较长，干扰因素多，勘测、设计、施工的难度都较大，因而每座大坝实际上都存在一定的风险。对习惯于按确定论思考问题的我们来说，应有一个清醒的认识。大坝投入运行后又长期承受着水压力、渗透压力等巨大荷载，并不断遭受渗流、溶蚀、冲刷、冻融等有害作用侵袭，筑坝材料也会日益老化，还可能遭受特大洪水和地震，这就造成大坝的风险度会不断变化，是一个动态发展过程，不可能仅靠一次安全鉴定或安全检查就"一劳永逸"，这是又一个必须明确的问题。为了能使每座大坝常葆青春，造福于人民，除必须按合理的可靠（安全）度和较准确的数据进行设计，尽可能保证施工质量外，大坝建成后，还应加强运行监测，持续不断地定期进行安全检查，及时采取必要的补强加固措施。遵照这一指导思想，目前电力系统在首轮定检的基础上，按照适当简化、突出重点的原则，正在开展第二轮大坝安全定期检查，可以预料将取得更加显著的成效。

　　我国在大坝安全监测和管理方面颁布了一些条例、办法和具体执行细则，大坝安全管理包括定期检查工作已开始走上正规化、制度化的道路，但与世界先进国家相比，

　　本文刊登于《水力发电》1999 年第 8 期。

我们的管理水平仍有很大差距，需继续加强法制建设，提高管理水平，做到严字当头，依法管坝。从国际经验来看，由于大坝所具有的特殊重要性，世界上许多国家都对大坝的建设和运行过程进行了不同程度的控制，并发挥相应的政府职能。一些国家把大坝（甚至小坝）的安全监察工作置于国家控制之下，甚至由国家元首或总统直接过问。当前，我国在向市场经济转变的进程中，强调大坝安全的责任在业主，实行企业法人责任制是必要的，但还要明确各级政府应负的责任和具有的权力。国家电力公司大坝安全监察中心经国家经贸委授权，对电力系统的大坝安全工作进行管理，职责更加明确。希望大坝中心能认识任务的重要性和艰巨性，根据国家经贸委和国家电力公司的要求，认真履行规划、监督、指导和服务的职责。当前，要尽快规划和组织定检工作，对参加定检的工程技术人员要进行资格考核和确认，对承担定检有关工作的单位应进行资质确认，以保证能及时对大坝安全状态做出客观公正、科学合理的评价。

出版本专辑对首轮大坝定检进行总结是一项很有意义的工作，将促进我国水电站大坝管理水平攀登上一个更高的台阶。希望广大水电设计、施工、科研、运行部门的同志都来参与这项工作，通过对近百座大坝检查情况的进一步分析研究，把大坝建设过程中的成功经验和失误教训反馈到未来的设计和施工中去，使我国早日成为坝工建设和运行管理最先进的国家之一。

风雨兼程 50 年

　　伟大的中华人民共和国成立以来，已走过 50 个年头。和中国五千年文明史相比，这仅仅是短短的一瞬。然而，就在这一瞬间，中国发生了举世震惊的巨变。水电建设领域也不例外。作为一名亲历变化全过程的老战士，处在这世纪之交，回顾前尘，瞻望将来，说不出的心潮起伏，感慨万千。

　　新中国成立之初，我国的水电建设十分落后。全国水电装机容量仅 36 万千瓦（未包括台湾省和中朝共有的水峰电站)，这里主要的还是日军撤退时留下的一座千疮百孔的丰满水电站。我们缺乏人才（全国水电技术人员仅 326 人)，缺乏设备，更缺乏技术和经验。当时，海南岛有一座 5149 千瓦的水电站，是日军占领时为掠夺海南铁矿仓促修建起来的。当中国政府遣返电站的两名日本工程师时，他们留恋地望了电站一眼说：我们走了，电站也就完了。这就是一些外国人士当时对我们的评价。在他们的眼中，离开西方的恩赐，中国人是不可能开发自己那得天独厚的水能宝藏的。

　　然而，曾几何时，在跨进新世纪的前夕，中国的水电总容量预计可达 7000 万千瓦，无数大中小型水电站像明珠般地镶嵌在神州大地上。长江、黄河、珠江、松辽、海滦、东南沿海大小河流都得到或正在进行梯级开发,世界上最大的三峡枢纽正在胜利建设。中国已经是名副其实的水电大国。如果要用一句话来概括中国水电的发展和成就，那就是，"天翻地覆慨而慷"！

　　中国的水电发展经历了几个阶段，简单回顾一下是有启发意义的。

　　20 世纪 50 年代至 60 年代初是第一阶段。当时主要修复丰满大坝和电站，续建龙溪河、古田等小型工程，着手开发一些中小型水电（如官厅、淮河、黄坛口、流溪河等电站）以取得经验；更重要的是进行全国资源普查和大力培养队伍，组建机构和开展规划设计工作，为全面开发水电作准备。在 50 年代后期条件逐步成熟后，一批大型骨干工程就先后上马，一些河流进行了梯级开发，如盐锅峡、柘溪、新丰江、新安江、西津和猫跳河、以礼河等工程，标志着中国水电建设上了台阶。这些工程，有的坝高超百米，库容超百亿立方米，建在大江大河上，而且都顺利建成，成为当地的骨干电源。当时，西方国家对我们严格封锁，苏联在初期曾派专家援助我们，后来也撕毁协议。这些大工程的成功兴建，雄辩地说明中国人能够掌握自己的命运，开发自己的资源，也说明水电是可以又快又省地建设的。遗憾的是，在"左"的思潮干扰下，大跃进时期开工了过多的大中型水电工程，战线太长，前期工作不足，质量得不到保证，开工后又纷纷停建、缓建，造成了很大的损失。

　　20 世纪 60 年代中到 70 年代末是第二阶段。从大跃进的挫折中恢复过来后，我国复工修建了一批停、缓建的工程，如刘家峡、丹江口等，而且向更大、更艰巨的工程

　　本文是作者为《水力发电》庆祝新中国成立 50 周年专辑所写的文章，刊登于该刊 1999 年第 10 期。

进军。在这段时期内开工的有龚咀、映秀湾、乌江渡、碧口、风滩、龙羊峡、白山、大化等工程，直至长江上的葛洲坝工程，再次出现建设高潮。尽管不久又陷入十年浩劫，然而，中国的水电建设者在极其复杂的形势下，克服了难以想象的困难，又一次取得了重大成就。像乌江渡水电站，坝高160米，修建在"水急山空，洞中有洞"的岩溶地区，建成后滴水不漏，创世界奇迹，龙羊峡这座黄河龙头水库，是在战胜了高寒、缺氧、二百年一遇大洪水侵袭、地基破碎和库区大滑坡等巨大困难后才建成的，而葛洲坝更是万里长江第一坝！经过这个阶段的锻炼，我们的信心倍增，我们的经验更为丰富。一些外国友人参观过中国的水电工程后，客观地认为：中国人能够在任何江河上修建他们需要的任何大坝和电站。

八九十年代是第三阶段。在改革开放的高潮中，中国水电建设出现了新的面貌和有了更大的发展。我们改革了建设体制，水电是最先打破传统按市场经济搞建设的行业之一；我们大力开展国际交流，引用外资，吸收和消化国际先进技术与管理经验，使水电开发出现了第三次高潮，涌现出"五朵金花"这样的大批百万千瓦的优秀工程，工程规模和难度也上了新台阶。像建成了二滩、天生桥、广州蓄能、天荒坪蓄能这类世界一流的水电站，直到开工兴建三峡工程。国际大坝会议的一些前主席、副主席、秘书长都认为，今后的水电开发，中国将是独领风骚的。

回顾历史，尽管在每个阶段中我们都受到过干扰，遇到过挫折和困难，但总是能战而胜之，登上新台阶。是什么因素和力量在起作用呢？我认为主要有以下三条经验。

首先，我们有坚强、正确的领导。新中国成立以来，党和政府一直把开发水电作为国家的基本国策。特别是周恩来总理在日理万机中日夜操劳关心我们的工作，谆谆教导我们要以"如临深渊，如履薄冰"的态度面对工程。每当遇到重大问题或挫折时，他总是及时出现在工地上。像新安江工程在1959年中叠遇左岸大坍方、洪水破围堰、材料供应混乱、混凝土出现严重质量事故等一系列天灾人祸。在关键时刻，周总理来到工地，听取汇报，调查研究，做出重要决策，并为工程写下"为我国第一座自己设计和自制设备的大型水力发电站的胜利建设而欢呼！"的题词。总理的到来，拨正了航向，极大地鼓舞了士气。当年9月，新安江工程就下闸蓄水，次年就发电投产。总理如此关心我们，我们也誓必以最好的成绩回报他。

在中央精神的指导下，历届部和总局的领导对水电开发从规划布局到勘设、施工，都做了具体落实和给予支持、保障，这点至为重要。新中国成立初，第一座新建的黄坛口中型水电站由于勘测资料不足，开工后发现西山滑坡问题，被迫停工。这给刚起步的水电事业带来重大影响。但部、局领导不仅没有处分一个人，也没有放缓建设步伐，而是在补做前期工作的同时，重组队伍，扩大范围，开展新安江等一批大型工程的规划设计，为第一次水电建设高潮的到来创造条件。这种高瞻远瞩的决策和正确有力的部署，应该载入史册。部、局还为新建的各设计院、工程局、科研院所选派了强有力的领导和总工班子，全国形成一股劲。一声号令，全国响应，一处有难，八方支援。那种团结高效的情景，至今铭刻在我的脑海中。

第二，我国有一支举世无双的水电建设大军。从勘设、施工、科研到制造、安装，行业齐全，力量强大。这支队伍有极强的事业心和凝聚力。他们对水电事业百折不挠、生死与共。无数同志长年累月的战斗在艰苦的第一线，过着清贫的日子，为水电献了青春献终身，献了终身献儿孙，无怨无悔。只要看到一座座大坝拔地而起，一座座电站投产运行，将滔滔江水转化为源源电力，就是他们最大的安慰和幸福。20 世纪 70 年代初，我在乌江渡工地帮助工作，为了进行拱坝分析，我们多次到附近一支国家科研队伍去请求支援（他们有一台计算机），当时贵州全省陷入武斗高潮，对方不相信还有一个工程在进行设计和施工。直到亲临工地，看到干部工人依靠吃咸菜、辣椒和硬馍所产生的一点热量，在和穷山恶水拼死斗争时，他们感动地说："就凭你们这点精神，我们也要支援到底！贵州还是有希望的！" 1990 年，青海发生塘格木大地震，我奉命陪同中央慰问组去灾区。当全团来到受地震影响的龙羊峡工地时，看到从书记、局长，到技术人员、老工人都住在难以形容的破烂工棚内，家徒四壁的情况时，忍不住流下眼泪。我不知道其他国家有没有这样的队伍，我深为中国能有这样一支队伍而感到自豪。

这支队伍又是一支能打硬仗、创造奇迹的队伍。中国的水能资源虽然丰富，开发条件却很严酷，开发水电是人和大自然的顽强较量，稍有失误，后果严重。我们的队伍经受住了这一考验，敢于向长江、黄河等大江大河宣战，敢于在复杂的地基上建高坝大库，敢于突破国际水平创造新纪录。葛洲坝和三峡工程的截流壮举，曾引起外国同行的由衷赞叹。闽江水口电站通过国际招标，原由外国公司任施工责任方，由于多种因素，工期极大拖后。世界银行专家认为，这个工程已到了无可挽回的地步。经改由中方负责后，奇迹般地抢回了进度，工程如期、高质量地竣工投产。广州蓄能电站在开工之初，条件极差，连小车也难以驶进工地。外国专家认为，没有一两年的准备，难以开工进行文明生产。但中国人硬是边准备边开工，很快改变了局面，实现高速、文明施工。这些都使外国人难以理解，为什么貌似落后的中国人能做到外国人办不到的事？并称之为"中国之谜"。其实，答案很简单，中国人有一双勤劳的手，一个智慧的头脑和一颗鲜红的心。

第三，我们有一些优良的传统。首先是实事求是，服从真理。所以，即使处在大跃进和"文革"的困难形势下，水电界始终保持着清醒头脑。法国发生过玛尔帕塞垮坝惨剧，意大利发生过瓦依昂水库大滑坡事故，美国的提堂坝在顷刻之间灰飞烟灭，而由中国水电部门修建的大中型水电站都能安全运行，尽管有人咒骂我们的知识分子都是"没有大脑和良心的泥娃娃"。其次，我们重视总结经验教训和引进先进技术。我们敢于承认落后，但不甘心于落后，要奋发前进。我们有过挫折和教训，这些都是宝贵的财富，必须加以细致的分析和总结。我们赞赏外国的先进技术和管理水平，认为这是人类共同的财富，我们愿意虚心学习，消化吸收。总结自己的经验和引进外国技术，是使我们的水平得以不断提高的重要源泉。例如，由于中国的特殊地质环境，每座水电工程几乎都遇到滑坡问题，或招致人员伤亡，或延误工期，或被迫改变设计，或为运行带来遗患，都造成损失和困难。我们从中悟出了开发水电必须和滑坡作斗争这一道理，就将它列为行业和国家级的攻关课题，集中精锐力量，进行全面、长期、深入的调查和科研、实践工作。通过 20 多年不懈的努力，汇集了丰富的资料，完成了巨大的研究工作。现在，勘测上能及时查明隐患，设计科研上能进行各种精确分析和复杂试验，并在理论探索上有所突破。在处理上拥有各种手段和措施，在监控上开发了多种仪表和软件。可以说，在滑坡调查防治技术方面已达到国际先进水平。又如碾压混凝土坝和混凝土面板坝都诞生于国外，而我们认为这是好的经验，就全面引进、推广和提高。现在中国已是碾压混凝土坝和混凝土面板坝大国。待建的龙滩碾压混凝土坝和水布垭混凝土面板坝的高度都将破国际纪录。

以上所总结的三条取胜经验，不一定全面，今后的形势与过去不同，有些做法也不能沿用，但是正确坚强的领导、有凝聚力和战斗力的队伍以及实事求是、不断前进的作风应该是永远需要的。

历史毕竟只代表过去。中国可开发的水能资源至今仍不过只利用了10%多一些。在新的世纪中，相信在金沙江、澜沧江、红水河、黄河乃至雅鲁藏布江上的中西部水电资源将得到全面开发，形成世界上容量超过亿万千瓦的最大水电基地；东部地区也将继续大力开发常规水电和蓄能电站。中国将成为世界上头号水电大国，水电将促进全国联网和跨地区、跨流域的调节。水电开发还将对解决全国的防洪防旱、调水供水、灌溉通航问题做出重大贡献。瞻望前景，中国的水电建设者一是会心情激动，二是感到责任重大，任务急迫。和新世纪的任务相比，已取得的成果仅仅是万里长征第一步，是大战前的序曲，已有的经验更远嫌不足。因此，我们一方面要为50年来的伟大成就欢呼，另一方面又需要从零开始，永远保持谦虚谨慎的态度，这才能立于不败之地。

在结束这篇短文时，我们还必须怀念那些离开了我们的战友。他们有的在战斗中英勇献身，有的为水电事业鞠躬尽瘁流下了最后一滴汗水。他们虽永远逝去了，但历史不会忘记他们，人民不会忘记他们，祖国的水电史册上将载下他们的丰功伟绩。让我们以新世纪中更激动人心的成绩来告慰他们在天之灵吧：

> 风雨兼程五十年，前尘似梦复如烟；
> 奋身创业怀先烈，展翅腾飞看后贤。
> 敢献青春留史册，定教河岳换容颜；
> 震天鼓角催人急，亿万英雄快著鞭！

加强研究、采取措施解决
"西电东送"中的难题

我国西部地区，特别是西南地区，水电资源十分丰富，不仅是中国也可能是世界上最集中的水电宝库。开发清洁再生的水能资源，除满足当地需要外，大量外送东部经济发达地区，促进全国联网，充分发挥调节效益，以优化能源结构，缓解环境污染问题，完全符合国家全局利益，也是全国人民呼吁已久、期盼已久的事。党中央制定西部大开发的战略，为这一宏伟目标的实施，创造了条件，得到各方面的欢呼和响应，大家纷纷献计献策。我们希望"西电东送"的壮举，能在 21 世纪初得到实现。

但要真正实施"西电东送"，难题还是不少。现在不是计划经济体制，不是全国缺电形势，在社会主义市场经济模式下，必须认真研究、解决一些现实问题才行。一方面我们要使西部水电本身具有强的竞争力，另一方面要使东部电力市场能公平合理地吸纳西部水电。要解决这两大问题，牵涉技术、经济、体制、社会、政策种种因素，不研究透彻并采取相应的政策和措施，"西电东送"只能是一句空话。我在这里只简单说说个人的几点认识。

要使西部水电在电力市场上具有竞争力，必须降低造价、缩短工期，也就是降低水电成本和电价。我们都知道，西部地形、地质、交通条件不利，水电建设集一次、二次能源开发于一身，牵涉面又广，与单纯发电的火电厂相比，初期投资必然较大，工期必然较长，贷款修建，至少在还贷期内电价是不会低的。怎么解决这个问题？我认为有三条措施：一是要采用新技术解决高坝、长洞、大机组、远距离输电等难题，依靠科技进步来降低造价、缩短工期、减少损失和降低过网费用。二是政策上给予优惠，主要是融资、还贷、贴息、税收上给予优惠，减少水电的负担。例如适当增加政府投入，减少贷款，适当延长偿还期和给予贴息，适当减免耕地占用税和增值税等。这些专家们已多次建议过。我想着重说说第三方面即移民和投资分摊问题。开发水电总要淹一些地移一些民。在改革开放以前，对处理淹没和移民问题，我们走过弯路。光补偿不安置，而且补偿标准很低，给移民造成困难，留下后遗症。这些经验教训是深刻的，应该说现在已得到纠正了。但是也有走向另一极端的情况，就是对搬迁及补偿要求过高，而且要一次性解决。有些基层政府和干部不是兼顾国家和移民的利益，而是乘机抬价、无限拔高。淹没区本来是一片荒地，也要求高额补偿。有的城镇迁建后的规模和要求，达到不合理程度，甚至不敢让中央领导去参观。加上彼此攀比，不断增高，其结果必然是拖延乃至断送了水电发展，甚至成为贪污腐化的黑洞。建议重新修订水库移民法，按法办事。移民一定要安置好，使之安居乐业，生活水平不降而有提高，更重要的是要有发展前景，致富门路。但有些事只能逐步实现，不能一步登天。西部水电开发的淹没移民数量，相对讲不算太大。只要大家实事求是，切切实实

本文作者写于 2000 年 5 月，后作为"中国电力工业 2000 论坛"优秀征文，获优秀征文特别奖。

做到开发性移民，问题是可以解决的。但如不顾全局，就会变成大障碍。

另外就是投资分摊问题。水电建设常常具有综合效益，应该合理分担。防洪部分应由国家投入，通航标准只能维持或稍高于现阶段水平，如要提高太多，超过部分应由交通部门投入，或留设发展余地。如果大家都只点菜不付账，把所有负担都压在水电上，水电是很难有竞争力的。

第二方面的问题是要使东部市场吸纳水电。我们费尽心力修建的二滩水电站，投产后电卖不出去。每年可发电一百几十亿千瓦时，只能销售一小部分，使企业陷入困境。其他如天生桥等工程也有类似困难。三峡发电后电能能否合理分配、吸纳，尚不清楚。当然这里有电力市场疲软问题，但今后情况如何，值得研究。即使又缺电了，也可搞小火电、进口油气发电，用燃气轮机来调峰，不一定要用西部水电。我很担心如不宏观调控，光靠竞价，即使国家修建了电网，开发了西部水电，也不一定能实现"西电东送"。这里牵涉电力体制问题、地方局部利益问题和人的思想观念问题，非常复杂，必须站在国家立场上，从全局、大局出发，宏观规划和调控，改革体制，制定政策法规，真正做到市场开放，公平公正地竞价上网，而且还要给水电一些倾斜政策才行，现在离此尚有距离。

过去长期缺电，国家实施"省为实体"的做法，对发展电力，缓解供需矛盾起了很大作用。今天这一做法是否还适宜呢？请大家研究思考。现在许多制度规定，都是"省为实体"的产物，能否适应新形势呢？从某种意义上说，电网和铁路网有些相似，铁路运输能不能搞"省为实体"？过去历史上很强大的跨省电网，如东北电网、西北电网都在"省为实体"的制约下削弱了。如果所谓跨区大网只能在各省之间做些小的交换，仅维持很弱的联系，是谈不上全国联网、西电东送的。

现在对"西电东送"的呼吁声很高，国家也支持，许多部门、省区、专家都在关心研究这个问题，有许多课题在启动研究。我看这些研究的内容可分为两类：一类可称为硬科学研究，怎么修 300 米高的坝，打几十千米长的洞，建 50 万伏以上的输电线，造百万千瓦的机组等；另一类可称为软科学研究，如何加强规划，加强管理，提高效益效率，如何形成合理的机制，如何让西电进入东部市场，需要什么政策规定等。我认为要实现"西电东送"，两类研究都不可少，但尤其要重视后者的研究。所以我呼吁：加强研究、采取措施，解决西电东送中的所有难题，让几亿千瓦的水电顺利输向中国全境，为祖国的"四化"做出巨大的贡献！

我对清江公司特色的认识

——在"清江技术创新院士行"欢迎仪式上的讲话

应清江公司邀请,国家经贸委和中国工程院组织了 15 位院士和几位特邀专家赴清江考察学习和交流。这是一次规模较大的院士行活动。我有机会参与,感到十分欣慰。遗憾的是,由于有约在先,23 日必须赶去小浪底,下午就得出发,不能全程参与,所以这次院士行请土木水利建筑学部陈厚群主任带领,在此深表歉意。

我和清江公司稍有接触,这里请允许我先谈几句清江公司给我留下的几点深刻印象,供大家参考。清江公司全名是"湖北省清江水电开发有限责任公司",实际上已超过水电范围,她成立于 1987 年 1 月,由国家和湖北省共同出资建立,省是大头,是一家按现代企业制度建立的流域性水电开发公司。我的体会,这个公司非同寻常,具有以下明显的特色。

(1)清江公司完全是改革开放政策的产物,是一家真正意义上的、与国际体制接轨的现代企业,是国务院批准的我国首家按"流域、梯级、滚动、综合"开发水电的试点单位。经过 14 年的艰苦创业,惨淡经营,依靠开始时国家和省的一点点投入,大胆利用外资和贷款,迅猛发展,7 年前建成装机 120 万千瓦的隔河岸水电站,去年建成 252 万千瓦的高坝洲水电站,现正在兴建装机 160 万千瓦的龙头工程水布垭水电站,清江流域的梯级开发有望于新世纪开始的 10 年中全部完成。在开发水电的同时,公司不断加强自身建设,开展多种经营,目前已发展成一家强大的国有大型企业,湖北的"巨人"和骄傲,拥有电力、物业、宾馆、旅游、化纤、信息等多种产业,将来可与美国 TVA 媲美。为湖北省、电力行业和清江流域的经济发展、人民幸福做出巨大贡献。清江公司是利用改革开放政策最成功的一家企业,从无到有,从小到大,迅速成长,赢得了宝贵的时间,结出了丰硕的成果。否则,清江的水电及各种资源虽然丰富,按墨守成规的方式去开发,不知何年何月能改变面貌。清江公司的经验具有全国性的意义,为国家所肯定,是湖北省乃至全国学习的榜样,去年国家经贸委将清江公司作为全国大中型企业改革管理上取得好成绩的企业之一向中宣部推荐在全国范围内宣传,清江公司有条件拥有这个盛誉。清江公司的成就,有力地证明国企是有生命力的。历史将记下清江公司的功绩。

(2)清江公司机构精炼,管理高效,在兴建水电站时就充分组织和依靠设计、施工、监理单位和科研院所工作,不是总揽一切。这是一家"三明企业"(开明、聪明、英明),有些业主很精明,精明当然必要,但"三明"尤其重要。在处理与参建单位的关系中,做得很成功(另一个成功的单位是"广蓄")。一方面严格按合同办事;另一方面体察各单位的实际困难,尽力解决,把它们视为共同战斗的战友,这是社会主义

本文是 2001 年 4 月 22 日,作者在"清江技术创新院士行"欢迎仪式上的讲话。

中国的业主和参建各方的新颖关系，是我们的市场经济有别于资本主义市场经济的地方，是"法治""德治"结合的典型。所以在搞隔河岩时，管理物资工作的只有 5 个人，也没有大仓库，工作做得出色，也不出任何问题。其后，清江公司立足水电、超出水电，业务有了大发展，但不离开这个优良传统。公司现有 1000 多名职工，但真正在总公司机关工作的怕只有几十人吧，每个职工都是资源不是包袱，精简高效，永远轻装前进，永远充满活力。我这么说，绝对丝毫不想否定其他经济成分的重要性。

清江公司不也搞一江两制取得很好效果吗？社会主义国家公有制应该是主体。国企要改革，但不是搞私有化。

（3）清江公司有一种尊重科学技术、尊重人才的优良作风，有一种面对困难、知难而上的大无畏精神，这一点非常令人佩服，开发清江水电并非易事。隔河岩坝址地质情况相当复杂，洪水流量十分巨大，清江公司知难而进，毫不畏怯，设计中采用特殊的坝型，精心施工，精心管理，7 年全部建成，安全运行至今，已发电 171 亿千瓦时，在 1998 年长江大洪水时还起了错峰作用。清江公司不惜承担风险，为保护下游分洪区起了关键作用，得到国家的表扬。下游高坝洲水电站，是一座低水头电站，单机容量达 84 万千瓦，是一个人称"短平快"的工程。更引人注目的是上游的龙头水库水布垭电站是一座 233 米高的面板堆石坝，无疑是"世界冠军"。清江公司无所畏惧地决策选用，勇于攀登世界顶峰。人，需要一点精神、一点志气，清江人就是有志气、有精神的中国人的代表。

清江公司敢于这么做，并不是凭一时之勇，而是建立在大量科研和设计分析的基础上的。有关水布垭的研究资料，堆起来怕有半米高了。清江公司在前期投入上，只要是有意义的，他们从不吝啬。据我所知国内水电业主像清江公司那样在前期工作和科研工作上大量投入的恐怕为数不多。这是以实际行动响应科教兴国政策，是以实际行动说明科学技术是第一生产力的伟大理论。清江公司高瞻远瞩的做法，理所当然地得到回报，广大科研和设计部门的同志都愿意为清江开发做出自己的贡献。丰硕的科研、设计成果，为清江公司敢于决策在水布垭坝址修建世界第一高的面板堆石坝提供了坚实的技术基础，我确信这座能说明中国人民志气和能力的工程，一定能屹立在清江之上，为清江的秀丽风光更添风采，为清江人民千秋万代造福。

清江公司虽取得令人瞩目的成就，但并不自满，敢于找差距、找问题，作为进一步发展的动力。这次他们提出 18 个问题，牵涉到方方面面，并谦虚地邀请工程院院士和专家们来交流，作报告，共商合作。鉴于所提问题之广，我们初步把它分解为七个组，即坝工组、机电组、信息组、航运组、监测组、化纤组、管理组，由有关院士、专家分别参加。在下午院士们作学术报告后，明天将分组进行讨论磋商。院士和专家们将本着知无不言、言无不尽的精神，尽量提出意见或建议。当然，这是院士和专家们首次的调查研究，有些问题不可能当场解决，如大家认为需要，可以在下次分组再来。有的还可以签订一些协议，今后深入研究联合攻关。中国工程院有个好处，即比较客观超脱，能组织和发挥院士的群体优势，还可通过院士联系到更多的专家来协助工作。如果我们能为清江发展做出一点贡献，我们将感到十分荣幸。总之，清江公司是个成功的国企，是湖北省高瞻远瞩全力支持取得的好成果，我们为之高兴和钦佩！

也许我对清江公司情有独钟，讲得过分一些，请院士专家们在考察中加以衡量吧。

　　各位领导、各位同志，现在请允许我代表前来与会的院士和专家们向湖北省和清江公司给予我们的款待表示深切的感谢。我在赞赏目前清江公司取得的辉煌成绩的同时，不禁想起现已退下来的一些老领导和老同志，他们为清江公司的建立和清江的开发披荆斩棘，百折不挠，立下了不朽功勋。我们也为目前担任重任的中青年同志祝福，祝他们发扬优良传统，在老同志开创的基础上迅猛前进，做出更大的贡献。我们深信，一个秀丽的、文明的、发达的、各民族和睦共处共同富裕的清江，必将出现在我们面前。

世界上没有无裂缝的水坝

三峡大坝发现的裂缝是表面的、浅层裂缝

我对三峡工程总的看法是，三峡工程总体质量是良好的，甚至是相当好的。与国内其他工程相比已经很好了，与国外的工程相比也不逊色。这么大的工程，这么高的浇筑强度，这么紧张的工期，不可避免会出现一些质量缺陷，这并不奇怪。世界上没有一个工程是一点质量事故都不发生的，问题是看所出现的质量缺陷的性质。最近讨论的热点是三峡工程泄洪坝段上游坝面裂缝问题，其性质是表面的、浅层的裂缝。发生裂缝不是好事，但裂缝有不同性质：有贯穿性的裂缝，把大坝分成两个部分，这是不允许的，影响也非常大；也有表面性质的裂缝，世界上任何一座大坝出现些表面裂缝都是正常的。三峡大坝的裂缝是属于第二类的。

产生裂缝的主要原因是温差

混凝土大坝是否产生裂缝，受很多因素影响。三峡大坝裂缝产生的主要原因还是温度的作用。冬天坝体内温度较高，坝体外面的温度较低，内外温差大，导致混凝土产生裂缝。不要说混凝土，就说人，冬天我们的皮肤暴露在寒风中，如果不加保护，皮肤也会开裂。

大坝混凝土温控是一个很长的过程。从拌和混凝土开始，到浇筑成形，到养护，哪一个环节都不能疏忽。例如夏天气温高，混凝土拌和过程要进行加冰、风冷等降温处理，运输过程要防止暴晒，舱面要有降温措施，还要在混凝土内部通冷水冷却等，这在设计上有一个完整的计划，施工中要严格按照设计要求施工。不要把混凝土浇筑看成粗活，实际上是一个非常细致的工作，不能有一点疏忽。新浇的混凝土就像刚出生的婴儿一样，不能暴晒，不能淋着，不能冻着，也不能热着，不要把混凝土看成一个死的、没有生命的东西，混凝土打好后，一样需要精心养护。出现裂缝的部位是在1999年浇筑的，到了2000年只出现一条裂缝，到2001年了，以为混凝土龄期2年了，就不太重视温控措施了。2001年夏天把保温材料拿掉了，冬天来了，应该再把保温材料盖好，但大家疏忽了。结果，2002年出现的裂缝就比较多了。这是一个深刻的教训。像三峡大坝泄洪坝段上游面这样重要的部位，保温措施应该一直保留到蓄水为止。

一个大坝是不是产生裂缝有很多因素，温度是其中之一，还有材料的原因。三峡大坝的混凝土质量是很好的，用花岗岩作骨料，抗压强度是很高的，但抗拉强度，即

本文刊登于《中国三峡建设》2002年第4期。

混凝土的极限拉伸值不高，这是骨料本身的性质决定的。相对抗压强度来说，抗拉性能余地不大。当然，也是在设计许可范围之内。从坝体的大小尺寸来讲，坝体越大，就越容易产生裂缝，坝体越小就越不容易产生裂缝。三峡大坝坝体断面大，分块浇筑的尺寸也相对较大，增加了产生裂缝的可能性。

也有设计方面考虑不周到的地方。这些坝段下面有很多孔洞，设有 22 个导流底孔，23 个导流深孔，因此这部分坝段对温度变化特别敏感，也就特别容易产生裂缝，应特别注意。

总之，大坝表面的裂缝虽然不可避免，但可以尽可能减少，有许多地方应该吸取教训。今后还有三期大坝混凝土要浇筑，在质量保障措施上不能有任何疏忽。

裂缝处理措施非常安全

有裂缝毕竟不是好事，中国三峡总公司采取了很细致的检查手段，很严格的处理方案，现在正在进行全面处理。处理的措施，照我个人的看法，非常安全，甚至超过了要求，但三峡工程这么重要，为了加大安全系数，可以把工作做得更充分一点，我也赞成。裂缝经过这样处理以后，对三峡大坝安全绝对没有影响。

新闻应该讲事实

三峡大坝的裂缝为什么如此引人注意？

一是三峡工程太重要了，工程太大了，不仅全国人民关心，全世界也很关心，出点问题，世人瞩目。

二是裂缝出现在上游坝面。将来三峡水库是要蓄水的，如果裂缝继续发展，高压力下的水进入裂缝，会发展成有害裂缝，这是很不利的。

三是整个泄洪坝段差不多每个坝块都有裂缝，位置、宽度和长度都很有规律，这就特别引人注意。

四是有个别同志不太了解情况，道听途说，做了夸张的宣传，还有一些网站进行恶意的传播。一些外行，还有一些不了解内幕的人就以为裂缝是大得不得了了。

我对现在一些媒体的做法有意见，一是套话太多，报纸上很多文章千篇一律，充满套话，一篇几千字的文章，有价值的信息只有几行字，像注水猪肉，水分太多；二是追求轰动效应、经济效益。如有一些实际是广告性质的内容，写得像新闻一样。新闻要讲事实，实事求是地报道事实真相，有些东西没什么可隐瞒的，如创新过程中的失败，舆论的胆子又不够大，只报道成功的，失败了就不登，怕影响不好。

三峡工程正在进行二期工程的一系列阶段验收工作。三峡工程是一个难关一个难关闯过来的，从论证开始，就有反对意见，到中国三峡总公司的成立，每走一步都很累。工程开工建设后，从导流明渠开挖、大江截流、二期围堰施工、大坝高强度混凝土施工、永久船闸高边坡开挖、金结机电安装……走到现在这一步，又到了一个关键时候：二期围堰要破堰进水，这很有意义，表明三峡工程已经进入了一个新的阶段。

破堰进水不会有技术难题，重要的是明渠截流、三期碾压混凝土围堰快速施工，这两仗打好了，三峡工程就没有什么大难题了，剩下的是枢纽运行的泥沙问题、库区移民安置问题等。在今年年底到明年上半年中，希望三峡工程闯过最后两大难关。

　　三峡工程的兴建是在很多人的反对甚至是辱骂中度过的,预期投产后还会有争议,吵上50年。但我相信：历史会做出公正的回答。

三 峡 情 结

王志 三峡马上就要蓄水了，可能大家从来没有像今天这样关心三峡的工程质量。

潘家铮 把全世界的水利水电工程排个队，按照质量排个队，三峡工程质量也是排在前面。在国内也好国外也好，质量比三峡差得很多的有的是。为什么大家对三峡工程质量谈得特别多呢？我认为叫"人怕出名猪怕壮"。这个猪太壮了，大家都注意它。三峡工程没有小事，这是国务院领导同志跟我们讲的。因为大家都盯着它看，国外也有许多人盯着它看。你只要出点小小的问题，它可以给你吹得很大很大。

王志 工程质量到底怎么样？

潘家铮 三峡工程质量是好的，我在说总体上是好的。在施工中，在建设的过程中，出过一些这样那样的质量事故或者质量缺陷。这种病，你说它是一个病，是常见病、多发病，经常见到的病，有。但是，它没有得过癌病或者什么非典，没有。

王志 我听说最初您是一个坚决的反对派。

潘家铮 三峡开始提出来，就是 50 年代提出来的，50 年代争论得最厉害，50 年代为什么三峡在那个时候是个天大的笑话，全国的发电也不过四百万千瓦，四五百万千瓦，修个电站两千万千瓦，全国那个时候国民经济生产总值有多少，修这么大的工程，全国的钱都放在里面也不够，能修吗？所以那个时候我是非常清楚的，旗帜鲜明地（认为）三峡工程不能（上）。

王志 那我很好奇，真正您对于三峡工程态度的这种转变，是从什么时候开始的？是怎么样转变的？

潘家铮 我参加三峡工程论证的时候，已经是 80 年代后期。

王志 1986 年。

潘家铮 80 年代后期，改革开放已经快 10 年了，国家的经济实力已经大大增强了，许多科学技术水平大大地提高了，我们在水利水电建设方面已经取得丰厚的经验了，在这样的情况之下，你还是坚持几十年之前的经验一直不变，我认为不是智者。

王志 在论证报告上有 9 位专家没有签字，这个事对您来说有压力吗？

潘家铮 没有什么压力，有 412 位专家做工作，有 9 位不同意，10 个手指也不是同样长，你怎么能够做到舆论一律呢？

王志 1992 年通过的时候，还有 1/3 的票是流失的，有 177 票反对，还有 600 多票弃权？

潘家铮 对，但是从法律上讲，只要一票多，超过一票就应该通过。至于弃权有什么可奇怪的呢？大家对这个三峡工程不够了解，我也不能够投赞成票，也不能投反对票，我投弃权票，这正是人大代表负责的一种表现，他对三峡工程不清楚，他听赞

本文是 2003 年 5 月，作者接受中央电视台《面对面》栏目采访剪辑稿；《面对面》（精彩版），吉林人民出版社 2004 年 1 月出版。

成的人讲讲也有道理，听反对的人讲也有道理。那我怎么办？我就投弃权票，这是负责。

王志 从道理上来说，从法律上来说是这样的，多一票就应该通过，但是实际上呢，对你的心理没有影响吗？那么多人没有投赞成票……

潘家铮 没有什么影响，我反对这个全票通过，那个东西靠不住的，萨达姆选总统他是全票通过，这个东西靠不住，应该有一定的反对票，这个是正常的，而且我们还可以从这个反对票里面来分析，从正面上吸取他的意见。

王志 我记得您说过一句话，贡献最大的就是反对者，现在这个观念有改变吗？

潘家铮 没有改变，原来我们的论证工作，设计工作，有些地方就是做得不够深，不够细，他提出这个问题，这个要你答复，这个要你解释，这个他有不同意见，你不能不解释，不能不答复。

王志 比方说……

潘家铮 比方说地震，他说那个地方三峡的坝址有条很大的断层，而且他有根据，他拿了张航空的照片上，那个上方有这么一条线形的影像，说这是条大断层，这个地方修坝那是危险极了，将来这个地方有错动，整个地方都完蛋了，原来我们没有注意到这个地方有这样一条线形的断层，那么后来又去加强做工作，后来发现根本没有这条断层，那个航空照片上出现的这个影像，是地形，因为一些其他的原因，影子弄得那个影像，看上去好像一条线的样子，那这些问题经过这么深入的工作就全部解决了，实际上心里更踏实了。

王志 当时提出来的一些反对的理由，到今天来说，是不是都已经解决了？你感觉到有这个自信了吗？

潘家铮 现在来看呢，有些问题大概是可以答复了，比如说中国的国力能不能够修建三峡，修建三峡是不是会物价上涨，经济崩溃，中国人技术上有没有这个本领在长江上修这个坝，有没有本领制造这么大的机组，在上面安全运行。这类问题，我认为应该可以答复了。这种顾虑都不会有的。

王志 泥沙的问题现在已经真正得到解决了吗？

潘家铮 应该讲，通过这么长时间的论证研究，它的回答是正面的，三峡的水库不可能会淤死，不会淤成一库泥。

王志 现在也有一种说法，有一种计算，说10年之内，就可能要危及重庆港，这种说法有没有依据呢？

潘家铮 因为这个泥沙的科学不是非常成熟的，不是像一加一等于二这么一种科学，所以各方面做出来的计算也好，这个试验也好，它的成果都有一定的区别。但是，像三峡水库蓄水以后，要影响到重庆港，多数的研究计算认为，这个时间都是几十年以后，不是几年或者10年以后，我只能相信绝大多数专家跟这个研究院校的结论。实际情况是，长江上中游在大力推进水土保持工作，在金沙江，我们马上要修建更多的坝，因此，三峡水库里的泥沙影响到重庆，它的时间恐怕比我们当初预计的要远远推迟，不但在这一辈看不到，下一辈都不一定看得到。

王志 你那么自信？

潘家铮　这是我的看法。

王志　是不是分级蓄水就是为了考虑泥沙的顾虑，需要在运行中来观察？

潘家铮　这个分级蓄水是有两个因素。第一个因素就是移民的负担可以轻一点，比如说我修坝到顶，那样子移民的压力很大；我分级蓄水，移民就可以在比较长的时间之内进行安排，压力就比较轻了，这是一个因素。另外一个因素，就是要检验当初设计论证时候考虑的泥沙运动规律是不是相符，如果相符的话，就可以按照原来的设想逐级地给它升上去。如果有区别，而且有很大的区别，你可以及时地进行调整。

王志　那可不可以这样理解呢，如果泥沙淤积真的出现问题，我们会降低这个蓄水？

潘家铮　如果说运行之后，发现泥沙运动的规律跟我们预测有所区别，甚至有较大的区别，那么对水库应该怎么样调度运行，要重新考虑，适应这个泥沙运动的规律，不一定是把水库放下去，这是两码事。

王志　环境污染的因素呢，是不是现在都解决了呢？

潘家铮　环境的问题呢，一直是在论证中很多同志担心的事。水库蓄水以后，形成一个水库，水的流速大大减缓了，在这个情况之下，如果有重大的污染源不断地排到水库里面来，这个后果是很严重的。应该讲三峡水库修建以后，采取了源头治污的办法，水库是不会变成一塘污水，何况这个水库不是死水，它是流动的，到洪水期把水库水位都放得很低的，大部分的水全部排出去，到枯水期，重新再给它蓄起来。这个三峡的水库和其他水库有很大的区别，它每一年的水位的涨落有三四十米之多，所以从各方面的情况来看，我认为不会发生像某些同志担心的将来三峡水库变成一个污水塘，不可能出现这样的情况。

王志　还有对于引发地震的担忧，这种担忧有必要吗？

潘家铮　现在这个地震不叫引发地震，叫促发地震。正式的名称叫水库促发地震。什么意思呢？就是这个地方呢，有地震的内因存在，有大断层，地引力很集中，如果没有这个内因，再蓄多大的水，它也促发不了地震。那么它有这个内因，有发生地震的内因，我水库一蓄水对它施加了一些压力，或者影响了它一些材料的特性，比如说把基岩的强度给降低了，使它这个地震提早发作了，促发。如果要促发地震，地震有多大，可以进行估计。反正我判断那个地方不可能促发什么大的地震，它没有大的断层。就好像一只鸡，养出来鸡蛋总是有大有小，但是你无论如何养不出一个蛋比它还大。

王志　蓄水可能影响到下游，比方说上海的用水会不会盐化，会不会导致海岸线后退？

潘家铮　作为个人的估计，三峡水库的调度对长江口是没有影响，但是对这个问题呢，有不同的见解，有些专家说它有影响，说修建三峡水库以后，长江口泥沙要继续不断地冲蚀，盐水要入侵，他坚持这样的意见，不能取得一致，那也没有办法，就等运行之后历史的考验。你想三峡离开长江口一千几百千米，三峡的水下来的时候是清水，要把泥沙冲蚀一千几百千米，即使三峡出来的水清一点，经过这一千几百千米的路，它又变到原来浑水去，怎么会对上海市有什么影响呢？

王志 三峡工程总的投资，从最初动议的三百多亿元，一直到今天的两千亿元，怎么会有那么大的变化呢？

潘家铮 我一再跟你讲，这个数据完全不是同一个概念，三百多亿元叫作静态投资。我们做工作的时候是 80 年代。80 年代，小黄鱼多少钱一斤，现在你到超市里买黄鱼多少钱一斤，你能说为什么这条黄鱼当初我只有一毛钱两毛钱买的，现在是几十块钱买的，你能这么去问吗？所谓投资是个很复杂的概念，不要老是问，你修建三峡工程到底要花多少钱，这个问法是不可取的，因为修三峡工程要花的钱是在十多年之内，一年一年投入的，每一年物价都在变动，每一年你都付利息，那你这个所谓你要花多少钱，是什么意思？假定说我问你，你养那个孩子，你把这个孩子养大到大学毕业，他能够赚钱为止，你打算花多少钱，你能够回答出这个问题吗？

王志 可能跟养孩子还有不一样的地方，孩子长成什么样，能挣多少钱我们可能不管，但作为一个工程来说有一个投入跟产出的问题。

潘家铮 这比养孩子要保险得多了，你养的孩子可能他不赚钱，或者花天酒地就麻烦了，我这个工程肯定它给你赚钱，而且每年赚多少都清清楚楚的。

王志 但如果把所有的成本都算进去的话，三峡工程所产生的电的价钱是多少，它具有竞争力吗？

潘家铮 我讲个非常简单的例子，三峡工程是一个综合利用的工程，比如说它有防洪的效益，而且这个防洪的效益是很大的，但这个效益是国家拿的，人民得到的，它作为电厂它拿不到这个防洪效益；它有发电的效益，发电效益比较容易算，就是全部投产以后，每年是 847 亿千瓦时的电。那么如果说我每度电它能够卖到 3 毛钱，或者是 3 毛 5 吧，你差不多 900 亿度电，3 毛钱一度电，就是每年它会收回 270 亿元的资金，如果我这个电价再高一些，收回来 300 亿、400 亿元的资金，我整个投资从头到尾是两千亿元，你说它有没有竞争力？

王志 那当初提出的那个设想，就是电的用途能不能用得了那么多？

潘家铮 当初这个也牵扯到国家总的计划，无论从什么角度来看，三峡工程这点电完全能够吸纳得了，那么现在来看更不会成为问题，现在全国装机已经达到 3 亿 5 千万千瓦，到 2020 年可能需要 9 亿千瓦，甚至 10 亿千瓦，三峡这个 1800 万千瓦，虽然是世界上最大的一个电站，但那是很小的一个比例，它这点电呢，在中国这么一个国家，完全能够吸纳得了，现在应该讲不成为什么问题。

王志 这次蓄水之后，对航运会产生什么样的影响？

潘家铮 这个临时船闸断航以后，长江的航道可以说有史以来第一次真正被切断了。这一段时间 60 多天，所有上下游的运输都是依靠转运，船已经不通了。那么等水库水位蓄到 135 米，船闸试通航了以后，长江的航运重新恢复。但这个重新恢复是在完全新的面貌上恢复，它已经不是通过长江航运，是通过这个船闸航行。通航的能力应该大大增加。现在长江的下水的通航量，比如说一年 1000 多万吨。船闸建成以后，它可以提高到 5000 万吨，就是增加了 3 倍多。

王志 但是我看船闸的设计通过时间是 2 小时 40 分钟，这个时间不短。

潘家铮 两小时几十分钟，当然是不短的时间。

王志 还不包括排队的时间。

潘家铮 但你要考虑到它通过这个船闸以后，上游这个深水航道 600 千米直达重庆，这方面省下来的时间就是 6 小时甚至于 8 小时，那么你是不是愿意拿这个 2 小时去换这个 6 小时，就是这个问题。好像说你排队上电梯，进电梯你要排个队，排个队可能要等上 1 分钟，但你进了电梯之后你就方便了。你如果讨厌这个排队，我不愿意排队，那你去爬楼梯吧，但爬楼梯你要爬 20 分钟。这笔账我想应该算得过来的。与蓄水后就要取得显著效益的发电、航运功能不同，三峡工程的防洪作用要等到 2009 年水库蓄水到 175 米以后，才能得到充分发挥。

王志 这样一个工程前后跨度有 40 多年，很多人，几代人有不同的想法，但是有一个想法是共同的，为什么要修三峡？就是要有一个防洪的作用，这个作用到底有多大呢？

潘家铮 这个三峡水库有 391 亿米^{3}库容，其中有 220 亿米^{3}我可以调洪，220 亿米^{3}的库容对洪水来讲，纯粹是个小数，它不能全部给它吃下来，但是，它能把洪水最尖的那个峰给它削掉。

王志 那到底 220 亿米^{3}的库容能起多大作用呢？1998 年洪峰的时候，7 天的流量就有 500 亿米^3。

潘家铮 500 亿米^{3}其中绝大部分都是通过这个堤下泄了，真正造成灾害的是 500 亿米^{3}里面的 100 亿米^{3}这个尖峰造成的灾害。假使说我有 400 亿米^{3}的洪水下泄，400 亿米^{3}的洪水刚巧跟这个堤顶平了，然后再来个 100 亿米^{3}就破了，如果你能利用三峡水库，或者用其他的水库把这点尖峰给拉掉了，它也救活了。

王志 好像给人这个印象，三峡工程建成以后，可能下游就没有洪灾了？

潘家铮 我绝对反对这种讲法。并不能说三峡的水库修的时候把长江流域洪水都一笔勾销了，绝对没有这样的事，绝对不能把长江的防洪问题、防洪的作用做不合实际的宣传，它的主要作用就是我方才再三讲的，防治长江中游遭遇千年一遇特大洪水的时候，造成一个毁灭性的灾害。总的讲是 3 条措施，我说它是 3 驾马车，缺一不可，就是说堤防、水库跟这个分蓄洪区都是需要的。你要解决长江这么一个大的洪水问题，一定要综合措施。我们应该承认，这 3 条措施里面，有主有次。但是你不能讲，三峡的库容有限，解决不了大问题就应该不考虑。你不能说这个鼎有 3 只脚，1 只脚细一点，你说这就是没有用拿掉，拿掉它也倒掉了，它虽然细，但是脚一定要有，没有它站不稳。

王志 那能不能再具体地设想一下，如果说三峡工程在 1998 年就已经完工，正常运行的话，它能对那样的洪水起到多大的作用？

潘家铮 如果是 1998 年这个类型的洪水，如果说三峡水库已经全部修好，那可以说是小菜一碟。但是三峡水库的目的并不是对付这些"小孩"，1998 年洪水是个小家伙。我要对付的是像清朝年间，民国年间来的那种大洪水，10 万米^{3}流量，11 万米^{3}流量，那是绝对顶不住的，堤是要垮的。我要解决的是那样的问题。

王志 现在 135 米马上要蓄水了，我很想知道您的心情，是不是已经变得很轻松了？因为这些问题在你的脑海里都已经得到解决了。

潘家铮　三峡工程可能要争论 100 年，今后也会争论下去，是功是过还会争论下去。三峡工程的技术问题也不能说什么问题都没有了，也需要在运行过程中进行考验，不断地优化，所以不能讲我现在很轻松。我在验收会上面反复讲，要通过我们的验收很方便，但在我们以后还有个非常严格的验收官，就是大自然，就是说呢，长江还要给你来验收。这个验收的人，它是铁面无私的，任何隐蔽的很细小的缺陷，它都会毫不留情地给你找到。

王志　我听说你为三峡还专门写了一本书，用了 4 个字，千秋功罪，我没有看到这本书，但是我很想知道，您对于这个工程，这个功过怎么评说？

潘家铮　那个书，我那儿有，我送你一本就完了。

王志　我想听您跟我们说说。

潘家铮　我想没有一个工程它建起来是百利而无一弊，这样的工程恐怕是很少，那么我们到底应不应该建这个工程，就是要客观地来判断它的利、弊。而我们来判断这个是非得失，还是应该从长远的全局利益来判断，能够做到这两条，对它的是非得失可以说比较符合实际情况。反正我认为是得大于失，得是长远的，失是短期的；得是全国性的，失是局部的。这是我这么看。三峡工程用这个标准来判断，我总觉得它得大于失。向国务院报告的最后两句话就是建比不建好，早建比晚建有利。

王志　得多少，失多少？

潘家铮　这个分我打不出，毛主席一生是三七开，对三峡我打不出这个分数。还是你们自己去判断吧，它防洪避免了毁灭性的灾害的可能性；它发电，每年可以减少 5 千万吨原煤燃烧造成的污染，而且千秋万代一直减少下去；它通航可以使通航通过量上升到 5 千万吨/年，而且通航的成本可以大大下降，它的效益就摆在这里。它的失，库区淹掉了 30 多万亩耕地，动迁了百万人民，淹掉了一些古迹，观光的风光可能有些改变，还有这样那样的问题，失就是这样一些失，那么是得是失，任大家来评说。

在公伯峡投产会上的讲话

尊敬的各位领导、各位同志：

在中国水电史上，今天是一个有里程碑意义的日子。随着黄河公伯峡水电站首台30万千瓦机组的投运，中国水电装机容量突破了一亿千瓦，可谓双喜临门。不仅如此，公伯峡水电站的建设还取得了工期短、造价低、质量好、新技术多、副作用少的全面成就，公伯峡的建设还推动了750千伏超高压输电线路的启动，为西电东送、全国联网做出重要贡献。公伯峡的巨大成就，使我们更加坚定开发水电的决心和信心，看到了中国水电开发的光明前景。作为一名老水电战士，请允许我向中电投、黄河上游水电开发公司和所有参建单位，向青海省和所有支持公伯峡建设的单位表示衷心的祝贺。

中国究竟有多少水电资源？已开发的比例是多少？似乎没有确数。据水电学会最近的资料，中国可开发的水电容量为4.2亿千瓦，年电量22800亿千瓦时。那么去年全国水电发电量2830亿千瓦时刚巧是个零头。按电量计利用了12.4%（按经济可开发量计要高一些，15%～16%）。我认为这个数较落实，因为水电的装机容量伸缩性很大，不够明确。

根据中国的水电资源和当前的开发力度，结合我国经济实力和科技水平的提高，我们相信在2020年或稍后一些时间，中国的水电容量可以达到2.5亿千瓦至3亿千瓦，中国成为世界最大的水电大国和水电技术强国，这将是不可逆转的历史潮流。

当然也有不同意见。世界上有一部分人一直反对建坝，要"让江河自由奔流"，从而也反对开发水电。20世纪六七十年代，这一呼声逐渐高涨，形成气候，发源于美国，波及全球。在我国，通过一些人士的呼吁和媒体的宣传，正在人民群众和领导层中产生影响。中国要不要大力开发水电，要不要修建更多的大坝、高坝，中国将向何处去？

凡事一分为二。修坝建库在带来巨大利益的同时，也要产生副作用，尤其早年在"控制、改造自然"的"左"的指导思想下，忽视环保、忽视移民权益，更是不容否认的事，当然要引以为戒，坚决纠正。但把事情说过头，以偏概全，有理也变成谬误。像美国一些极端反坝主义者，罗列了水坝的种种罪行，从破坏生态到侵犯人权，已远远超过十大罪状，达到"文化大革命"中经常提到的"滔天罪行"程度。在一位麦考利先生的笔下，水坝、水电被描绘成万恶之渊薮，是人类所干的最愚蠢的事情，人权、污染、腐败、贫困、浪费等所有的社会丑恶和经济危机都和水坝连在了一起（见《沉默的河流》，此书在中国翻译出版时巧妙地改名为《大坝经济学》），事情真是这样的吗？

现在，反坝主义者不满足于反对建新坝，而且要拆除已建的坝。宣传这几年美国

本文是2004年11月，作者在公伯峡水电站首台机组发电投产会上的讲话。

已经拆除了五百多座水坝,"人家都在拆坝了,我们为何还要建坝?"有的记者就问我三峡大坝何时拆除?怎么拆除?

关于水电是否清洁可再生能源,中国要不要再建坝的问题,相信广大人民和国家自会有正确认识和决策,今天只对拆坝问题说几句话,"以正视听"。三峡总公司的林初学同志对美国拆坝情况做了脚踏实地的调查研究,写了一篇出色的报告,《中国水利》2004 年第 13 期也刊载了有关资料,我就利用这些资料来回答。

建坝、拆坝,首先要问是什么坝?美国建国以来一直在建坝,如果不论高低大小统统算数,可能超过两百万座。对坝高、库容等做些限制,也有七八万座。两百年来建了这许多坝,每年一定会有相当数量的坝因各种原因不再使用或干脆废弃。已经拆除的五百多座坝是什么坝呢?它们的坝高均方值不到 5 米,坝长约数十米,都是修在支流、溪流上的年代已久丧失功能的废坝,99%以上不是为水电修建的,有影响的坝一座也没有被人为拆除。国内某些媒体在宣传美国拆坝资料时,极其细心地把这些最重要的数据都删去。如果这算拆坝,老天爷年年在为中国拆坝(每年有许多小型塘坝溃决),前些年我们搞退垸行洪、退耕还田,中国才是拆坝大国呢!美国垦务局在拆除某些旧水坝时又在原坝址建起新水坝,这一点,"有关人士"当然也绝口不谈。因此,当他们振振有词的诘问:发达国家都在拆坝了,你们怎么还在不断建坝呢?这不是逆世界潮流而动吗?这好比问:发达国家已不用牛车了,你们怎么还在造汽车?一样的逻辑不通。发问者不是情况不清就是在偷换概念。

反坝主义者的观点并不是全无可借鉴之处,许多地方值得我们深思。我认为,在新世纪中建坝:①必须做好统筹规划和认真审查,建那些像公伯峡这样应该建、必须建、可以建的坝,不是越多越好、越高越大越好,不要在重大问题未落实前草率上马,不要使子孙为我们做出的错误抉择而后悔。②像公伯峡工程一样,必须认真研究弄清建坝的利弊得失,在规划、设计、施工、运行中要特别重视保护自然和生态环境的因素,要站在弱势群众一面,解决好移民问题。对建坝的副作用要千方百计减免到最低程度。③对于已失去功能、接近废弃或因经济、安全原因不宜再运行的小坝、老坝,要有计划地废置、拆除或加固、改建和新建。

至于像三峡、公伯峡一类的大坝,属于千年大计,实际上是无法拆、不能拆的。拆了后这一库水和泥怎么办?就三峡而言,面对记者的提问,我的回答是:做好维护工作,三峡工程会长葆青春,利垂千秋,直到她的功能可以被其他措施代替。例如,人们已能呼风唤雨,控制气象,用不到三峡水库调洪;人们已能从核聚变中获得无限的廉价能量,用不到水力发电这种"落后的能源";万吨巨轮也已能在水上悬浮行驶和飞过大坝——甚至轮船这种落后交通工具已经淘汰了,三峡的船闸和升船机当然也结束使命。那时,三峡大坝就可以光荣退役,退役后怎么办?或者将她改造为一个超过尼亚拉瓜的人工大瀑布?——这些前景不如委托给科幻小说家去想象更合适吧。公伯峡和其他水电大坝也都是如此,不劳"有关人士"操心他们的命运。

也有同志并不反对开发水电,但认为水电在全国总发电量和容量中,最多只占20%和25%比例,作用有限。我们认为,从长期看,中国的能源、电源供应是个重大问题。过分依靠燃煤,面临采掘、运输和环保等条件的制约,难以为继。大力开发水电,实施西电东送和全国联网，是缓解能源供需紧张的重要措施，也是国家基本国策。20%并不是一个小的比例，而且不应忽视水电的再生性质。如果 22800 亿千瓦时的水电真能全部利用，相当于每年燃烧 11.4 亿吨原煤或 5.7 亿吨原油，利用 100 年就是 1140 亿吨原煤或 570 亿吨原油，利用 200 年就是 2280 亿吨原煤或 1140 亿吨原油，远远超过我国目前已精确查明的剩余可采矿藏。即使只利用一部分，影响也十分巨大。何况水电还有提高电能质量、保障电网安全和大量综合利用效益。开发水电是必走之路！

祝公伯峡和黄河上游水电开发胜利进行，祝中国的水电事业取得举世震惊的伟大成就！

与时俱进，建好用好三峡工程

长江三峡水利枢纽是迄今为止世界上最大的水利水电工程。三峡工程研究论证了数十年，最终才在 1992 年七届人大五次大会上表决通过。该工程 1994 年正式开工，2003 年实现初期蓄水、通航、发电三大目标，目前正顺利进行三期工程，预期 2008年全部机组可以投产，可望提前 1 年竣工，发挥设计预定效益。

经过十多年艰苦卓绝的奋战，克服了难以想象的困难，三峡工程已取得巨大成就，工程建设呈现出质量优、进度快、造价低、环境美诸多特点；尤其是工程质量，一期比一期提高，三期工程数百万立方米的大坝混凝土中未出现一条裂缝，创造了世界大坝建设的新纪录和奇迹，成为一项为中国人民争气的工程。三峡工程也没有出现腐败问题。这些成就充分体现了三峡工程的技术和管理水平，反映了中国人民的精神风貌。中国人民必将取得三峡工程建设最终和全面的胜利，也是毋庸置疑的。长期以来对兴建三峡工程持异议的李锐老人在参观工地后，语重心长地说："我对三峡工程的态度是明确的，也难改变了。但看了工地的建设后还是很高兴、放心的，希望尽量建好……"。这说明，尽管在论证中有不同的见解和不同的意见，但期望三峡工程做到好上加好、有利无弊，已成为大家共同的心愿。

"西江石壁"已经耸立，"巫山云雨"已被截断，百年梦想终将成事实。但是，现在还不是我们庆功的时候，此时我们更要保持头脑清醒。工程尚未全面竣工，仍需继续精心实施，给三峡工程建设画上一个圆满的句号。工程涉及的有些问题还要由历史做出结论，需要继续观测研究；尤其是随着改革开放的不断深化、社会和经济的迅速发展，许多情况都发生了新的变化，更需深入、细致研究。为此，要与时俱进，总结经验，找出不足，改进完善，使三峡工程尽量做到有利无弊，长期发挥更大的效益。当前最重要的是，要在新的形势下和更高的层面上考虑以下问题。

防洪是三峡工程的首要任务。原设计三峡工程的防洪调度是以防止荆江大堤在特大洪水下溃决发生毁灭性灾害为主，现在下游堤防已全面加固加高，实施了平垸行洪、退田还湖，上游和支流还兴建了新的水库，更大的水库群也正在建设之中，洪水的预报水平也在不断提高。因此，目前应抓紧分洪区的建设，研究新的调度方式，发挥水库群的联调功能，使三峡水库起到最佳和最有效的作用，为长江中下游干支流的长治久安发挥更大的作用。

随着川江航道的改善，长江航运得以迅猛发展。因此，要抓紧实现船舶大型化、定型化，努力实现船队满载集运、科学调度过闸；要尽快建成升船机，使客轮快速过坝；要完善过坝转驳设施，使其作为辅助手段以满足未曾预料的高速发展的过坝的需求。

本文刊登于《科技导报》2005 年第 10 期。

三峡电厂的 26 台机组将在 2008 年全部投产，6 台地下厂房机组还要继续建设投入。建成后的机组要与电网密切结合，和已建及在建的大水电群及大火电厂共同实现最优调度，为全国联网、优化电源结构、节约能源、减轻污染做出最大贡献，并使之成为中路西电东送主力。

要继续研究如何发挥三峡水库对南水北调工程的作用，以及对恢复洞庭湖"青春"的积极作用。要加强库区的生态环境建设，使三峡地区成为旅游者的天堂。

百万移民大多数已得到安置，目前库区的生活条件较迁移前已有较大的改善，但是，仍要重视长期扶植和振兴库区经济问题，要继续加强对口支援，真正使库区移民迁得出、稳得住、逐步能致富，使库区和移民安置的工作实现长治久安的目的。

据实测资料，进入三峡水库的泥沙逐年在减少。但是，仍要坚持上游水土保持工作，要结合金沙江水电群的开发研究科学的优化调度方案，切实做到蓄清排浑，并解决好下游的河床刷深问题。

对因兴建三峡工程而产生的生态环境影响，如对地质、水质、珍稀物种、局地气候、水产渔业、文物考古等的影响，要继续做过细的调查研究工作。对于其他不利的影响问题，即使不是或不完全是由兴建三峡工程产生的，我们也有责任和义务尽量予以解决、改进或弥补。

我们深信，在党的"与时俱进""以人为本""科学发展观"精神和原则的指导下，三峡工程将不断完善，尽量做到兴利除弊、有利无弊，在新世纪为国家、为人民发挥愈来愈巨大的作用。

大家：水电专家潘家铮

主持人 潘老，我们还是从您14年前的一首诗开始，这首诗我读了印象也比较深刻，"伏虎降龙事已终，秋云春梦两无踪，余生愿借江郎笔，撞响人间警世钟。"当时是在什么状态下写的这首诗？

潘家铮 这首诗是我1990年写的，那时我已经63岁了。按照制度也应该退出一线，身体也确实一年不如一年了，而且那个时候是计划经济时代，要上一个大的水利项目是非常困难的。我们全力以赴搞那个三峡工程，在1990年也被打入冷宫，基本上就否定了。

主持人 当时您觉得三峡工程可能就不会再建了。

潘家铮 因为国务院领导同志公开讲了，说三峡工程最近几年不会上马，你们不要争论了。这个工程就没有多少希望了。在这样一个情况下，我想我这一辈子，水利工程干得差不多了，恐怕再没有太多的事可以干了。所以"伏虎降龙事已终"，过去的事儿已经渺渺茫茫了，竟然想不起来，好像春梦、秋云一样都散掉了。春梦易醒，秋云易散，过去的事情都散掉了。

当时，三峡工程已经和政治发生了关系，有很多人反对修三峡，实际上并不是反对工程的本身，是有政治目的，就是共产党要修三峡，就反对。那么在"六四"风波以后，第二年中央从大局出发，希望局面尽量能够稳定、安定。就有一位领导同志来做工作，他说，三峡工程最近五年内是不会上马的，你们就别再争论了。这话传达下来，实际上就是判了死刑，心理非常失落。这么好的宝藏没有开发出来，这一生可能看不到开发了，心里有很大的失落感，所以我就写了这首诗。另外我还写了篇文章，叫作《三峡梦》。

主持人 《三峡梦》这篇文章写的内容是什么？

潘家铮 因为在工作中，大家意见老是不能统一，有些问题你要通俗地说清楚，也很不容易，至少广大的老百姓很难了解。我想来想去，能不能不要写严肃的、学术性的文章，能不能写一篇散文、一篇故事，或者写一篇梦话，你用做梦说的话，把主要的情况讲清楚，把真正的焦点说出来，让外行的人一看也知道。另外也反映了我对三峡工程不能上马的一种失落感、一种忧虑。所以就写了这篇《三峡梦》。《三峡梦》写出来以后，首先在《中国水利》刊物上面刊登，有些小报看到这篇文章很有意思，都给它转载了。1991年国家组织了一批领导同志到三峡去考察，人们就想了个办法，把印这个《三峡梦》的报纸，放在船上面，谁要看自己去拿，结果很受欢迎。那些领导拿去看了，看得津津有味。有些比较复杂的问题，炒得很厉害的问题，一看清楚得很，原来就是这么一码事儿。

本文是2005年，作者接受中央电视台《大家》栏目采访剪辑稿，全文收入《大家》（10），商务印书馆，2010年7月。

主持人 这也是主张上"三峡工程"的人想的一个策略？

潘家铮 所以有人说，我那篇文章还起了一个好的推动作用。但我写的是实话，我不是凭空捏造。

主持人 其实您在20世纪80年代的时候，也是反对"三峡工程"的，后来为什么有这么大的一个转变？

潘家铮 "三峡工程"已经讲了几十年，五六十年代的时候，我觉得那个时候讲要修"三峡工程"，是痴人说梦，完全是做梦，是不值一提的问题。

主持人 是因为什么呢？没有这个能力吗？

潘家铮 五六十年代，我们国家的实力也好、技术水平也好，无论从哪个方面来看，都没有修"三峡工程"的条件，主张"三峡工程"马上上马，这不但是不现实的，而且是非常有害的。因为如果当时匆促上马，不仅工程干不成，而且必然半途而废，还把应该做的事都耽搁了。当然我根本没有深入考虑这件事情，我当时地位很低，也轮不到我去考虑。

但在那个时候，有许多同志虽也认识到这一形势，但他们还是坚持不懈地规划、勘探、研究，一直把这个工作做下去，做了几十年。后来我想，什么事情都要一分为二来看，如果没有这批人迷信三峡，能坚持几十年，等后来有条件修建了，却又没有基础了。总之，五六十年代就是有些人坚持不懈地搞一个"遥遥无期"的工程。到了七八十年代，三峡工程是修不起来了，在下面修葛洲坝，葛洲坝是一座坝高比较低的工程，尽管在它的修建过程中走了很多弯路，遇到很多挫折，代价也很大，但最后工程还是修成了。我脑子里就树立了一个思想，就是认定中国人能够在长江上修坝，这个问题非常明朗：长江不是那么可怕，能修坝。

主持人 修三峡工程比修葛洲坝要复杂多了吧？

潘家铮 "技术上能建"和"工程应不应该建"是两码事。修"三峡工程"跟葛洲坝是不同，"三峡工程"是高坝，首先要动迁百万人民；其次，那么多泥沙要淤积了，问题比葛洲坝复杂得多，所以"三峡工程"能不能修，我脑子里有很大的问号。但是我已经相信，长江有修高坝的可能。这个问题要到80年代的后半期、1986年以后我参加了论证工作，慢慢地理解到了，这些问题都是可以解决的。我的思想也慢慢转变了，从否定到怀疑，到最后支持，这有一个转变的过程。

主持人 我们设想的问题，已经能够逐渐地得到解决，这表明我们已经能够支撑这样一项大的工程了。

潘家铮 当时主要争议的问题，有的从技术角度看是可以解决的，有的从经济角度看是能够承担的。80年代后期，国家的经济发展已经上了轨道，发展的速度是比较快的，当初担心过的是国力没有办法支撑，这个问题已经解决。所以说技术上的，经济上的，还有其他生态环境各方面的问题，看上去都能解决，这些问题都比较明朗了，国家就能做出正确的决策，我觉得这时是"三峡工程"上马的时候了。

主持人 您给我们详细讲一讲，最初您喜欢文学，喜欢到了什么样的程度？为什么后来又没有把文学作为您终身的职业？

潘家铮 我出生在一个书香人家，家里古书多得不得了，经史子集、诗词歌赋都有，从小我看那些古书就是无师自通。后来有机会考大学，我又填了中国文学的志愿。我的爸爸很不乐意了，他自己也是舞文弄墨的人，一辈子吃的这个苦，他就坚决反对我再学习中文。他说念中文最多搞个中学教师当当就了不起了，很可能什么活儿都干不了。你只能去念工科，才能够挣钱，养家，吃饭，可以生儿育女。我也没有办法了。那考什么系好呢？我看招生简章里有一个航空系，航空不就是设计飞机吗，那可是新玩意，这个专业还不错，就报了航空系。结果考上了，就真正进大学念了航空工程系。但是念了一年，就是1947年，我在报纸上看到一条消息，说有个留英的航空博士，回国以后因为老是找不到工作，最后上吊自杀了。我看到这个消息，就像兜头淋了一盆冷水，我想我无论怎么努力，也学不到那个英国博士的水平啊。

主持人 而且假如中国没有建立航空工业的话，学了也没有用。

潘家铮 那年航空系毕业的同学都找不到工作。这种情况之下，我没有办法，只能再转系。转什么系好呢？有人给我出主意，说土木系最好了，就业非常广，搞搞测量也可以，修修公路、修桥、修铁路也可以，实在不行还可以装装抽水马桶。觉得有道理，就从航空系改到土木系。

主持人 您是什么时候开始对所学的土木专业感兴趣了？

潘家铮 我这个土木系，一念就念到毕业了。毕业的时候新中国已经成立了，新中国成立后，就是我毕业的那一年，还没有统一分配之说，还是要老师、教授给你介绍。那个时候在杭州，就有一个钱塘江水力发电勘测处，是国民党留下来的一个小单位。主要是勘探钱塘江的水电资源。我的老师给我介绍到那里，我心里很不乐意，但是为了吃饭问题，就跑到那里去了，那儿工资还不错。那个时候，还谈不上修建水电站，到那儿去也是打发打发日子。但是进去以后，就没有再出来了。从1950年到今年2004年，已经五十多年了。

主持人 半个世纪了。您是在干的过程中，才对这个事儿感兴趣的？

潘家铮 从1951年以后，我们国家的经济建设飞快发展，水电工程也上了路了，发展速度难以想象。我是赶上了好时期了。

主持人 其实很多人是爱一行才干一行，特别是我们采访的很多"大家"都是，很多人都是爱这行，从小就觉得我应该在这一行去做，您是干了这行，才爱这行。

潘家铮 我是颠倒过来了。

主持人 但是这行是不是也给您带来了很多苦恼？我看到后来您好几次提到您想改行，曾经想改行去蹬三轮车，还想过自己开个上海"潘记馄饨铺"，是吗？

潘家铮 改行是十年浩劫的时候，才有这个想法。开馄饨铺的想法是在十年浩劫以后，我觉得大家好像都在那里赚钱，也想多赚点钱。我想开馄饨铺是一个好主意。北京那时候，你想找一个小吃摊都很困难。我们的上海馄饨在北京肯定能受欢迎，北京的同胞只要能品尝到上海馄饨的味道，一定会大开胃口的。

主持人 在当时，应该说您是很有市场眼光的。那是什么时候？

潘家铮 是80年代初期。但是我光动嘴不动手，还是开不起来。你要开一个小吃铺不容易的，要把渠道都打通可不容易。

主持人 比设计一个大坝还难？

潘家铮 困难得多。你想呢，要使这个馄饨铺能站得住脚，第一你要先有一个执照，租间房子，这个我没法搞。另外，做馄饨要面粉要猪肉，要各种各样的原料，我也拿不到。即使我能做起来，要有客户，要把客户拉住了，也不是我力所能及的。经过反复研究还是不行。还得设计大坝去。

主持人 我觉得非常有意思。我怎么也想象不出来，搞一个馄饨铺，还会比设计一个水坝难。

潘家铮 因为每个人有每个人的特性，有他的特长，开馄饨铺肯定不是我的特长。非要搞的话，也会垮。有些同志擅长这个，他可以搞得很兴旺发达，但我不行。

主持人 您和修水坝有一种您自己都没法割舍的情缘。我看到您在一篇文章里写到，假如说我们的水电事业需要有人奉献生命，您说您会第一个去报名。

潘家铮 是这样的，干这一行，干了几十年，对它有了非常深的感情，我就有这样的想法，愿为它献身。我记得我小的时候，在故乡参观过一个很古老的水闸，叫三江闸。这个三江闸还有个传说。说这闸老是修不成，后来有个汤太守到那里去当地方官，他就想把这座闸修起来，也是没有修成。就到城隍庙去求梦，梦见菩萨告诉他，要想把这座闸修成，一定要在这座闸的底下压一个人才能行。被压的这个人戴了顶铁帽子，5 月 5 日你去找，哪个人戴铁帽子，就抓哪个人。于是，他就派人去找。怎么会有人戴铁帽子呢！那天下雨了，有个人买了口铁锅回家，因为下雨，就把锅倒扣在头上，汤太守的人看准了，就是这个人。把他逮住，然后告诉他，要把他压在这个闸底下。那人说我有什么罪，要这样子对我。汤太守告诉他，你没有罪，但不把你压在下面闸就修不成。他听清情况以后，慨然同意献身。后来把他压在下面了，这座闸真的修成了。这只是一个故事，听的时候我有很多感触。我想，原来要想修成的话，还得有人献身才行。这个故事还是有一定意义的。如果某个工程要人献身的话，我愿意去，千秋万代给人民造福。

主持人 但是治河实际上就是一件生命攸关的事情。您所从事的工作，的的确确是一个责任非常重大的工作。

潘家铮 我们建设的每一个水利水电工程，没有不死人的。很多很多好同志，都为了建设水利水电工程献出了自己的生命，想起来就痛心。20 世纪 60 年代我们开发锦屏水电站，虽然锦屏水利到现在为止还没建成，但已经牺牲了几十条人命。有的人在测量的时候从山上掉下去了，那个地方穷山恶水，山势非常险峻，也没有路，稍微不注意就掉下去了。有的人是在江里面翻船淹死的，有的是生病死的。几十条命都死在了雅砻江上。所以建设水利水电工程要有人献身。还比如建三线工程，也是做了几十年工作，不知道有多少人为此献出了生命。

主持人 从您主持设计新安江水电站开始，您就承受过由于政治变化带来的种种压力。您给我们说说，当时是一种什么样的压力？

潘家铮 中国的知识分子，特别是科技人员，搞工程建设的时候，都要承受各种压力。我们中国跟外国有一些不同，外国的科技人员，他们主要承担的压力，是技术方面和经济方面的压力。而我们除了技术和经济方面的压力，还有一个政治压力。中国的技术要服从政治，这个问题就复杂化了。当初我参加工作的时候，从来没想到有这方面的压力。比如新安江水利工程，是 1956 年开始筹备，1957 年下河去做导流工程，1958 年正式开工。正式开工的时候，就是"大跃进"的时候了。1960 年，大坝开始蓄水发电，正是"左"倾风刮得很厉害的时候。那个时候，我被任命为新安江的副总，同时又任新安江设计组的组长。本来上面还有两位老总，担子应该是他们去挑的，"大跃进"一来，他们都去承担其他更大的工程去了，结果这个新安江工程就由我干到底了。"大跃进"运动刚开始的时候，我非常积极，积极投入到运动中去，全心全意地拥护党。那个时候，全国人民有一种要求改变面貌的强烈愿望，党提出"大跃进"方针，大家都非常兴奋，我当然不例外。所以，我修改图纸，节省工作量，出了很多主意。工地上的党委非常满意，给我戴了顶积极分子的帽子，很看重我。但不久我就发现这个运动已经走火入魔了，它把科学当作迷信了，所有的正规步骤全部打掉了，完全靠政治挂帅，工作质量下降，想怎么做就怎么做，换句话讲就是蛮干乱干，这样下去是要闯大祸的。我不能不想办法，但怎么办呢？要硬顶它，那个时候承担的压力就很大了。在那个时候，党委讲的话是真理，你只能够去信，不能去对抗。在这种困难的局面下，我确实挖空脑筋，采取种种办法，一方面必须制止他们这么做，但又不能正面违抗。要解决这个问题多难啊。

主持人 全国上上下下都在"大跃进"，在这种情况下，当时的党委也提出了很多不符合科学规范的要求，您今天还记得都有什么样的要求吗？

潘家铮 我举个例子，浇铸大坝的混凝土，按照常规的做法，混凝土应该搅拌好了，送到工地上去，再用吊罐入仓，摊平，振捣。他们为了要快，就把车里的混凝土，从边坡顶上倒下来，天女散花般地散到下面，也不去平仓振捣。第二次又这样倒下来。结果这混凝土千疮百孔，跟"萨其马"一样，有很大的孔洞，最后补强的时候，可以灌进上百吨水泥。

主持人 这么干，大坝还能站得住吗？

潘家铮 大坝站不住了。那个时候我不是党员，所谓一介平民，更没有决定权。跟党委去对抗，这是根本不可能的事情。但我也有个有利条件，我手下几十个设计人员听我的话，首先我可以把好图纸这一关。要把好质量这一关，先把图纸的关把好。其次利用设计人员的身份，要求按图施工，按照工程方案施工，如果违反，我就写一个备忘录，发到设计院和上级。这样一来就大大拖了"大跃进"的后腿。工程基层单位非常恼火，他们就用政治学习来总结教训。他们指出，每当群众要"大跃进"了，形成大好的时候，设计组就跳出来破坏，然后就具体点名点姓，说我们反党，反对"大跃进"。

主持人 这时候您怎么办？

潘家铮 向上海的设计院告状，北京有个水电总局，有一个水电部，向他们告状，说明工地这样子搞，违反了设计规划。另外我也搞"统一战线"。工地上有苏联专家，我认为这是可以依靠的力量，找苏联专家出面说话。另外在工程局里还有一些老专家、总工程师、技术处的处长啊，他们跟我有共同语言，都是基层人员，做他们的工作。我就组织了这个统一战线，来内部提意见。但这些还是收效不大，没有办法，走投无路，那只好贴大字报，直接批判工地党委。这可说是九死一生的事情，因为确实没有其他办法。

主持人　您当时贴大字报是批评党委，这个结果会怎么样，您想过没有？

潘家铮　这个结果可想而知，这时候是什么时候，就是全国已经开始反击右派了，工地上因为施工很紧张，运动稍微滞后一点，慢了半拍。工地党委正在"补课"，正在发动群众，号召群众大鸣大放，说有什么意见都可以提。有点脑子的人都知道，已经不是这样了，他们在引蛇出洞。但我想来想去，意见非提不可。为什么呢？你不把自己推到群众那边，让大家来讲话，靠少数人在开会时抵抗是不行的。我就想利用大鸣大放的机会，把事情通报到群众当中去，让大家看看，这样做行不行，有什么后果。

主持人　假如您当时就按照他们的要求去做了，那结果会是什么样子？

潘家铮　当然是不堪设想。因为新安江这个坝，上面水库有 181 亿米^{3}的水，有几十万吨的力量压在这个大坝上。高压水是无孔不入的，在实际施工中留下的任何漏洞，它都要钻进去进行破坏，它不会因为你的豪言壮语减少一吨力量。如果就这么干下去，大坝是有失事的危险的。一旦垮坝的话，这一百几十亿立方米的水冲下来，不要说下游什么建德、桐庐、富阳这些县是一扫而空，就是杭州也要变成泽国。这比印度洋的大海啸还要厉害啊！我不能不抗争到底了，所以只能拼这条命了。我就把这个问题用大字报的形式，把它暴露到群众当中去了。让大家来看，这样子干下去行不行？我想只能这样做，可能才有些作用。

主持人　您这样做可能会把您推到右派的位置上去。

潘家铮　十有八九是右派了。当时，我一口气写了一百几十张大字报。第一批大字报贴出去的时候，心里面有点悲壮，好像海瑞抬着棺材去上书。也有点"风萧萧兮易水寒，壮士一去兮不复还"的味道，豁出去了。我把大字报贴好后，回到宿舍里收拾行李打好包，预备他们来批斗右派了。当时的情况是这样，有些人根本没有点名点姓批评党委什么什么，只是轻描淡写地写了点什么意见，最后就都变成右派了。我当时点了党委的名，是捅了马蜂窝。

主持人　那个时候，您可能会想到，一旦按照这种不科学的规范去做了，您可能就会成为一个千古罪人，尽管并不是您的责任，但您作为设计人员，可能必须承担这样一个后果。

潘家铮　我当时想，反正逃不了，要是真的工程出了事，我是设计组的负责人，怎么逃得掉责任？一旦出了事，有些领导都会讲，我们是大老粗，我们不懂技术，还不是听你的嘛！我反正逃不掉，与其这样，还不如破釜沉舟闹一下算了。

主持人　这样破釜沉舟的结果，可能是牺牲了您自己，但是下游不会有大问题。

潘家铮　我就这么想的。大字报贴出去以后，确实也轰动了一下，但真正解决问题，也不是靠这些大字报，而是以后事态的发展和上级的干预。我当时想，这样赤裸裸地攻击，他们怎么不把我打成右派呢？我就分析这事儿，认为有三个因素。第一个因素，不久后出了严重的质量事故，惊动了北京，最后总理到工地上来了。在这个情况之下，把我打成右派，形势上不大对头。第二个因素，施工非常紧张，这个时候把我打掉，换一个新手上来，会严重影响工程进度，不便对我马上下手。第三个因素，虽然我在工地上，要接受工地党委的直接领导，但我毕竟单位在上海，要把上海来的打成右派，还要征求一下上海方面的意见。上海方面有几个领导同志，当时是支持我的，在他们都被打下去之前，也不能动我啊！

主持人 当时您这一赌还是赌赢了。

潘家铮 我幸免于难，没有戴上右派帽子。这样的事外国的知识分子绝对是不会碰到的，中国的年轻一代也是想象不到的，他们听到这些事，都觉得是天方夜谭。可以五六十年代时，全是客观现实，非常残酷的现实。但作为一个水利工程师，作为一个大坝的工程师，首先想到的是千百万老百姓的生命财产安全。一家工厂垮台了，最多就影响工厂。一座水利工程、大坝工程要是出了问题，它的影响就太大了，所以作为一个大坝工程师，你要把群众的安危放在第一位，其他的不能考虑，跟这个不能比。

主持人 在"文化大革命"期间，您曾经历了很大的磨难。

潘家铮 "文化大革命"的时候，九死一生，差一点死了，因为设计院是"反动学术权威"成堆的地方。1966年6月"文化大革命"开始的时候，先是批邓拓，后来转到内部。我们设计院的党委连夜开紧急会议，研究把什么人抛出去。形势很清楚，你要是不能把别人抛出去，你自己就垮台。会议一开，大家异口同声，把我抛出去最合适。

主持人 为什么是您最合适？

潘家铮 我是头号反动学术权威嘛，反动表现非常突出。党委马上布置积极分子，连夜写大字报，让干部部门把材料抛出来，内部档案多得很，什么时候讲过什么话都有记录。到第二天，开动员大会，很多人是带着大字报来的，东西都写好了。设计院院长到台上动员的时候，只讲了三句话，"把我院所有牛鬼蛇神通通揪出来"，就这样喊了三声，散会。十分钟后，大字报就全都贴出来了，全是攻击我的，一共一千多张。到底人多力量大，从办公室贴到餐厅，从南京路贴到九江路，盛况空前。那个时候我还在四川支援三线建设。设计院刚刚参加工作的青年，看了大字报，都想象不到，上海设计院里还有这么凶恶的反革命知识分子，埋得这么深，干了那么多坏事！就把我从千里之外的四川工地揪回来。他们在这里动员群众，我还在那里老老实实研究怎么解决工作中的问题呢，就无缘无故地被揪回来了。我一到设计院，首先让我去看大字报，我一看大字报就愣了，我怎么从一个积极分子、知识分子的好榜样，一下子堕落为反党反社会主义反毛泽东思想最凶恶的敌人了？看了大字报的揭发，我要是有心脏病的话，肯定是活不了。我的罪行铺天盖地，枪毙都便宜了我。说我怎么反党，怎么腐蚀青年，还有说我是地主阶级的孝子贤孙、国民党的残渣余孽，我看了后觉得快要昏过去了。当时就想，已经没有指望了。有句俗话叫作"虱多不痒，债多不愁"，反正也没有出路了，就破罐子破摔，让它去吧。

主持人 您当时以这样一种心态来对待这件事？

潘家铮 没有办法了。"文化大革命"它有个特点，跟过去的运动有所不同，它不但在精神上进行千奇百怪的迫害，而且也对你的肉体进行残害，过去的运动至少还没有上刑。我可是全经历了，什么打耳光、吊大牌、下跪等，地面上弄了许多碎玻璃片，让你跪在上面，低头弯腰，几个小时不让你起来。后来我专门学了一种功夫，就是"低头弯腰功",弯腰一两个小时不在话下,那种日子确实有点受不住。有一次,全院专门开批斗我的大会,让我跪在台上,革命群众一个一个地上台来揭发批判我,都是慷慨激昂。最后上来一个工人,他大概要表示他作为工人阶级对反动阶级的刻骨仇恨,迎头一拳,就把我的眼镜架打断了,碎片卡到眼睛里面去,满脸都是血。下面有几个人实在是看不下去了,提前走了。想起这些就有些后怕,真是受尽了磨难。

主持人 在您的设计中有很多创新,甚至有很多地方是前人没有做过的。每当做这种创新的时候,您会不会考虑,我这样做也是会冒风险的。

潘家铮 按辩证法办事,做两方面考虑。第一,科学和技术总是进步的,水利工程和大坝工程,也是日新月异,要发展,要进步的。另外一点,大坝工程不比其他,要出事的话,后果是非常严重的。

主持人 您认为是有把握的事情,但是别人认为这是冒险,怎么办呢?

潘家铮 从科学的角度来讲,无论做什么事完全没有风险是不可能的,要完全没有风险,你什么事儿都别做。你到马路上去,也有被汽车撞死的可能性。只要通过详细的计算、评估,认为这个风险度非常低,就像你去买奖券买到头奖的概率,甚至比这个可能性都低。你连这样低的风险都不敢冒,那就连上马路都不行了。

主持人 但是做出这样一个判断,也是需要大量的积累和大量的经验。

潘家铮 一个是需要做周密的风险评估、实验验证。另外一个需要逐步积累经验,有些东西也不是书中能说得清的,确实是靠你的经验来判断。

主持人 做工程技术,有一个定律叫作墨菲定律,就是说发生某件事情,只要万分之一的可能性,它一定就会发生。您是不是也遇到过这样的事?

潘家铮 有。这个墨菲定律用我们中国人的话讲,就是"说到曹操,曹操就到"。龙羊峡工程在施工的时候,就遇到了两百年一遇的洪水,当初根本不想象不到。

龙羊峡在施工的时候,在黄河上修了个围堰,就是把黄河拦起来,水从旁边一个洞子里流到下游去,形成基坑施工。这个围堰是临时建筑物,设计标准不能过高,遭遇特大洪水,是会被冲垮的。一库水泄下去,影响也很大,恐怕要把青海的一些黄金宝地都冲掉。龙羊峡的下游都是青海最富裕的宝地。在这之前,水电部也很关心,要求我带队到工地上去检查一下,看看防汛措施是不是落实到位了。看完之后,我们感到很担忧,防汛工作没有准备好。那个时候,大家全部精力都放在抢修工程,加上黄河这么多年也没有来什么大水,谁会想到有百年不遇的洪水?我们就反复地讲,要求他们做这个做那个,按最不利情况作好防汛工作的准备。我们的工作组下去是不受欢迎的。人家都在那拼命地抢工,你让人家搞这个搞那个,谁乐意啊?

主持人 他们认为这与工程无关,妨碍了工程的进度。

潘家铮 而且大汛期已经过了,已经到了九月,大家都放心了。但天有不测风云,突然上游下大雨、下暴雨,水势猛涨。工地只好赶紧连发电报催北京来人,去指导防汛工程怎么做。水利部也有点乱套,首先派了一位副部长,叫李鹗鼎,这位同志现在过世了,李鹗鼎就带了我,当时我在总院工作。我们两人先去,后来形势不对,暴雨不停地下,水来得多,泄得少,堰前水位一个劲儿往上涨。我们动员全体人员,深夜加班,把围堰抢高。围堰是石头堆的,只要一过水非垮不可。随着水势越来越大,紧急通知下面各个县的老百姓撤退了，至少不能死人。我们还通知下面的刘家峡水库做紧急准备，如果把刘家峡水库冲了，后果不堪设想。上级看问题不寻常，就派了第一副部长李鹏去坐镇。跟洪水做了坚决斗争，勉强渡过了难关，围堰还是挡住了洪水。围堰上面有一个意外泄洪道，把这个泄洪道也给扒开了，帮助泄水。泄洪道打开后，水泄下去了。但它是把双刃剑，一方面帮助泄水，另一方面，水冲下来后，冲在基础上面，容易把底部掏空，加速垮台。最后做了点保护工作，总算顶过来了。那几天日子也真是不好过，我们还担心那个导流洞，里面没有很强的保护装置，这样大量的洪水日日夜夜地冲，万一隧洞垮掉了，那就绝对没有生路了。

雨还在继续下，我通过计算，把水位变化的趋势画出来了，看它有没有可能漫顶。但涨到后来，慢慢地平了一点。这个时候就有希望了，也是最困难、最紧张的时候。这是人跟老天爷在斗争，看谁能坚持到最后一分钟。所有的人疲倦得不得了，日日夜夜这么干，硬是把围堰加高了。老天爷有点力不从心，雨量慢慢小了，最后水位终于稳定下来了，离设防的最高水位还有一米多差距。洪水在涨到顶后维持了一段时间，然后就开始落下去一个厘米。我心里有说不出的痛快。这一个厘米的下降，意味着人已经战胜了。以后老天爷就好像是兵败如山倒，水位一直下落，就把这个工程给救出来了。像这样的事儿，我确实碰到了，所以我们搞工程的人，总得留一手，真正碰到那样的情况，你得留条后路，不留后路那是不行的。

主持人　一定要想到万无一失。

潘家铮　就说三峡工程，有的人认为从防洪上考虑没有什么必要，遇特大洪水的机会太少了。确实要留条后路，如果没有三峡工程，碰到了特大洪水，下游的荆江大堤都挡不住，非垮不可，后果是无法想象的。针对这样的大洪水，你得留条后路，就是要利用三峡工程来拦蓄洪峰，另外开放下游一些蓄洪区，使大堤不垮，避免发生毁灭性灾害。

主持人　现在对建大坝的质疑声好像越来越大，有人甚至提出，已经到了炸坝的时代，修坝的时代已经过去了。而对这样的声音，您会怎么想？

潘家铮　我一直想，世界上任何事物，不可能有百利而无一弊的，什么都好，一点毛病都没有，这样的人没有，这样的事也没有。特别是建一个水利工程，它总是有得有失，必须权衡得失。如果你所得的非常重要，好处非常大，确实是需要做的，那你就应该肯定这个工程，否则，我们什么都干不了了。我干了五十多年的水利工程，应该说这些工程都是必须兴建的。我们五十多年来发展了多少灌渠，生产了多少粮食，还是那么多田地，却养活了 13 亿人民。没有水利工程，13 亿人民能衣食无忧吗？在发电方面，去年全国的水电装机，已经超过一亿千瓦，成为世界上头号的水电大国。我一直认为，中国今后要发展，有粮食方面、水资源方面和能源方面的危机。但是这三个危机中，我认为能源的危机最麻烦。毕竟每个人吃的粮食不可能无限制增长，只要我们好好保护耕地，搞农业现代化，我们这点土地，养活十多亿人口是行的。水也紧张得不得了，但毕竟是年年循环的，老天爷每年都要下那么多雨。如果你真正能够节约用水，高效用水，不污染水环境，并修建必要的调水工程，水的问题也是可以解决的。水的使用量也不可能无限地增长，但能源的需要量在今后一定时期内会持续地增长。我们的石油、天然气资源是非常短缺的，现在主要靠煤。但无限制地挖煤、用煤、烧煤，其后果是非常严重的。其他的先不去讲，对环境的污染就是很大的。不但影响中国人民的居住环境，而且对全世界的环境都有影响，污染是没有国界的。但我们又离不开煤。目前中国的情况，我说严重一点，就是那句话：中华民族到了最危险的时候。我想我们能够采取的措施是，尽一切可能减少煤的用量，从而减少煤的污染，控制在可接受的范围内，开发水电就能够在一定程度上起到这个作用。当前，所有的清洁可再生能源中，只有水电能够大规模商业化地开发，另外像风电、地热、太阳能，都应该搞，但在相当长的时间里，这些形成不了气候。我们水电主要的优势在于中国水电资源举世无双。根据最新调查的资料，中国可开发的水电如果全部利用的话，每年可以发两万四千亿瓦时的电，如果烧煤来发电，每年要烧掉十二亿吨，如果拿石油来发电，每年要用六亿吨石油。而水是可循环资源，年年可以用，煤矿和石油用了一吨就少一吨，最后就采完枯竭了。

主持人　现在反对的声音认为，开发水电同样也会有环境问题，特别是对当地居民的历史文化和生活环境有破坏。

潘家铮　我们以三峡工程为例，水电工程对环境的影响，最主要的问题是移民和淹地。如果你能把这个问题解决好，其他问题都较易解决。过去在开发水电时，因为这个问题没有得到重视，没有处理好，造成了不良后果。而今后中国搞水电工程，绝大部分是在西南的深山峡谷之中，那些地方移民和淹地数量相对少，不可能像三峡工程那样搞百万移民。所以只要认真对待，移民不会成为受害者，相反他们有经济上翻身的机会。西南的峡谷里面，老百姓的生活非常穷苦。我们依靠工程建设，把他们迁移出来，好好地安排，他们才能真正在经济上翻身。这完全取决于我们的工作是不是认真去做了。除了移民，其他对生态环境的影响很多，可以列几十项、几百项，需要仔细分析。到底是正的还是负的，影响到什么程度，可采取什么措施减免或补偿。我认为比较重要的还是对水生生物的影响。因为水坝修在河道里面，总会影响鱼类的生活和生存。这就要作具体调查。对于常规鱼类，如影响了其产量。可在水库里养鱼补偿，建库后甚至可以增加产量。如果破坏了珍稀鱼类的生存环境，那么可以人工繁殖。所谓珍稀鱼类，显然其数量已非常稀少，这应归咎于长期以来不加以保护，以至滥捕乱杀，破坏了它的生存环境。任何物种，当它的数量降到一定程度之后，就难以自行繁衍下去了。建坝也好，不建坝也好，它都要灭绝的。要是建坝，还可以利用工程的投资，进行保护或人工繁殖，争取把这个物种保存下来。比如说中华鲟，本来说修了葛洲坝就会灭绝。现在保护得很好，人工孵化，每年几千万尾放到大江里去，而且已经有所回流了。还有一些非常珍贵的鱼，像白鲟、白鳍豚，不建坝，这个品种就能保存下去，建坝了就灭绝，应该不会吧。唯一的办法就是改人工哺养、人工繁殖，才能把这个品种保留下去。

另外的影响还很多：对气候的影响、对景观的影响、对文化古迹的影响等。要具体分析解决，有的影响轻微，有的是过去的失误，今后可以避免；有的有待历史验证。不宜有点副作用就给戴帽子，一棍子打死，这不是科学态度，对国家绝无好处。

主持人　像您这样的工程技术人员所面临的，是发现问题，然后寻找解决问题的办法，而不是轻易地肯定或者轻易地否定。

潘家铮　在这方面，反对建坝的人，有他们的贡献。他们把一些问题提出来，提醒大家，使大家可以更深入地研究分析解决问题，避免失误，这是他们最大的贡献。

主持人　作为大坝的建设者、设计者，您会不会想到这样的问题：我做的这件事，在几十年、几百年后，后人会怎么来评价它？后人会怎么来评价您呢？

潘家铮　有许多工程，它的盖棺论定，恐怕要几十年、上百年以后才能看得出来。但是我认为，建坝是人类文明发展过程中必然的趋势，人要对自然进行适当的干预。原始社会里，人类没有定居点，过游牧生活，洪水一来就逃避，这样的文明，不能够永远保持下去，如果老是这样下去，就没有发展了。后来从游牧生活，变成农耕，种田了，定居了。要定居，就必须解决洪水问题，就不得不修堤，不得不控制洪水，这是不可避免的，尽管在这个过程中，人们有过失误，但这是发展的正道。你要定居，你就得解决这些问题。到了第二阶段，人们就吸取第一阶段的教训，迷信人定胜天，好像有科学技术，就可以让大自然完全为你服务。在这个错误思想的指导下，干了一些傻事。到第三阶段，我们应该学会跟大自然和谐共处，不能这样子无休止地掠夺下去、破坏下去。我们需要的是总结经验，汲取教训，改进工作，而不能把第二阶段的工作全部否定。过去中国 50 年代修的这些大水利水电工程，应该说绝大部分是经得起历史考验的。它们的千秋功绩，是应有一个正确的评价的。对是对，错是错，功是功，过是过。我对投身水利水电建设没有后悔。

主持人　在你们工程界是不是也有一句话，叫作摇头容易点头难？

潘家铮　恐怕不只是工程界，其他行业也是这样子。挑挑毛病很容易，就说写诗，哪怕是李白、杜甫的诗，人们也可以挑出毛病来。但是请他老人家自己写一首，做个样板，他恐怕是写不出来的。如果写了出来，他自己讲的毛病都会在里面。所以是摇头容易点头难。

水电建设集团是高层次的单位
希望它能高瞻远瞩

中国水电建设不仅史无前例，而且世无前例

记者 非常感谢潘院士在百忙之中接受我的采访。客套话就不多说了，第一个问题：请问潘院士，中国水利水电建设在当今世界处于什么样的地位？我国的水电开发技术目前在世界上处于什么水平？中国水电建设对世界意味着什么？

潘家铮 我认为，中国的水利水电建设，它的规模和速度，目前处于没有前例的地位。两个无前例，一个历史上没有前例——史无前例，另一个世界上也没有前例——世无前例。一般来讲，实践出真知，我们的建设规模这么大，发展速度这么快，相应地，我们的水电建设在世界也应该处于先进水平，为其他国家，特别是发展中国家提供了很好的范例。当然，我们在效率和创新方面，也还有不足之处。

记者 任何事情都是利害相生的，水电开发也是如此。您怎么看待水电开发的利弊关系？

潘家铮 关于水电开发的利和弊，总的来讲，我认为是利大于弊，而且"利"是非常重要的，有些是不可替代的。弊呢，相对是次要的，而且是可以采取措施减免的，即使不能完全避免，至少可以减轻一些。现在人们常批评水电开发对生态环境不利，我认为即使在生态环境上，也是利大于弊，这个是很清楚的。我们国家的发展，我们环境的保护，受到能源的严重制约。中国是一个（能源）以煤为主的国家，在世界大国中是很少的。大量烧煤，什么温室气体啊，什么二氧化硫啊，什么氮氧化物啊，大量的废渣啊，都产生了，地下都采空了，地面废渣成山，这种后果不断地积累，越来越严重，已成为我们的心腹之患。尽量多地开发水电，尽可能减少燃煤，利用这个清洁的、可再生的、无穷无尽的能源替代部分燃煤，对生态和环境的利非常巨大，目前还没有其他更现实、有效的替代办法。我们看利弊得失不能光看一面。这就是我对水电利弊的看法。当然，这样讲，并不是说对水电产生的弊可以忽视，可以视而不见，可以不吸取教训，不是这个意思。我们总归要站得高一些，看得远一点，用长远的目光看待这个问题。

50 多年水电建设的成就非常巨大，不容否定

记者 1950 年您从浙江大学一毕业就进入我国水电建设领域，一干就是 50 多年，并成为我国水电建设的专家、权威，可以说，您是新中国水电事业发展的全程参与者

本文刊登于 2007 年 4 月 19 日《水利水电工程报》，采访记者为韩磊。

与见证人。您如何评价中国 50 多年来水电开发及江河防洪的成败得失？您对我国未来水电开发建设及江河防洪有何忠告？

潘家铮 首先，我不同意你对我的称谓。人家说我是什么权威、泰斗，我听了当然很高兴，心里甜滋滋的。但是说句客观的话，我虽不敢肯定在科技领域有没有什么权威、泰斗，但我敢肯定一点，不存在 80 岁的权威、泰斗。为什么呢？权威、泰斗，意思就是说，他看的东西都比别人准，他懂的东西都比别人多，他说的话都是对的，不说一句顶一万句，也至少一句顶一百句，这样才叫权威、泰斗。你想想看，科学技术发展得这么快，一个人到 80 岁了，心理上、生理上的老化是自然规律，你到了 80 岁还想什么都比别人懂得多，没有这样的事儿！如果这个国家权威、泰斗都是 80 岁的人，我认为这个国家就完蛋了。院士也好，权威也好，泰斗也好，老专家也好，唯一的好处，就是他走过的路比别人长，经过的挫折比别人多，他可以把过去的经验教训总结总结，如果能够客观地总结，告诉年轻一代，对他们有好处，仅此而已。请你们千万不要对院士、权威有什么迷信。已故的两院院士王选，就是那个搞激光照排的人，有句话非常有意思。他说，当他做出贡献的时候，他不是院士（那时候他非常年轻），当他当院士时，他做不出什么大贡献了。王选院士是个讲老实话的人，他讲过的许多话非常有哲理。

我认为，50 多年来，中国水电开发和江河防洪的成就非常巨大，不容否定。旧社会，三年一小灾，五年一大灾，无论是洪水泛滥还是旱灾，赤地千里，后果是极其严重的，死人几十万，流亡、逃亡几百万人。像黄河、长江都是这么个情况。经过 50 多年来的水利水电建设，艰苦建设，像那样的毁灭性的灾害，避免了，没有了。新中国成立后，你哪里听说过有几十万人、几百万人流浪逃亡的？我们的灌溉面积大大增加了，我们用世界 7% 的土地，养活了世界 22% 的人口，没有水利建设，你能行吗？不可想象。我们的水利水电建设，为工业、农业、人民生活，提供了充足的水源，提供了充足的能源。没有水利水电建设，国家怎么发展呢，人民怎么富裕呢？所以从这个角度来看，50 多年的水利水电建设的成就是非常巨大的，不容否定。但是，与此同时，确实也应该清醒地看到，在这 50 多年的建设当中，我们走过一些弯路，有过一些教训，有些教训甚至是很深刻的。总之一句话，没有做好科学发展，没有做到和谐发展。尤其在生态环境方面，过去重视不够，甚至是没有考虑这方面的问题，确实引起过一些后果，甚至严重的后果。

之所以走了这些弯路，我想主要是两方面因素。一方面，国家近一两百年来一直非常贫穷、落后，几乎到了亡国灭种的地步。新中国建立以后，迫切需要尽快地发展，要是速度上不去，一切都是空的。这个任务太重了，因此有时候有些顾不过来。如果一开始就要求做得面面俱到，不留后患，发展速度一定慢。第二个因素呢，我认为，过去很长的一段时间之内，"左"的思想统治了一切，这里面有个错误的思想，认为人定胜天，人想得到就办得到，人可以征服大自然，改造大自然。这个自然，我要它怎么样，它就怎么样，这个说法是不对的。恐怕这两个因素是我们过去走弯路的主要原因。今后，我们要吸取过去的教训，避免走这些弯路，但是绝对不允许否定过去的成就，希望大家看一看旧社会的那些血泪历史，就能够更好地理解这一点，客观地看待这个问题。

三峡工程的经验成就是主要的，而且非常出色

记者　向家坝工程开工前夕，《中国三峡工程报·金沙江报道》记者采访您时，您曾经说过，"三峡工程是一面镜子，向家坝工程建设要充分吸收三峡工程成功的经验，还要避免三峡工程走过的弯路，充分吸取三峡工程的教训。"三峡工程建设成功的经验大家了解的比较多，但关于弯路和教训却知道得很少，能不能请您详细谈一谈。另外，您对三峡工程的反对派有何评价？

潘家铮　关于三峡工程，我认为经验和成就是主要的，而且是非常出色的。当然，任何工程也不可能尽善尽美，总是有一些缺点和教训值得吸取。比如，在工程建设方面，三峡二期工程就出现过许多比较大的质量事故。现在大家记忆犹新的，基础部分的混凝土，出现过非常严重的不密实的情况，通过有的混凝土钻孔，可以灌进去几十吨水泥，这就非常严重。再比如，导流底孔，这是决定工程成败的一个部位，施工完成拆模后，发现表面非常粗糙，质量很差，这样的表面，在高速水流作用之下，很容易产生严重的后果。还有，二期工程河床坝段和左岸厂房坝段上游面，都出现了很长的裂缝，甚至惊动到中央，有些人炒作得非常厉害。像这些，应该讲都是一些弯路，为什么说它是弯路呢？因为到了三期工程就没有出现这些问题了，质量上了一个很大的台阶。我想，溪洛渡、向家坝工程施工就不要再走这些弯路了，希望它们一开始就是高质量、高标准、高起点。

除了工程建设之外，在移民这个问题上，三峡工程在论证阶段，在初期实施阶段，把这个问题看得太容易、太简单了，把库区的环境容量估计得太大了，认为完全可以依靠后靠解决，实际上没有那么简单。后来，中央采取了积极的措施，把一部分人远迁，迁出去，发动全国来对口支援，比较好地解决了这个问题。原来设想认为移民问题轻而易举，可以不需要花费太多的钱，认为主要依靠后靠就能解决，现在看恐怕这种认识不够全面，硬要这么做，是会走弯路的。向家坝移民数量也非常多，我希望一开头就能脚踏实地地做好。

关于三峡反对派的问题，你方才提到的这些同志，李锐、陆钦侃，我认为最好不要称为反对派，应该叫"对三峡建设的时机和规模有不同见解的人"，反对派这个名字不太确切。你提到的这些同志，都是对三峡工程建设的时机和规模有不同的看法。有人认为，现在不能建，应该推后一些，有人认为，应该建得低一些，不要那么高。这样的不同看法，永远是有的，而且非常正常。对这些问题的讨论、辩论，是非常有益的，如果没有这些意见提出来，当年，三峡工程就那么修起来了，现在看恐怕会留下很大的遗憾。为什么说是很大的遗憾？因为那时候（确定的）三峡的正常蓄水位是150米，你按照150米建成蓄水后，发电量较少，防洪的库容更不够，大洪水来了要超蓄，现在你就困难了。就因为他们的不同见解，重新进行论证，现在这个规模比较使人感到满意，也不一定最优。但是，三峡工程的反对派确实也有，这些不是他们，是别有用心的"反华人士"，那些叫反对派。他们反对三峡并不是真正反对三峡，他是反对共

产党，因为你共产党要修三峡，所以他反对，骂成是共产党的暴政。如果你共产党反对修三峡，可能他就赞成了。这个一定要分清楚，这些人专门跟你唱对台戏，无论你三峡工程怎么搞，他是反对到底的。他恨不得三峡工程来个大毁灭、大破坏，他心里才舒服，可以说是用心叵测。李锐同志不同，建三峡工程，他有不同意见，但是三峡工程发挥了很大的效益，没有产生严重的后果，他是很乐意的。

中国水电建设集团是高层次的单位，希望它能高瞻远瞩

记者 中国现有 20 余万水电建设大军，如果我国水电开发建设高峰过去以后，这支队伍的出路何在？一些有识之士提出将来要进一步"走出国门搞水电"，并"向水电之外的领域拓展"，您对此有何评价？

潘家铮 你们提出来两个出路，一个走出国门，另一个向外领域拓展，我认为，这个提法非常正确。方才我讲了，中国水电建设方兴未艾，还会兴旺发达相当长一个时期，但总会消退。这是从国内看，你要是就整个世界来看，特别是第三世界，非洲、拉丁美洲、东南亚，还有大量的水利水电工程可干，我们中国的水利水电已经有了一定水平，我们有资格、有能力向外拓展，所以走出国门非常重要。

第二呢，就是不能吊死在一棵树上。凡是我能够干的领域，我都要打进去。这里面有一个非常好的反面例子，美国原来有家哈扎公司，当时在国际上非常有名，坐水电咨询的第一把交椅，是最有名的顾问公司。它在全世界拿到很多项目，但它就是吊死在一棵树上，它认为自己的长处就是搞水电，不搞其他的。其他一些公司，也是从水电开始的，但后来看到美国国内的水电资源已经枯竭了，就介入搞其他的，什么火电呀、核电呀，发展得比较好。哈扎公司后来就被人家收购了，变成人家的附庸部门了。我们不能走这条路，要有所准备，不要吊死在一棵树上。有大量的事情可以做，风电呀，火电呀，水利呀，建筑呀。铁路部门就打进了我们的领域，我们为什么不能打到他们里面去？

记者 中国水电建设集团是我国水电建设的主力，您对中国水电建设集团今后的发展有何意见、建议和忠告？

潘家铮 首先，我觉得水电建设集团公司到目前为止，取得了非常大的成就，也承担着很重的任务，我对集团公司的领导和全体职工表示衷心的敬佩和慰问，你们确实取得了很大的成就，来之不易。

关于今后，我认为，你们集团公司是个高层次的单位，它下面有很多工程局、公司，对这样的高层次的单位，总的一句话，希望它能高瞻远瞩，比下面的单位要站得更高一些，看得更远一些，考虑得更周到一些。这是我的一个总的想法。

这个高瞻远瞩是什么意思呢？就是想点长期的问题、远景的问题。方才我讲了，你们不能吊死在一棵树上，要考虑一些远景的问题，将来的发展方向，并为此做好准备。这里面有许多事情可以做。首先要注重创新。现在竞争这么激烈，不是过去计划经济时代了，我这个活给你去做，人家进不来。现在完全依靠竞争，国内面临着激烈的竞争，国际上更不必讲。因此，你自己要是没有些新的东西、独到的东西，我能做，

你不能做，你能做但做不到我这么好，你就很难立足下去。不能永远靠廉价劳动力来解决问题。那么这个创新呢，我们集团公司下面有那么多的工程局、公司，人才是很多的，创新的苗头也很多，创新的成果也不少。集团公司需要花力量，把这些成果集中起来，提高、推广，形成自己的本钱，形成自己的拳头产品。这些事下面的单位不大好做，分散，他也不知道人家什么情况。集团公司下面这些单位千万不要互相保守，创造出来的东西，我自己保守起来，不让人家知道，这样不好。集团公司要想法子，比如采取有偿的方式，把所有的创新作为共同的财富，集中起来，推广完善，形成特长。希望你们能够重视创新。

第二个，就是要走出国门，打进世界市场。这里面，除了技术水平以外，还有个比较困难的问题，就是外语的问题，你不能每个人都带个翻译出去。还有呢，过去我们长期闭关锁国，对外面那一套不清楚，对外面的游戏规则不了解，经过这么多年的发展，我们有了很大的进步，但要进一步打出去的话还不够，集团公司要针对这些拦路虎，采取措施，培养人才、吸收人才。除工程师以外，还要有其他的，比如优秀的经济师、管理人才，外语棒，对国际情况十分了解，我们需要大量这样的人。这样的人下面工程局负担不起培养的责任，这需要集团公司高瞻远瞩、统筹考虑。

由此，我认为集团公司不能光考虑当前的经济利益，怎么把当前的日子打发过去，这三年五年，任务兴旺发达，收入比较多，日子好过，还得要考虑长远。你不能光是搞建设，光是拿一点劳务费，集团公司要继续加大电力开发投资，各种有利的领域都可以投资，特别是水电的投资，这是我们的本行，我有条件呀，而且水电投资，可以说是一本万利。你要能掌握几个大的水电站，集团公司所有的人员，包括退休人员的问题都可以解决，就没有后顾之忧了。我看只要有条件可以大大地发展。不要把拿到的钱，吃光分光，千万不要这样，把话给大家都讲清楚，我想职工能够理解。

一切能减少燃煤的能源，我们都应该积极发展

记者 您对新能源如核电、气电、风电在我国的开发利用有何看法，有何建议？

潘家铮 由于我们国家的能源问题非常严重，特别是环境保护方面的压力太大，所以对于一切能够减少燃煤、切实可行的能源，我们都应该采取积极的态度，尽一切力量把它搞上去。像核电，确实应该多搞一些。到现在为止，核电在电力里面占的比例太小了，即使按照现在的发展速度，到 2020 年，也只能占到 2%到 3%，核电应该大力发展，当然要在合理可行的范围之内。对于气电，气电就是要用天然气发电，因为我们国家的油气资源十分短缺，所以让它做主角，甚至作个重要的配角都有困难，相当部分依靠进口，无论从经济条件，还是从安全角度考虑，让它唱主角是不行的，但是作个重要的配角还是可以的。像我们沿海地区，没有水力资源，也没有煤炭资源，主要依靠远距离输电或输煤，但它的经济实力比较强大，海运方便，适当配备一些气电是合理、可行的。风电也应该积极发展，但我觉得现在的舆论有些做法不太合适，它一味强调风电怎么好、怎么好，说它的资源无穷无尽，说它的造价可以大大地下来，说得过热了，甚至说它的单位千瓦造价可以降到多少多少……实际上的情况不是这样。

单位千瓦的风电和单位千瓦的核电、煤电甚至水电根本都不能比，它的一个千瓦不能抵一个千瓦用，风电的大量上网有很大的困难，不但成本高，而且是间断性的电能，大量上网存在困难。舆论上只讲它的优点，讲它的好处，不提存在的问题，对风电的开发没有什么好处，只有坏处。应该把风电的优点说清楚，但主要要把它的问题摆出来，说透，而且找出解决问题的措施，包括国家采取的政策，这才是对风电真正的爱护。我觉得水电部门在这方面是可以大有作为的，风电是间断性的电能，如能和水电配合起来，抽水蓄能也好，有年调节、季调节性的大水库更好，风水互补就灵活了。所以我们不但要进军风电行业，而且要主动想办法配起套来搞。

一线同志的担子太重了，要适当减轻他们的压力

记者 许多搞水利水电的，特别是工程技术人员，大多能享高寿，比如张含英、林一山、陆钦侃、张光斗等。您怎么看待这一现象？您今年已经80岁了，精神和身体都很好，还经常跑水电工地，请问您有什么特别的养生之道吗？

潘家铮 一个人寿命的长短，取决于很多因素。首先要看先天，爹娘给他的条件。其次要靠后天，自己的保护调养。第三个，很重要的一个条件，要看环境，这个环境包括政治环境。你提到的那些老先生，张含英呀，林一山呀，陆钦侃呀，张光斗呀等，他们都是高层次的人，不是部长就是权威。他们的先天条件当然都很好，后天也懂得调理，另外一个重要因素，党和政府对他们是非常关心的，这个因素你不能不考虑。

我们在看到那些老先生高寿的同时，还要看到，在很多基层单位，特别是一线，有很多好同志英年早逝，他们担子太重、压力太大，而环境条件对他们照顾不周。我特别提出来这一点，提请大家注意。这方面可以举出很多例子，比如华东院的巫必灵，三峡总公司和长江委的王家柱，水规总院的许百立，都是英年早逝，非常可惜。要是他们能再工作20年，就会有更大的贡献。所以希望我们的各级组织，多关心他们，至少对他们体格检查抓得紧一些，适当地减轻点压力。

至于问我有什么特别的养生之道，非常抱歉，我不但没有什么特别的养生之道，一般的养生之道也没有。没有养生之道，就是我的养生之道。当然，我也看一些卫生健康常识，我看这些东西，只了解一些大的方面，我从来不追求细节，我从来不相信广告，也从来不喜欢吃什么补品、保健品，尽管保健品的广告满天飞。别人送的保健品我都转送给别人了。我相信凡是不必需的东西多吃了都是有害的。药也是能不吃就不吃，是药三分毒。有许多问题不能书生气十足。比如我有糖尿病，血糖高，开始也很着急、很紧张，找了一些文章、书刊来看，一看就觉得很麻烦。我就只记几条大的原则：甜的东西尽量少吃（也不是不吃），饭也不要吃得过饱，多运动运动，把握住这几个大的方面就行了。有些材料，给你开出一张表来，你多少岁了，体重多少，每顿饭应该多少卡路里，猪肉吃多少克，盐多少克，这样不但累，而且不可行。每次吃饭你拿个小天秤，带个计算器，每样东西称一称，算一算，你受得了吗？做不到。这就是我的养生之道。

对什么院士不院士，你们不要太迷信

记者 在中国工程院，水电系统施工一线的同志当选院士的很少，前些年有谭靖夷、马洪琪，屈指可数，近几年干脆就没有人当选了，问题何在？

潘家铮 首先呢，工程院包括的范围非常广，所以每个领域能够选进的院士确实很有限。它有 9 个学部，每两年选一次，一次只有 60 个名额，实际上都是选不满的。60 个人分到每个学部，两年选不到 7 个人。而这个学部里面，水电是在土木建筑水利学部里面，它的范围又很广。土木包括铁路、公路、桥梁、隧洞、岩土、材料、力学、地质，这些都叫作土木；建筑，什么城市规划呀，什么高楼大厦呀，市政工程、风景园林呀，建筑设计呀，建筑美学呀，建筑史，都叫建筑；水利呢，有水文、水资源、河流动力、水工结构、农田水利、港口海岸等，水电只是其中一门，还包括测绘工程，这个测绘不是一般的测绘，指大地测量、航天测量和地理信息等。这么一个学部，两年选不到 7 个人，水电能指望选几个人？在水电范围里，施工一线，更困难一些。为什么呢？大概制度上也有问题，在评审院士时，常常要看他得到过多少奖项，什么国家大奖呀，省部级一等奖、二等奖。我们搞施工的人，获奖往往是集体成绩，你算到哪个人头上去？另外还要看论文，发表论文多少篇，在国际期刊上发表多少篇，被人家引用多少次。搞施工的人，哪有功夫去在国际期刊上发表论文？水电本身院士人数已经很有限了，在这里面，施工一线能当选的恐怕就更少了（笑）。但是我们也不能对此失望，要继续争取。最近经过一再的宣传、解释，工程院院士增选的规定也有些改变。对一个人的业绩考核，除掉论文、大奖，主要看他在工程设计、建设、运行、管理方面的成就。这样可能更科学一些。但是对这个院士不院士，我看没什么，你们也不要太迷信。一个人能脚踏实地为国家做出贡献，就是棒的，就是值得尊敬的人。

中国的水电开发与争议

感谢给我这个机会向领导们做个汇报。平常经常去大学里讲课，这次在座都是政府官员，而且都是研究能源的行家，班门弄斧，不免紧张，限于自己的专业，说话也可能偏激。反正是八十岁的人了，讲错了大家也会原谅。

发言题目叫"中国的水电开发与争议"，分两部分：第一部分为"中国的能源和水电开发形势"，第二部分为"正确认识和解决水电开发与生态环境问题"。第一部分你们比我更清楚，只扼要提两句，主要讲的是第二部分。

第一部分：中国能源与水电开发形势

一、中国的严重问题是能源

中国要发展，遇到资源短缺的制约，尤其是耕地（粮食）、水以及能源和矿产三大制约。但三者中，能源最不好解决。粮食是年年生产的，人对粮食需求不会无限制增加，只要严格控制人口、珍惜土地、严禁浪费，农业上采用高新技术，发展畜牧业，辅以少量进口，中国可以养活自己，吃饱吃好。水也是年年循环再生，对水的需求也不是无止境的，一些地区和一些领域的用水增长率已减缓甚至负增长了。只要厉行节水，大力治污，建设合适水利工程，解决时空不均问题，辅以新技术（如海水淡化），也能解决。只有能源，煤、油、气都不能再生，油气资源匮乏，对能源需求的增长看不到尽头，最容易成为反华势力卡我的瓶颈，加上环境保护要求愈来愈严格，这是最不好解决的问题。

二、能源可持续发展之道

不少专家和单位对此都研究讨论多次了，结论也大同小异，在座更都是权威，无需展开。简单归纳一下：在一定时间内中国一次能源还只能以煤为主，但要千方百计发展其他能源缓解煤的压力和减少污染，能少烧一吨好一吨。措施一是厉行节能减排，提高能效，清洁利用；二是开发其他能源——核能、水能、风能、太阳能、生物质能等；三是对油气等特别匮乏的能源设法替代和利用国际资源和市场。这些措施都要抓，一个也不能少。其中开发其他能源特别是可再生能源无疑是重点，开发任何有助于减少燃煤的能源，我们都举起双手拥护，并尽力去做。但是我们也得现实一些，今后二三十年，是决定我们国家能否真正富强、民族能否真正振兴的最关键时期，我们要拼命努力奋斗，要在严峻的国际竞争中取胜，人均 GDP 要从 2000 美元增长到 5000 美元

本文是 2007 年 10 月 29 日，作者应国家发改委能源局邀请所作的专题报告稿。

以上，能源需求将大量和迅猛的增长，在这段时间中能够真正替代部分燃煤的还只能是水电。其他再生能源受技术、资金、吸纳种种因素的限制，在短期内毕竟难成气候。例如风电，在《可再生能源中长期发展规划中》提出，到 2010 年装机达 500 万千瓦，2020 年达 3000 万千瓦，这在 10 亿千瓦中占多少比例？姑且不讲机组、成本和大量间断又无法预测的电能开发出来的吸纳问题。太阳能光伏发电就更有限了。至于生物质能，中国有多少耕地可以种玉米甘蔗来转化为燃料？利用秸秆？搞个 5 万千瓦的小电厂要收集多少万亩农田的秸秆才能供一年之烧？现在舆论上有浮躁现象，一味吹捧叫好，丝毫无助于这种再生能源的开发。成熟的、唯一能大规模商业开发利用的再生能源只能是水能，中国又拥有世界第一的水能，中国已完全掌握开发技术，能自制设备，然而水电一则被排除在《可再生能源法》以外，经一再呼吁最后被勉强列为零类；二则遇到铺天盖地的声讨和质难，这实在叫人感到不解和不安。

三、中国的水电资源

和其他能源比，水电资源是看得见摸得着的资源，做点勘探工作就基本掌握，不比煤油气，100 亿吨地质储量不知道能到手多少？水电资源没有枯竭问题，不比煤矿油田在枯竭后留下一大堆后事要处理。水电资源的原材料是水，也不存在涨价问题，不会像煤、油每吨每桶日升夜涨。

根据最近一次复查，中国的水力资源的理论蕴藏量：年电量 6 万亿千瓦时以上，平均功率约 7 亿千瓦，其中技术可开发利用约 2.47 万亿千瓦时，相当于装机 5.4 亿千瓦。水电资源主要集中在西部金沙江、雅砻江、大渡河、澜沧江、乌江、怒江、黄河上游、南盘江、红水河等，所谓十二一个大基地，还有个雅鲁藏布江大宝库。

到 2006 年底，全国水电装机 1.3 亿千瓦，年发电 4249 亿千瓦时，（都为全球之冠）分别占技术可开发容量及电量的 24% 及 17%（后者更具代表性），分别占全国装机及电量的 20.8% 及 14.9%。目前在建的水电规模也独冠全球，但由于我国电力发展速度世界无双，所以预计水电即使尽快发展，容量在全国总容量中最多只能占 1/4，电量只能占 1/5。但这和风能、太阳能等比已不可同日而语了。我们希望，到 2010、2015 年和 2020 年，常规水电能分别达到 1.94、2.71 亿千瓦和 3.28 亿千瓦。2020 年以后，主战场逐渐转向金沙江、澜沧江和怒江上游，进军最后一个水电宝库——西藏（西藏的技术可开发容量达 1.1 亿千瓦）。

四、中国水电开发的难度与制约

中国的水电资源虽然丰富，但也有些不利因素。首先是资源集中在西部尤其在西南一隅，偏离主要负荷中心，这要依靠特高压输电技术来解决。西藏水电和新疆的煤，是中国两大能源后备宝库，所以发展特高压输电技术对中国来说是绝对需要的。其次，中国的气候条件决定降水和径流在时间上大起大落，不仅年内洪枯期分明，而且会出现多年丰水和枯水期情况，需要一定的库容调节和强大的电网统筹吸纳。第三，水电站址常位于高山深谷，人迹稀少，交通困难，气候和自然条件恶劣，技术难度大，甚至要开创历史先河，攀登世界高峰，所需投入也相对较大。

回顾中国水电开发的历程,我认为曾经历过三大制约阶段。

首先是技术制约。新中国刚成立时,中国自己只修过几千千瓦的小水电,另外从日本侵略者手里收回了一个千孔百创的丰满电站。浇混凝土依靠小拌和机和手推车,什么百米高坝,几十万千瓦的电站都是遥不可及的目标。那时想开发大水电接近梦想。

经过努力战斗,科技发展了,就受到经济制约。因为实行计划经济,能源和电力建设全由国家投资,资金有限,需求迫切,当然只能先开发火电了。要上一座大一些的水电真要流尽汗、跑断腿、磨破嘴皮,还有人认为电力发展不快就因为多搞了水电。这个问题到改革开放深化、国家经济实力猛升后,基本解决了。现在进入第三阶段,即受移民和生态环境制约的阶段。当然再过几十年,就会进入资源枯竭阶段,那是后话,任何事物都有产生、发展、高潮、消亡的过程。

总之,目前开发水电,在技术和经济上已不存在不可逾越的困难。具体讲,地理上的障碍,可通过 1000 千伏乃至更高的输电技术来解决;资金筹措上,由于实施市场经济以及整个国力的迅速增强,大水电的兴建都不难筹到资金。在水电设计、施工和设备制造技术方面,更是一日千里的发展。我们能够用最先进的技术在困难复杂的地区进行勘探;我们已能设计建造世界上最高的拱坝、面板坝、土石坝、碾压混凝土坝,质量良好;我们能够解决高水头大流量的泄洪消能问题;我们能开挖大洞、长洞和世界上最大的地下厂房;我们能解决高边坡、大滑坡和强烈地震种种技术难题;我们能制造拥有自己知识产权的 70 万千瓦以上的水轮发电机组,一些外国专家到中国来参观后惊叹:中国工程师能在任何江河上修建任何高坝、世界水电发展的希望在中国等。一句话:今后制约水电开发的就是生态和环境问题。

第二部分:正确认识和解决水电开发与生态环境问题

一、愈演愈烈的反坝反水电活动

从 20 世纪中叶开始,世界上就有人士指出建水坝产生的负面作用,并成立组织,进行调查研究,发展到呼吁抗议,要求全球停止建坝,"让江河自由奔流"。到 20 世纪六七十年代,这一呼声逐渐高涨,形成势力,发源于美国,波及全球,包括中国。一段时间内,《水坝惹是非》《反水坝运动在世界》《大坝时代已经结束》《水坝热的冷思考》《修建水坝带来的困惑》纷纷发表,特别最近更掀起恶意渲染"三峡灾难"的新浪潮,什么《三峡大坝正在成为一场灾难》《三峡爆隐患恐酿大祸》《中国的水利工程成为全球变暖的定时炸弹》等"反坝""反三峡"又成为时髦话题。由于很多大坝的修建是为了开发水电,从而又宣传水电不是可再生的清洁能源,而是一种落后的生产方式。通过这些人士的呼吁和媒体的宣传,正在中国的群众和领导层产生影响。由于他们表面所持的理由是保护生态、防止污染、维护人权等,符合"时代潮流",又能迎合群众心理,反建坝反水电已经成为时髦了。

有一本美国人 P. 麦卡利编著的书《沉默的河流》,中译版改名为《大坝经济学》,极力宣称大坝的时代已经过去,要限制、抵制建新坝,要拆除已有的坝,让河流恢复原样。它引用了不少片面的数据和不实的资料，夸大大坝及水利工程对生态环境的负面影响，用静止的眼光看人类社会发展的进程，误导社会舆论，也推动了中国的"反坝之风"。

建坝和开发水电会引来如此强烈的反对，值得我们自省，首先应归咎于长期来在开发水电时不重视生态环境保护和移民利益，留下不良后果，成为反对者的武器。出现这些失误的原因，当然是我们在认识上有误区，重视技术与经济问题，没有认识到其他方面，缺乏科学发展观。但也有历史因素。当时在极端"左"倾思潮统治下，即使有人提出要在开发中保护生态和加大移民投入，此人能不被打成右派？另外，当时我国经济极端落后，又处在敌对势力包围下，急需快速发展，保存自己，在建设中难以做到四平八稳面面俱到，也是实情。例如，定都北京后，如能照梁思成先生想象那样，把整个北京城作为博物馆保存下来，在西郊另开新址，好是好，恐怕也非当时条件所允许。凡事要用点历史辩证法观察才好。总之，历史经验和教训值得总结和吸取，但要实事求是，不要赶时髦搞炒作。真理过头一步就是谬误。当前发达国家的水能资源开发和经济发展已达很高水平，建不建坝、修不修水电站关系不大，要限制，就是限制发展中国家，就是限制我们自己，在兴修水利、开发水电和建坝问题上，新世纪中的中国将向何处去？这一点值得注意。

二、全面评价水电开发的正负影响

修建水利水电工程，总是有利有弊，不存在有百利而无一弊的好事，所以要衡量一座工程的得失，或论证应不应修，总该全面分析其利弊得失再下结论，人们还不至于愚蠢到去修建一座有百弊而无一利的工程，这应该是常识吧。有些"反坝人士"恰恰就不具备这点常识，最典型的就是那本《大坝经济学》，它的特色就是罗织、夸大、歪曲所有水坝的缺点，拔到空前的高度，绝口不提一点水坝的正面作用，从而证明水坝是集众恶于一身的人类公敌，世界恶魔。

所以我们在这里先考察一下水坝的效益。大家都知道水坝一般都有综合利用效益，防洪、灌溉、供水、通航、发电、水产、旅游等，而且可以计算具体数值，以便与投入及引起的损失对比，评论其经济和财务可行性。但除此之外，水利工程还对生态环境和社会发展起有深层次的正面效益，我们不妨以三峡工程为例来看一看。

兴建三峡工程，首要目标是防洪，它能有效地拦截宜昌以上来的洪水，大大削减洪峰流量，提高了荆江河段的安全性，消除、改善了溃堤及分洪措施引起的人员伤亡、环境恶化、灾后疫情蔓延，同时能有效地减少下游湖泊的泥沙淤积，减缓这些湖泊的萎缩，延长洞庭湖的寿命，配合适当工程措施，甚至可为八百里洞庭重返青春创造条件，三峡工程能使广袤、富庶的江汉、湖南平原免受洪水威胁，使生态秩序走向良性发展，在本质上讲就是一项伟大而重要的生态工程。

三峡工程连同其组成部分葛洲坝工程，是世界上最大的水电厂，年发电量 1000 亿千瓦时以上。可替代原煤 6000 万吨，减少排放 1.2 亿吨二氧化碳、240 多万吨二氧化硫、1.2 万吨一氧化碳、44 万吨氮氧化物以及大量的尘埃、废渣，避免了火电厂和弃渣场的大规模占地。这些巨大的效益不仅造福中国，也对全球环境做出贡献，因为世界是个整体，生态没有国界。

三峡工程的兴建，对国家和库区的经济发展、人民生活提高和社会和谐稳定做出巨大贡献，创造了多少就业岗位，促进了制造工业、科技水平、全国联网的空前发展，有的达到国际先进乃至领先水平。过坝通航量猛增到 5000 万吨/年，成为真正的黄金水道，船舶更新换代。库区风光胜昔，成为旅游胜地，迁建的城乡旧貌换了新颜，企业更新换代，许多移民发家致富，年轻人改变身份，展翅飞翔！

总之，正是五十多年的水利水电建设，使中国能有效地抗洪减灾，避免江河溃堤决口，保障了人民生命财产安全和社会稳定；发展灌溉，抗旱抗涝，增产粮食，解决13 亿人口温饱问题；保障工业、城市用水，提高人民生活水平，促进城市化建设；大力开发水电，成为我国能源的重要组成部分。只要不存偏见，都应该承认中国水利水电建设的伟大成就和重要贡献，是不可否定和抹杀的。

三、淹没与移民

上面谈了水利工程和水电开发对生态环境及社会发展的正面影响，下面就详细分析负面影响。列举如下，

（1）淹没土地；

（2）动迁居民；

（3）诱发地震；

（4）引起库岸滑坡；

（5）水库内泥沙淤积；

（6）下游河道发生冲刷、淤积、河口海岸侵蚀；

（7）清水下泄，减少下游水中肥分；

（8）引起下游农田盐碱化；

（9）引起下游农田潜育化、沼泽化；

（10）影响气候；

（11）恶化水质、改变水温；

（12）水库表面蒸发损失；

（13）影响人群身体健康（孳生蚊蝇害虫）；

（14）影响陆生和水生生物、特别是珍稀物种；

（15）影响渔业；

（16）妨碍通航；

（17）影响景观和旅游点；

（18）淹没文物、古迹；

（19）施工开挖、弃渣、废水破坏环境，引起污染；

（20）垮坝风险。

以上还只是大条目，如果要细分，可以分成几十上百条。再则，有些条款可以引起附带的影响。例如移民一条，如果居民不愿迁而被迫搬走，就犯有侵犯人权之罪；迁移以后，如果在生产建设、垦荒开地中有失误，又会引起生态破坏、水土流失恶果；

水库内的淤积，可能妨碍通航和加剧上游城市的洪灾等。

在各项副作用中，最大的问题还是移民和淹没损失，所以先专门讨论一下。

土地是宝贵的，淹没后成为"不可逆转"的损失，所以水电开发中应千方百计减少淹没或予以防护。但从高层次看问题，几千年来是人与水争地和湖泊、水域的消亡，如中国的湖北省，昔号千湖之省，已被围垦占用殆尽；八百里洞庭也萎缩成为一条盲肠，失去天然调节长江洪水作用，从而要实行退田还湖政策。既然如此，化一部分土地为水库是否也是一种补偿？而且水库的调洪作用比湖泊和滞洪蓄洪区大得多，后者水一进去就蓄满了，而上游的水库能够既拦又泄，十分灵活。谈到农业生产，如果淹的地多为荒坡低产地，而可使下游大批荒滩转化为良田沃土，可改造上下游大批低产田为旱涝丰收田，可在库内大兴渔业，这笔账就更得一算，似乎不能简单以"不可逆转"四字封杀。

更大的问题是移民。多数人总是安土重迁，特别是中国的农民，要他们放弃留有祖辈血汗的土地外迁到命运不定的陌生之处，总是不愿的。如果不安排好足够的补偿和良好的新环境而采取简单粗暴的方式，那更将给移民带来苦痛和灾难，他们的境遇是值得同情的，他们的要求是正当的，应该认真听取。

特别我国在新中国成立后有整整 30 年是在计划经济体制下和"左"的路线影响下渡过，在移民工作中有严重失误。现在移民问题已得到充分重视，国家颁布了移民法，制定了开发性移民政策，而且今后大水电主要在西南峡谷地区，绝对数字不会过大，给解决移民问题创造条件。

要解决移民问题，一定要做好详细调查和周密规划，根据库区条件和开发性移民政策妥善安排，不能只搞"后靠开荒"，特别对失地农民一定要安排好，鳏寡孤独一定要社会保险。要结合发展库区经济、转变经济结构和实施必要的外迁，保证移民迁得出、稳得住、能致富，一次性补偿要与长期扶植相结合。移民工作要做到细致公开，要和移民团结合作开诚布公，要留有充足的经费决不允许挪用，要做到建设一座电站、振兴一方经济、富庶一方人民、保护一方环境。同时，我们反对一次性补偿过高，反对城镇迁建标准脱离实际，更反对恶意勒索拒迁，所有这些都既不利于水电开发，也不利于地区发展和移民本身的长远利益。

随着人民生活水平及各项要求的提高，今后移民工作将仍是制约水电开发的关键因素，特别在少数民族地区，还要特别照顾民族文化和特殊要求，这方面有大量工作要做。

四、淤积与水质污染

除了淹没移民问题外，其次就是水电对生态和环境的影响问题了。其中最主要还是泥沙淤积、水库污染和对水生生物问题，我们先讨论淤积和污染问题。

挟泥沙的河流，在建库后的初期，由于流速减缓，出库泥沙总少于入库泥沙，水库逐渐淤积，从库尾开始，渐向大坝推进。如规划研究不深，设计不妥，便会像三门峡水库那样迅速淤积，尾水抬高，产生一系列严重后果，这经常被人们引为失败的教训。水库经过长期运行后，最后终会达到"冲淤平衡"状态，即入库泥沙与出库泥沙相平衡，水库不会再积累性淤积，达到新的平衡。这时的淤积量、淤积状态和保留的库容取决于河道的来水来沙条件、水库的形状、枢纽的宣泄能力和水库运行方式。妥善的规划设计，可使水库达到冲淤平衡后，仍能发挥作用，像三峡水库就是一个实例。通过三峡的平均年输沙量约 5.3 亿吨，泥沙集中在汛期入库，三峡为典型的河道型水库，三峡大坝设置有强大的泄洪排沙设备，水库采取"蓄清排浑"方式运行，即汛期降低库水位大量泄洪排沙，枯水期抬高水位蓄清水兴利，则经过约百年运行，水库达冲淤平衡，此时仍能保持 85%～90%的有效库容，所以三峡水库基本上能长期运行，不存在淤满的问题。其实，就是三门峡水库，如果当初的规划就放弃高坝大库蓄水拦沙的功能，在大坝中设置强大泄水排沙设备，汛期放低水位畅排畅泄，工程的功能定位为滞洪、防凌、径流发电，也就不会产生严重后果，同样可成为一座成功的工程。有的河流含沙量大而水库库容小，冲淤平衡后有效库容基本丧失，则起径流发电作用。像黄河上游盐锅峡等工程，由于有龙羊峡等大库调节，仍有效运行至今。因此，淤积问题并不是建库发电不可逾越的障碍，而看是否能针对现实妥善处理。

同样，由于建库后水位抬升流速降低自净能力减弱，水库还有个水质污染问题，这也成为水库的最大祸害之一。其实，不责备排污者而骂水库，这是骂错对象。长期来，工矿企业也好，城镇市民和农民也好，都把河流作为天然排污水道，什么脏物、污水、毒品都向河流一送了之，这是错误、落后和不负责任的习惯。在生产欠发达、人口尚少时这样做后果还不严重，工农业和城镇大发展后，不论建不建水库，后果都一样严重。试问江南平原、淮河中下游、海河、辽河，有什么大库，河水不都成为巧克力糖浆吗？相反，拥有 178 亿米³ 库容的新安江水库，由于严格控制污染，建库近 50 年，仍是一库清水，下游杭嘉湖平原一再要求从一两百千米里外的新安江水库引水解决困难，这些活生生的例子还不足以说明问题吗？

所谓水库建成后自净能力降低，这是事实，但不建库，那千千万万吨污水毒物不是同样进入河道排向下游吗？所谓"自净"，无非是尽快把祸害排到下游去吧了。即使能排到海里，难道海域就可以无条件污染吗？这就像在自己院子里拉屎，用水冲到隔壁去一样，这叫以邻为壑，水慢了冲不走了，留了一部分污物在院子里了，这叫自食其果。因此，水库水质污染的祸首不是水库，是排污者，解决之道不是骂水库、禁水库，而是下决心整治污染源，水库的兴建正可以起正本清源的作用。

此外还有因为在库区进行过头的生产活动如网箱养鱼而引起水质下降，也作为水库祸害，这简直是颠倒黑白无理可喻了。

仍以三峡工程为例，正是由于三峡的兴建和其创造的巨大经济效益，使我们能投入大量的资金治理长江污水，自 2003 年下半年起，三峡库区首批 18 座污水处理厂陆续投入运行，其设计日处理污水总量达 47 万吨，即使把现在所有的污水都收集起来，污水处理厂也吃不饱，使长江的水质比修建三峡前有极大的好转。目前，三峡库区的污水处理能力大大超过北京、上海、广州，我们现在最应该担心不应该是三峡库区，而是那些污染正在不断加剧的"自然河流"。

五、水生生物

筑坝要拦断河道，抬高上游水位，改变下游水文条件，因此对水生生物尤其是鱼类的影响最直接。

必须指出，当前我国内河的鱼类种群和数量减少的主因是水质的污染、捕捞过量和航运及人类活动的干扰，并非水坝造的孽。当然，水库的形成改变了水生物生存环境，一部分水生生物，尤其是洄游鱼类，可能减少甚至消亡。这可以设置鱼道来弥补，如果减少的是常规鱼种产量，则完全可在库内放养优质鱼种解决，如我国浙江新安江水库（千岛湖）的鱼已风行全国，就是成功的经验。

更重要的是保护一些珍稀鱼种，这可以规划建立自然保护区和人工繁殖放流站，以保证物种生息繁衍。目前已在长江上游设中华鲟、胭脂鱼和白鲟人工繁殖放流站，在长江中游设珍稀鱼类人工繁殖放流站。例如对于中华鲟，已在宜昌设立了"中华鲟人工繁殖研究所"，经过人工孵化再投放回长江，二十余年成功地孵育鱼苗，累计投放464万尾，保护了中华鲟的生存。对某些已经濒临消亡的物种（如白鳍豚），实际上无论建不建坝都已难以自然恢复种群，应该专门研究捕养和建立基因库。

六、其他影响

1. 水库地震

地震中最主要有害的是构造地震，这是地壳不断变形，深层基岩中的地应力不断积累，达到临界状态，超过岩石能承受极限，沿构造发生突然的断裂错动，使能量瞬时释放的一个过程。全球无时无刻不在发生地震，只是绝大多数震级很小，不为人们察觉而已。无论多大的水库，蓄水所产生的深层地应力非常微小，根本不可能"导致"地震，只能使本来已孕育的地震提前发生，所以称为触发地震。这些触发地震一般量级很小，只有仪器才能测到。如果水库内或附近孕育着较大地震，则水库建设使其早期触发，更是件大好事，正像压力锅炉上装了个安全阀使其早些泄气一样。全球至今没有出现过哪座水库触发灾害性地震的例子。

2. 库岸滑坡

河道是由水流在千万年时间内不断切割地表而形成的，有些地方下切较深，形成峡谷和高陡岸坡，下切过程中两岸岩体卸荷张开，在许多地质较差地段就出现失稳或临界状态。有些地方河道穿过软弱地层，岸坡虽不高陡，稳定性也较低。水库蓄水后，水文地质条件变化，会促使其下滑。另一方面，水库蓄水会使流速减缓、冲刷力减小、泥沙淤积，又有稳定边坡的作用。在建设大型水库时，要对库岸地质作详细调查，对大的欠稳定体要采取措施，建库起了有利作用。水库边坡发生小量崩坍是自然现象，只要不影响库容，不影响住民、建筑物和通航安全，就没有大的后果。一些文章把库岸滑坡完全归咎于水库，并把灾害提高到吓人程度，是不符实际或别有用心的。

以三峡工程为例，有史以来，三库区就不断发生滑坡、崩塌、泥石流，危害着两岸人民和通航安全。就从1982年以来，库区两岸发生滑坡、崩塌、泥石流近百处，规模较大的有数十处，特别是1985年新滩滑坡造成高达70米的过江涌浪，其上、下游各10千米的江段内96条船只沉没，这时，三峡工程还在争论中。在三峡工程论证和设计期中，通过详细勘测，查明库区有各类崩塌、滑坡体2490处，需实施工程防护的库岸139千米。在三峡蓄水前两年内，国家投入了40亿元用于防治库区地质灾害，建立了专业监测点 108 个，群测群防点 1689 个，地质灾害监测预警系统为千里库区撑起了一张"安全网"，最大限度地减少了库区群众的生命财产损失。对比现实，就知道某些炒作文章是如何夸大歪曲事实的。三峡工程应吸取教训的是，某些城镇迁建任意扩大规模，不听取地质人员意见，不选择合理新址，加上不合理的施工，以致岸坡失稳，一再易址，造成不必要的损失。

3. 气候影响

去年四川大旱，就有人说，这是由于三峡大坝挡住了暖气入川通道所致，这么说，下游应该丰水了，但江西更为干旱。今年四川特别丰水，不知那些人又要加三峡大坝什么罪名？实际上，大坝无论知何宏伟，对大气的宏观环流格局和规律起不了作用。大水库的形成，只会对局部地区气候如湿度、雨量等有点影响，而且往往有利影响是主要的。

4. 温室气体排放

温室气体排放是全世界人民关心的事，水电建设无疑为缓解这一危机做出贡献，可是有些人为了反对建坝建库，竟说水力发电是温室气体的元凶，据说是一位"科学家"研究的成果，他证明一座热带水库在运行十年里所释放的碳是化石燃料电站的四倍。由于有轰动效应，一些报刊连一些科学报刊都纷纷转载，某些人跟风而上，宣称三峡大坝将引发严重的温室效应！三峡和葛洲坝水电厂每年要发电 1000 亿千瓦时，至少可替代 6000 万吨燃煤，减少 1.2 亿吨二氧化碳排放，水库又从哪里取得燃料排出更多的二氧化碳？根据是水库会淹没植物，而腐烂的植物会形成二氧化碳和甲烷，后者更加可怕。请大家想一想，三峡水库中不但没有什么森林，蓄水前还严格清库，即使有些漏网的树木，它的腐烂生成的温室气体竟会超过燃烧 6000 万吨原煤发出的温室气体，而且年年如此，这真是"其谁欺、欺天乎？"。

七、保持原始生态和保护传统文化

以上所说，还是针对水电开发产生的个别负面影响提出补偿或缓解措施，现在有些"环保主义者"进一步提出"要保护河流的原始生态""要保留一条生态河""要保护世界遗产""要保护传统文化"等口号，从根本上否定开发水电，因为你即使解决了所有的负面作用，也破坏了原生生态和传统文化啊！典型的就是反对开发怒江，要保护这条"处女河"。这个争论恐怕只有在科学发展观的指导下，认真弄清争议的本质，才能使多数同志的看法统一起来。

科学发展观的主体词是"发展观"，不是停滞观。所谓保持原生态，这种提法本身就是违反发展观的。什么叫"原生态"？6500 万年前恐龙统治地球时的生态是不是原生态？生态是指自然界各生物间的相互生存关系的状态，它是在不停发生变化，所谓的生态平衡是相对于某一短暂时段而言的，不平衡是绝对的，不平衡才推动着生物进化。人是高智慧的生物，为了自己的生存和发展，从原始人开始就不断地利用自然资源改造自然环境，才进化到今天的现代人，人类早已不是生活在原始纯自然的环境里，而是生活在人工化的环境之中。

有人说，我指的是保护当前未受人类活动破坏的生态。要知道，不发展、不进步，就根本谈不上保护。就拿被人们形容为天堂美景的怒江流域来说，多数地区都处于绝对贫困状态，或有人称为"惊人的贫困"，那里人们过着难以想象的原始生活。而人口不断增长，素质无法提高，只能在陡坡上开荒，种"大字报田"、刀耕火种、砍树伐木，1500 米高程以下已看不到一株大树，水土流失、岸坡东崩西坍、恶性循环，哪有什么原始生态？要把这种原始生态永远保护下去？

保护传统文化？落后贫困绝对不是文化。住四面通风的叉叉房、抱溜索过江、一年四季用玉米粑填腹等，这样的"文明"要保护下去？或者要让这部分地区这部分人民永远像动物园一样保护下去，供人参观猎奇？我们说，传统文化是可贵的，要保护的，但绝不是保护贫穷落后的现状！不要说怒江，就说上海，石库门弄堂房不是传统住宅吗？每天早晨妇女们把马桶提到弄堂口，倒进粪车，然后洗刷马桶，"萧萧马鸣"，不是旧上海风景线之一吗？也算得上一种"传统文化"吧，能够保护吗？稍远一些，男人的长辫子，女人的裹脚布，都是流传了几千年中国特色，为什么不保护？

要保留一条"处女河"？实际上，沿河人民为了维持最低限度的生活，正在不断地伤害和污辱这条处女河，怒江还是国际河流，一半在境外，人家要开发要进步你管得了吗？

"三江并流是世界自然遗产，开发水电会破坏这个遗产"。我不知道三江并流区域有个范围没有？只知道至少金沙江流进云南后就分道扬镳向东去了，在怒江中下游开发水电和金沙江并流拉不上任何关系。我建议做个大模型，看看在两千米高程以下的怒江上修建了几座不高的坝怎么个破坏四五千米高程处的"三江并流"？如果说，哪怕在低高程处开发也破坏了世界遗产的"完整性"，那么下游的缅甸泰国也无权开发，以免影响完整性。

我们要保护的是民族言语言、民族服饰、优良民族生活习惯等，不是保护贫穷落后。反对开发的人士和组织，即使他们的动机是好的，只会是对怒江流域人民的伤害。至于那些为了乞取一些外币为外国别有用心的组织效劳的人，更值得特别警惕。

澜沧江是紧邻怒江的一条大江，也是三江并流中的中间那条江，现在其水电资源正在合理快速发展中，过去也是绝对贫困的地区，正在发生了天翻地覆的变化。通过开发，山更绿水更清，水军大军沿江驱除贫困、开启民智、播种希望，脚踏实地地为民造福，为什么兄弟的怒江就不能做呢？

怒江应该开发，合理开发怒江，完全可以做到在保护下开发。以开发促保护，水电得到开发、人民富裕、经济繁荣，雪山依旧，明珠般的水库间，仍然有瀑布急滩、悬崖翠谷、白云蓝天。让我们消除贫困，留下美丽。

八、拆坝与建坝

更有进者，现在某些人们已不满足于反对建新坝，而且要拆除已建的坝。他们大力宣传这几年美国已经拆除了五百多座水坝，"人家都在拆坝了，我们为何还要建坝？"有的记者就问我三峡大坝何时拆除？怎么拆除？

林初学同志对美国拆坝问题做了详细的调查研究，做了客观的评述。在《中国水利》2004 年第 13 期中，也刊登了有关资料。我就利用他们的资料和看法来回答建坝还是拆坝的问题。

建坝、拆坝，首先要问是什么坝？要知道，美国从建国以来一直在建坝，如果不论高低大小统统算数，可能超过两百万座。对坝高、库容等做些限制，也有几万座。两百年来建了这么多坝，每年一定会有相当数量的坝因各种原因不再使用而废弃。已经拆除的五百多座坝是些什么坝呢？它们的坝高（均方值）不到 5 米，坝长约数十米，都是修在支流、小溪上的年代已久丧失功能的废坝、弃坝，99%以上不是为开发水电修造的，都是业主因经济、安全原因主动拆除的。有影响的坝一座也没有被人为拆除。国内一些文章在谈到美国拆坝时，细心地把这些最重要的数据都删去。美国垦务局在拆除旧水坝时又在原坝址建起新水坝，这一点，"有关人士"当然也绝口不谈。因此，当人们振振有词的诘问："发达国家都在拆坝了，你们怎么还在建坝呢？这不是逆世界潮流而动吗？"这好比问："发达国家已经把牛车拆掉了，你们怎么还在造汽车？"一样逻辑不通。发问者不是不明情况就是在偷换概念。

但是主张拆坝者的观点并不是全无可借鉴之处。一般建筑物都有个使用期或设计寿命的问题。前些年，水利界人士也热衷在编制有关规范，他们来征求我的意见时，我就认为水坝属于"另类"建筑物，要专门考虑和规定。的确，在设计一座工程时，一般都要考虑这座工程的设计使用期或工程设计寿命，有关部门也颁布了相应规范，例如说：对临时性工程按 5、10 年考虑，普通工程按 50 年考虑，重要工程按 100 年考虑等。达到了设计寿命期，如果工程已不能发挥作用或不符合新的规划要求，就报废拆除或重建，如果还需要，也能够继续使用，则予以加固更新，无论房屋建筑、桥梁、道路、机场、小型水利工程无不如此。

但是，对于三峡这样的工程，也包括其他高坝大库工程，情况有些特殊，即使按百年大计考虑，到了百年之后，既不能报废，更不能拆除，也不能重建。而百年光阴说短不短，说长也不长，新中国成立初期建的坝，也快达六十大寿了，这确实是一个值得考虑的问题。

照我看来，三峡工程以及其他高坝大库工程，基本上应可长期使用，不存在报废拆毁和重建问题。所谓长期，是指可预见的未来。譬如说几百年，三峡工程可考虑更长些"千年大计国运所系"啊。至于再以后的事，现在科技进步如此迅速，就不必考虑和担忧了，相信十多代、几十代以后的后人会有办法的。

大坝水库能做到长期使用吗？木结构要朽烂、钢结构要腐蚀、很薄的路面、衬砌要崩解等，这些结构要长期使用相当困难，但由土、石、混凝土等材料做成的体积庞大的水坝，就很有希望长葆青春。以混凝土大坝来说，只要各种建坝材料和其拌合制成品是稳定的，表面风化剥蚀和渗透水的破坏能得到防止，加上精心维护检修，混凝土大坝的长期利用是可以办到的，其他土石坝等大型水坝也可以做到长期利用。

因此，水坝原则上应分为两大类，一类是小坝、低坝、可以拆除的坝，对这类坝可以规定个设计使用期，达到了使用期，如果已失去功能，也不能或不宜加高加固改建利用了，就予以拆除。另一类是事实上无法拆、不能拆的大坝，就是像三峡一类的大坝，属于千年大计，应该精心设计、精心施工、精心维护，长期利用，相当年代内不存在寿命问题。古人修建的水利工程可以利用两千年至今，为什么按现代技术修建的工程不能用上两千年呢？

在扼要讨论了水电开发的正负影响后，相信大家会有个客观的认识，要重视水电带来的一切负面影响，千方百计加以避免和消除，但不能"因噎废食"。人活着总是要吃饭的，在亿万人吃饭的过程中总是会发生点意外的、吃进不洁或有害的东西，中毒、生病乃至丢命的事更不胜枚举，病从口入嘛。但对策就是讲卫生，不吃不应吃、不可吃的东西，而不是反对吃饭。这道理不是明显的吗？

九、不能让河流自由奔流，不能让人们为所欲为

许多环境主义者呼吁"让江河自由奔流"，这究竟行不行得通呢？

江河的"自由奔流"和"自由泛滥"或"自由干涸"是同一个含义。事实上，中国的江河已经"自由奔流"了几万几千年了，带来了血泪斑斑的历史：江淮河汉，灾难频仍；或是滔滔洪水，使三江五湖尽成泽国，千百万人民"或为鱼鳖"；或是烈日当空，江河断流，赤地千里，颗粒无收，饿殍遍野，百万人民逃荒；或是险滩相继，恶浪滚滚，耗尽汗水，舟毁人亡；或是人民蓬头垢面，世世代代过着牲畜般的生活，乃至牲畜都饥渴死亡（这种情况在今天中国最贫困落后地区仍或可见）。对几千年来的这种苦难岁月，难道还能再继续下去或噩梦重来吗？答案是不言自明的，不能让江河自由奔流。为了生存和发展，我们必须继续开发和利用河流，筑坝建库就是开发河流的主要手段。

但是，同样重要的是，沉痛的教训告诉我们，我们在向河流索取、利用改造时，将会改变河流原状，干扰了她的自然功能，如果这种干扰超过她的自我调节和自我修复能力，河流将不可逆转地退化甚至提前消亡，起到事与愿违的恶果。因此，在开发河流时决不能让人们为所欲为，必须学会与河流和谐共处，必须维持河流的健康生命。有索取也有补偿，有利用更有保护，所有不合理的"开发"，都不是开发而是破坏与犯罪。

如果我们能全面理解和认识问题，既不因噎废食，也不乱饮暴食，一切从国情出发，一切以全局为重，一切从长远考虑，那么"建坝主义者"和"反坝主义者"之间是可以找到共同语言的。那就是在保护的前提下开发，在开发的过程中保护（后面这句话可以改得更积极些——以开发促保护）。发展是硬道理，保护是硬要求，两者之间不是"零和"博弈，可以做到双赢。相信在总结国内外正反经验的基础上，在遵循党的科学发展观和建立和谐社会的方针指导下，中国人民能够做到开发和环境保护相协调，走上真正的可持续发展的道路。一切悲观的论调都是错误的。

十、我们的希望和要求

（1）大力、优先、有序地开发水电，使其总容量和年电量能达到尽可能高的水平。

（2）和各界人士包括反对水电的同志开诚布公，研究探讨，团结协作，在以人为本和科学发展观的思想指导下统一看法。

（3）要求明确将大水电列为最主要的可再生能源，享受国家对可再生能源的各项政策。

（4）要求合理确定水电价格，不论新旧水电厂，投资来源都同质同价，由此所增加的收入，将其部分列为专项资金，专门用于扶植移民和改进生态环境。

最后趁这个机会，向发改委、能源局长期以来对水电开发的理解、肯定和支持，表示我们衷心的感谢！

千方百计加快开发利用水电

根据我国水力资源复查成果，我国水力资源理论蕴藏量、技术可开发量、经济可开发量都居世界第一，具有举世无双的优势条件，而水电又是可再生能源，属绿色能源，但我国目前开发利用程度还不高，今后应该千方百计加快开发利用水电。

水电开发"利"是主要的

我国水力资源理论蕴藏量虽然巨大，但水能资源利用也有不利的地方，即变幅很大，包括一年之内的变幅、洪枯之间的变幅以及多年的变幅都很大。在开发水能的时候，既要看到得天独厚的一面，又要看到不利的一面。一方面，要建设一些必要的、有调节能力的大水电站，特别是龙头水库；另一方面，又要建设强大的电网，把水电消纳在强大的电网内，通过电网统一调配，使每座水电站、火电厂、核电站和其他电站都能优化配置运行。

从我国国情出发，哪一种能源都不能独挑"大梁"。虽然我国煤炭资源丰富，但毕竟是有限的，且火力发电环保压力大；可再生能源将来会占较大比重，但短期内难以形成规模；核电发展也有一定限制。因此，一定要将多种能源综合配置、优化配置。

我国电力分布格局非常显著：北方煤电，西南水电，沿海一带为核电及一定数量的油电、气电和风电。要解决这种不均衡问题，就必须在强大的电网统一调度下进行资源的优化配置，再加上"遍地开花"的分散性能源，就能比较理想地解决中国的电力问题，也有利于国家开发西南丰富的水电资源。

当然，任何开发都是有利有弊的，水电开发的"利"，也包括环保的"利"，是主要的、第一位的。我认为有些同志一味批评水电，甚至提出把坝都拆掉，是非常片面的说法，不符合国家的最高利益。另外，我们对开发水电产生的移民、环保等某些副作用应给予最大的关注，尽可能把这些问题解决好。我相信，只要认真处理，我们是能够实现多赢的。

正确认识水电开发对生态环境的影响

任何能源的开发利用都会或多或少影响生态环境，这一点不能否认，但同时也要辩证地看待问题，不要以偏概全。对于水电，同样也应该是这样的态度，其对生态环境的影响，既有负面的，也有正面的。既有对自然环境的影响，也有对社会环境（移民）的影响，我想分几个方面来阐述。

本文刊登于《中国水能及电气化》2008 年第 8 期。

第一，淹没问题。建设水电站特别是大水电站，总是要淹没一些耕地，迁移一些居民。中国的耕地非常宝贵，在开发水电的时候，要千方百计减少耕地损失。比如水位不必那么高的，就不要定得那么高；可以分级开发的，就不要弄个大水库。但也要看到，水电建设往往对下游的农业生产起到非常好的作用，可以促进稳产、高产、增产。下游的许多荒地、荒滩，本来是不能利用的，因为水库把洪水控制住了，可以开发成良田。在许多水电站开发的过程中，同时也造就了很多耕地。所以它在淹没的同时，对农业、对耕地也有好的一面。

第二，水资源的问题。目前我国水资源存在两大问题：短缺和污染。现在很多人将其归咎于水电开发，我认为是很不公平的。水库建成后，水位抬高，为地方创造了引水的条件。地方多用水了，是地方发展、库区经济振兴的需求，由此减少了下游水资源的数量，这跟水电开发是没有关系的。关于污染问题也是一样。水从水轮机里通过，根本没有受到任何污染。问题在于，几千年来，人们都把江河当成天然的下水道，污水脏水直接排向江河。水库修成后，水深了，流速慢了，污染物不容易稀释，会富集，污染问题就这么形成了。水污染的问题不在于建不建水电，关键在于必须要治污，不能再把天然的河道当成天然的下水道。另外，科学地调度水库运行，也可以有助于解决库水污染问题。

第三，会引发某些灾害，包括地质灾害、滑坡、卫生问题、气候问题，淹没自然景观、文物古迹……水电开发对这些方面都会或多或少造成影响。有些是正面的，比如气候，一个水库建成后，局部地区雨量增加，气温下降。又如地震，建设水库，施加压力，产生小震，使地震能量早点释放出来，不让它产生破坏性大地震。也有负面影响，比如淹没文物古迹等问题，但对多数水电工程来说，这些负面影响是有限的，还不至于否定水电开发。

第四，河流的生态问题，包括泥沙淤积和物种尤其是珍稀物种保护问题。关于泥沙淤积，在多沙河流上开发水电、建设水库要特别慎重，应该采取多种措施减少进库泥沙，延长水库寿命。比如在上游搞水土保持，尽可能利用洪水时间冲沙排沙。各方面采取措施减少泥沙淤积，减轻对下游的冲刷。如果泥沙问题严重，而又未找到解决措施，那就暂缓开发。

关于物种的问题，特别是珍稀物种保护，我想这是水电最直接影响的一个因素。陆地的物种还好办一些，无非是一些珍稀植物，可以迁移。水里的物种，比如鱼类，有些有洄游习性，大坝切断了河流，就可能导致物种消失或者影响生态。这里面要分清楚，有些是比较常规的物种，如一般的鱼类，我们可以补偿；真正非常珍稀的物种，就应该采取特殊的人工抚育办法，把物种保护下来。

妥善处理移民问题

移民问题是水电开发面临的重要问题，也是关键问题。以后制约水电开发的主要因素恐怕还是移民问题。单纯的一次性补偿是无法彻底解决问题的，因为无论给多少钱，总有用完的时候，而且一次性补偿的标准提得太高，又有很多副作用。

开始建水电站的时候，要把移民迁移的费用打足，尽量把移民、城镇、工矿企业迁移出来，使其生产生活条件要比过去好。同时，要利用水电开发带来的效益，对移民进行长期扶持，对库区经济发展长期扶持。不一定是给钱，主要是创造条件。比如说，对年轻移民进行培训，因地制宜开发新的经济增长点，开发一些新的企业，把移民吸收过去。一家人如果有一个人能找到稳定工作，问题基本就解决了。对于一些鳏寡孤独、老弱病残的人，就应该负责到底，用社会保险等各种手段给予赡养。

对于移民，千万不要老是后靠安置，可以把他们从建制地迁出来，想办法安排好。另外，中国水电大部分都在西南地区，虽然移民数量相对较少，但存在少数民族和宗教问题，也不容忽视。一个几百万千瓦的水电站，移民大概几万人，只要真正想把移民工作做好，是没有问题的。

水电开发得好，是一本万利的，但怎么更好地分配开发利益，是个问题。水电资源是国家的，不是哪个地区和部门的，但是开发水电因为牵涉到征地、移民，影响到当地的种种条件，所以应尽可能照顾到当地的利益。无论是税收也好，帮助当地经济发展也好，都应该有个正确的政策。过去有个说法，富了电厂，穷了库区；富了下游，穷了上游，这不对。这方面应该详细地研究，使水电开发效益能够公平地分配，不仅仅是双赢，而是多赢。

进一步提高水电开发水平

经过修建那么多的大水电站，我国水电技术已经进入国际先进领域，但还不能讲达到了世界领先水平，我们在创新、效率、管理等方面尚有差距。

我们的工程师很善于按照规程规范来做事情，很善于复制人家的设计，但原创性的东西比较少，比如水工方面的碾压混凝土坝、钢筋混凝土面板堆石坝等技术，都是外国人先搞出来的。希望我们以后有更多的原创性突破。

随着水电的快速发展，确实有一些具体的技术问题比较棘手，比如，特别长的隧洞的开挖、特别高的大坝的抗震等问题。因为我国许多大坝都修在西南，地处强震区，抗震、消能都成为技术难题。还有些坝址条件特别差，大坝建在深厚的覆盖层上，由此带来了地基处理问题。设备制造水平仍较低，部分施工机械设备、抽水蓄能设备还需进口。希望今后这些问题能够有所突破。

培养和加强工程师的创新意识，第一要解放思想，中国工程师不要受太多规程规范的约束，即使表面看来是确定不移的事，你都可以怀疑。第二要有科学的态度，随便去冒险、拿工程做试验是绝对不行的，要把创新精神和科学态度很好地结合起来。第三要不排斥引进，不是任何东西都要自己首创，要大力引进人家好的东西，但绝不能照抄照搬，要在了解消化的基础上加以集成、改进和提高。永远照抄照搬，就会永远跟在人家后面。

水电科技创新跟其他行业比起来有一定困难，因为水电是修水坝、建水库、修电厂，需要非常高的安全性。对此，第一要思想明确，水电技术是不断进步、不断变化的，所以绝不能思想落后。要以爱护的态度对待新生事物，不要看到新生的东西就百般挑剔。第二要做艰苦细致的科研工作，为新生事物提供强大的技术支撑。第三要分情况区别对待和处理。如果某些技术的机制机理都搞得很清楚，不会产生严重的后果，就可以在工程上大胆使用。有些尚不明晰的，则可以先在小的工程上试验，没有问题后，再拿到中型工程上使用，最后拿到大的工程上使用。如果采取这种方法的话，水电的科技创新还是大有可为的。

进一步加大政策支持力度

到 2020 年，我国全面建成小康社会，估计每人需要 1 千瓦电力装机容量，总计会到 10 多亿千瓦电力装机容量。按我国国情，燃煤电厂将占绝大部分，但引起的资源危机、污染危机将非常严重。

减少燃煤产生的污染，特别是碳排放量，已成为国际共识和各国不可回避的义务，这对一次能源以煤为主的我国来说，形成头号压力。除了厉行节能减排外，尽量开发清洁的可再生能源是唯一出路。而在目前条件下，只有水电是可以大规模开发利用的可再生能源。尽管我国的风电、太阳能和核能都将大力开发，但受多种条件制约，在一定时期内总量有限。只有水电的开发利用弹性较大，能替代相当部分燃煤。

现在，我国的水电装机容量为世界第一，水电开发的速度和力度更是世界第一。但我个人感觉水电并没有获得什么特别的优惠政策支持，甚至有些地方对水电开发还是不利的。比如过去的税收政策，最明显的是《可再生能源法》把大水电排除在外，经过水电界据理力争，虽然承认大水电是可再生能源，但仍把大水电作为另类。我觉得这不大合适，应该明确水电，尤其是大水电是可再生能源。西方国家规定发电企业开发电源，必须有一定份额的可再生能源，希望中国也有这样的规定。

希望国家能够对水电采取更积极、更促进的政策。到 2020 年，在我国电力装机中，水电占 25%，核电、风电等占 25%，撑起半壁江山，让煤电只占到一半。大家共同努力，应该能达到这样的目标（据《科学时报》）。

汶川大地震与水电建设
——地震百日潘家铮访谈录

　　潘家铮，一位年逾八十的老人，一位因患结肠癌刚刚接受了手术的病人，一位中外著名的水电专家。"5·12"四川汶川大地震当天住进医院的他，最关注的不是自己的病情，而是地震灾情，是灾区的水电站，是他为之奋斗一生的水电事业。在四川汶川大地震百日之际。记者来到他的病房进行采访，潘老深入阐述了他对汶川大地震与水电建设问题的思考。潘老的思考与社会上某些议论颇不相同，现整理刊载于下，以供讨论。

水电建设对抗震救灾做出了重大贡献

　　记者　汶川大地震发生时，您刚刚住进医院接受治疗。现在大地震已过去三个多月了，您对这场灾难有什么感受？

　　潘家铮　汶川大地震是历史上罕见的地震巨灾。伤亡之重、损失之大，震惊世界。非身临其境者很难想象人间竟会发生这样的灾难。在三十多年时间内，中国连续遭受唐山和汶川两次特大地震灾害，这是国家的不幸，是"国难"。

　　但是"多难兴邦"，在大灾难中，我们看到了灾区人民不屈不挠、可歌可泣的战斗精神，看到党和政府做出并采取了果断、正确、有效、透明的决策和措施，看到全国军民紧密团结，一方有难，八方支援，争先恐后投入抗震救灾的感人事迹。种种催人泪下感人肺腑的现实使我坚信，灾区必将重新建起更加美好的家园。我更坚信，任何灾害摧毁不了历经千磨百劫、已经崛起于世界的中国人民，任何灾害阻挡不了中华民族伟大复兴的步伐。

　　同时，我还看到境外骨肉同胞、友好邻邦和各国政府与人民对灾区表现出来的深切关怀，他们伸出援助之手，为我们的抗震救灾提供了大量、及时、真诚和可贵的援助。这使我深深感受到"血浓于水"的骨肉同胞情谊，感受到世界人民对中国的真诚友谊。我深信在民族大义的旗帜下，祖国最终必会走向和平统一，全世界必会走向和平、和谐的发展道路。

　　记者　听说您在病床上还关心着灾区水电站和大坝的损毁情况和复建、续建问题，并且进行了深入的思考。我们非常感动。

　　潘家铮　我是 5 月 12 日因患结肠癌住院接受手术的，躺在病床上不久就发生了地震巨灾。震区内的许多水电工程，有些是 20 世纪六七十年代修建的，有些是近期修建的。我对其中部分工程多少参与过一点工作，或在审查、鉴定意见书上签过名。水坝

　　本文完成于 2008 年 8 月 26 日，刊登于《中国电力报》2008 年第 10 期，采访记者为韩健。

如在地震中出事，将引发严重的次生灾害，因此我无法不关心。老部长钱正英同志也来电话、送资料，鼓励我做些调研工作，因此，我请求有关单位能给我一些信息，以便分析研究大坝和水电站损毁情况，并为今后修复与续建提出一些建议。我已无法亲去现场，这也是一位年逾八十，躺在病床上的老工程师所唯一能做的一点努力了。

记者 据水利部领导透露。这次地震中有 2380 座水库出现险情，其中有 69 座存在溃坝风险，许多人听到这组数字后都大吃一惊。您对此有什么看法？

潘家铮 我当然相信水利部发布的数据。但是必须指出，这是包括八个省市的极广大地区的数据，更重要的是信息中没有说明这几千座水库中有几座是高坝大库，也没说明"险情"是什么性质的"险情"，会产生什么后果。这就容易误导人民。

水库有巨型、大型、中型、小一型、小二型种种等级，水坝有混凝土坝、堆石坝、土坝、高坝、低坝种种情况，有的"险情"非常危险，极难排除，有的并非如此。水利部统管全国水库，必须把所有水库都统计进去，哪怕是地方上甚或农民堆筑的小土坝形成的小水库都算数，有些本来就是病库、险库。我估计这 2380 座水库中，绝大部分是小水库，称得上高坝大库、大中型水电站的只有几座、十几座。所谓出现的"险情"也不大，只要当地适当处理就可解决。请设想一下，这些水库如果都很重要和危险，每座水库得派两位专家去研究指导，水利部就得派出 4760 位专家，如果每座水库派出 100 个人去抢险，就得派出 23.8 万人的抢险大军。只要这样想一下，就可以"思过半矣"。我们要真正了解和分析问题，必须弄清问题的要害，不能只看个"统计总数"。

这 2380 座水库与正规的水电建设能拉上关系的恐怕极少，但由于受这组数字的影响，而且人们一提到水库就想到水电站，以致一些媒体和文章中出现许多极端的、指责水电的话："水电开发达到疯狂的程度""脑海中浮现的只有两个字'贪婪'"……似乎没有人问一问这 2380 座水库有几座是高坝大库、大电站？没有人问一问这 2380 座水库几十年中在供水、灌溉、发电、发展经济中起了多少作用？没有人问一问地震后究竟垮了几座水库，死了多少人？我觉得这样的报道和评论是有失公正的。

记者 无论如何，地震区内修建了那么多水坝、水库是许多人过去不知道的。地震中，这些工程也确实受损或出险，因此有人认为在地震区内不应修这么多水坝和水电站，应该反思，在复建和续建中也应慎重。您怎么看这些问题？

潘家铮 首先，你仍然把那 2380 座水库都称为在"地震区"内是不妥当的。汶川地震北京也有震感，你能把北京也算作汶川地震区吗？实际上，震害最严重的是都江堰上游的岷江流域（及邻近地区），这里算得上高坝、大库和大中型水电站的只有四五座，把万把千瓦的小水电也算进去，不过二十多座；在强烈的地震下，灾区的各个领域：铁路公路、房屋建筑、水利水电、工矿企业、生态环境、文物古迹……都发生了重大的甚至致命的破坏，或产生严重的次生灾害。复建中当然应该吸取教训，但若因此认为在震区不应修公路铁路，不应盖房子住人，那就是荒谬的了，除非你打算放弃这块国土。更何况比之其他领域，水电工程所受损失十分轻微，更没有造成次生灾害。所谓险情，多为闸门破坏，以致水位逼近坝顶或溢顶，很快就能够解决了。如果"反思"的结论是这个地区不应开发水电，震后也不应修复，那么，这个"反思"就值得再"反思"一下了。

记者 地震中，灾区的水坝和水电站究竟损毁情况如何？对上下游有何影响？

潘家铮 我这里有一份水电顾问集团公司的"岷江流域上游各水电工程震后现场检查项目情况"，对大小 21 座水电站及水坝的震害做了详细的调查。从材料可知，人员伤亡是非常少的，主要的破坏是变电、输电架构和送出线路的倒塌、送电中断；机电设备、仪表、通信、备用电源的损坏；边坡崩塌，交通中断；泄洪设施的闸门、启闭机或结构的破坏，导致不能正常启闭泄洪；引水系统的露天部分，如进水口塔架、压水管道也有个别淹埋、损毁情况；厂房围墙和生活设施倒塌。至于至关重要的大坝，我们举离震中最近的两座高坝——沙牌碾压混凝土拱坝和紫坪铺面板堆石坝为例，前者未出现明显破坏，后者坝体有些沉陷，面板脱空错位，坝顶、坝后防护设施有所破坏，完全不影响大坝整体安全，而且容易修复。对水电站来说，这些当然都是重大损失，但和其他系统相比，就微不足道了。

更重要的，这些损失全是系统内部损失，对上下游没有产生次生灾害，相反，水电对抗震救灾做出重大贡献。有些水电站在地震中一直维持供电，许多水电站在震后很快恢复对灾区供电，水库形成的深水航道是震不垮的生命补给线。强大的主电网也迅速修复供电，为灾区送去光明、希望和动力（电力系统的恢复是最快的，得到国家发展改革委和国家领导人的肯定）。许多媒体对电力部门的贡献只字不提，一味质询为什么要在灾区修那么多水电站，我认为是非常不公正的。

记者 我还要问一下，现在震区水电站都在复建和续建，有人认为是"疮疤未好就忘了疼"。不进行反思，不遵照国家的复建规划，仓促复建水电站是否合适？

潘家铮 各行各业的复建都应遵照国家的复建计划进行，但水电站有它的特殊性，它的站址不是可以任意挪动的。目前检查说明，没有一座水电站已无法修复，需要放弃、拆除或另建。主要是一些轻微震害，完全可以视具体条件修复，实际上也称不上"复建"。

震区自然资源较少，水电是该区的可贵资源。水电又是可再生的清洁能源，开发和修复水电枢纽，既符合当地利益，更符合国家利益。现有这些水电枢纽都经过多年艰苦努力得以建成，未损害生态环境，已安置好移民，修复各水电站是理所当然之举，怎能称为"盲目复建"，更不是"疮疤未好就忘了疼"，而是符合地方和国家利益的正确措施，应尽早全部修复发电。我相信国家的复建计划中一定会考虑水电的这些特点的。事实上，8 月 13 日公布的《国家汶川地震灾后恢复重建总体规划》（公开征求意见稿）中就明确要恢复重建紫坪铺等大中型水电站 129 座，装机总容量 700 多万千瓦。

记者 震区水电站的复建是否应考虑提高设防烈度呢？在复建中应吸取什么教训呢？

潘家铮 在发生汶川大地震后，震区的地震基本烈度是否要调整，这是要由国家地震权威部门考虑决策的事，我不便置喙。

但对于震区水电站的修复，我觉得没必要去提高设防等级。理由很简单，他们都已经过了远超设防烈度的强震考验，未曾破坏，容易修复，何必画蛇添足地再去提高设防烈度。更何况一次大地震爆发后，积蓄的地下能量消散殆尽，再次积累需要很长时期，一般也不会在原地发生。这道理是明显的。

应该吸取的教训和改进的地方，是对那些在强震中最易破坏的部分进行改进，或加强结构，或改变型式，大大提高其抗震能力。如变电站的构架、送出线路的杆塔、设备仪表的保护、闸门的启闭系统、坝顶坝面防护结构、进出交通道、坝肩上下游的边坡、地下厂房结构、开敞式的引水结构等。

记者 近来社会上对"水库地震"议论纷纷，您对此有何看法？

潘家铮 顾名思义，水库地震是由于修建水库引发的地震。水库不可能在地层内"制造"地震，只能对已具备发震条件的部位施加影响，使之提前发生。所以很多人称之为水库诱发地震，地震界似更倾向于用"水库触发地震"一词。

水库触发地震是并不罕见的现象，虽其机理还不能完全阐明，现在较公认的看法是水库及大坝的重量在地层内产生附加应力，以及库水沿断裂下渗，降低了断层的强度为主要因素。这些因素对深部地层的影响是极小的，所以绝大多数触发地震都是浅层微震，一般要用仪器才能测到。水库触发较大（6～6.5 级）构造地震的实例极少，全球也只有 4 例（包括我国新丰江水库）。

水库触发地震的特性，一般可包括为：①多为浅层微震，有些是溶洞、矿井的塌落产生；②震区范围很小，衰减很快；③在蓄水初期发生较多，随时间而逐渐减少。

在建设高坝时，对水库会不会触发地震、触发地震可能出现的地段、最大震级以及影响，都要作深入调研评估，提出结论。多年的实践经验说明，这类评估的结论是可信的，一般偏于保守，可以作为设计依据。

紫坪铺大坝建设在坝工史上写下了光辉的一页

记者 但有人认为汶川大地震的发生"不能排除紫坪铺水库的诱发影响"，您是否同意？

潘家铮 汶川大地震是由于巨大的地壳活动，在断层带内产生极高的地应力和能量，经过千百年的积累，达到临界状态而最终瞬时爆发释放的一场特大天灾，是人力难以防止阻挡的，这应该是国际、国内地震界的一致看法。紫坪铺水库对它起的影响（如果说有影响的话），实在是太微不足道了。世界上也从未发生过水库能触发 8 级构造地震的前例。即使是最想把紫坪铺和汶川地震拉在一起的人，也只能含糊地讲一句"不能排除"而已。我们应该信任专业地震专家们的意见，我不认为紫坪铺水库与汶川大地震的发生有什么联系。

记者 但是也有"一根稻草压死一头骆驼"的说法啊。

潘家铮 任何比喻都有失当之处。"一根稻草压死一头骆驼"，这是把断层带比作骆驼，把断层带所受地应力和积累的能量比作骆驼所受的负重，而把水库的影响比作稻草。这个比喻认为，骆驼虽然很累，但还能扛住，加上根稻草就压垮了。应该知道，断层带内承受的应力和积累的能量是在不断增长的，而且增长的速度愈来愈快，不论加不加稻草，这只骆驼是必然要被压垮的。所谓"逃得了初一逃不过十五"，而且越到后来，压垮得越惨。

记者 也有人把大地震比作一枚定时炸弹，水库的修建起了触发作用。

潘家铮 这个比方尤其不妥，定时炸弹不仅所含炸药是一定的，不会不断增加；而且不触发其定时机构是不会爆炸的，这和构造地震的形成和爆发无任何相似之处，否则，紫坪铺大坝要对几十万死伤同胞负责了。绝对不能接受这种荒谬的比喻。

如果一定要打个比方的话，我觉得不如把整个断层带视作一个巨大的高压锅炉，正在不断加热（地壳活动），炉内压力不断增高。锅炉壁上布满大小裂纹（断层），炉内压力达极限时，最薄弱的一条大裂纹先开裂，高压蒸汽喷发而出（主震），然后其他裂纹也陆续裂开，释放能量（余震），直至炉内压力全部消除，复归于平静。

修建水库好比在炉壁外压一点水，如果说这也有影响的话，也只是起了个提前释放的作用。所以退一步讲，即使"不能排除紫坪铺水库对汶川地震的影响"，从总体上看也减少了主震释放的能量。否则，汶川地震的震级就不是 8 级，而是 8.1 级，甚至 8.5 级了。释放的能量不是 1070 颗美国投向广岛的原子弹，而是 1500～6000 颗了。不仅灾区人民将蒙受更加惨烈的灾难，整个"成都市夷为平地"的可能性也"不能排除"了。

记者 您认为大地震能预测预报吗？有人说地震的中长期预报还是可信的，您怎么看？

潘家铮 目前学术界较公认的看法。构造地震是由于地壳的活动，在一些大断层及附近地区产生了地应力和能量，经过长期的积累，达到断层能承受的极限时，断层突然错动、撕裂、扩展，使积蓄的能量瞬时、集中释放的现象，这是一个从缓慢变化到突然爆发的长期过程。一场大的构造地震释放的能量是惊人的（如汶川主震释放的能量相当于 1070 枚广岛原子弹）。这个过程是人类难以阻挡的，只能尽量减少损失。

从理论上讲，我们如能在可能发生地震的断层带内探测到地层深处（数十千米下）的地应力变化和能量积累的过程，探测到断层不断变形和其强度不断削弱的过程，探测到断层逐渐被撕裂、错动时发出的信息，观测到在这一过程中地表地形出现的细微变化，加以综合研究分析，再结合从实践获悉的各种临震异常现象，我们就有可能在数日前（哪怕数小时也好）发布临震预报（通告大致的震中位置、震级和时间）。不幸，目前的科技水平离上述要求太远，在可预见的时期内，人们恐怕还做不到，我们只能期望这一天早些来临，而不应苛求或斥责地震界。

当然，专家们可以根据对断层带的历史发震情况和地质的研究，就今后可能的震中位置及震级提出些看法。有人称之为"中期预报"。应该欢迎这种意见的发表，总是一家之言，可供参考嘛。但实质上这只是个别专家的一种"推断"和"见解"，缺乏有力的根据。严格讲，是不能称为"预报"的，也谈不上"可信"与"正确"的问题。

至于说"长期预报"，地震是地应力不断积累、释放、再积累、再释放的过程。作为一种概率性的预测，预测的时段愈长，发生大地震的可能性也愈高，这是不言自明的道理。如果一位专家预测"某地震带在今后一千年内有发生 8.5 级强震的可能"，这能算是预报吗？对实际工作有任何意义吗？所以我一般不去理会那些所谓的长期预报。

记者　紫坪铺大坝设防烈度是 8 度，实际发生的烈度达 10 度以上，有人对此曾提出过不同意见，未被重视。您觉得设计及地震部门有无失职之嫌？

潘家铮　紫坪铺大坝是严格按照国家法律法规、基建程序和行业规程规范建设的。在抗震设计方面，场地烈度和地震动参数都以国家颁布和修订的"区划图"为基础，并针对工程的重要性和具体条件进行更深入的分区研究评估，最后确定在基本烈度上提高一度，按 8 度设防。这些都经过逐级审查批准。

至于说有的专家曾提出过紫坪铺坝址可能是未来大地震中心的意见，这是个别专家的看法。专家们写论文发表是自由的，不负法律责任的。而地震部门如要采纳这种意见牵涉面极广，需要更多的依据，设计部门要采纳则需付出巨大的代价，这和写论文性质完全不同。没有采纳个别专家的意见，不存在"失误"问题，只能说紫坪铺大坝建成后遭遇了超过设防标准的强震。否则，如果采纳了个别专家的意见，大大提高设防烈度，而未发生这种强震，难道能追究专家"谎报军情，造成巨大投资积压"的责任吗？

我不理解有些同志总是揪住"紫坪铺大坝设防烈度低于实际发生的烈度"这一点不放，而不考虑另外一个事实，即由于精心的设计、施工和管理，紧邻震中的大坝在遭到千年不遇的特大天灾下巍然无恙，出现的一些破坏是轻微的、容易修复的（实际上已经修复了），而且震后迅速恢复发电，为防止上游堰塞湖溃决提供巨大调蓄库容，保证从都江堰到成都市数百万人民安全，也为今年成都大平原的丰收提供保证！紫坪铺大坝的建设者们为抗震救灾立下了巨大功勋，创造了中国奇迹，在中国和世界坝工史上写下光辉的一页。温家宝总理在紫坪铺工地对这座大坝的过硬质量和发挥的巨大作用做了充分肯定，就是对您所提问题的最好回答。

汶川地震后我对西南地区建设高坝的信心更强

记者　据网上消息，有 46 位专家联名提出一个建议书——《建议对西南地质不稳定地区大型水坝安全性进行重新评估》，在此前呼吁暂停在西南地质不稳定区批建大型水坝。对此您有什么看法？

潘家铮　我充分理解专家们的忧国忧民心情。在汶川大地震后，对西南地区在建高坝的抗震问题补充做些研究也很必要，但不赞同"呼请暂停在西南地质不稳定区批建大型水坝"的提法。

首先，地震是一种罕遇的、不确定的、无法预测的事件。抗震设计其实是一种风险设计，是在投入和风险间做个合理选择。不要指望通过评估能对"安全性"得出个"绝对"和"唯一"的结论。"再评估"只能按国际通行的、目前常规的方式进行，这类评估实际已进行多次了，再次评估，即使提高了个别工程的设防烈度，也不会使某些专家安心。如果根据个别人的推测、判断、"预报"来评估，又缺乏科学依据。这种事争论 30、50 年也不会有结果。这就不是"暂停"，而只能是"长期停止"西南地区的水利水电开发，这对西南和全国的建设与发展来讲是不可接受的。

其次，即使停止了水坝建设，也解决不了，甚至加重了地震灾害。看一看汶川大地震的实际，紧贴震中的两座高坝都安然无恙，真正发生险情的是山坡崩塌形成的天然坝和堰塞湖。只一座"唐家山"，国家投入了多少人力物力抢险，要动迁下游近百万人民。西南其他河流情况不比岷江上游好。1967 年雅砻江中游发生的唐古栋大滑坡（当时并无地震），完全堵塞了大江，下游断流，形成罕见的天然坝和大水库。这座天然坝溃决时，洪水以几十米的水头和每秒几十米的高速横扫下游数百千米。可以设想，在这些流域上发生汶川式甚或更大地震时，将形成多少座十倍百倍于唐家山的堰塞湖，国家、政府将如何去抢险救灾，如何疏散动迁人民？

办法只有一个，抓紧大力开发水电，修建震不垮的能调控水资源和洪水的高坝大库（目前雅砻江上正在修建三百多米高的锦屏大坝），迅速发展流域经济，动迁必要的移民，全面改变流域面貌，全面提高人民素质，这才能为应付突发性灾难提供条件和基础。采取回避政策，停止发展，绝对不是出路。

记者 有人说，现在各单位到处跑马圈水，西南水电开发无序，已经过"度"了，您同意这个说法吗？

潘家铮 国家早已明确，流域的开发应该遵循河流的综合规划和相应的专业规划有序进行。过去一段时期确实有些"乱"，现在基本上尘埃落定了，我希望同一流域的各开发方，能在政府的指导下，通过协商协调，组成共同管理机构，进行有序和优化的开发运行，使各工程能发挥最大最优的整体效益。

批评水电开发"过度"，也是当前的时髦提法，孔子说过"过犹不及"，凡事有个"度"嘛。问题是：这个"度"定在哪里，又由哪家权威根据什么原则来定呢？美国田纳西河梯级一个接一个，开发堪称过度，而就是这过度的开发带动了全州的经济大腾飞、大转型，使美国最贫穷落后的州一跃成为最发达的州之一。

挪威、瑞典、瑞士这些国家水电开发接近 100%，阿尔卑斯山区的水几乎每一滴都集中起来利用，挪威全国的电力几乎全由水电供应，也没听说谁指责他们开发过度。中国西南水电开发度恐怕不过 10%左右吧，现在就指责过度开发，似乎早了一点。

我的想法，还是从每个流域每条河段的实际情况出发，该开发就开发，不该开发或弊大于利的就不开发，这比简单地反对"过度开发"也许更合适些。

记者 接受汶川地震的教训，目前在西南修建的高坝大库的设防裂度是否应提高一些为妥？

潘家铮 根据国家法律，制定全国地震基本烈度区划图和地震动参数区划图，并及时修订，是国家地震权威部门——国家地震局的职责。这些参数是大坝抗震设计的基础性依据，在此基础上，通过进一步的评估，来确定大坝的设防烈度，后者也要得到权力部门的批准。

在汶川大地震后，如何对区划图进行修订，相信地震局会有全面的考虑和安排。我们要相信地震局，这里不仅集中了全国最权威、最专业的专家，也拥有最完整的历史地震资料。几十年来，他们为制定科学合理的区划图进行着不懈的努力。如果问我这个外行人的看法，我不认为在某一地质单元发生特大地震后，全国各区的基本烈度都有全面提高之必要。

但鉴于西南正在建设一批高坝大库，影响巨大，为吸取汶川大地震的教训，我也完全赞同对这些高坝的抗震安全性作进一步评估。实际上，有关领导部门和单位都在开始工作了，一些新的规定也在拟订和审批发布中。

不过，我的考虑重点不在提高某些工程的设防烈度（经评估认为应调整的当然应该调整），而应放在对少数关键性高坝作些"极限分析"，即设想这些高坝如果遭遇意想不到的超标准大地震（所谓最大可信地震、极限地震）会是什么后果？这不是常规的设计情况，不要求满足常规要求，允许出现不同程度破坏，唯一要求是不垮。其次是能迅速脱离险情（例如能迅速放低水位），以利修复，保证安全。地震虽可怕，只是十几秒钟的过程，我们如能探索大坝在这短短瞬间中的表现，弄清它的薄弱环节，针对性地予以加固、优化，采取有效的抗震除险措施，建成一座震不垮的水坝，这比提高一点设防烈度也许会令人们更放心一些。

记者 最后一个问题，在西南地震带上修建这么多高坝大库，您是不是感到有些担心和不安？

潘家铮 做任何事情都有风险，何况是修建高坝。尤其目前世界上真正经受过强震考验的高坝实例太少。我们只能尽当前科技水平，尽量把工作做深做透，多向坏处想，多留余地，使出事风险率减到最低。这也是汶川大地震后我特别关心紧邻震中的紫坪铺、沙牌两坝安全的原因。

当科技水平不断提高，实践经验不断积累，风险度不断降低，担心的成分也就愈少。汶川大地震中两座坝的实践，使我深切体会到按现代理论研究、设计、施工、管理所建成的大坝，具有惊人的抗震潜力，当然还需要作进一步研究，但确实使我信心倍增。

西南地区一些在建的大坝，其坝高、库容确实比紫坪铺、沙牌更大，但相应的研究、分析、优化工作也要深入得多。就澜沧江上292米高的小湾拱坝来说，我们已不知多少次建议或要求业主、设计院和科研单位做过深的研究，进行反复的分析和优化，也不记得开过多少次咨询会议。每次分析的"单元数"都是几十万个，连震动中拱坝施工缝的开合影响都要考虑在内，至于抗震措施、施工质量、工程管理更达到一流水平。人们如果看到那汗牛充栋的研究试验报告、计算设计文件和会议研究讨论成果，会难以相信建设一座坝竟然要做如此多的工作。小湾如此，其他工程也莫不如此！因此，汶川大地震后，我对西南地区建设高坝的信心更强，担心更少。我深信，在西南的高山深谷中即将涌现出一大批高与天齐、冲不倒、震不垮的大坝，千秋万代为民造福。

大力开发水电：中国持续发展的必由之路

为什么要积极开发水电？我们不讲其他理由，光是从节能减排的角度，国家也非走这条路不可。到 2020 年，中国全面建成小康社会，估计每个人 1 千瓦的电总是要的，那就得 10 多亿千瓦的电。将来 10 多亿的电力，一半靠燃煤，另一半靠水电、核电和其他可再生能源发电，我们就可以迈过节能减排这个槛。

在《应对气候变化国家方案》中，再次出现了"大力发展水电"的表述，说明水电在节能减排中意义重大。电是国民经济发展的基础，是人民生活水平提高的基本保障。到 2020 年，中国全面建成小康社会，估计每个人 1 千瓦的电总是需要的，那就得 10 多亿千瓦的电。

按中国的国情，燃煤电厂将占绝大部分，引起的资源危机、污染危机将非常严重。特别是温室气体的排放，就是所谓气候问题，将来会越来越严重。中国将成为世界第一排放大国。气候变化是全球问题，国际社会对我们的压力会越来越大。这是国家的隐患，非解决不可。最近，"国家节能减排工作领导小组"更名为"应对气候变化节能减排领导小组"，这是有道理的。

这种情况下，尽可能多地开发水电等可再生能源，以及核电，来缓解燃煤的增长，我认为是唯一的一条出路。在各种可再生能源中，风能成本仍然很高，而太阳能和生物质能非常有限，只有水电是可以大规模商业化开发的。成本低，资源量大。

任何能源的开发都有生态问题，不过表现的形式不一样，严重程度不一样。首先，我们不否认这一点。第二，要正确对待，千万不要抓住一点，以偏概全。那么水电，我同样也是这个态度。我们不能光是讲水电的好处，而不提水电对生态环境的影响；反过来，不能因为生态环境影响而全部否定水电、否定大坝，这也不科学。

水电在节能减排上可以贡献重要力量，但是它的建设也会对生态环境产生不利影响。如何看待这个问题呢？

任何能源的开发都有生态问题，不过表现的形式不一样，严重程度不一样。比如核电，就有个大问题，它的废料始终没有很好的方法去解决，千年、万年威胁人类。但我们不能因此而不开发核电。又如风电，少量开发对生态环境影响不大。但如果大量开发，它对生态环境的影响就会很大，因为它改变了大气流动的规律。

所以，任何能源的开发利用都会或多或少影响生态环境。首先，我们不否认这一点。第二，要正确对待，千万不要抓住一点，以偏概全。抓住一点，否定一切。这是非常不科学的，对国家也是很有害的。那么水电，我同样也是这个态度。第一，我们不能光是讲水电的好处，而不提水电对生态环境的影响，这是不正确的，过去我们这个方面做得不够。反过来，不能因为生态环境影响而全部否定水电、否定大坝，这也

本文刊登于《中国三峡建设》2009 年第 1 期。

不科学。

水电开发对生态环境的影响到底应怎样评估，应该怎样科学地开发？

水电对生态环境的影响，既有负面环境的影响，也有正面的影响。有对自然环境的影响，也有对社会环境（移民）的影响。我想分几个问题来看。

建设水电，特别是大水电，总是要淹没一些耕地，迁移一些居民，这个是不可避免的，要想尽办法减少耕地的损失。但是另外一方面，也必须看到，水电建设往往对下游的农业生产起到非常好的作用，可以促进稳产、高产、增产。思想放开来看，建水库无非是把陆地变成了水面。过去我们国家填湖造地太厉害了，现在拿出一部分陆地恢复成水库，没有什么不可以的。

关于淹没问题。中国的耕地非常有限，非常宝贵。淹没确实是非常可惜的。所以在开发水电的时候，要千方百计减少耕地的损失。在做前期工作和建设的时候，开发商应该全力以赴、千方百计地减少淹没损失。比如水位不必那么高的，就不要提得那么高；可以分级开发的，就不要弄个大水库。总而言之，要想尽办法减少耕地的损失。但是另外一方面，也必须看到，水电建设往往对下游的农业生产起到非常好的作用，可以促进稳产、高产、增产。下游许多荒地、荒滩，本来是不能利用的，现在都可以开发成良田，因为水库把洪水控制住了。有许多水电站开发的过程中，同时也造了很多地。所以它在淹没的同时，对农业、对耕地也有好的一面，这个应该认识清楚。

我们的思想可以放开来看，建水库无非是把陆地变成了水面。在过去，历史上中国有多少的水面啊，比如湖北，那是千湖之省，到处都是湖。还有云梦泽，现在这些湖一个个都消亡了，都开垦掉，变成陆地了。洞庭湖原来是八百里洞庭湖，现在看萎缩了多少，地图上变成个网状的水面了，不再是个湖了。所以，现在国家在搞退耕还湖，把开垦的耕地再还原成湖面。过去我们国家填湖造地太厉害了，现在拿出一部分陆地恢复成水库，没有什么不可以的。况且，水库的作用比湖大得多，因为水库的调蓄能力非常大，而湖的调蓄能力非常有限。从这个观点来看，适当地建一点水库是好事，前提是千方百计减少耕地淹没。

现在我国水资源存在两大问题：短缺和污染，水少水脏。首先，水电开发没有消耗一方水，水少怎么能归罪于水电开发呢？其次，关于污染问题也是一样，水从水轮机里通过，根本没有受到任何污染。问题是，几千年来，人们都把江河当成天然的下水道，无论什么污水脏水，都不经任何处理，直接排放到江河里面去。所以，水污染的问题不在于建不建水电，关键在于必须要治污。

关于水资源的问题。现在很多人把这个归咎于水电开发，我认为这个是很不公平的。

首先，开发水电，带动了地方经济的发展，地方多用水了，建成水库后，水位抬高，为地方创造了引水的条件，它可以打洞，开渠，引水进行灌溉和工业用水。这样减少了水资源的数量。这和水电开发是没有关系的。这个是地方自己要发展，库区经济要振兴。你总不能限制人家的发展，限制库区的发展。所以水资源的短缺跟水电开发没有关系，主要看你用得合理不合理。

水污染问题也是一样。水从水轮机里通过，根本没有受到任何污染。几千年来，人们都把江河当成天然的下水道，无论什么污水脏水，都不经任何处理，直接排放到江河里面去。水库修成后，水深了，流速慢了，那些污染物不容易稀释，会富集，是这么形成的问题。千百年的陋习不改变，是难以为继的。就是不建水库，不搞水电开发，水质污染一样严重。我们江南，上海杭州一带，海河流域，都非常平坦，没修什么水电，那里的水污染到什么程度呢？已经是"有河皆干，无水不污"八个字。那是建水电引起的吗？你去苏州吴县看看，哪儿还有干净的水？太湖蓝藻事件，跟水电也没有关系。

所以，水污染的问题不在于建不建水电，关键在于必须要治污。不能再把天然的河道当成天然的下水道。相反，修建水利水电工程，有利于这方面来个大改变。比如说南水北调工程，它东线沿线的治污要大大地推进。三峡库区的污水处理也很有力度。这是大好事。我说要希望水污染少一点，最好多搞水电。修水电可以逼迫当地非去搞治污不可。否则的话，老把河流当下水道，那样污染会到什么程度。

关于某些灾害和影响。包括地质灾害、滑坡、水库的地震、卫生问题、气候问题、自然景观、文物古迹等可以列出很多很多。水电开发对这些方面都会或多或少造成影响，有些是正面的，比如气候，一个水库建成后，雨量增加，气温下降，这就是正面影响。又如地震，我认为水库引起地震应是正面影响。地震是地应力不断积蓄，达到一定程度爆发出来。如果提前把它引发出来，即诱发地震，建设水库，施加压力，产生小震，使地震能量早点释放出来，不让它不断积累，产生破坏性大地震。这是件好事。这就好比一个蒸汽锅炉，你给它开了一个放气的孔。

也有负面影响。比如淹没文物古迹等问题。但所有这些负面影响，都是有限的，还没有听说因为建了水电站，在这些方面变成了灾难的，没有这种情况。我们应该承认，有些负面影响我们要千方百计地避免，或者补偿，比如搬迁一些文物古迹，一些景观被淹了再另外找些新的景观。这些影响还不至于否定水电的开发。

水电对生态环境的影响应该重视，尽可能加以解决，但不至于成为影响水电开发的一个致命的因素。我们应公正客观的看待这个问题。如果哪个水电站对生态影响确实很大，弊大于利，我们可以不建。但是绝大部分水电站不是这样。

最后一个问题，河流的生态问题。主要有两个，一个是泥沙，水库的淤积；还有一个是物种，尤其是珍稀的物种。

泥沙的问题，对多沙河流开发水电建设水库要特别慎重。应该采取多种措施减少进库的泥沙，延长水库的寿命。比如在上游搞水土保持，水库的调度要科学，尽可能利用洪水时间冲沙排沙。各方面采取措施减少泥沙淤积和下游的冲刷，如果说这个问题实在解决不了，那就不要在这个地方建水库。

关于物种的问题，特别是珍稀物种，我想这是水电最直接影响的一个因素。陆地的物种还好办一些，无非是一些珍稀植物，我们可以迁移。水里的物种，比如鱼等水产品，有些有洄游习性，从下游往上游走。现在大坝切断了河流，就可能导致物种消失，或者影响生态。这要分清楚情况，有些是比较常规的物种，如一般的鱼类，我们可以补偿，这条河上少了，其他河上可以增加。常规物种不存在消失问题，只是数量增减，可以采取补偿的方式。真正非常珍稀的物种，就应该采取特殊的人工抚育的办法，把这品种保护下来。老实讲，珍稀物种现在面临濒危的境地，罪魁祸首是历史上长期的滥捕滥渔和环境恶化、水质恶化。一个物种数量降到一定程度，你要靠它自己去繁殖，已经没有什么可能。比如白鳍豚，在长江找来找去也找不到了。唯一的办法就是人工繁殖、人工放流，才有可能拯救物种。比如中华鲟，建葛洲坝后我们建了中华鲟研究所，每年大量繁殖放流，就没有灭绝。

　　总之，水电对生态环境的影响应该重视，尽可能加以解决，但不至于成为影响水电开发的一个致命的因素。我们应公正客观地看待这个问题。如果哪个水电站对生态影响确实很大，弊大于利，我们可以不建。但是绝大部分水电站不是这样。

　　怎么解决移民问题呢？我总想，单纯的一次性补偿不解决问题。第一步要把移民动迁的费用打足够。把移民迁出来，稳起来。再就是要利用水电开发带来的效益，做好长期的扶持。不一定是给钱，主要是创造条件。

　　水电开发得好，真是一本万利。水电效益的分配也要公平公正。

　　移民问题也是水电开发面临的一个重要问题，也是个关键问题。以后制约水电开发的主要因素恐怕还是移民。今后移民工作的重要性和困难程度，可能会超过工程本身。

　　过去建水电站最难的是工程本身，如截流、建坝等，现在我们的本领越来越大，这方面已不成问题。怎么解决移民问题呢？我总想，单纯的一次性补偿不解决问题。因为无论给多少钱，总有用完的时候。而且一次性补偿的标准提得太高，也有坏处，有很多副作用。开始建水电站的时候，我们要把移民动迁的费用打足够。足够到什么程度呢？就是能把移民、城镇、工矿企业能够迁移出来，使生产生活条件比过去至少要好，不要低。第一步先要做到这样，稳起来。

　　更重要的是，就是要做好长期的扶持。就是说要利用水电开发带来的效益，对移民进行长期的扶持，对水库经济发展长期地扶持。不一定是给钱，主要是创造条件。比如说，对年轻移民进行培训，教他们技术，因地制宜开发一些新的经济增长点，开发一些新的企业，把移民吸收过去。一家人如果有一个人能找到稳定的工作，他的问题基本就解决了，比一次性补偿要好得多。对于一些鳏寡孤独、老弱病残的人，就应该负责到底，用社会保险等养起来，使他们没有后顾之忧。

　　关于移民，千万不要老是后靠农业，能够靠的靠，没有条件不能靠的就不要靠，就把他们成建制地迁出来，想办法安排好。这些讲讲容易，做起来却很难，但却非要这么做不可。好在中国水电大部分都在西南地区，移民数量相对较少，当然也有它的困难。比如少数民族和宗教问题。一个水电站的效益非常好的话，应该没问题。一个几百万千瓦的水电站，移民几万人，如果真正想把移民做好，应该没问题。投资应该给足，这个不能够心疼。但不是无限制地补偿，应该拿这些钱去办企业、去发展经济增长点、去培训，解决长远发展问题，健全社会保险。

　　在计算水电开发成本时，应该把移民的成本打足。水电效益的分配也要公平公正。

　　水电开发得好，真是一本万利。但怎么更好地分配开发利益是个问题。水电资源是国家的，不是哪个地区和部门的，是全民的。但是开发水电因为牵涉到征地、移民，影响到当地的种种因素，所以应尽可能照顾到当地的利益。无论是税收也好，帮助当地经济发展也好，都应该有个正确的政策。过去有个做法，富了电厂，穷了库区；富了下游，穷了上游，这个不对。这方面应该详细地研究，使水电开发效益能够公平地分配，不但双赢，而是多赢。特别是过去水电开发到省，像移民、库区，应该得到更多的效益。应该重视这一点。

移民成本环保成本要打够，过去我们这方面做得太差，特别是计划经济时代，根本谈不上。

虽然中国水电开发速度很快，但我个人总感觉国家对水电并没有什么特别的优惠政策，相反有些地方对水电有些歧视，我们希望国家能够对水电采取更积极、更促进的政策。

对水电开发的现状，我比较满意，当然希望能更好。现在存在的问题是有点无序，在中小水电上问题更严重一些。希望能改变一些无序的状态，跑马圈水，这个不好。

目前，我国水电装机超过一亿千瓦，世界第一。正在开发的规模与速度，更是史无前例。怎么评价当前我国水电开发政策呢？

虽然中国水电开发速度很快，但我个人总感觉国家对水电并没有什么特别的优惠政策。主要是由市场竞争，自己去搞，投资多元化。甚至有些地方对水电还是不利的。比如过去的税收政策，大家议论得很多了，最明显的是可再生能源法把大水电排除在外，经过水电界据理力争，仍然把大水电作为一种另类，虽也承认大水电是可再生能源，但是，在发电里面大水电的优惠看不出来。我觉得这个不大合适。我们要求能够明确水电，特别是大水电是可再生的能源。比如说，发电公司开发多少电源，在西方国家规定必须有一定份额的可再生能源，我们希望中国也有这样的规定，而且把大水电放在可再生能源里面。

所以，总的来说，水电开发，计划经济时代没有什么政策，现在呢，也没有什么特别的优惠政策，相反有些地方对水电有些歧视，我们希望国家能够对水电采取更积极、更促进的政策。

对目前水电开发现状，我比较满意，当然希望能更好。现在存在的问题是有点无序，在中小水电上问题更严重一些。没有很好的规划，没有全面的考虑。主要是这个问题。希望能改变一些无序的状态。从国家最高利益出发，不大赞成划定势力范围，跑马圈水，一哄而上，这不太好。

水电开发不存在比重高不高的问题，只存在合理不合理的问题。我看中国水电开发比重是太低了。

中国水电的开发目标，我想能不能够争取到 2020 年，能够开发到 50%，水电能达到 2 亿 5 千万千瓦，发电量达到 1 万几千亿度电，能够在全国当日的电中占到四分之一，也算做了最大的贡献了。

水电是否存在过度开发的问题呢？

我认为不存在过度开发。以前我经常去欧美考察，像挪威、瑞士以至于法国、意大利、西班牙这些国家，他们的水电开发程度都是非常高的。像挪威和瑞士，恐怕差不多是百分之百，法国和意大利差不多百分之六七十、七八十，像日本、美国水电开发比重也很高。我记得美国已经开发 60% 了吧？都没有听说人家说水电开发太多了。

水电开发不存在比重高不高的问题，只存在合理不合理的问题。这个电站应该开发的，就应该开发。这个电站开发的弊大于利的，就绝对不要开发，应该用这个标准来衡量，而不是拿比重来衡量。我看中国水电开发比重是太低了。

中国水电的开发目标应该是什么？

我有个想法，技术开发的 5 亿 4 千万千瓦，相应的年发电量大约有 2 万 5 千亿千瓦时，我想能不能够争取到 2020 年，我们也不要达到什么百分之七八十，也不要像广播上讲达到 60%，能够开发到 50%，水电能达到 2 亿 5 千万千瓦，发电量达到 1 万几千亿度电，能够在全国当日的电中占到四分之一，也算做了最大的贡献了。我想大家共同努力，这个目标应该能达到。

水电占 25%，核电、风电等占 25%，撑起半壁江山，让煤电只占到一半，这是我的希望。

关于水电移民问题

——在中国水电 60 年座谈会上的发言

60 年来，中国水电发展经历了曲折的道路，现虽取得了巨大成就，但阻力很大。目前最大的难点在生态环境和移民问题以及媒体和社会的误解。可能又将经历一个大起大落的马鞍形。

其中移民问题难度更大，尤其是农民的迁移，处置不当可能造成群体事件，影响社会稳定。

过去对农民的安排总是一次性补偿，以"后靠""务农"为主，要求粮食自给，交给地方政府包干。即使强调大农业安置、开放性移民，其实都不落实。光靠提高补偿标准，也解决不了长远问题。今后这种做法对少量移民也许还行得通，对涉及数万乃至十万以上的移民恐怕要考虑新的做法。即依靠全面布局，脱离农业，长远安排来解决。

农民总是安土重迁的，要他们放弃祖辈留下的土地迁到条件较差、既陌生又无保障之处，怎能自愿？但也要看到，我国现在有八九亿的人民靠务农为生，过着贫苦的生活。从科学发展观看，这不是久长之计。我国即使做不到发达国家那样只留少数人从事农业，至少应有规划地改变数亿农民的身份。即使如此，为什么不结合必要的水电建设，有计划地提早实现这一改变？

多数老一代农民不愿离开土地，但他们的子孙后代就不想展翅腾飞、永远靠这一亩二分地过日子？长期来，水利水电开发总是利在下游和受益区，弊在上游特别是库区，这一情况应该扭转了。我们应详细调研库区所有资源和条件，在充分投入、经济转轨、统筹安排的原则下，确定发展什么产业，创办或引进什么企业（农业林业、渔业矿业、土产特产、加工升级、旅游休闲……），为此要创造什么条件（交通、电力、引资、投资、宣传、教育、对口支援……）；企业可以建在库内（必须是现代化的清洁产业），也可建在库外（专为库区就业的飞地）。将农民分为三大类，一类继续搞大农业；第二类以年轻一代为主，专门培养，脱离农业，创业致富（一人就业常可解决一家）；第三类是鳏寡孤独、老弱病残和失去土地一时未能安排的人，率先实施生老病死的可靠社会保障。对少数民族和信奉宗教的更要做细致工作，满足他们的合理要求。加上淹没耕地的作价入股，长期受益，就真正能做到库区经济发展，移民稳定受益。库区人民目前还多处于并不富裕环境中，特别是年轻一代渴望改变身份，在经济上翻身。只要认真去做，移民问题不仅能做好，而且可为中国社会面貌的改变做出贡献。

这样做需要更多的投入，资金可从三方面来：一是开发部门原来安排的移民淹没费用；二是按市场规则，实施电力同质同价、优质优价，水电应享受可再生能源的政

本文是 2009 年 8 月 21 日，作者在中国水力发电工程学会组织的"中国水电 60 年座谈会"上的发言稿。

策优惠，对下游电站有补偿效益的工程应从收益中获得回报，把增加的收益用到上游和库区来；三是国家和地方政府的投入，因为这是对困难地区的大改造，是实施农民战略转移的大行动，政府应该出资。

但是，这一工作绝非水利水电部门或开发企业能胜任的，必须由国家制定大政策，政府全面规划、组织、协调、支持和监督才能完成。现在国家不管这种大事，各部门各行其职能，把一切困难和事端都责成发电企业去解决，出了事或解决不了就喊停，使水电开发又一次沦入困境。这不符合国家的长远和根本利益，将来总有后悔的一天。

漫谈水利水电建设观念的更新

0 前言

现在全国都在学习和实践科学发展观，水利行业当然也不例外。这就说明过去我们的所思所想、所作所为有不够科学的地方，需要通过学习，解放思想，改革创新，更新观念，改变做法。但是水利又是一门有几千年历史的老学科，发展到今天似乎定了型，已经建立了几百上千种规程、规范、标准、指南，好像不能像空间科学、电子信息、基因克隆……这类新兴前沿学科那样日新月异。另外，搞改革创新，不免要做试验，总是有成功也有失败。水利工程特别是高坝大库又是不允许搞试验的，总之要在水利建设上创新似乎十分困难。其实，天下万事万物，都在不断变化和发展，不但科学技术在飞速发展，社会和人的思想也在不断变化。学习科学发展观，首先要求我们研究自己的工作是否符合不断变化的形势，以便找出差距，探索更有利有效、无害少害的发展模式和具体措施。要做到这点，解放思想是前提，如果认为一切已经定型，那即使把有关科学发展观的文章读得滚瓜烂熟也是虚话。我们如能认真全面研读一下改革开放以来水利界许多同志和领导写的文章、提的建议和创造的新概念、新理论……就可以知道水利和其他领域一样，都是在不断进步变化的。

从宏观上讲，以往单纯的"工程水利"之路已走不通了，要转向"生态水利""环境水利""绿色水利""资源水利"……水利学科必须与其他学科融合、杂交。要做到这点，关键在于我们对问题能否不拘于成见而换个角度思考？能不能不从表面看问题而想得深入一些？能不能不人云亦云而有些个人见解？不能什么事都一窝蜂，赶大流，搞炒作，拍脑袋，浮躁成风，缺乏实事求是的科学精神。此风不纠，就谈不上什么科学发展观。

关于不要拘于成见，我随便举些小例子：

建坝抬高了水位，水总要设法通过坝体、坝基或绕过坝肩向下游渗漏，从而防渗成为坝工设计中的重要任务，尤其以两岸坝肩、地基覆盖层和破碎基岩以及土石坝坝体的防渗为重点。但是我们的目标是什么？是做到"滴水不漏"吗？能做到"滴水不漏"吗？更重要的是"滴水不漏"是好事还是坏事？

大家都知道洗衣服，在开始洗时衣服上的大部分脏东西都容易洗掉，可是要把残留的部分洗掉就很费力了，如果要把最后那一点点痕迹也洗干净也许衣服会被洗破了。滴水不漏，即使能做到，也要花极大的投入，还要付出坝体和地基内长期承受极高的扬压力与渗透比降的作用，成为隐患。有时，完全截断水的下渗还会产生一些意料之外的不利后果。所以对坝内和地基内的排水孔，我们既不希望它们大量涌水渗水，也

本文刊登于《水力发电学报》2010年第3期。

并不希望它滴水不漏。尤其对于地基，如果渗漏总量不影响工程的功能和效益，渗漏过程不会引起不利后果或在可控范围内，适量的渗流不仅是允许的，也是有利的。现在讲究和谐、共处、双赢，也许合理的防渗排水设置和适量的渗流"共处"，是个最优解。

再举个例子，混凝土的强度是一项反映混凝土性能的重要指标。在许多工程的施工或监理报告中常强调所有试件强度都合格，保证率达到 100%，用以说明工程质量之好。我们知道任何材料的强度都是参差不齐的，尤其混凝土是由粗细骨料加水泥、水和外加物拌和而成，对某一给定的设计标号，不但不同拌和楼、不同批次生产出来的混凝土强度不会相同，就是同一批次的混凝土中几个样品的试验成果也有出入，所以设计上要留安全系数。按理讲，只要平均强度合格，同时控制住"标准差"（反映均匀性）就可以，强度保证率应该是 50%。人们为了把强度保证率拉高，就不惜工本地超强。不但提高了造价，而且会带来更高的温升，更高的弹模，更多的裂缝。我这样说不是反对在施工中适当超强，把强度合格率合理提高些，只是说明强度保证率不代表工程质量，很多同志专门盯住这个指标，如果有一个试件稍不合格，就大做文章进行解释，而不去提高真正反映施工质量水平的"标准差"，是不对的。

上面这段文字算是个开场白，下面讲几个具体问题，和大家一起讨论。

1 关于水利规划

国家要发展，得有个科学规划，在改革开放之初，"摸着石头过河"是必要的。时至今日，应该掌握河宽水深和河底情况，确定过河路线和措施了。

水利是个大学科，下面有很多专业，各专业有专业规划、流域有流域规划，专业规划要服从流域规划，这是《水法》上规定的。如果各专业规划都独行其是，岂不天下大乱？但站高一点看，水利也是个专业，那么水利规划能独立进行吗？它又应该服从什么呢？

搞水利建设，总有个目的，即通常说的兴利除弊。所以在水利规划中总是注重说明兴了多少利，除了多少弊。不幸，搞水利建设在兴利的同时，往往会产生新的弊，有的是直接的弊，例如建水库带来的淹没损失、移民搬迁和对生态环境的负面影响等；有的是间接的弊，例如建了水利工程，造成水资源的浪费、耗竭和污染的大量增加。所以规划中理应"利弊并重""防弊为先"，最好做到"化弊为利"。以环境影响和移民来说，早年在规划中是回避或轻轻带过，现在是尽量减免和努力补偿，总之是打被动仗。能不能变被动为主动，就是在规划中，把改造库区和富裕移民、保护生态和优化环境包括在建设任务中，甚至列为首要目的。换句话讲，建水库就是为了振兴库区经济、改变库区面貌、富裕库区人民、保护生态、优化环境、实现水资源的合理利用，把轻重点颠倒过来。

要做到这点必须把水利规划纳入到更高层次的规划里去，作为其组成部分。那就是由国家主持，把某一地区某一流域的各种规划综合平衡，优化决策。国家要组织发改委、水利、环保、国土资源、交通、教育、文化……各部门和地方政府共同来统筹安排，搞个总体发展规划。这个规划将根据科学发展观全面解决土地、矿产、水资源的综合开发和调配布局，地区的经济发展和转轨，生态环境的保护和优化，人民的致富和人才培养。这个规划不是各部门、各地方规划的简单相加。现在这种条块分割，各谋其利的"规划"，永远是目光短浅，矛盾重重，做不到科学发展的。我感到现在我国的发展规划本质上是各干各的，最后叠加。这种状况应该改变，应当研究制定改变这种局面的好措施、好办法。

2 用建库来改变库区和移民的面貌

建水库要淹没土地，迁移原住民，造成移民的苦痛和严重的社会问题，这是建库的最大难题，也是一些人反对建库的最主要理由。

应该承认，我国传统习俗是安土重迁的，特别是农民，要他们放弃祖辈留下的土地外迁到命运不定的陌生之处，总是不愿意的。如果不安排好足够的补偿和良好的新环境，那更将给移民带来痛苦和灾难，新中国建立后的三四十年间，我们正是犯了这种错误，花了很大代价和经历了很长时期，逐步偿还欠债。但移民问题还是很严重，移民代价也越来越高，"开发性移民"往往不落实，光靠提高补偿标准也不是办法。

但要看到，我国现在有七八亿农民靠"绣地球"为活，过着困苦的生活，在西南山区尤其贫困。从科学发展观看，这不是久长之计，说白了，我国即使做不到发达国家那样只留少数人从事农业，至少也应有规划地改变数亿农民的身份。既然如此，为什么不结合必要的水利水电建设，有计划地提早实现这一符合历史发展规律的转变？

多数老一代农民是不愿意轻易离开土地的，但他们的子孙后代就不想展翅腾飞、永远靠这一亩二分地过日子了！？问题是过去对移民的安排总是"一次性补偿"，以"后靠""务农"为主，强调粮食自给，交给地方政府包干。今后这种做法对少量移民也许还行得通，对涉及数万乃至十余万的移民就不能这么办了，必须靠改变局面、长远安排来解决。长期以来，水利水电开发总是利在下游和受益区，弊在上游特别是库区，这一情况应该扭转。应该详细调研库区各项资源和条件，研究可以开发什么新的经济增长点？如何科学地转轨？可以搞哪些大农业和创办什么新企业（农业林业、渔业矿业、土产特产、加工升级、旅游休闲……），为此，要创造什么条件（交通、电力、引资、投资、宣传、教育、对口支援……），准备多少投入？创办的企业可以建在库内（必须是现代化的清洁产业），也可建在库外（专为库区就业用）。将农民分为三大类，一类继续搞大农业，人数不多。库区的"环境容量"应以"致富"为准，只通过后靠垦荒或挤占邻村土地，即使能分给移民一亩地，能致富吗？出路只能是减少农业人口。第二类以年轻一代为主，专门培训，脱离农业，创业致富。在工程建设期就应充分吸纳他们进行培训、参建和转业。第三类是鳏寡孤独、老弱病残和失去土地一时未能安排的人，率先实施生老病死的可靠社会保障。加上淹没耕地的作价入股，长期受益，就真正能做到库区经济发展，移民稳定受益。我的设想，建库后，原来的破烂城镇乡村，将变成北欧那样文明清洁的中小城镇和新型村庄（绝对不搞大城市、高楼大道和污染行业），部分移民继续搞大农业，年轻一代多数经专门培训进入二、三产业，创业致富，老弱病残得到可靠社会保障，库区成为山清水秀的旅游胜地、人间天堂，提前进入文明社会。能这样，移民还会不稳定？人们还能反对建库？今后要大量移民的大水库不多，库内人民目前还多处于贫困环境中，特别是年轻一代渴望改变身份，在经济上翻身，只要认真去做，移民问题不仅能做好，而且可为中国社会面貌的改变和进步做出贡献。

这样做需要更多的投入，资金可从三方面来：一是开发部门原来安排的移民淹没补偿费用，二是按市场规则，实施电力竞价上网，至少同网同质同价、优质优价，水电还应享受可再生能源的政策优惠（我实在想不通为什么"可再生能源法"要把大水电排除在外，听说此法要修订，希望共同呼吁，改正过来），把对库区和移民的长期支持，列入发电成本，提取一定的发电收益，用到上游和库区来；上游水库对下游梯级产生的效益，也应合理反馈回来。三是国家和地方政府的投入，因为这是对落后地区的大改造，是实施农民转移的大战略，政府应该买单。后两部分投入，就是长期扶植的资金来源。

但是，这一工作绝非水利水电部门或开发商所能胜任的，而必须由国家、政府主持、组织和监督才能完成。简单地说大水电是成熟技术，可按市场规则办事，各部门各行其职权，把一切困难都责成开发商去解决，解决不了就喊停，这不符合国家的长远和根本利益。总之，就我国来说，认为水电开发技术成熟，可以商业化、市场化运行是绝大的误解，大水电开发应该列为国策，和国家能源布局、地区经济发展改造、库区脱贫致富、农民向城市转移、生态环境保护改进等一系列重大进展结合起来，是国家意志和行为！

移民是个大工程，很多情况下比水工枢纽、机电设备、施工和运行管理……重要和复杂得多，现在其他领域都有科系培养专门人才，本科、硕士、博士，就移民没有。应当在有关院校，开办一个移民工程系，集中、引进、培养人才，结合一个工程，搞出点成绩来，创造出一些好的经验。

3 用建库来改善生态环境

水利水电开发将对生态环境产生复杂的影响，客观的评价应是：对绝大多数工程来讲，有利有弊，利大于弊，弊可以采取措施予以减免，不应成为制约开发的因素。搞水利水电建设不但提供清洁能源，减少污染，而且有防洪、减灾、供水、灌溉、通航、旅游、养殖，推动经济和城镇发展，避免落后生产方式对生态环境的破坏等各项效益。只要不存偏见，这些根本性的"利"是不可否定的。弊大于利的工程当然可以不干，也不应该干。

至于它的负面影响，可以列出几十条，针对我国国情，最主要的还是水质污染和对水生生物（以鱼类为主）的影响，特别是水质污染问题。有人说，水库是一潭死水，污染物只进不出，最终必然变成一库臭水，这话值得商榷。首先，任何水库不能只蓄不泄，不可能变成一潭死水。当然建库后水深加大、流速降低、自净能力减弱，但这是水库的罪过吗？长期以来，工矿企业、城镇市民和农民都把河流作为天然排污下水道，不论什么垃圾、污水、毒品……都向河流一送了之，这是错误、落后和不负责任的恶习。在生产不发达、人口稀少时，后果还不严重。工农业和城镇大发展后，不论建不建水库，这样做的后果都一样严重。江南平原、淮河中下游、太湖流域、海河和辽河平原……没有什么大水库，河水不都成为"巧克力糖浆"吗？相反，拥有两百多亿库容的新安江水库，由于严格控制污染，建库 50 年，仍是一库清水，下游杭嘉湖平原一再要求从水库引水解决困难，这不是活生生的例子吗？

水库建成后自净能力减弱是事实，但不建库，那千千万万吨污水毒物到哪里去了？不是同样进入河道排向下游吗？所谓自净，无非是把祸害稀释一下尽快送到下游去"以邻为壑"罢了。即使能排到海里，难道海域就可以永远承受污染吗？那后果才是千秋万载贻害子孙。解决水质污染问题不是禁建水库而是整治污染源，水库的兴建正可以起正本清源的作用。例如三峡水库的兴建和其创造的巨大经济效益，使国家能投入大量的资金治理库区污染问题，长江干流水质是全国大江大河中最干净的，但现在三峡治污工作还远未做好，许多企业阳奉阴违，地方政府急功近利，上游来水污染问题也日益加剧，这提示我们必须坚持不懈地把从源头治污的努力进行到底。只要认识一致、规划正确、措施有力，就能建设一座水库，净化一江水质。为什么不把建库作为推动根本治理江河水质污染的最大动力？

再讨论一下鱼的问题。建水库对以鱼为主的水生生物有很大影响。但如果把近几十年来江河水产品品种的减少和质量的下降，以及珍稀物种的灭绝全归咎于水利水电开发是不符事实的。造成这种后果的主要原因是毁灭性的滥捕滥杀，江河水质的严重污染和其他影响鱼类生存的人类活动。大海中没有建坝，海产品资源不也遭到致命破坏吗？一些珍稀物种如白鳍豚、白鲟，早在长江干流上建坝以前就难见踪迹了，不建水库也莫指望它们能重新形成种群。不如依托建设，加强科学研究，采取保护和增殖鱼类的人工工程措施，例如严禁过度捕捞，制订科学的禁渔期制度，优化水库调度，使之有利于鱼类繁殖生存，防止和减免船舶航行对鱼类的杀伤，利用水库和陆地鱼塘大力发展人工养殖业。对一般鱼种，如由于建库影响其产量，完全可通过各种方式补偿增产，对于珍稀品种，设立保护区和人工繁殖放流，积极研发基因工程，防止某些品种的灭绝，修建闸坝时视需要建设过鱼设施等，这才是正道。

4 防洪和水库调度的新思路、新措施

中国几千年历史，洪水也许是最频繁、最严重的天灾，所以防洪是水利建设的重大任务。半个世纪以来，确实取得了巨大成就。虽然现在每年汛期洪灾和险情还是不断，但像旧社会那样的滔天大灾和毁灭性损失毕竟不见了。当然，在这个过程中也走过弯路，主要就是单纯视洪水为敌，"拒敌于国门之外"。许多专家在对传统的防洪观念和做法经过反思后提出了新的见解。首先，重新认识人与洪水的关系，理解洪水自古以来就有，它与人类的发展相始终，这是不以人们意志为转移、目前也无法左右的事实。理解千百年来人与洪水的关系基本上是人不断与洪水争地，寸土不让，所以堤防越修越高，河道越来越窄，同样洪量下水位愈抬愈高、防洪风险也越来越大、洪灾损失越来越重。因此要科学地与洪水相处，给洪水以出路。其次，认识到防洪要依靠综合措施，包括工程措施如筑堤、建库、设置分洪区等，也包括非工程措施，如预测预报、信息传递、洪水保险等。这样看来，防洪的标准及措施颇有讲究。越是大洪水，

发生的概率越小，要防御它的代价和风险越大，出事后的损失也越重，是硬拼好还是妥协好？不如对不同对象分别科学地制定标准，设置分洪区，举办洪水保险，化集中投入和集中损失为分散投入和分散付出。第三，认识到洪水不仅是害，也是资源，尤其对中国干旱缺水地区是宝贵的天赐资源，因此必须把防洪和"用洪"结合起来，但如何能最大限度地利用洪水资源，问题远未解决。像这类新的思路和待探索的问题是很多的。

建水库拦洪是防洪中的重要手段，今后也如此。水库调洪已有成熟做法：根据防洪标准，设置防洪库容，通过调洪演算，规定汛限水位，制定调度规程。这里存在一个问题：我们不能预知来的是什么样的洪水，因此只能模拟历史上发生过的各种洪水过程演算，来做调洪规划设计，是个"外包线"概念。防洪安全是第一位的，在汛期就只能死板执行规定，牺牲其他综合效益，也未必能确保安全。改进之道，就是实施"动态调洪"和"智能调洪"。现在已有许多专家提出种种优化调度方法，例如采用"灵活汛限水位"，预报预泄措施等，以求在保证防洪安全的前提下，最大限度地增加水库综合效益包括生态环境效益。今后大水库的"动态调洪"确实是个发展方向。

其次，要实施智能化自动调洪。我觉得现在的调洪方式和手段太落后了，出现重大险情时要国家领导去现场拍板决策。今后科技迅猛发展，预测预报精度和信息传递速度不断提高，大水库不断增加，需要大范围联合优化调度，应该建立几个现代化集中调度中心，根据各河流上下游雨情、水情、水位的预测和实测资料，按照动态调洪程序，由电脑自动确定各水库的蓄泄要求，直接操作各种设备泄洪蓄洪，并不断根据新的信息实时调整，操作人员只起监视和出现意外时的干预，就像航天飞机的发射、着陆一样。

5 关于水库泥沙淤积

水库泥沙淤积是建设水库的又一拦路虎，中国许多河流含沙量很高，特别是黄河三门峡的教训，使人们谈沙色变，甚至萌生一种无能为力的思想。一是认为今后泥沙问题只会越来越严重，水土保持等工作难以奏效；二是认为建库后总是进库沙多出库沙少，泥沙必然要拦积在库中，再大的库容也终将淤满，成为一库泥；三是认为一旦泥沙落淤固结后就难以再清除。所以在三峡工程论证中，不少人反复强调重庆将变成一座死港死城，要"为重庆送葬""准备后事"。

我感到这种消极想法是错误和有害的，应该从几十年的实践中重新认识。第一，只要措施正确、持之以恒，水土保持和水利建设能有效减少泥沙入河。三峡工程在论证中多年平均输沙量是 5.3 亿吨，一些同志还认为打不住（长江将变成黄河），实际上蓄水以来其值仅为 1.9 亿吨，而且许多减沙因素还会长期持续下去。第二，建坝后，河道中原来泥沙冲淤平衡状态被打破，水库确实要不断淤积，但经过一段时间运行后，一定会达到新的平衡状态，就不会再出现累积性淤积了。此时的淤积形态和保留的有效库容取决于水沙特性、水库形态和水库运行方式与条件。科学的规划设计可使水库长期利用。像三峡水库经百年运行达到冲淤平衡后，绝大部分有效库容仍能保持。第三，淤在库中的泥沙也不是铁铸铜浇，科技的迅猛发展，有力量进行大规模疏浚，我认为连黄河的泥沙也有条件吸挖出来利用。如果水库上游一些港口、航道受影响，既可疏浚，也可改建迁建，怎么会变成死港死城呢？

黄河治理已取得很大成绩，但没有完全解决问题。我认为今后应该采取些大动作，解决长治久安问题，基本目标就是做到黄河下游河道中泥沙进出平衡，不再累积性淤高。具体措施包括在上游加强全面水土保持拦沙减沙、调水进黄河、尽量提高冲沙效率、研制巨型的挖沙机械……现在这种"二级悬河""年年淤高""建一座水库拦沙若干年，再建一座"的情况无法永久维持下去。我设想今后黄河会大量冲沙，并有几条专门设计建造的巨龙似的挖沙船，巡回疏浚，塑造稳定深水河槽，大洪水来了上滩不成灾。滩地只由少数人科学文明地生产利用，实施防洪保险，大洪水来时就放弃，绝大多数农民都应转业，这才符合科学发展观。

6 解决西南地震灾害的出路是建设高坝大库

中国的主要水电资源集中在地震烈度较高的西南高山深谷地区，许多人担心水坝在强震下溃决，造成严重次生灾害，尤其在汶川大地震后，有人联名上书中央，要求在查清安全问题之前，暂缓开发西南水电，这是一种误解。

汶川大地震是千百年不遇的特大自然灾害，无数座房屋倒塌、桥隧破坏、道路中断、人民伤亡巨大，而灾区内大小水坝虽也受损却无一溃决，尤其是位在极震区的两座高坝大库——紫坪铺面板堆石坝和沙牌碾压混凝土拱坝巍然无恙，各水电站很快恢复供电，为抗震救灾做出了不可磨灭的贡献。事实说明了水坝抗震能力之强和水利水电工程设计、施工、管理体系的成熟和完善。

真正对下游造成重大威胁的是天然滑坡造成的坝及形成的水库，即堰塞湖，最大的就是唐家山堰塞湖。为此，政府集中人力物力进行抢险，动迁下游数十万人民避让，最后解除了险情，但也付出巨大代价。在大西南深山峡谷区，如果发生特大地震，不知会造成多少个更大的堰塞湖，在交通阻塞、信息不通、生产落后的地区，政府怎么去警告和组织居民撤退？怎么输送救援人员和设备进去？

出路只有一条，抓紧搞流域开发，建成一批震不垮、能调节水资源和洪水的高坝大库，例如目前雅砻江上正在修建的三百多米高的锦屏大坝。这些工程建成后，从直接的抗震作用来讲，可以根据情况泄流腾库，拦蓄堰塞湖的溃决洪水，大坝形成的宽深水道，是一条震不垮的生命运输线，水电站的强大电能是抗震救灾的动力保证。更重要的是：通过流域水电开发，打通交通道路，开通信息渠道，设置地震台网，发展库区经济，实施产业结构转轨，进行生态移民，移风易俗，彻底改变落后面貌，为抗震救灾奠定坚实基础。停滞和回避不是出路是死路。当然，这样说不是可以忽视建坝的抗震问题，相反，要付出更大努力，使即便遇到"极限地震"，坝也不会垮，这是能够做到的。

7 大坝和通航

通过水利水电建设可以极大地改善通航条件，但也出现了船舶过坝的问题。现在以船闸为主要通航过坝手段，我想，对于高坝来说，升船机优点更多，但现在发展得不够快、不够多。

最简单的就是钢丝绳卷扬的垂直升船机,也就是一座升降船舶的大电梯。承船厢、船舶及附带的水再重,也是被平衡重平衡的,所以卷扬力及制动力并不需要很大。问题是从安全出发,要考虑在意外(如承船厢失水)时的安全,因此许多工程中不敢采用,要改用复杂的齿轮齿条爬升、螺母螺杆保安。我国有同志提出一种自平衡升船机,将平衡重筒浸在水中,如果承船厢失水使平衡重下落,受浮力作用就自动恢复平衡,这真是巧妙构思,是原创性的创新,可惜人们不识货,不能得到推广应用,对此我深感遗憾。现在总算在澜沧江一座水电枢纽中得到实施,我们期待着好消息。

对于水利水电建设和发展内河航运间的关系,过去总是交通部门点菜,水利部门买单,争议不断,成效不著。三峡工程开了个好头。内河航道是天生的最廉价的交通线路,今后有关部门应综合和联合规划,调查组织货源客源,科学合理分流,规定恰当的航道等级,船舶定型化,结合适当的过坝设施和疏浚维护,最大限度地发挥河流的航运潜力。

8　水电与其他新能源结合问题

河道中的流量随洪枯季节有很大变化,水电站的出力也随之变动。修建一些有调节能力的大水库可以适当改变这一情况,增加枯水期的保证出力,但很难达到年,甚或多年调节的要求。因此水电站不能如核电或煤电厂那样按某一额定出力全年稳定运行,即使能做到,各方面的要求也不容许河道永远均匀泄流。另外,电力负荷在每日、每季、每年中是不断变化的,水电机组出力的变动又极其灵活方便,因此水电站(包括抽水蓄能电站)总是与核电、火电及其他电源共同投入大电网中运行,由电网统一优化调度以取得最大效益,既能合理吸纳水电站的汛期电能,又能充分发挥它的调峰调频调相作用。但是,如何进一步充分利用汛期电能和减轻电网压力,如何协调经济效益和国家、社会利益,仍然有大量问题急待研究解决。

尤其近来全球都在抓紧开发水电以外的可再生能源,其中风电、太阳能最为重点。但风电的随机性、间断性和不可控性问题严重,如何尽量吸纳风电而保证电网安全与经济,是重大问题。在汉语中,有"风水"这个词,风水风水,将风电与水电和抽水蓄能紧密结合起来,也许是解决问题的一个方向?我国有种一窝蜂的坏现象,要抓可再生能源了,就盈篇累牍宣传风能怎么好,太阳能怎么好,到处建设备制造厂,到处办风电三峡,太阳能三峡,不做点脚踏实地的具体工作解决存在的问题,这不是在帮再生能源的忙,而是在拆台。

以上是我最近思考的几个问题,不成体系,更不成熟,只供参考,如有谬误之处,望请批评指正。

水电开发 "利"字当头

我国电力结构的分布格局非常明显：北方煤电，西南水电，沿海一带为核电及一定数量的油电和气电。从国情来说，哪一种能源都不能独挑"大梁"。总体看来，煤电是主力，但环保压力大；水电以外的可再生能源短期内难以形成大气候；核电发展也受到一定限制……要解决这一问题，就必须在强大的电网统一调度下进行资源的优化配置，再加上"遍地开花"的分散性能源补充。因此，开发西南丰富的水电资源便成为关键性的一步。

当然，任何能源的开发利用都会或多或少影响生态环境，这一点不能否认，但同时也要辩证对待，不要以偏概全。对于水电，同样也应该是这样的态度。其对生态环境的影响，既有负面的，也有正面的，既有对自然环境的影响，也有对社会环境（移民）的影响。水电开发的"利"，也包括环保的"利"，这是主要的、第一位的。关于这一点，我想分几个方面来阐述。

第一，淹没问题。建设水电站特别是大水电站，总是要淹没一些耕地，迁移一些居民。中国的耕地非常宝贵，在开发水电的时候，要千方百计减少耕地损失。比如水位不必那么高的，就不要定得那么高；可以分级开发的，就不要弄个大水库。但也要看到，水电建设往往对下游的农业生产起到非常好的作用，可以促进稳产、高产、增产。下游的许多荒地、荒滩，本来是不能利用的，因为水库把洪水控制住了，可以开发成良田。

第二，水资源的问题。目前我国水资源存在一定程度的短缺和污染现象，很多人将其归咎于水电开发，我认为这是很不公平的。水库建成后，地区经济发展，同时，水位抬高，便于引水，地方上多用了一点水，这是地方发展、库区经济振兴的需求，只要是科学合理的发展，应该支持，更非水电开发的罪过。关于污染问题也是一样，水从水轮机里通过，根本没有受到任何污染。问题在于，几千年来人们都把江河当成天然的下水道，污水脏水直接排向江河。水库修成后，水深了，流速慢了，污染物不容易稀释，会富集，污染问题就这么形成了。防治污染应该从源头治污，不是禁止修建水库。

第三，会引发某些灾害，包括地质灾害、滑坡、卫生问题、气候问题，淹没自然景观、文物古迹等。水电开发对这些方面都会或多或少造成影响。有些是正面的，比如气候，一个水库建成后，局部地区雨量增加，气温下降。又如地震，建设水库，施加压力，产生小震，使地震能量早点释放出来，不让它产生破坏性大地震。也有负面影响，比如淹没文物古迹等问题，但对多数水电工程来说，这些负面影响是有限的，不至于否定水电开发。

本文写作时间不详。

　　第四，河流的生态问题，包括泥沙淤积和物种，尤其是珍稀物种保护问题。关于泥沙淤积，在多沙河流上开发水电、建设水库要特别慎重，应该采取多种措施减少进库泥沙，延长水库寿命，进行科学调度，在冲淤平衡后，保留尽可能多的有效库容。关于物种的问题，特别是珍稀物种保护，是水电有直接影响的一个问题。陆地的物种可以迁移；水里的某些鱼类有洄游习性，大坝切断河流可能导致物种消失或者影响生态。如果是一般鱼类，我们可以补偿；如果是非常珍稀的物种，就应该采取专门的人工哺育放流办法，把物种保护下来。

　　到 2020 年，我国全面建成小康社会，估计每人至少需要 1 千瓦电力装机容量，全国电力总装机会达到 10 多亿千瓦。按我国国情，燃煤电厂将占大部分，但引起的资源危机、污染危机将非常严重。减少燃煤产生的污染，特别是碳排放量，已成为国际共识和各国不可回避的义务，这对一次能源以煤为主的我国来说，形成头号压力。除了厉行节能减排外，尽量开发清洁的可再生能源是唯一出路。

　　在目前条件下，只有水电是可以大规模开发利用的可再生能源。尽管我国的风电、太阳能和核能都将大力开发，但受多种条件制约，在一定时期内总量有限。只有水电的开发利用弹性较大，能替代相当部分燃煤。

　　我们希望国家能够对水电采取更积极、更促进的政策。到 2020 年，在我国电力装机中，水电能占 25%，核电、风电等占 25%，撑起半壁江山，让煤电只占到一半。这是我的希望。大家共同努力，应该能达到这样的目标。

7 科 技 发 展

抓紧培养和造就众多的"地质—水工"专家

　　新中国成立30多年来，我国水利水电工程地质战线的同志，用他们的辛勤劳动谱写了一曲又一曲的凯歌，取得了很大的成绩。他们艰苦创业，发挥尖兵作用，踏遍祖国的山山水水，勘探了一个又一个工程地址，解决了大量问题，为建成大批大、中、小型水利水电工程创造了有利条件，特别是在岩溶地区勘探、水库地震预报和边坡稳定研究等许多领域中取得的成就更为可喜。回顾过去，瞻望未来，我们充满着胜利的喜悦和自豪之情。

　　但是，我们还应清醒地看到：由于过去长期"左"的思想干扰，已经取得的成就和今天新形势对我们的要求还很不相称；我们的水平和国际先进水平相比还存在不小的差距。我们应该承认和正视这个差距，而且必须采取有效措施，迎头赶上，这是历史赋予我们的使命。这里笔者仅就如何解决目前各专业间的脱节以及培养兼通地质和水工专业人才的问题，提出一些看法，希望引起有关部门和各级领导的重视。

　　在地质、试验、设计等专业间进行适当的分工当然是必要的，但目前我们的做法过于机械，因而产生很多弊病。例如，在不少工地上可以看到下列现象：有些从事试验的同志不管也不懂地质和设计问题，而是埋头做他的试验，至于这些试验成果是否有代表性，不合适的数值对设计会起多大影响，他都不大注意；有的地质人员不关心设计问题，也不过问试验过程，而是致力于编写他的地质报告；有的设计人员，包括某些对工程设计负主要责任的设总在内，同样不过问地质和试验专业的事，只要拿到有地质队盖了章的资料、数据，就作为唯一的、法定的数据，简单地加以采用。这样互相脱节的、机械的分工，对我们工作效果的影响是很大的。为什么我们有的工程所进行的勘探工作量比国外同类工程多很多，有的工程在勘测初期的钻孔就达数千米甚至超万米，然而仍不能或不敢及时正确地做出判断和结论呢？为什么有的工程开工后还处于"三边"的被动状态呢？重要原因之一，就是由于上述不合理分工所造成的后果。有的外国专家来华访问考察时也曾提出过这个问题。如何解决这个问题？关键在于立即抓紧培养和造就一大批兼通地质和设计的"地质—水工"专家。这是个刻不容缓的任务。这一措施的实现，将会使我们的地质勘测工作的质量有一个质的变化，也是整个水利水电建设做好"第二篇文章"的一个十分重要的环节。

　　而要解决这个问题，首先必须纠正一些同志的不正确认识。有的地质同志认为：作为工程地质人员，其任务就是如实反映客观的地质情况，提供必要的数据，供设计人员考虑和使用，至于怎样具体解决工程问题，就不是地质师的事了。这种说法的前半部分是对的，后半部分却不一定全对。实际上地质现象十分复杂，某些数据也不可能"精确"确定，地质师必须分析所掌握的各项资料，参考以往的经验，结合工程的

本文刊登于《水力发电》1985年第4期。

具体条件，研究设计中的关键问题，才能做出判断，提出见解，选择数据。如果地质师对设计的内容及其要求茫然无知，就很难设想他的建议和结论会不带有某些盲目性。举个简单的例子，设想地基内存在一条影响建筑物安全的断层，而如果我们对这条断层在设计中的影响不了解，不知道建筑物受荷后这个构造面各部位上的变形、应力、渗流种种情况，以及采取各种工程措施后所起的作用，而只是就地质问题研究地质问题，那我们的知识就不可能是完整的，我们选择的"药方"也往往会是"无的放矢"。对于试验的同志如果不了解设计和地质，对于设计的同志如果不了解地质和试验过程，情况也会是一样。总之一句话，不懂设计的地质师不可能成为一位优秀的工程地质师，正如不懂工程地质的设计师不可能成为一位优秀的设计师一样。遗憾的是，如上所述，我国目前的情况恰恰是各专业间的脱节和不相往来。这种弊病存在已久，现在是改变这种局面的时候了。

改变互相脱节的不合理局面的具体措施，最重要的一条，是实行互相渗透，即地质人员学习设计和设计人员学习地质；尤其是战斗在第一线上肩负重任、面临很多难题的同志，更要在百忙中挤出时间来学。当然我们不能要求一个人精通各专业的所有方面，但掌握有关专业的某些知识是完全可能的。例如对地质人员来讲，应该有系统地学习水工建筑物的基本设计理论、计算方法，以及地基缺陷的影响、各种处理的措施、各种成功和失败的经验。为此，建议地质人员最好补习一些数学、力学、水力学、岩土力学、岩石试验、有限元分析和计算机应用等方面的基础课。学习这些东西并不困难，更不神秘，只要有决心和信心，是完全能够学进去的。另一条路则是在大专院校中设置专门的专业或研究生班，将工程地质和水工设计两个专业紧密地结合在一起。除此以外，我们还可以开展多方面的工作，例如联合开展学术活动，总结以往的经验和教训，抓紧开展技术情报交流，举办各种类型的学习班，聘请国内外专家讲学，以及联合赴国外做专题考察等，只要我们认识一致，共同努力，抓紧开展工作，局面是可以改变的。

巩固成绩　乘胜前进　加紧开发 CAD 技术

拱坝 CAD 系统是水利水电行业计算机开发应用"七五"计划攻关项目之一。该项技术在水利水电规划设计总院的组织支持下，中南勘测设计院的科技人员经过 3 年的艰苦努力开发出来了，并于去年通过了初步鉴定。对于这项成果的取得我感到欢欣鼓舞。《水力发电》杂志要为拱坝 CAD 系统出一期专刊进行全面介绍，这是一件非常有意义的事。现应水利水电规划设计总院电算处和期刊领导的邀请写几句话，谈点感想和期望。

要加快水电开发的步伐（特别是前期工作的步伐），提高质量和工作效率、降低造价和工程量，必须依靠科技的发展。这一条道理已经为愈来愈多的人们所认识和明确了。CAD（计算机辅助设计）技术是近期发展起来的最新科技成就。它改变了过去单纯把计算机作为一种计算工具的概念，把专家的智慧和经验与计算机的功能紧密结合起来，融为一体，使计算机成为设计体系中的有机组成部分。由于这一特点，它一问世便以独特的效率和作用，改变了许多部门设计体系的面貌，引起各行各界的重视，并得到飞速的发展。1983 年钱正英同志率团考察美国，我们在阿立斯·查默水轮机制造厂里看到了较完整的 CAD 技术。他们把水轮机的设计制造，从造型、形成总体型、进行水力计算和结构计算、优化修改、最终定型、输出成果到数控机床、车制模型和进行精密复核试验，种种工序完全结合在一起，和传统的粗糙做法相比，差距不能以道里计。这给考察团同志留下深刻印象，都感到抓紧开发 CAD 技术、赶超世界水平，实在是刻不容缓的事了。其后，在国家的大力支持下，我们引进了一些设备，装备了主要的设计院（校），着手探索工作。问题很清楚，硬件和机器软件可以引进，而人才的培养和实用软件的开发却只能依靠自己。特别是水电站的设计要面对千变万化的条件，比一般建筑设计要复杂得多。中国的水电科技人员能不能掌握和开发这一门最新技术，当时谁也不能做出回答。现在，经过几年来许多设计院的艰苦努力，成果大批涌现，出现了百花齐放的局面。中南勘测设计院负责开发的拱坝 CAD 技术，便是其中的一朵鲜花。事实已对上述问题做了明确的回答。

我对 CAD 技术是外行，但是将中南勘测设计院现已开发的成果，和我们在西欧一些最负盛名的设计咨询公司所看到的技术对比，我深信中南勘测设计院开发的道路是正确的。他们已经把拱坝设计从选址、选型、应力分析、稳定分析、优化调整，直到绘制详图种种步骤结合成整体，开创了新的境界。其效率之高、质量之佳，是过去的传统做法难以比拟的。就整体来讲，这一成果已不逊于外国公司所拥有并视为核心机密的 CAD 技术，有些地方并有独到之处。当然，目前的成果还较粗糙，只具雏形，在许多局部问题上，如优化和绘制施工图方面还需补充与完善。但这已足以说明中国

本文刊登于《水力发电》1990 年第 4 期。

的科技人员，特别是年轻一代，完全有能力独立自主地开发 CAD 技术，并毫不逊于洋人，这是一件多么令人欣慰的事。

开发 CAD 技术是一项艰苦的脑力劳动，许多同志在工作中任劳任怨，废寝忘食，灌注了全部心血，并没有得到什么额外的奖金，只是为振兴中华，为国家争光的热情激励着他们这么做。开发 CAD 技术，是需要老、中、青干部，以及设计、软件、硬件的同志通力协作的。无私的奉献和通力合作是取得成功的两大法宝，我们在任何时候都不能丢掉这两个优良传统。

上面提到过，现在的成果还是个雏形，还在初级阶段，离开能全面投入使用还有一段距离。摆在我们眼前的主要任务是巩固成绩、提高完善和推广应用。回顾我国的科技发展情况，有一点值得特别警惕：中国人民是聪明的、有智慧的，任何难题都能攻克；但是在取得初步成果后，在通过鉴定或得奖后，在制成样品后，工作往往停顿下来，在看见曙光时就止步不前。其实，从初步科研成果到转化为生产力之间，还有遥远的距离，还要付出更大的劳动，需要更密切的组织和协作。中国有句古语："为山九仞，功亏一篑"，又说"行百里者半九十"。希望水电系统的科技、生产同志能吸取这个教训，以 CAD 技术开发为契机，务必巩固成绩、乘胜前进决不中途停顿。我们的目的不是评奖，不是鉴定，而是要把 CAD 技术实实在在地在前期工作中应用起来，大大改变落后的面貌。这是评定我们究竟有没有取得成就的唯一标准。

最后，我要向几年来组织、支持和研制这一新技术的同志特别是青年同志致敬，感谢你们脚踏实地通过艰苦劳动为祖国做出的贡献，你们是中华民族真正的精英；希望中南勘测设计院的成果能引起其他兄弟院的注意，带动全系统 CAD 技术开发，共同前进，争取在 3 年时间内完成较完整的、能实用的 CAD 体系，形成强大的生产力，改变我们的设计面貌。在这一个战役中，希望水利部、能源部科技主管部门和水利水电规划设计总院能更好地做好支持、资助和组织协调工作；我期望通过这本专刊的宣传，能激发起水利水电系统加强发展科技的热潮。发展科技是振兴中华的千秋功业，需要全体同志的奋起和持续拼搏。科技兴国，人人有责。尤其当前世界科技正酝酿着新的重大突破，我们今后的道路更远，任务更艰巨，瞻望前途和差距，我们要有紧迫感和危机感，再也不能停留在口号上，争论上，内耗上了。让我们团结起来，抓紧时机，奋力拼搏，迎头赶上、曾经创造过灿烂辉煌文明的中华民族一定能在新时代中实现伟大的飞跃，让我们共同努力吧。

在能源部电力科技工作会议上的讲话

最近发生的海湾战争，给我们个启发，谁在科技方面落后，那只有挨打。这次伊拉克之所以失败，主要是由于他进行的是一场不得人心的侵略战争，使得美国可以用联合国的名义进行武装干涉。但这场战争确实告诉我们，如果一个国家科技是落后的，即使你有很多钱，买了成千上万的飞机大炮，最后都是一堆废铜烂铁。像我们这样一个 11 亿多人口的社会主义国家，科技应该放到什么样的地位，海湾战争给了我们一个清醒的警告。我们的科技发展能不能再快些，科技投入能不能多一点，我们能不能树雄心立壮志，真正赶上国际水平？现在我们老是看到"在某某领域引进了外国的技术""缩短了差距"等，我看了心里总有点不是滋味，为什么总是跟在外国人屁股后面呢？有没有办法再快一点呢？当然，由于历史原因和长期以来的失误，现在许多领域一时还没法赶上，但在个别领域能不能快一点？

关于火电、核电方面的科技情况，我不清楚。从水电方面来看，我举几个例子，碾压混凝土筑坝技术、面板堆石坝技术是外国人先搞出来的，我们在"七五"和最近几年急起直追，效果是很好的。在今后十年，我们能不能大踏步地赶上去，在"八五""九五"，把外国人远远抛在后面？另外，我们最近几年研究的补偿混凝土、氧化镁混凝土还是取得了成绩的，可能在国际上也是比较领先的。就氧化镁混凝土来讲，应该算是我国的一个创新。所以，去年在水口工程的会议上，我坚决主张要把氧化镁混凝土技术用到水口大坝上去，尽管有些风险，尽管外国的咨询公司提出强烈的反对意见，我们还是决心要干。我说，这是中国的专利，中国的技术，您不懂，我自己负责。现在这技术在清溪大坝、水口大坝都应用了，去年一下子浇了几万方混凝土，总的讲来情况是好的，特别是清溪坝非常理想。我们能不能总结提高，全面推广，达到更科学、更规范化的高度，把混凝土坝的施工技术来个全面革新呢？我们有大量的地下工程要做，现在我们的手段、水平还是比较低。但是我们不应该忘记，同样是中国工人，在日本人组织之下，在鲁布革工地，可以创造世界上最高的掘进水平，这是什么道理？我们在甘肃有一个"引水入秦"工程，主要都是洞子，总的长度大约有 75 千米长。这个工程有很多单位在那里搞，因为它是一个国际招标的工程，有中国的、日本的、意大利的，像个博览会。中国人搞的，依靠手风钻放炮掘进的办法，比较先进一点的，用多臂钻掘进。也有日本人搞的单臂掘进机，还有意大利人搞的全断面掘进机。哪一种施工办法先进，哪一种施工方法落后，一看就知道。最先进的施工方法，每一天可以成洞 65 米。而我们一天是二三米，而且劳动非常原始、辛苦。可是意大利人组织的施工队，仍然是中国工人在那里搞。以后十年我们有这么多的地下工程要做，难道永远满足于原始的手工放炮方式吗？还是应该有个通盘规划，掌握世界上最先进的技

本文是 1991 年 5 月 6 日，作者在能源部召开的电力科技工作会议上的讲话。

术？现在国内就没有有组织的研究。我们引进了一些技术，譬如说，广东抽水蓄能电站，引进了英国和新加坡的技术，用先进设备开挖斜井，可用滑模连续施工，大大改变了施工的工艺。只要认真推广，斜井施工就不再成为卡关项目了。前些天，我听到一些从苏联考察回来的同志介绍情况，我们一般认为苏联的技术不怎么高明，但听后很有启发。苏联人在坝工等水电技术方面，还是很有特色，很有创造性。他们能够用定向爆破方式修建几座高坝，而且并不是把两岸山坡上的石头抛到坝上去，而是使两岸的山头滑下来堆成一个坝，更加合理可靠。现在，他们已经修了一个70米的试验坝，下一步就正式动手搞了。我们用定向爆破法的筑坝技术，研究了几十年了，到现在为止仍然停留在科研报告上，远远落后于苏联人。苏联还修过一个混凝土坝，据介绍，那里岸坡地质条件是非常差的，苏联人可以不用放炮，把表面清掉一点，就修了一个250米高的混凝土坝。试问，我们在这种情况下，能不能修这么个工程？这种种都说明，我们有相当大的差距，怎么办？我觉得应该让全体职工，特别是搞科研的同志了解情况，认识差距，使大家都有个紧迫感、危机感，让大家都来树雄心，立壮志，下决心加快科技发展的步伐，下决心赶超世界先进水平。这里要解决很多问题，包括科技投入的问题，管理体制的问题，对知识分子的待遇问题等。这些问题，我想总是可以解决的。中国无论怎么穷，要集中一点科技经费总是拿得出来的，这是一些小钱。如果我们科技经费老是不足，科技老是不能发展，经济实力就不可能增强得快，科技就更上不去，形成一个恶性循环。西方资本主义国家凭借着强大的经济实力，大量的投入科技，科技投入和产出是个非常小的比例，这样，他们进入一个良性循环，发展得越来越快。这个趋势，值得我们严重注意。这个局面要是不能改变，我们永远赶不上人家，永远会挨打，甚至使我们社会主义祖国能不能立足于世界之林都成问题。

因此，我迫切地希望，我们这次会议，能够根据两位部长、四位领导的发言，大家敞开来议一议。我总的希望就是让大家树雄心立壮志，加快科技发展的步伐，为今后十年电力工业的建设做出更大的贡献。

中国的混凝土坝建设要攀登新的高峰

新中国成立以来，尤其是改革开放以来，随着水利水电建设事业的迅猛发展，我国的坝工建设也取得了举世瞩目的成就。在大中型水利水电工程中，混凝土坝一直占有很大的比例。例如，在我国已建成的百米以上的高坝中，混凝土坝有 18 座，占 85.7%。在建的大型工程中，李家峡水电站采用高 170 米的拱坝，三峡枢纽为高 175 米的重力坝，二滩为高 240 米的双曲拱坝。其他如水口、漫湾、岩滩、五强溪、隔河岩等均为混凝土坝，仅小浪底及天生桥一级采用土石坝坝型。这个比例与国际上的一般比例及发展趋势有些区别，或许和我国江河水文条件、工地气候条件、单价及施工经验等有关，也许和人们的认识和爱好也有一定关系。今后，土石坝尤其是面板堆石坝在高坝中的比重可能会有所提高，但无论如何，混凝土坝仍将占很大比重是可以肯定的。碾压混凝土筑坝技术的发展与推广更增强了混凝土坝的竞争能力。正在作施工准备或在规划设计中的龙滩碾压混凝土重力坝最终规模高达 219 米，小湾双曲拱坝高达 292 米。其他如拉西瓦、构皮滩、向家坝、溪洛渡、棉花滩、大朝山、景洪等都采用混凝土坝，可为证明。因此，在今后二三十年间，我国混凝土坝的建设不论在数量上还是在规模上都将创造新的纪录，登上新的台阶，有的将达到或超过国际现有水平。我们应该做好准备，迎接这一高潮的到来，设计出更多更好的混凝土大坝，为国家人民做出新的贡献。

混凝土坝，还可分为重力坝、拱坝和支墩坝三大类。我国采用最广的是拱坝和重力坝。当然，坝型选择需因地制宜，不宜简单地肯定或否定哪一种。但对巨型、大型工程来讲，其特点是工程量巨大，而且工期较长，千方百计压缩工期具有特殊意义，所以对体型复杂的支墩坝采用的较少。国际上，在伊泰普和丹尼尔约翰逊工程以后，大工程中采用支墩坝的也不多。从混凝土施工工艺上讲，又可分为常规混凝土和碾压混凝土两大类。预期今后混凝土拱坝和碾压混凝土重力坝将是两大主力。下文对它们做些简单论述，以供参考。

一、拱坝

当坝址地形、地质条件合适时，混凝土拱坝实在是很经济和安全的一种坝型。我国优良的坝址还不少，所以拱坝的发展前景还很广阔。除在建的二滩双曲拱坝高达 240 米（为国际上第三高双曲拱坝）外，规划设计中的小湾（292 米）、拉西瓦（250 米）、构皮滩（220 米）、溪洛渡（275 米）、糯扎渡（262 米）、白鹤滩（260 米）等，都将采用或可能采用拱坝，都将是名列前茅的宏伟的拱坝工程。

"七五"和"八五"期间，结合工程建设，我国在拱坝的应力分析、坝肩稳定分析、

本文是作者为庆祝混凝土坝情报网成立 20 周年所写的，刊登于该网网刊 1996 年第 10 期、《混凝土坝技术》1996 年第 2 期。

抗震设计、优化设计、CAD 系统开发、拱坝施工以及相应的规范编制修订方面做了许多科研工作，取得大量成就，有的达到国际先进水平。总的来说，根据我国目前的技术水平，设计建造 200 米以下的拱坝，应该是可以胜任的。但面对今后更艰巨的任务来说，仍然有很多课题需要研究解决。

首先应指出，坝愈高技术难度也愈大。将一座能安全运行的百米高的拱坝体型和各项设计按比例放大为 200 米或更高的拱坝，并不能保证后者也一定是安全的，这里存在大量非线性的因素。朱伯芳同志指出过，对较低的拱坝来说，如果某些部位的拉应力超过抗拉强度而开裂的话，拱坝完全能进行应力重分布而维持安全与稳定，因为在这种低坝中受压部位的安全潜力是很大的。而对很高的拱坝来说，抗拉和抗压都成为控制条件，坝体就不具备很大的调整潜力了。

其次，在拱坝史上，如地基条件良好，坝体本身失事的情况是极少见的，特别是按照近代技术设计修建的拱坝，即使厚高比很小，也都非常安全。拱坝给人以很安全的感觉，但是奥地利 200 米高的 Kolnbrein 坝的破坏，却给坝工界敲起了警钟。此坝的基础良好，厚高比也不算过小，但在蓄水过程中竟然坝体破裂。分析后可知，坝高（及厚高比）固然是衡量坝工难度的一个重要指标，但并非是唯一的指标。一座拱坝的技术难度，除坝高外，取决于地形、地质及泄洪条件。国际上的一些高拱坝，其河谷均很狭窄，泄洪量很小，和我国在建、拟建的一些高拱坝简直无法相比。例如考虑河谷宽和地形影响，龙巴弟建议采用柔度系数 $C = \dfrac{F^2}{VH}$（F 为拱坝中面面积，V 为拱坝体积，H 为最大坝高）来代替厚高比作为衡量指标。如果把已建拱坝的 C 值对坝高 H 点绘在坐标图上，可见发生破坏的坝都位于该图点群的边缘。我国和其他国家所建拱坝，大都位于边缘线以内，但二滩拱坝已接近边缘，而设计中的小湾更远在边缘线以外，这值得我们严加注意。我们必须深入探索修建在宽河谷中特高拱坝（甚至地基上还有某些不利的条件）的破坏机理和极限承载能力，以便改进设计，选用材料，采取措施，以确保安全，决不可掉以轻心。

我国在拱坝优化设计方面已取得很大进展，不少单位和学者开发了实用的优化程序，并已应用于具体工程上，取得显著的经济效益。结合正在开发和完善中的拱坝 CAD 系统及智能系统，可以使拱坝设计做得更合理、更迅速和更经济。这一方面的成绩似已达到国际先进水平。

以往的优化往往在某些约束条件下寻求最经济的设计。当我们向更高的拱坝进军时，优化的概念也随之更新，现在有更多的专家建议，对特高拱坝的优化宜在某些约束条件下（包括对拱坝总体积量规定一个上限）寻求安全度最高的解答。这一要求比寻求最经济设计来得复杂，我们期待着在拱坝优化技术上有新的突破。

我国在拱坝的动力分析和抗震设计上也取得了大量科研成果，特别在坝体—水库—地基耦合分析、无限地基的模拟以及在给定输入波动下的峡谷区散射问题和坝基不均匀地震输入问题等。对某些特殊情况（如有横缝的拱坝）在地震中的反应研究尤其具有特殊意义。但由于问题的复杂性，多数问题还有待深化和简化，才能在实践中应用。考虑到我国许多重要的拱坝坝址都位于强烈地震区，地震荷载是一座拱坝投产后可能遭受到的最重大的非常荷载，对拱坝的动力分析和抗震设计将是今后研究的主题。

关于拱坝的稳定分析，以往我们主要核算坝肩岩体在拱坝推力下的失稳问题，而且将坝体应力分析和坝肩稳定分析分别处理。对这种性质的稳定验算，今后仍将是一主要任务，而且要考虑应力分析和稳定分析的耦合，做更合理、更完整的研究，因为在大多数情况下，这是最需要注意的一种失稳可能。此外，近年来我国学者的研究指出，拱坝沿建基面的失稳（向下游并稍偏上滑移）危险，在某些情况下也不能忽视，特别对于河谷岸坡较缓和设有周边缝的拱坝。当然，对于体型复杂的双曲拱坝，如何合理地分析这种形式的失稳安全度，需要做较深入的分析研究。因此，我们尚需在更精确的基础上探索拱坝的各种失稳模式及相应的极限承载力。

迄今为止，绝大多数混凝土拱坝都采用常规混凝土，并用传统的柱状法分块浇筑，各块间留有横缝。到坝体冷却至规定温度，横缝张开后进行灌浆，联成整体起拱的作用，然后才能蓄水。这一传统做法不论是否是最合适的，在理论上是有根据的。但这样做使拱坝施工复杂化，严重影响进度。我国经过攻关，最近完成了目前世界上最高的普定碾压混凝土拱坝（78 米），全坝只设了三条导向缝，基本上是整体施工一气呵成。这是对传统拱坝施工工艺的大革新。在"九五"期间，碾压混凝土工艺还将推广到 135 米高的沙牌拱坝。这条道路开通后，百米左右高的中小型拱坝都有可能基本上一次浇起。

碾压混凝土拱坝的建设，其难度仍然在温度应力及收缩问题上。采用碾压混凝土后，虽然水泥用量及水化热较常规混凝土为少，但施工期热量的散发很少，大部分热量仍将在坝体浇完蓄水后持续散发，这个过程是相当长的，并随之发生一系列不利的应力重分布或开裂。碾压混凝土拱坝投产后一两年内不产生问题并不意味着已经安全，我们必须在理论上和实际上追踪和掌握其长期的变化过程，直到稳定。如果坝体较低、较厚，河谷不宽，最终的应力重分布只会产生一些局部表面裂缝，不影响坝体的安全时，问题就不严重。对于较高的拱坝，就必须根据具体情况采取综合措施来解决。包括进一步减少水化热量，采用膨胀性补偿混凝土以补偿由于降温散热引起的收缩。设置必要的特殊横缝，使在蓄水情况下可根据需要进行灌浆和重复灌浆，以及适当加厚坝体，提高混凝土抗拉抗裂能力等。只有温度应力和收缩、开裂问题能较好地解决，碾压混凝土才能用到更高的大型拱坝工程上去。

二、碾压混凝土重力坝

我国的碾压混凝土（以下简称为 RCC）筑坝技术进展非常迅速。1988 年建成高 56.8 米的福建坑口水电站大坝。以后相继用 RCC 建成了铜街子、沙溪口、天生桥二级、岩滩、观音阁等工程的坝体或围堰。与此相应，开展了一系列的科研试验工作。正在作施工准备的龙滩重力坝，初期高 192 米，总体积 577 万米^3，最终高 219 米，已确定采用 RCC，并进行了全面深入的科研和试验，这将是目前国际上规模最大、坝高最高的 RCC 重力坝。由于 RCC 坝型具有节省水泥、简化温控、大仓面连续施工、缩短工期、降低造价等优点，预计今后将有更大发展，也是我国今后坝工发展和研究的主攻方向之一。

经过十多年的探索，我国已逐渐形成了一套适合我国国情的 RCC 重力坝工艺，这就是采用富胶凝材料以保证 RCC 的强度和抗渗性能(而不采用柳溪坝那样的贫胶凝材料 RCC)、全断面碾压(不采用日本推行的金包银方式)，在各碾压层面上不做复杂的处理，上游面采用两级配 RCC 或专门的防渗层提高抗渗能力等，这也和国际上总的发展趋势大致相似。

关于 RCC 的配合比，早期外国有采用贫胶凝料(低于 90 千克/米^3，其中水泥约 50 千克/米^3)的做法。这种 RCC 的强度和抗渗性一般较低，只能用于坝体内部，在重要的高坝工程中不宜采用，而且给人一种 RCC 是劣质混凝土的概念。后来逐渐发展成采用富胶凝材料(＞180 千克/米^3，其中水泥约占 25%～30%) RCC。在正常的施工养护条件下，这种混凝土的容重、强度、抗渗性等性能完全可以和常规混凝土媲美。如胶凝料较多，可以高于常规混凝土。在层面上强度和抗渗性也同样较高，所以一般不必作为冷缝作复杂的处理，更不必加大坝体断面。这样，RCC 不再是一种劣质混凝土的代名词，而是一种和常规混凝土相当的优质混凝土，仅仅是施工工艺不同而已。据一些专家统计，良好的富胶凝料 RCC 的密度可达理论密度的 98%～99.5%，渗透系数 10^{-8}～10^{-13}，抗压强度 20～40 兆帕，抗剪强度 1.8～2.7 兆帕，直接抗拉强度 1.4～1.7 兆帕，间接抗拉强度 0.9～1.2 兆帕，层面的 C 值及 f 值高的可达 3.1 兆帕及 1.30(上静水坝的现场资料)。还应指出，由于 RCC 中含有大量粉煤灰等材料，其后期效应可使 RCC 的后期性能有显著提高，更优于常规混凝土。

上面提到 RCC 的主要优点，一是节约水泥和简化温控；二是可以进行大仓面连续浇筑方式施工，缩短工期，集混凝土坝与土石坝的优点于一身。后面这一优点现在似愈显得重要，这是对传统的柱状法浇筑的大改革，对于小型工程，甚至可以在一个枯水期中浇起大坝，对于大型工程也往往可以缩短一二年甚至更多的时间，这是具有极大吸引力的方案。

尽管如此，人们对 RCC 筑坝还是有许多顾虑。这是因为：

(1) RCC 筑坝采用大仓面薄层(30 厘米)铺筑混凝土，加以碾压并连续上升的工艺，所以施工强度很高。如龙滩大坝，预计日浇筑量要达到 10000 米^3 左右。因此，从原材料的供应和质量保证、拌和能力及质量控制、运输、摊铺、碾压过程的控制和事故防止，到现场的监督、质检、养护等所有环节，都必须十分严格和高效，一个环节出现问题就会招致重大事故。俗话说慢工出细活，对 RCC 来讲是相反的，能保持高速均衡施工，方能保证质量。在我国，由于历史条件和设备、管理水平不高，许多同志对我国的施工力量能否适应这一高要求是担心的。

(2) 虽说采用合理的富胶凝料 RCC 和在严格施工管理的条件下，无论是 RCC 本体或层面上的各种性能都可与常规混凝土相当或更好，但层面毕竟是个薄弱面。尤其在发生事故时，会形成大面积薄弱面。重力坝是依靠层面上的抗剪断强度来保证稳定的，出现这种后果将是致命的，我国的实践也证实了这一点。在优良的 RCC 筑坝工程中(如普定大坝)，我们可以钻取长达 5 米的混凝土芯，其中几乎分辨不出层面的位置，而在质量差的工程中，RCC 简直像千层饼一样。连续的薄弱面还会造成大量集中渗漏，增加扬压力和缩短工程寿命。常规混凝土施工中虽然也可能出现类似问题，但由于仓面小，性质和处理上有所区别。这也许是许多同志对重要的重力坝工程中不敢采用RCC 的主要因素。

（3）RCC 重力坝的温度和开裂问题仍然是个重大制约因素。虽然和常规混凝土相比，RCC 单位体积水泥含量和发热量绝对值较低，但由于采用大仓面薄层浇筑、连续上升的施工工艺，在施工期中的散热量是很有限的，大部分热量仍积蓄在混凝土中，加上粉煤灰的后期效应，浇好的坝体将长期处在散热和降温的过程中，在这个过程中将产生一系列的后果。如果这些后果是不能接受的（例如产生严重的断裂），那么必须采取相应的措施（往往是复杂昂贵的）来加以解决。和 RCC 拱坝一样，RCC 重力坝在完工后短期内未发生事故，并不意味着今后也没有问题。

（4）在重力坝中，往往要设置许多孔洞或管道系统，这给 RCC 的施工带来很多制约，有时在许多部位不得不仍采用常规混凝土，不仅减少了 RCC 的使用量，而且必须准备两套混凝土施工设备。

由此看来，要进一步推广应用 RCC 筑坝，尤其要推广到高坝、大型工程中，我们还必须在以下各方面进行努力，不能认为 RCC 工艺在我国已有成熟经验就掉以轻心，不作深入的研究、设计，不进行严格的施工管理。否则必将招致重大损失。

1）对于 RCC 的各种原材料及配合比，必须通过调查研究试验予以落实（包括水泥、粉煤灰、粗细骨料、外掺剂等）。尤其对于用量巨大的粉煤灰（或其他相应的活性掺合料），必须在质量、数量和运输上有保证。RCC 的配合比和施工参数必须通过试验，包括现场碾压试验优选和落实。

2）对于 RCC 的施工装备，包括骨料场、拌和楼、运输上坝系统、摊铺碾压设备、防止分离的措施、温度控制和养护手段等，必须根据工程需要，通过周密设计确定和落实，要留有裕地和备用件，要进行试运行，在证实确实可按要求运行后才能大量投产。

3）必须有十分严格的施工管理和质量保证体系，要把保证质量提到最重要的位置上来。必须落实各级责任制，施工监理制，备有现代化的监测手段。出现事故时必须按照规章制度处理，质检人员和监理工程师应拥有他们的权力和权威性，相对独立，不受现场主管的指挥。对 RCC 筑坝这类工作，必须是质量一票否决制，在质量上必须奖惩分明，不得有半点含糊，保证质量就保证了进度。

4）RCC 大坝的设计研究工作比之常规混凝土坝任务更重，工作要更细。例如，对于温度和开裂控制问题就要做全面深入的分析。目前拥有的分析手段和开发的软件已经可以对 RCC 坝的长期行为做出较准确的分析，据此来做出各项设计。解决 RCC 坝的温控问题无非是以下几种途径：①优化级配，使在满足各项要求的基础上发热量最小，抗拉强度和应变最大；②采用合适的仓面尺寸，留设必要的横缝、纵缝和诱导缝；③采用补偿性混凝土，特别是有后期膨胀性能的；④对骨料和混凝土进行冷却，降低入仓温度，并防止或减少在运输和碾压过程中热量倒灌；⑤必要时在高温季节停浇等。当然，重力坝断面大，依靠自身重量维持稳定，解决温控问题比 RCC 拱坝应该容易一些，但必须有研究，有设计。总之，RCC 重力坝的混凝土配比、仓面尺寸、施工强度、入仓温度控制、施工季节限制等要综合研究各项条件与要求（包括温控要求和结构要求），经过比较后确定，不应简单地凭经验办事。

（5）RCC 重力坝的防渗问题。总的原则是 RCC 本体必须有足够的抗渗能力，在此基础上为保证额外的安全度再采取其他措施。日本习惯于采用"金包银"法，即在 RCC 外再包一层常规混凝土，我国观音阁大坝也引用这一方式。从直观上看，这诚然是一种稳妥的办法，但使施工复杂化，使 RCC 失去了许多优点。而且进一步的研究还指出，将两种性质决然不同的材料浇在一起，还会引起其他问题。所以我国多数专家不赞成用这种方式，倾向于在坝的上游面区域另设一区含有更多胶凝料和两级配的 RCC，一并碾压成坝，既提供额外的上游防渗层，也不增加施工的复杂性，相邻混凝土的性质也比较接近。另一种办法是在坝面上设置特殊防渗层，这种防渗层应可靠，能长期作用，不影响施工进度并简单可行。在龙滩工程设计中倾向采用钢筋混凝土板。

（6）RCC 重力坝的稳定问题和抗渗问题一样，首先必须依靠 RCC 本体以及层面上的强度来满足要求。在这个基础上可以再采取一些措施提供额外的安全度，例如，将层面设计成一定的反坡，在平面上将坝体做成微小的拱形，在层面上采取一些简易的增强措施（不是铺砂浆）等。

（7）为了充分发挥 RCC 在筑坝中的优越性，坝体应尽量设计得简单一些，尽量不设置不必要的空洞和管道。有些管道如发电用的引水钢管可以水平地通过坝体，然后沿大坝下游面铺设（背管式）以利施工。小型廊道可以做成预制模，整体吊装，以适应 RCC 的施工。

除此以外，有关 RCC 的性能，各种力学参数和分析、设计理论与方法、RCC 快速施工的设备和机具、高效精确的质量鉴定检测仪器等，都是在今后要继续研究发展的内容。应该指出，RCC 重力坝技术的研究对常规混凝土重力坝也将起到重要作用。因为工程规模不断扩大，传统的小尺寸的柱状块浇筑愈来愈不能满足需要，所以对常规混凝土重力坝也日益走向大仓面甚至是整个坝体断面不分缝一次浇筑的道路。

混凝土技术情报网已成立了二十年。二十年来情报网为交流混凝土坝的技术，推动进步与发展，做了大量工作。瞻望前途，还任重道远。让我们齐心协力，抓紧对混凝土高拱坝和碾压混凝土坝的研究工作，使我国的坝工技术在"九五"和以后的时期内有更大的发展，为人民修建起更多、更大的水利、水电工程，为祖国"四化"大业做出新贡献，英勇攀登国际科技和工程的顶峰。

在水电规划设计总院国家九五重点科技攻关组长工作会议上的讲话

工作会议就要闭幕了，总院领导要我讲几句话，我没有准备，就说几点感受吧。

我的第一点感受是，中国的坝工建设不仅有悠久的历史、有举世公认的成就，而且有非常远大的前景。中国现在是拥有大坝最多的国家。中国在建中的大坝，数量之多和规模之大，名列世界前茅。而中国在规划、勘设和研究中的大坝，其气势之大，更是世无伦比。

我国坝工建设的巨大成就和光明前景，已引起世界上同行的注意和钦佩。国际大坝会议（ICOLD）前秘书长柯蒂隆先生说过，现在中国和一些亚洲国家建坝的数量，已占全球的绝大部分，他们将决定今后坝工发展的方向。ICOLD 的前副主席、印度著名水利专家凡尔玛更对中国的成就赞不绝口。他说："下世纪的坝工界将是中国的世纪"。ICOLD 还以压倒多数表决通过，下一届 ICOLD 全会将于世纪之交的 2000 年在北京举行。这必将成为国际坝工界的一次有历史意义的盛会。想到这些，我们大家都会深感骄傲。

我想到的第二点，是上述成就来之不易。回顾新中国成立以来，我们从修建几米高的小坝开始，发展到现在正在修建世界上最宏伟的水利枢纽，还将修建一大批世界上最高最巨大的坝。我们走过多么曲折的道路，每前进一步都要克服重重的困难，排除层层干扰。我们也受到过一系列挫折，一是靠党和国家的领导，二是靠地方政府和人民的支持，三是靠全体勘设、科研、施工同志的团结奋斗，脚踏实地解决了一个又一个的困难问题后，才取得这些成绩的。每一座大坝上都凝聚了无数同志的智慧和血汗。我们应该向几十年来所有战斗在第一线的同志们，为中国坝工做出卓越贡献的有名无名的英雄们，表示最崇高的敬意和感谢。

第三点，我想讲讲科技的作用。如果说在新中国成立初期，它的作用还不很重要，那时候，工程小、坝低，用人海战、土办法也能解决问题，那么随着历史的发展，科研的作用就越来越重要了。小平同志"科技是第一生产力"的英明论断也愈来愈为人们理解了。离开科研，怎么能设想中国人民能够修建三峡、龙滩、溪洛渡、小湾和水布垭这样的大坝呢？工程建设依靠科研、科研面向工程建设，两者密切结合，在坝工方面是做得比较好的，而这是我们取得成功和胜利的主要保证之一。

实际上，大坝工程中的关键技术问题，一直受到国家和部门的重视。特别在近二十年来，高坝关键技术先后被列为"六五""七五""八五""九五"的国家级攻关项目，还有更多的内容被列为部门和单位的科研专题。和其他行业比，我们是幸运的，要感

本文是 1998 年 2 月 12 日，作者在水电规划设计总院国家"九五"重点科技攻关组长工作会议闭幕式上的讲话。

谢上级部门和有关单位的支持。有的人可能怀疑，一个课题为什么要延续这么长呢，只要从坝工发展的过程和前景看，就容易理解，恐怕"九五"以后还要继续研究，因为那时我们也许要修建 500m 高的坝或者又采用什么新坝型、新材料，当然不一定列为国家攻关。总之，我认为科学研究和技术发展只有阶段之分，而无止境之说。

第四点，想谈谈"九五"攻关的特色和影响。听了大家的介绍，我感到"九五"攻关工作，具有以下特色：

（1）重点突出，只抓高 RCC 坝、RCC 拱坝、高 CFRD、高拱坝等几个重点，有所为有所不为。

（2）与工程的结合特别密切，所有科研项目都紧密结合依托工程。反过来，科研成果又有力地促进了工程的进展。

（3）在"九五"中特别重视科研成果的转化，甚至在尚未结题和验收时，就已经被用上了。例如，在取得关于 CFRD 的重要阶段成果后，专家们和总院果断地决定，将 CFRD 作为水布垭项目建议书的代表坝型。我没有参加去年底开的那次会，但十分赞赏专家们和总院领导的决策和毅力。这一改变（虽然尚未最终确定）意味着水布垭工程可以节约 6 亿～7 亿元投资和提前一年工期，意味着中国的 CFRD 建设将登上世界顶峰。沙牌工程也在设计中采用了许多科研成果，令人欣慰。

（4）在管理上更注重中间检查和协调，及时对成果进行检查、交流、总结和协调。这次工作会议就是一例，这是很成功的做法。

（5）攻关工作进一步得到业主、企业和部门的重视与支持，国家拨款往往只占一部分。企业的支持和自筹经费大大加强了科研的动力，像清江公司、沙牌的业主等，都为攻关的投入、组织、管理、转化起了巨大作用。据介绍，清江公司对 CFRD 的科研投入达千万元之巨，而且在管理上发挥了重要作用。我认为这样的业主确实不凡，高瞻远瞩，令人敬佩。他们的努力不但会反映到工程的收益上，一文钱的投入可招致几十倍的收益，而且为中国的坝工科技发展做出了不可磨灭的贡献。

由于"九五"攻关项目具有上述特点，我深信在大家的努力下，一定能胜利完成合同规定的任务，登上新的台阶。当然，"九五"攻关的困难也很大，主要是要求高、任务紧、经费缺，这些都有待大家共同努力来解决。

"九五"攻关任务的完成，意义是十分巨大的。因为它们所针对的或依托的工程是龙滩、水布垭、溪洛渡、小湾等，这些都是我国的水电富矿，是必须开发的，而它们的大坝：216 米的 RCC 重力坝、234 米的面板坝、300 米级的拱坝，都属世界第一。这样的工程没有扎扎实实的科研攻关成果作为基础，是绝不能开工的，"九五"攻关将为之提供最坚实的基础。另外如高 RCC 拱坝、快速勘测技术等，也都是有中国特色的世界级技术。"九五"攻关的完成，不仅为尽早建设这些宏伟工程奠定基础，而且为我国坝工技术夺取世界冠军做出贡献。

从这次会上看，中间成果已不少，但要真正完成任务，还有大量工作要做，许多硬骨头要啃，千万不可掉以轻心，松一口气。同志们，要拿下世界冠军绝非易事。我们拿的世界冠军实在太少了，和我国国势、国威太不相称了。我相信我们的水电和坝工界的队伍是有志气、有能力的，一定能尽快夺取冠军为国争光，使我们从坝工大国变为坝工强国。我现在很焦急，如果再迟迟不进，现在的世界冠军很快就会落到第二位、第三位的，让我们大家努力吧。

第五点，关于今后水电开发形势。我们不否认，现在的水电开发步入马鞍形，困难很大，甚至困难会进一步增加，弄到个别单位、人员吃饭也困难。但是大力开发水电这一基本政策是列入纲领的，是党和国家领导人多次亲口肯定、亲笔写定的。从中国的能源开发战略形势来看，开发水电宝库也是必行之路。我们要有这个信心、同心协力，共促其成。中国的水力资源，特别是大西南的水力，实在是得天独厚的宝藏，按电量计，已开发的不到 10%，时间已过去 50 年，虽然有成绩，和资源比、和形势要求于我们的比，相差太远了。特别是我们这些上岁数的人，更是忧心如焚，死不瞑目呀。去年春天，我参加了三峡总公司的工作会议，部署 1997 年的工作计划。中心是大江截流，我做了即席发言，我在阐述了大江截流的重要意义和复杂性，呼吁全体"三峡人"为截流出谋献策，做到万无一失后，话题转到今后的问题。我说三峡工程虽宏伟，在全面开发大西南水电宝库的会战中，它仍然是个序幕。我呼吁有志有识之士，应该抓紧向家坝、溪洛渡等后续工程的准备了。也许我们这辈人看不到它们的开发，但我们坚信中国的水电宝库一定会得到最充分的开发和利用，全国统一电网一定能够实现。当时我很激动，还改了一首南宋诗人陆游的诗，朗诵道：

> 死去原知万事空，但悲西电未输东。
> 金沙宝藏开工日，公祭毋忘告逝翁。

这样说，毫无消极的意味，只是反映了一位老水电工程师对毕生所从事的水电事业的无限挚爱，对全面开发水电宝库、实现全国联网的强烈愿望，和坚信中国必将走入水电和坝工世界强国的坚强信心。现在，时间又过去一年，应该说，离实现我们共同的伟大目标又近了一年。同志们，让我们共同努力吧。

说说土木和水利

　　清华大学土木水利学院成立了，我表示衷心祝贺并说几点意见。土木、水利是传统老学科，我国在这方面有光荣的历史和成就。两个学科可说是与史俱来，甚至是史前文化。中国第一位土木工程师大概要算教人民盖房子的有巢氏。至于水利，人们会自然地想到大禹，认为他是最早的水利工程师，其实还有比他更早的，至少禹的老爸鲧就是水利专家。对鲧这个人，我认为值得研究，要为他平反。鲧治水九年，十分卖力，最后反被砍了头，还被定为"四凶"之一，千古蒙受恶名。鲧的失误是没有执行"泄蓄兼顾，以泄为主"的方针。他以挡为主，加上当时的技术水平太低，所以失败了。最多撤他的职，或来个留用察看，罪不至死。我看舜的杀他，还给其戴上四凶的帽子，是有政治因素的。传说他死后变成一只有三条腿的怪兽，这说明人民也认为他是冤枉的。禹一定也心中不服，在取得统治权后，发动一次宫廷政变，把舜赶到蛮荒之地湘西去了，为老爸报了仇。

　　我还提请大家注意一下中文里"土木"和"水利"这两个名词。我们的祖宗实在高明，用了"土"和"木"两个字，就精炼、扼要、高度概括地把这个学科描绘出来，隐含了建筑材料和结构模式。土和木岂不是最原始最重要的建材？有人说现在是混凝土和钢结构了。混凝土不也带个土字？钢结构仅是木结构的变种。外国人就没有这么聪明。英文叫作 C. E. ——民用工程，不通之至。农业工程、化学工程……难道不是民用？而且与民用并提的是军用，可见外国人就是想打仗，居心不良。至于水利这个词，更是妙不可言，足以证明我们的祖宗何等重视水的问题，何等高瞻远瞩，综合考虑，才制定出这个名词。哪一个外国有如此确切完美的名词？谁能把"水利"译成一个确切的英文，我出 100 万奖金。你们别指望拿这笔奖，你翻遍牛津大字典也找不到的。清华大学的土木水利学院，我不知你们打算怎么译成英文？反正正确不了。总之，在土木和水利工程上，我们有足以自豪的历史。

　　土木、水利工程是农业、工业、国防、民生、社会发展的基础。进入新世纪，有人说已进入知识经济时代，高新科技将主宰一切。信息、计算机、宇航、核能、生物工程……成为热门。土木、水利这些老学科是门前冷落车马稀，大有夕阳西下的凄凉意味了。我毫不低估高、新科技的重要性，但一切腾飞都得有个立足点作为基础。人总要先吃饱、吃好、有房子住、有材料、有能源……才能搞研究、搞高技术吧？中央决定西部大开发战略，首先实施的是公路、铁道、航空港、水利、能源、生态环境等工程，足以说明这一点。西方国家的基础产业够发达了，以这一雄厚的实力为发展高新科技创造了条件。而我国许多地方连水都喝不上，工业化远未完成。当然，我国不必走别人老路，可以齐头并进。但对国情要有个基本估计。我们需要一大批优秀的年

本文是 2000 年 4 月 20 日，作者在清华大学土木水利学院成立大会上的讲话。

轻人去搞高新科技，我们同样需要、甚至需要更多的优秀人才大力发展传统工业，为腾飞奠定基础。在中国，传统学科不是夕阳工业，而是朝日方升。以水利为例，50 年来，固然取得重大成就，但历史欠账太重，至今尚不能有效应付大洪、大旱，黄河还是一条地上河，而且越淤越高，几亿千瓦的水能资源尚未开发，大半个中国的缺水问题没有解决，水的污染也越来越严重。压在我们肩头的任务何等艰巨，能轻视老学科吗？有志青年要为祖国补上这一课，人民和国家需要你们。

老学科要打强心剂，开拓新领域。有人说，土木水利在中国虽然不是夕阳事业，但学科已发展到头，不会像新兴学科那样日新月异，没有多少科研前途。这有一定道理，但事物的发展是无穷尽的，新的不断取换老的，探索和发展的进程永无止境。一艘宇宙飞船和一座土石坝比，前者集当代高新科技之大成，后者是古老又古老的货色。现在有两个课题，一个是要求掌握飞船在宇航中的精确反应和对它进行控制，另一个是要求掌握土石坝在地震时的反应和对它进行控制，哪道题更难一些？我猜想人类在登上火星时，土石坝的问题可能还没有解决！你能说老学科没有科技含量？但老学科如果不加入新的活力，不大力创新，确实难有大发展。上月我在三峡工地检查质量时，钱正英副主席问我：三峡这样的头号大工程，有多少创新？是否少了点？我惭愧得说不出话来。我们引以为豪的，主要还是工程规模有多大、开挖几亿方、混凝土几千万方、年浇五百万方、破世界纪录，可说不出多少技术上的巨大创新，这有待努力。

老学科还要开拓新领域。你们学院还有个工程管理系，这很好。我们不仅要抓硬科学，还要抓软科学，两手都要硬。实际上，我国管理方面的落后比技术方面的落后更厉害。以往搞工程就要成立指挥部，完不成任务就把领导部门的人赶到工地去蹲点抓问题，还确实收效。但这样做是否科学？听说中央领导每天要批阅厚厚的文件，事无巨细都要通到中央，等批示，搞得中央领导日理万机，疲惫不堪。这到底是尊重领导还是逃脱责任？我怀疑外国是否也这样做？克林顿是否每天也要批 30 厘米高的文件？也许国情不同，在转轨期间这样做难免，但能永远这样下去吗？今年是管理年，朱总理在政府工作报告中用了 18 个"严"字，无非是加强科学管理。希望清华大学响应这个号召，为提高我们的管理水平做出贡献。

在华东勘测设计研究院的讲话

同志们，非常高兴今天有机会跟大家见面。院长让我讲几句话，"关于中国的水电发展"这个题目也是他出的，我没有很好准备。作为对自己人的讲话，讲错了也没有关系。有一点必须要声明的，有些意见完全是我个人的看法，可能是错误的。下面，我分五个问题说一下新世纪的中国水电建设。

一、20 世纪水电建设的回顾

经过半个世纪的努力，中国的水电建设从零开始，或者可以说几乎是从零开始（因为新中国刚成立的时候，那个丰满水电站，不是我们自己的，是日本人搞的），到今年年底，全国全口径的水电装机容量大概可以到 7500 万千瓦，发电量大概可以超过 2000 多亿度。水电容量中，大水电、小水电大概各占三分之一多，中型水电大概三分之一少一些。在建的水电很多，光是三峡水电站就有 1820 万千瓦，2003 年首批机组可以发电。所以，我想 21 世纪初全国的水电装机很快就会上 1 亿千瓦的大台阶，成为世界上头号水电大国。这点大概是没有什么值得怀疑。那么究竟半个世纪以来，我国水电开发的比例是多大？这笔账有点算不清楚。我们常用的数字是全国技术上可开发的水电容量是 3.76 亿千瓦，年电量是 1.92 万亿度，平均效率是 5100。如果拿这两个数字来衡量，那么已经开发的水电按容量算是 20%，按电量算是 11%。这有很大的差距，到底哪一个更准确，我想，两种计算都有些问题：按电量算，理论上的水电能量总是有一些不能利用的，另外 1.92 亿度电不可能全部拿到手，说已经开发的 11%，好像是偏少了一些；按容量算，说已经开发了 20% 是明显偏大，因为水电的装机容量不是个确定的数字，而是根据电站在电网中的位置、工作状况确定的，很多水电站，装机很大，有的老电站还在扩容，它的利用效率甚至低到 1000 多一点小时，所以 3.76 亿这个数字肯定偏大，而且这个数字还包括了抽水蓄能电站。我想比较合适的说法是可能已经开发了 13% 至 15%。不论怎么算，已经开发的水电是个小头，大头还在后面。所以，在新的世纪中，不论是常规水电，或是抽水蓄能电站，都还有大力发展的余地，这是没有疑问的。还有个经济可开发用量，这个数字要小一些，我认为这个数字不能说明问题，因为经济与否没有一个明确的衡量标准，可以根据国家经济实力的发展、人民生活水平的提高、能源价格的调整等来衡量。

回顾半个世纪以来的成绩，除了看到建设的规模以外，还应该看到水电建设各方面的巨大进步，包括规划、勘测、设计、施工、运行、科研、制造、管理等各条战线，在半个世纪中，都有了巨大的进步，很多领域都是名列世界前茅。譬如，我们的坝工建设、边坡治理、消能蓄电、泥沙研究等，都是名列世界前茅的。我们不要小看自己，

本文是 2000 年 8 月 21 日，作者在华东勘测设计研究院的讲话。

在水电领域，我们并不比别人低多少，有些地方，甚至于是领先的，这方面我们应该有自信心。所以，我想，我们华东院不但要在国内立足，而且要大力地进入国际市场，因为我们有这个水平，有这个能力，特别是要向第三世界进军。我们要到美国、英国去搞水电可能有些困难，但第三世界，是个有待开发的广大领域，华东院要有这个魄力。现在华东院已经打到了世界市场上，但我认为远远不够，我们要大力出去占领这个市场，因为我们有这个能力，有这个水平。当然，差距也有，而且有些地方差距还不小，主要是在效率、管理方面；对我们具体同志来讲，是在一专多能上面；还有外语方面有差距，要进入国际市场，这个差距一定要考虑。总之有些地方，我们还不能完全跟国际接轨。所以，我们要看清自己的不足，加强学习与提高，使我们院真正能够成为国际上著名的咨询公司，使国际上知道有你这个公司，知道你的实力和专长。

由于中国水电和坝工建设的巨大成就，国际大坝会议将于下个月在北京召开 20届大会和相应的年会，预计有 1000 多位有名的坝工专家或官员参加会议，会后还要到各个地方去参观。听说国内参加这个会议的人不太多，我不太理解，我们到北京去的旅费比到外国还是便宜，为什么大家不太积极？希望有关同志、我们院领导同志能够支持，能够去几位同志听听看看，特别是要利用这个机会做宣传。我们在北京搞了个宣传的中心，大家可以花点钱，展示你的成就和水平，这都是非常好的展示自己、打出国际去的机会。希望大家能够抓紧这个机会，到北京去看看，展示展示，做一些宣传工作。我觉得中国人有个比较不好，也是比较好的习惯就是客气得很。这跟外国人完全不同。你要是拿这套东西到国际上去竞争，那肯定会失败。外国人明明不会干的，他也说会干，硬着头皮干。我们要有这个信心做好宣传工作，使大家都知道你，千万不能谦虚。

二、21 世纪的展望

中国的水利资源蕴藏量非常丰富，中国的经济发展速度惊人，中国的能源存在着一些深层次的问题，凡此种种，都说明：21 世纪，中国的水电建设一定会有一个大的发展。我们周大兵副总经理，曾经讲过一名言，他说："下世纪，中国水电建设的新高潮即将到来。"我很欣赏这句名言。这是势在必行的事情。我想分成几点说明一下。

（1）从能源结构上看，据说中央科技领导小组开过一次会议，讨论中国 21 世纪面临的挑战。会议指出，第一号挑战是国防的问题，是打仗的问题，这个容易理解的。你要解放台湾，人家要干预，人家有航空母舰，有巡航导弹，还有各式各样的东西。即使台湾问题不谈，人家总是亡我之心不死，总是要西化、分化、瓦解你，你是唯一的社会主义大国，不听他的话。第二号重大问题是水利问题，是水资源问题。这恐怕也是大家能理解的。第三号问题是能源问题。这里面的能源问题，主要是石油、天然气的问题。像今年中国石油的进口已经达到惊人的程度，今后的发展，油气的需求量是控制不住的，会越来越大，而且总不能拿煤去开飞机。所以能源问题是列为第三号问题。连农业这类吃饭的问题还没有列在第三号之前呢。我们中国的石油与天然气的蕴藏量老实讲是短缺的，特别是拿 16 亿人口来算，那是非常非常之有限。我总想，对石油天然气的资源，应该大力开发，大力勘测，适当地开发利用，不能够拿到多少就用掉多少，总得要有点老底，有点储备才行。现在要打起仗来，到底有多少石油储备，听说美国有 10 亿吨的储备，中国有多少？恐怕只有够几天吧！这不是个事，说句不太合适的话，现在搞西气东送，我认为不如搞西电东送，水这个东西是非常宝贵的，不用白不用，不用白白流掉。我也不懂，为什么西气东送可以简单拍板，西电东送怎么弄也弄不上去。现在我们的能源，特别是电力，主要是靠煤，其次是靠石油天然气，水能和核能是排不到重要位置的，生物能与新能源暂时更加形不成气候。我想这个局面对我们国家不利。水电第一个好处就是永不枯竭，1.92 万亿度水电，就算只开发 1.2 万亿度电，也相当于每年 6 亿吨原煤，3 亿吨原油，拿使用 100 年算，就是 600 亿吨原煤，300 亿吨原油，实际上，水电站哪里会只用 100 年，像我们新中国成立之初修建的水电站，到现在已经 50 年了，不是好好的吗，用 1000 年也没有问题。大坝修补修补就行了，我们还有大坝安全监察在那儿。如果用 1000 年就相当于用 6000 亿吨原煤，3000 亿吨原油，就是中国最大的一个能源资源。

（2）从生态环境的保护方面，也非发展水电不可。烧煤的污染，现在已经变成一个非常严重的问题，要解决二氧化硫与氮化物的污染，需要大量的投入，更麻烦的是所谓温室效应，排放 CO_2 的问题，要烧煤总要排放 CO_2。现在，中国已经成为世界上第二个排放 CO_2 的大国，美国是第一号大国。但是过多地排放 CO_2，总不是一件事，这么一年一年下去，国际上对我们的压力会越来越大。我们虽然不敢说开发水电、核电，能够取代煤，但是能够多开发一度水电，就减少了 1 斤煤的燃烧，就对环境保护做出了一份贡献。水电的第二个大优点，就是清洁，这点谁都能理解。现在国际上不把大水电看作是再生能源，理由是开发大水电要污染环境，也要破坏生态。我总觉得这个提法片面，不合理，不科学，有点因噎废食。应该说，特别是对我们国家，开发水电对减少污染，保护生态是有非常重要意义的。

（3）中央要搞西部大开发，是不是都去开荒种地，到处去办小工厂，这绝对不行，应该因地制宜搞好基础设施建设，开发当地最优越的资源。其中，水电是西部最现实的资源，开发水电就能把资源优势转化为真正的经济优势，不但可以促进当地的经济发展，而且还可以输送东方，取得经济效益。水电的投资比较集中，但基本上都是用在国内的，可以拉动内需，如建设材料行业、交通行业、机电行业、制造行业等全起来了；可以解决许多人就业问题；可以大大推动一系列科技的发展；可以大大加快西部开发的步伐。我很有意见的，中央把大量的钱交给交通部门，限定他一定要今年花掉多少个亿。听说有些地方连钱怎么花都没有办法，因为他没有勘探，路怎么修也不知道，但是非得硬着头皮去花。我总觉得为什么不花点钱在大水电开发上。

（4）东部经济的继续腾飞，需要水电，特别需要水电调峰。现在中国的 12 亿人口，只有 3 亿多是城市人口。今后，城市化的速率不断上升，估计到 21 世纪中期，城市人口有 10 亿，工业、生活都会极大地提高，特别是人民生活水平的提高是不可抗拒的，所以电网的调峰问题只会越来越尖锐。我们已经搞的广东抽水蓄能电站、十三陵抽水蓄能电站、天荒坪抽水蓄能电站都已经立下了大功。我听一位同志介绍，十三陵电站建设中碰到很多困难，大家都对它有所指责，但它投产以后，好多次挽救了电网崩溃。我相信广州抽水蓄能电站、天荒坪电站等也都立了很大的功劳。但是现在，上级领导对修建抽水蓄能电站总还觉得不是当务之急，这恐怕要怪我们不会宣传。我想，我们是不是该集中力量把抽水蓄能电站立下的功劳让大家知道知道，特别是让领导同志能够认识到。

我刚才讲，到 21 世纪初叶，我国的装机容量很快会达到 1 亿千瓦这个大台阶。我想，只要我们采取正确的政策，稳妥地发展，水电装机很快会突破 1.5 亿、2 亿……一直会发展上去。现在国家制定十五计划和 2015 年的展望，希望"优先开发水电、大力开发水电"，能够真正在计划、规划里得到实施。我个人认为，到 2010 年以前，除了西藏自治区以外，其他省区条件比较好的水电都应该得到开发。为了推动水电建设的发展，引起国家领导的重视、注意，今年的两会期间，钱正英、张思远、杨国林和我等政协委员，经过反复研究，郑重地提出了一个提案：希望国家重视推进西部水电的大开发。这个提案得到政协主席们的重视，就在会上开了一个工作会议，邀请国家的领导人、国务院有关部门的领导，还有很多的媒体前来参加，会上气氛非常热烈，发言的同志几乎一致赞成，认为应该这么做。听说政协还准备把它作为一个主席提案提供国家领导人考虑。总之，我们希望为发展中国的水电事业做些努力。

新时期的水电建设与过去相比，当然有些不同，特别对于大型水利建设，应该有些特色，第一应该是按照国际惯例和国际接轨的体制和方式建设的。第二一定是尽量采取高新科技，科学文明高效的设计施工，不会像过去那样打人海战。第三一定是精心规划，合理开发和利用，不会像某些水电站，开发起来以后，不能合理利用，还产生了很多问题。第四一定是充分重视生态环境的保护。水电建设不但是能源建设，同时也是生态环境建设。第五一定是妥善安排移民，发挥最大的综合效益。这几条过去在我们建设中有些是做得不够的。今后，21 世纪的水电建设，特别是大水电建设，在这几方面应该特别重视。

三、现在的水电形势（依然严峻）

上面讲的都是乐观的预测。我个人相信这个预测是有根据的，大方向是不错的。可是，回到当前的现实，由于国家的实力、体制、人的观念等问题，由于历史因素等条件的制约，摆在我们面前的困难非常大，西气东送可以很快启动，而西电东送困难重重，甚至连黄河上游公伯峡电站，国务院都没有立项，它完全是结合西部开发的电站。江苏的宜兴抽水蓄能电站也被打掉了，新疆的吉林台水电站也不予考虑等。国家电力公司也一直在呼吁要加快水电开发，要搞"五大一小"，或者说"六大一小"，很多同志切实为此进行了巨大的努力，但是进展不快，举步维艰。最近国家电力公司还在改革内部机构，把水电开发与新能源部撤销，跟火电并在一起，搞成一个电源部。搞水电的就剩下 10 多个人。我很担心，这种情况能不能承担起巨大的水电开发任务。我们在政协大会上的提案，好像到现在也没有下文。我也不好意思再到钱正英副主席哪里去追问她，她肯定比我还急。其实再早几年，中国工程院搞了一个中国可持续发展能源战略的研究，里面也谈到水电问题，送上去之后，也是石沉大海。很多同志对此都感到迷惑不解，而且适度曾找些理由，或者给他"算算命"，今年不行，是不是明年能行？或者是哪一年鸿运高照，我个人也一直在考虑这个问题。我认为可能是下面几条因素：

（1）国家对电力形势的发展，总的估计认为是发展的速度不会快，认为改革以后，电力市场已经快速变成了卖方市场，供大于求，缺电、限电事情已经过去了。而且有的同志还认为缺电、限电时代永远过去了。他们认为在市场经济下，电力永远是供过于求。所以也不急于搞大水电、搞核电，认为它不是当务之急，让市场调节就行，市场需要自然会搞电。这个说法估计合适不合适，我们大家可以共同来研究，来预测预测。至少又听说我们广东省、浙江省缺电。是不是国家的电力市场就永远供大于求，电力的发展永远是低水平的？如果真是这样，那水电当然搞不上去。但是如果这样，什么"三步走""中等发达国家""小康""民族振兴"，那都不谈了，不是我水利一家的问题，这是一个对电力市场的总估计。将来是不是通过市场机制，电源自然而然可以解决？希望我们多想一想。

（2）在现在的电力体制下，对搞水电能不能顺利地建设运行有怀疑。最鲜明的例子是二滩电站，国家花了很大的力量，借了外国人的钱，把它建起来，一年100多亿度电现在不能全部卖出去。二滩公司也很困难，世界银行也有意见。既然二滩的电都卖不出去，再建其他水电站，会不会走上同样的道路，所以有人认为在电力体制没有大的改革以前，先不要搞大水电，以免蹈二滩的覆辙。这个问题就多了。二滩的电现在不能全部卖出去，公司也存在困难。这是客观实情，但是不是就是体制的问题。如果我们把所有的电厂电源全部独立，都变成独立的公司，跟电网不发生关系，那么二滩的电是不是就卖掉了，将来新建成水电也都卖得掉，问题是不是都迎刃而解了呢？在电力体制改革还没有完成之前，是不是大水电就不应该上呢？上大水电是与电力体制改革有先后关系，要改好之后再上大水电呢？要解决公平上网的问题，是不是只有一条路——把电厂跟电网撤开，都变成独立发电公司，其他就没有路可以走了呢？我想这些问题都值得深究。现在报纸上对这方面的议论非常多，我建议有心的同志多看一看，想一想。我总觉得问题在没有弄清楚以前，草草率率去搬外国人的经验并不妥当。有的时候外国行之有效的、好的经验，把它搬到中国来，就会大大走样，反而糟糕，这个例子不少。我想要是很草率地改来改去，后果是很严重的，特别是我们的水电上不去。为了二滩工程，很多同志化尽心血。当初在规划研究中，四川、重庆，就是西南地区都有一个发展的规划，都做过电力电量的平衡，根据当时的预测，不但二滩的电可以全部销掉，而且还不够，所以同时还要建大火电站，但是，亚洲金融危机一来，整个国民经济一下去，特别是西南四川下得特别快，甚至于负增长，现在，不但二滩的电卖不出去，其他火电也都发不足，利用小时都在3千~4千小时。我想这其中预测失误是个最大的因素，如果经济发展都能保持10%以上的速度上升，二滩的电大家都抢着要，哪里会出现这样的情景。那么，体制方面有没有问题？四川电力公司、重庆电力公司是不是多照顾一些他自己的火电站，就是上网的时候多吸收一些火电，少吸收一些水电，我不敢讲没有此事，可能有！但这不是根本，要这些电力公司在汛期把火电厂大部分停下来，全部买二滩的水电，到了枯水期再让他们开，这实际上做不到，也不合理。虽然我们搞水电，但也得替人家想一想。所以报纸上经常有人攻击，说二滩的电便宜不用，要用高价的火电，让二滩弃水，就是体制不好。因为有几个火电厂是他的亲生儿子，而二滩是个独立发电公司。为了照顾自己的火电，再便宜的水电也不用，这个说法有道理，但不完全是这个道理。二滩电站调节能力非常小，它绝大部分的电量都在汛期出来，枯水期保证出力很低。这样的电站，只能是在容量非常强大的电网中才能充分显示其作用，才能合理调度。电网很大时，汛期的电量都能吸收，一部分火电停下来检修就完了。现在四川电网只有这个电量，二滩占了一大部分，汛期的水出来，你说它怎么办？所以，归根到底是要电网大发展，调节性能差的水电才能够充分利用，才能互利。我想，我们搞水电要站在公平的角度上看这个问题，不能吵，要仔细地分析一下到底是什么形势，假说电网小一点怎么样，假说电网大一点怎么样。我相信，电网越大，二滩的问题越好解决。当然，电网大了，水电站也不一定要把所有汛期电量都卖出去。汛期水电站也可以调峰，蓄水调峰对电网有利，对它本身也有利，因为峰谷电价是不同的，与其把汛期的电量以很低的电价卖出，不如蓄水调峰，把调峰电价提上去恐怕对它的经济效益有好处。所以对三峡发出的电将来怎么销，现在也在研究，过去的想法还是三峡电站到枯水期担任调峰，到丰水期担任腰荷、基荷，尽量把电卖出去。那么这样子讲对三峡来说当然非常有利，但是到了丰水期谁来调峰呢，你得有个安排。我早就主张，三峡在汛期也调峰。它的水库很大，只要上下能腾出 1 米、几十厘米的水位就可以调几百万的峰，何乐而不为。这个水位差了那么几米，对防洪影响不大，通航也可以解决。三峡汛期，本来是在蓄水的，多蓄一点水，把次级的电力改成优良的电力有什么不好呢？现在三峡总公司领导也在考虑预备拿出来一点库容来调峰。所以我想，水利方面的规划设计，还是要跟电网结合起来，做到最优、最佳、合理，不要让人家指责水电站电能质量不好——汛期有水，枯水期没有水。

　　下面又谈到体制问题。是不是电网拥有电厂就一定做不到公平合理上网？我看不一定。电网一定要拥有一批大的骨干电站和调峰电站，来保证电网的安全，高质量地运行。有的人说，电网拥有比较多的电厂，就绝对做不到公平合理竞争，因为电网是个企业，企业讲究效益，讲究效益就会照顾自己的儿子，所以电网跟电厂一定得一刀切断。我不太相信，其他的国家也不是一刀切、一个模式。法国电力公司电网跟电厂垄断得很厉害，也没有把法国的电力行业搞垮，他把大量的电都卖到英国，在欧洲市场还是很强有力的市场竞争对手。问题不在这里，问题的本质是在你这个国家到底是法治还是人治。现在我们国家的电网，老实讲是人治。只要是领导，都可以指挥你，地方上的长官会命令你。你要解决公平合理上网，首先要有个法，即电网怎么样吸收电厂的电要有个制度把它定下来，按照这个制度，首先你应该买那方面的电，其次你应该买那方面的电，最后再买那方面的电。我们这里有没有？没有！制度定下来之后，电网只能按这个制度执行，如果违反这个制度要追究你的责任，还可以派稽查员监督你按照这个制度执行。再说我们还可以依靠高技术，将来电厂上网，可以由计算机来操纵，尽可能减少人为干预。人为干预减少得越少，就更容易监督他有没有按这个规定办。所以公平竞争完全可以解决，并不是说非得一刀两断之后才能解决。我总觉得，现在有些同志老是在研究经济体制产权属于谁，好像只要这个问题一明朗，万事大吉，天下太平，而不去研究我们的体制中，哪一部分是法治，哪一部分是人治。我想后面这个问题更重要。这个问题不解决，尽管你一刀两断，全部撤掉，将来可能更加乱得不堪，地方政府更加干预。

再说到国家电力公司，现在拥有的电厂也不过占 70%，将来大量新的电厂建成，他不可能全部控股，国家电力公司拥有的电厂比例是越来越小，根本不必担心的事。有人说你这样讲是不是你的工资在国家电力公司拿，拼命做垂死挣扎。不是的，我随便到哪里都有工资。问题是你这么一弄，我们的水电又不行，又是个大底搁下去。现在国家电力公司不管怎么说还有"国家"两个字在那儿，他还是考虑全国的平衡，还是要搞西电东送，还是有一套计划推进的。现在据某些同志的设想，把国家电力公司看成很多块，一个是管电网，而且是高压的电网，另外都是发电公司。试问谁来考虑水电开发？谁来考虑西电东送？如果要这样大改大革，大砍大设，那么我要求成立国家的水电开发总公司来负责整个国家的水电建设，你不能现在不声不响，到最后消亡掉了。我们想一想，从过去的水电部，下面有个水总，还是有一定的权力的，改到后来的能源部、电力部、国家电力公司，现在还有 10 个人在那里搞水电，再下去把它四分五裂，谁来关心中国的水电开发，是不是靠国家经贸委电力司里面的 10 多个人。如果这样搞，一定要搞一个有权威的、全国性考虑水电开发的公司，那样，你怎么改，我都赞成，否则我们又会碰到一个很大的困难，水电是上不去。现在有些同志拼命推进英国的模式，认为只要照抄英国的模式，问题就会解决，电价就会下降，我对此表示怀疑。我认为，不符合国情，盲目地搬用、采用外国的模式是不合适的。有人问我，你说不符合中国的国情，中国是什么国情。我跟他讲：

第一，中国是个社会主义的国家，而且是社会主义大国，并且目前是初级阶段的社会主义，当前都是地方政府把在那里，是这么个国情。

第二，中国电力工业现在非常落后，需要大发展，到 21 世纪，我们的人口要增到 16 亿，哪怕是 1 人 1 千瓦，我们要 16 亿千瓦，现在才 3 亿千瓦，半个零头都不到，我们还要修建 10 多亿千瓦的电站。英国、美国、法国有这个任务吗？他们现在每个人都有 2～3 千瓦，他们电力市场已经饱和了，怎么折腾都可以。他们主要搞一些更新、改造、提高等优化，没有这么大的任务。中国有这么重大的任务，需要搞，谁去？

第三，中国的国土非常辽阔，各个地区的情况完全不同，能源的蕴藏量、经济发展水平天差地别，因此你一定要有个机构，来考虑全国的电力平衡，考虑电力网架，考虑怎么西电东送，这些情况跟其他国家不同，人家没有这样的事情。英国他有好几亿千瓦的水电要开发，要送这么好几千千米吗？根本没有这回事，所以我认为，中国的情况跟英国完全不是一回事，你认为把英国的模式引进来就什么问题都解决了。我绝对不同意。反正这个问题是非常复杂，也许上面有上面的道理。所以报纸上有那么多的文章，这么吹，那么吹，说毛病在这里，在那里。我只从水电开发的角度上看，我总觉得，改到最后总得要有这么一个机构来关心、推进水电的开发。水电开发毕竟需要政府行为，需要全国考虑，靠市场经济是搞不起来的。你说哪一个老板会到西部去投资搞水利。

到底怎么改，怎么办。我们大家看最后国家怎么决策。

四、进一步开发水电需要解决好几个问题

上面讲得题目太大，也不是我们能够多嘴的，还是回到现实中来。谈谈中国的水电开发。中国的水利资源虽然很丰富，但是受到很多条件的制约，真正要大开发，困难还是很多的。要完成历史赋予我们的责任，我们要做更多的努力。

第一，我们要增强水电本身的竞争能力，即使是市场机制，竞价上网，水电必须加强本身的竞争能力，包括常规水电、抽水蓄能。因为燃气轮机、火电新机组今后也能够调峰。今后的竞争是激烈的，我们不要认为搞水电不需要煤，便宜就一定竞争得过人家，不是的。水电集一次能源、二次能源开发于一身，它的工期长，特色多，还牵涉移民、淹没、综合利用等问题，所以水电开发出来，至少在还贷期间电价是高的，光是这一点跟人家竞争，竞争不过人家，一定要提高自身竞争能力。怎么提高呢？我认为有这么几条：①千方百计采用新技术、新工艺。在保证必要安全的基础上缩短工期，降低造价。这是一句老话，但这是真理，无论如何不能故步自封，创新是一切学科、一切工程的关键，传统学科、传统工程也是如此。要到国际上去竞争，尤其要注意这一点，否则你比不过人家。②水电必须有政府的政策支持。现在的政策老实讲是不利于水电开发的，说得难听一点是扼杀水电发展的。我们强烈要求国家的综合和财政部门，要重新考虑，在税收政策、融资政策方面及其他种种方面都应该采取有利于水电的政策。税收方面增值税应该减，土地征用税应该减免。有些设备的进口税应该减免，只要是自己不能制造的设备，你要进口应该减免税收。在融资政策方面，贷款的利率应该有补贴，偿还期应该适当延长，应该允许我们采取多种形式来融资。此外移民方面、电源的上网方面都应该采取倾斜政策。③水电的开发必须要有地方政府和相关各部门的支持。移民的补偿即要做到使移民能够迁得出，稳得住，富得起。又要实事求是，一些城镇的迁建、工矿的迁建不能一步登天。通过迁建来发财，是不行的。所有这些，应该以现有基础为主，适当提高一点，绝对不能一步登天。这样，我们水电发电后，特别是还贷以后利润还是很大的。可以订立一些合适的合同，初步补偿，标准低一点，以后可以采取不断地投入，也不一定是无偿地投入，帮助他发展，通过这种方式来解决，做到两利。综合利用的部门，防洪、灌溉、通航必须要有合理分摊，不能把所有的投入统统放到水电上去，由水电来归还，这样电价怎么会有竞争力呢？我认为国家应该订立有关的法律，假使有这么几条，水电的竞争力必然会大大提高。

第二，要在电网中给水电留下适当的位置。根据中国水电资源的特性，我认为汪恕诚同志过去讲的一句话——"电网离不不开水电，水电离不开电网"还是对的。希望增加互信互利、互相关心，能够建立更加密切不可分的关系，不要搞对立。我不太赞成采取刺激性的话，作一些不实的宣传，那是有害无益。总之，我觉得电网越大，火电、核电的机组越多，水电就越需要，越能显示他的重要性。每个电网在不同规模，需要多小水电的比例，水电在电网中，枯水期、丰水期怎么办。这些问题都需要详尽地分析，科学地安排。尤其要解决丰水期大量廉价水力的利用，我想最后我们能够找到一些出路，找到一些专门的用户来用我们汛期大量的廉价水电，不一定非给电网造成负担，譬如（我是瞎想），我们的油气能源，确实紧缺，成为国家的心腹大患，我们

是否能够利用汛期国家的水电来把煤化成为油，或者把煤化成气，诸如此类的问题都应该研究，使水电既能充分利用，也不给电网带来什么困难，反而电网感到非常需要，非常欢迎。所以，有些电站，汛期就蓄水调峰，对双方都有利。电网在收取上网费时，应该对水电采取优惠的措施，尽量降低上网的费用。现在上网费用控制在电网手里，我认为国家应该有个政策对收取水电的上网费应该特别照顾，只能按照成本收，有的电网反而敲竹杠，本来水电上网电价低，通过他这个电网马上高上去了，这是不允许的。国家应该从环保、支持生态保护的立场出发，鼓励、支持多用水电。在电网规划时，应该考虑在电力结构中采取一定的比例，就你这个电网，至少要用百分之多少清洁能源，否则就要对你进行惩罚，强迫这个电网多吸收水电。好像听说有些国家就是这么办的。因为从长远考虑，从环境考虑，需要多用水电就要采取相应政策。现在国家对风电已经采取了一些政策，不然风电你怎么能够竞价上网。风电既然能够这样，为什么水电就不可以。假说我们能够根据这些原则，制定详细的竞价上网的原则和具体办法，要求电网切实执行，还可以派人来监督，可以采取透明作业，每个月、每个星期上网你都上哪些网、哪些电厂的电，什么价钱的，你都给我公布出来。采取这些措施，我认为公平、公正、合理地上网，可以做得到。我们坚决反对个别首长或者是地方政府的行政干预，不能人治，一定要法治。

我想讲的就是这么点意见。总而言之，我们国家的水电开发，前景是光明的，任务是艰巨的，困难是重大的，道路是曲折的。

五、对华东院的几点建议

（1）水电为主，多业经营。最近院领导告诉我，华东院今年已经有 420 个项目，每个项目，多的几十万，少的几万元都去搞。为什么呢？因为没有大项目，不比内地有些院一个项目就是几亿，觉得很困难。我也理解，这确实是华东院非常困难的时期，也恰恰是我们的一个机会，是我们炼成多面手，什么活都会干。我想这个优良传统不要放，哪怕将来我们弄到一个大工程，你也不要放。这个几万元，几十万元，几百万元的项目也要干，要多种经营，只要我们能够干的，一定要干，而且要干好他，树立一个形象。当然我们搞其他行业也要有点长远观点，有些行业、领域将来是有大发展前途的，如工程监理、环境保护，这类东西将来是非常重视的，非常重要的，我们要努力地钻进去去搞。三峡工程，我记得华东院也担任过一点监理工作，但是好像没有再扩充，没有再占领更多的市场，这方面我们希望尽可能打进去，包括施工里面分一点工作也是好的。

（2）国内为主，向国际进军。我总觉得华东院现在的水平，有条件向国际进军，不论是常规水电，大、中、小的，尤其是抽水蓄能，都有这个条件，希望抓紧一切努力，打到国外去。我们还有许多老同志，他们也许不适于上第一线，但他们外语好，外面还有公关关系。我们能不能尽量利用他们的公关关系，多找一点工作，打到外面去，哪怕是第三世界，你要能够进去，油水还是相当大的，一个工程搞 1 亿的人民币设计费，前期费是很可能的。那无非是 1000 万美元，所以我们要千方百计向外渗透。

（3）抽水蓄能有专长，常规水电要抓紧。我想，现在华东院天荒坪这么大的抽水蓄能电站已经建成，培养、锻炼了一支年轻人为主的强大力量。现在我们又在搞桐柏、泰安，可能还有其他更多的抽水蓄能电站。这是我们的专长，希望这方面能够表现出我们的特色。我们做出来的设计确实就是质量好，人家优化也优化不了，但同样对常规水电还是要抓紧，揪住不放，现在我们华东院，在西部也有些项目，像锦屏和白鹤滩，但现在好像排不上队，非常困难。怎么困难，我也抓住它不放。当然我们还要向上级呼吁，能够推进一些工作。即使没有人来帮助我们，我们也要借点钱，把它搞上去，总会感动上帝。

这次来我看到很多新的面孔，而且是年轻的面孔，过去认识的面孔好像少了一些，也老了一些。我认为这是正常，而且是极好的现象，因为这符合新陈代谢规律，华东院的未来，就寄托在这些新面孔的身上。我发现新的同志改革的意识比我要强得多。你们一些想法，比我正确得多，希望是在你们身上。

我预祝我们华东院在新的世纪里，取得新的、更伟大的成就。谢谢大家！

在水利部科学技术委员会年会上的讲话

参加这次水利部科学技术委员会全体会议，听到汪部长（编者注：指汪恕诚）的重要讲话和其他领导的重要报告，启发很大。我深信中国水利建设即将进入新的时期，取得新的成就，登上新的台阶。我为此由衷地感到欢欣鼓舞。下面简单说说个人的三点体会。

1. 中国的水利建设进入新的阶段

人类已进入 21 世纪，党的第十六次全国代表大会刚刚闭幕，中国将进入全面建设小康社会的时期。水利建设要为这一伟大的历史性任务提供支撑和保障，也由此进入了一个新的阶段。

回顾过去 50 多年的水利建设，我们确实取得了巨大的、不可磨灭的成就，但也确实有过严重的、不可回避的失误。在新的时期中，从高层次上总结过去的得失，提取有益的经验教训以指导会后的工作显得特别重要。和过去的建设相比，新时期的水利建设有什么不同之处呢？我认为归纳成一句话，就是要从过去无序的、短视的、治标的、单纯着眼于经济观点的建设，转变为严格按照科学规划和法律、立足于宏观和长远立场、标本兼治、以治本为主的建设，借以实现社会、经济、生态环境的全面可持续发展。这是总结了 50 年正反两方面的经验后得到的唯一正确的方针。几位领导在讲话、发言和报告中都贯穿了这层意思。我希望在新世纪中进行水利建设时，随时随地都要检查是否符合正确的建设方针，警惕不要自觉或不自觉地又回到老路上去。这是保证我们的工作能遵循党的方针、满足全面建设小康社会的要求、真正贯彻三个代表重要思想的基础！

2. 在新世纪中水利建设将取得震惊全球的成就

在汪部长讲话和各位领导的报告中，指出了在新时期中水利建设的巨大任务，为我们展示出一幅灿烂光明的宏图，每位同志听了后都会无比激动吧。我相信，这些任务必在今后二三十年内胜利完成，中国的水利建设将进一步取得举世瞩目甚至是震惊全球的成就。我们要有信心、有决心为这一神圣任务的完成贡献出一切！

（1）以三峡工程、金沙江开发、长江堤防整治清障和分洪区建设为代表的防洪工程体系建设将取得决定性胜利，将从根本上解决大江大河的洪水灾害问题，解除中国人民的心腹大患。

当然，正如专家们指出的，防洪建设也引发了新的矛盾（如下游河床刷深），绝不能掉以轻心，但机遇远大于挑战，中国水利工程师一定能解决好问题，为子孙免遭洪灾做出贡献。

（2）以南水北调工程为代表的全国水资源合理配置将付诸实施。其他合理、必要、

本文是 2002 年 12 月 17 日，作者在水利科学技术委员会年会上的讲话。

可行的跨流域调水工程都将先后启动和收效，妥善解决缺水地区的社会、经济发展与生态环境保护问题，为依靠科学技术改变客观，做到人与自然和谐共处做出典范。

（3）以淮河流域、渭河流域等严重污染河段治理和全国城镇工矿污水废水治理为代表的水环境治理工作将深入开展并见到实效，扭转我国水环境不断恶化的趋势，恢复神州大地的绿水青山蓝天碧海的秀丽面貌。

（4）黄河的进一步开发与治理。首先做到汪部长提出的"不决口、不断流、不淤高、不污染"的要求，进而通过标本兼治，拦、泄、挖并施，为从根本上改变悬河面貌闯出路子，为人类治水治河做出开创性的贡献。

（5）最干旱的西北地区，将通过以水资源合理配置、高效利用和水利建设为中心的科学开发、治理、保护、调整而大变面貌，再造一个山川秀美人物共休的大西北。

还可以举出许多其他的光明前景。这不是神话，也不是梦境，是通过努力确实能实现的事情。当然要达到这一目标需长期、艰苦的努力，还有赖于全国水资源的科学规划、统一管理和信息化、现代化改造的加速实现。

3. 科技委的任务

索部长（编者注：指索丽生）在报告中对科技委 2003 年的任务提出明确要求。张国良局长、矫勇司长在报告中也提出很多课题。所以，科技委是有很多工作可做，有用武之地，可以为国家、为水利建设做出贡献的。我对具体任务提不出意见，只对工作方式、方法提些建议。

（1）我非常赞成索部长提出的改进科技委工作的许多设想，特别是工作方式、方法的多样化，不拘一格，尽量扩大与委外专家的联系合作，以及工作要与水利部的中心任务结合（可以超前研究）这两条。

（2）过去的工作有些偏重于对"硬科学"的研究咨询。许多问题不仅是技术问题，更牵涉到经济、政策、管理方面，要加强对"软科学"的调查研究和开展交叉学科的研究。

（3）调查研究中要注意问题是动态的、不断变化的，要避免以固定模式和确定论思想研究问题。任何事物都"与时俱进"地变动着（如"水资源"就是个变化着的概念）。要抓住变化的苗子，注意变化的趋势，研究变化的后果，做相应的调整。

（4）建议与中国工程院的有关咨询工作相交流和配合。工程院在完成"中国可持续发展水资源战略研究"的咨询报告后，由钱副主席和张老（编者注：指钱正英、张光斗）牵头，继续进行"西北地区水资源合理配置和生态环境建设"的战略研究，将在明年一季度完成，水利有很多专家参与了工作。今后可能还有较小的有关咨询项目要开展，希望能加强合作交流，共同为国家提供高质量的战略性咨询报告。

拱 坝 的 危 险

玛 尔 帕 塞 的 悲 剧

西欧和北美是世界上推动建坝技术发展的两大中心，西欧的历史更早一些。这两位祖师爷的建坝思路和风格似乎有些差异。对于美国来讲，她修建的坝以大体积的重力坝和土石坝为多，当然也修建了不少高拱坝，但坝身也常较厚实。像那座著名的高221米的胡佛拱坝，它的断面完全不比重力坝瘦小。这也许是她国力强大、物资丰富的反映，但和工程师们重视水坝的安全度也有一定关系吧。而西欧的工程师们似乎要"胆大妄为"一些。他们更多地喜欢修建一些轻巧的坝，特别对体形优美、多姿多彩的拱坝，更是情有独钟。有些国家还喜欢在拱坝坝身与地基基座间留一道"周边缝"，人为的"切上一刀"（如意大利和西班牙）。即使修建重力坝，也想突破传统做法，在断面上挖些潜力。这一方面说明他们的思想较为解放，另一方面似也和二战后国力有限、物资短缺，而且他们的河流都较短小有关。

安德烈·柯因先生是一位著名的法国坝工专家，也是国际上负盛名的柯因—贝利埃咨询公司的创始人。柯因一辈子从事水坝的设计、研究和建设，经手的水坝不计其数。到1959年他在五大洲14个国家设计成80多座大坝，其中近一半为拱坝。

在各种坝型中，柯因对薄拱坝特别垂青。他欣赏拱坝优美的外貌，信赖拱坝的无穷潜力。他认为拱坝没有必要再两端加厚，加厚拱坝只会引起应力集中，"成事不足败事有余"。

在法国东南角有一个小小的瓦尔省，这里有一条不长的莱朗河，静静地从源头流入地中海。为了满足当地供水、灌溉和防洪需要，当局决定修建一座水坝。坝址基岩是"带状片麻岩"，岩层走向南北（大致与河流平行），倾角一般为30°～50°，倾向下游右岸。地质报告结论认为坝址岩石有良好的不透水性，可以修建混凝土坝，并建议建"空心重力坝"。总的讲，地质工作的深度是不够的。

水坝设计任务交给了柯因—贝利埃公司。和柯因所经手过的许多巨大的工程相比，玛尔帕塞坝最大坝高仅66米，混凝土量近4.8万米^3，真可谓是"小菜一碟"。所以尽管地质勘探资料有限，根据柯因的思路和经验，柯—贝公司在1951年很快完成了设计。他们采用"变中心变半径的双曲薄拱坝"设计，坝长102.7米，坝顶高程102.5米，坝的厚度从坝顶的1.5米向下增到底部的6.78米（按他们的标准，这已经不算太薄了）。由于左岸较平缓，岩石也较差，所以修了一个推力墩与拱坝相接，这样坝身就比较对称。

水库总库容为5100万米^3，有效库容为2465万米^3。为了宣泄洪水，在坝顶中部

设置自由溢洪道，在下面的河床上设置 30 米×40 米的混凝土护坦保护。另外设有一条泄水管和取水口等。设计规定当洪水位超过 98.5 米时打开泄水孔放水。

玛尔帕塞坝（见图 1）于 1954 年建成，到 1959 年，库水位一直没有超过 95 米，情况令人满意。

然而仿佛晴天霹雳似的，这座拱坝在 1959 年 12 月 2 日晚突然崩溃，造成惨重损失。这可以说是第一座瞬时间全部破坏的现代双曲薄拱坝，所以震动了全世界的坝工界。受打击最大的当然是柯因先生，溃决的不仅是一座拱坝，也是他的信念。

是什么原因造成了玛尔帕塞大坝的悲剧呢？是 1959 年的连续降雨,使长期未蓄满水的大坝水位升到 95 米高。接着下了 29 天的秋雨，水位升到 100 米。当天坝方决定开闸泄水。泄水 3 小时后，自觉安全的管理员在家中突然感到大地的剧烈颤动，随即听到一阵阵连续破裂声和像野兽吼叫似的低沉声音，然后一股强烈的气浪掀开所有门窗，接着一股水浪沿着河谷疾驰而下，淹没两岸、冲走桥基，最后高大的水墙从峡谷倾巢涌出，漫过左岸山脊。此时，他看到一道闪光，电力随之中断。

在水库中奔泄出的高大水墙，以 70 千米/时的速度向下游冲去，25 分钟后抵达下游 12 千米处的弗雷久城，使之化为废墟，许多人在睡梦中顷刻丧生，此时水深有 3 米，马赛—尼瑟铁路被冲毁近 500 米，附近公路、供电和供水线跨几乎全遭破坏。据不完全统计，死亡 421 人，失踪 100 余人，2000 房居民遭受不同程度损失，物质损失约 300 亿法郎。

大坝失事后，法国成立了好几个调查委员会，从各方面调查分析失事原因。大多数结论认为：

大坝的布置是对的，计算是正确的，施工质量是良好的，事故与坝基内未设帷幕灌浆也无关。因此，失事的原因必定是在坝下的地基内。最可能的破坏机理是：左岸上部上游断层附近的地基软弱，比其他地方更容易变形，拱坝传给地基的推力就重新分布给这个地区的上下部位，使推力墩超载滑动，导致失事。

玛尔帕塞冲击产生了极大的反响，对坝工界带来重大的正面效应：对坝址的地质勘探工作和对地基中的缺陷处理得到极大的重视和加强，对拱坝连同地基的各种失稳可能性，都做了更深入的研究试验并发展了岩石力学理论与多种处理措施，对拱坝—地基—水压力—地震的更精确的耦合分析技术有显著进展，拱坝的自动监测、报警和运行维护

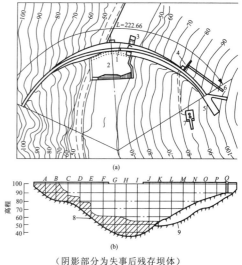

（阴影部分为失事后残存坝体）

图 1 玛尔帕塞拱坝剖面图（单位：m）

（a）平面；（b）下游立面

1—溢洪道；2—护坦；3—泄水底孔；4—进水口；
5—推力墩；6—翼墙；7—浮子控制室；
8—坝基开挖线；9—失事后地面线
A—Q 横缝编号

要求得到极大重视和发展，国家对大坝的设计、建造和运行的监控力度也空前加强。

凡此，都极大地提高了拱坝的安全性。在玛尔帕塞垮坝以后，再也未出现类似事故，尽管拱坝的高度已达到 272 米的记录。考虑到这些情况，玛尔帕塞水坝下的冤魂似乎可以瞑目安息了。

瓦依昂大坝变废墟

世界上有这么一座为了吸取工程失败报废的教训而"建立的"262 米高（约相当于 80 层楼）的碑，那就是意大利的瓦依昂大坝。

意大利工程师在建坝技术——特别是修建薄拱坝方面建树很多。他们修建了大量拱坝，而且具有特色：在拱坝坝体和基础垫座间建造一条周边缝，通过基础垫座与地基接触，借以松弛因几何尺寸及材料特性突然变化而在建基面部位产生的巨大应力集中，特别是释放拉应力。意大利孕育了许多著名的坝工专家，在国际坝工界有相当地位。有一位专家在 20 世纪 60 年代初参观过由作者主持设计的我国第一座双曲拱坝——流溪河拱坝时，对拱坝体型及拱顶泄洪的构思颇加赞许，只留下一名批评："可惜坝太厚了。"

他们确实修建了许多美丽轻巧的拱坝，都有特色，但在建设瓦依昂高拱坝时，摔了一个大跟斗，发生了世界坝工史上少有的瓦依昂悲剧。

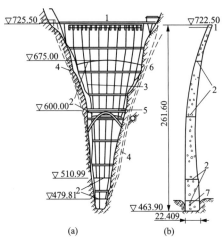

图 2 瓦依昂拱坝剖面图（单位：m）

（a）下游立视；（b）坝拱冠断面

1—坝顶溢洪道；2—水平缝；3—径向横缝；
4—周边缝；5—坝后桥；6—白云质石灰岩；
7—灌浆廊道

瓦依昂拱坝位于意大利北部阿尔卑斯山区派夫（Piave）河的支流瓦依昂河上。瓦依昂河是一条非常短小狭窄的山区小河，也许称为溪更合适些。意大利工程师在这条小河上建起了一座世界第二高的薄拱坝，即高达 262 米的瓦依昂拱坝，建坝目的完全是为调蓄有限的一点水量供电力系统利用。

坝址属中侏罗纪厚层石灰岩，河床极窄，切割极深。这座高坝坝顶高程为 725.5 米，最大坝体厚仅 19.7 米（基础垫座的最大厚度也仅 22.6 米），是一座极薄的双曲拱坝，参见图 2。

瓦依昂坝坝顶弧长 190.5 米，这么高的一座坝，石方开挖量仅 38.5 万米 ^{3}，混凝土量仅 36 万米 ^{3}，这和我国一些大坝体积动辄达数百万立方米相较，真是微不足道。当然中国的河宽水丰，国情不同，但笔者估计，这座水坝要让中国工程师来设计，没有 100 万米 ^{3} 以上的混凝土是拿不下来的，"泱泱大国"之风的后面隐藏着保守与落后的因素，恐难置辩。

大坝由意大利著名的坝工专家西门札设计，巴西尼负责施工。1956 年 10 月开始坝基开挖，1958 年 6 月结束并开始浇筑混凝土，1959 年完成。同年 12 月，法国玛尔帕塞坝失事，这大大震惊了意大利人，考虑到瓦依昂坝的两岸坝座上部岩体内裂隙发育，决定加用预应力锚索加固。对软弱的岩体并进行固结灌浆加固，大坝于 1960 年完工，1960 年 3 月初开始蓄水，总库容 1.69 亿米^3。

出乎专家和工程师的预料之外，瓦依昂坝薄如蛋壳的坝身和两岸较破碎的岩体，并没有带来不利后果，倒是在事故中发挥了难以想象的拱坝抗拒巨大超载的潜力，问题出在上游水库区内。1963 年 10 月 9 日，上游水库区左岩发生了一次大规模的山坡滑动事故，滑动范围长 1.8 千米，宽 1.6 千米，体积达 2.7 亿米^3。这块巨大的失稳山体，居高临下，在 30～45 秒的瞬间以骇人的速度冲入水库内，整个水库几乎瞬间全部被滑下的碎料填没。滑坡体的高速滑动，激起高浪，超过坝顶，横扫下游河谷内一切建筑物——真可谓"横扫千军如卷席"。大坝和电站顷刻报废（尽管大坝奇迹般的巍然不动），人员死亡近 2000 人，是世界上最大一次水库滑坡灾难。

水库蓄水后，山体一直在轻微滑移，迫使工程人员一直低位蓄水并加强观测。由于征兆不明显，人们放松警惕逐渐蓄高水位。

更雪上加霜的是，1963 年 9 月 28 日到 10 月 9 日连降大雨 2 周，库水位升到最高值 710 米，低于坝顶 12.5 米，当时认为库水位升高后会遏止岩体滑动。事实恰恰相反，岸坡位移不断增大，10 月初，山上各种野兽逃集于山的西坡，放牧的牲畜不肯停留，预示险情即将来临——也说明没有学过工程地质和力学的动物的判断力比地质师和工程师强得多。

10 月 9 日晚 22 时 41 分 40 秒，左岸山坡突然整体高速下滑，总体积约 2.7 亿米^3，滑速达 25 米/秒，主要滑落时间持续了 20 秒。滑落体的前沿没有下落到谷底，而在其上 50～100 米处凌空飞过了 80 米宽的河谷冲向左岸，并推进 400 米，在对岸爬坡高 140 米。滑落体迅速将 1800 米长的水库完全填塞，还高出水面 150 米，离坝最近处仅 50 米。

失事的后果是可怕的。滑落体高速坠入水库时，激起大浪，漫过全坝顶，冲向下游。在右坝头漫坝水深超过坝顶 260 米，在左坝头高出坝顶 100 米，扫平坝顶所有建筑物：坝顶桥、办公楼、观光台和位于坝顶 60 米以上的临时房屋，剥掉地面植被及几十厘米厚的风化表层；涌浪到达之前还有巨大的空气冲压波，涌浪过后随之出现负压波，破坏了坝内所有观测设施并使左岸下厂房遭受严重破坏。

当时，水库中有 1.2 亿米^3 的水。被滑落体挤出来的水翻越坝顶注入深 200 米以上的下游河谷，涌浪前峰到达下游距坝 1400 米的瓦依昂河出口处，立波高达 70 米，涌入派夫河，使河口对岸朗格罗尼镇和附近的 5 个村庄大部分被冲毁。4600 居民中有 1925 人死亡。水库管理人员 20 人，以及岸边旅馆中的 40 名游客未能幸免。

令人不可思议的是：美丽的瓦依昂拱坝竟能昂然挺立，未遭损毁。滑坡过程中库水作用在拱坝上的动力荷载约 4000 万千牛（大约 400 万吨），相当于设计荷载的 8 倍，坝体仍屹立不动，仅左岸坝顶有一段长 9 米、深 1.5 米的混凝土略有损坏，以后这一事实被许多专家引述，作为拱坝具有巨大超载潜力的证据。确实，瓦依昂水库的事故，在使地质专家大受震惊的同时，有些拱坝专家恐怕心中还暗暗有些沾沾自喜呢。

由于堆在库内石渣体积之大难以清除，最后的决策是将水库和大坝报废。这座当时在全世界受人瞩目的最高拱坝服役 3 年半，即沦为供人凭吊的遗迹。

瓦依昂事故的原因比玛尔帕塞要简单。客观因素就是该处山坡是个古滑坡。水库蓄水以后，以及降雨期间，地下水位升高，扬压力增大，一些软弱岩层面上的抗滑阻力逐步减小，古滑坡体在失去平衡后就不断移动，力图恢复平衡。所以蓄水后山坡一直在作缓慢的位移，实际上也是古滑坡复活的过程。一直维持到最后，岩层的抗滑潜力已全面挖尽，不足抵抗不断增加的下滑力，缓慢的蠕动立即转变为瞬时的高速滑动，酿成惨剧。

龙羊峡接受教训

龙羊峡大坝位于中国青海省共和县境内，拱坝高 178 米，是当时国内第一高坝，库容 247 亿米^3，足以装下该处黄河全年水量，也是当时最大的水库。龙羊峡工程的效益十分显著，可是在前期工作中发现了一个重大难题，就是在坝址上游不远处曾经发生过一次空前的大滑坡——查纳滑坡。查纳滑坡与瓦依昂滑坡有许多相似之处。一是滑坡体积巨大，达数亿立方米；二是滑落速度极快，造成过严重灾害。

这个滑坡是否会复活，以及附近还有大量不稳定的岸坡，水库蓄水后会出现什么后果，成为建设龙羊峡工程的头号拦路虎。后来通过长期深入的查勘、分析、试验、研究并采取了一系列措施，才建起了龙羊峡水库，保证了安全运行，要知道，如果在龙羊峡出现类似瓦依昂那样的事故，其灾难性后果简直是不堪想象，因为龙羊峡的库容达 247 亿米^3，而下游正是青海省的全部精华之所在。

对水利科技工作的意见

水利部科技委：

因出差故，未能参与"水利科学发展战略高层论坛"，深感遗憾。谨书面提些原则性浅见，供会议参考。

制定"水利科技发展规划"，明确发展方向、重点领域及关键技术是件大事，如能结合任务（尤其是关系国计民生大局的任务）来研究制订，最为妥当。新世纪我国将全面建设小康社会，水利工作任重道远，尤其做好长江、黄河在新形势下的全面规划，实为重中之重，需"与时俱进"地在高层次上开展研究和规划，建议水利科技发展方向和项目能结合此任务（和其他重大任务）来部署。

1. 长江

主要研究解决新形势下的长江防洪问题。所谓新形势指：①中下游堤防已得到全面除险加固；②三峡水库即将建成；③三峡以下将长期下泄清水（有的专家将它称为宝贵资源），持续冲刷河道、改变江湖关系；④平垸行洪、退田还湖等政策已经执行或正在执行；⑤上游和支流正全面开展水保工作；⑥上游和支流已经、正在和即将建设多座水库，形成水库群等。因此，需在新形势下重新考虑长江的防洪布局，不要拘于传统想法（如三峡水库就为了解决 1860、1870 年洪水）。

建议在充分掌握各种新出现和将出现的因素的基础上，深入分析河床演变和江湖关系变化，以及全面研究"泄""蓄""分"三大类措施在各种洪水下的作用和最佳组合方式，确定应进行的工程建设和非工程建设，提出一个较全面、长期的长江防洪系统规划，经国家批准后分期实现。

2. 黄河

黄河的新形势是在上游修建了梯级电站和调节水库，小浪底工程也已投产，南水北调中、东线已部分启动。更重要的是水沙条件大变，长期枯水，形不成洪峰，下游经常断流，不断淤高，出现二级悬河局面，缺水和防洪问题并存，以及水环境的严重污染。

在规划中要根据新的形势，提出解决黄河水资源短缺、泥沙淤积、防洪能力下降和环境污染诸问题的一揽子方案。确定黄河究竟能有多少水资源（包括外调水源）以及如何合理配置使用，在恢复、保护生态环境的前提下能在多大程度上满足生产、生活的需求，确定需进行的工程建设。

关键是解决泥沙问题，要在总结经验的基础上，运用好"拦、排、调、放、挖"五大措施，加上"源头补水"和"河口治理"两大手段，恢复行洪和溯源冲刷，解决下游河道淤高和防洪问题。

本文是 2003 年 8 月 10 日，作者在"水利科学发展战略高层论坛"上的书面发言。

3. 建议

水利部能把上述两大课题列入部领导亲自抓的重大课题，集中精锐力量，保证研究经费，开展工作。并结合这两大课题，研究安排有关的水利科技发展规划与项目，同时，也依靠科技突破来解决问题。

上述想法在长江、黄河两次座谈会上都已提过，在此重复一下，供参考。

在中国水电发展座谈会上的发言

首先热烈祝贺公伯峡首台机组发电和中国水电装机容量超过 1 亿千瓦,双喜临门。公伯峡工程工期短、造价低、质量好、新技术多,不仅取得了全面成就,还推动了 750 千伏线路的启动,为西电东送全国联网做出了贡献。谨向业主和所有参建单位,向青海省和所有支持公伯峡建设的单位表示祝贺。

关于今后水电开发问题,我简单地谈几点看法供参考,抛砖引玉。

一、查清家底

中国究竟有多少水电资源?已开发了多少比例?据水电学会最新资料,说可开发的容量为 4.2 亿千瓦,那么已开发了近 24%,年电量 22800 亿千瓦时,去年水电发电 2830 亿千瓦时,仅开发利用了 12.4%。两者相差太大。当然,水量不可能 100%利用,但不应差那么多。1 亿千瓦中,抽水蓄能是否在内?如果在内,应该另列,很多水电站有调峰和备用要求,利用小时数很低,或进行了扩容。那么在可开发容量中,对拟开发的水电在电网中的作用也应有个估计,然后确定容量,这样才较合理。

可开发容量中,有些近期不能开发的也应列出,如西藏大河湾。这样才能看清在近期、中期可开发的容量是多少。

二、水电是否开发过多

很多人担心目前这样大规模开发,建成后会不会卖不出电?这取决于对中国经济社会发展前景的预测,如果中国经济能健康、快速地发展,到 2020 年全国水电装机达到 2.5 亿千瓦左右,无非占四分之一多一点,从电量上看所占比例更少,应该有市场、能销售。所以,从全局看,是没有问题,是合理的。当然,其中不排除个别电站有问题。

三、关于跑马圈地

现在舆论上对跑马圈地大肆批评,我认为凡事一分为二。跑马圈地极大地激发了各发电企业、各投资方、各地方政府对开发水电的积极性,促进了水电大开发,现在不再是批评的时候了。马已跑了,地也圈得差不多了,我建议应在目前现实情况下,冷静地分析形势,找出问题,提出措施,使水电开发能在大好形势下顺利发展,避免出现不利后果。

四、防止盲目开发

在大好形势下一定要保持头脑清醒,不要一哄而上、大干快上。在前期工作、资

本文是 2004 年 9 月 27 日,作者在中国水电发展座谈会上的发言。

金筹措、市场销售三落实以前不要盲目开工。一定要把前期工作做好，包括技术问题和移民、生态环境问题的落实；资金筹措一定要落实，工程一定要在财务上可行；市场和输电问题一定要落实，电源电网建设一定要协调。为此，呼吁有关企业重视前期工作和有关的调查研究与协调工作。

五、防止无序开发

对每个工程要三落实。对全流域、全国许多工程要科学地有序开发。无数水电工程分布在各流域，有大有小，有的能调节、有的不能调节，有的有防洪灌溉任务，而有的没有。这就要以取得全局最大利益为目标，进行有序的优化开发。此事不是个别设计院、发电公司、电网、地方政府能做好的，要联合协调，在国家层次上统筹规划才行。改革后，不再设水电部、电力部、国家电力公司，而分为许多发电集团公司、两家电网、两大顾问集团、施工集团，以及中电联和学会这些组织。行政上有发改委、电监会、国资委三驾马车，还有地方政府的领导。这样不利于水电的有序和优化开发。现在各流域、各公司、各省区、各设计院都有自己的开发规划，能不能联合成立一个全国水电开发规划咨询组，请一些老部长牵头（如姚振炎部长），集中所有的规划资料，掌握各电站的资源和开发条件，结合国家经济社会发展情况和其他电源、电网、水利建设相协调，提出近期、中期、远景全国水电开发的总规划，并动态调整，供国家决策参考，也供各发电公司、地方政府、电网集团参考。使全国水电开发既有竞争，又符合国家的意志和长远利益。

六、加强与社会各界的沟通

凡事一分为二，开发水电要建坝建库，在取得巨大利益的同时，也会产生副作用。尤其早年忽视移民权益带来的副作用，是不容否认的。今后要引以为戒，坚决纠正。但把事情说过头，以偏概全就错了。不能在一项笼统的大帽子下，罗列一些事实，就从根本上否定水电。现在有些人以反水电、反建坝为时髦，到处作不切事实的宣传，是不符合国家全局利益的。

建议大力加强和社会、和生态环境界的沟通，努力做好解释工作。水电确是清洁的可再生能源，是目前人类能取得的最大的可再生能源。在许多国际文件和我国政府文件中都对将水电作为可再生和清洁能源予以肯定，副作用是可以减免的。要说清开发水电在生态上带来的巨大的长远的效益。我们自己在规划、设计、施工、运行中要特别重视保护自然和生态环境，要站在弱势群众一面，解决好移民问题。对副作用要研究清楚，尽量减免或补偿。同时，我们也呼吁各部门、各地方能实事求是地协同我们解决问题，不要开出不切实际的高价，以致最终扼杀水电开发，一事无成。

七、水能的作用不可低估

有的同志认为，水电在电力中最多占 1/3～1/4 或更少，解决不了大问题。对中国来讲，从长远来看，情况并不如此。如果每年 22800 亿千瓦时的水能真能 100% 利用（当然实际不可能），相当于每年节约燃煤 11.4 亿吨，或节约原油 5.7 亿吨。利用 100

年就节约了1140亿吨原煤或570亿吨原油,利用200年就节约了2280亿吨原煤或1140亿吨原油,远远超过已精查的剩余原煤、原油储量。而且采煤、运煤、火电厂本身都要大量用电耗能,1吨煤真正能供应社会的电量是大打折扣的。

人类社会对能源的利用迟早要走向零增长,终究要走上循环经济道路。水能恰好符合这一要求。所以我们千万不要轻视甚至反对利用大自然赐给中国的这一宝藏。群策群力,在未来约20年时间里先开发到3亿千瓦,到2050年将可以开发的水能全部利用起来。

孔子、儒家和中国的科技发展

一、前言

在中国，大概很少有人不知道孔子的，外国也有不少人知道有个孔子，孔子可以说是一位声扬四海、名垂千秋的大人物。

与孔子搭上边的名词也不少：孔学、孔教、孔圣、孔庙、孔府、孔林、尊孔、祭孔、孔孟之道、孔家店……直到批林批孔。会喝酒的还知道有"孔府家酒"，虽然不是什么高档酒。

孔子已死了 2500 年，但难以盖棺论定，而且后世对孔子的评价有天地之别：赞颂他的尊之为夫子、先师、圣人、大成至圣、万世楷模，或大思想家、大教育家……，诋毁他的直呼之为孔丘、孔老二，斥之为孔妖（太平天国语）、复辟狂、伪君子、奴隶主阶级的代言人（"文革"用语）。一个人死后能在正反两方面都获得如此至高无上的桂冠，大概也只有孔子一位。

尊孔、批孔持续了两千多年，也没个结论，孔子思想和儒家文明总是批而不倒，打而不死，俟机再起，是一条打不死的灵蛇。

今天我不想也不可能全面评价孔子和儒家，过去我写过一篇文章提到儒学对中国科技发展与创新的负面影响，很不全面，有同志给我很多指教，所以想再分析一下，毫无全面否定孔孟之道的意思，但为此，不得不把孔子思想和孔孟之道的主要内容扼要回顾一下。

二、孔子的一生

孔子名丘字仲尼（子是古代对男人的尊称），鲁国郰邑（今山东曲阜）人。生于公元前 551 年（鲁襄公 22 年），死于公元前 479 年（鲁哀公 16 年），享年 73 岁。孔子父亲叫叔梁纥，母亲叫颜征在，孔子排行第二，是一个贵族的后代。

孔子自幼受到鲁国文化的熏陶，十分崇仰西周的典章制度，认真钻研学习。年轻时担任过司仪一类职务和当过小官。稍有名气后可以进入太庙，参与鲁国的祭祀大典，还奉派去周王室学习周礼。

孔子 35 岁时鲁国发生内乱，国君鲁昭公逃亡齐国，政权落入"三桓"之手。三桓是鲁桓公三个儿子的后代：季孙、叔孙、孟孙，他们虽也是贵族，但赶走国君，瓜分土地，并改变剥削制度，从奴隶主向地主演变，是大背周礼的。孔子显然不赞成这种政变，他离鲁去齐，见到齐景公，齐景公不能重用孔子。孔子在 43 岁时带了门徒回到鲁国，从事修订诗、书、礼、乐，整理文化典籍，并开坛设教，广收弟子，形成一家

本文是 2005 年 11 月 14 日，作者在郑州大学所做的学术报告。

之言。弟子据说多达三千，其中通六艺（礼、乐、射、御、书、数）72 人，在诸子百家中，势力是较大的。弟子们将孔子的言行记录下来，就是《论语》。

孔子在 52 岁起交上官运，在鲁定公时做了一年中都（汶上县）宰，改任司空（建设部长），又任为司寇（司法部长），甚至代理了三个月的宰相，得以推行他的政治理想。但他那套治国的方法是实行不通的，最后仍得罪当道而离开鲁国。

此后，他就带着一帮门徒，周游列国，宣传他们的主张。主要去了卫、陈、匡、曹、宋、郑、蔡、楚诸国，流浪 14 年，遭受了些苦难和经历了危险，但弟子们追随不散。最后仍从卫国回鲁，得到当权的季孙氏的接待，他继续"参政议政"，但也感到要实现他的抱负是无望的，就把主要精力用于整理典籍，编纂鲁国的历史《春秋》，73 岁去世。

孔子是一位没落贵族的后代，他向往西周的盛世，他有一颗治国之心和济世之志，但毕生困厄，未能实现他的抱负，只能以授徒、编书度过余年，但是他留下了一整套的理论和一个盛大的学派——儒家，影响了中国以后两千多年的历史。

三、春秋战国的时代背景

一个人的思想体系和世界观的形成，离不开他生活的时代背景。要理解孔子，必须先了解孔子生活时的时代背景，弄清当时的政治经济制度和情况。

孔子生活在周王朝晚期的"春秋时期"。周在用武力打败纣王取代商朝后，为了长治久安，以周公为首的统治者们汲取夏、商王朝覆亡的经验，挖空心思，制定了一套严密的统治制度。这是一套"宗法""封建""等级"制度。天子是最高统治者，名义上拥有全国的土地和人民（溥天之下，莫非王土；率土之滨，莫非王臣），实际上也掌管中原最大的一块土地和人民。天子死亡后规定由嫡长子继位，代代相传（大宗）。对于其他的王子王孙以及天子的叔伯亲长都要从王室中分出去，另立为宗（小宗），分出去时都授土授民，封邦建国（诸侯国），这些诸侯国必须服从天子，而且也实行分宗分封，在国内形成许多"大夫之家"，大夫下面还有"士"这个等级，这些都属贵族。以下是庶民，虽不是贵族还算是自由民。此外就是无人权的奴隶，他们只是人形的牲畜，主人可以随意奴役、赠送、买卖甚至杀戮。天子和诸侯、诸侯和大夫间都有血缘关系，"家国一体"。

如何使不同等级的人既有明确的尊卑之分，又能融合在一起呢？周公用的是"制礼、作乐"之法。礼，即周礼，这可不是今天的讲礼貌之意，而是一套覆盖社会生活、规范各类人士行为的规章制度。人的衣食住行、视听言动完全受其节制，礼把各类人的等级身份明确划分开来。例如，天子穿什么衣服、什么颜色、戴什么帽子，出行时前面后面跟多少人，吃什么、用什么、住什么……死后睡什么棺材，外面套几层椁等都有制度，诸侯、大夫、士……依次递降。如果下级用了上级规格，就违反了"礼"，犯了"僭越"之罪，要严惩的。

关于"乐"，也不是现在意义上的供大众享受的音乐歌舞，主要是贵族们在庆贺、祭祀等大典上演奏的乐章和舞蹈，乐的作用是沟通融合上下关系感情，起一种和谐作用。也有严格的等级规定。设想一下，在庄严阴暗的殿堂中，举行着某种大典，人们按等级顺序肃穆就座，奏起深沉平和、优美悦耳的乐章，表演中规中矩的舞蹈，下级在陶醉之中确会发生敬畏之心。

周公认为，依靠这套制度，各级统治者有血缘关系相连（宗法），各有分封领域（封建），各有明确等级规定（等级），再用"乐"来调和，就可保万世之安了。不幸在"安"了一段时间后，还是违背不了历史进步的规律，维持不下去，到了春秋时期，已是"礼崩乐坏"天下大乱了，周公没有想到：

（1）嫡长子继位制，虽封住了其他王子篡位的路子，但怎么保证继位者是个明君呢？昏庸暴虐之人继位，王朝的统治必会被破坏搞乱。

（2）分封制在实施之初，因为地广人稀，事情好办，但统治者都不实行计划生育，子孙日繁，都要分封出去，后来王室掌握的土地人民不断减少，没有实权，自然衰败。

（3）统治者之间原有亲密的血缘关系，但几代之后愈来愈疏离，只是冠个相同的姓罢了，起不了凝聚作用。

（4）生产关系也发生变化，一些奴隶主开始向地主方向演化。

总之，到春秋时期，诸侯国比周王室还强大，诸侯不听周王了，在诸侯国内，权力有时落入大夫手中，周礼再也约束不住，甚至各国之间你征我伐，用武力说话。"乐"也乱了套，"八佾舞于庭"，还出现了"郑卫之音"，总之，礼崩乐坏，天下大乱。孔子就生活在这一乱世之中。至于比孔子还要晚一百七八十年的孟子，已生活在战国中期时代，那时经过长期战争兼并，只剩下七国，国君都已自称为王，周王室已萎缩到名存实亡，只具象征意义，不久终于为秦国所灭，周公之礼更被破坏无余。

四、孔子的理想和努力

孔子痛恨这个乱世，他的最高理想和毕生努力，就是为了"拨乱反正"，回到周公盛世去。其实，乱世也有好处，那就是人们思想大解放，出现了诸子百家。当时，除了孔子创建的儒家学派外，还有老子、庄子、墨子、杨子、韩非子……，各自开坛收徒，相互辩驳，真所谓百花齐百家争鸣，这种盛况在大一统的条件下就消失了。以后的历史也证明这一规律，例如清朝被推翻后，民国初期国家陷入军阀混战中，也正是思想界大放异彩之时。所以，盛世的政治家们在保持统一繁荣的前提下，如何保护和开展思想界的争鸣，实在是一门大学问。

春秋时出现诸子百家，还有个重要条件，就是社会上形成了"士"这个阶层。士本来是贵族中最低一级，也受"礼"的严格约束，但后来各家大师纷纷"开坛设教"，上自公子王孙，下至庶民贱人，各种各样的人都可以根据自己的好恶参与听讲，在形成各学派的同时，自然形成一个新的阶层"士"。这个阶层已不是原来的"士"的性质，而代表知识阶层了，其中熟悉礼乐、借以谋生的那部分就是儒士，孔子设教后，儒士更成为信仰孔子学说的人的专门名词。

孔子不认可乱世，但怎样才能归于一统呢？最简单可行的办法是由一个最强大的诸侯，用武力征服一切国家，集权于中央。但孔子坚决反对这种做法，这是霸道，不是王道，而且这样的统一，根本回归不到"周公之治"。孔子主张用道德说教方法，使人通过修养归于"仁"，就可以从根本上解决问题。

"仁"是孔子学说中最重要的一个概念。什么是仁？对此，孔子在不同的场合下有不同的表述，总的来讲，仁就是"爱人"。首先从"孝顺父母，敬重兄长"这种天然爱心出发，由近及远地推广到爱别人（当然是有差别的），做到己所不欲勿施于人，做到克制自己回归到周礼（克己复礼），"仁"最后还是归结到礼乐之道。

"仁"是人人应追求的目标，任何人只要修养学习，就能获得内在的仁，就片刻也离不开仁，人就会有正确的是非观，就能想到别人，就不会结怨于人，就不会动摇，就会有勇，直到杀身成仁。

孔子设想，通过人的自我修养，获得内在的仁，从诚意、正心、修身、齐家一步一步做起，进而治国、平天下，在普天下施行仁政，就能重建起社会、政治、伦理秩序，再现三代之治了。为此，他提倡"学而优则仕"。这句话在新中国成立后老受批判，其实儒家就是要在学好理论后，出去当官，推行他们的理想，正像今天学好后去为人民服务，实行社会主义理想一样，很光明正大的。问题出在有的人"仕"了以后，不去实行理想，而去为非作恶、贪赃枉法，那是另外性质的一个问题。

说实话，在春秋之际，孔子这套迂阔之论是没有哪个统治者会听得进去和认真执行的（更不要讲一二百年后的战国时代），他们热衷于富国强兵、厉行法治（搞法家那一套），但这套理论很和谐，倡导仁爱，反对暴虐，还给人以美好远景，有完整体系和合理内容，容易得到人心，所以才有大量的"士"信仰它，学习它，为它宣传，努力推行，形成最大的学派——儒家，并在气候合适、条件成熟时（汉武帝时）为统治者采用，而且一用就是两千年！

五、儒家进入中国政治

儒家诞生后，孔子通过广收门徒和积极从政，尽力扩大其影响。以后又经孟子、荀子的继承发扬，儒家成为先秦时期势力最大的学派，其中孟子创导性善说，能言善辩，逻辑性强，贡献最大，所以后世孔孟并称。但终春秋战国之世，孔孟之道不为统治者采用。因为统治者清楚地知道，想用道德说教重新使天下归于一统，恢复周王室权威和恢复周礼，是根本行不通的，他们也根本不想去实行的。最后还是由采纳法家之术的秦始皇用武力统一了全国。

秦朝建立后，仍奉行法家思想，废分封而实行郡县制，儒家当时还是"合法社团"，力争秦始皇采纳他们的主张，像周武王一样，分封子弟功臣，引起"儒法争论"。最后始皇采纳法家李斯意见，尽烧"诗书"和"百家语"，一年后又因"方士"问题，活埋了四百六十多个"士"，这就是焚书坑儒，连同情儒家的长子扶苏也获罪戍边，儒家受到严重打击。

残暴的秦王朝很快被推翻，经过楚汉之战，刘邦建立起汉朝。刘邦是个大流氓，从来看不起儒生，在儒冠中撒尿，蹲在茅坑上见儒士，动不动大骂臭老九。但儒士们巧妙地用秦之亡说明采用法家那一套只会"先兴后亡""马上得之宁可马上治之"，还给刘邦设计了一套"朝仪"使他大大尝到做皇帝的威风。儒家还改变做法，因势利导，不再强调分封，极力拥护中央集权，儒家总算争得了一席之地。

但在汉朝初建时，局势尚未稳定，北有匈奴大敌，儒家主张还不是主流，例如那位权势极大的窦太后就信奉"黄老之学"，在文帝景帝时期还奉行"无为而治"，总的讲，仍是百家争鸣，直到汉武帝时才形势大变。

汉武帝是位雄才大略的帝王，汉朝到他手中，国势强大，外患已消，主要问题是如何维持王朝的长治久安。武帝发现儒家学说对"创业"虽不合适，对"守成"却大有作用。大儒董仲舒因势迎合，竭力"发挥"（一定程度上是牵强附会和歪曲）儒学中"春秋大一统思想"，从五经中"挖掘"出许多治国的道理和方法，把孔孟之道"古为今用"地变成为拥护和保障中央集权的学说（甚至走上谶纬迷信之路）。上下一拍即合，武帝采纳董仲舒的建议：罢黜百家，独尊儒术，把儒学作为治理天下的指导思想，实施"明经取士"制度，从儒士中选拔人才，中国的政治才"儒家化"。严格讲来，儒家已从追求圣王理想之治，退为帮助君王做个明君（致君尧舜），已不是孔孟原来的理想了。

武帝采用的手段比秦始皇高明得多，他不搞焚书坑人，而通过教育和人才选拔两手，使"政落儒家""士"这个阶层也逐步儒化。同时又利用行政力量，将儒学向广大人民灌输，使孔子成为公认的圣人，儒家思想成为天经地义，儒学深入人心，起了宗教般的作用，儒学就在中国社会上站稳了脚跟。

以后王朝不断更改，但多数王朝包括少数民族入侵中原建立的王朝，都发现儒家思想有利于他们的统治，所以王朝屡变，儒学不易。从董仲舒起，统治阶层就不断把儒学中的一些思想，具体化为有利于统治的教条，如三纲五常等，时间久了，这种思想就确实深入人心。

儒学到了宋朝又起了变化。当初孔孟和汉儒强调修养，是为了提高自己道德水平，然后出去"经世"，即治国平天下的。以程颐、程颢、朱熹为代表的宋儒，却把儒家某些思想或教条上升为"天理"（程朱理学），人的修养主要是弄懂天理，能"存天理灭人欲"，其他什么事都不重要。从"克己复礼"演变到"灭欲存理"，其实是一种歪曲和倒退。但这种理学逻辑严密，在元朝被定成官方哲学，科举考试一律以朱熹的《四书章句集注》为标准答案，士人为了仕途只能接受理学，人民也被迫接受，三纲五常成了天理，违反了它，就是违反天理。譬如寡妇再嫁在汉、唐至北宋还是常事，现在却像违犯天条似的十恶不赦了。理学成为杀人的刀，控制人心的毒药，失去了进取精神，扼杀了一切独立思考和进步，是儒学中黑暗的一面，但这不等于原来的孔孟之道。

六、辩证地认识儒家思想

儒家思想在创建后就不断与其他学派争论较量。在取得统治地位后和在发展过程中，其内部也不断出现不同声音，例如汉朝王充对董仲舒把儒学引向迷信的批判，儒家对佛教、道教的批判和融合，韩愈竭力区别儒家之道和佛老之道，王阳明对程朱理学的异议，明末顾炎武、王宗羲、王夫之等猛烈抨击理学，努力将儒学重新回归到经世实用的路上去，李贽甚至反对以孔子之是非为是非……但这些还都可算是内部斗争。而到了清朝，西方文明的大量侵入，停滞落后的儒家文明已无力进行对抗，在天朝大国一再被蛮夷之邦打败，沦到瓜分亡国地步，迫使中国的知识分子对儒家思想进行重新认识，全面否定，高呼打倒！

　　最猛烈的冲击无疑就是五四时期的新文化运动（在此以前太平天国的反孔性质很特殊，而且失败，不在这里讨论）。这又是一次"乱世"，百家争鸣，主要倾向是人们吸收引进了西方的新观点新文化，引进科学与民主两大概念，对儒家思想从不满、怀疑、批评到全盘否定打倒，并往往与政治运动结合在一起。赞成儒家文化的人士虽经抵抗，已难以挽回儒家权威没落的命运。

　　五四时期批孔声势虽大，其实分析批判并不辩证、深入和公允。儒学有创建、发展、变化、衰落的过程，汉儒董仲舒搞的那一套已在一些地方偏离孔孟原意，孔孟更不见得认同程朱的理学。封建帝王以及进入统治层的大儒，主要是利用儒学来巩固统治，向人民总是灌输对其有利的部分，而且不惜进行歪曲、改造，决不会提到对其不利的部分。特别是流氓无产者朱元璋当上明朝开国皇帝后，一方面也要利用儒家思想巩固统治；另一方面发现孔孟之道中有不利于皇权的内容，大光其火，大肆削改，一度把孟子撵出孔庙，建立了极端集权和黑暗的皇朝，他的做法得到明清历代帝王的遵循。所以明、清之儒和先秦之儒乃至汉儒、宋儒都不同。经过这样的"改造"，已在许多地方背离孔孟原意了。因此五四时代要打倒的孔家店，并不是孔老夫子开的店，而是后世统治者篡夺、改变后，挂着老招牌的店。把一切罪过都加到儒学甚至孔孟身上，不提其正面有益的作用，就不客观，也难以服人。至于"文革"中的批孔，更有些像流氓骂街，其幼稚、武断和不讲理，史所少见，更无损于儒学。还应注意，是非判断标准是随时而异的，孔孟的一些理论按目前认识来看是不正确的，当时却有进步意义，这就要用历史辩证法来进行分析。正像人们原认为天圆地方，后来有先进人士认识到地球是圆的，但把地球作为固定不动的宇宙中心，日月星辰都绕地运行。我们不能以"地心说"的错误而否定其破除"天圆地方说"的伟大贡献。

　　我们如能跳到争论圈外，超脱地做一点客观分析，应该承认儒学是一门博大精深的学问，创建了灿烂的儒家文明，还传播到朝鲜、日本、越南诸国。她在历史上的地位和贡献是不能否定的，她的许多思想含有正确，乃至进步的内容。

　　孔孟反对分裂、无序和混乱，希望结束乱世，归于统一，建立一个有秩序的和谐的社会，这个大目标是符合国家、人民总利益的，对中国在较长的历史时期内都能维持统一起了正面作用。

　　孔孟主张通过人的自我修养，提高道德水平，进而治国平天下，达到先王之治大同境界。他们企图把一切问题在道德和伦理的范畴内解决，总之，以仁义之道来统一国家，以道德伦理解决一切，没有强调甚至反对法治和人的权利。我们可以批评其片面性和缺乏现实性，但通过修养，提高人的道德水平，培养明辨是非的能力这些方面并没有错，德治和法治需并重，相辅相成才行，不能否定德治的重要性。总之，儒家文明是温和、和谐的。

　　孔孟为了恢复社会秩序，提出君君、臣臣……的原则，即后来的三纲五常，这常常成为被批判的焦点。把人按照尊卑严格分类，用三纲五常来规范言行确实弊端极大。但孔孟在规定"卑"要服从"尊"的同时，也对"尊"提出制约要求，如"父慈子孝"，子当然要孝，父也应该慈，如果父不慈，他们并不主张"父要子亡不亡不孝"，而是"小杖则受大杖则走"。对君臣关系来讲，所提出的原则是"君使臣以礼，臣事君以忠"，他们并没有说过"君要臣死，不死不忠"，相反，"君之视臣如手足，则臣视君如腹心，君之视臣如犬马，则臣视君如国人，君之视臣如土芥，则臣视君如寇仇"。儒家虽不可能提出超越君王体制的政治制度来，也不能不树立"君尊臣卑"的原则，但还是利用"天命""失民心者失天下"……各种思维和忠告对君王的意志言行进行约束。对夫妻关系也要求"夫敬妻顺"，至于这些约束管不住尊者，三纲五常后来发展到残酷不近人理的地步，使尊者拥有绝对权威，卑者沦为绝对服从，是后世统治者和迂儒们的"功劳"。

孔孟有可贵的民主意识，特别是孟子，在人民、国家、君主三者间，明确提出民为贵、社稷次之、君为轻。对于桀、纣的被杀，认为这是诛独夫，不是弑君。对于不称职的君，可以先谏、后换，直到杀。使朱元璋看到后又惊又怒，要把孟子从孔庙中驱出去，并大肆删攻《孟子》，这确是超时代的先进思想。

为了长治久安，孔孟有民本和富民思想，反对统治者的横征暴敛、严刑苛法，主张行仁政，为政以德、使民以时，乃至有初步的环保思想，要保护植被、保护水产，做到可持续利用，这都是古代最先进的思想。

关于忠君的问题，应认识到古代君国不分，忠君也代表了爱国。孔孟"杀身成仁舍生取义"的名言，长期来鼓舞人们的爱国意志，涌现千千万万像岳飞、文天祥、史可法这样的义士和民族英雄，这在外国是少见的。

孔子是位大教育家，广收门徒，有教无类。他对学生全面培养，循循善诱，言传身教，授以六艺（礼、乐、射、御、书、数），包括德育、体育、智育，比现在的应试教育还合理。孔子对求知的态度实事求是，"知之为知之，不知为不知，是知也"，这种务实态度，今天有许多"学者"就做不到。

在世界观上，我们当然不能要求孔子是位唯物论无神论者，他相信有个"天"，把人力不及的事归之于"天命"，但并不认为天是"有意志的神"，天只是按一定规律运行，不因人事而改变。他在一定程度上强调人的主观能动性，人应该去做他该做的事，至于成不成，那是天意。孔孟为了实现自己的理想奋斗终生，到晚年大概也知道"吾道不行"，然而从未放弃努力。这比宿命论者在失败后灰心丧气、失尽信心要坚强得多。

对于鬼神，孔子无法否定，就采取"存而不论"的态度，"祭神如神在""敬鬼神而远之"，不谈生死之事，不说妖魔鬼怪。

儒家文明又是比较宽容的，它对各种宗教，虽在许多原则上不能认同，不断进行辩争，但只要有助于教化，都能容忍，而且求同存异，逐渐融和，这和伊斯兰、基督教是不同的。

儒家文明中最欠缺之处大约就是法律了。由于儒家坚持以德治世，他们的法律观念是非常淡薄和错误的。这个祸根一直绵延至今，到现在中国的社会仍然是人情社会，情大于法。不要看一些王朝制定了厚厚的、残酷的法律，在严格的意义上讲那算不了法律。首先是其不完备性，法律管不了皇帝，实际上法律只反映了皇帝的意志，皇帝一句话，可以推翻一切法律，我们看古装剧，最后还不是"圣旨下"一句话而"剧终"。法律也是不公平的，法律不仅管不了皇帝，也管不了有权势的王族贵官，"刑不上大夫"。

"王子犯法庶民同罪"是做不到的。法律也不科学不严格,法律与道德不分,道德常凌驾于法律之上。例如"不孝"本是个道德问题,在儒家的法律中变成忤逆大罪,已婚女子的婚外情更是十恶不赦的大罪。案件的查处、判决和法律的解释都由行政官员担任,他们依"春秋大义"断案,"论心定罪",老百姓只有叩头叫"青天大老爷冤枉啊"的权利。这里没有谈贪赃枉法的问题,因为这并不只是儒家文明中的问题。

这样看来,儒家文明固然有其缺点,但和世界上其他古代文明比较,具有统一、温和、和谐、宽容的特点,有很多合理、优秀的内容。现代社会中那些唯恐天下不乱的破坏分子,那些道德败坏的贪官污吏,那些为了钱什么坏事都会干的败类,那些不孝父母、言而无信、整天算计他人的人,那些对大自然肆意掠夺不计后果的人,还有社会上大量的迷信封建分子,有什么资格议论和批判孔孟之道啊?

七、儒家思想对科技发展及创新的影响

最后,我们回到儒家思想对科技发展的影响问题上来。这是一个复杂的问题,应该讲,儒家思想对科技发展既有有利的一面,历史上起到过促进作用,也有不利的一面,起到了扼制的作用,而到晚期,特别是明、清两代,负面作用凸显,成了创新发展的绊脚石,这是我的一贯认识,现在也没有改变看法。

在春秋战国时期,由于战争、外交和生产的需要,推动了地理、天文、理化、数学、制造、水利、建筑、农业等科学技术的发展,取得了巨大成就。儒家学派的诞生和取得统治地位后,对之起了什么影响呢?

先说有利的一面。和其他宗教不同,儒家没有信奉一个主宰一切的神,并不把"天"作为一个有意志的神,没有一部写明"创世"过程的《圣经》,不存在科学和生产上的什么禁区。相反,是赞成人认识、改造自然,所谓"参赞天地之化"来造福人类,而且还主张保护自然,使自然变得更美好。这种天道自然观无疑是有利于科技发展的。

儒家还很早提出要"格物致知"(见《大学》),就是要研究事物的道理,来获得知识。后世的儒家学者,也陆续提出通过"实验""测验""试验"等科学方法来格物致知,我们今天用的这些名词,多是首先出现在儒家著作之中。人们正是利用取得的知识,应用到制造工具、舟车和建造宫室上去,发展了文明。"格致"这个名词,在后来就用来作为 Physics 的最初译名。遗憾的是,后世的程朱理学中,把"格物致知"作为验证他们所创导的"天理"学说之用了,即通过"格物"来"穷天人真理"。例如,小羊为了要吸到母羊乳汁只能屈腿而吮(羊跪乳),他们发现这一事物就认为这证明了"孝"是一切生物的天性,"孝"是天理。这显然是违背格物致知原意的。

至于不利的一面,我认为主要是世界观问题。孔孟既然不满于当时的乱世,向往并力求回到早年的周公礼乐之治,则其世界观必然反对变革与创新,必然认为今不如昔而厚古薄今,否则就不合逻辑了。后世的儒家为了巩固统治,都是这个观点,所谓"法先王之道",如有先进分子要进行改革(如王安石),就受到传统儒派的猛烈反对而失败,而所有这些都影响了科技发展和进步。

也有同志怀疑,孔子是否真的景仰古代盛世,想恢复实行那个时代的制度,还仅仅是不满当时社会的混乱无序,只是"托古改制"而已。我们如果仔细研读《论语》

《孟子》，分析孔孟对周礼、对先王之治、对古圣先贤的大量言论和态度，就可以确认：他们对这些古制古人的无限景仰、向往和颂扬，完全出自内心，决非作为工具利用。他们确实把尧、舜、禹当作不可企及的圣人完人崇拜，他们认为周礼周乐已到了尽善尽美程度，后世是难以逾越的。而且，这里还有区别：夏、商、周三代的体制还不是最高境界，实行禅让的尧、舜、禹体制才是最高境界，但那离开现实太远，无从探求，退而求其次，就力求回复实行周公制定的制度，至少远胜于现实。就像九斤老太抱怨的那样，一代不如一代，回不到"九斤"，回到"八斤"，也比"七斤""六斤"强！

如果我们承认这个基本事实，那么孔孟之道在总体上只能是反对变革的，大至天道、政治、伦理、典章制度，小至祖宗家训、说话走路、器皿式样都不能变。前者就要求人们克己复礼，一切都回到周礼的规定上去，后者如一只酒觚的形状变了一下，孔子就大叹"觚不觚"了，而变革创新恰恰是科技进步的灵魂。

其次就是轻视工商。儒家要按他们的理想治国平天下，必须有人精通其理论，并通过登上仕途取得实权，所以"士"这一阶层为百行之首，其次是农，"民以食为天"嘛。对所谓"小道"的工商轻视是很自然的，进而认为工是"逞机心"，有所改进更是追求淫巧，商是贩卒，谋利之辈，都与道德、仁义相去甚远。甚至像数学本是一门纯粹基础性科学，孔子还用以授徒，"医"是救人的仁术，但后来都和算命卜卦排为一类，其受轻视可见。孔子的弟子子贡有经商之才，很会赚钱，估计对孔子的"经济支援"是不少的，但他在孔子心目中的地位，离开只会死钻孔子思想因而穷潦倒的颜回有十万八千里。后世甚至以工商为贱业，其子弟不得应试入仕途。商人即使腰缠万贯，和"腹有诗书"的儒士在一起，就抬不起头来，这和今天的情况可截然不同啊。总之，儒家文明代表的是农业文明，重视的是农业生产，社会是自给自足的农业社会，在儒家思想统治下，中国长期停滞，不能进入工业社会，发展商品经济，而工商需求正是推动科技发展的最大动力。

然后我们必须提一下科举制度的影响。汉武帝独尊儒术，实施"明经取士"的制度，选拔、推荐懂儒学的人做官。到了隋唐，就实行科举制度，完全按士子是否熟悉儒家经典作为能否进入仕途的唯一标准。客观说，科举制在破除宗族、门阀统治，为一般士人通过公开考试提供出路是有进步作用的，但其负面作用是把知识最多、创造力最强的一个阶层（士）都引入脱离现实"皓首穷经"的境地中达一千多年，其对科技发展的负面影响可想而知。尤其到后来，士子出路只能有科举一道，考试内容只限于经义，考试形式必须用八股文，就更走向落后。封建统治者十分赞赏这一制度，因为"士"是个危险的阶层，科举制能把他们都导向钻研古书"十年寒窗以卜一第"的方向，对维护统治十分有利。难怪唐太宗看到天下士子循规蹈矩进入试场时，得意万分地说：天下英雄尽入我彀中了。当然，这是统治者为系縻人心、图长治久安所采取的一项选拔制度，倒也不应由儒家负责。

此外儒家治国讲究以德，重视人的内省和伦理协调，都是模糊的道德观念，不重视法制和权利，缺乏精确的"数"的观念，形不成系统的科学思维与科学方法，也起一定负面影响。儒家讲究中庸之道，反对极端、冒险，"君子不立于危墙之下""千金之子坐不垂堂""父母在不远游"，安土重迁，追求五世同堂、中表联姻，出海涉险之人都近匪类，化外之民……，当然不会主动去做试验、探索和冒险，而搞科技探索研究试验都有一定风险。

有人怀疑，既是这样，为什么到 15 世纪中国的科技水平仍在世界上占先呢？我们说儒家思想对科技发展有不利一面，并不否认它的有利一面，也没有说它能遏制变化，停止发展。而且儒家只是不重视科技工商，并没有像中世纪的欧洲那样对"异端"进行残酷迫害。在农业社会中，生产、战争和统治管理的需要，科技仍会发展，天文、建筑、水利、数学这些学科还会进步，指南车、纸张、印刷术、炸药也会先后被发明出来，只是速度较慢。如果没有西方文明的冲击，在儒家思想统治下，中国至今极可能仍是某个封建王朝，中国的社会也会基本停留在清朝模式，科技水平也不会比 15 世纪进步太多，在座各位可能都在太学中钻研圣贤之道，各位教授都是翰林吧。那么为什么要在 15 世纪以后中国才大衰落呢？那是因为中华文明要早于欧美数百年、上千年，中国人口又远多于他们，所以尽管发展速度慢，在一定时期内中国的科技水平占先是可以理解的。但当西方进入文艺复兴期，工商业大发展，猛烈推动科技发展，而中国则陷入"程朱理学"的怪圈中，有学问的人都在"究天人之道"，科举取士，闭关锁国，两者的差距就剧烈扩大，天朝大国的衰亡也就不可避免了。

有的年轻同志可能会想，我生长在新时代，没有读过《四书》《五经》，对什么是孔孟之道、儒家思想一无所知，所以不会受到什么影响。话不能这么说。儒家思想在中国存在两千五百年，其影响渗透社会各层面，十分深远，一个人只要生活在这个社会里，便会受到影响。例如从正面说，绝大多数中国人都爱国，孝顺父母，爱护家庭，重视道德修养，遵纪守法，勤劳节俭，待人以爱，重人情，讲朋友之义……另一方面也有很多人迷信权威，迷信规程规范，视之为天经地义，从没想过去触动它，不善于开创，对新生事物抵触，对改革开放怀疑……这些不都是受到儒家思想的影响吗？在"文化大革命"后期"批林批孔"中闹得最起劲的人，思想上正是把毛主席当作神，比孔子的思想都退步，在毛主席死后也要"法先王之道"，要"按既定方针"办呢。问题不在于孔子应不应该批判，可不可以批判，而在于我们必须继承发扬优良传统、吸取正确有益的部分，扬弃不利的糟粕。对科技人员来讲，主要一条就是坚信变化和进步是宇宙正道，创新是发展的灵魂！

八、简短的结束语

孔子创建的儒家，是诸子百家中最为重要的一家，儒家理论在汉武帝时得到统治者的肯定和采纳，从此以后，儒家思想长期成为指导、统治中国社会的主导思想，浸透人心，影响无比深远。

用历史唯物论观点来看问题，儒家思想中有大量正确的、合理的和进步的内容，对于维护国家统一，保持社会和谐，做出过巨大贡献，并发展了灿烂的儒家文明，是中国历史中不可分割的重要组成部分。儒家思想中也有落后和脱离实际的一面，特别是统治阶段为了维护其统治和欺骗人民，对其进行扭曲、改造并用行政权威强行推广，对社会发展起了制约作用，也给人民带来痛苦。

在 15 世纪以后，儒家思想愈来愈不适应世界形势的变化，儒家文明走向衰落。当西方文明以枪炮开路，闯入中国后，儒家文明无力与之抵抗，国家民族沦入绝境。因此，儒家文明受到中国知识阶层的怀疑与批判，尤其在五四新文化运动以来，孔子和儒家遭到长期批判，把社会上一切黑暗都归罪于它，几乎否定它的一切，他们想在打倒儒家的基础上开创新文明。

其实，文明是不能割裂的，儒家思想中正确和进步的内容是不能打倒的，粗暴的和全盘的否定正是儒家打而不倒的原因。所以从五四以后，乃至"文革"以后，不断有人继续研究、维护和提倡儒家思想，要复兴儒家。最近人民大学成立国学院，纪宝成校长亲自上阵，多次为文阐述，要求重祝以儒学为主体的国学价值，引起强烈反弹，都反映这种思潮。不过，我以为成立一些国学院、国学所，有一部分人专门研究儒家思想和儒家文明，"古为今用"，在教育内容中提高一些传统文化的比重，都是好的，但过分拔高其重要性（国学在现代化过程中的作用），甚至否定五四新文化运动，要让多数人都来读经明道，既无必要，也无可能，成事不足，败事有余。

上面我强调变化和发展是宇宙正道，这只是指出个大方向，指出了一条真理。要补充说明的是，在变化中会出现种种情况，包括出现缺失、挫折甚至逆流，出现"今不如昔"的现象，这是正常的，不能因此而动摇信心，改变观点。就像江河必然要奔向大海，尽管中途会出现险滩、瀑布、漩涡，甚至被阻挡而发生回流，但最终还是流向海洋。最明显的例子就是改革开放后的中国社会，出现了种种不良现象：两极分化、贪污腐化、追名逐利、假冒伪劣、道德沦丧、环境恶化，甚至弑母杀妻，这在以前是少见或未见的，许多人叹息"人心不古世风日下"，似乎是今不如昔了，但能否因此而来一个"克己复礼"，回到计划经济时代去呢？如果有人这么主张而且去宣传，那真是今天的孔子、孟子了。我认为正确的做法应是：坚持改革方向，同时认真研究出现的各种不利、不良现象，据以调整具体的改革方案、步骤、措施，控制、清理不良现象，最终在发展中予以消除。

> 长江后浪推前浪，尘世新人换旧人；
> 沉舟侧畔千帆过，病树前头万木春。

世界正在发生巨大变化，中国正在发生巨大变化，几百年来受尽屈辱的中华民族将在新世纪中实现伟大的民族振兴，我们要认准大方向，投入时代潮流，奋勇前进。对于古代中华传统文化，既不能割断历史，将之一概视为封建糟粕而摒弃，也不能盲目颂扬全盘接受。汲取包括中国古代文明在内的人类文明的一切优秀成果，综合、融和，创造出更完美、更优秀、更高级、更有前进动力的文明，实现神圣的民族振兴大业，这就是我们应走的路。

在中国大坝协会成立大会上的讲话

尊敬的钱正英主席、陆佑楣院士、汪恕诚部长、陈雷部长，尊敬的各位领导、各位专家：

非常高兴与大家一道隆重庆祝中国大坝协会的正式成立！非常高兴和大家一起共商中国大坝事业的发展，共议中国大坝协会如何更好地发挥作用！

中国大坝协会的前身是中国大坝委员会，在我国 1974 年加入国际大坝委员会的前夕成立，是一个对外进行大坝技术交流的窗口。由于各种因素，中国大坝委员会没有在民政部正式注册登记，但 30 多年来积极参与了有关大坝领域的国际交流与合作活动，通过"走出去、请进来"的方式，引进和吸收新技术，为我国坝工技术的发展做出重要贡献。特别在改革开放后，我国大坝建设突飞猛进，大力创新，从 100 米级高坝、200 米级高坝的建设，发展到目前许多 300 米级高坝工程。坝工规模之大，数量之多，独步全球。三峡、二滩、龙滩、水布垭、小浪底等工程的成功建设和运行，经受汶川特大地震考验的紫坪铺高面板坝和沙牌高碾压混凝土拱坝的安全无恙，都标志着我国在大坝建设和管理上已取得举世瞩目的成就，在不少方面已居世界先进水平。中国已成为大坝建设和水电发展的大国，这里面凝聚了多少同志的心血和毕生精力，他们的贡献将永载史册。

人类已进入了 21 世纪，我国各方面也取得了举世公认的伟大成就，但也面临着更严峻的挑战。我国人口多、底子薄、资源匮乏的基本情况并没有发生根本的改变，防洪安全、供水安全、粮食安全、能源安全、生态环境等问题依然十分突出。无论从哪个角度考虑，今后还需要修建更多的坝。然而，现在有不少人从偏隘的角度看问题，渲染建坝的不利影响，到处制造舆论，误导群众。这些问题值得我们认真对待，这同时也对坝工界提出了新的问题和要求。

出路就是认真学习和实践科学发展观，做好自己的工作，落实人与人以及人与自然的和谐发展，真正做到"建设一座大坝，振兴一方经济，富裕一批人民，保护一处环境"，化被动为主动。同时要开展宣传和科普工作，把真相告诉群众。只要我们把工作做好，我们就可以理直气壮地宣告：建坝就是为了造福库区和移民，建坝就是为了修复生态和保护环境。我们肩上的任务很重，过去主要是技术和经济问题，现在有更多的社会和人文问题，我们要努力学习，迎头赶上。这里，民间学术组织可以起到重大作用。

中国大坝委员会过去已做了大量工作。如今，改组后的中国大坝协会已在民政部注册登记，有了合法的"户口"，当可发挥更大的作用。我衷心希望大坝协会能为中国的大坝建设，为全国的大坝工作者提供优质的、及时的、全面的服务，衷心期望各方

本文是 2009 年 6 月 8 日，作者在中国大坝协会成立大会上的讲话。

能为大坝协会提供更多的支持，根据中国的条件，中国大坝协会一定能成为国际大坝委员会大家庭中最有活力、贡献最大的国家委员会！

相信在水利部和民政部的支持下，通过贯彻落实科学发展观，在全体坝工界同志的努力战斗下，我国大坝事业一定能登上新的高峰！让我们为此而欢呼吧！

在 2009 年"潘家铮水电科技基金"
奖学金颁奖典礼上的致辞

尊敬的各位领导和老师、亲爱的各位同学：

能参加今天的典礼，我心情无比激动。首先祝贺得奖同学以优异的成绩，当之无愧地获得了奖学金。奖金有限，荣誉可贵。

现在的大学生是幸福的一代，中国特色社会主义和以人为本的和谐社会将在你们手中建成，中华民族的伟大复兴将在你们这一代中实现。你们在中国一流的大学中学习，担负着无比光荣的历史责任，你们一定会做出卓越的贡献。

每个人岗位不同，工作性质不同，只要他辛勤劳动，艰苦努力，历史都会记下他的事迹。今天，我赠送同学们四句话。

希望你们有一颗爱国心。你们都出生在 80 年代，在和平幸福的岁月中生长。而从 20 世纪二三十年代过来的人，都无法忘记那一段中国屈辱苦难的历史，中国真正到了亡国的地步，全国人民要沦为敌人的奴隶。那时候的中国人除了汉奸卖国贼以外，每个人都承受着无法形容的苦痛和折磨，都梦想祖国有一天能独立富强，中国人能抬头做人。这就是为什么许多海外留学前辈们千方百计要回来的原因。所以，我们要珍惜现在这个来之不易的局面和机会，爱我们的祖国，为祖国的进一步强大而奋斗。爱国，是我们一切活动不可逾越的底线！

希望你们有一颗事业心。水利水电这个专业对国家的发展、社会的进步、人民的幸福关系太大了，既然选择了它，或者别的专业，就应该热爱专业，下决心终生为它奋斗。历史上多少水利界先辈九死无悔地为水利事业献出终身，为我们做出了好的榜样。中国还有大量水利问题未解决，水电资源未开发，你们要有强烈的事业心，要在晚年回顾前尘时，因这一辈子没有虚度光阴而自傲。

希望你们有一颗进取心。要在前人工作的基础上有所发展、有所创新、有所提高。事物发展无止境，这是正道，长江后浪推前浪，尘世新人换旧人，这是规律。望大家能解放思想，大胆探索，努力创新，使中国的水利水电科技达到世界领先水平。

希望你们有一颗平常心，相应的就是丢掉浮躁心。只要耕耘，必有收获。当然，在工作中要找准方向、吸取经验、提高效率。但没有不劳而获的事，不要妄想找个捷径一举成名，甚至为此而走上歧途。不想脚踏实地做工作，这样做最终一定会毁掉自己。浮躁是当前的大歪风，是妨碍我们进步和取得成就的大敌人，让我们永远离开他！

这四句话我在以前也讲过，今天再老调重弹，作为礼品，送给大家参考。

衷心祝愿同学们再上一层楼，以更好的成绩向党、向国家、向社会和亲人们汇报！

最后要衷心感谢出资设立基金的所有单位，感谢水力发电工程学会和浙江大学的精心运作，感谢河海大学提供这么好的会议条件，谢谢你们！

本文是 2009 年 12 月 21 日，作者在"潘家铮水电科技基金"奖学金颁奖典礼上的致辞。

在《水工设计手册》(第二版)第八、十卷
审稿、定稿会上的发言

尊敬的索部长、刘部长(编者注:指索丽生、刘宁),**尊敬的各位专家:**

我能参加《水工设计手册》第二版第八、十卷的审稿、定稿会议,向专家们学习到很多东西,非常高兴。在索、刘、胡部长(编者注:指胡四一)的关心下,各主编单位和编写同志以第一版为基础,做了大量工作,剔除了陈旧的部分,补充了新的内容,其中第八卷第6、7两章和第十卷的绝大部分完全是新写的,赶上了时代需要,符合与时俱进精神,质量总体良好。这次会议中专家们又提出许多建议,方才通过了会议纪要,我相信,通过修改完善,一定可以进一步提高质量,成为一部一流的设计手册和里程碑式的出版物。

对于进一步修改完善问题,我谨提出以下几点建议供参考。

(1)手册主要的作用是为设计同志提供各种先进的、适用的理论、方法、公式、图表和经验,但除此之外,我希望手册还能起以下两层作用:①在介绍各种水工结构的设计时,能使设计同志明确他所面对的设计任务是个什么性质的问题?要抓什么关键点?难点又是什么?哪些是确定性的哪些是不确定的?……对这些能有个基本概念,能掌握全局,不要陷入一大堆公式数据中去,而能有所抉择。②能指出设计技术发展的趋势与方向,使设计同志有动态观点,不断前进。这对创新是很有好处的。

(2)尽可能补充和推广已证明是适用的新技术、新布置、新结构、新材料、新工艺,尤其是我国具体采用的实例,使这些创新成果,能得到更快、更好的应用和发展。

(3)生态和环境保护对水工建筑物提出愈来愈高的要求。在水工设计中,如有涉及这方面问题的内容,要多写、详写,浓墨重彩地写,表示我们对生态环境保护的极端重视。

(4)各章节是由不同专家撰写的,所以要尽量协调好,主要是防止出现矛盾、不一致的情况。其次是避免不必要的重复,适当的重复是可以容许的。体例上力求一致。

(5)交出终稿前希望能精心校对,避免出现错别字、不妥的句子。保证公式、图表、数据正确,提高插图、照片质量,使其真正达到一流出版物的标准。

古语说:行百里者半九十。现在,我们正要完成这最后十里旅程。希望有关同志继续努力,精益求精,让一部全新的、高质量的《水工设计手册》早日摆上我们的案头,为祖国的建设做出更大贡献!

向各位专家致敬,谢谢大家。

本文是2010年11月24日,作者在《水工设计手册》(第二版)第八、十卷审稿、定稿会上的发言。

在 2010 年"潘家铮水电科技基金"第二届奖学金颁奖典礼上的讲话

尊敬的各位领导、各位老师，亲爱的同学们：

今天是我们水电科技基金第二批奖学金颁奖仪式，我因为健康问题不能出席今天的颁奖典礼，只能用这篇书面发言向各位获奖的同学表示衷心的祝贺。你们以自身的优异成绩和突出表现，不但茁壮成长，也赢得了学校和各位老师、同学的一致认可，为其他同学树立了好榜样。我为你们感到骄傲，更希望你们再接再厉，再创佳绩。

现在的大学生是生在新中国、长在红旗下的幸福一代，你们是建设中国特色社会主义的后备军和生力军，在不久的将来你们都将成长成为促进祖国经济社会和谐、稳定发展的中坚力量，成为推动中华民族伟大复兴的中流砥柱。你们在中国一流的大学中学习，担负着无比光荣，同时也是任重道远的历史责任，你们一定能够不辱使命，比老一辈人做出更加卓著的贡献。

21 世纪是科技的时代，科技创新是推动社会发展进步的动力。但随着社会的发展和科技的进步，我们美丽的地球家园正面临着全球变暖的威胁，减少煤炭等一次化学能源的消耗，大力发展水电等清洁可再生能源是保护地球家园的根本出路之一。我国的水电资源十分丰富，技术可开发量达 5.42 亿千瓦，目前已完成装机容量 2 亿千瓦，国家规划到 2020 年要完成常规水电 3.3 亿千瓦，抽水蓄能 5000 万千瓦，以确保实现到 2020 年非化石能源占一次能源消费比重达到 15%左右，单位国内生产总值二氧化碳排放量比 2005 年下降 40%～45%的目标承诺。我国水电事业必将迎来新的发展春天，中国水电的辉煌明天要靠你们去努力创造。下面我提几点期望与各位同学共勉。

一是立志报效祖国，努力建设四化。在烽火连天的战争年代，无数的革命先驱用鲜血乃至生命，打败了帝国主义列强的侵略，推翻了三座大山的压迫，建立了新中国。新中国成立 60 年多来，经过几代人的不懈奋斗，而今祖国已经初步建设成为富强、民主、文明、安定、和谐的社会主义国家。和平幸福的生活来之不易，你们都是 80 后、90 后，不久即将陆续走上工作岗位，希望你们珍惜来之不易的机会，认真学好本领，为推进祖国早日实现工业、农业、国防和科技四个现代化而奋斗。

二是刻苦勤奋学习，扎牢理论根基。"业精于勤、荒于嬉"，你们现在拥有优越的学习生活环境，社会上各种诱惑也在考验着你们，希望你们发扬吃苦耐劳、艰苦奋斗的优良传统，牢记使命，勤奋学习，努力学好专业理论知识，为将来积极投身水电事业夯实根基。工作中要解放思想、大胆创新、努力推动我国水利水电科技全面迈向世界领先水平。

三是热爱本职专业，积极投身水电。闻道有先后，术业有专攻。三十六行，行行

本文是 2010 年 12 月 16 日，作者为"潘家铮水电科技基金"第二届奖学金颁奖典礼所写的书面发言。

出状元。水电能源是维护国家能源战略安全的重要保障。我们的水电建设已取得了举世瞩目的辉煌成就，这凝聚了千千万万水电前辈们的呕心沥血和无悔付出，他们为我们树立了光辉的榜样，作为水利水电行业的后继力量，希望你们热爱本职专业，振奋精神，沿着前人的足迹，为促进我国水电事业可持续发展奋斗终生。

四是诚实低调做人，踏实高调做事。我们要牢记古训，一分耕耘一分收获。成功没有捷径，只有怀着一颗平常心和进取心，戒骄戒躁，脚踏实地，才能沿着正确的方向，一步一步走向成功。如果一心只想着取巧、走捷径，就很容易走上歧途，最终会毁掉自己。

以上四点，是我们为人处世所应有的基本原则，愿与各位同学共勉，让我们携手共同进步。

最后，衷心祝愿同学们在学习和工作中更上一层楼，以优异的成绩和优秀的表现，向党、向国家、向社会和亲人们汇报！

衷心感谢出资设立基金的所有单位，感谢水力发电工程学会和浙江大学的精心运作，感谢武汉大学提供这么好的会议条件。

谢谢大家！

在《水工设计手册》(第二版)
首发仪式上的讲话

尊敬的陈雷部长,尊敬的各位领导,各位嘉宾,大家好!

我很高兴参加今天水工设计手册第二版(第1卷和第5卷)首发仪式。这标志着历时3年多,经过500多位专家学者艰苦努力修编的共计11卷《水工设计手册》(第二版)开始陆续出版发行。这是大家期待已久的事,我谨表示衷心祝贺!对在《手册》修编中撰稿、编辑和出版中付出辛勤劳动的全体同志表示诚挚慰问,并对你们一丝不苟的负责精神和紧密团结的协同意识致以崇高的敬意!

30年前,为了提高设计水平,促进水利水电事业的发展,在许多专家和工程技术人员的共同努力下,一部反映当时我国水利水电建设经验的《水工设计手册》应运而生。这部手册深受广大水利水电工程技术工作者的欢迎,成为他们不可或缺的工具书和一位无言的导师,在指导设计、提高建设水平和保证安全等方面发挥了重要作用。

30年来,我国水利水电工程设计和建设成绩卓著,工程规模之大、建设速度之快、技术创新之多居世界前列。当然,我们也面临一系列问题,难度之大世界罕见。通过长期的艰苦努力,我们成功地建成了一大批世界规模的水利水电工程,如长江三峡水利枢纽、黄河小浪底水利枢纽、二滩、水布垭、龙滩、小湾等大型水电站,以及正在建设的锦屏和溪洛渡等巨型水电站(它们和小湾的拱坝高度都达300米量级)和南水北调东、中线大型调水工程,解决了无数技术难题,积累了大量设计经验。这些关系国计民生和具有世界影响力的大型水利水电工程发挥了巨大的防洪、发电、灌溉、除涝、供水、航运、渔业、改善生态环境等综合效益。《水工设计手册》(第二版)正是对这些建设经验和创新成果的总结与提炼。在陈雷部长的高度重视和索丽生、刘宁同志的具体领导下,在水利水电规划设计总院、水电水利规划设计总院和中国水利水电出版社三家单位的精心组织之下,各主编单位和编写的同志以第一版《水工设计手册》为基础,全面搜集资料,进行总结提炼,剔除陈旧内容,补充新的知识。《水工设计手册》(第二版)体现了科学性、实用性、一致性和延续性,强调落实科学发展观和人与自然和谐的设计理念,突出了生态环境保护和征地移民的要求,彰显了与时俱进精神和可持续发展的理念。我认为,《手册》质量良好,技术水平高,是一部权威的和实用的设计手册,是一部里程碑式的出版物。我相信它将为21世纪的中国书写治水强国、兴水富民的不朽篇章发挥重要作用。

我参加过两次审稿会议。我认为《水工设计手册》(第二版)另一明显的特色在于:它除了提供各种先进适用的理论、方法、公式、图表和经验之外,还突出了设计人员的任务、关键和难点,指出设计因素中哪些是确定性的,哪些是不确定的,从而使人

本文是2011年9月18日,作者在《水工设计手册》(第二版)首发仪式上的讲话。

们能够更好地掌握全局，不至于陷入公式和数据中去不能自拔；它还指出了设计技术发展的趋势与方向，有利于启发人们的思考，这对工程技术创新非常有益。

工程是科技的体现和延续，它推动着人类文明的发展。历史上留下的不朽经典工程，就是那段璀璨文明的见证。2000 多年前的都江堰和 21 世纪的三峡水利枢纽就是其杰出代表。在人类文明的发展过程中，工程建设中的经验、技术和智慧被一代一代地传承下来。我们要在继承中发展，在发展中创新，在创新中跨越，加速发展步伐。今天的年轻一代一如他们的先辈，正在不断克服各种困难，探索新的技术高度，创造前人无法想象的奇迹，为水利水电工程的经济效益、社会效益和环境效益的协调统一，为造福人类、推动人类文明的发展奉献着自己的聪明才智。

明年是"十二五"开局之年，当前全国正在贯彻落实中央水利工作会议精神，水利水电建设新高潮正在到来，出版发行《水工设计手册》（第二版）尤其适时。我衷心希望广大设计同志以一流设计促一流工程，为我国的经济社会可持续发展做出划时代的贡献。

借此机会说上几句，祝大家工作顺利，身体康健！

在 2011 年"潘家铮水电科技基金" 奖学金颁奖典礼上的书面致辞

尊敬的各位领导和老师、亲爱的各位同学：

今天在浙江大学举行水电科技基金第三届奖学金的颁奖典礼，我因病不能前来和领导、老师及同学们见面，在向大家表示祝贺的同时，也感到十分遗憾。但是知道全国有这么多的优秀同学，以他们的出色成绩获此荣誉，我心情又无比激动。我深深感到我国的青年优秀无比，我国的水电前景万丈，中华民族的伟大复兴势不可挡！

能源是一切建设和社会发展的基础。水电是我国能源中无可替代的组成部分。我国现在的能源和电力供应面临巨大挑战。刚刚举行的德班峰会，各国首脑讨论了气候问题，我国做出积极表态，赢得全球赞赏。今后减排和环保要求将空前严厉，而社会对能源的需求在一定时期内还将不断增长,这一挑战将成为制约中国发展的头号问题。开发我国得天独厚的水能，把可以合理利用的水电全部开发出来。譬如说，让全国水电装机达到 5 亿千瓦，就是解决问题的有效措施之一。同学们，要认识到在你们肩上担负着无比光荣重大的历史责任。

责任不仅重大，而且无比艰巨。当年我们可以在离西湖不远的地方修建新安江、富春江水电站，今后要去荒凉的穷山绝谷去修建水电站，要面临强地震、深覆盖、高边坡、大洪水、高海拔以及空前的高坝、长洞、地下洞室等的考验，还要解决移民、环保、民族、宗教等种种难题。怎么办？除了党和国家的支持外，一是靠我们对水电事业无比深厚的感情，二是靠科技创新与发展。看一看六十多年来，特别是改革开放后三十多年来水电发展进步的历史，我坚信这一光荣、重大、艰巨的任务一定会胜利完成！

科技创新包括硬任务，也包括软任务。新理论、新公式、新材料、新结构、新设备等是硬创新，新思路、新管理、新模式、新教育方式、新人才培育措施等就是软创新。有时软创新甚至比硬创新更重要。只有硬创新没有软创新，任何科技成就都转化不成生产力。希望老师和同学们能注意及此，让年轻人卸掉负担装上翅膀长空翱翔吧！

最后要说一点，现在中国的发展很快，但问题也较多，社会上不公平不合理的现象严重，我们要关心，但不要丧失信心。相信党和政府正在有序地解决问题。好人远比坏人多，正气一定会战胜邪恶。水电是社会的一角，中国水电的发展和成就在全球无与伦比，水电人的爱国、爱事业、勇于献身的事迹可歌可泣，我们这个基金是许多企业院校踊跃捐献成立的，今后会有更大发展。水电界就是全社会的缩影。中

本文是 2011 年 12 月 17 日，作者为"潘家铮水电科技基金"奖学金颁奖典礼所写的致辞。

国是有希望的，21 世纪是中国世纪，一个富强、文明、民主、和谐的中国一定会在今天一代年轻人的手中建成，成为人类文明发展史中的典范与骄傲！同学们，努力吧！

最后再次衷心感谢出资设立基金的所有单位，感谢水力发电工程学会和浙江大学的精心运作，感谢浙江大学提供这么好的会议条件，谢谢你们！

8 反对伪科学

大力开展科普工作，坚决反击伪科学

一个国家的文明与发达程度，除了可用人均国民产值这类指标衡量外，还有其他的评价方式，例如全国人民的平均知识水平。当然，后者不容易用一个指标来精确评估，但是从文盲率、科盲率、平均受教育的程度、领导的决策方式和水平，以及社会上的各种现象和风气等方面，还是可以做出大致的评估。

中国的"人均科学水平"或"民智水平"又是如何呢？恕我直言，不仅不能和发达国家相比，恐怕只能列入世界落后国家行列之中。这不但可从国内汪洋大海般的迷信活动——烧香、拜佛、看相、算命……以及各种落后信仰中反映出来，而且还可从社会上大量伪科学的传播中看出来，一些极端愚昧落后、违反最起码科学常识和原理的宣传在中国竟拥有如此广阔的市场，甚至一些名流和科学家也卷了进去，至少是不敢理直气壮地进行反击，这是一件值得引人深思、影响民族兴衰的大事！

中国民智的低落，有其历史因素。在中国，儒家思想统治了几千年，信奉着天不变道亦不变的道理，蔑视甚至反对科学技术的发展。古时有个老人，宁愿"抢瓮取水"，而不肯用辘轳。理由是，后者虽然省力，但会使人产生"机心"，也就是有投机取巧之心，所以不可取。其实，这位老先生没有想到，打井、凿隧、制瓮也都是"机心"，他应该躺在地上，等雨水滴进口中才算消尽机心，归于纯朴。明朝以后，更是闭关锁国，与西方世界的大发展形成了一个明显的反差，中国的科学技术水平就可悲地落后了。更可悲的是，在近代史上我们又丢失了几次重要机遇。尤其是 1949 年新中国成立以来，在以马克思主义为指导思想的社会主义制度下，本来已为振兴科技创造了最好的条件，在新中国成立初期，许多封建落后活动也确实受到深重打击，可惜没有继续深入，没有从提高民智这个根本问题上下功夫，以至不久就出现极"左"思潮和做法，搞个人神化，全国竟没有人敢出来反对，无例外地顶礼膜拜。想一想我们在"大跃进"时期做过多少令人瞠目、发笑、痛心的傻事，到"文革"中更达到史无前例的程度，由此就可以判断中国人民的民智水平有多高了。说得不客气一点，仍然停留在义和团时口念"刀枪不入"的水平！义和团运动无疑是一场可歌可泣的反帝爱国斗争，但是要用符咒和狗血去和机枪大炮较量，到头来只能是失败和屈辱。

党的十一届三中全会以后，我们又得到一个振兴科技的大好机会。在邓小平同志建设有中国特色社会主义的理论体系中，振兴科技、依靠科技是极为重要的一个内容。我们是否已掌握了这个机遇呢？我看未必。当然，口头上大家都承认，什么"科技是第一生产力"呀，"科技是推动经济、社会发展的第一位变革力量"呀，"科技立国、科技兴国"呀，喊得震天价响。但是实际行动是不够的。科技、教育方面投入之少世所罕见。有多少领导和企业家真正认识到科技是第一生产力这一真理，并为此做出不

本文是 1995 年 1 月，作者在中国科协四届五次会议上的发言稿，刊登于 3 月 5 日《中国科协报》，后收入中山大学出版社出版的《揭露伪科学丛书之二》。

懈的努力，我也很怀疑。至于科普工作，当然更列为无关紧要的小事一桩，不予理睬了。当我看到许多图书馆、博物馆、文化馆等，以至新华书店，都在困境中挣扎，纷纷改行去卖家电、放录像的惨景，而各种形式的伪科学却大行其道、占领市场和人们的心灵时，总不免从心底里发出一声长叹。

在社会上打着科学旗号进行迷信落后活动，哄骗和毒害人民，这是在任何国家、任何时候都难避免的。但是国家愈发达，民智水平愈高，这种欺骗就愈没有市场，一出现就会被识破，遭到大众唾弃，成为过街老鼠。而在中国竟成为伪科学的乐园，有那么多报纸、期刊、电台来做义务宣传，又有那么多的人相信、传播、崇拜、拔高，这真是国际上少有的现象。

稍稍浏览一下充斥于国内的愚昧现象和活动，真是"琳琅满目，美不胜收"。如果这些神话都变成现实，中国人民根本用不着在科技和建设的道路上作艰苦攀登，四化大业早就可唾手而成。中国的能源问题不是很严峻吗？有那么一位伟大的发明家就能"点水成油"，只要投入一小撮专利药末，就能将江河湖海中的水变化成油，百试百验。那么，还要去勘探开发煤矿、油田、水电干什么？中国的洪旱灾害不是心腹之患吗？有那么些先知先觉人物，能够准确地预报几年后的气象和水情，再借助几位气功大师的神力，能在空中调云布雨，能耐远胜当年的孙悟空和龙王爷，还搞什么水利建设呢！中国建设不是缺乏资金吗？只要请几位当代济公爷出来，运用他的意念摄物术，就可以把外国银行、金库中的黄金美钞源源摄来，为我所用，何必去申请什么贷款，搞什么合资呢（我还建议，请济公圣僧顺便把五角大楼中的机密文件也摄来，必对我国国防、外交大有好处也）。许多人不是苦于癌症、心脏病的折磨吗？只要请几位大师在电台上布气传道，无论远近都可不药而愈，还要那劳什子的医院、大夫、药房干什么？此外，还有能未卜先知的伟大预言家，神奇莫测的特异功能者，还有什么穿墙术、辟谷术等，甚至还有不仅能看到飞碟和外星人，而且还能和外星人发生性关系的人物，这确实达到国际领先水平，着实为中国人民争了光。我不知道进行这种报道、渲染的记者、编辑、作家、科学家的主观意图是什么，是为了取得轰动效应，扩大报刊销路？还是确信有这种事？我只知道在客观效果上，把这种魔术、幻术、骗术包上科学外衣向全国人民传扬，特别是向青少年传扬是和传播色情小说一样的犯罪行为。我也不知道外国人看了这种现象有什么想法？我敢肯定，那些敌视中国的人一定会非常高兴，他们希望的就是中国人永远愚昧下去，永远停留在义和团的水平。一旦 12 亿中国人民的科学技术水平提高了，他们的日子就不好过了。

有人说：你这是反对研究人体科学和气功。不对！人体是自然界中极为复杂的体系，有很多道理没有为我们认识。其实，何止人体，任何生物都有无穷奥秘有待探索。对人体、气功进行科学探索，研究其规律，为人民服务（例如健身、对某些疾病的辅助治疗等）这是件大好事，谁会反对？我还希望中国在这一领域上真正走在世界前列。问题是，现在的许多宣传已经远远脱离这一轨道，走向愚昧和欺骗人民的堕落之途了。对这种现象，全国人民——首先是知识界，应该起来批判，正直的、权威性的人体科学研究者和组织应该义不容辞地参加到打假行业中来。不论怎么说，振兴中华，完成"四化"大业，只能靠全国人民在科技和建设道路上一步一个脚印地努力，依靠特异功能是救不了中国的。

反击伪科学的最有力武器就是提倡真科学，大力开展科普教育和科普活动，消灭科盲和半科盲，迅速提高全国人民的科学水平，从而提高人民的辨别力。这样，伪科学就没有市场，再加上必要的制度和法律，我们将会取得斗争的胜利——尽管斗争将是艰苦和长期的。

我们高兴地看到，去年年底中央发布的"关于加强科学技术普及工作的若干意见"的重要文件。这是中央号召全国人民，特别是科技界，大力加强科普工作的动员令。文件中提到"科学技术的普及程度是国民科学文化素质的重要标志，事关经济振兴、科技进步和社会发展的全局。因此必须从社会主义现代化事业的兴旺和民族强盛的战略高度来重视和开展科普工作。"又指出"加强科普工作、提高全民族的科学文化素质，就是从根本上动摇和拆除封建迷信赖以存在的社会基础"分析得何等透彻，中肯！文件指出"一些迷信、愚昧活动日益泛滥，反科学、伪科学活动频频发生，令人触目惊心。这些与现代文明相悖的现象，日益侵蚀人们思想，愚弄广大群众，腐蚀青少年一代，严重阻碍着社会主义物质文明和精神文明建设"又是何等切中时弊。文件号召动员全社会力量，多形式、多层次、多渠道地开展科普工作，传播科技知识、科学方法和科学思想，并要求加强党和政府对科普工作的领导，还要加快科普工作立法的步伐。文件提醒我们要充分认识破除反科学、伪科学的长期性、复杂性和艰巨性，把这项工作始终不懈地坚持下去。这个文件说出了广大知识分子的心里话，大长我们的志气和决心，煞住了反科学伪科学的猖狂势头。我希望全国人民尤其是报刊、新闻、影视和文化、宣传部门迅速行动起来，以中央文件为武器，宣传科学，狠狠打击伪科学、反科学，形成一个科普运动的高潮，迎接即将到来的又一个中国科技的春天。

摧毁伪科学的迷宫

中国的"人均科学水平"如何？恕我直言，恐怕只能列入世界落后国家行列之中。这不但可从国内汪洋大海般的迷信活动——烧香、拜佛、看相、算命中反映出来，而且可从社会上大量的伪科学传播中看出来，一些极端愚昧落后、违反最起码科学常识和原理的宣传在中国竟拥有广阔的市场，甚至一些名流和科学家也卷了进去，这是一件值得引人深思、影响民族兴衰的大事！

在社会上打着科学旗号进行迷信活动，哄骗和毒害人民，这是在任何国家、任何时候都难免的。但是国家愈发达，民智水平愈高，这种获骗就愈没有市场。而在中国的一些地方竟成为伪科学的乐园，有那么多报纸、期刊、电台来做义务宣传，又有那么多的人相信、传播、崇拜、拔高，这真是国际上少有的现象。

稍稍浏览一下充斥于国内的愚昧现象，真是"琳琅满目，美不胜收"。如果这些神话都变成现实，四化大业早就垂手而成。中国的能源问题不是很严峻吗？有那么多伟大的发明家就能"点水成油"，只要投入一小撮专利药末，就能将江河湖海中的水立化成油，百试百验。那么，还要去勘探开发煤矿、油田、水电干什么？中国的洪旱灾害不是心腹之患吗？有那么些先知先觉人物，能够准确地预报几年后的气象和水情，再借助几位气功大师的神力，能在空中调云布雨，能耐远胜当年的孙悟空和龙王爷，还搞什么水利建设呢？中国建设不是缺乏资金吗？只要请几位当代济公爷出来，运用他的意念摄物术，就可以把外国银行、金库中的黄金美钞源源摄来，为我所用，何必去申请什么贷款，搞什么合资呢？许多人不是苦于癌症、心脏病的折磨吗？只要请几位大师在电台上布气传道，无论远近都可不药而愈，还要那劳什子的医院、大夫、药房干什么？此外，还有能未卜先知的伟大预言家，神奇莫测的特异功能者，还有什么穿墙术……甚至还有不仅看到飞碟和外星人，而且还和外星人发生性关系的人物，这确实达到国际领先水平。我不知道进行这种报道、渲染的记者、编辑、作家、科学家的主观意图是什么。是为了取得轰动效应，扩大报刊销路？还是确信有这种事？我只知道在客观效果上，把这种魔术、幻术、骗术包上科学外衣向全国人民传扬。特别是向青少年传扬，是和传播色情小说一样的犯罪行为。

有人说：你这是反对研究人体科学和气功。不对！人体是自然界中极为复杂的体系，有很多道理没有为我们认识。对人体、气功进行科学探索，研究其规律，为人民服务，是件大好事，谁会反对？我还希望中国在这一领域上真正走在世界前列。问题是现在的许多宣传已经远远脱离这一轨道，走向愚昧和欺骗人民的堕落之途了。不论怎么说，依靠特异功能是救不了中国的。

反击伪科学的最有力武器就是提倡真科学，大力开展科普教育和科普活动，迅速提高全国人民的科学水平。再加上必要的制度和法律，我们将会取得斗争的胜利——尽管斗争将是艰苦和长期的。

本文刊登于《党建》1995 年第 6 期。

科学家和领导层要为维护科学尊严而斗争

利用社会上"知名人士"的影响进行诈骗活动是形形色色的骗子们常用的手法。那些搞"伪科学"活动的骗子们在这方面尤其起劲。由于他们的行骗活动是打着"科学"旗号的,所以他们选取的利用对象或靠山往往是一些成名的科学家或高层次领导。他们或者宣传某某人(科学家或领导)是他们所谓的研究组织的顾问,或者称某某人表过态支持他们,某某人为他们写过文章,更多的是宣传某某人出席过他们的讲课、报告、表演,对他们的惊人功能给予高度肯定和赞扬等。有时还刊载一些照片、题词以增强宣传力度。他们的这一招确实往往起到了意想不到的效果。这一情况不能不引起我们的高度重视。我认为,要把反对封建迷信和伪科学的斗争深入开展下去,必须彻底揭露和清算骗子们的这种手法,没收他们的老本,挖掉他们的靠山,把他们见不得人的勾当暴露在光天化日之下。

应该说骗子们利用"名人效应"以售其奸的手法自古就有,而且不仅中国有,外国也有,并不是什么发明创造。但是,在今天的中国,在伪科学泛滥的浪潮中,这一现象特别突出,里面就有些特殊原因,值得我们做些较深入的分析和批判。

首先可以分析一下中国的历史情况。众所周知,由于在中国社会的发展过程中封建统治时期特别漫长,负担特别沉重,现代科学文明传入的时间较短,新中国成立后又长期受"左"的思潮控制,盛行个人迷信和崇拜,所以在中国"名人效应"的影响也就更大。坦率地讲,在我国,一个人如果在某一领域有了些成就和名气,或者当上某个层次以上的领导,就似乎立于不败之地,仿佛他就不会错,他的每句话都代表真理或代表党的声音。除非他犯了政治错误,从台上摔下来,那就又走向另一个极端,这个人又成为谬误和丑恶的总代表了。这种思想方法和社会风气是完全违背实事求是精神和马克思主义原则的,必须花大力气来纠正。

我们必须认识到,现代科学的范围十分广阔,一个人在他研究的领域中有所成就,绝不等于就是万能科学家,就全知全能。恰恰相反,他对其他领域的所知程度不见得比别人强,甚至可能是这方面的"文盲"。搞原子核物理的权威学者对于针灸治疗理论就可能一窍不通。被骗子们拉来当虎皮披的人,往往就是这一类"外行科学家"。难道我们能够仅仅因为他是一个科学家而无原则地相信他的一些"表态"吗?

再说科学家也是人,是凡人,不是什么"先知先觉"者,更不是什么"天纵之圣"。科学家也有世界观问题,认识论问题,方法论问题,还有不同的宗教信仰。因此,世界上没有什么一贯正确和全面正确的科学家。牛顿无疑是一名最伟大的科学家,他在人类科学文明发展的历史中曾做出过别人难以比拟的贡献和成就,受到万世的尊敬。可是他确实是个唯心论者,晚年更是深深地陷入有神论的泥淖中而不能自拔。我们在

敬佩牛顿的巨大科学成就时，难道能够对他的迷信观点也照单全收吗？盲目崇拜科学家，相信他们的每一句话，也是一种迷信，也是需要批判和清除的。

至于谈到领导人士，那只是代表他承担着某种职务（特别是行政职务）而已，完全不代表他的科学技术知识和水平，更不意味着他的一言一行必定正确，成为真理的化身。科学是来不得半点虚假的，在科学面前任何行政权威都不起作用。无论是吞并六国的秦始皇还是横扫欧洲的希特勒，都不可能让 2 加 2 成为 3.99。实际上，地位越高，喜欢在具体科学问题上轻率表态的领导，越容易在这方面犯错误。我们怎么能以个别领导人的表态、题词、出席等作为识别真伪的判据呢。总而言之，个别科学家或领导的看法，只能代表他自己的见解和水平，没有任何其他意义。更何况，骗子们所宣扬的科学家或领导的种种支持事实，有很大部分是夸大、失实、强加于人的，甚至是凭空捏造的，我们千万不能上当。

在这里，我们还愿意诚恳地向某些科学家和领导同志进一言：你们曾经为科技发展或革命事业做出过贡献，赢得了荣誉和人民的崇敬，并处在重要的工作岗位上，你们的言行对社会的影响比一般人要大得多，理所当然更应慎重。对那些流传于世的种种伪科学活动万不要轻信轻听，偏信偏听，草率表态，甚至卖力宣传，压制批评。对于那些所谓"表演"要实事求是的加以分析。人们无数次看过魔术师的表演（有的还放大形象，上了电视），明知是假，然而哪一次不是表演得天衣无缝，外行人从来也不能看穿魔术师的手法。现在的所谓种种特异功能表演远比魔术大师们的功夫拙劣和低级得多。我真难理解那些相信"眼见为实"的人为什么不去宣传魔术师的"分身术""腾空术""催眠术""还原术""意念摄物术"等，而对一群骗子的表演却如此五体投地呢？一件事情是真是假，不取决于"表演"，而取决于它是否符合科学原理，是否经得起科学的严格检验。我们坚信，一切正直的科学家和领导们在认真思考过后都会在这个大是大非面前站对立场，保持名节，不会坚持走错误道路，做出令后人惋惜的事。如果真有个别人执迷不悟，我们也只能按"吾爱吾师，吾更爱真理"的原则，和他们开展必要的批评斗争了。

最后，我们谨呼吁，一切正直的科学家和领导同志要义不容辞地为维护科学尊严而站到斗争的第一线上来，用自己的威信和影响带领全国人民向业已泛滥成灾的伪科学活动发动无情的反击和清算。我们热情希望那些不明真相，曾被骗子们利用的同志挺身而出，反戈一击，彻底揭露他们的花招。那些被骗子们夸大和捏造消息使自己的清名受到损害的同志，更应提出控诉，将骗子们绳之以法，把他们钉在历史的耻辱柱上。只要大家行动起来，手段再狡猾的骗子们也会原形毕露成为过街老鼠。这是一场决定我们国家民族命运的斗争，为了我们的前途，为了我们的后代，我们一定要把这场斗争进行到底。我们要庄严地宣布：在社会主义中国的大地上，没有伪科学和骗子们的容身之处。

反伪科学的斗争任重道远

我深深感到，反对封建迷信和伪科学的斗争仅仅是开始，任重而道远。一年多来，在中央有关文件的指引下，经过各界人士的艰苦斗争，公安及司法机关采取了措施，惩办了一些坏人，使正气上升、人心大快，封建迷信和伪科学活动受到沉重打击。但是他们绝不会甘心失败，将进行更大的反扑。他们的潜力很大，影响很广，还有后台，形势依然十分严峻，可以说好戏还在后头。对此，我们决不能掉以轻心，要准备做长期、艰苦和深入的斗争。不然的话，不仅歪风邪气愈演愈烈，破坏国家的稳定和建设，而且真会形成像奥姆真理教或过去的"一贯道"一样的气候，会出现"真命天子"，给国家和人民造成严重的灾难。经验证明，开展反对封建迷信和伪科学的斗争，科技界是主力，但仅仅依靠科技界的努力是绝对不够的。今后我们必须以党的十四届六中全会决议为新的动力和方针，在党和政府的领导下，依靠全国人民包括领导层、科技界、新闻舆论界、文化出版界、教育界、法律界、企业界……共同战斗，方能奏效。我希望中国科协举办的各种活动能够起到重要作用。经验证明，我们必须坚决贯彻中央的指示，继续大力加强科普工作，提高全国人民的科技水平和素养，这是最终打赢这一仗的克敌取胜之宝。我个人能力有限，但只要一息尚存，我愿意做一名小兵，贡献我微薄的力量。

现在搞封建迷信和伪科学的人，都有共同的新招，那就是在自己身上大贴科学标签。算命看相变成了科学预测，荒乎其唐的"特异功能"在人体科学研究的大旗掩盖下传播。还创造出这个"学"那个"学"，比科学还科学。依靠这些标签，依靠一些"演出"，他们确实蛊惑了不少人。但是无论他们在身上贴多少标签，搞多少演出，他们与科学之间没有关系。假的就是假的，伪装必须剥去。如果说他们的活动与科学之间有什么关系，那只能是对科学的嘲弄和亵渎。

这里我想就他们的表演多说几句，因为这些演出和一些传媒的宣传，是他们奸计得售的重要手段。事实上这些特异功能者、神人、大师、"近代济公"们的神功，普通的魔术师都能做到，而且精彩十倍。不同的是魔术师在表演他们的绝技后，公开声明这是假的，是娱乐性的，所以他们是诚实的人，是为人民服务的艺术家。而骗子们在完成他们的拙劣表演后，却声称这是真的，从而达到骗钱成名的目的。甚至结党拉徒，形成气候，以达到更险恶的目的。所以他们是不老实的人，是破坏社会稳定的罪犯。

从事科学研究，进行科学实践，是一项严肃的工作，需要投入巨大的劳动，经过艰苦卓绝的努力，才能有所成就，为科学发展做出贡献。看一看骗子们的言行，他们是这么做的吗？科学研究总是在科学理论的指导下进行，而且通过不断的研究、试验、探索，来检验理论、充实理论、发展理论。行骗的人过不了理论这一关。你说你能将

本文是 1996 年 10 月 16 日，作者在一次研讨会上的发言，1997 年 2 月收入《捍卫科学尊严破除迷信，反对伪科学文章汇编》（第四辑）。

水变成油，到底根据什么科学理论呢，实现了什么物理的、化学的、基本粒子的变化呢？进行了哪些基础性研究试验、完成了哪些学术论文？能回答这些问题吗？你说你能克服时空壁垒，能用意念摄物，能把药片从密闭的瓶中取出来，到底是根据什么基本科学理论，完成这个奇迹的呢？哪一位大师能说得出来呢？没有，也不可能有，唯一的办法是"表演"，借助于道具、助手，来一个"眼见为实"。科学试验应是在光天化日之下光明正大地进行，不存在"诚则灵"的问题，一切变化过程都可以用近代精密手段记录下来。而搞魔术演出非要道具不可，魔术师还要做出种种举动转移人们的注意力，这是人家能理解的，而且看他们的精彩表演，正是一种享受。不幸，我们的"大师们"的演出也需要道具，也需要一块遮羞布，也需要装神弄鬼做出种种丑态来完成表演。这是科学实验吗？你既然有本领空碗来酒，为什么还要用一块遮羞布？让大家"眼见为实地"看那酒是怎么无中生有地变出来，不是更有说服力吗？你既然能用意念把药片从密闭的瓶中拿出来，为什么要跑进跑出，故弄玄虚，而不把瓶子放在台上，用你的神功把药片从瓶里一步一步驱赶出来，用高速摄影机拍成影片，这不是为你的神功提供了铁证吗？把魔术和骗术对比一下，把这些浅显的道理不厌其烦地告诉群众，请他们动脑筋问一个为什么，有助于使很多轻信眼见为实的人清醒过来。

科学实践是经得起严格检验的，是可以无数次重复的，是服从因果规律的，什么因产生什么果，同样的因产生同样的果。这是世界上基本的规律吧，否则还谈得上什么科学什么研究。而大师们是不受这种基本规律约束的。当他们的骗术不能得逞时，总有些"帮忙"的人会出来辩解：你们的心不诚啦，今天日子不吉利啦，大师情绪不好啦，甚至因为来了个于光远啦等。所谓的科学实验成果竟然取决于诚则灵或是于光远来不来，这到底是唯心论还是唯物论，是科学还是迷信，难道还不够清楚吗？这样浅显的道理许多人就是听不进去，这好像不可理解，但也可以理解。反正我们不应灰心，要一次又一次地进行科普宣传，苦口婆心地宣传科学知识，让广大群众树立科学精神，掌握科学方法，尤其要使我们的孩子们、我们的下一代和接班人沐浴在健康的科学风气之中，从小爱科学、学科学、用科学，从小培养出识别真假美丑的能力，使骗子们无所用其技，我们的江山永不变色。让我们为完成这一历史使命而共同努力吧！

把反对封建迷信、伪科学和邪教
的斗争进行到底

　　去年，江泽民总书记做出果断、英明的决策，取缔了最大的邪教组织"法轮功"，一举粉碎其组织并进行深入批判，大快人心、大得人心、大鼓人心。中国的反对封建迷信、伪科学的斗争进入了新的十分有利的时期。可是我认为千万要保持清醒头脑，不仅还有一些"法轮功"的顽固分子至今不死心，蠢蠢在动，居二线三线组织和头目也远未查清，而且类似的邪教组织何止"法轮功"一个，形势对他们不利时他们暂时收敛一下，气候一到立刻会进行更疯狂的反扑。至于泛滥成灾的封建迷信、伪科学活动更远未得到批判，还在大肆活动。如果说，以美国为首的西方势力亡我之心不死，是我们最大的外患，那么上述反动活动就是我们的内忧和隐患。我觉得内忧比外患更可怕。因为外患是明的，人所共见、共知的，内忧是暗的，是肌体中的癌细胞。历史的教训是够多的，何况内外反动派总是勾结在一起的。看看美国保护李洪志，向我们施压，就一清二楚了。美国把中国的反动落后势力作为它颠覆中国的力量，中国的反动落后势力把美国作为后台与救星，事情难道不是这样的吗？所以我们必须清醒地认识到，斗争将是极其艰巨、复杂和长期的，要抓紧目前的大好形势，穷追猛打，要深入研究敌情，制订斗争策略，知己知彼，才能百战百胜。如掉以轻心，我们是极有可能遭到挫折甚至失败的，就会断送国家民族的前途。

　　对于今后的斗争，我提出以下四条建议：

　　（1）科技界要义不容辞挺身而出站在斗争的第一线。我们与封建迷信、伪科学和邪教组织势不两立，要为彻底批判和打垮他们的猖狂活动，发动最猛烈的反击。要清算从"耳朵认字""特异功能"开始，发展到神医佛子、水变油、信息茶……一切虚假骗人的东西。要从理论上分析、实践上论证、苦口婆心地向全国人民做宣传，宣传科学精神、科学道德和科学方法，这是我们神圣的义务。过去，眼看群魔乱舞，不许批判，束手无策，我们万分痛心。现在时机大好，不把这些祸国殃民的活动的真相暴露在光天化日之下，成为人人痛恨、人所不齿的过街老鼠，我是死不瞑目的。我相信全国科技界同志都会有同感。

　　（2）光凭科技界的孤军作战是打不垮他们的，而且很可能遭到挫折。因此必须在中央的部署下打一场全民战争。新闻界、出版界、教育界、文艺界、企业界、法律界……都要参与战斗，特别是作为传媒的新闻出版界。我们痛心地指出，过去一些记者、编辑及报刊、出版社在宣扬封建迷信、伪科学和邪教活动方面起了极坏的作用。影响之恶劣和深远，远胜于贩毒售毒。这个出版社，那个出版社，甚至科学出版社，好书出不了，大量出有毒的书，为什么要这么做？无非为了钱，为了"经济效益"，为了搞"轰

本文是 2000 年 3 月 3 日，作者在全国政协九届三次会议上的发言。

动效应"。到现在也看不到一个人、一个单位做过任何检查。我们呼吁过去干了这种事的人和单位，不谈什么党性，请你们拿点良心和道德心、责任心出来吧。我们更呼吁千千万万严肃的、正义的记者、编辑们站出来，洗涤污垢，批判错误，同我们并肩战斗。有你们的参加，我们的力量就大上十倍、百倍，取胜的把握就大了。

（3）过去，还有一些领导、当权者、知名人士都卷进过这不光彩的活动中，或题词，或表态，或批条列项，或受贿贪污，或成为其后台与保护伞……应该触动一下吧？但至今也没有看到一个人敢于出来检查一下，哪里还有一点点共产党的批判与战斗精神。上当受骗不可怕，也不要紧，谁能保证全知全能、不犯错误不上当？但如果到了今天还要做他们的后台，那就变了性质，而且使人不得不怀疑他们与这些活动之间还有其他什么不可告人的关系了。

（4）过去，我们的斗争常处于被动，原因之一是他们已形成气候，有了信徒，骗到了巨额的钱。有钱能使鬼推磨：可以行贿、收买、送礼，可以登有偿新闻，可以搞假鉴定，可以印报、出书、出"论文"，可以办企业，可以围攻恐吓殴打，可以请律师，可以动不动把你告上法庭，说你破坏了他的名誉，影响了他的经济效益。而我们呢，一没有钱，二没有时间，三没有权势和后台，奉陪不起啊，打官司甚至还往往败诉。这是批判活动搞不起来的原因之一。要批判当然要点名，要说明其虚假，就是要使他名誉扫地。因此，我呼吁：科技界、传媒界、法律界、企业界人士联合起来，成立组织，筹集支援基金，用集体力量来对付他们。你要打官司，我们奉陪，有经费支援，有律师出庭。你告我一个，我们发动100个人来全面揭发批判。新闻媒体要全力宣传我们的道理，拒登他们的反动东西，律师们不要为几个钱上他们的贼船，为骗子去辩护。新中国的律师和资本主义国家的律师总得有点区别吧？要讲讲真伪吧？另外，我强烈建议法院审理这类案件时，应该邀请客观和权威的科技专家为陪审员，或成立科技合议庭，为司法判决提供科学依据，对某些起诉应予驳回，不准骗子们利用社会主义的法律来为他们服务。

我衷心希望全国各界在党中央的号召下紧密团结起来，为了我们国家、民族的前途，为了我们子孙后代的幸福，把反对封建迷信、伪科学和邪教活动的斗争进行到底，决不能让过去上演过的闹剧、丑剧再次出现，丢尽中国人的面子，贻害无穷。我再一次高呼，不获全胜，绝不收兵。

无神论教育和宣传应列为国策

方才听到许多同志的发言，就当代鬼神迷信的现状、特征、成因、危害、流行趋势及对策发表了很多好的见解，深受启发。我对这个问题一无研究、二无准备，只能谈些个人看法，很肤浅，仅供参考。

鬼神迷信是与史俱来的问题，大概也将延续下去，至少一两百年内解决不了，人类文明史就是无神论与有神论的斗争史。总的规律是：社会愈进步、经济愈发展、科学愈昌明、政策愈正确、法制愈健全、民智愈提高，无神论就愈占上风；反之则有神论占上风。问题就那么简单。当然，随着科技进步，迷信活动也要披件科学外衣，这就是所谓现代鬼神迷信，但本质没有变化。

我本来对这个问题看得颇简单。我认为，在新中国，优势在无神论方面。因为不仅我们所掌握的是符合实际的真理（或相对真理），是科学，他们搞的是迷信、是虚假落后的东西，而且我们是社会主义国家，有共产党的领导，是以马克思主义为指导思想的，而马克思主义是无神论的，我们应该占尽优势。但事实远非如此，甚至可以说，一段时间以来，他们还占了上风。新中国成立 50 年了，看看社会上封建、迷信、鬼神活动泛滥成灾，形式虽各不相同，但本质都是有神论。面对这样的局面，我们几乎没有还手的力量。这并不是夸大阴暗面、杞人忧天。请看事实：他们有组织、有信徒，光一个法轮功，信徒 200 万！全国信神的比共产党员多得多，而且党员里还有信神的。他们有阵地，有工具，有手段，市场上印制了多少宣传封建迷信的书刊？几百万、几千万、几亿册吧，而我们宣传无神论的又有几本？他们有后台，有保护伞，有"合法"活动的依据，有被曲解的"不争论"的政策，还有洋人撑腰；而我们除了一些空洞的文件、口号外，得到过什么支持？他们有巨额的经费，可以买书号、买通干部、登有偿新闻、办"企业"、请律师，你要批判他，就把你送上法庭，我们奉陪得起吗？在教育方面，我看今天的教育主要就是应试教育，什么马克思主义、无神论教育，早已丢到一边去了。至于文艺界、电视上，更是神鬼、武侠、宫廷戏称霸天下，又有多少空间、时间留给无神论教育？不知道我说的是否是实情？如果是，那么再过几年，中国社会将是有神论和神鬼横行的世界了。兴言及此，我的心情无比沉重。

对策何在？唯一出路只能是制订、依靠正确的政策和法规，组织广大的人民群众，采取多种有效方式，加强无神论的宣传。不存在简单的路径和方法，只能是苦口婆心地做工作，说服群众，感动上帝。这上帝指的是群众，也包括某些领导政府部门、报刊出版社、文化教育界、知名人士……希望大家以国家民族和子孙后代前途为重，少搞些鬼神迷信活动，多宣传点科学精神和无神论。我呼吁：把宣传无神论作为重要国策之一！

本文是 2000 年 3 月 24 日，作者在一个研讨会上的发言，刊登于《科学与无神论》2000 年第 3 期。

事情是不是很难办？难极了。因为对思想认识问题，不能强迫，不能动粗，对正常的宗教信仰和宗教活动还要尊重和保护，但我们必须旗帜鲜明地反对那些公开宣扬鬼神迷信和一切以骗人害人为目的的伪科学活动，这些活动甚至达到了成立组织、影响社会稳定、引起政治动荡的程度。所以这工作是很细致、复杂、长期和困难的，但无论怎么复杂困难，这工作必须做。我们要善于分别矛盾性质，团结教育大多数人，"祛邪扶正"，要使正气压倒邪风！

说到工作难做，计划生育够难的吧？这影响家家户户，要破除几千年来的传统观念。但为了国家前途，我们把它定为基本国策，不遗余力地宣传贯彻，还是收到成效的。那宣传工作真是做到村村户户，招贴画贴到家家大门上，措施落实得无微不至。这样做了，成效就出现了。前些年，我在全国政协会上曾有过一个提案，建议有关部门像宣传计划生育那样把反对鬼神迷信的宣传做到家家户户，把那些因封建迷信搞得家破人亡的事例印成宣传画贴到每一村、每一户。这点钱国家还是该出的。这提案当然换来了一封极有礼貌的复信：感谢关心，建议很好，一直在努力，今后还要加强，欢迎再提……我并不死心，今年政协会上我又写了个大会发言稿，题目是《把反对封建迷信伪科学和邪教活动的斗争进行到底》。这题目不太好，有些"文革"口气，但我觉得对这些东西就是要斗到底。当然，一个人的呼吁力量太小，发言稿印出来也到闭幕时候了，但我决心要继续呼吁，战斗到底。

相信迷信、鬼神横行、伪科学泛滥，绝非小事，后果是严重的。它腐蚀人们的灵魂，坑害善良人民，形成邪教性组织，夺取群众，危害国家稳定安全，直到断送国家民族前途。所以我们要不断努力、不断呼吁，请求中央、国务院、各主管部门（宣传、教育、科技、文化、出版、民政……）深思，立一些法、加大些宣传力度、惩办和奖励一些人和单位，给宣传无神论者一些政策和物质上的支持。总之，采取更多更有效的措施来进行导向。去年法轮功围攻中南海，这是件大"好"事。这个脓疮不捅破，还会在内部继续溃烂下去。出了脓，动了手术，就好办多了。现在江总书记、党中央、国务院已下了决心，形势开始有利于无神论。我希望全国从上到下，全国全社会认真吸取过去的教训。斗争是长期复杂的，要在中央的统一部署下进行，科技界义不容辞、义无反顾地要走在前面，要研究、调查、探索、提出建议、参与战斗，但孤军作战，绝难有成。我们要团结一切力量来共同战斗。我们诚恳希望过去支持、参与过封建迷信、伪科学活动的领导、部门、知名人士……能勇敢地站出来，表个态，和我们携手并肩战斗。我们尤其诚恳的希望报刊、出版社和传媒能行动起来。部分群众因相信迷信、鬼神，弄得家破人亡，我们为什么不揭露、不曝光、不编成小说、电影、电视剧，为什么不印成书刊、画成画飞向千家万户、印入亿万群众的心中呢？为什么老是让武侠、皇帝、鬼神占满我们的荧屏呢？法轮功的书一印几百万册，而我手头这本《科学与无神论》杂志很好地宣传了无神论，揭露了鬼神迷信，可读性很强，为什么不在有关部门支持下发行一千万、一亿册呢？有了新闻出版传媒界的支持、参战，我们的力量就大了十倍、百倍、千倍、万倍！取胜就有希望；当然也要得到文化、教育、法律、企业直到宗教界的支持。

总而言之，遏制鬼神迷信的基本对策，只能一是教育，特别是教育广大群众和下一代；二是反击，打击那些通过鬼神迷信活动残害人民扰乱社会的不法活动。我衷心希望通过共同努力，对当今社会上的种种乌烟瘴气来一次大清扫，以后坚持不断地清扫下去，直到神圣的祖国大地上没有迷信和鬼神容身之处，绝不让它们再危害人民、国家和我们的后代。

向心陷迷信的科学家进一言

"科学"与"迷信"是互不相容的，这是人尽皆知的真理。但在现实世界中，有一些"科学家"却相信、宣传甚至参与封建迷信活动，而且较普通人更为执迷不悟。例如，我国就有一所大学的校长、书记、教授深信"水变油"之说，竭力为骗子宣传和推销，成为举国笑柄。还有些老专家、老干部、研究生对李洪志一类不学无术的败类顶礼膜拜。这一现象常使许多人迷惘不解：科学家怎么不讲科学而迷信？其实，答案也很简单，科学家并不是科学的同义词，下面拟对此作些简单的分析。

第一，科学家或搞科研工作的人可以在学术上做出贡献，但并不一定已树立了正确的世界观，掌握了正确的认识论，也不一定就是无神论者。所谓科学家或技术专家无非指某个人在科学技术领域的某一分支上掌握了较丰富的知识和实践经验，并通过努力为科学技术的发展、创新做出了贡献，从而赢得了人民的尊敬，得到一定的荣誉，并被戴上科学家或专家的桂冠。但任何人只要掌握必要的基础知识，采用正确的方法，锲而不舍地进行研究，总是可以在科技领域中做出成绩的，并不要求其本身必须是唯物论者或无神论者。当然，搞科技工作的人如果能掌握唯物论和辩证法，一定可以使他少走弯路，多出成绩，但这并不是取得成就的必要条件。

我们翻阅中国古代科技发展史，很多在科学技术领域做出贡献的人是僧人、道士或炼金师，还有的人在科学技术上颇有见解和造诣，但他同时又是一位虔诚的宗教信徒或遵守封建道德的人。在西方科技发展史上，这种情况更比比皆是。谁也不能否认牛顿在自然科学发展中所起到的无与伦比的作用，牛顿不愧为人类历史上最伟大的科学家之一。然而，牛顿也是位唯心主义者和有神论者，尤其在晚年他已完全沉浸于对神灵问题的研究中。其他如恩格斯在《自然辩证法》中无情地揭露批判过的克鲁克斯、华莱士这些人，他们都在自然科学研究中有过重要发现，是不折不扣的科学家，然而他们都坚信有神灵和鬼魂，并全力以赴地迎接神灵的降临。这种科学发现与迷信思想并存的现象，虽然不是科技队伍中的主流，但并非绝无仅有，而且在一定时期内也不会随着科技的进步而自行消失。因此，我认为对于任何一位科技专家，既要尊重其劳动与贡献，又不可迷信，把他当作科学的化身，而要听其言察其行，给予准确的评价。

第二，随着人类文明的发展，科技领域愈来愈拓展，分支也愈来愈细。一位科学家往往只在他所从事和熟悉的范围内是专家，对其他领域可能知之不多，甚至是小学生乃至"科盲"。例如，在流体力学与控制论方面有巨大贡献的权威，对生物工程和医药卫生方面就可能显得无知。一个人很容易在他不熟悉的领域里上当受骗，说错话、表错态。我认为，应当理解世界上没有万能科学家和全知全能、先知先觉的圣人。为了避免在自己不熟悉的领域中犯错误，药方仍然只有一帖，即努力树立正确的世界

本文刊登于《科学与无神论》2000 年第 4 期。

观，掌握正确的认识论，不断提高自己在发扬科学精神、掌握科学方法、遵守科学道德方面的素质，多读一些哲学著作和层次较高的理论文献，提高自己识别真伪、美丑的能力。有些同志在较狭窄的科技领域内能钻研精深，明察秋毫，而在一些大方向、大原则上迷失方向，这是值得我们高度警惕的。使我们避免失误的一个有效方法是永远保持谦虚态度。"谦受益、满招损"的古训是颠扑不破的真理。无论自己取得过多大的成就与荣誉，永远都不要自满，而要有自知之明，如果不此之图，却处处以权威自居，在陌生的领域中轻率表态、下结论，到头来只会形成笑柄和留下遗憾。

第三，科学家和凡人一样，也有七情六欲、喜怒哀乐。科学家的一生中既有光荣的战斗历史，享受过收获的喜悦，也必然经历过多少次失败、挫折和创伤。这些不能不反映到人的思想中去。如果把握不好，就会走上歧途。特别在进入暮年后，人极易滋生消极、悲观、孤独的情绪，就会试图通过各种方式来解决自己的思想苦闷，这就为各种有害意识的入侵打开大门。历史上，有很多英雄人物、革命志士，也包括科技专家在晚年一蹶不振，坠入深渊不能自拔。其表现与青壮年时期判若两人，使后人为之惋惜不已。我们要以这种例子为镜，引以为戒。人可以老，身体可以差，但思想不能退化，精神必须奋发，要像鲁迅那样至死保持唯物、求实和批判的精神，誓与毒害国家和人民的封建、迷信、邪教战斗到底。有这样一种精神面貌，任何邪说都无法近身。

第四，科学家在他的研究探索过程中，需要百折不挠地做工作，因此一般都具有一种锲而不舍、坚持到底的精神，反映在性格上常常比较固执和坚持己见。锲而不舍、坚持到底的精神当然是非常可贵的，但要有个前提，即实事求是。所坚持的应是真理，不是歪理。发现有误，要有勇气承认和改进，否则就是冥顽不化。有些人过于相信自己，听不进不同意见，对自己弄错了的东西不肯正视，拒绝重新考虑，甚至已经意识到自己有误，为了保存面子和荣誉仍然沿着错误走到底。这就完全错了，知识和荣誉反而成了包袱。我们看到，一些受骗参加法轮功的老大爷老大娘，在了解真相后，很快就觉悟，划清了界线。倒是一些科学家、研究生、老干部执迷不悟，顽固到底。这不值得发人深省吗？

通过以上分析，"科学家"信迷信这件事实并不足怪。但科学家相信和宣传迷信，不仅坑害自己，而且对社会将产生特别严重的后果。所以不能借口"个人思想认识问题"而拒绝接受批评。这是因为，作为一名科学家（特别是当上领导的科学家），在社会和人民群众中有崇高的威信，他的言行有一种导向性的吸引力。人们往往不相信那些低层次的宣传封建迷信人的话，但都相信科学家和领导人的话。我们常可听到下面这些说法："'水变油'是真的，某某某校长已上书中央要求支持了"，"人体特异功能是真的，某某某就支持"……足为明证。因此，那些搞封建、迷信、伪科学乃至邪教的人，总要用尽手段千方百计拉科学家下水，请他们表态、支持并参与，然后以此作为本钱，疯狂行骗。改革开放不久，当所谓"耳朵识字""人体特异功能"等闹剧开始出笼时，如能抓住时机，集中力量批判，这股逆流就不会发展到今天这种泛滥成灾的程度。但骗子们巧妙地骗取、盗窃、利用一些科学家和领导的名字，拉大旗作虎皮，大张旗鼓地成立组织、出版书籍刊物，骗取钱财，形成气候。一段时间内邪风竟然压倒正气。一些科学家不仅不能作为批判封建活动的主力军，反而堕落为其工具和俘虏，这实在是中国科技界的奇耻大辱，言之实在痛心。

但甘心成为封建迷信活动的工具和后台的"科学家"毕竟是极少数，很多不明真相上当受骗的人都已觉醒、反击。全国千千万万科技人员更不会容忍这种情况延续下去。去年，形势发生了根本性的变化，以江泽民同志为核心的党中央，高瞻远瞩，抓住时机，做出英明果断的决策，一举粉碎了势力最大、活动最猖獗的法轮功邪教组织，全国人民、全国科技界无不拍手称快。但战斗仅仅是开始，我们要在党中央的统一部署和指挥下，向一切法轮功之类的邪教组织发动全面扫荡，要向从"耳朵认字"开始愈演愈荒诞的种种活剧、闹剧、丑剧算总账，要剥下一切"大师""奇人""佛子"的画皮，把他们的丑态暴露于光天化日之下。在社会主义中国的神圣土地上，绝不容许这些丑类横行、丑剧上演。在这场影响国家民族命运的战斗中，科技界理所当然是冲锋陷阵的尖刀连、犁庭扫穴的主力军。作为一名老年知识分子，我由衷希望全国科技界包括一度上当受骗的同志紧密团结起来，为祖国的稳定和发展，为子孙的幸福和健康，向一切封建、迷信、邪教和伪科学活动进行坚决的战斗，不获全胜，绝不收兵。

正确对待传统文化遗产

我国是个有五千年历史的文明古国，先人为我们留下了丰富的文化遗产。如何正确对待这些源远流长的传统文化，是个重要的问题。

近年来人们对待传统文化态度和做法。一种是，采取虚无主义或取消主义的态度，不问青红皂白，全盘否定中国的传统文化，把它们统统归之为"封建、迷信、落后"，甚至"反动"的范畴，甚至把近代中国的贫弱、目前中国存在的困难统统归咎于传统文化。在这些人的眼里，对传统文化不仅应否定，而且应扫除，愈彻底愈好。救国之道，只能是全盘和彻底西化。有的人甚至发展到跪倒在西方文明的脚下顶礼膜拜，不仅月亮是外国的圆，而且外国的月亮才算是月亮。这套理论集中反映在《河殇》这部书上。《河殇》的作者其实深以自己生着黄皮肤和黑头发为耻，他们的最大遗憾就是不能脱皮换发为白种人。这种否定一切的论调，正如谚语所说的泼脏水把孩子也泼掉，其荒谬是不言自喻的。

但是另外一种态度也是完全错误的，那就是不分青红皂白地全盘肯定，并且不允许人们对之有任何怀疑与批判，否则就是贬低中华文化，数典忘祖，崇洋媚外。其实，任何民族、任何时期的文化都有其局限与不足，源远流长、博大精深的中华文化也服从这一规律。在传统文化中确实有许多封建、迷信、落后的内容，为什么不能批判和扬弃呢？为什么要把古人的脓疮也视为国粹加以保护和歌颂呢？这又像因为孩子在浴盆中而不许泼掉脏水一样可笑，最后孩子只能淹死在脏水中。

有意思的是，上面讲的两种表面上极端对立的态度，其后果却是一样的，即断送我国的传统文化，影响我国的发展步伐，导引我们走上错误的道路。这也符合物极必反，以及极"左"与极"右"间并无明确界限这一事物的客观规律。

我写这篇短文的目的，是想指出一点：在目前的国情下，后面这种态度更为有害，从而更值得我们注意。因为，前面那种态度以赤裸裸的否定历史、数典忘祖的形式亮相，容易为人识破，一出笼就自然而然地遭到全国人民和全世界华裔的批判与唾弃；而后面这种态度加打着爱国、爱祖先，弘扬传统文化的幌子，人们就不容易识别其荒谬之处和危害性。其实，贩卖这一观点的人，绝大多数并非爱国爱传统之人，而是别有用心，借此行骗之徒，这就尤其有提高警惕、揭穿其画皮之需要。

为什么说后面这套观点是谬误的呢？从历史唯物论的观点看，人类的发展史和人们认知事物的过程是一个不断发展的过程，总的趋势是不断进步，后代胜于前代，后人超越前人，事物本质不断被认知、被揭露、被应用，人类的知识不断积累、不断深化，这是不可争辩的客观事实。中国的传统文化不论如何博大精深，总是历史遗产，不可能已达顶峰而不能被超越。把传统文化吹捧为至高无上的人，正是在这一点上犯

本文作者写于 2000 年 10 月，刊登于 2001 年 3 月《科学与无神论》2011 年第 3 期。

下根本性的错误。他们认为中国传统文化中的经典理论、原则、提法（例如中医）都不允许改变。他们认为后世的一切发明发现，都早在中国传统文化中有了预测和导向（例如称太极图就包含了质子和电子的概念）。他们把古人的智慧和成就拔高到离奇的程度，例如把《周易》《河图》《洛书》等原始的文献或传说捧为至高无上，宫廷御膳、宫廷秘方，也变成美食与保健的顶峰（实际上历代皇帝大多数是短命的）。又如，对于出土的古代陶器、瓷器、纺织品，以当时的生产水平来衡量，我们确为其精美而赞叹，但不能说成绝伦，今天的人们正在纳米量级上开发产品，古代产品怎能称为绝伦呢，就是纳米产品也不是绝伦的。

其次，正如前述，从一分为二的观点看问题，任何事物总有错误、不足和未定的因素，何况是数百数千年前的文化遗产。我们在肯定古代传统文化的博大精深时，不能不承认其中有许多封建、迷信和错误的内容，这不足为怪，也不足为讳，更无损于传统文化之伟大。相反，否认这些缺点就不是科学的态度了。总之，把传统文化封闭起来，无限拔高，拒绝批判与扬弃，拒绝吸收现代科技成就来改进，最后一定也是断送传统文化，和持第一种态度的人殊途同归。

上面我曾举了周易和中医为例来说明问题，请允许我再稍作论述。我认为值得人们警惕的是：目前社会上十分卖力地吹捧《周易》或中医的人，并非真正的哲学工作者和有造诣的中医师，而是一群别有用心的人。先说《周易》，接触过《周易》的人都知道，它包括《易经》本身（据说成书于周代）及战国时代（以及后期）对《易经》的解释。《易经》是本占卜用的书，古代人们的科学知识十分欠缺，没有办法正确感知外部世界，更不要说预测事物的发展，就只能用占卜来解决。像殷人就盛行占卜，小至去何方打猎可以丰收，大至征战能否取胜，都要靠龟甲和蓍草来占卜，而且有专人司职。但在当时就被有识之人否定了。如史载，武王伐纣，史臣占不吉，主帅姜子牙勃然大怒，踏碎龟甲，扔掉蓍草，说：枯骨死草何知吉凶，发兵灭了纣。但这毕竟扭转不了社会风气，延伸到周朝，就出现了这本《易经》，列下64卦，以助决策，后来发展为384条爻辞。这些爻辞倒包括了社会生活的方方面面，其中有很多朴素的辩证思想和哲理。

在以后的发展中，人们除了利用《易经》来推测吉凶祸福外，也有人通过解释爻辞探索人生智慧以及宇宙和人生的道理，形成一门易学。要真正研究《周易》的价值和作用，探求古人辩证思想的萌芽和发展，这样做是有意义的，尽管从任何角度衡量，《周易》都不能称为一本哲学著作。但今天社会上出现的是什么情况呢？那些《周易》研究中心、《周易》应用中心，《周易》文化咨询公司，《周易》预测学，名字繁多，内容一律，就是算命。据说，学通《周易》，可以上知天文，下识地理，中通人性，可以科学地预测未来的吉凶祸福，无论个人仕途、经商炒股、疾病婚姻、阴阳住宅，无一不能掐指算清。这些人和他们的行为，无论戴上多少顶科学的帽子，引用了多少现代术语，拆穿讲就是为了骗钱。还有些人和媒体，由于缺乏科学的判断能力，或为了哗众取宠，为之卖力介绍，吹嘘如何灵验，其中大有道理。很多同志曾苦口婆心进行解释，所谓吉凶，无非两种可能，不需周易，随意判断，也有50%的猜中机会。至于说生辰八字，同一八字的人何止千百，有贵有贱，有的成英雄有的为盗贼，相差不知凡几，与八字又有什么关系。这样浅显的道理，一些科学家和媒体竟会难以理解，这倒真是使人难以理解的事。

其次说到中医。同样，当前在有意拔高中医的是些街坊间的游医、庸医，是些制造销售伪劣中药的人。他们不仅在街头巷尾张贴非法广告，而且大搞有偿新闻，进入报刊电视。一些媒体连篇累牍地宣扬这些"神医仙方"，主要的诱人之辞就是宣扬"神医"们如何发扬传统医术，如何刻苦钻研，如何融会贯通、自学成才，如何发掘宫廷或祖传秘方，如何进入深山老林采药，甚至像神农氏一样冒险试服。他们能治的病都是顽症绝症，疗效都是药到病除，宣传中充满感人事迹和突破、救星、唯一希望之类的形容词，间或夹进一些谁也不懂的名词或玄妙无比的治疗理论。这种紊乱情况是其他国家中少见的，我国的卫生行政部门实难辞失职之咎，而一些媒体为了经济效益也贱卖了自己。我们只能希望广大人民读这些宣传品时万勿当真！

中医诞生于2300多年前，有其独特的理论体系和诊治经验，为中国人民的健康事业做出过巨大的历史贡献，将是名垂千秋的。它的一些理论、思路和疗法，如整体观念、辩证诊治、祛邪扶正和针灸疗法等，足可补西医之缺，这些都不容否定。但它毕竟诞生于2300多年前，至今没有突破性的进展。一门科学如果到现在仍以千年以前的著作作为教材（《黄帝内经》《伤寒论》），如何能有活力呢？中医如果不融入现代医学的成就进行整理、提高，在医药科技进入分子化学和基因治疗的新世纪中是要被淘汰的。新中国成立后提倡中、西医结合是对的，但又强调主要是西医学习中医就不正确了。应该颠倒过来，中、西医结合，相互渗透，取长补短，而主要是中医学习西医，中、西医共同努力，用现代科技成就来提高中医技术。过去有失偏颇的提法都应纠正，今天的那些神医灵药则简直是对中医的亵渎和破坏，必须坚决予以制止。

总而言之，作者认为，我们对待祖国的传统文化遗产，一是要肯定，肯定它的源远流长、博大精深，肯定它对中国和世界文明发展所做出的贡献，这是我们的光荣和骄傲，绝不是我们的包袱。二是要进行科学分析研究，敢于分析出其中的糟粕，无情的加以揭露、批判和扬弃。在此基础上，实行拿来主义，吸收一切有用的现代科学技术成就，改造和提高之，使之重现辉煌，再攀高峰，这才是真正热爱祖国传统文化遗产的正确做法。愿我炎黄后裔共同努力，为真正弘扬祖国文化、实现民族振兴大业做出贡献。

中国邪教孳生和活动的特点

邪教的出现是一种国际现象，世界各国都有邪教的活动，危害着社会和人民，已经成为国际公害。

各国的邪教都有其共性，例如传播荒谬的"理论"与"教义"，用欺骗手法吸引教徒，树立教主至高无上的地位，对教徒进行绝对的精神控制，从而进行欺诈、敛财和作恶，反社会、反人民等。但由于国情不同，各国的邪教活动也各有其特点。尤其中国是个有五千年历史的古国，是世界上仅存的社会主义大国，邪教的产生及活动更有许多特点。我们要反对、批判邪教，有必要对其"中国特色"做些分析研究，才能收到事半功倍之效。

根据我的初步分析，中国邪教的出现和活动具有以下特殊条件和表现：

（1）中国有 12 亿多人口，国民素质相对较低。

我国人口已超过 12 亿，由于历史和各种因素影响，总的国民素质水平较低。我国的文盲、科盲数量都是以亿计的，在农村、边疆、山区和欠发达地区情况更为严重。大量的人缺乏科学精神和判断能力，易于接受邪教那些似是而非的"理论"的诱惑，邪教比较容易欺骗和吸引为数众多的信徒供其驱策卖命。信"法轮功"、练"法轮功"的人就达到 200 万左右，其他具有邪教性质的各式各样的"功"和非法组织也拥有大量的信徒。这种情况是其他国家未有的。我没有具体材料，不知那些丑名显著的邪教如"人民圣殿教""奥姆真理教"等有多少信徒，估计绝不会达到数万、数十万之数的。我国信邪人数之多，值得我们十分注意。

（2）中国封建社会历时特长，历史包袱沉重。

任何国家都经历着从原始共产主义社会向奴隶社会、封建社会、资本主义社会、社会主义社会及共产主义社会过渡的过程和发展的道路。其中，资本主义取代封建社会是意义重大的变革。资本主义在萌生及发展中，遭到封建主义的顽强抵抗，资本主义依靠倡导科学和民主，经过数十年乃至一两百年的反复较量才奠定胜局，这一斗争具有鲜明的进步意义。在两种社会制度的嬗变过程中，科学和民主意识得到广泛的渗透和深入人心，资本主义也得到空前的发展。

中国从春秋战国时期起到满清皇朝的覆灭，封建社会持续了三千年之久。从中华民国成立到新中国成立 40 年中，虽然皇帝已被推翻，一些志士仁人也呼吁引进科学、民主思想，中国社会仍然是一个封闭的封建社会，只是添加了些殖民主义色彩。资本主义虽然有些萌芽，力量十分单薄，远远无法与根深蒂固的封建迷信的思想意识抗争，更谈不上深入的批判清算。在 1949 年，中国是从这样一个社会直接进入社会主

本文作者写于 2000 年 12 月 9 日三峡工地，是作者在中国反邪教协会第一次报告会暨学术讨论会上的发言，后发表于 2000 年第 12 期的《科学与无神论》，并被收录于此次报告会的论文集及《捍卫科学尊严文萃》2001 年第一辑。

义的。可以说，中国并没有像西方国家那样经历过一两百年的资本主义与封建社会较量的历程。在新的政治形势下，大量封建落后意识是隐伏下来进入社会主义的。这才能说明为什么在"文化大革命"中会出现中世纪式的黑暗、残酷和迷信的做法。

以上两种因素为邪教在中国的孳生和迅速传播提供了土壤和创造了条件。

（3）对农民起义中的落后因素没有正确分析。

在中国历史上发生过无数次农民起义，沉重地打击了封建势力。在多次农民起义中都利用"以教惑众"的方式吸引和组织力量，因为这是最有效、最方便的途径。从汉代的"五斗米教"到清代的太平天国与白莲教，无不如此。农民起义是推动历史前进的动力，利用教义来吸引和组织造反力量又是成功的道路，我们在肯定农民起义的进步性时也间接地肯定了这种做法。其实，农民起义中的各种"教"都不是真正的宗教，都带有浓厚的邪教色彩，有的本身就是邪教，有很大的落后面与副作用，不能一概加以肯定。正确分析评述这一问题是历史学家的责任。

由于这一因素，中国邪教的"政治目标"远比外国邪教要"宏伟"。一些教主实际上都以皇帝自居，其最终目标是要推翻政府、君临天下，至少也要拥徒自重，形成强大的政治势力。李洪志则不但要统治中国，还要当全球乃至宇宙的主宰。因此，这些邪教有长远的目标、周密的发展计划、严格的组织体系和层次分明的等级制度。外国的邪教尽管为非作歹，似乎还没有这样"以天下为己任"的雄图壮志。这也算是中国邪教的一大特色吧。

（4）中国特有的"气功"为邪教传播提供了捷径。

我国有练习气功以健身治病的传统，这在国际上是独特的。练气功健身治病有多少科学与事实根据现在还很难说，但其作用是以精神暗示与心理慰藉为主，应无疑义。所以必须"诚则灵"，在虔诚信仰下调动人体固有的"正气"（抵抗力）。人们如果对气功有信任感，单独或集体正常练功，以收健身和对某些疾病的辅助治疗作用，无可厚非，只要不陷入过深以至"走火入魔"引发精神分裂症即可，至少不会影响社会稳定，造成灾难性后果。因此，政府对此是容许而不予干涉的。

问题在于在少数别有用心人的策划下，近年来气功的作用被无根据地夸大到荒谬的程度，并和所谓人体特异功能结合起来，成为一股反动浊流。无数神奇的功法纷纷出现，无数气功大师纷纷出世。气功已有几百年历史，如果不是坏人在捣鬼会出现这样的反常情况吗？某些所谓"气功"已竭尽造谣欺骗之能事，大力吸收练功者，疯狂骗取钱财，进而成立组织，发行书刊，制造舆论，进行政治性活动，这就完全脱离了气功的轨道。有人称为"伪气功"，实际就是滑向邪教，成为准邪教。伪气功对传统的气功健身活动同样起了破坏作用。

长期以来，由于政策界线不清，领导层的软弱（有些领导本身也陷了进去），许多同志对上述现象虽然十分担心、痛心与反对，但无法进行有力反击，使这些伪气功、准邪教逐渐形成气候。他们拥有信徒、组织、财力，并得到某些领导、基层政府、"科学家"和媒体有形、无形的支持。问题已很清楚，再不悬崖勒马必将完全变成邪教。李洪志就是以搞气功入门，欺骗吸引群众，最后变成罪恶的"法轮功"。

"气功"无规范的乱搞、乱传播，为邪教的传播提供了一条捷径。要反对邪教，必须对气功活动进行规范和整顿，再不能让伪气功自由地发展下去了。

（5）社会制度和经济体制的巨变、人民信仰的失落为邪教的乘虚而入提供了机会。

中国在最近的50年中，在政治、社会制度、经济体制上不断发生剧烈变化，许多人对此没有思想准备，加上工作上的失误，使邪教得以乘虚而入。

1949年新中国成立后，全国人民在政治、经济、思想上都得到解放。当时绝大多数人民有迫切振兴国家民族的强烈愿望，由衷地信服共产党，信仰马克思主义。即使少数人对此怀疑，至少是爱国的，不反对党和政府。全国朝气蓬勃，人民意气风发，邪教是没有市场的。但接着，"左"的思潮和路线占了统治地位，运动一个接着一个，企图以简单粗暴的方式解决思想问题，以违反客观规律的办法进行社会主义建设，挫伤了人民的积极性，把知识分子和民族资产阶级都划到对立面去。在以阶级斗争为纲的错误路线指导下，一大批好人遭难、受罪，经济达到崩溃边缘，一下子使人民失去信心，动摇了正确的世界观。到"文化大革命"时期，这种做法发展到极端，个人崇拜达到从未有过的程度。中国几乎变成人人说假话、做假事的"两面国"，全国人民产生了严重的信任危机。

"拨乱反正"结束了上述混乱局面，但在改革开放中又出现放松思想教育的失误。一切向钱看，一切以经济效益为中心，共产党员可以信神，有了钱就可以入党。迷信、伪科学和黄色的东西可以畅行无阻。黑白不分、是非难辨，人们的思想进一步混乱，我称它为第二次信仰危机。这段时期，表面上没有邪教流行，实际上在为邪教的大回潮创造条件。

在改革开放中，经济体制发生本质性变化，干部终身制被废除、铁饭碗被打破，一些干部不甘心地被迫离休、退休，失去权力，大量职工下岗，经济上陷入困境，一些人长期受病痛折磨，在治疗和费用上发生困难。凡此种种，虽是改革中不可避免的阵痛，但不得不承认给许多人以极大的冲击。而由于思想和社会服务工作跟不上，许多人产生失落感、愤慨感和空虚感，想在别的地方寻找寄托，这为邪教的孳生与流行提供了极好的条件。

分析邪教的信徒组成，除少数为首的罪恶分子外，绝大部分是缺乏教育的群众、老头老太，但也有相当的老干部、共产党员、知识分子（如教授、研究生之流），而且后面这类人往往更较顽固，不易转化。有的同志感到迷惑不解，为什么经历过革命考验的老干部和有科学素养的研究生会迷信法轮功呢？答案是简单的：他们没有树立正确的世界观，他们思想空虚、苦闷，他们不满现状又无力解脱。邪教的邪说正好为他们提供了解脱、麻醉之道。这些人如不幡然悔悟，前景是危险的，不是陷入法网就是成为精神病患者。而要解决他们的问题恐怕要从和风细雨地做思想工作入手，并帮助他们解决一些思想上和物质上的问题，这才是釜底抽薪的做法。

（6）现代中国的邪教活动和国际反华势力是紧密勾结在一起的。

中国是迄今屹立在世界上唯一的社会主义大国。东欧剧变、苏联瓦解后，西方国家一直期望中国也步其后尘，结果彻底失望了。这使中国成为西方最大的眼中钉和头号敌人。要不择手段、不讲道理地对中国进行分化、西化。中国邪教的出现和蔓延能从根本上扰乱思想、动摇社会稳定、颠覆政权，正是西方反华势力最得力的助手。尽管他们对自己国内的邪教活动可以严厉镇压，对中国的邪教则以"人权""自由"为名百般支持、怂恿和包庇，这就毫不为怪了。

中国的邪教势力完全感受到"海外义父"的这份"爱心"，而且立刻和一切要破坏中国独立、完整的各种势力结合，什么"台独""藏独"……众恶汇流、沆瀣一气，也就是顺理成章的了。所以中国的邪教不仅是坑害人民、破坏社会，而且其头子是一伙不折不扣的汉奸、卖国贼，是祖宗和子孙的罪人，是全体中国人的公敌。这也是中国邪教的一个特点。我们奉劝误入歧途的人们，提高警惕、回头是岸，不要变成民族罪人。

以上的归纳与分析极为粗浅，也不全面和正确，但已可看出中国邪教的孳生与活动是有其原因、条件与特点的。我们应该进一步研究分析，从而采取有针对性的措施。对于邪教的信徒，我们应不懈地努力，苦口婆心地做绝大部分盲从者的转化工作，他们是受骗和受害者，集中力量打击少数有政治阴谋的首恶分子。我们要结成广泛的统一战线来开展全社会的反邪教斗争，包括团结宗教界的朋友。邪教活动不仅不是宗教活动，而是对宗教的最大亵渎和破坏。我们应严惩邪教的教主和骨干，他们是货真价实的卖国贼和诈骗犯，是杀人凶手，必须绳之以法，处以极刑，绝不手软。也不怕"海外义父"们的叫嚣。我们要大力开展正面教育，坚决封杀一切宣传散布邪教的书刊媒体。以润物细无声的方式引导人们树立正确的世界观；我们要鼓励广大的社会各界挺身而出对邪教口诛笔伐，充分揭露它们丑恶的面目，切不要再定下什么条条框框压制正当的批判，去保护那些败类和丑事了；我们要关心那些有失落感、空虚感的人以及生活艰难或受到过不公正待遇的人，解决一些迫切的问题，给他们以新社会的温暖；我们更要全力以赴反击国际反华势力对邪教的怂恿和支持，斩断它们伸进来的黑手。总之，要釜底抽薪，消除邪教孳生的土壤和条件。

展望未来，我们满怀信心。21世纪是科学技术进一步腾飞的世纪，在神圣的神州大地上，不容许再有邪教活动的余地！

为什么有人会成为邪教的痴迷者

　　法轮功是地地道道的邪教，其反人类、反社会、反科学的本质已暴露无遗。特别是惨绝人寰的自焚事件，使人们看清其灭绝人性的残忍的一面，已引起全世界善良人们的愤怒和痛斥。在走投无路的情况下，李洪志一伙索性脱下伪装堕落为美国反华势力豢养的走狗，与"民运""台独""藏独"等卖国分子合流，竭尽全力干起叛国勾当来了。国内法轮功的残余骨干分子正在听奉他的"经文"，继续蛊惑和挑动一些痴迷者进行扰乱社会、危害人民的猖狂活动。对此，我们要百倍提高警惕，加以防范和制止。同时，有必要对法轮功的骗人伎俩和为什么有些人会成为痴迷者进行反复、深入的分析和研究，把真相告诉给人民大众。

　　一位醒悟过来的原法轮功信奉者，在看了天安门自焚的录像后，说了句意味深长的话："一个骗子骗了一群傻子。"这位迷途知返者用简洁朴素的老百姓语言，道破了法轮功的真相和天机。李洪志及其骨干们确实是一批无耻的骗子，许多文章对此都做了深入揭发。而那些法轮功痴迷者如痴如狂地拜倒在李洪志脚下，不惜家破人亡，这种行径在正常人看来也确实像群傻子。问题是：李洪志是个不学无术的小丑，他的所谓法轮大法是东抄西凑、语无伦次、浅陋可笑、荒诞绝伦的破烂垃圾，为什么能令一些信徒（甚至有一些老干部、大学生）中邪，为之卖命的呢？有人说，我可以不相信李洪志，但有这许多老干部、大学生都相信，总有点道理吧？这是值得我们深思的问题。我从三个方面来回答这个问题。应当说明，虽然这三方面内容很多同志都分析过、讨论过，但我觉得有必要把它们反复地讲、不断地讲，精诚所至，就能深入人心，就能把法轮功和李洪志的真面目彻底暴露在光天化日之下，成为人人喊打的过街老鼠，使之无处容身，无所遁形。

一、回顾李洪志的骗人伎俩

　　李洪志的骗人伎俩，和古今中外其他邪教都一样，没有什么"创新"。他首先看准社会上许多人有健身治病的愿望或需求，又看到当时社会上气功正在大行其道，因此先打着练功治病的幌子来骗人上钩，这样做既能骗人，又不会受到取缔。他胡凑了一套所谓的功法行世，是花样繁多的各种气功之一。然后竭尽造谣之能事，来吹嘘它的神奇功效，用这样的手段来取得立足点。

　　人们都有健身的愿望，有病的需要治病，患上疑难、痛苦或长期的病症，尤其是经济困难的人，更希望能找到一种简单、便宜、有效的治病方法，这是可以理解的。法轮功和其他伪气功一样，都利用这点来蛊惑人心。许多研究文章指出，所谓练气功治病，其实是通过反复的暗示和自我暗示，调整心理，进入类似于催眠状态，这时，

　　本文 2001 年 3 月，收入《中国反邪教协会第二次报告会暨学术讨论会论文集》。

生理上会产生一些变化，心理上会产生一些快感，可能会调动一点内在的抗病潜力，对某些疾病可以起点辅助治疗作用，但绝不可能产生实质性的变化（如癌肿突然消失了）。进一步分析还指出：有些病本来就能逐步自愈的，有些练功治病者是同时（或曾经）在接受治疗的，有些慢性病患者在心理暗示下会出现一些自我感觉良好的现象，这些都被吹嘘成法轮功的神效。更可恶的是法轮功利用一些"托儿"，作魔术性的表演，有的人在大庭广众中受环境压力也会说些附和的话，就更能哄骗一些人。这样，法轮功能不吃药就一举治愈绝症的神话就被制造出来。实际上有千千万万无效、耽误诊治乃至送命的事例却被隐瞒下来。这种手法也不是法轮功的独创，所有伪气功无不如此。我国有些人素质低下，最喜传播小道新闻，加油添酱，绘声绘色。还有一些所谓"协会""研究会"和一些出版社、媒体，为了赚钱和不正当目的，不负责任和恶意的宣传、扩散，都起了树立虚假形象的恶劣作用。

在取得一些骗效后，李洪志就不再满足"气功级别"，他要进而"大展宏图"，宣扬他的"法轮大法"了。我们如果不怕恶心，耐心读一读这套大法，就会发现这完全是从各种宗教、传统文化和近代科学中窃取一些名词与概念胡乱拼凑出来的大杂烩，要下个批语就是东抄西凑、信口捏造、荒诞绝伦、狗屁不通。要把这种垃圾货使人信服，第一招就是吹牛，神化自己，厚着脸皮把这套破烂封之为"大法"，像煞有介事的成立"法轮大法研究会"，捧之为"最玄奥、超常的科学""佛法的最高体现"。而李洪志这个小丑就变成了与佛同生的、全世界至高无上的救世主了。法轮功贬低一切宗教和先哲，把自己捧到至高无上的地位。李洪志是懂得骗术的，要骗人必须吹牛，要吹牛必须吹大牛，吹破天，才能引一些人上当。

其次，在行骗中还必须把自己打扮得道貌岸然，至高至洁，据说，他不为名，不要利，不涉及政治，完全为了普度众生，完全为了宣扬"真善忍"，是个十足的完人，比释迦牟尼、比耶稣要伟大高尚百倍，这种谎言和李洪志的疯狂敛财，教唆杀人，最后跪求外国主子庇护的行径，真是个绝妙的讽刺！

在行骗的手法中，"恫吓"这一招也是绝对少不了的。那就是声称世界大劫将要降临。而且李洪志还精确地知道这次面临的是第 82 次毁灭，是最后的彻底毁灭，任何人、任何国家、任何政府都解决不了（在这里，李洪志对后来保护豢养他的美国政府也不给一点面子，不知那些美国政客有何感受）。只有他才能推迟大劫 30 年，所以摆在任何人面前的只有一条路，赶紧皈依法轮功。但这种恫吓手法，哪一种邪教没有采用过呢？李洪志只是拾人唾余，绝无发明权——一定要说有什么"创新"，那就是他指定这是第 82 次浩劫，以及他能把大劫推迟 30 年。这种伎俩对落后的农村很有影响，因为文化素质不高的人们从来就有祭祖拜神、消灾除祸的思想和行为的。

法轮功的另一招就是引诱许愿，给你个美好的最终归宿。这也是一切邪教的共同手法。只要信奉他的大法，勤修苦练，敬奉教主，你的功力就会一层一层上升，最后就能放下生死走向圆满，进入遍地黄金的法轮天国，这个小丑并不知道世界上有比黄金贵重得多的东西，所以他的天国也只能以黄金铺地作为最高理想。"走向圆满"究竟是个什么样的境地呢？自焚事件揭露了天机：就是变成一具漆黑的尸体。

李洪志通过练功治病、装神弄鬼、吹牛、恫吓、许愿的手法传他的法轮大法，既蛊惑人心，吸收信徒，又敛取了惊人财富。有了精神和物质的基础，他们疯狂地扩大队伍、建立组织，制定纲领和行动计划，要向党和政府叫板了。可惜的是这位至高无上的大神，这一次却打错算盘，他辛苦建立的法轮王国一下子就被粉碎，"大神"也只好逃往美国乞求一张绿卡来庇护自身了。

二、痴迷者为什么迷途难返

当一个人从练功健身治病出发，上了法轮功这条贼船，进而逐步信奉其谬论，崇拜教主，直到堕入深渊成为痴迷分子后，法轮功就大功告成，多了一个痴迷信徒和精神奴隶，可以从他身上榨取一切，可以使他抛弃人伦、灭绝人性，直到家破人亡、化成枯骨，这已是铁一般的事实了。

也许善良和正常的人们会感到不解，李洪志这一套胡言乱语经不起驳斥的邪说，稍有点文化知识的人都不会相信，为什么竟能蛊惑人甚至使个别人成为痴迷者呢？我的看法是：这些痴迷者实际上都已是病人——精神有障碍的病人，不能用健康的条件和标准来衡量他们的言行。

人类与动物的差异，在于人除了有肉体（物质）的存在外，还有思想（精神）的存在。人的肉体是要生病的。当人们摄进不洁食物，受到病毒、细菌感染，服用了毒品或自身的细胞、脏器发生病变都要患病。病情轻重和能否康复取决于病因、本身的抵抗力和治疗的及时与正确与否。有的人能很快康复，有的却缠绵不断直至死亡。即使平时身体强壮的人也不能排除患病可能，这是众所熟知的事。

在精神方面得病的情况也是如此，而且精神性的疾病往往症状更为严重、发展更为迅速和难以治疗。一个人在接触邪教后，如不能自觉地识别和抵制，不能及时接受帮助，就像病菌或毒品侵入肌体一样，思想上就开始发生病变，发展到一定程度就完全堕入深渊：视正为邪、视邪为正，把人当魔，把鬼当神。不仅修炼法轮功的人可能走上这条路，信奉其他邪教的也都一样。其实，所谓练气功走火入魔，也是由于练习不得法，引发了初级的精神分裂症，严重的可以变成终身精神病患的。魔术师对人施行催眠术，也是通过心理暗示，使被催眠的人的思想暂时进入不正常、不能自己控制的状态。精神不正常是一种多发病，常见病，现在世界上有很多人受到各种刺激后都会变成精神病患者，总数可能达到数千万、上亿，所以信奉法轮功邪教而逐步变成痴迷者并没有什么不可理解的地方，更不是法轮功有什么神秘的魔力。

一般讲，思想健康、文化素质较高的人不容易为邪说所乘，正像身体强壮的人抵抗疾病侵袭的能力较强一样，但也不能打包票。尤其对于具有某些精神特质的人，如思想内向、主观偏执、喜爱妄想的人就较危险。特别是一个人的思想上已存在一些不健康的因素时（精神苦闷、失落、空虚、不满、怨恨、妒忌、失恋、患病、愤世嫉俗等）就最容易中邪，想在邪教中寄托和慰藉。分析一些法轮功痴迷者的体质和身世，往往可以找到他中邪痴迷的一些内在因素。

所以，我们与其说法轮功痴迷者们是一群傻子，不如更正确地称他们为精神上有缺陷的病人。傻子指的是智力低弱，病人指的是得了疾病。精神病人在发病时可以做出正常人根本不可能做和不可能理解的事，例如六亲不认、吞吃秽物，甚至伤害别人，这不能以正常人的道德行为准则来衡量的，需要的是治疗，包括必要的强制性治疗。

三、苦口婆心、仁至义尽、治病救人

对参与法轮功活动的人，应该将"罪犯"和"受害者"严格区分开来，这是中央处理法轮功的最重要的政策。

李洪志和法轮功中有政治阴谋的骨干分子是一伙罪犯。他们有目标、有计划、有组织地传播邪教，危害社会、反对政府、毒害人民直到叛国、卖国。这是一伙不折不扣双手沾满鲜血的罪犯，必须深挖严惩，逃亡国外的必须缉拿归案，多行不义必自毙，他们必有恶贯满盈的一天。对他们的任何宽大就是对人民的残忍。

除了这些首恶分子外，其余全是受骗者和受害者。根据中邪和陷入的深浅，又可划分为几大类。其中，绝大部分人只是想练功健身治病，没有参与邪教组织，没有政治企图和进行违法活动，或虽参与了组织，进行了一些活动，也是在不明真相下受骗做出来的，这些人在了解事实真相后，都能迅速醒悟、划清界限。已经受到邪教伤害的人，还能以切身事实进行揭发控诉。对于这些绝大多数的原法轮功练习者，我们要满腔热情地欢迎他们彻底转化，帮助他们完全卸除包袱。已经受到伤害的要治疗创伤，自我教育，提高认识，让千千万万上当受骗者参加到全民反邪教的斗争中来。

第二种情况的人陷入较深。所谓陷入较深，并不在于他们是否担任过法轮功组织中的较重要职务或参与了更多政治活动，而在于他们的思想并未转化。他们对批判法轮功有抵触，对李洪志仍有迷信，有的人迫于形势表面上表了态，内心是抵触的，还在听取李洪志的"经文""法旨"，暗下练功，但还没有发展到危害社会扰乱治安的程度。对于这些中毒较深的人，我们要苦口婆心不嫌其烦地进行教育帮助，用各种事实，采取诚挚的态度，给他们以关心和温暖，促使他们转化，迷途知返，回到社会中来。只要我们持之以恒，晓之以理，动之以情，这些人还是可以转化的。

第三种就是法轮功的痴迷者了，他们已完全沦为李洪志的精神奴隶和驯服工具，已没有自己的思想了。一般来说，他们拒绝帮助，对李洪志的信奉达到狂热程度，一切行为都受李洪志的"经文、法旨"控制。即使对于这些痴迷者，我们也要把他们与李洪志一伙区分开来。我们在"哀其不幸、怒其不争"的同时，仍要伸出手来挽救他们，要做到仁至义尽的地步。只要还有一线希望，就不放弃挽救的努力。正像病人的病情无论如何沉重，医师不会放弃努力一样。这就是真正的人道主义，这就是真正的维护人权。

真理在我们手中，道义在我们这边，得道多助，失道寡助，只要我们依靠群众，发动群众，坚持不懈地战斗下去，法轮功及其他邪教必将原形毕露，土崩瓦解，成为历史上的笑柄。李洪志和那些豢养、庇护他的反华政客们，终将被钉在耻辱柱上，落得个可耻的下场。

巩固成绩、乘胜追击
掀起全民声讨邪教的斗争

——在全国政协九届四次会议上的提案

　　法轮功是地地道道的邪教，它反人类、反社会、反科学，扰乱治安残害人民，因而被我国政府明令取缔，并开展了全面的揭露、批评。天安门发生的自焚事件更使人们看清了法轮功灭绝人性的本质，激起全国全世界善良人民的痛斥。经过一年多的斗争，法轮功在组织上已土崩瓦解，绝大多数受骗者幡然悔悟，有的并站出来揭露真相，反戈一击。李洪志及其骨干分子已到了恶贯满盈、穷途末路的地步。然而他们绝不甘心灭亡，现在索性逃窜国外，撕下一切伪装，彻底堕落为西方反华势力豢养的走狗，与"民运""台独""藏独"等叛国集团合流，沆瀣一气，更加疯狂地指挥国内的隐藏骨干进行扰乱治安、危害人民的罪恶活动。由于他们受到西方敌对势力的庇护、支持与资助，我们对法轮功的斗争将是长期、尖锐和复杂的，斗争形式也将更须深入细致。尤其重要的是要防止松懈厌战情绪，必须乘胜追击，不给他们任何喘息机会。为此，不能仅依靠政府和公安、司法部门，而需依靠全国人民群众，发动社会各界共同起来，全面深挖痛批，才能形成强大威慑力量，使邪教成为人人唾弃的狗屎，使其无藏身遁形之所，最终彻底粉碎之。

　　为此，建议政府组织举办以下几件事：

　　（1）确定一个"全国反邪教日"（例如以中央明令取缔法轮功的日子为全国反邪教活动日）。

　　（2）我国已成立民间的反邪教组织"中国反邪教协会"，建议予以全力支持，并在各省市区、各地各部门都成立民间的反邪教团体，吸收广大各界人士参加，以利有组织地在全国开展反邪教活动。

　　（3）"中国反邪教协会"正在开展全国反邪教百万人签名活动，社会上各社团、部门也在进行类似努力，建议坚持进行下去，并将签名成果汇总到"中国反邪教协会"处集中，形成百万、五百万、千万人的大签名，显示中国人民反邪教的阵容、声势和决心，也使国际上了解反邪教在中国是如何深得民心。

　　（4）坚决切断邪教内外勾结的渠道，封闭一切邪教网站，其他网站敢为其提供宣传渠道的，先予警告，不改的也予封闭，对负责人进行法办。

　　（5）发动人民清查深挖法轮功地下骨干分子，特别是幕后策划、组织、煽动闹事的首恶分子。这些罪犯隐蔽虽深，但既要活动就一定会露马脚。只要发动群众，检举揭发，顺藤摸瓜，就可使它们无处容身。挖出后要公布罪行，依法严惩。反复参与闹事的要劳教。坚持不愿与邪教划清界线的要组织专门组帮教，并置于群众监督之下。

　　本文是 2001 年 3 月，作者在全国政协第九届四次会议上的提案。

（6）在全国范围内开展健康有益的健身文娱活动，如广播操、健身操、太极拳、武术、团体舞、秧歌、长跑、球类活动等，开展丰富多彩的竞赛、锻炼、会演、奖励活动，以取代"练功"。

（7）对法轮功信奉者，经多次教育、帮助迄不改悔者，要给予一定的党纪、政纪、法纪处分。党员必须退党、团员必须退团、担任政府公职的要退职（更不得担任领导职务），不得从事教师、律师、记者、医师等一类工作。

（8）组织全国各界、各团体、各部门的拒绝邪教活动，像现在学校开展"校园拒绝邪教"可以推广到"街道（里弄）拒绝邪教""青少年拒绝邪教""妇女拒绝邪教""老年人拒绝邪教""出版界拒绝邪教""文艺界拒绝邪教"等制定拒绝邪教守则，使邪教没有立足之地。

（9）组织出版界进行学习和自律，回顾以往的失误和造成的影响坚决不印刷出版法轮功和一切邪教的书刊，对有关"气功""人体科学""特异功能"一类的书要加强审查，不能肯定的送请科学院、工程院、社科院审议，凡有宣传邪教和伪科学内容的一律不得出版，否则要追究责任。同时鼓励组织广大作者编写出版高质量的反邪教、反迷信、弘扬科学精神的科普佳作，大量低价在全国发行。

（10）法轮功残害人民，搞得一些家庭家破人亡的例子不胜枚举。组织文艺界选取最有教育意义的实例，编导感人的影视片，或写成小册子，绘成连环画、宣传画，在全国放映和发行，尽量做到家喻户晓。

只要我们真正的相信群众、依靠群众、发动群众，开展一场持久的反邪教人民战争，不论邪教如何阴险、狡猾、恶毒，一定逃不出彻底灭亡的下场。

9　科普、科幻、教育

学校与产业联合培养研究生
——关于研究生教育改革的一点建议

在党的十一届三中全会以后，我国恢复了学位制，发展了研究生教育。14 年来，培养了大批研究生,他们已成为许多学科的学术带头人和重大企事业单位的技术骨干。研究生教育成绩很大，但是还不能满足今后形势发展与经济腾飞的需要，而且面临一系列困难问题，如教育经费问题、培养方向问题、研究生质量及就业和待遇问题、师资问题，总之，研究生教育如何更快更好地和经济建设主战场相结合，还存在若干问题。

我认为，结合我国国情，研究生教育如果能和广大的产业部门相结合，可以部分解决以上困难，促进研究生教育发展。

首先，我国培养研究生是为社会主义现代化的需要，绝大部分研究生特别是硕士生要投入经济建设主战场去。教育部门和产业部门联合办学，大大有利于研究方向的正确选定，有利于研究课题与实践需要的结合，有利于研究生质量的提高，有利于基础理论和生产实践结合以及处理实际问题能力的提高，也有利于解决就业去向问题。总的讲，这样做符合社会主义市场经济的新机制。

其次，经济建设部门拥有大批高水平、理论和实践结合得比较好的人才，还有大量战斗在生产第一线的中青年科技人员。联合办学，既可以提供师资，又可以提供生源，能提高培养质量和办学水平。

最后，联合办学，可以在国家教育经费之外增辟经费渠道，加快研究生教育的发展。

至于具体办学模式可以是多种多样的，例如，委托高等院校为企业代培业务骨干或特殊人才，招收定向研究生；企业的年轻业务骨干带课题在职攻读学位（包括短期脱产进校学习）；高等院校与企业合作举办研究生班等。在联合办学的过程中，高等院校的教师与生产部门高级人员可以换岗或相互兼职，共同参与研究生的培养教育及质量评定、分析。为解决目前高等院校培养研究生经费不足的问题，在联合培养的过程中，企业可以为研究生提供奖学金、研究经费及有关的试验研究设备等。因此，我认为应鼓励高等学校与合适的大中型企业建立稳定深入的联系，进一步探索适应我国经济建设、科技进步和发展需要的新的研究生教育方向、方法和措施。

本文刊登于《中国高等教育》1993 年第 4 期。

大家来关心科幻事业

宋健同志说得好："一个国家科幻小说的水平，在一定程度上反映了她的科技水平。"宋健同志还慨叹："近年来科幻文坛显得寂寥，中国无科幻"，并号召能有更多的人写出更好的高级科普、科幻作品来。确实，在强大的市场意识和经济效益潮流的冲击下，在放松了精神文明建设的误导下，正规的科技出版界都在为生存而苦苦挣扎，似乎并非"当务之急"的科普、科幻事业更被打入冷宫。我国本来就不算壮大的一些科幻创作的老队伍，改行的改行，患病的患病，流失散落，几乎溃不成军。任凭黄色、黑色和宣扬封建迷信、伪科学的出版物占领市场，毒害下一代。这种情况不能不引起包括国家领导人在内的广大人士的忧虑和呼吁。

然而也并非全无生机。许多有心人也欣喜地看到：在中国西南一隅就有这么几位志士仁人，创办并坚持了一份称为"科幻世界"的刊物。他们历尽千辛万苦，坚持奋斗了 16 年，逐渐站稳脚跟，拓展前途，精益求精，愈办愈好。使这份中国唯一的科幻刊物赢得了无数青少年读者的心，在国际上也崭露头角。在这个园地中，我们还看到大量青年作家有的甚至还是孩子们也脱颖而出，写出了动人心魄的科幻佳作，这正是我国科幻事业的希望和未来。面对着一厚叠凝聚着编者和作者心血的精美刊物，想象他们遇到的困难和艰苦奋斗的历史，我不禁潸然泪下。我要为我们的下一代向他们致敬，并且说一句："同志们，你们为中国、特别是为中国的青少年们，做了一件最有意义的事，历史将感谢你们！"

使我感到寒心的是，在今年第 7 期卷首刊出了一篇短短的编者呼声，知道了这硕果仅存的一本科幻期刊又受到"涨价怪兽"的严重威胁。虽然编者们表示"要硬着头皮办下去"，但最终是否会被这头怪兽吞噬掉，实在令人担心。《科幻世界》不能仅仅依靠提价来解脱危机，这将失去许多读者，特别是青少年读者，陷入恶性循环之中。出路只有一条：大家来关心和支持《科幻世界》。为此，我以一名普通的中国科技人员、一名科幻写作战线上的散兵游勇和一名关心下一代成长的老人的名义，向社会各界人士发出呼吁：大家来为《科幻世界》出一份力！

首先，我呼吁有关的领导部门和领导同志能关心一下科普、科幻工作，为落实中央《关于加强科学技术普及工作的若干意见》办些实事好事，管一管纸价，取缔那些黄色、黑色和宣扬封建迷信伪科学的出版物，法办那些不法分子，罚他个倾家荡产、永不翻身。书报是人们的精神食粮，难道我们能允许有毒食品在市场上泛滥成灾，放手不管吗？

我呼吁几千万中小学生的家长们支持《科幻世界》，在你们将一部部砖头似的"考试指南""复习大纲"……塞进孩子的书包时，也放入一本《科幻世界》。在你们将形

本文是作者应《科幻世界》之约所写，刊登于《科幻世界》1995 年第 11 期。

形色色的"补脑精""强身液"……灌进孩子的喉咙中时，也输给他们一点精神补汁。对孩子的智力发展要善于引导，不要揠苗助长，这才是对他们的最大爱护。

我呼吁几千万中小学生投身到科幻园地中来，人人读科幻、写科幻、爱科幻。特别希望那些沉湎于游戏机、卡拉 OK、港台的言情小说或武侠小说中的孩子们，以及那些热衷于追星、发烧的孩子们，清醒一下，改弦更辙，沉湎科幻吧，追科幻吧，为科幻发烧吧。科幻是一贴清醒剂、一服滋补药，它会使你们尝到探索自然奥秘的无穷乐趣，它会引导你们走上正确、光明的大道。

我呼吁全国的出版、宣传、影视部门来支持科幻创作。现在出版的小说期刊真是浩如烟海。电视剧动辄几十集、上百集。能否为科幻留出点小小的空间呢？让人们在饱览帝王将相、才子佳人之余，也能呼吸到一些清新的空气，摄入一些有益的养料。

我呼吁科学家们和文学家们支持科幻事业，依凭你们渊博的科学知识和生花妙笔，写出能引人入胜的高层次的科幻作品，让孩子们读后能扩展胸襟、增加知识、识别善恶、热爱科学。请把你们的佳作寄给《科幻世界》，让大家先睹为快，使中国的科幻小说再上一层楼。

我呼吁经济界的大亨巨擘、歌星舞后、港澳台同胞和海外侨胞，捐献极小部分资金，为中国的科幻事业创办个基金，向全国居住在经济落后地区的孩子们以及清贫的学生们送去一份《科幻世界》，表达你们的一颗爱心。这是一件功德无量的善举，也许中国下一代的科学家，包括像爱因斯坦一样的大师，会在你们的帮助下脱颖而出，迅速成长。

大家来支持科幻事业和《科幻世界》吧，中国有几千万中小学生，加上爱读科幻的成人，读者面应该上亿，为什么不能使《科幻世界》成为拥有百万订户的大刊，彻底摆脱为生存而挣扎的局面呢？

前途是光明的。中国的科幻事业和中国的科技发展一样，一定会摆脱暂时的困难，走向大腾飞的一天，但是这需要全国各界的大力支持。让我们携起手来共同为完成这一壮举而努力吧！

关于"永动机"致某同学

一

×××同学：

你 6 月份寄工程院的信，我现在才回复。一是因为 6、7 月份我出国开会去了，二是由于你的信很难答复。但不复信是不礼貌的，所以我还是给你写出此信。事实上，我收到过不少类似的信，你的信最具代表性，心情也最迫切，所以我就将这封信作为公开信在《科技潮》上发表，我相信能取得你的谅解。

我的回信一定使你很失望：我坚决不赞成你去研究什么永动机。我认为，这种"研究"必将浪费你宝贵的精力与年华，最后以一无所成而告终。希望你仔细考虑一下我下面的几点意见。

（1）从来信看，你是位富有想象力的和"固执"的青年。从一个角度看，这是好的。现在很多中国青年就缺少这两点。但想象力必须有科学的基础才能有成，不能是空想、梦想和乱想。"固执"也只有在方向正确时才有意义。坚持在错误道路上走而不回头的人，并不是智者。

（2）科学技术是不断发展的，前人留下的经验、总结、理论也是不断被修正和提高的。但某些原理已被证明是真理，或接近真理（至少在一定时间里和范围内是如此），是不能无根据地怀疑和推翻的。看来你还承认的"能量守恒定律"，便是一例（不知你对热力学第二定律怎么看？）。并不是前人所说的一定都是错的，也不是只要敢于跳出前人的范畴就一定是正确的，或代表进步方向的。

（3）更重要的，要推翻前人理论，必须对该领域的知识进行深入钻研，有透彻的了解才行。历史上，许多科学家都是在前人工作的基础上，经过毕生的艰苦钻研、经过无数次的试验研究分析，才能有新的发现，才能对前人理论做出修正或提高。科学的灵感只能在勤奋和努力中才会产生。

我痛感到我国青年容易走上两个极端：一是习惯于接受灌输式教育，想象力不丰富，囿于前人、名家的结论而不敢稍有逾越；二是不愿意艰苦努力、扎实地打好基础，总想一鸣惊人，一步登天，或声称自己已简单地证明了哥德巴赫猜想，或宣布已发明了什么伟大的原理，或认为已制成了永动机。这两个极端都是非常有害的。

为了说明以上道理，我再举一个简单例子。谁都知道，一次、二次、三次、四次代数方程都能得出以初等形式表达的解，但五次（及以上）就不行。这是前人经过严格论证得出的结论。如果你对代数学没有深入的研究，不了解一些数学大师（如高斯、

1997 年 6 月和 10 月，一位年轻学生两次致信作者，要求支持他搞永动机研究，本文是作者两次给这位学生的回信，进行劝阻和批评，其中第一封信曾在《科技潮》1997 年第 10 期上发表。

拉格朗日）毕生在这方面所做的努力，没有阅读伽罗华发表的开创性的论文，不知道数学中有"群论"这一理论及其应用，只是简单地怀疑："为什么五次方程不能求得形式解？""为什么要听前人的话？"坚持抱定"我就是要找出五次方程的解"的态度，而且固执地走下去，那会有什么成果呢？

另外，科学是严谨的，不能有丝毫含糊。你的所谓永动机，其"永动"的含义究竟是什么？如果指不需要输入任何外界能量而能永远转动——这显然是荒谬的；如果指不需要人们给它输入能量，机械自己能从宇宙中吸取能量而永远运动——请问你所谓的宇宙是什么范围，"宇宙能量"又是什么性质的？如果是指太阳能，则利用太阳能发电和运行的设备早已研制出来，如果这就是永动机的话，又何劳你去开发呢。你用夹紧的弹簧具有"永恒"的弹力来说明永动机可以制造出来，显然走入误区。弹簧之所以具有弹力，是因为人们先捏紧了它，对它做了"功"，使它储存了能量，但这能量是有限的，一旦弹簧将支座推动，储存的能量做了功，这弹力也就消失了。这根本不是什么"永动"。我不知道你设计的永动机是什么结构和原理，也不想了解，因为这必然是白费劲。

你是一位攻读电力工程的学生，在电力工程领域中，有无数课题需要研究，有无数难关需要攻克。例如，如何极大地提高效率，如何开发研制新设备，如何利用新能源，如何实现电的清洁生产，如何实现超导输电，如何开发我国西南得天独厚的水电宝库……我衷心希望，你在全面深入学习的基础上选择你最喜爱的领域和方向，找准课题，发挥你的想象力和执着精神，努力攻关，为祖国人民做出有益的贡献，这肯定比你研制永动机要有意义得多。

由于健康欠佳，医嘱休息，就不再多写了。盼你三思。

顺致

敬礼

1997 年 8 月 18 日

二

×××同学：

接到来信，我感到很失望。因为你没有听取我的劝告，执意在错误的路上走下去，这对你是非常不利的。我愿意再一次写信给你，进行严肃的批评。

从来信看，你对物理学中一些最基本的概念也不清楚——例如说，宇宙中有哪几种基本力系和它们的性质，所以会把浮力和重力（万有引力）并提，还称浮力是"反重力"，从这么个莫名其妙的概念出发，就认为可以利用重力与反重力制成永动机。如果这能行的话，我可以设计一个非常简单的永动机了：搞一只潜水艇，艇上立一根齿轮杆，水面上设一台双向发电机。则潜艇下沉时齿轮杆带动发电机顺时针向发电，潜艇上浮时又带动电机逆时针向发电，电力引入潜艇内使用，岂不比你的设计简单、方便十倍。现在我出个题让你回答，这样的永动机能成立吗？它的谬误在什么地方？如果你连这样一个问题都回答不出，那么我劝你还是从初中物理读起，且不忙于设计永

动机。

实际上，百余年来在浩如烟海的永动机设计中，有许多是人们穷毕生之力、绞尽脑汁设想出来的，比你的设计要高明得多，更不易被拆穿。我不知道你坚持要在无数失败的纪录中再添加一个拙劣的设计，目的何在？

你的根本毛病是个"懒"字。你不愿意做出艰苦努力，从数学、物理的基本知识一步一个脚印地学起，总想一鸣惊人、一步登天。不幸科学领域不是股票市场，从来没有不劳而获、无中生有的好事。不进行艰苦学习，只搞梦想、空想，你是绝不会有任何收获的。为了给你自己的懒找辩护，你还举出爱因斯坦、爱迪生为例子，似乎你不是懒而是反对分数主义，反对读死书，而要动脑筋。我不知道爱因斯坦在学校里考几分，也不知道爱迪生是否反对硬背死记，但我知道爱因斯坦在发展他的相对论时，要用到极高深的数学工具，如果他不通过艰苦的努力，包括必要的死记硬背，使自己的数学、物理修养达到极高的境界，而是躺在床上动脑筋，他能做出贡献来吗？至于爱迪生，在他所有的发明中，没有一件是脱离实际、违背客观规律的，而是紧密结合实际创造的。我的所谓学习，也不只指学校中的学习，成绩也不只反映在考分上。但无论如何，学校中的系统学习是极重要部分，而考分也在一定程度上反映知识积累和解决问题能力的水平。过去有个张铁生，以考零分而大出风头。当时是用政治为他辩护。我希望你不要步他后尘，以考低分、留级为光荣。不同的是，你是拿反对死读书、要学爱因斯坦来辩护了。我希望你珍惜你父母、学校、社会为你提供的良好学习条件，不要辜负亲人和国家的期望，不要辜负大好青春年华。

信就写到这里，不必回信，我也不会再读你的来信和看你的什么永动机设计。你不珍惜自己的青春年华，我还不愿意把有限的余年花在什么永动机讨论上去。

盼三思！祝进步！

1997 年 10 月 23 日

在 1997 年北京国际科幻大会上的讲话

主席先生，女士们，先生们：

能有机会参加 1997 年北京国际科幻大会，感到十分荣幸，并愿借此机会向所有出席大会的朋友们，尤其是远道而来的国际科幻界人士表示热烈的欢迎和良好的祝愿。

我虽然偶尔也写过些科幻短篇，但无论在想象力上和文字表达上都是不入流的，最多算个"散兵游勇"，没有资格在大会上发言，只是承大会组织者的厚爱，才有胆量说几句外行话，供大家参考。

人类文明的发展，归根到底是由实际需求来推动的。在初期，这种推动来自简单和直接的需求，譬如说，要填饱肚子、要战胜疾病、要避免野兽的侵袭等。但到后来，需求中"想象"和"探索"的成分就逐渐多了起来，要像鸟儿一样上天飞翔，要像鱼儿一样潜水下海，要长上千里眼、顺风耳，要探索世界万物的奥秘……这是一个重要的飞跃。

人类为什么能成为这个星球上的主宰？我想，人类能"想象"，能提出高层次的"需求"，而且能通过劳动来实现这些需求，恐怕是主要原因吧？由此，我们可以认识到"想象"包括幻想在人类发展史上起到了多么重要的作用。而且可以知道，"想象"总是来源于现实、超前于现实，最后又能改变现实的。从某种意义上来说，"想象"是推动人类文明的真正动力。

18 世纪以来，世界上出现过许多位科幻大师，流传下无数的不朽名篇。现在，他们的许多想象，都已成为现实，甚至已超过他们的想象，这就足以证明上述观点。特别是 20 世纪，可以说是科学技术大爆炸的世纪，人类在许多领域，如航天和星际飞行的实现、微观粒子世界的揭示、电子和计算机技术的突飞猛进、基因和生物工程令人瞠目的成就……不仅实现了上一代科幻大师的预言，也为今后科幻事业的发展准备了肥沃的土壤。

中国人民是勤劳、智慧的人民，历史上也对科学技术的发展做出过贡献，可是几千年的封建统治和闭关锁国政策严重地束缚了人们的思想，以至现在我们在科学技术和创造发明方面明显地落后了，科幻事业也同样得不到发展。邓小平同志的改革开放政策，再一次解放了我们，使我们有机会打开大门、呼吸新鲜空气、发现自己的差距、加快追赶的步伐，在政府的倡导和许多有心人的艰苦努力下，中国的科幻事业也出现了蓬勃发展的势头，特别是有大批的青年人投身过来。当然，差距不可能在一个早晨消失，我希望、也相信这一次国际科幻大会的召开，必将促进交流、加深了解，有助于我国稚嫩的科幻事业得到更多的营养和更快的发展。

下面，我还想针对中国当前的情况，说几句"泼冷水"的话，供大家思考和批评。

本文是 1997 年 7 月，作者在北京举行的国际科幻大会上的发言。

首先，"科幻"这个名词中既然出现一个"科"字，就说明科幻不是梦想，不是空想，不是神话，而是有科学根据的幻想，是一种超前于现实但在将来——哪怕是遥远的将来能够实现的事实，希望我们的作家们在下笔时能经常记住这一点。

我经常接到一些可爱的年轻人的来函，他们恳切地要求我支持他们决定搞的一些研究或试验，譬如说"永动机"，或者兴奋地告诉我，他已证明了"哥德巴赫猜想"，或创立了一门新学科，他们都是受到"科幻"的启发而这么做这么想的。他们分不清幻想和现实，一切打破现有规律、跳出现有框框的举动都认为是"正道"，把劝说他们不要这么做的人一概视为顽固保守派，他们总不愿脚踏实地做功夫，而要一步登天，这不能不引起我们担忧。

第二，科幻工作者要和伪科学划清界限，并坚决与之斗争。当前，中国大地上封建迷信大肆回潮，而且都为自己贴上科学标签，什么科学算命、计算机看相、周易预测学……还有各式各样的特异功能、巫医神汉、宇宙信息……有的已经闹到了无法无天、谋财害命的程度，触目惊心。之所以如此，一是国民素质低，二是坏人、骗子利欲熏心骗人谋财，三是一些官员和高级人士在幕后支持。此风不刹，此祸不除，国家民族没有希望。科幻界不能被他们利用，而要大声疾呼，揭穿他们的骗局。

第三，为了做到既启发人的想象力又不使年轻人走上歧途，"科幻"与"科普"必须并重兼行。他们本来就是不可分开的孪生子，缺一不可。所以，我希望和呼吁从事科普创作的文学家、科学家能多写一些科幻作品，也希望和呼吁科幻作家特别是年轻作家深入学习科技、真正进入科学殿堂而且参与科普创作。我经常幻想：如果有一本书，上半册是一篇引人入胜的科幻佳作，下半册是一篇优美的有关学科的科普作品，使人在翱翔于幻想的天界后，再受现实的科普洗礼，知道"幻想"和"现实"间的差距和障碍，知道为战胜这些障碍需付出多大的汗水和代价，知道在攀登科学高峰时没有捷径和秘诀，更不可能无中生有和不劳而获，那该有多好呀。

最后，让我们共同庆祝这次北京国际科幻大会的召开，让我们携手高呼：

全世界科幻工作者携起手来，为我们的共同事业，为全世界人民的友谊、团结和发展不懈地努力奋斗！

祝大会取得圆满成功！

赴香港理工大学的致辞

尊敬的潘宗光校长，尊敬的女士们、先生们、朋友们：

我们五人能作为大陆学子的代表，应邀访问香港，进行学术交流，并出席今天的典礼，感到十分荣幸。请允许我代表我们全体，向香港理工大学、向潘宗光校长、向主礼嘉宾、向出席今天典礼的各位代表和来宾表示衷心的感谢。我们认识到，处在科学技术高度发达的今天，在任何领域中要做出贡献，都离不开前人的成就和集体的努力，个人的作用是有限的。因此，我们把所受到的礼遇和鼓励，作为香港科技教育界对大陆学子的美好心意。我们要把这一深情厚谊带回去，转达给大陆科技教育界的全体同仁。

1997 年是具有伟大历史意义的一年，美丽繁荣的香港在经历百年沧桑后回到了祖国的怀抱。长期来蒙受的民族耻辱得到洗雪，普天同庆，万众欢腾。几个月来，一国两制的政策得到完美的贯彻。香港特别行政区实现了平稳过渡，而且在董长官的正确治理下，有大陆作为强大后盾，香港呈现出欣欣向荣令人喜悦的大好趋势。1997 年又是中国共产党举行 15 次代表大会的年头，这次大会回顾了过去、总结了经验、确立了邓小平理论的历史地位和指导意义，并由此制定了适合我国国情的基本路线和纲领。可以说是双喜临门。我们深信，在今后直到进入新的世纪，香港的前途会愈来愈光明灿烂，祖国的发展会愈来愈健康迅速，一国两制的伟大构想会愈来愈巩固和取得新的经验。我们将有共同的辉煌前程，共同为祖国统一和中华民族大振兴做出自己的贡献。

香港和大陆分离了一百多年。但是香港同胞始终是我们的骨肉兄弟，大陆人民始终关注着香港。我们心灵相通，休戚与共。在香港同胞的长期努力下，香港不仅成为世界金融和贸易中心之一，成为亚洲四小龙之一，而且在教育、科学和工程技术上也具有重要地位。香港理工大学作为一所著名学府，造就了 16 万英才，为香港的繁荣发展做出了巨大贡献，我们深表钦佩。大陆自改革开放以来，找到了正确的航向，经济和社会的发展一日千里，正处在大腾飞阶段，成就是举世瞩目的。当然也面临着巨大的挑战和众多的困难。香港特区完全可以也能够从技术上、资金上、管理上参与这场史无前例的建设高潮。祖国大陆欢迎和需要香港同胞的支持，也一定会得到这种支持，因为我们是一个国家，一个民族，有一个共同的伟大目标——振兴中华。如果说，过去受历史条件的限制，使我们之间不能更全面、更深入、更及时地交流与合作，那么今天障碍已经清除，相信一定能合作得更全面、更有效。希望我们这次应邀访问交流，也能起到一点促进作用。

我们有把握高呼：香港的明天会更美好，大陆的明天会更美好。让我们携起手来迎接光明灿烂的新世纪的到来。

最后，再一次感谢香港理工大学和潘校长给予我们的礼遇和鼓励。

谢谢大家。

本文是 1998 年 4 月，作者应邀赴香港理工大学访问和进行学术交流时的致辞。

三 句 话 的 礼 物

亲爱的青少年们：

　　今天有机会与你们见面谈心，非常高兴。你们代表着祖国的未来，人民的希望。你们像初升的太阳，前途灿烂辉煌。你们是幸福的一代，有中国特色的社会主义将在你们手中建成，中华民族的振兴大业，将在你们一代实现。我热烈地祝贺你们！

　　同时你们承担着历史的重任，因为你们将面临一个充满无情斗争和剧烈竞争的世界与时代。你们要在各个领域中和外国同行或敌人进行较量，看看谁在科技发展、经济建设上跑得更快一些。由于历史原因，中国和发达国家比，无论在科学技术或经济实力上，都落后一大截。换句话讲，你们的起跑点落在人家后面十年、二十年，甚至更多。要超过他们、战胜他们，完成历史赋予你们的重担，你们必须付出比别人更多的心血，做出更艰苦的努力。必须立下雄心壮志，发愤图强、英勇拼搏，而且必须有正确理论的指导，掌握科学的方法，才能取得最后的胜利，为国家为人民做出永垂史册的贡献。

　　青少年同志们，我今天想送三句话给大家，算作小礼品，供你们思考。第一句话，不要迷信，要自信。迷信是妨碍你们进步的大敌，自信是你们取得成就的基础。现在中国的孩子们很容易犯上迷信的毛病。例如说，迷信外国，认为外国富裕发达，外国人聪明能干，外国货永远比中国货强，总之，外国的一切都比中国好。孩子们，事实不是这样的，中国人一点不比外国人笨。世界上所有民族在智力上都是一样的，不存在什么上帝的选民和劣等民族。而正因为所有民族都是一样的，我们有 13 亿人，就理所当然要在各个领域中都处于领先地位，登上世界高峰，这才符合科学规律。现在我们在许多地方落后，是二百年来外国的侵略掠夺和奴役的结果，也有我们自己的失误因素。总之，是历史留给我们的包袱。只要扔掉包袱，轻装前进，一定能赶上超过别人。一句话，对一切我们暂时不如外国的地方，我们要承认，要赶超，而不要迷信，不要丧失自信。

　　其次，也不要相信权威，世界上没有全知全能的人，没有不犯错误、永远正确的人。有时候年轻人、地位低微的人，反而比老头子、比当官的人更聪明正确。牛顿是位伟大的科学家，他的贡献无与伦比。但不能迷信他，他的许多理论、结论都要修正或发展。而且他还是个有神论者，他认为日月地球星辰都是上帝创造的，然后上帝用手一击，宇宙就这么运转不息了，在这一点上就没有你们聪明正确。中国有些大学校长、教授，相信和宣传水可以变成油。有些领导、老干部还对李洪志这样的骗子顶礼膜拜，奉为天神，比你们笨得多。所以对于权威、科学家、领导、老头子我们要敬重，尊重他们做出过的贡献。他们的话一般都是对的，但绝对不要迷信。再进一步说，也

　　本文是 1999 年 11 月 6 日，作者在北京中国科技馆举办的"科学家与青少年见面会"活动上的讲话。

不要迷信书本。书本是过去知识的结晶，我们是通过读书增长知识的，功不可没。但书中不免有错误的地方，要小心。即使不错，世界在不断进步，一本科技书过上几年就落伍了，需要修改补充，甚至重写了。所以书是需要读的，但不能迷信。我这么说不是宣扬民族沙文主义，不是不尊重权威、领导，更不是要丢掉书本。一切好的经验都要虚心学习和尊重，但就是不能迷信。我重复说一句，不要迷信要自信。

第二句话是不要守旧要创新。我们所在的世界、宇宙处于永恒的变化之中、发展之中。在宇宙中没有"静"这个概念。滚滚长江总是后浪推前浪，茫茫人世总是新人换旧人。学生永远比老师的成就大，因为他们站在老师的肩上。一句话，创新是一切科学、技术、社会发展的最基本精神。创新意味着光明进步，守旧只能是衰退消亡。不幸的是，长期来的历史传统、思维模式和教育制度，严重地束缚了中国青少年的思想。中国人的创新能力是不足的，中国学生们习惯于坐在课堂上听老师满堂灌，习惯于手抄口背，习惯于老师出题他来解答，却不善于自己想问题、出问题、寻解答。所以中国的学生往往能考上高分，却不善于对复杂的情况进行综合分析、开拓和创造。出不了第一流的大思想家、大科学家、大发明家，原因就是思想不解放，只有小聪明，没有大聪明。只要打破枷锁，解放思想，展翅腾飞，世界上没有哪个民族能和 13 亿聪明的中国人相比。所以青少年朋友们，请你们丢掉一切束缚自己的精神枷锁，早日长成强劲的双翼，在万里长空中尽情翱翔吧。

第三句话是不要偷巧要勤奋。在现今社会上有小偷、有强盗、有骗子，他们的共同点就是要不劳而获，采用种种非法手段，把别人的财富占为己有。他们可能得逞于一时，但最终逃不了法律制裁，落得一个可耻的下场。要知道，在知识领域中，同样有小偷、强盗和骗子：有的剽窃别人成果去发表，这就是小偷；有的依仗权势，把别人或集体功劳占为己有，这就是强盗；还有的弄虚作假、招摇撞骗，今天说有了大发明、明天吹有了大突破，统统是假的，这就是骗子。在科技界、知识界，这种小偷、强盗、骗子还不少。他们也可能得逞于一时，但最终的下场也一定是身败名裂、臭不可闻！青少年朋友们，我们要鄙视和痛恨这种败类，要永葆纯洁。在科学探索领域中，没有坦途。要登上顶峰，只能靠自己攀爬，没有捷径，没有直升机可坐。爱迪生讲过，天才是 99% 的汗水加上 1% 的灵感。我还要补充一句，这 1% 的灵感只能从汗水中来，不会凭空产生的。我们要永远记住，世界上没有不劳而获和无中生有的事。特别是如果你要创新，就需要付出更多的汗水和心血。希望大家扎扎实实打基础，老老实实做学问，锲而不舍地钻研问题，别空想找什么终南捷径，甚至想坐直升机，一夜成名，那必会走上小偷、骗子之路。一句话，不要偷巧要勤奋。

总起来说，这三句话是：不要迷信要自信，不要守旧要创新，不要偷巧要勤奋。这是一位古稀老人送给各位小朋友的小礼品。有没有道理，你们也不要迷信，好好思考吧。

1999 年即将结束，我祝愿你们，祝愿全中国的青少年们展翅腾飞，迎接新世纪的到来！

在清华大学攀登项目结题验收会议上的讲话

我们的攀登项目，今天结题验收。首先请允许我代表项目专家委员会感谢各位验收专家在百忙中放弃了休息时间，前来参与会议，对各课题进行认真评议验收，给出中肯的评价，在听介绍时还提出许多重要的问题和意见。这些都对指导我们会后的工作起有重要作用。

本项目是针对重大的土木、水利工程的安全性与耐久性问题进行的基础研究。新中国成立以来，我国进行了规模空前的工程建设，取得了举世瞩目的成就和经验，也有一定的教训，主要是工程质量和安全、耐久性方面的问题。今后，土木、建筑、水利方面的建设还会以更大的规模和更快的速度进行，工程的安全与耐久性问题影响至为巨大。如何总结经验、吸取教训、加强基础性的研究，具有深远意义。我们当初提出这个计划时，得到领导的支持，顺利立项。在进行中，又得到有关部门、院校的大力资助，都说明从领导到各部门都十分重视这一问题。

本项目以有代表性的重大结构（高层建筑、大型桥梁、高坝大库）为依托，进行安全度和耐久性研究。其特点：一是进行了基础性研究，具有理论深度和普遍指导意义；二是密切结合实际工作进行；三是涉及广大的领域，有些是前沿或交叉学科；四是集中国内优秀的力量协同作战。由于大家的努力和有效的管理，经过五年来的努力，取得了很好的成果。总体上达到国际先进水平，个别成果我认为确实达到了国际先进水平。成果中，包括创立或发展了重要的理论；试验解决了不少问题；试制了一批仪器、设备，开发了软件；完成、提交了大量论著和研究报告，不少成果已在国家重点工程上得到实践、发挥了作用；同时培养壮大了力量，形成了一支以老专家带队，以中青年为骨干的梯队，使我们的事业有了优秀的接班人。这些成果来之不易，值得我们珍视和高兴。希望能认真做好结尾和推广工作。

另外，由于问题的复杂性、广泛性和受到的经费限制，许多问题还不能做得很深入，有待继续钻研，有些因素的考虑还不全面。在一些调查、试验、分析工作上也显不足。许多理论、方法、模型、公式、建议的标准等更有待验证。现在科技发展愈来愈快，新的因素、新的事物不断涌现，停顿就意味着倒退。所以参与本项工作的一些同志提出，希望把本项目再做下去，继续攀登，达到新的高峰，并正在按手续申请。土木、水利虽都是传统学科，但面临的任务和需要解决的问题十分艰巨、复杂，必须加强基础研究，必须大力创新，大力引进高新科技来改造和提高，才能满足党和国家对我们的要求。我们希望有关领导部门能对我们的工作给予重视和支持，验收专家组在意见中也指出这一点，我们表示衷心的感谢，并向所有参与工作的同志表示祝贺和敬意。

谢谢大家。

本文是 2000 年 2 月，作者在清华大学攀登项目结题验收会议上的讲话。

认识自然　热爱自然

《人与自然》创刊出版了，我表示热烈的祝贺。

究竟什么是人和自然间的正确关系？是我们过去经常说的"认识自然、改造自然、征服自然"吗？这是个值得我们深思的问题。

自然孕育了人类。当人类刚出现时，和其他动物一样是依靠天然的潜能和自己的体力维持生活、繁衍种族的。他们过着艰苦、朴素然而是和谐的生活。但在以后的发展中，人类以其两大特点——能思考、会合群，迅速地脱颖而出，最终成为万物之灵和自然的主宰。特别是近二百年来，西方文明和科学技术的大发展，使地球上出现了极其灿烂的人类文化。这种文化在浩渺的宇宙中即使不是唯一的，也是十分稀罕的。表面看来，人似乎真的认识了自然，征服了自然。

然而，我们却看到许多不应出现、令人震惊的后果：这几百年中，一些西方国家凭借他们手中的科技、经济和军事力量，贪婪地开发和糟蹋着自然资源，无情地奴役着落后的国家和人民，疯狂地破坏、污染环境。在人类文明发展的同时，曾经覆盖地球的森林植被消失了，代之以沙漠、秃山和混凝土森林。整个地球被污染了，空中飘着黄烟，地上流着黑水，要找一块净土是愈来愈难了。人口已猛增到 60 亿以上，而曾经和人共处在地球上的物种却在迅速减少，很多物种只能在动、植物园中可以看到，更多的只留下标本，甚至连标本也没有留下就无声无息永久消失了。破坏生态、消灭其他物种的人，最后也终将消灭自己。能够说，西方的高科技已经正确地认识了自然吗？

对于我们这个东方文明古国，情况也好不到哪里：在经过艰苦卓绝的斗争，取得国家独立、民族解放的胜利后，片面地强调了斗争哲学。除了与人斗争外，就是与自然斗争了。认定人多力量大，发誓叫"高山低头、河水让路"，似乎只要坚决斗争，万物皆能为我所用，事物都会按我意志发展，自然是完全可以征服的，成为驯服的工具。于是干了多少错事、傻事，其后果也就不言自喻了。

所以，人类似乎应该重新思考，需要正确地、全面地重新认识自己。"改造自然"似应改为"适应自然"，"征服自然"似应以"与自然和谐共处"代替，"开发资源为我所用"似还应受到适度消费、让大自然休养生息的约束。近几十年来，国内外有很多团体、志士仁人为此呼吁。也许个别的提法、做法有可议之处，但大的方向和要求该是正确的吧？

可是要做到这点谈何容易。现在地球上不仅不是大同社会，而是有一心要绝对称霸的势力。南北差距如此之大，多少落后的国家、地区、人民亟待发展，各种政治、经济、军事和科技上的矛盾交错，进行着复杂剧烈的斗争。要最终解决问题，征途

本文是作者应《人与自然》刊物之约而写，刊登于 2001 年 8 月创刊号。

正长。

我国现在期刊很多，出现了"百花齐放、百家争鸣"的现象。但专门研讨人和自然的刊物却不多。本刊的问世将给我们一个自由发表意见、热烈讨论问题的好园地。可讨论的问题也并非只有上述的方面，而可涉及极广泛的领域，从自然科学到社会科学，到各种交叉学科。所以我热烈地祝贺她的问世，衷心地期望她茁壮成长，愈办愈好，成为百花园中一朵有特色的艳丽小花。

论儒家思想和科技发展

　　中国是个有五千年文明史的古国，中华民族是聪明勤劳的民族。中国人民在科技上有许多重大发明创造，提出很多哲理、原理，在人类文明发展史上留下灿烂的记录。直到 15 世纪前，中国的科技水平在世界上仍占领先地位。

　　然而这样一个大国，在以后的几百年中就迅速地衰退了。与此同时，以西欧为代表的西方世界出现了腾飞式的发展，不仅远远超过了中国，甚至令这个泱泱大国面临瓜分豆剖、亡国灭族的绝境。起里程碑作用的工业革命发生在 17 世纪的英国而没有出现在中央王国。这就是所谓的李约瑟之谜。

　　许多学者试图从各种渠道回答李约瑟之谜。其实，一个国家的科技发展道路和速度与她的传统文化和思想体系是密不可分的。历史不能割断，要回答李约瑟之谜，不能仅从 15 世纪以后去分析，必须从更早的时代分析起，从影响整个民族的思维模式进行探索。这样就不得不研究一下作为几千年来中国传统文化思想支柱的儒家思想与科技发展之间的关系。

　　儒家不是宗教，但在中国影响比宗教还深，中国人常将儒、释、道并称为"三教"。儒教至少从西汉起就统治了中国思想界两千多年，其影响之广大、深远是世所少有的。儒家思想常被称为孔孟之道。其实儒家思想有其创立、形成、发展和巩固的历史，并不就等同于孔孟当时的思想。历代统治者为了利用儒教巩固其统治，对其中有利的部分加以肯定、强调乃至动用政权力量强迫人民信奉，对不利部分则加以摒弃和压制。而且历史是发展的，孔孟的某些教义即使在以后被证明是不正确或有害的，在当时却是合乎人民认识水平或具有进步意义。正如亚里士多德的宇宙观虽不符实际，却不能否认他是历史上一位伟大的思想家一样，所以如果说儒家思想对后世的科技发展有负面影响的话，责任也不能由孔、孟两老承担，而应由统治者负责，这是需要说明的。

　　其次，儒家思想体系堪称博大精深，其中许多内容具有合理核心，数千年来对国家的团结稳定、民族的和谐相处、为人的道德修养都起有正面作用。例如鼓吹施行仁政、强调社会和谐、主张全面辩证地分析问题，许多格言至今不失其正面意义。研究儒家思想对社会政治的影响切忌简单化、一刀切，说好就捧上天，全盘照收、奉为经典，说坏就踩入地狱，全盘否定。两者都缺乏科学分析。从五四运动到"批林批孔"，孔子成为一条打不死的"灵蛇"，其理由恐怕就在不分皂白地粗暴批判，乱扣政治帽子，这如何能使人心服呢。

　　说明以上情况后，我们就可以客观地研究儒家思想与科技发展的关系。我们不能不遗憾地指出，恰恰在这一点上，儒家思想起了最大的反面作用。我自己虽服膺儒教中的许多精义，对此却不能为之讳。

　　本文作者写于 2001 年 12 月，在 2002 年 4 月召开的"中国近、现代科学技术回顾与展望国际学术研讨会"上作为大会发言宣读。

最重要的一点是在儒教观点中，宇宙、天地、社会、世道是停滞不变的。所谓天不变道亦不变——上至天体运行、朝廷典章制度、社会阶级地位，下至祖宗家训、器皿形式都不会变也不许变。如果有变，例如出现彗星，就是灾异，必须禳解、消除，使之仍归正道。所谓"天命有常""祖宗之法不可改""三年无改于父之道可谓孝矣"。一只酒觚的形状变了一下，孔子就大发感叹："觚不觚，觚哉觚哉"。但这是完全违反客观的，宇宙间第一条真理就是变，万物都在变，从来也不存在静止、停滞的事物。

人们对事物的认识是逐步深入的。在科学技术不发达时，人们所见所闻无论在空间或时间上都极其有限。看到的大地平坦无垠，也发现不了日月星辰的运行有何变化，从而萌生出不变、停滞的观点，原可理解，中外一样。但随着科学的发展、认识的深化，不及时改变观念，而用不变论反对一切变革，就成为阻碍社会进步的反动力了。

第二种错误的认识是倒退论，或曰今不如昔论。孔孟生于春秋战国乱世之际，也许饱受了战乱与颠沛之苦，他们对当时的政治及社会极不满意，而把千年以前的尧舜之治奉为不可逾越的最高境界。尧舜不可求，则退而求三代之治。虽有一代不如一代的味道，但禹、汤、文武之治至少比当前高出万倍。其实所谓尧舜之治仅是缥缈的传说，无非是生产力极为低下的原始共产公社罢了。在三代中，随着生产力的发展，逐渐向阶级社会演化，并出现较高的奴隶制文明。孔孟们梦寐以求的是使社会倒退到尧舜时代，不得已也要退到禹汤文武时代。孔子在听了韶乐后，发出了"至矣尽矣叹观止矣"的赞叹。在他心目中，后世音乐是绝对超越不过"叹观止矣"的古乐的。

反映在教育中就是，弟子永远也赶不上老师。孔子的弟子们一致认为孔子是圣人，"高山仰之景行行之""仰之弥高钻之弥坚"，不论如何努力，是无法赶上的。我国传统有"天地君亲师"之说，弟子拜师要叩头立雪，先生授课不容许弟子驳难，否则就是大逆不道。如果要学外学派创新学说，更是叛师离道、十恶不赦了。在这样的传统风气下学生怎能有独立思考、创新发展的活力呢。

轻视和贬低工商是儒家思想的又一特色。士农工商，排在首位的是士，即读书人。十年寒窗，一举成名，当官为宰，光宗耀祖，成为一个人的正途和最高理想。这里所谓读书是指皓首穷经，从圣贤之书中去挖掘微言大义，不包括一切有实用知识的书，因为那些书和"学而优则仕"是沾不上边的。所以几千年来，千百万的知识分子都花毕生精力咀嚼那些甘蔗渣，著作浩如烟海，济世实用的书少得可怜。

儒家把农排在第二位，是为了"民以食为天"，得吃饭。而且农民占人口的绝大多数，赋税都出于此，没有农民就无民可牧了。当然，对农民的要求是遵循古制，耕田纳粮。知识分子当不成官也以耕读自娱，以示清高（真正下地干活的恐没有几个）。对于工，虽然穿的绫罗绸帛、住的宫殿房屋、行的车辆船舶都得工人来做，但地位更低于农。而且若有所改进、发明，就被斥为淫巧、机心，绝不支持、发扬。中国建筑艺术闻名于世，但长期来墨守成规，而且全靠师徒口传，能够不失传已不容易，更不要说创新了。至于商，则列之末流，贬为贩卒，更无地位可言。实际上，工商是属于贱民阶层，不能应试做官的。

儒家思想还反对竞争，在儒家经典中很少提倡竞争，阐述优胜劣败的道理，信奉的是百年老店、祖传秘方。更反对探索和冒险。所谓"身体发肤受之父母不可毁伤"

"千金之子坐不垂堂""君子不立于危墙之下""父母在不远游"等。安土重迁，追求五世同堂、讲究中表联姻。那些出海涉险的人都是为生计所迫，甚至被朝廷视为匪类和化外之民。但要探索真理，不可能不冒风险、不陷困境、不远离家国、不毁伤身体乃至牺牲性命。反观西方，登山、航海、探险、上天甚至一些无实际意义的冒险与竞争，都得到社会乃至统治者的肯定。儒家明哲保身的人生观，以及"成事在天""知足常乐""退一步想""不求甚解"等消极说教，也大大扼杀了中国人民探索、创新的活力。

据说，有一位外国人年轻时来华，看到农民用龙骨水车车水抗旱，惊叹不已。待他暮年再来，见一切如故，便认为这个民族不会有多大前途。从西汉初年的马王堆汉墓出土文物来看，服饰、饮食、器皿、建材……与两千多年后的晚清相比，没有多少区别。以前常说，农民革命是推动历史进步的动力，但从生产力发展情况来看，得不出这一结论。农民起来革命，推翻一个封建王朝，却建立了另一个封建王朝，依然开科取士，依然用儒家思想统治人民，依然笼罩在不变论、倒退论、天地君亲师、士农工商的阴影之下，怎么能推动生产力的发展呢。

总而言之，几千年来中国人民在上述思想体系、教育模式、政治制度的熏陶、统治、约束下，极大地压制、挫伤了整个民族的创造力。也使几千年来生产力进步不多，科技发展不快。这是十分明显的事实，如果不发生大的变动，再过一千年在中国也出现不了工业革命。当然，几千年来，中国有一些有识之士，不满于圣贤之道、祖宗之法，有过怀疑，进行过批驳，从事过钻研、改革，在政治、哲学、科技各领域进行过多方面的斗争，取得很多成绩，出现了一批卓越的思想家、政治家、数学家、天文学家、航海家、工业和农业专家，取得可喜的成果，一定程度上推动了社会进步，他们才是民族精英和历史的创造者。可惜在黑暗统治下，在满天阴云笼罩下，他们的人数不多、影响有限，如同在死水池塘中撂下几块石子，激起一些涟漪而已。在他们身后，这些影响也就消失，不能积累起来，形成推动大变革的潮流与力量。

也许有同志问，既然两千多年前儒家思想就已占了统治地位，为什么到15世纪，中国的科技仍然领先呢？世界各地各民族不是同步发展的，环境条件也不相同。中国在四千年前的三代时，已形成人口众多、幅员辽阔的统一国家，到汉唐时已创造了高度文明，而当时除埃及、中亚和印度外，世界许多地方还处在落后状态，也没有形成稳定、强大的国家。从具体地理条件看，中国地处东亚，东濒大海，北临沙漠，西阻雪山。中原王朝出现后，周围都是文化落后人数稀少的游牧民族与小邦，被称为"蛮夷戎狄"，不构成对中央王朝的威胁。间或"蛮夷"们用武力征服了中原，也很快地被同化了。由于幅员广大、物资丰富，中国人自认为是天朝大国、万物皆备，自给自足，无求于人。这和有许多文化水平相近的民族、国家并存争雄的欧洲是不同的。尽管欧洲的发展也经过愚昧、启蒙、封建压迫、宗教裁判等黑暗时期，但进入近代史时期后，各国开始稳定、发展、竞争。由于并不处在一个王朝统治下，由于各国幅员物资没有中国那么大和多，由于传统习惯势力没有中国那么强，由于没有开科取士的制度也没有那么多的经书强迫知识分子去读，人们在精神上没有那么多的枷锁，在剧烈的竞争推动下，科学技术的发展终于从酝酿而发轫而加速而爆炸，中国就无可避免地居于下风了。

我写此文无意全面否定儒家思想，更无意贬低我国传统文化，只想探索事物真相，分清是非。今天已进入 21 世纪，中国正处于全球经济一体化的激烈竞争之中。不要认为过去的传统在今天已经消失，我看中国今天的教育模式就没有什么改变。在这种模式中，可以教出一大批戴深度眼镜的好学生，可以在国际大赛上夺冠军，但出不了大思想家、大科学家、大文学家、大工程师。我们要自立于世界民族之林，要振兴中华，在发扬优良传统文化的同时，必须摒弃其错误的部分。每一个中国人都必须牢牢记住：世界是永恒地变化着的；新事物是必然超过并取代旧事物的；科学技术是第一生产力；敢于探索、冒险、创新是一个民族最可贵的精神；发展科技，进行竞争是唯一的人间正道。只要全国人民各行各业都能认识此点，身体力行，卸除一切精神枷锁，共同奋勇拼搏前进，聪明勤劳的中国人民，一定能重创辉煌，实现民族振兴、国家富强的大业，为人类文明发展做出与十三亿人相称的贡献。

在清华大学水利水电工程系建系
50 周年庆典上的发言

清华大学水利水电工程系建系 50 周年了。在半个世纪中，清华大学培养了一代又一代的精英，开拓了许多领域，攀登了不少高峰，为中国水利事业做出了重大贡献，我表示崇高的敬意和衷心的祝贺。在这 50 年中，中国水利建设取得了举世瞩目的成就，但在新世纪中仍面临艰巨的任务甚至更严峻的挑战，以及一系列新的情况和问题。水利问题已成为从中央到人民都牵心的大事。我深信，清华大学水利水电工程系将在新时期中做出更大的贡献。

江泽民总书记在多次讲话中都提到"与时俱进"的问题，我认为"与时俱进"这个思想应贯彻在所有工作中，对水利工作尤为重要。人类和水打交道的历史，大致可分三个阶段：首先是"无能为力"和"力不从心"的阶段，面对滔滔洪水或赤地千里的大灾难，只能逃荒或死亡。随着生产力和科技的发展，人们兴修水利工程，要管住水、利用水，进入到"改造自然"的阶段。人们修堤筑坝建库、修渠道、开运河、建电厂，发挥防洪、灌溉、供水、通航、发电等效益，这阶段还没有结束。但在取得巨大成绩的同时，也有失误，受到大自然的报复，甚至留下不可弥补的遗憾。第三阶段应该是人们在总结正反经验的基础上，对水进行更科学、合理的治理开发利用，做到可持续发展，做到与大自然协调共处。当然，三个阶段没有明确的界线，是逐渐过渡的，但我们必须尽快地走上第三阶段，否则会出人意料，水利会变成水害，工程师会变成罪人。

搞水利工程是为了兴利除弊。对兴利，大家是重视的，每一本"可行性研究报告"中，都把工程效益说得详而又详、细之又细，但在除弊上就底气不足了。我这里所谓"弊"，是指修工程后引起的弊。大自然经过千百万年的磨合，已形成一个平衡的系统。修建水利工程，必然扰动这个平衡，引起一系列变化，经过一定时期，达到新的平衡。在变动过程中，在新的平衡状态下，可能出现弊，一定要重视它、认识它、解决它。所以我建议在水利学科下搞个二级学科"水害学"，或更全面些的"人类活动引起的水害学"，清华大学来开这个课，活教材一定丰富精彩。能正确认识这个问题，才能正确解决问题。

现在学校里有很多课：水文学、水力学、力学、结构学、岩土工程、施工学、管理学、经济学等，多是为第二阶段任务服务的。这无疑是重要的基础，今后还要大发展。但我总觉得还缺点什么，就是对工程利弊的科学分析。要真正评价一个工程：

（1）必须用动态而不是停滞的观点看问题。有的工程能发挥点近期效益，但从远景看，弊端更大。

本文是 2002 年 4 月，作者在清华大学水利水电工程系建系 50 周年庆典上的发言。

（2）必须从全流域而不是从小范围看问题。有的工程从局部看利莫大焉，从全流域看就不可行。必须注意，搞水利是牵一发而动全身，下游工程影响上游，上游工程影响下游，地面牵涉地下，地下牵涉地面，跨流域工程影响面更广。

（3）必须从总体而不是从局部看问题。建大库调节径流，当然好，但天然洪峰就此消失。大量开发水源可为民造福，但破坏了生态环境，还助长了浪费。

......

总之，要在更高的层次上研究问题，不要争一时一己之利而贻长远之患。对今后的水利规划和建设，必须在认真总结过去正反经验的基础上，做到中央领导要求的：全面规划、统筹兼顾、标本兼治；做到兴利除害结合、开源节流并重、防洪抗旱并举、合理开发、高效使用、优化配置、全面节约、有效保护、综合治理。既遵循自然规律，又遵循价值规律。以求更好地解决我国洪涝灾害、水资源不足、水土流失、水环境污染等问题。中央领导不是水利专家，但这些话足以使我们搞水利的深思猛醒。

今天是清华大学水利水电工程系建系50周年的喜庆日子，我却在这里讲些煞风景的话，可谓不识时务之徒。好像人家在过生日，你却讲什么"你可得当心啦，不能再抽烟喝酒吃肉吃糖啦，否则要得心脏病、糖尿病，甚至胃癌啦"一样令人扫兴。但我这些话出自肺腑，至少比说什么"你这个人啦......真是......哈哈哈......"真诚一些。好在中国在新世纪中的水利水电建设任务之重、进展之快是势不可当的，我讲这些话绝不会有任何影响，我只是希望清华大学不但能在攀登科技高峰、促进水利建设方面做出重要贡献，而且也能在总结经验防止走弯路方面发挥巨大影响。

如果我说错了，请给予原谅和指正。谢谢大家。

创新是人间正道

我们的鉴定会即将结束。这次会议由水利部国科司主持，得到湖南省电力公司、经贸委和水电学会等单位的支持，十多名著名院士、教授、专家在百忙中抽身参加。大家本着知无不言、言无不尽的精神，对这一成果既做了充分肯定，又提出很多建议，指出进一步研究的方向。会议充分反映了大家对新事物的支持，充满了科学、认真、团结、合作的气氛，我感到十分高兴，并愿乘此机会，向所有支持这次会议的领导、专家表示衷心的感谢。

这种新型伸缩节是东屋公司研究开发的。它的提出、研制、应用、深化经历了十多年历史。在当初，提出这一任务完全是生产实践的需要，即解决东江常规伸缩节的严重漏水问题。实际上这不是东江一个厂的问题，而是许多厂的共同难题。东屋公司面对这一挑战，提出用波纹管来解决问题。在当时缺乏资料的情况下，锲而不舍，艰苦努力，终于试制成功，应用于东江厂，解决了问题。以此为起点，不断探索改进，推广到其他 10 多个水电站中，运行良好。随着压力钢管的尺寸和水头不断增大，他们又对结构进行改进，增设了波心体，以解决波纹壳应力过大和失稳问题，大大提高了安全性，这是一个跃进。当然，相应的应力分析就更趋复杂。东屋公司不满足于用简易的"工程算式"来估算应力，他们与中科院紧密合作，进行更精确的分析，还进行了少见的大尺寸模型试验，使成果更可信，为今后的进一步改进与优化提供了基础。这个新事物是生产、科研、管理三结合的成果，完全符合党的政策方针。目前，国内研制波纹伸缩节的不止一家，各有特色。我不敢讲东屋的产品是最优的，但它是从水电系统土生土长发展起来，一步一个脚印，直到取得国际专利。专家们一致认为其设计构思和结构布局是合理先进的，安全度较高，钻研较深，确有创造性。我真诚希望他们不要自满，虚心听取鉴定会上专家们的意见，认真学习其他产品的特点，研究异同，分析短长，进一步改进，做到理论和实践更好地结合，百尺竿头更进一步，那么它将会有更大的发展余地和推广领域，甚至可以进军国际市场，成为有中国特色的专利产品。

在会议结束时，领导要我讲几句话，我想谈谈我国科技创新的情况和问题。

中央确定以科教兴国为基本国策。科技是第一生产力这一真理已深入人心。在新世纪中的竞争也就是科技发展的竞争，谁走在前面，谁的经济实力、综合国力就强，谁就是胜利者。而在科技竞争中，创新是个灵魂。一个国家、一个民族缺乏创新精神，或创新的动力不足，速度不快，都注定要失败，要被淘汰，这恐怕是一条真理。

看看中国的情况，我们不能不遗憾地指出，目前我们的创新意识是不强的，压力和动力是不大的。相反，阻力和障碍是不少的。这使我十分担忧，但愿是杞人忧天。

本文是 2002 年 7 月，作者参加东屋型伸缩节成果评审会上的讲话稿。

就以水利水电界来说，几十年来我们的建设规模可谓史无前例，当然取得了很大成就，出现许多新事物，但与建设规模相比很不相称。有些国家水利水电建设规模不大，远小于我们，但有许多源创性的发展。而我们更多的是跟在人家后面，做些拾遗补缺的工作就沾沾自喜，声称已达国际领先水平。这情况值得深思。为什么会这样？不是中国人不聪明，而是有很多问题没有解决好。

首先是思想上没有把创新作为首要任务，没有提高到影响国家民族兴亡大局的高度来认识，对创新往往停留在口头上。实际上我们的思想仍受传统思想意识的控制，安土重迁，少冒风险，循规蹈矩，明哲保身，不求甚解。总之，世界观是停滞的、倒退的。有人说现在改革开放，思想已解放了。解放是解放了，但许多地方、部门、领导把精力放在搞短期行为上，追求政绩，出短期效益，甚至许多人把精力不是放在创新上，而是放在搞假冒伪劣上。此风不正，这样的思想不彻底改造，国家民族还有什么指望？

第二是体制上的不完善。创新要投入，要锲而不舍地钻研，要冒很大风险。谁来搞？说以企业为主体，当然对。人家发达国家都这样，但中国的企业困难，连工资都发不出，不比美国大公司财大气粗，可以拿出大笔资金投入科研、发展、养人，100个项目有3、5个成功就可霸占天下。在这种情况下，不能光讲企业投入为主就万事大吉。政府要有行为，要有政策支持、政策导向，要有启动投入，要千方百计为创新创造条件，做坚强后盾，否则就是失职和渎职，我们做到了吗？譬如说研制新药，那要有多少投入？进行多长时间研究？做多少试验？过多少关才能成功？我们具备这样的条件吗？结果是样样新药都是洋药，几分钱的成本得花几十元去买，任人宰割，一点办法都没有。我看不出有关部门为改变这种局面在动什么脑筋，改什么革。我认为学习"三个代表"不能停留在口头上、纸面上，而要做实事，用一件事说明你是真正代表了先进生产力的发展要求！结果，新药研制不出来，代之以报刊上层出不穷的医药广告，有的广告是在谋财害命！如果都是真的，全世界的医院、药厂都可以关门了。这种怪现象也只有中国存在，谈到这里，感到可悲可叹。

第三是要解决新技术的成熟和推广问题。一项创新总是从构思、研究、试验、试制开始，到中间试验或工业性试验，再到批量生产、全面推广。前者虽然重要，但后二者需要更多的投入、时间和运作，而且不是科技人员能胜任的。我们的毛病是重视前者，脱节后者。搞出试制品，万事大吉，其实是万里长征第一步！这次鉴定会，湖南省、水利部、水电学会各方面企业、专家都来了，是个好兆头，希望能起到推广新生事物的作用。推广不是靠行政命令，而是宣传介绍，让好的产品为人所知，得到公开、公正的竞争条件，而发展壮大。

第四，要解决创新与规范、规程、标准间的关系。规程、规范、标准不可不要，但不能太多、太细、太具体，现在多如牛毛，充满了"严禁""不得""必须""应该"之类的命令，叫人们怎么去创新？新事物怎么能成长？说得难听点，现在有些规范成为"落后"的掩护体，"偷懒"的保护伞，"创新"的绊脚石。要少些规范，多些手册、指南，把工程安全责任和创新动力落到第一线同志的肩上去。

三峡工程升船机原设计用全平衡钢丝绳提升方案，许多人怕万一船箱漏水，失去平衡会造成巨大事故。有的同志提出一种新的设计，将平衡重做成浮在水里的浮筒，在任何情况下都会自动平衡，他们做了分析、设计并制造了模型，非常巧妙，这是真正的源创性创新，可惜三峡工程不敢用。这我也同意，三峡的升船机毕竟太大。但要在其他工程中采用也难啊，没有前例，没有规范。我一直在努力给它找出路，希望三峡公司保持这个专利，建议大家帮它找找婆家。另外，如双膨胀水泥，纤维混凝土等一系列新东西，要采用和推广都很难。只要打破思想和制度上的禁锢，中国的创新潜力其实是很大的。

第五，要创新必然牵涉风险问题，这是一对矛盾。"新"总是缺少实践经验，"新"总是有风险，而水利工程安全性又是首位的。如何解决，一曰积极稳妥，二曰区别对待。积极，就是从思想上认定，创新是人间正道，是振兴中华的首要之举，举双手欢迎它，尽一切努力支持它，为它的成熟提供条件；稳妥，就是一切按科学规律办事，一切通过实验，要过细分析，要留有余地，像东屋伸缩节，做了那么多分析研究，而且有外环板作为最后保险，这就可以放心嘛。作为设计同志，要为创新做贡献，提供条件；作为领导同志，要敢于支持，敢于承担些风险。大家努力齐心，创新就会蓬蓬勃勃地发展。

我想主编一本《中国水工科技发展全书》（暂定名），希望能把50多年来水工方面的科技发展全面总结一下，看看有多少新理论、新方法、新结构、新材料、新设备、新工艺……，总结成绩，寻找差距，坚定目标，树立信心，以利再战。如果这个愿望能成为事实，欢迎各地、各单位、各位专家……把你们几十年来的成果报送上来，让我们公告给全中国、全世界。湖南是革命之省，水电是先进行业，创新最活跃，希望在这本"全书"中有大量湖南水电的贡献，包括"东屋波纹伸缩节"在内。

我就讲这点儿意见，供大家参考，欠妥之处，请批评指正。

在少儿图书《告诉我为什么》首发式上的致辞

各位领导、各位同志、孩子们：

参加今天的首发式，感到特别高兴。

少年儿童出版社是目前我国唯一的面向少年儿童的出版社，几十年来全心全意为少年儿童的健康成长做出了卓越的贡献。这次推出的"告诉我为什么丛书"，又是一套精心佳作，为广大少年儿童提供健康的精神食粮。请允许我向少年儿童出版社表示由衷的敬意。

我们都说孩子是我们的未来，是我们的希望。今天在座的小客人，都是十岁出头一点吧。中国这个世界上唯一的社会主义大国在二十年后，将全面建成小康社会，四五十年后将步入发达国家行列，综合国力将强大无比，将对人类社会的发展和进步做出永垂史册的贡献。那时候在座的小客人正度完他们的青年和中年时期。这说明，所有上述的伟大历史任务是由他们来完成的。当前中国的少年儿童肩负着何等重大的责任啊。不仅中国的未来，而且世界的未来、社会主义的未来都寄托在他们身上啊。

因此，千方百计保证和促进少年儿童的健康苗壮成长是当前的重大任务。党和国家为此做出了许多部署，但好像并未引起全社会的注意。孩子的成长需要丰富的营养，不仅需要物质上的粮食，更需要精神上的粮食。后者，今天是太少了。相反，一些连成人都不宜看的书、刊、影、视、广告充斥市场，无时无刻不在腐蚀孩子纯洁的心灵。封建迷信的书可以一印几千万，黄色口袋书可以流行千里，这是使老一辈的人寝寐难安的事。少年儿童出版社能够坚持自己的原则，走正确的道路，辛勤耕耘，推出健康的精神食粮，保护孩子们的心灵，功德无量。

好书需要有可读性，特别给孩子们读的书，此点尤其重要。这套书努力做到这点，用浅明有趣的文字，美丽的画面，吸引孩子，让他们长知识、学拼音、识汉字、赏图画、练头脑，做到润物细无声，一举多得，很不容易。

好书要有好的质量。发达国家给儿童阅读的书是用最考究的纸、按最高的标准印刷装帧的。我们有些孩子用的教材、读物，翻过几次就成为废纸。这套书也向提高纸张、印刷、装帧质量做了努力，较一般图书大有改进，令人耳目一新，十分欣慰。

要使这套书能起更大作用，需要有广泛的发行面、巨大的发行数，为此要千方百计降低价格。对此，本丛书也尽了力，价格能降到较廉的水平。将社会效益放在第一位的做法是十分可贵的啊。

唯一的遗憾是印数仍少，我希望和呼吁广大的家长们、老师们和社会上关心孩子

本文是 2003 年 5 月，作者在出席中国少年儿童出版社《告诉我为什么》丛书首发式上的致辞。

成长的人们，大家来关心孩子的健康成长，少在他们口袋中塞零花钱，给他们服保健品，要他们读应试指南，而多送给他们一些有益的精神食粮，使这套丛书的发行量能有十倍、百倍、万倍的增长。希望少儿出版社和广大的出版界能有更多的面向少儿的好书问世，希望有更多的少儿频道、少儿歌舞、少儿节目、少儿文学问世，大家努力，让我们的孩子能呼吸到更多的清新空气，摄取更富营养的食品，更快更健康地成长！

科普资金投入科幻

一个缺乏梦想的人，会拥有生机勃勃的明天吗？一个缺乏梦想的民族，会拥有持久不衰的发展动力吗？答案是不言而喻的。

我们的民族曾经有过嫦娥奔月的幻想，也有过万户火箭升空的壮举，但在封建社会条件的约束下，冒险、创新、探索这些充满进取姿态的品质，被我们排斥。至于对未来科学技术发展后人类社会的想象与描述，更被列为"怪力乱神""痴人说梦"！

这种状态，早在20世纪初就引起了有志之士的忧虑。梁启超曾言："中国人对于科学的态度倘若长此不变，中国人在世界上便永远没有学问的独立，中国人不久必要成为现代被淘汰的国民。"1903年，鲁迅先生在译完凡尔纳的《月界旅行》后写道，"导中国以行进，必自科幻小说始。"

科学幻想在技术时代的重要性，在于培养传播科学精神，唤起人们对科学的乐趣，促使公众理解科学技术。

以文学的形式表现的科学幻想，具有相当的可接受性和娱乐性，它所传播的思想性内容更容易为大众所接受。

据来自中国科协公布的调查结果显示：我国公民具备基本科学素养的只有1.4%，这一比例仅为美国的1/23，为欧盟的1/15。这种状态下，支持科学幻想，就具有特别重要的高瞻远瞩的意义。

北京科协设立的"科学技术普及创作与出版专项资金"，旨在扶持科普与科幻作品，为渴望出版而又缺乏启动资金的科普、科幻作品带来了希望。

但是就在两年前，北京媒体曾经写过一篇报道，指出该专项资金成立以来，4年内没有支持过一本科幻作品。专项资金负责人对此无奈地解释，这是由于当时社会对科幻创作还缺乏了解，科幻作家对这项资金又知之甚少。结果，一边是科幻作家发愁没有资金支持，另一边是科普资金找不到合适的科幻作品，中国科幻面临两难的尴尬处境。

两年后，情况有了天翻地覆的变化：人类基因组序列图完成、克隆人、转基因食品、火星热，特别是中国科技的发展，载人航天取得的巨大成就，极大地激发了人们对未来的向往。

中国科幻事业的春天就在这股科技热潮中来临了。科幻创作队伍空前壮大，科幻书籍出版异常火爆，科幻影视大行其道，申请"科学技术普及创作与出版专项资金"的科幻作品也日益增多。

从去年起，专项资金已经资助了几本有影响的科幻书出版，其中除了有《水星的黎明》这样的经典科幻选集外，还尝试着帮助作家们把科幻与科普完美结合在一起，

本文由凌晨、潘家铮合著，2004年2月18日刊登于《北京科技报》。

创建全新的风格。

2003 年 12 月出版，2004 年 2 月正式推出一本幻想图书——《宇宙的光荣》，这本由科幻与科普作家共同完成的图书，正是得益于"科学技术普及创作与出版专项资金"的资助，才最终完成。

著名科学家与著名科幻作家的强强联手，图文并茂的精美外表，用科幻介绍未来科技的新颖手法，这一切打破了传统科幻书和科普书的界限，开辟了科幻图书的新天地。

专项资金之所以把目光更多地投向科幻作品，正是看重其在科普方面的重大作用，特别是对于青少年而言，科幻往往是引导他们热爱科学的启蒙老师。

据有关负责人介绍，今年的"科学技术普及创作与出版专项资金"正在申请中，不少科幻作品名列候选名单，未来，它还要大力扶植本土科幻名家名品，让科普与科幻共同培育中国明天的梦想。

在《潘家铮科幻作品集》新书发布及
研讨会上的发言

尊敬的钱副主席，尊敬的各位领导、各位嘉宾、各位朋友：

非常感谢中国少年儿童出版社将我的新旧科幻作品编辑出版，还举办了这个发布和研讨会，更十分感谢各位尊敬的领导和嘉宾、朋友们，能在百忙中光临。许多同志发表了热情的讲话或评论，对我的小小努力和所谓的"作品"给予肯定，这些都给了我过分的荣誉，使我脸上汗颜、心中不安。我把这些都作为他们对我的鼓励，更是反映了他们对祖国科普、科幻事业发展的热情和期待吧。

我曾经多次声明，我是个普通的工程师，不是搞文学的，更称不上什么"科幻作家"。我写的科幻、科普作品数量很少，质量很低，和在座的科幻大师们是不能同日而语的。这些作品之所以能得到一些同志的青睐，得以出版，恐怕还是沾了"院士"的光。院士写科幻，好比教授卖扒鸡，似乎有点出格，不务正业，不免引起人们的一点兴趣。但"院士"仅是科技方面的一个荣誉称号，和写作完全不搭界，院士可以在某个科技领域上取得点成绩，可不能保证写的文章也一定高明——也许还别字连篇、不堪卒读呢，这正和教授做的扒鸡可能难以下咽一样。记得六年前我曾应邀写了一本科普书《千秋功罪话水坝》，一位水利界老工程师读了后批评说：这本书什么都像，就不像是本科普书，着实使我难受了好久，因此，我的那些所谓"科幻作品"究竟是什么货色，还得由读者们，特别是以在座的小读者小记者所代表的年轻读者们来做出判定。

我写第一篇科幻小说大约在 1990 年，纯属偶然。那时三峡工程尚未上马，闲着无事，和朋友们争论起一个问题：人类制造的机器人可以仿真到什么程度？以及机器人会不会最终威胁人类生存？当然，我认为机器人的智能永远达不到真人程度，也不可能消灭人类，就写了篇小说来申明此意。写好后寄给葛洲坝工程局的一位好友看，她却大为赞赏，而且立刻送给一家内部文学期刊发表了，这样就一直写了下去，内容芜杂，想到啥就写啥，大体上也离不开"信息技术""生物工程""时空航行""外星人""历史疑案"等热门话题，或者通过科幻探讨一些历史疑案。我对上述领域都是外行，因此不免存在许多低级错误，另外我的幻想力有限，只能结合身边的人、事、社会现象来写，还免不了借助于金钱、爱情、谋杀、侦探等常规情节。但我尽量使人物角色多一点人情味和中国味，使故事多少反映些当前社会矛盾，反映科技发展的双面刃性质，反映善与恶的斗争，反映自然科学和人文社会科学密不可分的关系。有的小说中科幻成分不多，甚至还不及对社会矛盾的描写，所以有同志说我写的是"社会科幻小说"。总之，我的努力就是想使科幻小说"本土化""世俗化"和"教育化"。这种努力对不对头？见仁见智，不必强求一致。但我一直觉得，如能"寓教于乐"，使年轻人读

本文是 2006 年 12 月 14 日，作者在《潘家铮科幻作品集》新书发布及研讨会上的发言。

过一篇科幻小说后，除有助于开拓思路外，还能在脑子中留下一些感慨或引发一点思考，多少是有点益处的。

无论什么事都有两方面，科幻写作恐怕也不例外。从正面来说，好的科幻作品确实能够预先描绘科技发展方向和成就，启发读者的想象开拓能力，树立和坚持钻研科学的决心，还能通过阅读得到精神上的享受与觉悟上的提高。所以科幻是科普工作中的一个组成部分。外国和我国一些科幻大师的作品就能起到这种不可估量的作用，但也可以产生负面影响。我们且不提那些挂羊头卖狗肉、贩卖推销封建迷信的假科幻，要认识到科幻小说和神魔小说间并无明确界线，不注意的话，确实会误导青年人。譬如说，一段时期以来，我国封建迷信伪科学活动猖獗，酿成极大祸害，这和开始时一些人和媒体大力宣传"人体特异功能"分不开，起了恶劣作用，而在许多科幻作品中，人物往往都具有超常的特异功能。又如，任何科学发现和技术进展都是要经过长期艰苦努力才能取得，要否定前人结论更需几世纪研究探索，才能以新代旧，而在科幻小说中这些都不费吹灰之力。想象当然可以腾飞，可以超越，但不能宣传可以无中生有，不劳而获。我觉得，在我国年轻人思想中，有两种矛盾的现象都要注意和纠正，一种是思想不开放、墨守成规，在当前应试教育体制下，这种现象更显严重，正如金涛同志说的，如果连想都不敢想，或者根本不许想，哪来创造发明？这是当前的主要危机，也是我们要解决的主要问题。还有一种是浮躁心理，不愿做艰苦工作，总是幻想只要灵感一动，就可一步登天、超越前人。这两种思想从右和"左"影响我国年轻一代的成长。我想，我们做的工作，应该是既有利于人们解除思想枷锁，敢于超越，又不致误导人走上"幻想联翩、不务正业"的错误境地。当然，对我来说，是眼高手低，自己写的东西就达不到这要求。我只是提出这个问题供大家讨论而已。

最后，我还要再一次感谢多年来对我的科幻写作给予支持和鼓励的领导、同志和单位。特别是当年宋健同志以国家科委主任的身份，为我的第一本很粗糙的科幻小书赐序，说了"一个国家科幻小说的水平在一定程度上反映了她的科技水平"的名言。徐匡迪同志为本套书所赐的序言中形象地指出："科幻是由科学的元素按非常规排序而形成的新化合物"，他还写下"科幻小说是科学现象与文学艺术的结合、现实主义与浪漫主义的结晶"和"科幻小说不等于神怪、魔幻小说"等名言。金涛、吴岩、星河和李慰饴等同志从多个方面对我的努力做了肯定和鼓励，以及不少读者写来的热情信件，都是支持我的动力。我十分感谢北京科协提供的大力资助。我的工作单位国家电网公司的领导对我的不务正业，不但不批评，还全力支持。国家电网公司高度重视履行社会责任，正在为此做出巨大努力，我想，他们把这也视作对社会有益的活动吧，总之使我十分感激。我还要感谢曾经出版或发表过我的旧作的北京科学技术出版社、科学普及出版社、湖南教育出版社和有关期刊，蒙他们同意我将旧作收入这套集子重新出版。对所有这些同志和单位，我只能衷心地说一句：谢谢你们。

再一次感谢各位领导、嘉宾和朋友们，祝我国的科普科幻事业能继续蓬勃发展，为我国的创新发展和构建和谐社会做出贡献。

想象是推动人类文明的真正动力

——为"科幻创作与青少年想象力培养研讨会"而作

一

多年来，我在不同的场合曾多次呼吁过科学家们和文学家们支持科幻事业，依凭他们渊博的科学知识和生花妙笔，写出能引人入胜的高层次的科幻作品，让孩子们读后能扩展胸襟、增长知识、识别善恶、热爱科学。

我一直认为，我们国家恰恰比其他国家更需要科普与科幻。好的科幻作品确实能够预先描绘科技发展的方向和成就，启发读者的想象开拓能力，树立和坚持钻研科学的决心，还能通过阅读得到精神上的享受与觉悟上的提高，而且比说教式的科普读物更容易让人接受，产生"润物细无声"的效果。

二

我本人在科幻创作中的努力，就是想使科幻小说本土化、世俗化和教育化。如能寓教于读、寓教于乐，使年轻人在看过一篇科幻小说后，除有助于开拓思路外，还能在脑子里留下一些感慨或引发一点思考。总的来说，我写科幻小说有那么几条原则。

第一，少写太离谱的、近乎空想的内容，如在银河系外与外星人战斗等。我比较喜欢从身边现实生活中去找科幻题材，使作品具有更多的真实感和亲切感。第二，科幻应有一定的理论根据，今后（哪怕要在极其漫长的时间后）确有可能实现。第三，通过科幻小说，尽量使读者能够了解一些科技发展的前沿和一些具体的科技常识，哪怕只是用了一些名词或者概念也好。第四，注意在小说里描写人间真情和善恶斗争，针砭时弊，使读者特别是青少年读者了解科技发展既能造福于人类，也能引起祸害。

三

想象力是创造力的重要前提。想象总是来源于现实、超前于现实，最后又改变现实的。因此，从某种意义上说，想象是推动人类文明的真正动力。再看，"科幻"这个名词中既然出现一个"科"字，就说明科幻不是梦想，不是空想，不是神话，而是有科学根据的幻想，是一种超前于现实但在将来——哪怕是遥远的将来能够实现的事实。

任何科学发现和技术进展，都要经过长期的艰苦的努力才能取得，要否定前人的

本文是 2010 年 11 月 19 日，作者在科幻创作与青少年想象力培训研讨会上的发言。

结论，更需长时间研究探索，才能以新代旧。而在一些科幻小说的描写中，获得这些"成果"都不费吹灰之力，这是不合适的。想象当然可以腾飞，可以超越，但不能宣传可以无中生有、不劳而获。

四

我曾多次谈到，目前在我们的年轻人的思想中，有两种矛盾的现象应该引起注意并加以纠正：一种是故步自封、墨守成规、思想不活跃、创新与创造意识不强。在眼下应试教育的体制下，这种现象更显严重，是我们要面对的主要危机，也是我们要着力解决的主要问题。还有一种是内心浮躁、想入非非，总想突发灵感、一鸣惊人，不愿做艰苦的基础性的工作。

这两种思想都不利于我国年轻一代的健康成长。因此，我们的科普和科幻创作，应该是既有利于人们解除思想枷锁、敢于超越现实，但又不致误导人走上"幻想联翩、不务正业"的错误境地。另外我还感到，许多科幻小说在描摹物质文明的突破上很成功，但对精神文明以及人与自然的和谐共处却不够重视。

五

我认为，为了做到既启发人的想象力又不使年轻人走上歧途，"科幻"与"科普"必须并重兼行。我本人不自量力地写起科普和科幻书来，的确也有这方面的考虑。同时，我希望和呼吁从事科普创作的文学家、科学家能多写一些科幻作品，也希望和呼吁科幻作家特别是年轻作家深入学习科技，真正进入科学殿堂并且参与科普创作。

我经常幻想：如果有一本书，上半册是一篇引人入胜的科幻佳作，下半册是一篇优美的有关学科的科普作品，使人在翱翔于幻想的天界后，再受现实的科普洗礼，知道幻想与现实间的差距和障碍，知道为战胜这些障碍要付出多少汗水和多大的代价，知道在攀登科学高峰时没有捷径和秘诀，更不可能无中生有和不劳而获，该有多好！

10　杂　　　谈

一丝不苟　百折不挠

昌龄先生离开我们已近一年了，他的音容笑貌仍然留在我的面前。而给我印象最深的则是他对工作一丝不苟、极端负责的精神和对科技问题百折不挠、锲而不舍的钻研决心。

昌龄先生是我国水电界最老一辈的权威。早在 20 世纪 50 年代，我就在向总局汇报设计问题时多次得到过他的教益。"文化大革命"后，我被借调到水电部工作，后又转到规划设计院工作，就有更多的机会面受教诲。他在我眼中永远是那么勤奋、朴素、平易近人，他不仅是我的长辈和严师，更是我学习的典范。但是，要说真正认识他的品德，还是在 80 年代。

1985 年，我又从规划设计院调回水电部工作，他那时已届 80 高龄并已退休离职。按说他完全可以在家安享清福，适当地指导后辈工作也就行了。可是我却惊异地发现，他仍是每天挤着公共汽车去上班，风雨无阻，劝说无效，使人既感且敬。我想，这是由于他已把毕生心血献给了他热爱的水电事业，离开工作就会使他感到失去一切，无所适从。这种出自内心地对事业的热爱是多么高尚可贵啊！

不久，我奉命负责三峡工程论证的技术工作，他是我们邀请的水电组顾问，我们有了更多的机会在一起讨论研究问题。他在 40 年前就负责过三峡工程的勘测设计工作，担任顾问以后仍然是全力以赴，特别在开发方案上灌注了全部心力。为此，他不仅写意见，著文章，在会上积极发言。而且，在耄耋之年亲自计算、设计、画图，工作之深入负责令人惊叹。虽然由于多种因素，他建议的方案未能被采纳，但是他那颗对工作极端负责的心和严谨的学风以及勤奋的工作态度足以为后辈所学习的了。

流光飞逝，在那以后又是几年过去了，我已在府右街能源部上班。一个偶然的机会，我去白广路旧楼开会，我发现他仍在办公室中，俯伏在那张旧写字台上，用近乎失明的眼睛和一双发抖的手在写着什么，他那时已有 85 岁高龄了吧。他见我进去，兴奋地递给我一篇文稿。这是一篇讨论水锤振荡和调压室波动耦合影响的文章，是个难度很高的课题，工作尚未完成。我很感动，劝他说："张老，您已高龄，不必再上班吧，这种课题也可以让青年人去搞，您怎么还在自己推导公式，自己编程序呢？"

他似乎没有听见我的话，只征询我对论文的意见。我嗫嚅地说："张老，恕我直言，我想水锤是一种高速和迅速衰减的压力波振荡，而调压室涌浪是继之产生的缓慢水面波动，两者叠加成为控制的情况并不多见，似乎不必花过多精力去研究。"

他立刻抬头望着我，枯干的眼睛似炯炯放光，他坚定地说："你说的也许是对的，但终究只是一种分析估计，要确切地证实这一点，就必须经过严格的推导演算。另外，你说两者叠加成为控制的情况不多见，那就表示还有少见的情况存在嘛，不是也值得

本文收入《张昌龄纪念文集》，水利电力出版社 1994 年 9 月出版。

探索吗？我有几位青年同志相助，我要在有生之时把它研究下去。"

我被说服了，更确切地说是被感动了。这时，下班铃响了，他用干枯的手收拾好破旧的文件包，我目送他佝偻的身影蹒跚地走下楼去，步出大门，走向拥挤的汽车站。我的眼眶不禁润湿了，这就是我国老一辈知识分子的剪影。

这是我最后一次见到他，后来就传来他去世的噩耗。我觉得，要纪念他，开悼念会，出文集都是次要的，把他的精神和品德告诉下一代，让大家向他学习，这是最好的纪念他的方式。

昌龄先生，尊敬的长辈，愿您安息吧。在您离开我们的1993年，祖国一年新增大中型水电容量已突破300万千瓦，全国水电总装机已突破4400万千瓦，跨世纪的三峡工程已开始实施，中国很快就将跃为世界水电大国。英魂有知，您必将含笑瞑目于九泉之下。

昌龄先生，安息吧！

老同志要准确地给自己定位

各位领导、各位前辈、各位代表，同志们：

方才听了领导的贺信和讲话深受启发，也很激动。

中国老教授协会经过许多前辈和领导的努力，筹建以来，进行了卓有成效的工作，做出很多贡献，为党和国家领导人所肯定。今天，召开第四届会员代表大会，将讨论和确定很多重要问题，指导今后工作。我谨代表中国工程院，向"老协"表示深切的敬意和热烈的祝贺，相信今后"老协"能取得更大的成绩。几位为筹建"老协"做出辛勤努力的前辈已离开我们，但他们的努力和贡献将永远留在人民的记忆之中。

对于成立"老协"的意义和所能起的作用，对老年科技工作者如何为自己的工作正确定位，我在以前曾经发表过一些意见。我想乘这个机会再表达一下，以供讨论。首先，我认为老同志要为中青年同志的更快成长创造条件。这就是贡献，而且是重大贡献。最近世界形势的发展，再一次明确告诉我们，落后必然挨打，落后必然受人宰割。中国要在今后屹立于世界上，就必须以最快的速度发展科技、教育和经济，提高综合国力，提高国防实力。而这一切追根到底要靠人，是人才的竞争，承担这一历史性重任的人，只能是今天的中青年和儿童。如何尽快教育他们，提高他们，尽快让他们成长和承担任务，是关系国家兴衰、民族存亡的大事。我国对各类职务都有年龄规定，无论是教授、工程师、行政领导，到一定年龄都要从岗位上退下来，这绝不意味他们不胜任工作了，而是要使接班人尽快进入角色挑起担子。有时，一个同志的退休，从局部看、从个人看似乎是不合适的，但从全局看、从战略上看就完全是必要的了。我们老同志只要认清大局，就会心情愉快地接受安排了。第二点，中国现有的知识分子，特别是高级知识分子不是多了，而是太少了。老知识分子是国家一项重要的智力资源。一个人，从小学念到大学、博士、博士后，已经近 30 岁。国家要花费多大代价才能培养出一个人？工作了 30 来年就要退休。目前医药发达，许多人都可以活到八、九十岁，可以为国家继续做重大贡献。如果几百万老同志能多为国家做 10、20 年的工作，那将是何等巨大的力量与贡献。何况有些工作如工程师、医师、建筑师、艺术家……需依靠长期经验的积累，才能达到最高境界，充分发挥影响。如果不利用这一资源，乃是最大的人力浪费。一般老同志都是宝，老教授更是宝中之宝。我们常说要发挥老同志的"余热"，我看"余热"这个词不太妥帖。60 岁的人并不是煤渣，而是燃烧得最旺盛的精煤。老同志对此要有自信，俗语说："老骥伏枥，志在千里"，我说老骥不应伏枥，而应继续奔驰，不仅是志在千里，而且是要实现未完的事业。第三，条条大路通罗马。老同志能发挥作用的领域极广，道路极多，有的在摆脱繁琐的职务后，可以对国家深层次、战略性的问题进行深入的调研思考，提出重要建议；有的可继续承担

本文是 1999 年 7 月 2 日，作者在中国老教授协会（简称"老协"）第四届会员代表大会上的发言。

和指导教育、科研、攀登、攻关任务；有的可以为广大企业的脱困解难进行诊断、出主意、做贡献；有的可以投身科技市场、教育市场，进行开拓、经营和发展；有的可以潜心著书，把宝贵经验总结下来，传播推展；有的可从事国际学术交流活动；有的还可就性情之所近，醉心于书法、绘画、音乐……或从事社会公益活动，都可以结出丰硕的成果。以上所提还是挂一漏万，总之，只要摆正位置，注意保持身心健康，在自己的努力和组织的支持下，每个人一定都能找到适合自己的继续做出贡献的道路。"老协"在这里可起到重要的组织和推动作用，尽量多为国家做贡献而减少国家的困难。让我再说一句：任何职务的任期总是有限的，而服务人民报效国家是永无尽期的。生命不息，战斗不止。我们已经把青春献给祖国和人民，让我们把终身都献给祖国和人民吧。

最后，我还想说一件事，就是老同志在反击封建迷信和伪科学活动上的重要作用。近年来，我国封建迷信和伪科学活动沉渣泛起，大肆回潮，已经达到泛滥成灾无法无天的程度。那些求神、拜佛、看相、算命、讲风水、信命运固然愚昧，而还有更荒谬的罪恶活动呢，尤其可恨的是这些活动还打着各种科学旗号进行。有些活动已经形成气候，它们有组织，有信徒，有财力，有出版物，还有后台。过去我们只指责它们宣扬迷信，哄骗钱财，腐蚀人民思想，残害人民健康，现在已演变成影响社会稳定和中国发展前途的重大问题。反思一下，我们为什么会处于被动的境地？我认为首先应归咎于宣传领导部门的失策，提出什么不宣传、不干预、不争论的方针，据说是为了稳定社会。我认为这是错误的。树欲静而风不止，这个方针实际上是捆住科学批判的手脚，为这些罪恶活动大开方便之门。无情的事实证明，不是正气压倒邪气，就是邪气压倒正气。你不进攻，敌人就进攻，现在已经上演了多少闹剧、丑剧，搞得社会不安定，广大人民深受其害，在国际上出尽中国人的丑。你说不争论，请看一看，这些年来出现了多少宣传封建迷信活动和伪科学的书，而除了少数几位科学家在孤军奋战外，社会上有多少力量投入了反击战斗？我深为一些出版社和报刊感到羞愧，他们为了追求"经济效益"和"轰动效应"，可以丧尽天良地为这些罪恶活动鸣锣开道，提供方便，就不想一想你们捞的这些钱染有多少人民的血？这些"精神食粮"和黄色光碟就像海洛因一样，都是毒品，而且更加隐蔽和危险。我们还为某些领导、离退休干部，甚至科技人员感到痛心，他们也陷入了这个泥潭，为这些罪恶活动摇旗呐喊，甚至作为他们的保护人和后台。这些人如果不迷途知返，只能是落得个身败名裂的下场。

千万不要轻视这场斗争的严重性。局面是严重的。封建、迷信、伪科学的毒雾已笼罩在神州大地上，正在加速腐蚀人民特别是青少年的心灵。这一形势已经引起国际反华势力的注意和喝彩，这是他们反华、乱华最好的工具和战场，今后一定会加深内外的勾结，制造层出不穷的事端和动乱。一切有正义感的同志不能再沉默了，是向迷信宣战的时机了。我们要响应中央的号召，打一场全民性的'反毒'战斗。一定要使正气压倒邪气，一定要拯救我们的孩子，一定要揭发一切丑恶活动，把它们曝光在光天化日之下，使它们像过街老鼠一样为人唾弃。科技人员要站在最前面，义无反顾地担当起扫毒重任。这里，老同志的影响是巨大的。首先我们要保持晚节。我们的年龄可以老，身体可以差，但思想决不能落伍，要永远保持朝气，永远充满战斗力。千万不要为了下岗退职，心理不平衡而陷入泥淖。如果一个老科技人员、老教授或老干部参与这些活动，甚至成为其后台，其影响之恶劣与深远是不言自明的。再进一步，我们不但要洁身自好，而且要以自己的形象和影响起到表率作用。我们要旗帜鲜明理直气壮地参与扫毒战斗。我们要尽有生之年，以毕生经验言传身教，大搞科普，大批流毒，全心全力地带动和唤醒全国人民，清扫妖雾。我们的努力、真诚和决心一定会使神圣的中国国土上没有封建迷信和伪科学的立足之处。建议新一届的"老协"领导能把这一任务安排在议事日程上。

　　我的话完了，不对之处请批评，谢谢。

读《众志绘宏图·李鹏三峡日记》

经过半个世纪的规划、论证和十年的艰苦奋战,举世瞩目的三峡工程迎来了蓄水、通航、发电的初步丰收。"更立西江石壁,截断巫山云雨,高峡出平湖"的瑰丽梦想终于在新世纪初成为现实。全国人民为之欢欣鼓舞,也成为全世界的热门话题。《众志绘宏图·李鹏三峡日记》在这一时候问世,无疑具有重要意义。

开发三峡水利的设想是在 20 世纪初由孙中山先生首先提出的。毛泽东、周恩来等新中国第一代领导集体制定了建设三峡工程的宏图:邓小平等第二代领导集体组织了全面论证,决策了开发规划、移民方针等重大原则,使方案现实可行;在以江泽民同志为核心的第三代领导集体的推动下,三峡工程得到人大批准而开工;而整个将在第四代领导集体期间竣工。三峡枢纽真是一座跨世纪、经历四代领导集体的努力才得实施的史诗般的工程。作者作为第二、三代领导集体中的重要成员和担任国家总理与人大委员长的重任,参与了三峡工程所有重要决策和组织工作,《众志绘宏图》无疑是三峡工程的一份历史见证。

这部书是根据作者日记中关于三峡工程的记述辅以有关文件编成。存历史原貌,述三峡曲折。我有幸在今年 5 月中已获读样书。作为一个参与三峡工程论证和建设的人,读起来如闻历史足音,如览百里画卷,如温廿载旧梦,真是感慨系之。作者还嘱我提出"修改意见",我确实"不敢赞一词",仅对个别文字叙述或事实提了些意见,多蒙采纳。现在书已正式出版,再次批读,再次慨叹,我愿意说一下自己的几点感受。

首先感受到的是党和国家领导人对三峡工程的无比关心、重视和负责,以积极、慎重的科学态度面对问题,解决困难。要知道,即使到了 20 世纪 80 年代,要实施三峡工程,在规划设计、施工、设备制造、资金筹集、移民和生态环境各个领域中,都存在极为复杂的难题,与各种不同意见交杂在一起,一段时间内几乎看不到出路。如果不是以作者为代表的领导层脚踏实地,高瞻远瞩,一个问题一个问题地研究落实解决,达到"呕心沥血"程度,这座工程是无从启动的。日记中反映的也仅是什一。例如,当时水电建设资金仍以国家投入为主。国家能否承担三峡工程的集中投入以及对其他工程的影响,就是许多同志(包括我)的隐忧。1986 年 10 月 8 日,我随同作者考察埃及时,在收音机上就向作者反映:"水电办不少同志反对上三峡,是怕影响其他水电开发"。作者当时就明确回答:"三峡工程将设立专门基金,有三峡就有这笔钱,不上三峡就没有这笔钱"。说明作者当时已对三峡资金来源有了明确的决定,在当时条件下,这确是解脱困境迈出脚步的有效措施。其他如建设规模、管理体制、设备制造、移民方针、泥沙和环境等重大问题无不在其深思熟虑之中。即使进入实施阶段,对于具体的问题也从不松。有人反映"三峡大坝寿命只有 50 年""三峡大坝出现严重裂

本文作者写于 2003 年 8 月 8 日,发表于 2003 年 9 月 30 日《中国三峡工程报》。

缝"……作者立刻亲自来电催我迅速查明真相，立刻如实汇报。说明作者二十多年如一日地关心着三峡工程的每一个细节。这种极端认真负责的做法，在外国国家领导人中恐怕是少见的吧。确实，没有领导层的高瞻远瞩，统筹兼顾，正确决策和认真负责，是不可能有三峡工程的今天！

其次感受很深的是党和国家领导人在三峡工程上始终坚持的民主作风。对三峡这样的工程持有不同的见解是正常的事，但由于历史等因素，使问题尖锐化。外国一些别有用心的人极力宣称三峡工程是中国少数领导好大喜功，不顾国力民意强行上马的项目。说谁工作受操纵、不民主、压制反对意见、黑箱作业等。只要细读本书，就可知道这是颠倒黑白的谎言。在这个问题上我的体会尤深。

我参与论证工作全过程，以我和作者长期、熟悉的上下级关系来讲，我确实希望能从作者那里得到些指示。然而作者从来没有干预、过问、指示过什么。如果一定要问有什么"内部指示"，那就是苦口婆心要求我们虚心听取不同意见，营造宽松气氛，不要囿于过去成果，做出实事求是的结论。我当时写了一本自传体散文集《春梦秋云录》，傅作者题写书名，他也以其中有一篇《三峡梦》而见拒，经我抽掉这篇文章后才允题签。他也不造成我写些反驳的文章，认为不要引起论战。这事给我留下极深印象。

实际上，作者为三峡工程背上很大的"黑锅"。外国某些人把三峡工程称为"李鹏工程"，一个自称为国际导向组织，宣称"三峡工程是世界上最大坟墓"，要把"李鹏送交国际法庭审判"，许多攻击三峡工程的不实之词及至污泥浊水都泼向作者头上。对这些，他都不放在心上。对于国内有不同见解的人，他尤其尊重，即使他们有失实或偏激之词，他从不追究，而是虚心听取，而且要求我们也能做到这点。作者作为政治家的宽大胸襟，确实给我以启发和教育。也值得一些同志反思。

总之，本书是一本有重要价值的文献，它保存了历史的真实面貌，叙述了三峡工程的曲折经历，反映了中国人民的志气与能力，显示了党和国家领导集体驾驭形势的能力和民主务实的作风，而图文并茂、生动可读还是余事。"沉舟侧畔千帆过，病树前头万木春"，三峡工程已实现了蓄水、通航、发电的初期目标，很快就将全面建成，发挥全部效益，千秋万代为中国人民造福。开发金沙江的号角也已吹响，前景一片光明。我们期待着作者能在 2009 年再次莅临三峡考察，为本书补上新的篇幅，再次出版，为记述三峡工程的全过程画上一个完美的句号。

论拍马三原则

本人生而愚鲁，不谙事务。年轻时更遍身棱角，狂妄无知，是以难容于时，屡濒险境。十年浩劫，更堕苦海，命几不保，家亦难全。于是幡然悔悟，决心改行，从此勤研厚黑之学、深究拍马之术，锲而不舍，孜孜以求，用功既勤，心得自多。偶或试用，绩效惊人，不禁拍案而叹曰：马屁之道大矣哉，马屁之术神矣哉，上可以经天纬地，中可以创业发家，下可以保命全身。披阅历史，古往今来，亿万群众，无一人能脱其羁绊，此诚博大精深之学问也，惜社会科学中竟无马屁学之设，实乃天地憾事。且马屁之理虽显，运用之妙实深，若掉以轻心，必弄巧成拙。现经本人刻苦钻研，总结出三大原则，准此执行，百战百胜。原拟藏诸名山，传之子孙。现公之于众，以备各界人士采纳，不收专利费用。区区苦心，定获神佑。

马屁第一原则可称为"马政结合原则"，即马屁需结合当前形势，在屁话中巧妙引入应时政治术语，寓马屁于政治之中。一篇高明的马屁颂词，就是一篇优秀的政治论文。如此，拍者可无所顾忌，放心重拍，吃者可以心安理得，充分受用，均立于不败之地。两得其利，共避其害，岂不妙哉！

马屁第二原则可称为"润物无声原则"，即拍马需察言观色、因势利导、渐入佳境，不可急于求成、草率行事。典型之马屁杰作，犹如一道佳肴。不仅需有高档原料，更需精心制作，循序点火、下油、加料、撒葱花、拌味精……方能色香味俱全。切岂一接触即乱送庸俗之屁话，需慢慢导引上路，逐步加大"拍度"，火候既到，再大力加温。使马屁能"润物细无声"地沁入对方心脾，此乃是至上境界。昔人曰，圣人治国如烹小鲜，马屁之道庶几近之。

马屁第三原则可称为"因材施拍原则"，此脱胎于孔老二之"因材施教"而高出百倍。世界丰富多彩，人与人不一样，岂可简单处理，一视同拍。设如受拍领导城府不深，粗直豪爽，大可正面颂扬，当场抬轿。有些对象却自命清高，一脸正气，便需曲线救国：或旁敲侧击，或欲进先退，有时需将屁话化整为零，穿插于寻常语句之中，有时可假装批评他，寓马屁于批评之中，所谓八仙过海各有神通。总之人人都有软肋，针对个性，窥隙下手，使人自然入彀，事无有不成者！

总之，马屁人人会拍，马屁人人爱吃，但要达到高境界、深层次，绝非易事。所谓运用之妙存乎于心。但只要深入钻习本文，反复磨炼实践，必可日有所进，终达炉火纯青地步。"马山有顶勤为径，屁海无涯苦作舟"，深望有志拍马钻营之士，共同努力，发扬光大，将我中华马屁绝学，推上世界顶峰，岂不懿欤！

本文是作者随笔性文字，见作者科幻小说《关于 PMP 程序的故事》，此小说刊登于《科幻世界》2003 年第 12 期。

院士证和牛奶的故事

　　最近频繁出差，不论在机场或车站，出示院士证后，受到很多优惠待遇，不禁令我想起一件尘封已久的往事。

　　那还是在 1980 年——二十多年前的事了。我从四川调到北京水电部规划设计总院工作，还以身边无子女照顾为由，将在苏北农场中"绣地球"的女儿调来身边工作。中国当时经历过十年浩劫，正在从百业萧条、万马齐喑的状态中恢复过来。停顿已久的中国科学院学部也恢复了活动，并在中断二十多年后重新增选了一批"学部委员"（院士），我也被谬选为技术科学部的学部委员。这次增选工作完全在科学院学部内部由老委员提名与遴选，我是在第二年年初报纸上公布了当选委员名单后才获知的。虽然那时对学部委员还没有炒作到现在的高度，毕竟也是个荣誉，满怀高兴。不久还收到一本工作证大小的"学部委员证"。女儿显得比我还兴高采烈，整天拿着刊登消息的报纸送人看，还不忘提醒一句："请看看名单的最后一行"（名单是按姓氏笔画为序的，我吃了姓潘的亏，每次有好事总是忝陪末座）。

　　一天，女儿忽然夤夜来访："爸爸，你能把学部委员证借我用用吗？"

　　"你要这干什么？"我警惕起来，生怕这个调皮而且爱惹事的千金又搞出什么花样来。

　　"爸，你知道，我们组里的小张，最近生了孩子，她一点奶水都没有，真急死人了。"

　　小张是我们老局长的千金，我也认识，但我摸不清女儿来意："婴儿不是有一份配给奶吗？"

　　"半磅奶，哪够吃啊。"

　　"那就喂点豆粉、米汤嘛，找我有什么用？"

　　"那哪儿成，所以我就动你的脑筋啦，你不是刚选上学部委员、大科学家吗，我们想用你的名义去找牛奶公司订奶站，就说你年迈体弱，气息奄奄，急需进补，要求给你照顾一份牛奶，一定能成。爸，求您啦，帮帮小张渡过难关，你答应了吧，就算做好事。"

　　原来如此，女儿如此急人所难，当爸的岂能不助人为乐，但毕竟年长三十岁，有些犹豫："证书借给你倒没有问题，怕牛奶站不卖这个账吧，别倒个霉回来，有损我的光辉形象！"

　　"不会的，报纸上说的，学部委员，最高荣誉，贡献大大的，一定会照顾的。"女儿显得信心十足。见她这么起劲，我慨然把"学部委员证"给了她，她高高兴兴地走了。

　　几天后，遇到女儿，不免问上一句："牛奶订上了吗？"

　　本文是作者应约为纪念中国工程院建院十周年而写的散文作品，收入《十载征程　百年伟业——中国工程院建院十周年诗文书画集》，中国科学技术出版社 2004 年 5 月出版。

"哪里哟，还倒了个大霉，真被你说中了，混账的牛奶公司！不得好死的大块头！"女儿余怒未息。

一问细情，原来那天她们兴冲冲去了订奶处，要求照顾新订一份牛奶，窗口后面坐着的一位粗眉大眼的北京姑娘用冷眼一瞟："要订奶？凭什么？"

"我爸是新当选的学部委员。学部委员！你总知道吧，科学界最高荣誉！他身体衰弱，需要牛奶，请照顾。这是证书。"

女儿恭恭敬敬把"证书"递了进去，那姑娘翻了一下，用极高的速度扔了出来，啪的一声，无力地落在地下："什么学部委员，不知道！没有奶！中央委员也不行！"

这就是"院士证"和牛奶的故事，出师不利，折戟而回。所幸小张的孩子还是依赖豆粉和米汤给喂大了，现在应该有二十多岁了吧。

师 恩 似 海 永 难 忘

　　浙江大学是我的母校，土木工程系是我的"母系"，当年的师长们的言传身教，使我终生受惠无穷。母系要编撰系志，我想写篇短文，历历往事，齐涌心头，竟不知从何下笔。就把前些日子为庆贺钱令希老师九十华诞所写的的文章送呈应命吧。

　　我的四年大学生活，是在中国命运发生天翻地覆的变化时度过的。我在1946年暑假考取了浙大，当时学校正在复员，新生拖到年底才报到。入学后就发生抗议美军暴行学潮，提早放假结束。第二年是学运高潮期，罢课时间多于上课。第三年从护校应变到迎来解放。第四年我响应号召，参加了解放舟山的战斗。这样，能静心学习的机会是不多了。尽管如此，浙大严谨求实的校风和师长们的言传身教，不仅使我打下了坚实基础，而且学到了做人的道理，一生受惠无穷。当时担任系主任的钱老师对我的影响尤其巨大，没有老师就不可能有我以后的一切。

　　印象最深的就是老师那种以启发学生思考为主的教学方式。我自童年读百家姓开始到小学、中学，无日不在"先生满堂灌输、学生死记硬背"中度过，已经把这种模式认为天经地义。听了老师的课真有耳目一新的感受。老师开的是高等结构学，他在讲了枯燥和深奥的"柱比法"（一种分析拱结构的方法）后，话题一转："外国人的钢筋混凝土拱都是整体结构，不让开裂的，而中国人在几千年前就能用一块块的石头砌成一道拱，同样能承受极大的荷载，秘密在哪里？"还指示我们想一想"中国拱"上面回填的土和石起了什么作用？甚至指出大的石拱桥拱洞两侧常镶有一副石刻对联，可能起什么作用？他提醒我们：大自然会将一条悬挂的链索形成一条"悬链线"，使之处处受拉，如果翻个身就是处处受压的拱等。一番话引得我遐思绵绵，而且悟出一条道理，一个不连续、柔软的结构，给它一些条件，会起到和刚性结构一样的作用，甚至更好！

　　老师讲理论从不脱离实际，实际上他是位创新意识极强的大工程师。他在修复浙赣铁路时，由于缺乏钢材就无前例地用木材建了座铁路大桥，用"钢圈接木器"解决木结构结点不能受拉的致命伤。他要引入一种新思路时总从身边的事谈起。譬如说，六角形蜂巢的底部由三块菱形片封底，菱形都有个固定的角度，蜜蜂为什么这么做？是否想用最少的材料得到最大的空间？又指出，人和动物的骨骼是中空的，为什么？空洞和骨壁厚度应该是个什么比最合适？以此把"优化"的概念引给我们。

　　钱老师打破了"先生讲、学生听"的模式，他让学生们上台讲自己的读书心得和研究成果，由大家评论。我还记得第一个上台的是胡海昌，讲了他创立的分析桁架的"通路法"。浙大的考试是出名的多而严，在考结构学时，同学们深以要硬记许多公式为苦，让我设计了一张卡片，把繁复的公式和解法都录在上面，并推我们几个人去老

　　本文收入《力学与工程应用——庆贺钱令希院士九十寿辰》一书，大连理工大学出版社2006年7月出版。

师家串门游说，让他允许我们把卡片带去应考。这简直有些"开卷考试"的味道，我生怕老师不会同意，就说卡片上只写了少数公式。老师听后欣然同意，显然他认为让学生减少些死记硬背，把精力放在思考问题上更为有益。当他看了那张卡片后不禁呵呵大笑说："你们把所有公式都写上去了嘛"。当他知这卡片是我设计的，又意味深长地说"实际上，最得益的是潘家铮，他倒不用看卡片了！"

那时，还缺乏中文的超静定结构教材，只有几本英文参考书。老师计划自编一本讲义，他破天荒地让胡海昌和我把那几本英文书读完后拟出讲义的初稿来。这当然不是认为我们有资格写，而是要看看学生们在学习这门课时难点是什么？想的是什么？这种做法在学校里都是少见的，对我来说真是受惠终生。从老师学，所得的不是以听了几小时的课，读了几本书所能衡量的，真是春风化雨，润物无声。遗憾的是，时间已过去近60年，至今许多学校里还在盛行填鸭式教育。我想，人们称钱老师为科学家、工程学家外，并称之为教育家是有深意的。

至于钱老师对学生的关心，更是达到无微不至的程度。当时正是学潮汹涌白色恐怖严重之时，老师明显地同情和支持我们的罢课和游行抗议，千方百计保护、庇护进步学生。对我来说，连生活也管到了。我考入大学后，父亲暴亡，母亲重病，哥哥和姨母患精神病，二年级时又因代人补考被学校处以留校察看重罚，剥夺公费和工读权利，经济上陷入绝境，已打算休学去当教师了。这些事情我从未透露给老师，他从旁知道后，从微薄的薪资中挤出钱来资助我，让我完成了学业。毕业后介绍我走上水电建设之路，还继续借款帮我渡过难关。多少年后我把这些事告诉妻子时，她不禁泪下如雨，可见感人之深。

老师对我恩深似海，可惜在1952年后就天南地北，很少有会晤和再受教益的机会了。甚至老师健康欠佳、师母仙去，我都不能前往省视慰问，愧疚万分。我只能从心底里说一句：祝老师幸福健康，松柏长春。也祝"母系"兴旺发达，为祖国发展、民族振兴、构建和谐社会的大业培育和输送更多的英才！

谈谈"管闲事"与"和稀泥"

随着社会进步和科技发展，分工愈来愈细。不论是拥有行政权力的政府系统，还是一个单位、企业……都有自己的职责，大家依照法律和规章制度办事，各负其责，各尽其职，各把其关。医生不应去管农民种些什么作物，飞行员也不会过问水利工程师建什么坝，这似乎是毋庸解释的道理。中国不是有句成语："各人自扫门前雪，莫管他人瓦上霜"吗？

但是，社会是个整体，各种关系也未必能分得很清楚，各人门前的雪当然应该自扫，但你扫清了门前雪未必就能安全出行，因为有人并未扫他的门前雪，甚至把垃圾堆到你的门前和马路上去呢！因此，必要的时候，对别人的门前雪甚至瓦上霜也得关心过问一下。

举个简单的例子：如果城里有个菜市场又脏又乱，有关部门是要查处以至取缔的。取缔后如果菜贩们转移到马路边去销售，就更影响安全、卫生和市容了，有关部门是决不容许的，定要驱赶、处罚。这完全在他们的职权范围之内，谁能说他们管得不对。但这么一来，老百姓买菜困难了，许多人的生计断绝了，农民的收入降低了，还引起人们对城管、对政府的不满，甚至酿成大事，导致社会的不稳定。台湾省的二二八事件就是查处走私烟贩引爆的。

单纯的取缔、驱赶没有解决本质问题，引起许多后果，警察又不能不执法，怎么解决这个矛盾呢？也许较好的办法是由政府安排建设一批文明、卫生、廉价的菜市，加强管理，建设和管理费用由政府掏，不收或只收极低的摊位费。当然，警察并没有这方面的职能，也没有力量去建菜市，但如果市政部门、人大代表、政协委员失了职，警察是否在执法（取缔、驱赶）的同时，也可以"越俎代庖"地出主意、提建议甚至发警告呢？因为他们是最接近老百姓和菜贩子的人啊，不能说这是别人瓦上霜，不关我的事，而任凭事态恶化啊。

不妨再举些其他的例子，就说说前年的"环评风暴"吧。国家环保总局一口气叫停30项重大能源、电力建设项目，因为这些工程的《环评报告》尚未通过，而已开工或进行开工准备，属于非法施工，所以一律叫停。这在环保部门的职权之内，依法叫停，谁说不应该。但深入想想，疑虑很多。叫停这么多的大电力建设项目，如果造成今后电力供应严重短缺，影响国家发展和人民生活提高，怎么办啊？当然，你可以说这不关我事，是"发改委"的责任，可是影响了国家发展，每一个中国人都遭殃啊。其次，叫停的首先是大水电项目，水电是清洁的可再生能源，叫停水电，就只能代以烧煤，增加燃煤污染，这一笔账应不应该算呢？第三，也叫停了一批大煤电，而这些大厂都安装了采用新技术的巨型机组，能耗低，治污要求严；叫停大煤电，人们被迫只能修建或重新启动已关停的低效高污染的小电厂，甚至家家户户买一台小发电机自供，安全和污染问题更不可问，岂不和环保要求更加背道而驰吗？而这些环保总局都是不过问的，都属于"他人瓦上霜"。说句扫兴的话，你执法把关愈严，环境污染就愈厉害。

当然，我绝不是要人们不去尽职把关，中国目前的严重问题正是有许多部门、职工没有尽职。我只是建议在尽职的同时，对问题做些更深入的思考。

环保总局要执法，他也不能代替"发改委"，更无权干涉人们自购小发电机，那么矛盾怎么解决呢？我认为，首先有关部门要尊重环保法，对大小工程都要注意解决好环保问题，并依法报批办事；另一方面，环保部门也要了解国家发展和能源供需大局，了解各种能源的污染性质和影响，主动沟通，及时提醒，多出点子，协助解决问题。不要坐等审批，甚至人家早已报送了《环评报告》，有意拖而不批，来个集中"叫停"，制造"风暴"，以显示"权威"，这就简直在"作秀"了，但受损失的可是国家啊。

再如水利部门，情况也一样，只尽自己的职，拼命挖掘水源增加供水，后果是水利建设愈发展，水资源愈紧缺，水污染愈加剧，水环境愈破坏，水浪费愈严重……水利工作者成为罪魁祸首之一。因此，有必要"狗抓耗子"，管管别人的闲事，对于那些不符合科学发展观的规划，那些敞开用水的大户，那些把江河湖海视为天然下水道的企业，一滴水也不应给。

上面谈到"狗抓耗子"的问题，接下去还想谈谈"和稀泥"的问题，仍从环保风暴说起。也是前年曾经上演过"圆明园防渗"事件。这是一幕演出精彩的剧本，演员们的表演堪称出色，结局基本上是大团圆，充分代表了中国式解决问题的办法。

圆明园是位于北京海淀区的皇家园林遗址。这座有名的园林以水面景观为主。从未听说过当年有干涸的问题，既名"海淀"想来那时地下水位很高，补水水源也十分充足。才能成海成淀啊。英法侵略军烧毁了她的建筑，抢夺了她的珍宝，却掠走不了湖光波影。但随着北京人口的无限增长和无节制的用水，地下水位剧降，湖水渗漏干涸，遗址景观无存，也影响国家声誉。圆明园管理处只好向北京市买水灌湖，价高不说，由于水源异常紧缺，每年只能卖给一二百万立方米的水。对这点珍贵的水当然不能再让它迅速漏掉，于是管理处在湖底试铺一层土工膜减少渗漏，就是这么个简单事实。

接着，2005年3月29日有位教授向《人民日报》呼吁，说圆明园这种防渗做法是一场"生态灾难""彻底伤害了圆明园的命脉和灵魂"，这种惊人的提法起了"爆炸性影响"，轰动全国。但有点常识的人不能不怀疑：圆明园面积在北京市地图上不过瓜子般大小，一二百万立方米的湖水少渗入地下一点，怎么会导致一场生态灾难呢？就算让它全部渗进地下，能提高地下水位一厘米吗？难道任其干涸反倒是保留了圆明园的命脉和灵魂？导致北京的水环境、水资源灾难的罪魁祸首，怎么说也不应归咎于这层湖底薄膜吧。

一些报刊媒体闻风而动，这是个难得的题材，正可充分炒作，越说越玄。以至有些人把土工薄膜当作有毒有害、破坏环境、像核废料一样的可怕的东西。小小的圆明园防渗工程新闻能席卷全国，不能不说是媒体大力炒作的功劳。

对于环保总局来讲，更是个天赐良机。这个工程并未履行环评手续，圆明园又是个著名地方。于是在 3 月 31 日就严厉叫停（对污染浪费严重的小矿山、化工厂也有这么高的行政效率就好了），责令提出《环评报告》报批，充分显示其权威性（客观地说，这是件好事，提醒有关部门，工程不论大小，后台不论软硬，涉及环保问题必须依章行事，没有例外）。

原来承担"环评任务"的单位可能嗅出这个小工程的背景复杂，决定对这种吃力不讨好的"鸡肋工程"采取婉拒、退出的做法，也深符"明哲保身"之道。当然还是有一家大学勇于承担，看来他们应对复杂情况的能力较强。当时，我有个估计：这家大学如有些责任感，不会否定土工膜，但他们如想继续干这个行当，也不会完全同意原方案。这不是我有诸葛亮之明，这是中国的大环境决定了的。

三个月后一份全面的《环评报告》完成了，堪称名作。它首先指出：要防止圆明园生态系统退化，发挥遗址公园功能，在水资源又紧缺的情况下，圆明园必须采取补水、节水的综合措施，承认防止过度渗漏是节水措施之一。然后确认土工膜性能稳定，无毒无害，对人体健康和环境、水源不构成威胁，铺设防渗膜能部分恢复水生生态系统和水域景观。最后笔头一转说，土工膜虽可行但非最优，用黏土防渗可以保持一定的渗透水量，对环境更"友好"，于是对原方案大改大削，用黏土代替大部分土工膜。这真叫人啼笑皆非。要保持一定的渗透水量，在土工膜上穿几个孔不就得了，值得这么大动干戈？

报告上报后，环保总局还召开"听证会"，足见其重视。对于听证会，主持人宜极其公正、毫无先入之见，善于引导，才能取得好的效果。遗憾的是会上发言不冷静，某种气氛压制了不同意见，未能公平、冷静地交流讨论。也许有所预计，许多理应出席的部门（水利、文物、园林）和专家都回避了。

总之，这场"风暴"很快结束了，一切似都美满。"发难者"成功地引发一场风暴，出了名。媒体热炒一场，既表示他们关心环保大局，也增加了报刊销路。环保总局行使了职权，体现了权威，还开了个办听证会的好头。环评单位提出了四平八稳的报告，既不否定原方案，又在实际上否定了它，不辜负这场"风暴"和环保界的委托与信任。可说是皆大欢喜。唯一有些遗憾的是圆明园管理处吧，既耽搁了工程，还得花钱拆掉已铺的土工膜，再去购买 15 万米^3 的黏土来做更"友好"的防渗层，好在都由政府买单。另外吃哑巴亏的就是被挖走 15 万米^3 黏土而遭破坏的耕地了，这就更没有人为它说话，更不要说引起"风暴"了。

听证会后似乎也有一些人对之质疑，当然，环保总局是不会像对待"风暴"那样感兴趣而予以置理的。在报刊上，我阅读面窄，只看到刘树坤同志写了一篇很中肯的文章（见《水利水电技术》2006 年 2 期，本文上面所述多取自该文）。其中最引起我兴趣的是下面这段描述：

最近笔者去圆明园现场考察，在 2003 年圆明园采用防渗膜的试验工程中，只经过一年半的时间，水生生态系统已经恢复得相当好，不仅生长繁盛，而且莲、萍、水草种类多样，大小鱼儿成群，水鸟、昆虫都可以看到，湖水清澈，与周围因停工而裸露的湖泊形成了鲜明的对比。还怀疑和反对使用防渗膜的朋友不妨到现场去考察一下。

我觉得这几句话比什么"风暴""炒作""环评报告""听证会"……更使我信服。

最后一句话：和稀泥、面面俱到、各取所需的解决方案，也许在今天的国情下是可行的，但绝不会是最优的，甚至是不正确的。

为了建设和谐社会，我们要讲实话、办实事，反对作秀、反对和稀泥！

谈谈学术不端行为及整治措施

近来，中国科学院发布了《关于加强科研行为规范建设的意见》（下称《意见》），中国工程院科学道德建设委员会则在认真调查个别院士的学术行为问题，中国科协又发布了《科技工作者科学道德规范》（下称《规范》）。作为国家在科学界和工程界两大最高荣誉性学术机构以及科技工作者的全国性协会如此大力出击，给社会上带来一阵清风。确实，在科技和研究领域中的学术不端行为似有愈演愈烈之势，引起人们极大的关注和担心。学风不正，后果严重，是到了应该深思和采取行动的时候了。笔者愿就此问题一叙己见，供科技界同仁讨论批评。

学术不端行为的类型

在《意见》中，对各种学术不端行为有明确的认定，这是非常重要和必要的。其中最常见和重要的有三类，我曾形象化地比喻为"强盗""小偷"和"骗子"。

所谓强盗，就是利用自己的权势和地位（行政领导、组长、导师、院士、权威等），强行在并未参与的科研成果中列上自己的名字，乃至列为第一位，甚或把实际做贡献的人排除出去。人们虽然不服，但迫于压力，为免报复，或有求于他，只好忍气吞声地接受，正像在强盗的手枪面前被迫交出或分给财物一样。也有相反情况，即科研人员主动乞求他署名，其实，这个所谓"主动"，也是有求于他或另有目的，本质上还是被动的，这就有些像坐地收赃的黑帮头子了，在道德法庭中丝毫不能减轻其罪责。

所谓小偷，就是窃取别人的科研成果占为己有，包括窃取别人提出的假设、原理，建立的模型、公式，以及直接的整段抄袭乃至全文剽窃……偷窃手法有高有低，偷窃范围可小可大：有的是窃取其精华，加以包装作为己有，有的是直接抄袭若干段落，有的则是整篇剽窃，甚至原文中的笔误排误也照抄不改，有的则在文字上做些改动，内容上做些调整，也正像偷了别人的车子后喷上颜色、换块玻璃或车轮一样，当然这改变不了小偷的性质。

所谓骗子，就是用欺骗方法达到成名成家和谋取私利目的，包括编造数据、篡改数据、改动原始记录，甚至无中生有谎称完成什么试验，发现什么奥秘，出色的骗子能够把假的东西吹成比真的还真，甚至骗取各项奖励和荣誉，直到骗得国际性的荣誉。当然，假的就是假的，骗术再高明也不能骗永久，最后必然是把戏拆穿，声誉扫地，爬得愈高，摔得愈重。

科学研究是老老实实的工作，圣洁的学术和科研领域中，绝对容许不了这三类人

本文刊登于《群言》杂志 2007 年第 4 期。

物的出现和活动。我们要忠告有过这些行为的人，苦海无边，回头是岸，若不迷途知返，后果必将是毁灭性的。

学术不端行为被揭露后的各种表现

一切搞学术不端行为的人，貌似聪明，认为可通过捷径取胜，其实是最傻的人，所谓"门角里拉屎不图天亮"。你抢来、偷来的成果大都是别人公开发表过的，而且必须再公开发表后才能谋取名利，编造的成果也必须公开发表长期接受考查，怎么可能不露馅呢？特别在信息技术如此发达的时代，要想纸里包火，是根本办不到的事。上面我把他们比作强盗、小偷和骗子，其实他们是主动送上公安部门或受害人面前去的笨贼。所以，几乎所有学术不端行为在发生后不久，就被察觉，追究甚至告到法庭，使当事人陷入极其难堪的境地。研究一下当事人或当事单位的"因应之道"，倒是很有意思的。

我发现这个过程大体上都经历过三个阶段。在学术不端行为刚被察觉和追究时，当事者，尤其是一些有权势的人往往会蛮横地否认，甚至倒打一耙，声称控告者别有阴谋，是小题大做，是对他的妒忌污蔑诬陷，气势汹汹，直欲噬人，企图以此把事情压下去。当事人所在的单位（学校、研究院所、企事业单位等）为了保护权威和本单位的名誉，也会帮助庇护，做灭火的工作。有些正义的诉求可能就这样被扼杀了。

但如果事情较大，证据较确凿，有关人员坚持追究，或已捅到社会上去，纸已包不住火时，当事者就会施出第二手：拖延推脱，解释辩护，尽量让大事化小，小事化无，争取乘机溜走。

如果火愈烧愈旺，已无法"洁身而退"，就避重就轻，承认一些责任，疏忽啊，失察啊，表示一点歉意，也可以采取"舍卒保帅"的办法，让个别人（往往是年轻人）承担全部责任，解脱其他人的责任。这很有点江湖义气味道。当然，被解脱人是心中有数的，事后总会适当照顾做出牺牲的人，除非他完全是个过河拆桥的无义之辈。

解脱和辩护的手法有以下几种：①声称此事自己完全不知情，是别人背着他搞的；②声称自己如何忙碌，承担何等国家重大任务，有些事顾不过来，情有可原；③已经在内部做了批评处理；④已经向原作者做了解释，取得谅解；⑤说成系一时疏忽，并非有意；⑥承认受到原作者思路的影响，不同于故意抄袭；⑦承认引用了旁人成果，但有所改进，在参考文献中已列入原文，不能算剽窃……这最后一种说法，似乎有些道理，其实，这完全是一种骗人伎俩，必须给予拆穿。

过去搞抄袭和剽窃的人，胆子还小一些，往往在外国的期刊上寻找对象，窃取后在国内发表，企图减少被察觉的机会。在利欲冲动下，现在某些人的贼胆越来越大，敢于把赃物投到外国期刊甚至国际一流刊物上发表。他们会对别人的成果做些非原则性的修改、变化或所谓"改进"，也会在文中含含糊糊提到原作者的名字，或把原文列在参考文献之内，很显然，这一切都是为了掩人耳目或为以后留个辩解口实，这种含含糊糊、偷偷摸摸、欲盖弥彰的做法，是改变不了抄袭或剽窃的性质的。

整治学术不端行为的措施

对于日益猖獗的学术不端行为，必须痛下决心，采取有力有效的措施予以遏制。我认为和反贪腐相似，有效的措施包括：正面的教育，明确的规定，全面的监督和严肃的惩处。

向科研人员进行不懈的正面教育，仍然是第一位的。教育的重点是年轻人，因为他们是我们的接班人，是国家民族的希望，他们正处在开创前程的关键阶段，对获取成就的心理最为急迫，也正是血气方刚最容易走错路的时期。人总是有良知和是非感的，尤其从事学术研究的人更应如此。就个人利益而言，也会衡量一下得失问题。所以，通过各种方式，用优秀科学家和先进人物的感人事迹，教育年轻一代，做到潜移默化，润物无声，让他们树立起正确的人生观和荣辱观，至为重要。当然，也可以把国内外一些人士（包括一些曾经享有过盛名的人士）的恶劣行为，以及导致身败名裂的后果，作为反面教材，为他们敲起警钟，也很有益。只要有关部门、领导、导师……在关心下一代业务上进步的同时，也时时关心他们在精神世界上的进步，以身作则，言教身教，假以时日，一定会取得显著成效。我呼吁政工部门和老一代人士重视这个问题，并为此做出不倦的努力，这是为国家民族做了一件功德无量的好事。

加强科研行为的规范建设是当务之急。首先对所谓的"不端行为"要有明确的判定准则。当然，一个行为是对是错，是合乎道德还是违背道德，在科技界会有公认，但仅有原则性的提法是不够的，应该明确地给出判别标准，中国科学院的《意见》已开了个头，中国科协发布的《规范》更提出了具体标准，我觉得今后还可以分析大量出现的问题，进一步修改、细化和明确，使没有空子可钻。其次，对于认定为不端行为者，应规定各级当事人的明确责任和处理要求，使做了错事必须付出代价。目前两院虽然都有院士行为规范，科协的《规范》中明确了学术不端行为的监督处理原则和程序，执行起来还有难度，广大院、校、所和有关单位可能连原则性的规定都缺如，建议逐步建立和不断完善。

许多人明知某些行为是不道德的，后果是严重的，却仍敢于去做，主要是心存侥幸，认为可以"漏网"过关。为消除他们的侥幸之心，就要有严密的监督体制。不仅单位、领导、导师、同事、亲友要监督，还要形成全社会共同监督的风气。特别是互联网、各级学术团体、各舆论媒体，在发现有不端行为时都要敢于揭发。一般讲，揭发名气不大的人或关系不紧密的人较为容易，如果牵涉权威、名人、上司、导师、亲友、同事……时，便因有风险而感到为难了。对此，就要有正义感和责任感，要出于公心挺身而出。当然，我们这里所谓监督不端行为，是指那些严重违反科学道德、影响很坏、后果严重，而且有确实证据的事，我们不赞成对小事无限上纲和对不属于学术道德问题的事到处投诉，我们更坚决反对以揭发不端行为为名对人进行造谣诬蔑攻击，后者必须承担法律责任。

在"不端行为"被最终认定后，当事人必须负起责任，接受相应的惩处，亲尝恶果。关于惩处，大体上也有三类：首先是行政上的惩处，如责令检查，责令道歉，在一定范围内通报批评，撤销成果，撤销荣誉，撤销职务，降级降薪直至开除。第二类是经济上的惩处，如退回科研费用，退回已领取的奖金，赔偿受害方的经济利益等。第三类影响更大，是对其信誉的否定，如一定时期内取消其领队承担科研工作的权利、申请科研经费的权利、教书育人的权利，将错误事实载入个人信誉档案，向社会公布错误事实等。

对于惩处问题，我认为必须十分慎重。首先，当事人接受"与错误性质和程度相应的惩处"是必要的，不能不了了之，只有这样才能起到"惩前毖后"和"以儆效尤"的震慑作用。但更重要的是惩处的目的，是为了树立正气，是为了治病救人，而不是为惩处而惩处。所以不但惩处措施要恰如其分，惩处的实施尤要细致，特别牵涉人的信誉问题时更需慎重。对犯错误的人应该热情帮助，仍应尊重他们的尊严。尤其对于年轻人，必须鼓励他们"在哪里跌倒就在哪里爬起来"，鼓励他们在接受教训的基础上，以自己的加倍努力和出色成绩来洗刷污点，重建信誉。当他们进行这样的努力取得成效时，要正面肯定，及时改变或撤销处分。千万不可对之取讥讽、鄙视、排斥的态度，禁止将他们的错误挂在嘴上。应该看到，国家培养一个年轻的科技专家并不容易，当前不正之风和浮躁情绪弥漫于社会，相对来讲，科研领域仍较干净，年轻人犯错误是可以理解的，换个角度看，他们其实也是受害者，我们在惋惜他们走了错路的同时，必须满怀热情向他们伸出双臂，爱护他们，帮助他们，让他们迎着朝阳茁壮成长，在他们之中很可能有今后做出巨大贡献的人才！

认识陋习　根治陋习

中国是一个有五千年历史的文明古国，号称"礼仪之邦"。但由于各种原因，目前社会上存在着许多陋习：或不讲文明卫生，或不守公共秩序，或不尊重别人，或贪图小便宜……种种现象，不一而足，根深蒂固，成为顽症，"礼仪之邦"的民族形象，早已荡然无存。在我们可能习以为常，不以为怪，也不以为耻，而被来自发达甚至也在发展中的国家的人士看到，会难以理解和接受，甚至产生反感和轻视。我国出外的人员，则又起了"形象大使"的作用，他们把这些陋习带到外国，更产生极坏的影响，使别人对我国人民的素质有极差的评价。过去在闭关锁国时期，影响还小，我们还可"躲进小楼成一统"，把这个问题放在次要位置，目前中国已在国际事务中扮演愈来愈重要的角色，国际交往日益发展，尤其明年要承办奥运会，根治这些顽症，就成为当务之急。

把八大陋习示众

到底在我国存在哪些陋习呢？各家说法不一，如八大陋习、十大陋习等。笔者分析，按其性质，主要可划为上面讲的不讲文明卫生等四种，具体则表现成八类，每类可用一个典型陋习代表，不妨名之为"八贼"。这八贼是：

1．随地吐痰

这大概是出现得最普遍、最引人反感的陋习。大街小巷，痰迹累累，公园宾馆，都难幸免。既碍观瞻，更易传播疾病。一些调查资料表明，随地吐痰荣登各种陋习之首！

和它相似的还有随地乱扔垃圾（甚至随地便溺），特别在旅游景点，尽管管理部门已设有许多垃圾箱，有些人总不愿花这举手之劳，定要一扔为快，以至到处都是废弃的瓶罐杯盒，水面上则飘满"白色污染"。反观不少外国游客（哪怕是一个小孩）的作为：他们不仅必将自己的废弃品放入垃圾箱，对别人的弃留的垃圾也绝不放过，一定要捡起入箱才觉心安。对比之下，确实令我们面红汗颜！

2．排队插队

这又是一件令人脸红的事，也是一件令人极为痛恨的事。外国也有排队现象，可是哪怕是很长的队（例如参观巴黎卢浮宫的长队），绝少会有人"插队"。如果一个人有特别情况，他就会向大家说明、道歉，而人们也一定会予以理解支持。只有在中国才会出现这种荒谬的、破坏秩序的"插队"怪象：或偷偷潜入，或恃勇插进，或熟人引纳，甚至呼帮结群（当然，有关系者不必排队可以在后门或内部交易，这不在讨论之列）。至于在公交车站上则可见到另外一幕：原来排得好好的队伍，车子一到，一哄而上，秩序大乱，年轻力强者恃勇先登，年迈妇孺被挤车下，无人关心，甚至受伤。

外国情况确实要好得多，就是大大咧咧的美国人，也规规矩矩守秩序，耐心排队，绝少"插队"。在银行、海关等地更严守"一米线"。特别感人的是：有报道说"9·11"灾难中，在即将倒塌的世贸大厦浓烟中逃生的人仍有序地靠着右边排队而行，把左边让给消防队员，遇到有担架通过，就自觉停下让行。在生死关头时的排队，说明了社会文明的成熟性。

可以归入此一类陋习的还有：在公交车上或休息厅内，乱占位子，甚至横卧酣眠，即使有孕妇或怀抱婴儿者站立在侧，亦绝不一顾，更谈不上让位给老弱。在乘坐自动电梯时，国际惯例都是靠右站立，让出左侧，以便急行者通过，然而就这么一件事，在中国绝难做到，尽管有大字标语提醒，似乎无人理睬。如果你试图劝说一下，一定无效，反而会遭到敌视的目光，或被骂成"精神病"。

3. 乱穿马路

尽管设有横道线、红绿灯，架有过街桥或地道，有一些人总图一时之快而乱爬、乱穿、乱闯。大量的自行车一般都不遵守交通规则，"穿花蛱蝶"般地在车流中穿插。开车的则频繁换道，强行超车、加塞，司空见惯。有一次笔者陪外宾在成都街头等车，他看到马路上混乱的情况诧为奇观，并且说：中国的司机和骑自行车的人个个都是第一流杂技演员……也不知是赞慕还是讽刺。相反，在外国看到的是：街道上的行人和车辆都能遵纪和礼让。开车的一般都能自觉遵守交通规则，或大家默认的潜规则，不会侵犯别人的先行权，也不会滥用先行权，总是相互给别人一点方便，特别是"车"让"人"的现象十分普遍，似是天经地义。行人更不会乱穿乱闯，要穿马路时，一定要等横道线上的绿灯亮了才通过。哪怕是深夜，一辆汽车也没有，只要红灯亮着，他就不动脚。在我们看来，这一定是个大傻瓜。其实，在他的思想中，穿马路不但要保安全，而且必须守制度。如果在亮红灯情况下穿越，虽然没有安全问题，也是个破坏制度问题，或者说是一个人的守法和诚信问题。人家考虑问题的想法就是和聪明的中国人不同（现在不少城市已改成行人穿马路的红绿灯由行人自按，就更加合理高效了）。

4. 大声喧哗

在任何公共场合：车站、码头、空港、广场、剧院、餐馆，只要有一堆中国人在，就一定是噪声之源。

我曾在巴黎的戴高乐机场候机。阔大的候机厅内来自各个国家的旅客都在安静地等候，或排队依序登舱，只有在登"中国民航"的候机厅内或登机口前，人们不仅乱作一团，而且高声谈笑争吵，旁若无人，引得人人侧目。看他们的衣着，显然是一个颇有规格的考察团，带队的很可能是位部级领导。

在外国的文艺演出中，厅内鸦雀无声，不像国内嘈杂喧哗，手机声此起彼落。就是在餐厅中也是出奇的安静，讲话轻得都像特务接头，窃窃私语，注意不打扰别人。在中国的餐厅中则震耳欲聋，如果在划拳敬酒，那分贝之高，更令人难以忍受，如经常处于这种环境中，听觉一定会受到严重损伤。

5. 泼妇骂街

一些外国人把"对不起""谢谢"挂在嘴边，而一段时间以来，许多中国人好像已经忘记在词汇中有这种礼貌用语。相反，有的人似乎火气特旺，要面子的心情特重，只要和旁人有些小小的纠纷：谁碰了谁一下，谁看了谁一眼，谁说了句什么话……立刻就会暴跳如雷，破口大骂，用词之刻薄恶毒，难以想象，或讥对方是某种低等生物，或宣称自己与对方异性尊长有过某种特殊关系，如果对方也不示弱，就会上演一场闹剧，甚至大打出手，此时，照例有大量的人围观，不是劝架，而是为双方鼓气，唯恐天下不乱。在许多情况下，就演变成悲剧，例如公共汽车中的售票员就可以掐死乘客，纵然悔恨终生，也无济于事。

对礼貌用语已经遗忘，对一些下流的骂人话却如贯珠，特别是所谓"国骂"，或"地方国骂"，在有的人的嘴中，已成为不可或缺的辅助词，以至有人幽默地称为"标点符号"。在"文革"期间，这种"标点符号"乃至在外交场合中出于高层人士之口，外宾固然大惑不解，翻译更是搔首为难，国骂威力之大，影响之深，可见一斑。而在当前社会风气中，这一流风遗韵仍处处可闻。

其实，许多争吵甚至悲剧之始，都是一些无谓的小事，甚至连鸡毛蒜皮也称不上，如果当事人有一点起码的修养，互相致歉，完全可以一笑解决，不知出自礼仪之邦的人们为什么连这点修养都没有，在广大国土上天天上演无数的闹剧乃至悲剧呢。

除满嘴脏话外，一些人在大庭广众之前，脱鞋脱袜，赤膊袒胸，也是极不文明的做法。

6. 排闼而入

笔者经常有过这样的经验：自己正在伏案工作，有人会"排闼而入"，既不敲门，更未预约，就直接找你谈话，使人为难。如果拒绝，就被骂为"架子大""有什么了不起"……如果谈，则又影响手头急事，而且也不知道对方要谈多久。这是一种典型的不尊重别人的表现。类似的还有不准点赴会，约期失信，任意看别人桌子上的东西，甚至翻别人抽屉，看别人的日记、文件，这已经触犯别人的隐私权了，在外国是一个较严重的问题，但我们有些人的心中根本没有尊重别人的概念。

7. 贪小便宜

贪小便宜是许多人的毛病。笔者曾较长时间住在筒子楼里，用的是公厕。看到厕内脏污，特别有些人不用卫生纸，就买了卷卫生纸放在里面，以供忘带卫生纸的人取用。但转瞬就不见了，屡试屡验，只好作罢。

最近铁路第六次大提速，出现了崭新的 D 字头"动车组"，车厢内设备齐全新颖，但不要多少时间，就偷的偷，拆的拆，落得惨不忍睹，被韩国人加以宣传，大做文章。至于不顾行人死活，盗卖马路上的窨井盖，已超出贪小便宜的范畴，属于盗窃行为了。

又如在公共图书馆中撕下书页，吃自助餐时，有些人总怕自己吃亏，多拿多占，最后无法下肚，一扔了之，这种现象出现在国外餐厅中，影响尤其坏，为了贪一点小便宜，丢了自己的人格还影响了国格。这类事所在皆有，不胜枚举。

8. 破坏公物

大凡公用物件完整的少，公共场所干净的少，街上的公共电话和公园中的座椅有几个是完整的？旅游景点到处留下"某某到此一游"的大作，草坪被践踏，花木被攀折，雕塑被爬、被登、被坐，这都是习以为常的事了。

更使人难以理解的是：有些公物的被毁，是由于贪小便宜的人顺手牵羊拿走或偷走，这虽可恶，也不道德，至少那个人还是得了些实惠，但有些公物的毁坏则无理可喻，人们干的是损人不利己的事，简直有些匪夷所思。笔者觉得这比贪小便宜还可恶，更值得深思。

例如，一幢宿舍楼刚落成，住户迁入不久，在公共走道雪白的墙上就出现一只只污秽的脚印，从一楼印到顶楼，这是有人特地印上去的。电梯使用不久，钥匙孔里就被塞进火柴梗，动弹不得，后来查明是住在底层的一个小孩干的，因为他家不必用电梯！到底是什么因素、什么环境，会使一个孩子萌生出以破坏公物、妨碍别人为乐的心理，难道不该深思吗？

上面笔者着力描摹了国人的种种陋习，赞美了外国人的优点，有人可能认为我在崇洋媚外，在骂"丑陋的中国人"，笔者承认在外国也有不自觉的人，也有丑陋的一面，但那是少数，中国也有自觉的人，可惜被淹没在广大的不自觉的海洋之中。我们不能以个别人的表现下结论。我们只能痛心地承认，在当前的情况，多数中国人确实是"丑陋"的。

产生陋习的原因分析

冰冻三尺非一日之寒，作为文明古国的中国会存在这许多陋习，流传这么久，扎根这么深，长期不得纠正，是有其历史的、文化的、物质的和思想意识的因素的。当然，更有人为失误的原因。应该指出，有些问题系东西方生活习惯不同引起，例如中国人在一起喜欢大声讲话，吃饭在相当长的时期来就用筷子合食，宴会中讲究敬酒等，也不能简单称之陋习，但既要与国际接轨，则某些传统习惯也得适当改变。严重的问题是上面指出的多数行为，确实是不文明不道德的陋习，对这些陋习产生的原因值得做些较深入的探究。

首先是中国的生产力长期停滞不进，人民大众处于极端贫困之中。古语说"仓廪实而知礼节，衣食足而知荣辱"，这有一定的道理。当一个人处于衣食无着的绝境时，很难要求他讲什么卫生或文明。笔者数十年前在川西锦屏地区查勘时，当地少数民族衣不蔽体、食不果腹，终年披一件毛毡，住在用石块和泥土垒成的黑屋中，终生几乎不洗澡，你向他宣传不要随地吐痰岂非笑话？

笔者在1953年初来北京工作时，公共汽车不多，但乘客也少，许多人都讲礼貌，尤其是一些老大爷，轮到他上车时他还在招呼后面的人"您先请"，给我留下极深的印象。可惜好景不长，城市暴扩，人口剧增，挤公共汽车成为求生之道，加上管理失误，这种礼让便成为遥远的追忆了。这也是物质短缺影响精神文明的例子。同样道理，生活富裕的人，大概也不会对公厕里的卫生纸和低级香水产生觊觎之心的。

其次，中国的封建时期特别长，在那个时代，君要臣死不死不忠，父要子亡不亡不孝，连人的生命权都没有，那里还谈得到个人隐私！全国臣民都是皇帝的奴隶，皇帝有权抄家、杀头乃至灭九族。女子是男人的附属品，连名字都没有，只称为某某氏，子女都是父母的私有财产，婚姻由父母做主天经地义，发现女儿有了情人可以残酷处死。在这样的社会里谈人权是荒谬的。至于隐私权则连个概念都没有了。中国人就是在这样的社会中生活了几千年。西方虽也经过残酷的封建和宗教统治时期，却比中国提前两百年进入追求个性解放和个人权利的资本主义社会，这就造成今日的落差。

第三，几千年来，中国的统治者们都以孔孟之道教育和统治人民，核心是讲究人治德治，把法治降为次要地位，所以有关的法律规章制度都不完善。虽然历朝都有所谓法律，但那只是统治阶级镇压老百姓用的，不仅管不了统治阶层，而且整套法律不全面、不合理、不明确，许多地方由当官的说了算。例如忠和孝是最高准则，造反和忤逆是最大罪恶，但究竟什么行为构成不忠不孝罪呢？那是十分模糊的。国家法律如此，规范老百姓的行为规则更付缺如。而西方世界，较早进入法治时代，对各种行为都有较明确的规范，便于大家遵守和监督。

封建社会和小农经济还有个特点，就是家庭观念特别强烈，家庭之外的事就属于别人瓦上霜了，公益、公德、互爱，互助这些道德在强烈的家庭观念面前显得无力，修身、齐家以后就是治国平天下了，缺乏一个"社会"环节。这些可以说是中国文明的一种特色吧。

当然，在思想教育方面失误的影响更大。20 世纪，中国的工农劳动大众，在共产党的组织和率领下，通过几十年的艰苦奋战，推翻了帝国主义、封建主义和官僚资本主义的压迫与统治，建立了人民国家。革命阶层相对于被革命的阶层来说，确实是贫困、落后，没有那么多的"文明礼貌"的。但在建立了人民政权后，仍以"阶级斗争为纲"，并没有抓精神文明建设，错误地把贫穷、落后、肮脏、大老粗……作为优秀传统，以此为荣，把讲卫生、讲文明礼貌、遵纪守法等作为腐朽阶级的属性对待，多次的政治运动都起了误导作用，"十年浩劫"中造反派的无法无天行动更使这一局面发挥到了极致。

所有这一切都使陋习不仅发生、延续，甚至"发扬光大"起来。

标本兼治，根除陋习

既然陋习存在已久，"冰冻三尺，非一日之寒"，要根治它也绝非易事，必须有规划、有政策、有措施，上下齐心，全民奋起，坚持不懈，才能解决。

笔者提出两个"两结合"的整治建议，一个叫作"重点整治和长期全面整治相结合"，另一个叫作"思想教育（德治）和规章制度（法治）相结合"，供当政者和大家参考。

陋习已经严重影响我们国家和人民的形象，和我国全面建设小康社会及构建和谐社会、抓紧融入国际社会极不相称，需要把握时机，集中力量，在特定时期内，抓住重点地区，针对影响最坏的恶习，动员全部力量，打一次歼灭战。以造成声势，震醒群众，压邪扶正，为彻底整治陋习打一前哨战，先锋战。

明年我国要承办奥运，有数十万世界各国运动员和记者、参观者来到北京，还将带动史无前例的旅游高潮。这是个重大考验，也是少有的机遇。乘现在还有一年多时间，结合中央正在号召构建和谐社会的东风，建议从中央到地方各级的党和政府采取强力措施，在北京和全国大中城市及所有旅游景点进行强化的文明公德教育，制定各种临时或试行规定，整治陋习，像过去搞"运动"一样，掀起"全民动员根治陋习"的巨大高潮，力争收到立竿见影的效果。

但更重要的则是继之而来的长期全面整治，使有关的宣传、教育、规定、制度、政策……规范化、法律化，不能雷声大雨点小，更不能虎头蛇尾，最后无疾而终，要把它作为一项长期的政治任务坚持不懈地推行下去，为此建议设置专职机构负责。

在整治陋习的各项措施中，仍以正面思想教育为主，动用社会监督力量。因为这毕竟属于道德范畴的事，而且有历史的和文化的因素，只有当人民大众能从思想上认识到这些陋习的不文明、不道德、不容于当前国际社会，视陋习为可羞可耻的行为，一出现便会像过街老鼠置于广大群众的监督和唾弃之下，这个问题才能最终解决。教育工作一是要长期进行，切忌一阵风；二是要抓孩子和年轻一代，使他们从一开始就接受良好的文明和公德教育；三是要学校、家庭、社会三管齐下；四是要动用所有的舆论和传媒工具，大家都来做工作。特别是影响最大的电视，目前在铺天盖地的商业广告浪潮中，几乎看不到多少有关文明、道德和公益方面的广告。建议国家做出明确规定：各电视台必须播放一定数量的以反陋习为主的公益广告，例如，其数量不得少于商业广告的 25%，在黄金时段更应提高到 50%，使广大观众在看了那些骗钱的化妆品、酒和医药广告而在经济上受到损失时，至少在精神上还有些收获，那些名人们收了几十万、上百万元为虚假广告代言之余，能否也免费为公益广告说几句话，为自己和电视台积点德、消点孽。

同样重要的是要对各种不文明不道德的陋习一条一条加以明确认定，把丑事也规范化，暴露在全体人民之前，并制定和推行相应的文明道德的行为准则，使人民有所依循，知所回避。对违犯文明道德准则的，一定要给予惩处，从劝阻、纠正开始，直到给予经济处罚乃至重罚或刑事处分。制度要逐步完善，力度要逐步加强，目前我们还不能采用像新加坡那样的重典，但随着人民素质和对环境要求的提高，处罚力度也可以相应提高。

在加强监督方面，要立法规定人民对有害社会和环境的不文明不道德行为有监督批评权，有录像录音权，有提交给公安部门或基层组织的权，作为处理的依据（只要不借此勒索）。对情节严重、屡教不改的人，要将其劣迹纳入个人的诚信记录中。现在各城市基本上未形成监督网。笔者认为，目前待业人员很多，在经济能力所及范围，似可选用待业群众担任专职监督员，充实城管力量。同时要动员更广大的离退休人员和人民群众，大家来参与义务监督，形成一张有效的、权威性的监督网。

当然，从基本上说，国家要全力发展经济，消灭贫困，缓解社会不平等现象，大力兴办各种公益事业（如增加公交车辆、增设公厕和垃圾箱、免费提供卫生纸和纸巾、提高效率尽量缩短和减少排队现象等），使社会具有更良好的条件，拥有更大的经济实力，最终达到人人富裕的目标。但这并不是说，必须达到最终目标后才有条件整治陋习。相反，精神文明建设是可以超前一点的，经济上较困难的人同样可以是一个有高尚的道德修养的人，甚至比一些暴发户更为高尚。20 世纪 50 年代末和 60 年代初期，我国物质条件十分落后，但有些城市（如杭州）一直有长期保持清洁文明的街道里弄，就是明证。总之，物质文明建设和精神文明建设并重，德治和法治兼顾，加上长期不懈的努力，我们一定能根除所有陋习和顽疾，使祖国重新成为礼仪之邦，使中国人民成为世界上最讲文明和道德的人民。

我对高考的看法

人人话高考

一年一度的高考重头戏已经落下帷幕，风过浪静，数百万青年怀着不同的心情分别走上新的人生旅程：有的志得意满，以高分进入他所向往的名校；有的考分虽高，还差一筹，未能进入名校，就发狠复读，非达目的不休；有的差强人意，录入第二志愿；有的委曲求全，走向他并不中意的院校专业；当然还有大量名落孙山的同学，他们的去向更有很大不同：有的复读一年，以求再试；有的寻职就业，进入社会；有的抛书掷笔，自己创业；有的失业失学，痛苦万分……家庭、亲友和社会对他们的态度也各异：有的同情、有的谴责、有的温暖、有的冷酷，每一种因素都可能影响他们终身。这个问题确实值得政府、社会、学校和家庭高度重视。

许多同志对现行的高考制度提出了各种意见，主要是批评和质疑的声音，认为这种"一考定终身"甚至"一分之差定终身"的做法是不科学、不公平和有害的：它成了变相的科举制度，扼杀了青年人的创造力，迫使学生死记硬背，中学教育沦为应试教育，导引青年学生千军万马都去挤独木桥，酿成无数悲剧，还使弱势群众成为世袭制。教育结果则培养了一些读死书之辈，毕业就是失业，难出大科学家、大思想家，断绝了一些真正优秀人才的上进和发展之路，影响中国的科技发展与创新……从而提出各种改革建议。我想他们的意见都有一定理由，但有许多问题并不立由高考制度来负责，也不是改革高考制度就能解决，尤其是改革方案，有其利必有其弊，如果不研究透彻，草率从事，可能弊更甚于利。为此就个人观点，拉杂写些认识，供各界讨论参考。

金字塔形社会难以改变

要讨论高考问题，恐怕还得扯远一些，从社会的组成说起。

社会由亿万人民组成，每个人所受教育程度和在社会中的位置、贡献各不相同，但总的讲，呈金字塔形。例如，公民受教育情况就是座上小下大的金字塔绝大多数（理论上应为全体公民）都受过义务教育，一部分人受到高中程度的教育，少数人接受高等教育。谈到学校，全国那么多的学校，名校总是少数，也是上小下大。又如每个人的成就和在社会中的位置也是这样：在政经、文化、科技等领域中做出巨大贡献的人总是少数，绝大多数人都在中层、基层工作，做出平凡然而是同样重要的贡献，形成

本文刊登于《群言》杂志 2007 年第 9 期。

一个金字塔形状。这似乎不够公平，但任何社会不可能实现绝对平均主义，即使是理想中的共产主义社会恐怕也违背不了这条规律，我们难以想象能把金字塔变成矩形甚至是倒金字塔形。所以考虑问题时还得首先承认这个现实，再议改进之道。

就每个人的条件而言，我们也要承认每个人智慧有高低，能力有大小。人们的兴趣、爱好、特长更是千变万化：有的人醉心科学研究，有的人酷喜文学艺术，有的人在经营管理上有特殊专长，有的人善于帷幄运筹发号施令，有的人欢喜做固定安稳的工作，有的人则永远不肯"安分守己"等。

结合以上情况，我认为因应之道有三：一是要努力改善金字塔的体形，避免出现绝大多数人位于底部只有极少数人冒尖的形状，例如能成为覆斗形（在经济上更应做成两头小中间大的橄榄形）。二是每个人在社会中所处位置可以不同，但只要他在各自岗位上尽力为社会做贡献，应该得到同样的尊重，不应有高下贵贱之分，收入不应过分悬殊。如果把社会看作一台巨大复杂的机器，则从中央控制系统到每一个螺钉都是必要的组成部分。三是每个人在成长和进入社会的过程中应该有公正的机会，即每个人通过努力都有上进和发展的机会，而不是"世袭制"。当然，最后的结果取决于个人条件、努力程度和一定的机缘，但摆在每个人面前的机会是平等的。如能做到上述三点，绝大多数人都能在社会中处于较合适的位置，安心努力做贡献，社会就能和谐安定、平稳发展。

条 条 大 路 通 罗 马

目前人们的心理普遍认为只有进入大学，尤其是名牌大学才有前途，从而迫使学生千军万马挤独木桥。我认为政府和全社会都应行动起来，采取各种措施，改变这种观点。我早年曾在《群言》上发表《社会呼唤能工巧匠》一文，以工程专业为例，指出工程师和技师是同样重要的，优秀的技师甚至更为难求。两者间的差距今后将逐渐泯灭。在这里我再次呼吁政府和社会重视这一情况，采取各种有效措施，发展、重视和尊重"技师、技工型"的职业和人员，要摆正他们在社会上的位置，提高他们的待遇。工程专业以外的其他各界也应如此。进大学并非唯一之路，存在很多其他大道。家长们对子女的条件、兴趣和专长也应好好研究，与其费尽心力迫使他们进入一般性高校，念他们不喜欢的专业，毕业后也不见得有多好的"前途"，何不早为之图，过其他的桥呢？孩子们在初中毕业后，就可大量分流进入职校、技校，走向社会；大学里本科专科应该并重，并不要求把每个学生都培养成研究型人才。总之，要把千军万马过独木桥改变成千军万马散人三百六十行各显神通。

不要筑起学历堡垒

第二件重要的事，就是要使人们在各种情况下都能接受高等教育，并不是非挤进大学校园不可。要大力创办各种职业教育和成人教育，例如电大、夜大、网大、业余大学、职工大学、自学考试等。要做好这件事，一是对这类学校要严格管理和支持，政府要为这类学校提供强大的支援，现在信息技术发达，可以使这类学校能得到全国最优秀教师的授课，毕业生具有与正规大学毕业生一样的水平，甚至更优秀，因为这类学校的学生往往有更多的经验、体会和求知要求。二是这些学校正规化后，国家、社会和单位应完全承认其学历，没有任何歧视。

我国目前这类学校和学习的机会并不少，但人们普遍不予信任，不承认其学历，至少是"降格"使用，本科当专科对待。我认为在加强管理（例如其考试可由国家统一进行）后，必须取消歧视。

不但要取消这类歧视，而且要进一步破除"学历壁垒"。现在的情况，就职也好、晋升也好、申请研究课题也好、选拔干部也好、提名院士也好……首先要有学历和职称：专科、本科、硕士、博士、博士后、留学、教授、研究员、高级工程师……不符规格者一律挡于门外。一个人如果未进正规大学，似乎他无论如何努力，做出过多大成绩，都不会被人承认的。

我长期在一家设计院中工作过，这个设计院中有许多"中专"毕业生，但他们的表现非常出色，后来有的人担任院长，有的人担任总工程师，更多的成为设计骨干力量，他们所作的贡献令我这个大学本科生感到汗颜。之所以如此，因为他们参加工作后通过各种渠道进修，结合实际奋斗，而且当时没有学历堡垒，相反为每个职工提供了充分的进修条件。这个切身经历使我终生难忘。

总之，我承认在衡量一个人的水平和能力时，学历是个重要的参考，但这只代表历史，不代表现在，我并不反对在就职、晋升……乃至提名为院士时对学历提出要求，但建议加上一条：有同等学历水平者。如果学历壁垒不破除，华罗庚永远当不上一名讲师，遑论院士。

可能有人觉得这样做是否会太滥，我认为不必怕。提出这类要求的人不会很多，而且"具有同等学历水平"并不是自封的，而要提出具体事实：研究成果、发明创造、论文专利、工作业绩、有关单位的鉴定等。只要实事求是进行审查，学历壁垒是可以和应该破除的。

高考制度难以废除，不可能大变

即使采取各种措施，缓解千军万马过独木桥的局面，高考仍然是选拔优秀学生进入正规高校的主要措施，绝大多数人才仍然要在大学中培养。所以高考制度难以废除。纵观世界各国，除了中国在"文革"中一度废除高考制外（而且后果严重），也从无哪一个国家不实行高考的，只是做法各不相同而已。

就中国的国情来讲，高考制度不仅不能废除，而且也不可能在本质上做根本性改变。一些同志把高考比作科举，在形式上确有些相似。但即使是科举制，也有其公正合理一面，至少可以使贫寒儒生通过公平竞争得到上进机会，这比之于"乡里举荐"和"九品中正"要合理得多。何况今天高考的内容是进入大学学习必须具备的基础性知识。所以高考制度只能适当修改，不能再走"文革"中的路，这是无疑的。修改的主要精神应是解决"一考定天下"和"总考分决定一切"的问题，使学校录取考生和考生选择学校能够更合理、更有效、更灵活一些。这里还要注意，任何改变在缓解某一问题的同时，常常会产生另一方面的问题，有利无弊、一劳永逸的办法是没有的。

较理想的情况是，进入大学的学生，应该是在中学时期表现较为优秀的学生（学习成绩是主要指标，但不限于此）。大学资源有限，如果录取了成绩劣、表现差、培养前景不好的学生显然是浪费。其次，学生进入的院校、专业又是比较适合于该生的兴趣、专长，有利其发展和成才的，例如若把钱钟书录取在数学系就不合适。能做到这样，对学生、对学校、对社会、对国家都好。

把"中学毕业考查"和"大学入学选拔"区分开来

综上所述，高考目的首先要在考生中把较优秀的学生选择出来。最能全面反映学生在中学阶段情况的，应该是中学时期的所有记录，但全国的中学情况和条件各异，有关记录难以对比和取信，不得不通过全国统一高考来衡量。其实，这一任务不妨由全国高中统一毕业会考来代替更好些。高中会考目的是全面考查学生的成绩，考试包括所有学科，试题数量可以较多，但没有难题、偏题、怪题（可以设些不计分的附加题），考试时间可以长些，考试气氛尽量宽松些。会考的总成绩连同其他方面的表现，是对一个学生中学阶段表现的评价，并以此衡量中学教育的成绩，这也许有助于解决中学以应试教育为唯一目的的问题。

如果能以高中毕业会考来衡量学生在中学时期的成绩，则高考目的只是把最合适于某专业的学生录取进来，考试就可简化，各校不妨自己命题招生，或联合起来先后举行，会考合格的学生可在全国高校中自由选择报考，考试科目可以大为压缩，各专业只需考两三门"主科"就行，借以查考学生在这些主科上的水平。这一考试也仍可全国统一进行，但不同专业就有不同试卷，例如分为文史、政法、经济、数理、工程、医药生物和师范几大类。学校根据考生高考成绩和在中学里的表现择优录取。

如果上述做法行不通，还是采用目前高考方式，则建议把各科试题分为普通题和不计分的附加题两类，而且录取时不完全以总考分决定一切，更不以一分之差定终身。目前根据学生高考总分和录取线的要求，分批对本科、专科投档的方式，基本上是合适的。但投档数和录取名额之间应有较大的差额，给学校以一定的选择权（例如达120%）。另外，考生报考的志愿应以专业为主，不应以某一学校为主，多数学生应表态在同类学校中服从分配（可以列出他最希望进的学校做参考），例如，填报"第一批本科的历史专业（最希望进北大）"。招生委员会根据其成绩在全国范围内投档，弱化"第一志愿"决定一切的影响。当然，如果学生拒绝进其他学校，也可声明，尊重其选择权。

为了做好这个双向选择，"投档"不应只投高考总成绩和分科成绩，而要通报附加题成绩，还要把学生的主要情况和表现都作为投档内容，即中学时期的全部成绩、各种评语、各种表现、各种成就以及学生的特长和弱项等，以供学校衡量抉择。特殊的院系还可加以面试，或索阅考生的创造发明成果。首批学校录取后，将未取名额退档给下一批学校。

这样做当然较复杂，需较长的时间，更令人担心的问题是会不会又引发招生委员会和学校招生当局的暗箱作业，产生腐败因素？凡事有利必有弊，这种可能性是存在的，但可以通过"公开"和"透明"来尽量减免。措施之一是对选取较低考分学生的理由做出若干条明确规定：如某一科成绩特别优异而成绩较差的科并不重要；又如学生在某方面有特长（或特别欠缺），而这对今后的发展又很重要。这些理由在退档时予以明确指出。另外一个重要措施是扩大学校的招生委员会，吸收更多的教授代表参加，不让个别人暗箱作业。既然希望将录取工作做得更合理，就不能怕麻烦和困难。

停止对"状元"的炒作

在谈到不以总考分决定一切时，不免想到最近两家名校抢夺所谓"高考状元"的事，以及境外、国外大学挖走这些状元的问题。我觉得前者是一场不应发生的闹剧，后者无伤大雅，用不着杞人忧天。

我非常反感媒体上对"高考状元"的宣传，并呼吁停止一切这种炒作，不要陷入"状元情结"的误区中去。有人考查过，中国一千多年来那么多状元中绝少有真正的人才，最多就是出了个文天祥。有成就、有贡献的大学问家都不是状元，甚至进士、举人都不是。有人说那是科举状元，与今天的高考状元不可同日而语。那么我们查一查近代和当代的大科学家、大工程师、大文学家、大思想家、大政治家、大金融家在高考或中学校里的成绩是多少？我敢说，都不是最拔尖的状元，大致排在前10%之内就是，有的还是"中不溜秋"甚至"名列后茅"的。外国也一样，爱因斯坦、爱迪生乃至比尔·盖茨的考试成绩都属平平，19世纪的天才数学家伽罗华投考巴黎工学院两次落榜！我相信那两届入学考试中的状元们是建立不了"群论"的。总之，高考总分700分与650分基本上并不反映在智力上有多大差别，更代表不了今后成就。许多被炒上天的所谓少年神童有几个成了才？清华、北大抢夺状元之举，说明这些学校从领导到招生委员会成员的头脑里中了"状元毒"有多深！

至于境外、国外大学以优厚奖学金挖走高考尖子的问题，一些同志惊呼人才流失，我觉得这也是杞人忧天，没有必要和人家去抢。人家有这个实力，能提供好的条件，"尖子"也愿意去，你有什么理由强拉硬拖不放。至于说人才流失，现在每年参与高考的学生达数百万甚至近千万，排在前面5%的有几十万，中国香港的大学也好，美国的哈佛、普林斯顿也好，英国的牛津、剑桥也好，他们能有多大的胃口，吞下这几十万人？挖走的少数状元也不一定就是人才，极而言之，即使真有个别人才被挖走了，在境外、国外成了名，也没有什么不好，杨振宁、李政道、丁肇中……不是一样为祖国做了很多贡献？

营造公正的竞争条件

在高考体制改革中除了解决"总考分决定一切"的问题外，还应消除各种对考生来说是不公正的规定。例如，既然是全国统考，既然主要大学都是教育部（国家）用全国纳税人的钱兴办，那么就应该全国统招，不应该各省、市、区画地为牢式的招生和录取。

一些大城市各种条件都非常优越，由于高校集中，录取线反而很低。其他省区，条件差、高校少，录取线就非常高。一些名校虽有外地招生额度，不但数量少，而且录取线比学校所在地要高出几十分。所以许多家长想尽办法搞"高考移民"，被查出后则"严肃处理"，取消入学资格。政府当然有权来"查处"，但何不想一想为什么会出现"高考移民"的现象呢？现在的做法有没有显失公正、极不公平，有待改进之处呢？

我认为除了完全由地方投资建立或以地方为主投入的学校外，公立大学就应该面向全国统招，用一把尺子进行衡量，把各地的优秀生录取进来。如果要有些倾向，应该更倾于外地生。要知道，同样考出 600 分的学生，在边远省区的一定比在北京上海的付出更多的努力，有更强的理解力和决心，有更好的培养前途，事情难道不是这样的吗？

如果一时还不能全国统招，则至少应该大大增加外地招生名额，而且采取相同的投档线。这样才能在全国范围内选取优秀生，做到相对公正，也避免"近亲繁殖"和"高考移民"。

尽量做到和谐社会

文章写到这里，该说的话都说了，应该结束了，如果允许我重复几句，我希望通过长期和全面的努力，改变千军万马挤独木桥的局面，使有更多的渠道供青年们选择，走进社会；与此同时，改革当前高考中的一些不妥做法和消除一些认识上的误区，使高考工作做得更合理、更有效、更宽松。

有同志说："不想当将军的士兵不是好的士兵"，应该让尽可能多的中学毕业生参加高考，进行竞争，而不是相反。我当然赞成青年们都有远大志向，但远大志向就只是当将军吗？不能以当优秀飞行员、宇航员、坦克兵、潜艇兵、信息兵……为远大志向吗？做将军的人毕竟只是极少数！俗语说，三百六十行，行行出状元，我还要加两句：三百六十行，行行少不得，三百六十行，行行都光荣。

中央近来一再强调构建和谐社会，能不能做到中央的要求，关系到社会的稳定、国家的兴旺和民族的复兴。我国每一个人，每一个行业，每一个省、市、区都要为此做出努力和贡献。高考制度是否合理，在构建和谐社会中将起到巨大作用，其影响之深远，怎么形容都不过分，希望大家来讨论、研究、集思广益，提出可行的建议，供党和政府参考，则青年幸甚、国家幸甚！

附 法国的教育制度

他山之石，可以攻玉，深入调查研究外国的教育制度，可供我国教育改革做借鉴。下面有关法国教育制度的材料，是我定居在法国且对法国教育有兴趣、作过调查的女儿提供的，也许在一定程度上反映实际情况，现整理如下：

（1）法国实行初中普及教育制度。小学五年、初中三年为法定普及教育，严格执行，没有例外。从小学到初中基本是就近入学。小学和初中均有留级制度。初中毕业举行一次会考，难度不高，基本保证每个学生都能通过。初中会考落榜必须复读，法国规定 16 岁之前不得辍学。

（2）初中毕业之前，学生就必须在普通高中和职业高中两者之间进行选择：

职业高中：职业高中总共四年，有留级制度。前两年为职业基础培训教育，结业后有结业证书并能参加工作（如餐旅馆服务人员、汽车维修技术人员等）。后两年以培训技术人员为主，参加职业高中毕业考试后参加工作（如设计技术员、专业绘图员等）。读职业高中时，有不少时间在对口的中小企业实习，便于学生毕业后适应工作（也不乏在实习期间被实习单位看中的）。就读职业高中的学生通常有两类人：①学习比较困难，成绩较差者；②家庭经济条件比较差，希望早日自立者。

职业高中毕业的学生如想获取更高级的文凭，也有渠道，首先必须通过两年的技术学院学习（相当中国的大专），成绩优秀者可以进入大学，学习三年获取大学毕业文凭。

普通高中：普通高中其实就是进大学的预备学校，大致分文科和理科两大类，学制为四年。有留级制度。学生通过高中会考后，进入普通大学或者重点大学预科班。法国高中每年根据会考成功率，也有评定和排名，好的高中几乎每年都名列前茅，被公认为重点高中。高中通常也提倡就近入学，但不少重点高中为了保证高中会考成功率，也在外选拔一些优秀初中毕业生入学。学生在初中阶段学习好，毕业前可以凭初中最后三个季度的成绩单，申请进入重点高中。一般在初中会考前就可知道是否被重点高中录取。

（3）高中毕业会考全国统一进行，通过后取得毕业文凭。如果没有通过，允许回学校继续学习（即留级），等待下一年的会考。或者取得高中结业资格，先参加工作，待有机会再参加毕业文凭的考试。没有严格的年龄限制。

法国高中毕业会考类似中国的高考，不同之处是：中国只凭高考成绩好坏定终身。而法国高中毕业会考成绩固然重要，但是高中的学习成绩也是很重要的参照依据（见后）。高中毕业后有两种选择：

一种是进入普通大学。凡是通过会考的学生都可以申请进入法国的所有普通大学并自由选择专业。但进入大学学习并不轻松，绝非只要入学就能混到文凭。不少专业淘汰率很高。如医学院第一年的淘汰率达 90%以上，第二年的淘汰率仍很高。真正能获得医学文凭的可谓是凤毛麟角。其他淘汰率高的还有法律专业等。在法国强调机会人人平等，进门容易，而成功与否完全凭个人的努力和实际表现。培养人才的宗旨是宁缺毋滥，普通大学的基础课程为三年；专业学科两年，第一年获取学业证书，第二年为正式毕业文凭。普通大学五年毕业后可以直接寻找工作或者进入博士阶段的学习，博士学习阶段为三年（最长不得超过四年），博士毕业后一般在各大学或者大型企业的研究单位从事研究工作，属于"精英"。

另一种选择就是报考所谓名牌大学。法国名牌大学不少，又区分为一般名牌和著名名牌大学。著名名牌大学也讲究排名，比如其中最著名的几所技术类名牌大学：综合工科学院、矿业学院、巴黎高师、路桥学院、电信学院等和非技术类的著名名牌大学：政治学院、巴黎商校、高等商校等。各著名名牌大学培养出来的学生是法国各大企业或政界的精英，更多的是领导管理层的支柱。名牌大学不在高中会考的学生中招生。要进入名牌大学，首先必须在高中毕业后就读两至三年的预科班（设在指定的重点高中），然后参加自己选定的名牌大学的招生考试。申请预科班的学生，每年三月份就要把高中最后五个季度的成绩单，由所读高中报给学生申请的预科班学校。预科班学校则根据择优录取的原则，录取通过高中会考的学生。高中会考成绩优秀者，比如数学物理单科突出者，也会被预科班学校破格录取。预科班科目划分为文科、理工科、理科经济和文科经济。相对高中而言，理工科分得更细：有数学班、数学物理班、物理班、物理化学班、化学班等。学习内容为大学的基础课程，难度很大，第一年成绩不好的将被淘汰，也有自己读不下去自行退出的，被淘汰和自行退出的学生仍可进入普通大学，继续大学二年级的学习。

正常情况下，预科班第二年结束，学生报考名牌大学（可同时报考几所）。重点名牌大学的招生难度比中国高考更甚，各校根据自己的标准出考卷。学生首先参加笔试，通过者方可参加口试，并按考分由高到低录取，额满为止。如果没考上理想名牌大学的学生可以复读一年预科班，再参加下一年的考试。再考不上，就只能转入普通大学的第三学年。

名牌大学的学制为三年，入学后一般不会再被淘汰。这些学生已进入企业和社会的精英行列，三年学习期间有一年时间为实习期，自行选择进入与专业相关的企业实习（世界各地都可）。这是一个相当重要的环节，为毕业的学生就业后任领导管理工作奠定基础。每年法国各大企业均定期向著名名牌大学招聘应届毕业生。部分著名名牌大学（如综合工科学院）的学生在校期间由国家提供奖学金，但毕业后必须在国家指定的企业中服务五年。

从表面上看法国学生的学习负担不重，假期过多，不如中国教育要求那么严谨和扎实。然而法国教育的宗旨是培养一个人的独立工作能力和创造能力，充分发挥个人的内在潜力和优势。这点从小学教育开始就体现出来了，所有的教学手段和器材都是启发式和诱导式，让学生充分开拓自由想象的空间。而不是唯唯诺诺，将童年的欢乐和天真都埋没在一味的死记硬背和无休无止的考试竞赛中，以至于失去了自我。

另外还要注意到的是，法国的高中毕业会考，必须要通过三门外语，而且在高中会考中，哲学是一门主考课。这门课从高中最后一个学年开始，着力培养学生的思维能力，分析能力，表达能力和写作能力。进入大学阶段，这门课仍被列入基础课程。

并不是不读精英学校的学生在学习上都不行，很多法国学生学习很好，但不愿意处于过分紧张的学习状态，宁愿选读普通大学。这也许和法兰西民族的宽松习性有关（在法国学生留级是正常的，并不会承受很大压力），所以现在进入精英学校的华人的比例在增加，法国人对这种变化似能接受，因为他们尊重个人选择，承认成功者是强者。

综上所述，法国教育的科学性合理性似体现在：

——普及教育直至初中，全国没有文盲。

——高中开始，学生根据能力和兴趣，分科分类。

——高中毕业后可选择读名牌大学或普通大学，每个学生都可自己选择和竞争。

——普及初等，集中培养精英，广开渠道，尊重学生自由选择权，各得其所。

——国家教育经费充裕，法国公立学校从小学到大学包括重点高校除商校外都是义务教学。普通大学只需每个学期注册费（当然也有一定数量收取费用的私立学校，从小学、初高中到大学）。

由于国情不同，法国的教育制度不能照搬到中国，他们的做法也不一定完美，例如整个民族有些懒散和傲慢，限制了社会的发展和进步速度，在当前全球剧烈竞争的情况下，似存在隐忧（或许这是我们局外人的多虑），但对比之下，他们的体制对我们确有可借鉴之处。从表面上看，法国学生的学习负担不重，假期很多，不像中国的教育那么严谨，使学生从小学开始就失去童年本该有的许多玩乐生活，但他们仍收到较好的结果，一是出人才，二是社会和谐。这可能归功于法国教育注重抓两个方面：普及初等、培养精英。他们的教育方法在一定程度上摆对了精英和普通者的位置，首先让每个人都有机会平等地参加竞争，只要努力就会有合适的出路，发挥自己的能力，不同的位置体现出它在社会中的不同价值，符合社会整体发展的要求。教育体系的多层次、细划分、留有余地和相互沟通，也符合社会的多层次性，起到促进和谐社会的作用。这些方面似可供我们参考。

论 要 面 子

这篇短文的题目本来拟定为《做一个不要面子的人》，后来怕被人批评为标新立异，哗众取宠，经再三斟酌，改用了目前这个比较"中性"的标题。

面子关系到人的名誉和诚信，俗话说，"人要脸树要皮"，怎么可以劝人们不要面子呢。其实，我并不是建议人们"一点面子都不讲"，而是认为面子可分为两大类，一类是正确的、必须保持和维护的面子，另一类是不必要的、错误的、有害的面子，对于后一类所谓的面子，不仅不必保持，而且应该大力声讨，把它批臭，成为过街老鼠，丢到垃圾桶去。

譬如说，一个人辛勤劳动、廉洁自律、生活正派、诚信待人、助人为乐，使别人提到他都竖起大拇指，公认为好人、正派人，成为学习的榜样，乡里引以为荣，国家予以表扬，这就是最大的面子，这种面子当然要保持了。但是现在社会上所谓的面子，根本是另外一类性质，完全有必要剥去其外衣，把它的本质和罪恶宣示于众。

譬如说，亲朋好友结婚、生子、做寿，或有病痛、丧事等事情，前去庆贺、探望、慰问……都是人之常情，顺便送去一些礼物也是惯例。这种礼物是代表自己的心意，本来就不该用钱来衡量的，现在倒好，着重于礼物的"含金量"了，如果别人送得重，自己送得轻，就变成没有面子。这难道是正确和正常的吗？不少人哪怕东借西挪，也要保持面子，送份"拿得出手"的礼物，甚至影响自己的正常生活和家庭关系，这真是死要面子活受罪，自找苦吃。外国人就聪明得多，可以送一枝花或送一件自己做的小物件，既表心意，又不花钱。更有甚者，这种"面子"会恶性演变，送礼者作为"远期投资"之道，受礼者作为"广泛敛财"之途，礼物的轻重更以受礼者的级别、权力、作用和可能对他的需求而定，最终演变为变相的行贿受贿，祸莫大焉。

请客吃饭恐怕也是社会关系中不可缺少的活动，古今中外概莫能外。然而当前中国社会上的风气，动辄要搞丰席盛宴，尤其在引资、招商、宣传、评比、开会、接待上级或媒体……更是愈高档、愈丰盛愈好。酒席上的菜肴正常人是绝对吃不完的，一顿下来，大量食品都进入泔水桶。人人知道这是浪费，但如果不这么做，主人就失面子，客人也觉得没有面子。笔者以前也曾经出过国，经常参加过外国人的招待、宴请甚至国宴，有几次根本没有吃饱，回旅馆泡方便面补足。为什么人家不感到失面子呢？这难道不值得让还很贫穷的中国人深思吗？再看小青年们结婚，为了面子，婚宴非上星级酒店不可，酒席非上鱼翅不可，数量非十席二十席不可，一顿饭下来，得一辈子还债。如果换个"不要面子"的做法，开个庆贺结婚茶话会，清茶、鲜花、水果、蛋糕、唱歌、跳舞，又隆重热闹，又简朴实惠，何等不好？这种要面子的陋习就成为国宝，永远改不了吗？

本文刊登于《群言》杂志 2007 年第 12 期。

中国正在厉行法治建设，一切都应该依法公开而行，办事都有规矩，游戏要遵守规则。然而，经常发生正道不通，前门难进的情况，必须要找人说情、通路子，否则一事无成。即使走了正道，叩了前门，也要找人说项以资保险。有时，别人找上门来，要你帮这帮那，你如不答应或办不成，就大失面子，能够一举办成，面子大大的。为了保持面子，虽知不合理不合法，也只能硬着头皮去做，这种局面何时能改变？

在生活中，总会出现些纠纷，闹些人民内部矛盾，本来小事一件，可以一笑解决，却为了面子，死不认账。似乎谁先道个歉，谁就丢了面子。从互骂、互殴，直到动刀动枪，酿成血光之祸，毁了美满家庭和大好前途，锒铛入狱，终生悔恨，为面子付出了多少代价？外国人则把"I am sorry"作为口头禅挂在嘴边，难道他们就失了面子了？

另外，考上大学就是有面子，读了技校就是没面子，考上名校就是有面子，考了一般学校就是没面子，爹娘是当官的、大款，就是有面子，是农民、打工的就没有面子，坐宝马奔驰就有面子，坐小排量车就是没面子（甚至禁止它们进机场）……呜呼，面子之域广矣哉，面子之道深矣哉，面子之祸大矣哉！

我特别担心面子对儿童和青年人的伤害。一个人的求学时期，应该是一生中最快乐幸福的黄金时代，然而由于面子问题，无数青少年沉沦在痛苦之中。社会上总有贫富差距，在班级上就以贫富定面子。学生们不是比谁的学习好、品德好、身体好，而是比谁的家庭好、衣服好、吃得好、零用钱多，搞攀比。一些家境贫寒的学生就陷入没有面子的绝境，被人讥笑、欺凌，酿成了无数悲剧！面子之害大矣哉！所以我主张学校里要把某些学生的奢侈浪费行为作为反面教材公布批评，表扬清贫朴素的学生，扭一下风气。

对个人如此，对国家也是如此。史载：隋炀帝为了在外国使节前夸耀中国的富庶，挣个面子，弄虚作假，粉饰太平，结果还是被人看出破绽，成为笑柄。时至今日，国家的行为应该以国家利益为准，以人类利益为准，以构建和谐社会、和谐世界为准，不能以面子为准。新中国建立以来，也走过要面子的过程，宴请外宾动不动五千人盛宴，把灾情作为绝密资料，严格掩蔽，不准泄露（如掩盖非典疫情），唐山大地震后拒绝国际援助……总之，借口内外有别，只准报喜不准报忧。现在，情况已有很大转变，在以胡锦涛同志为总书记的中央领导下，树立实事求是以人为本的作风，不文过饰非，对失误就勇敢承认，对不足就努力改进。十七大更为我们指出光明、正确的道路和前景，让我们满怀信心，贯彻十七大的精神，遵循十七大指明的方向，努力前进，全面建设小康社会，也包括清除一切有害的陋习（像要面子之类），走向建成中国特色的社会主义的伟大目标。

附录　单位名称对照表

本书简称	全　称
长办	长江流域规划办公室
地矿部	地质矿产部
电监会	国家电力监管委员会
电力顾问公司	中国电力工程顾问集团有限公司
二滩公司	二滩水电开发有限责任公司
发改委	国家发展和改革委员会
国家计委	国家计划委员会
经贸委/国家经委/国家经贸委	国家经济贸易委员会
国资委	国务院国有资产监督管理委员会
华东院	中国水电工程顾问集团公司华东勘测设计研究院
科委	科学技术委员会
三峡公司/三峡总公司	中国三峡工程开发总公司
水电顾问公司	中国水电工程顾问集团公司
学会/水电学会	中国水力发电工程学会
水利部国科司	水利部国际合作与科技司
中电联	中国电力企业联合会
中南院	中国水电工程顾问集团公司中南勘测设计研究院